现代电力系统功率自动控制

主　编　葛维春
副主编　蒋建民　蒲天骄

中国水利水电出版社
www.waterpub.com.cn
·北京·

内 容 提 要

本书主要介绍了现代电力系统自动发电控制（AGC）系统和自动电压控制（AVC）系统所涉及的理论、系统构成、功能要求和实现方法；对风力发电/光伏发电设备、储能设备、无功补偿设备以及微网的原理和控制方法均进行了深入的讲解。另外还对常用的通信规约进行了简要的讲解，并对调试经验进行了介绍。书中还专门列举了典型工程实例供读者参阅。

本书可供从事电力系统功率自动控制工作的工程技术人员阅读，也可供高等院校电气工程、电子工程专业的高年级本科生、研究生及教师参考。

图书在版编目（ＣＩＰ）数据

现代电力系统功率自动控制 / 葛维春主编. -- 北京：
中国水利水电出版社，2020.8
ISBN 978-7-5170-8894-3

Ⅰ. ①现… Ⅱ. ①葛… Ⅲ. ①电力系统自动化－自动
控制 Ⅳ. ①TM763

中国版本图书馆CIP数据核字(2020)第180020号

书　　名	**现代电力系统功率自动控制** XIANDAI DIANLI XITONG GONGLÜ ZIDONG KONGZHI
作　　者	主编 葛维春　副主编 蒋建民　蒲天骄
出版发行	中国水利水电出版社 （北京市海淀区玉渊潭南路1号D座　100038） 网址：www. waterpub. com. cn E-mail：sales@waterpub. com. cn 电话：(010) 68367658（营销中心）
经　　售	北京科水图书销售中心（零售） 电话：(010) 88383994、63202643、68545874 全国各地新华书店和相关出版物销售网点
排　　版	中国水利水电出版社微机排版中心
印　　刷	北京印匠彩色印刷有限公司
规　　格	184mm×260mm　16开本　30印张　730千字
版　　次	2020年8月第1版　2020年8月第1次印刷
定　　价	**278.00元**

编 著 人 员 名 单

主　　编　葛维春（辽宁省电力有限公司）

副 主 编　蒋建民（沈阳天河自动化工程有限公司）

　　　　　蒲天骄（中国电力科学研究院）

编写组组长　冯志勇（沈阳理工大学）

编写组组员（以姓氏笔画为序）

　　　　　王新迎（中国电力科学研究院）

　　　　　李　烨（中国电力科学研究院）

　　　　　李　浩（沈阳天河自动化工程有限公司）

　　　　　李时光（中国电力科学研究院）

　　　　　李霞林（天津大学）

　　　　　张　群（沈阳天河自动化工程有限公司）

　　　　　孟　赫（天津大学）

　　　　　徐　弢（天津大学）

　　　　　穆云飞（天津大学）

序

面对化石能源日渐枯竭和全球气候、环境变化的现实压力，一场新能源革命在全球范围内正悄然兴起。随着风能、光能等可再生能源的发展及新能源汽车技术、能效技术等低碳技术的广泛应用，传统的电力系统正在向现代智能电力系统演变。与传统电力系统这一封闭的物理系统相比，现代电力系统更开放、更复杂，是具有可再生能源和分布式能源高渗透、用户广泛参与、高度智能化等特征的信息物理系统。我国电力系统具有世界上电压等级最高、互联程度高且结构复杂的电网，同时随着具有波动性和随机性的可再生能源高渗透率接入，使得功率控制面临重大的挑战。另外，随着人工智能技术蓬勃发展，电力工业领域面临着数字化转型升级的重要窗口期，大数据中心、工业互联网等新型数字基础设施建设迎来了历史机遇，将在电力系统功率控制中发挥越来越重要的作用。

编写本书的目的就是总结近些年来我国在现代电力系统有功功率和无功功率控制，尤其是新能源电站功率控制方面取得的成就和经验，并展望数字化新技术在功率控制中的应用，以期为读者提供新的研究思路。

本书较全面地论述了现代电力系统自动发电控制（Automatic Generation Control，AGC）和自动电压控制（Automatic Voltage Control，AVC）所涉及的理论、系统构成、功能要求和实现方法；对风电、光伏发电、储能设备、无功补偿设备以及微网（Micro-Grid，MG）的控制原理和方法均有深入的讲解；对人工智能、大数据等新技术在功率控制的应用也有所探讨。另外，还对常用的通信规约进行了简要的讲解和调试经验的介绍。

本书的作者都是长期从事电力系统科研、教学、系统运行和设备研发方面的专家、学者，书中的内容是他们多年工作经验的总结。因此，本书不但面向科学研究人员、高校高年级本科生和研究生，同时也面向电力系统功率控制领域的工程师，希望该书的出版能对从事该方面工作的有关人员有所裨益。

中国科学院院士、中国电力科学研究院名誉院长　周孝信

2020 年 5 月

前言

随着计算机技术、现代控制技术、电力电子技术、现代信息通信技术、绿色可再生能源技术、特高压输电技术、储能技术、分布式电源技术和微网技术等的引入及发展，引起了传统电力系统的一系列重大变化，赋予了现代电力系统一系列新的特质，派生出许多高标准的需求，如更加强壮的网架结构、更加灵活的输电能力、更加可靠的供电水平、更加经济节能、更加低碳环保、更加服务透明、更加用户友好等。我国近年来在以上诸多方面均取得了长足的进步，限于篇幅，本书仅围绕现代电力系统功率自动控制方面的主要问题展开论述。

自动发电控制（Automatic Generation Control，AGC）是建立在能量管理系统及发电机组协调控制系统之上，并通过信息传输系统联系起来的远程闭环控制系统。AGC是建设大规模电力系统，实现电力自动化生产运行控制的一项最基本、最实用的功能，它集中地反映了电力系统在计算机技术、通信技术和自动控制技术等领域的应用实践和综合水平。因此，AGC也是衡量电力系统现代化水平和综合技术素质的重要标志。

随着新能源的大量接入，其强随机、难预测、反调峰等特性使得电网有功控制越发困难。根据新能源在电网中接入位置的不同，其对电网的影响也有较大区别。大型风电场、光伏电站一般通过 35kV/110kV 线路接入系统，经过汇集站汇集之后升压通过 220kV/500kV 通道进行外送；分布式风力发电、光伏发电一般通过 10kV 线路接入低压配网，对系统频率影响不大，但大规模接入后会使特定区域的负荷预测结果发生变化，进而对该区域的 AGC 策略产生一定影响。

对于前一种接入方式，由于新能源机组功率不可控，电网频率调整必须由传统电厂分担。随着新能源装机容量在电网中的比重增加，需同步配套相应容量的调频电源，并通过新能源电站的快速实时调度和控制，尽量减轻新能源波动对电网频率的影响，同时降低弃风和弃光量。对于后一种接入方式，分布式接入的新能源大部分不进行定量控制，只有当其对电网频率构成一定影响时才直接进行切除，待电网裕度提高后再并网控制。随着主动配电网等技术的发展，分布式发电结合储能、可控负荷、需求侧响应以及相应的分布式协调控制等技术，已经能够在一定程度上平抑分布式电源的波动。如何在保障电网功率频率稳定的情况下尽量提高新能源的渗透率，是当前自动发电控制的一个重点研究方向。

自动电压控制（Automatic Voltage Control，AVC）从电力系统整体的角度出发，以电压安全和优质为约束，以系统运行经济性为目标，采用分层、分散、就地平衡控制的方法，连续闭环地进行电压的实时优化控制，已成为保证电网安全运行、电压合格和降低网损的重要措施，AVC 已成为各级调度自动化系统的必备功能。

随着新能源大量接入、交直流电网混联运行，使得源荷双侧不确定性增强、电网动态特性复杂多变，无功电压的调控问题也日益突出。

从宏观角度看，例如一个装机容量 10000MW 运行中的电力系统，实际上也同时是一个装机容量为 12000~15000Mvar 正在运行的无功功率系统。这个无功系统正如有功系统一样，由无功电源、网络、无功负荷组成。电网的有功功率损耗不超过负荷的 10%，而电网的无功功率损耗却占无功负荷的 30%～50%，无功功率总损耗要比有功功率总损耗大 3～5 倍。因此，如何调配好无功电源的无功功率涉及电网的安全、稳定和经济性，在日常电网调度运行管理中是一个十分重要的课题。大家知道电力系统只提供两种产品，即有功功率和无功功率，但值得注意的是历年来或许是因为无功功率消费不用缴费的缘故，人们对无功功率的重视程度往往是不够的，甚至没感觉到它的存在。其实，二者相比，有功功率的生产和传输路径有其必然性，即总体而言它必须在能源基地生产、向负荷侧传输。同时有功电源的类型也相对较少，对其控制和优化的要求也简单些。而无功功率源种类繁多，对其控制和优化的要求也更为复杂，本书对这方面的问题均有详细论述。

无功功率的存在使电力系统中的电场和磁场得以建立，并能完成电磁场能量的相互转换。但无功功率在电力系统中的流动也会造成许多不良影响，如降低系统功率因数、增加设备视在功率容量、增加线路和设备的损耗、影响系统公共连接点电压的稳定性等。因此，根据电力系统对无功功率的需求，便产生了无功补偿装置。

在电网中安装无功补偿装置以后，可以就地提供感性负载所消耗的无功功率，从而减少无功功率在电网中的流动，降低线路和变压器因输送无功功率造成的电能损耗。本书论述了各种无功补偿装置的技术特点和控制原理。

可再生能源发电的大力发展，促进了储能系统的发展，储能技术可对能源模式进行时间和空间上的转移，随着可再生间歇性能源渗透率的不断增加，储能系统的重要作用日益凸显，储能已成为大规模集中式和分布式新能源发电接入和利用的重要支撑技术，成为主要发达国家竞相发展的战略性新兴产业。本书对物理储能、化学储能、电磁储能和冷热储能等存储形态均作了简要的介绍，并论述了其控制原理。

分布式发电是可再生能源利用的主要途径之一。随着成本的下降以及政策的大力扶持，分布式发电单元（Distributed Generator，DG）获得了越来越广泛的应用。然而，大量风、光等间歇性 DG 接入中低压配电网运行，改变了配电网单向潮流分布特性，增加了配电网的运行复杂度和不确定性，给电能质量、安全及可靠性等带来了挑战。

微网（Micro-Grid，MG）是为解决 DG 直接并网给电网带来的冲击、挖掘 DG 效益而提出的电网新结构。微网是指由分布式电源、能量转换装置、负荷、监控和保护装置等汇集而成的小型发-配-用电系统，是一个能够实现自我控制和管理的自治小型电力系统。微网既可与电网并网运行，也可离网运行。同时，微网可在满足内部用户电能需求的同时，还能满足用户热能需求，此时的微网可视为一个微型能源网。本书对微网的运行特点及控制技术均作了论述。

电力系统为了安全、经济地发供电、合理地分配电能，保证电力质量指标，及时地处理和防止系统事故，就要求集中管理、统一调度，建立与之相适应的通信系统。因此电力系统通信是电力系统不可缺少的重要组成部分，是电网实现调度自动化和管理现代化的基础，是确保电网安全、经济调度的重要技术手段。本书介绍了电力系统中常用的各种通信规约及调试技巧。

此外，现代电力系统的数字化和智能化发展日趋加速，人工智能、大数据等先进技术为电力系统的调度控制、协调优化等提供了新的手段，有望开启电力系统功率控制的新模式。本书也对人工智能等新技术在电力系统自动发电控制、自动电压控制等方面的研究及应用作了论述。

为了加深读者对书中内容的理解，特编写了典型工程实例一章，其中凝聚了作者多年的工作经验。

为了保持各章节内容的完整性以及读者阅读的方便性，书中个别章节的少量内容有所重复。

葛维春、蒋建民、蒲天骄、冯志勇、穆云飞、王新迎和徐弢参与了本书编写大纲的制订。蒋建民主持了书稿的编写工作并审阅了全部书稿。第一章、第二章、第八章和第十一章的第一节、第二节由蒲天骄、王新迎、李烨、李时光编著；第三章、第四章、第五章、第六章由冯志勇编著；第七章由徐弢、孟赫编著；第九章和第十一章的第五节由穆云飞、李霞林编著；第十章由李浩编著；第十一章的第三节、第四节由张群编著。沈阳天河自动化工程有限公司的鲁宏艳协助整理了书稿，特此致谢。

在本书编写过程中，参考了大量的文献资料，在此特向文献资料的作者致谢。

由于作者的学术水平所限，书中难免有疏漏之处，敬请读者批评指正。

作者

2020 年 3 月 22 日

术语缩写及其英汉对照

ACE	Area Control Error	区域控制偏差
ACO	Ant Colony Optimization	蚁群优化算法
ADS	Automatic Dispatch System	自动调度系统
AGC	Automatic Generation Control	自动发电控制
ARRA	American Recovery and Reinvestment Act	美国复苏与再投资法案
AVC	Automatic Voltage Control	自动电压控制
BESS	Battery Energy Storage System	蓄电池储能系统
BP	Back Propagation	神经网络
CAES	Compressed Air Energy Storage	压缩空气储能
CCS	Coordinating Control System	机组协调控制系统
CESS	Composite Energy Storage System	复合储能系统
CFRC	Constant Frequency Regulation Control	定系统频率控制方式
CNIC	Constant Net Interchange Control	定净交换功率控制方式
CPS	Control Performance Standard	控制性能标准
CSVC	Coordinate Secondary Voltage Control	协调二级电压控制
DCS	Distributed Control System	分散控制系统
DFIG	Double Fed Induction Generator	双馈感应发电机
DG	Distributed Generator	分布式发电单元
DMS	Distribution Management System	配电调度系统
DNO	Distribution Network Operator	配电网控制器
DOE	Department of Energy	美国能源部
DQN	Deep Q - network	深度 Q 网络
EDC	Economic Dispatch Control	经济调度控制
EFR	Enhanced Frequency Response	快速调频响应
EMS	Energy Management System	能量管理系统
EnWG	Energie Wirtschafts Gesetz	德国能源法案
ESS	Energy Storage System	能量存储设备
FC - TCR	Fixed Capacitor Thyristor Controlled Reactor	固定电容-晶闸管控制电抗器
FFC	Flat Frequency Control	恒定频率控制
FR	Fast Reserve	快速充储备用服务
FS	Flywheel Storage	飞轮储能
FT	Fuzzy Theory	模糊理论

FTC	Flat Tie – line Control	恒定联络线交换功率控制
GA	Genetic Algorithm	遗传算法
GTO	Gate Turn – off Thyristor	可关断晶闸管
HVRT	High Voltage Ride Through	高电压穿越能力
IA	Immune Algorithm	免疫算法
IIC	Inadvertent Interchange Correction	无意交换电量补偿方式
ISO	Independent System Operator	独立系统运营商
KDD	Knowledge Discovery in Database	知识发现（数据挖掘）
LC	Load Controllers	负荷控制器
LCNF	Low Carbon Network Fund	英国低碳网络基金
LDS	Load Dispatch System	负荷分配系统
LF	Load Forecasting	负荷预测
LFC	Load Frequency Control	负荷频率控制
LVRT	Low Voltage Ride Through	低压穿越
MC	local Micro sources Controllers	分布微电源控制器
MEMS	Microgrid Energy Management System	微网能量管理系统
METI	Ministry of Economy，Trade and Industry	日本经济产业省
MG	Micro – Grid	微网
MGCC	Micro – Grid Central Controller	微网中央控制器
MIN – MAR	Minimum Margins	最小边界余量费用
MO	Market Operator	市场运营商
MPPT	Maximum Power Point Tracking	最大功率点跟踪
MSC	Mechanically Switched Capacitor	机械投切电容器
MSC – TCR	Mechanically Switched Capacitor Thyristor Controlled Reactor	机械投切电容器-晶闸管控制电抗器
NASA	National Aeronautics and Space Administration	美国航空航天局
NEDO	New Energy and industrial technology Development Organization	新能源与产业技术综合开发机构
NERC	North American Electric Reliability Council	北美电气可靠性理事会
OPF	Optimal Power Flow	最优潮流
PC	Production Cost	生产成本
PCC	Point of Common Coupling	公共耦合点
PCS	Power Conversion System	功率变换装置
PHES	Pumped Hydroelectric Energy Storage	抽水蓄能
PI	Proporation Integration	比例积分
PID	Proportional – Integral – Derivative	比例-积分-微分
PMSG	Permanent Magnet Synchronous Generator	永磁同步发电机
PR	Proportion Resonant	比例谐振

PSO	Particle Swarm Optimization	粒子群优化算法
PVC	Primary Voltage Control	一级电压控制
QPR	Quasi Proportion Resonant	准比例谐振（调节器）
RC	Reserve Capacity	备用容量
RHCC	Revised Hard Cycle Charge	修正硬充电
RL	Reinforcement Learning	强化学习
RO	Reverse Osmosis	反渗透（海水淡化）
RTU	Remote Terminal Unit	远程终端
SA	Simulated Annealing	模拟退火
SC	Synchronous Condenser	同步调相机
SC	Super Capacitor	超级电容器
SCS	Super Capacitor Storage	超级电容器储能
SGC	Smart Generation Control	智能发电控制
SIS	Supervisory Information System	厂级监控系统
SMES	Superconducting Magnetic Energy Storage	超导储能
SOC	State of Charge	荷电状态
SR	Saturated Reactor	饱和电抗器
STATCOM	Static Synchronous Compensator	静态同步补偿器
STOR	Short – Term Operating Reserve	短期运行备用服务
SVC	Secondary Voltage Control	二级电压控制
SVC	Static Var Compensator	静止无功补偿器
SVG	Static Var Generator	静止无功发生器
SVPWM	Space Vector Pulse Width Modulation	空间矢量脉宽调制
TEC	Time Error Correction	时差校正方式
TLFBC	Tie – line Load Frequency Bias Control	联络线负荷和频率偏差控制方式
TS	Tabu Search	禁忌搜索
TSC	Thyristor Switched Capacitor	晶闸管投切电容器
TSC – TCR	Thyristor Switched Capacitor – Thyristor Controlled Reactor	晶闸管投切电容器-晶闸管控制电抗器
TVC	Tertiary Voltage Control	三级电压控制
UPS	Uninterruptible Power Supply	不间断电源
VQC	Voltage Quality Control	变电站电压无功控制
WECC	Western Electricity Coordinating Council	美国西部电力协调委员会

目录

第一章
现代电力系统自动发电控制主站

第一节 概　　述

自动发电控制（Automatic Generation Control，AGC），是建立在以计算机为核心的能量管理系统（或调度自动化系统）及发电机组协调控制系统之上，并通过高可靠信息传输系统联系起来的远程闭环控制系统。AGC是建设大规模电力系统，实现自动化生产运行控制的一项最基本、最实用的功能。AGC集中地反映了电力系统在计算机技术、通信技术和自动控制技术等领域的应用实践水平和综合水平。因此，AGC也是衡量电力系统现代化水平和综合技术素质的重要标志。

一、AGC 的目的

AGC是以满足电力供需实时平衡为目的，使电力系统的发电出力与用电负荷相匹配，以实现高质量电能供应。其根本任务是实现下列目标：

（1）维持电力系统频率在允许误差范围之内，频率偏移累积误差引起的电钟与标准钟之间的时差在规定限值之内。

（2）控制互联电网净交换功率按计划值运行，交换功率累积误差引起无意交换电量在允许范围之内。

（3）在满足电网安全约束条件、电网频率和互联电网净交换功率计划的情况下，协调参与AGC调节的电厂（机组）按市场交易或经济调度原则优化运行。

二、AGC 的意义

运用AGC技术，可以获得以高质量电能为前提的电力供需实时平衡，提高电网安全、稳定、经济运行水平，更加严格有效地执行互联电网之间的电力交换计划，进一步减轻运行管理人员的劳动强度。对于提高调度中心和发电厂自身的科学技术素质，完善运行管理机制，适应电力系统发展运营的需要，增强在电力市场的竞争实力都具有十分重要的意义。

三、AGC 的重要性

AGC 是一项对基础通信自动化要求高、涉及范围广、相关环节多、管理技术上有一定复杂难度的系统工程。历年来国家电力主管部门颁布了多项关于推进电力调度自动化系统发展的规章制度与文件，明确规定：省级调度自动化系统必须具备 AGC 功能，把实现 AGC 功能作为提高调度自动化系统实用化水平的基本要求；在电力自动化系统的日常运行与生产考核中，AGC 功能是否达到实用化标准，也是衡量一个电网安全文明生产是否达标的必备条件之一。

四、新能源大量接入后对 AGC 的影响

随着新能源的大量接入，其强随机性、预测困难、反调峰等特性使得电网有功控制越发困难。根据新能源在电网中接入的不同位置，其对电网的影响也有较大区别。大型风电场、光伏电站一般通过 35kV/110kV 线路接入系统，经过汇集站汇集之后升压通过 220kV/500kV 通道进行外送；分布式风电、光伏板一般通过 10kV 或 220V 接入低压配网，一般对系统频率影响不大，大规模接入后会使特定区域的负荷预测结果发生变化，进而对该区域的 AGC 策略产生一定影响。

对于前一种接入方式，由于新能源机组功率不可控，电网频率调整必须由传统电厂分担。在大规模新能源接入电网的情况下，随着新能源装机容量在电网中的比重增加，参与电网调频电源容量的比例显著下降，需同步配套相应容量的调频电源，并通过新能源电站的快速实时调度和控制，尽量减轻新能源波动对电网频率的影响，同时降低弃风和弃光量。对于后一种接入方式，分布式接入的新能源大部分不进行定量控制，只当其对电网频率构成一定影响后直接进行切除，待电网裕度提高后再并网控制。随着主动配电网等技术的发展，分布式发电结合储能、可控负荷、需求侧响应以及相应的分布式协调控制等技术，已经能够在一定程度上平抑分布式电源的波动。

如何在保障电网功率频率稳定的情况下尽量提高新能源的渗透率，是当前自动发电控制的重点研究方向。

第二节　频率/有功功率控制意义

一、频率与有功的关系

(一) 静态负频特性

电力系统负荷的变化将引起系统频率的变化，而系统频率的变化又会引起负荷功率的变化，系统负荷 P_L 是系统频率 f 的函数，即

$$P_L = P_{LN} \sum_{i=0}^{n} \alpha_i \left(\frac{f}{f_N}\right)^i \tag{1-1}$$

式中：P_{LN} 为额定频率下系统的有功负荷；f_N 为额定频率；α_i 为与频率的 i 次方成正比的负荷占额定负荷的比例系数。

这种负荷功率随系统频率变化的特性称为静态负频特性。对于不同性质的负荷，相应的负频特性也会有所不同，负频特性系数 K_L 为：

$$K_L = \frac{\Delta P_L}{\Delta f} \tag{1-2}$$

式中：ΔP_L 为负荷变化量；Δf 为频率变化量。

（二）静态功频特性

发电机组中通常装有调速器。当系统负荷发生变化时，在调速器的作用下，可以确定地分配有功功率，维持频率在较小范围内变化。另外，在频率变化时，负荷的静态负频特性对维持频率也会起一定的作用。由调速器和负荷的静态负频特性调节系统频率称为一次调频。

发电机组的静态功频特性系数 K_G 为：

$$K_G = \frac{1}{\sigma_G} = -\frac{\Delta P_G}{\Delta f} \tag{1-3}$$

式中：ΔP_G 为发电机组的有功功率变化量；Δf 为频率变化量；σ_G 为调差系数；负号表示当系统频率下降/上升时，发电机出力将上升/下降。

（三）系统频率特性

综合考虑发电机组的静态功频特性和负荷的静态负频特性，设系统负荷增加 ΔP_L，引起系统频率降低 Δf，则发电机组和负荷两者作用后的系统平衡方程式为：

$$\Delta P_L = -\sum_{i=1}^{n} K_{Gi} \Delta f - K_L \Delta f \tag{1-4}$$

式中：n 为系统中发电机组的总数。

由此可见，系统频率变化不仅与负荷变化有关，还与发电机组的静态功频特性及负荷的静态负频特性有关。取电力系统频率特性系数为：

$$K_S = \sum_{i=1}^{n} K_{Gi} + K_L \tag{1-5}$$

则式（1-4）可表示为：

$$\Delta f = -\frac{\Delta P_L}{K_S} \tag{1-6}$$

二、有功功率电源和备用容量

（一）有功功率电源

有功功率电源出力调整是系统进行频率调节的重要手段。电力系统中的有功功率电源包括火电机组、水电机组、核电机组以及风光等新能源机组与储能装置。各类有功功率电源由于设备容量、机组规格和使用的动力资源的不同有着不同的技术经济特性，必须结合各类电源特点，合理组织运行方式，恰当安排其在系统负荷曲线中的位置，在保证系统频率稳定的同时，提高系统运行的经济性。

1. 火电机组的主要特点

（1）需要支付燃料费用，但运行不受自然条件影响。

（2）不同规格机组效率不同，差异较大。

（3）受锅炉和汽轮机的最小技术负荷的限制，有功出力调整范围小，负荷增减慢，投退费时长，消耗能量多，且易损坏设备。

（4）热电联产机组的热负荷发电功率不可调节。

2．水电机组的主要特点

（1）不需要支付燃料费用，且水能可再生，但其性能不同程度受到自然条件影响，水库式和径流式水电厂出力可调节程度不同。

（2）出力调整范围较宽，负荷增减速度快，机组投退费时短，操作简便，额外耗费小。

（3）水利枢纽承担职责多样，不一定同电力负荷的需求一致。

3．核电机组的主要特点

（1）一次性投资大，运行费用小。

（2）不宜带急剧变动的负荷，机组投退费时长、能耗高。

4．新能源机组的主要特点

（1）随机性与间歇性较强。

（2）反调频与反调峰特性明显。

（3）一般只在弃风/弃光状态下具备调频能力。

（4）与储能装置配合可明显提高调频能力。

5．储能装置的主要特点

（1）能量流动方向转换灵活。

（2）与储能状态有关，能量收放成本较高、影响设备寿命。

（二）备用容量

为保证安全和优质供电，电力系统的有功功率平衡必须在额定运行参数下确立，而且还应具有一定的备用容量。

备用容量按其作用可分为负荷备用容量、事故备用容量、检修备用容量和国民经济备用容量。从另一角度看，在任何时刻运转中的所有发电机组的最大可能出力之和都应大于该时刻的总负荷，这两者的差值就构成一种备用容量，通常称为旋转备用（或热备用）容量。旋转备用容量的作用在于抵偿由于随机事件引起的功率缺额。这些随机事件包括短时间的负荷波动、日负荷曲线的预测误差和发电机组因偶然性事故而退出运行等。因此旋转备用容量中包含了负荷备用容量和事故备用容量。系统中处于停机状态，但可随时待命启动的发电设备可能发出的最大功率称为冷备用容量，它作为检修备用容量、国民经济备用容量及一部分事故备用容量。

三、频率调整

电力系统的负荷是时刻变化的，一般将变化的负荷分量分为三种：第一种是变化周期在 10s 以内、变化幅度较小的负荷分量；第二种是变化周期在 10s 至几分钟之间、变化幅度较大的负荷分量；第三种是变化幅度大、变化周期长（很缓慢）的持续变动负荷分量。

与三种变化的负荷分量相对应，电力系统的有功功率平衡及频率调整也分为一次、二次、三次调频。第一种负荷分量由于周期较短且幅值较小，应由发电机组的调速器自动调节，称为一次调频；第二种负荷分量由于周期稍长且幅值较大，则通过控制发电机组的调频器来跟踪，称为二次调频；第三种负荷分量因其周期长且幅值大，则需要根据负荷预测、确定机组组合并安排发电计划进行平衡，通常称为三次调频。

（一）一次调频

电力系统一次调频是指利用系统固有的负荷频率特性以及发电机的调速器的作用，来阻止系统频率偏离标准的调节方式。电力系统一次调频具有以下特点：

（1）一次调频由原动机的调速系统实施，对系统频率变化的响应快，如果系统频率能够稳住，则该过程一般小于2s。

（2）由于火力发电机组的一次调节仅作用于原动机的进气阀门位置，而未作用于火力发电机组的燃烧系统，其化学能量没有发生变化，只是锅炉中的蓄热暂时改变了原动机的功率，因此随着蓄热量的减少，原动机的功率又会回到原来的水平。因此，火力发电机组参与系统一次调频的作用时间是短暂的，一般为0.5～2min。

（3）发电机组参与系统一次调频采用的调整方法是有差特性法，其优点是所有机组的调整只与一个参变量（系统频率）有关，机组之间相互影响小。

（二）二次调频

二次调频是调度通信中心通过远动通道对发电机组出力进行控制，从而实现对系统频率的无差调节。

1. 二次调频的特点

（1）二次调频无论是采用分散的还是集中的调整方法，其作用均是对系统频率实现无差调整。

（2）对于在具有协调控制的火力发电机组，由于受能量转换过程的时间限制，频率二次调节对系统负荷变化的响应比一次调节要慢，它的响应时间一般需要1～2min。

（3）在二次调频中，对机组功率往往采用简单的比例分配方式，常使发电机组偏离经济运行点。

2. 二次调频的作用

（1）系统二次调频响应较慢，不能对那些快速变化的负荷随机波动进行调整，但能有效地调整分钟级和更长周期的负荷波动。

（2）系统二次调频可以实现电力系统频率的无差调节。

（3）由于响应时间不同，系统二次调频不能代替一次调频的作用；而二次调频发挥作用的时间与一次调频作用开始逐步失去的时间基本相当，因此二者若在时间上配合好，在系统发生较大扰动时对快速恢复系统频率相当重要。

（4）系统二次调频带来的是发电机组偏离经济运行点的问题，需要由频率的三次调节（功率经济分配）来解决；同时，集中式控制也为三次调频提供了有效的闭环控制手段。

（三）三次调频

三次调频又被称为区域跟踪控制、经济调度、发电机组有功功率经济分配，主要任务是经济、高效地实施功率和负荷的平衡。

1. 三次调频要解决的问题

（1）以最低的开、停机成本（费用）安排机组组合，以适应日负荷的大幅度变化。

（2）在发电机组之间经济地分配有功功率，使得发电成本（费用）最低。在地域广阔的电力系统中，则需考虑发电成本（发电费用）和网损（输电费用）之和最低。

（3）为预防电力系统故障对负荷的影响，在发电机组之间合理地分配备用容量。

（4）在互联电力系统中，通过调整控制区之间的交换功率，在控制区之间经济地分配负荷。

2. 三次调频的主要特点

电力系统三次调频与一次、二次调频的区别较大，见表 1-1。其主要特点如下：

（1）电力系统三次调频不仅要对实际负荷的变化作出反应，更主要的是要根据预计的负荷变化，对发电机组有功功率事先作出安排。

（2）电力系统三次调频不仅要解决功率和负荷的平衡问题，还要考虑成本或费用的问题，需控制的参变量更多，需要的数据更多，算法也更复杂，因此执行周期相对较长。

系统三次调频的主要目的是针对一天中变化缓慢的持续变动负荷安排发电计划，在发电功率偏离经济运行时要重新进行经济分配，其在频率控制中的作用主要是提高控制的经济性。但是，发电计划安排的优劣对系统二次调频的品质有重大的影响，如果发电计划与实际负荷的偏差越大，则频率二次调节所需的调节容量就越大，承担的压力越重。因此，应尽可能提高频率三次调节的精确度。

表 1-1　　　　　　　　　　三级负荷频率控制的特性对比

调频类别	区域性	是否有差	是否优化	时间级
一次调频	本地	有差	无	小于 1s 级
二次调频	全局	无差	无	10s 级
三次调频	全局	无差	有	分钟级

第三节　AGC　原　理

一、基本原理

负荷变化引起系统频率与发电出力变化的过程如图 1-1 所示。

图 1-1 中曲线分别为静态负频特性曲线及发电机的静态频率特性曲线。原先系统负荷 P_L 与发电出力平衡时，系统频率为 f，运行点位于 a。当负荷增加 $\Delta P_L = P_L' - P_L$ 而变为 P_L'，即负荷的频率特性突然向上平移到 P_L'，运行点瞬间由 a 移到 b。如果发电机组调速器不起作用，出力仍

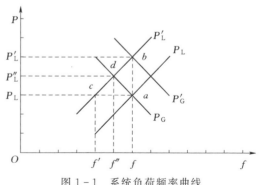

图 1-1　系统负荷频率曲线

为 P_L，将引起系统频率下降，沿负荷的频率特性达到平衡，运行点由 b 移到 c。此时频率为 f'，频率变化量 $\Delta f' = f' - f$。由于发电机组调速器的作用，将因频率的下降而增加出力，沿机组的功频静态特性，运行点从 a 向 d 移动，与负荷的频率特性直线相交于 d，达到新的平衡。此时负荷为 P''_L，发电机组增加的出力为 $\Delta P''_L = P''_L - P_L$，频率为 f''，频率变化量 $\Delta f'' = f'' - f$，且 $\Delta f'' < \Delta f'$，显然比单靠负荷的频率特性造成的频率偏移要小。这一过程就是频率的一次调节。由于 $f'' < f$，因而是有差调节。当负荷增加很大时，频率可能会降低到不允许的程度。

如果把发电机组的功频静态特性向上平移与 P'_L 相交于 b 点，则所对应的频率就可恢复到原来的 f，此时发电机组增加的出力为 $\Delta P'_L = P'_L - P_L$，达到供需平衡，从而实现了无差调节。这一过程就是频率的二次调节。

因为二次调节由电力系统中承担调节任务的发电机组通过其调频器来完成，所以在人工调节方式下，通常是指定调节裕度大、响应较快的主调频厂来担任，在一个主调频厂满足不了要求时，还要选择一些辅助调频厂参与；自动调节方式下，则由电网调度中心通过发电机组的调功装置来实现，这就是 AGC 的任务，所以二次调节也称为负荷频率控制（Load Frequency Control，LFC）。

三次调节则按电网调度中心事先给定的发电计划曲线调整发电机组功率来完成，在人工调节方式下按负荷预测给出的曲线执行，但不容易满足在线经济调度。人工调节方式的缺点是显而易见的，首先是反应速度较慢，难以及时跟踪负荷的变化，更不容易反映负荷变化的趋势，在大幅度调节时，往往不符合复杂经济分配原则和安全约束条件，因此，需要采取自动调节措施。AGC 正是利用先进的技术手段来取代人工所作的二、三次调节。

二、区域控制偏差计算与处理

1. 初始 ACE 计算

区域控制偏差（Area Control Error，ACE）反映了电力系统供需实时平衡关系的计算结果，每隔一定的周期 ACE 将被计算一次。正的 ACE 值被认为是过发电，而负的 ACE 值被认为是欠发电。

AGC 的控制区域是指包含实现 AGC 控制目标的联络线走廊和发电机组在内的电力系统。

AGC 的控制目标不同，采取的算法也不同，其计算结果将不相同。AGC 的典型日 ACE 曲线如图 1-2 所示。

对于独立电力系统，ACE 只需要反映频率变化，因此 ACE 仅定义为频率的函数，其算法为：

$$ACE = 10K_S \Delta f \quad (1-7)$$

式中：K_S 为系统频率系数，MW/0.1Hz；$\Delta f = f_a - f_s$，f_a 为实际频率，Hz；f_s 为计划频率，Hz。

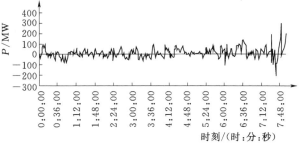

图 1-2 典型日 ACE 曲线

2. ACE 滤波、补偿及趋势预测

电力系统的频率和联络线交换功率绝不可能是一个恒定值，从 ACE 算法计算出来的偏差值是原始值（RAW ACE），具有很大的随机性，将 RAW ACE 按傅里叶级数展开，可知 RAW ACE 由一系列不同频率的分量组成，其频谱很宽。分析这些分量，可知频率越高的分量，其幅值越小；峰突越尖锐，衰减越快。要求 AGC 闭环控制系统紧紧跟随这些变化几乎是不可能的，因为电力系统的响应速率是有限的，发电机组刚开始响应一个尖峰，紧接着变成了一个低谷。所以必须滤除那些快速变化的高频分量，使闭环控制系统只调节那些与发电机组响应速率相匹配的变化成分，这就需要对高频分量进行滤波。在 AGC 中采用的是巴特沃斯（Butterworth）低通滤波器，具有如下传递函数：

$$\frac{1}{1+W^{2n}} \tag{1-8}$$

式中：n 为滤波器阶数。

为了方便运行操作，通常设置三个不同的时间常数，以提供三个性质相同而响应速度不同的滤波器，被称之为快速、中速、慢速滤波器。

ACE 在经过多次计算之后，会产生累积误差，累积补偿的目的就是当误差大于一定的限度时采取适当的修正措施附加到 ACE 的最终结果当中。

为防止 AGC 在即将实施调节控制时 ACE 出现反转趋势而导致过调，较好的办法是在的最后几个计算周期对 ACE 的发展趋势提供预测评估，并将预测结果应用于 ACE 的调节处理当中。

最后提供给 AGC 使用的 ACE 是经高频分量滤波，累积误差补偿、趋势预测计算处理后的综合结果，作为 AGC 控制决策的依据。由 LFC 据此按照一定的控制策略再分配给受控发电机组完成调节。

三、控制方式

当 AGC 投运之后，其工作流程如图 1-3 所示。从图 1-3 中可以看出 AGC 工作流程的基本情况。

（1）按照选定的 ACE 算法从数据采集与监视控制系统（Supervisory Control and Data Acquisition，SCADA）实时数据库中提取当前频率遥测值并与频率基准值相比较，计算出频率偏差；从 SCADA 实时数据库中提取当前联络线交换功率的合计值并与联络线净交换功率计划值相比较，计算出联络线有功功率偏差，求出区域控制偏差值的原始值 RAW ACE。

（2）启用低通滤波器对 RAW ACE 进行滤波，对 ACE 进行时差、误差补偿和趋势预测修正得出可用于调节控制的 ACE 结果值。

（3）判断 ACE 大小和落入的控制区段，决定控制策略，计算出控制区域的有功功率要求和规范化的分配系数。

（4）根据当前控制区段和机组参与调节的模式组合结合分配系数分别计算各受控发电机组的期望发电值，比较期望发电值和实际功率计算机组控制偏差并判断功率的增减方向。

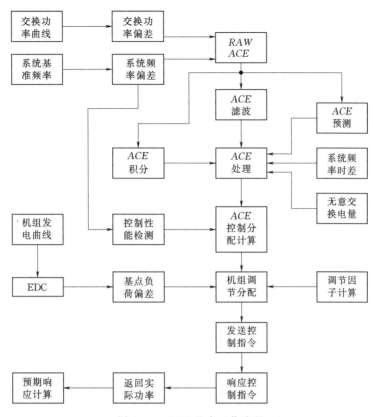

图 1-3　AGC 基本工作流程

（5）根据机组调节速率计算控制周期以决定是否可以向机组发出调节指令，如果机组上次调节周期结束，则经远动通道向发电厂控制器（PLC）或直接向机组单元控制器（LCU）发出调节指令，否则等待调节周期结束。

（6）发电厂控制器（PLC）或机组单元控制器（LCU）接收调节指令并作出响应。

（7）从 SCADA 实时数据库中提取机组实际发电功率，计算预期响应情况。

第四节　互联电力系统 AGC

一、互联电力系统的自动调频特性

互联电力系统中有功功率平衡需要联网各区域控制协同配合。考虑 A、B 两个互联的电力系统，其负荷变化与发电机出力调节的平衡方程式为：

$$\Delta P_{LA} + \Delta P_{AB} - \Delta P_{GA} = K_{SA}\Delta f \tag{1-9}$$

$$\Delta P_{LB} - \Delta P_{AB} - \Delta P_{GB} = K_{SB}\Delta f \tag{1-10}$$

式中：ΔP_{LA}、ΔP_{LB} 为系统 A、系统 B 的负荷变化量；ΔP_{GA}、ΔP_{GB} 为系统 A、系统 B 的发电机出力变化量；ΔP_{AB} 为系统 A、系统 B 联络线交换功率变化量；K_{SA}、K_{SB} 为互联前 A、B 两系统的单位调节功率；Δf 为频率变化量。

式（1-9）和式（1-10）相互代入可得：

$$\Delta f = \frac{(\Delta P_{LA} - \Delta P_{GA}) + (\Delta P_{LB} - \Delta P_{GB})}{K_{SA} + K_{SB}} \qquad (1-11)$$

联络线交换功率变化 ΔP_{AB} 的平衡方程式为：

$$\Delta P_{AB} = \frac{K_{SA}(\Delta P_{LB} - \Delta P_{GB}) - K_{SB}(\Delta P_{LA} - \Delta P_{GA})}{K_{SA} + K_{SB}} \qquad (1-12)$$

如果系统 A、系统 B 互联的电力系统中系统 A 发生负荷变化，若该系统调节能力能满足其负荷变化，则 $\Delta f = 0$，且 $\Delta P_{AB} = 0$。否则 $\Delta f \neq 0$，且 $\Delta P_{AB} \neq 0$。要使 $\Delta f = 0$，必须使得 $\Delta P_{LA} = \Delta P_{GA} + \Delta P_{GB}$，此时系统 A 受入的联络线交换功率变化为：

$$\Delta P_{AB} = \frac{-K_{SA}\Delta P_{GB} - K_{SB}(\Delta P_{LA} - \Delta P_{GA})}{K_{SA} + K_{SB}} \qquad (1-13)$$

同样，如果系统 B 发生负荷变化，若该系统调节能力能满足其负荷变化，则 $\Delta f = 0$，且 $\Delta P_{AB} = 0$。否则 $\Delta f \neq 0$，且 $\Delta P_{AB} \neq 0$。要使 $\Delta f = 0$，必须使得 $\Delta P_{LA} = \Delta P_{GA} + \Delta P_{GB}$，此时系统 A 送出的联络线交换功率变化为：

$$\Delta P_{AB} = \frac{K_{SA}(\Delta P_{LB} - \Delta P_{GB}) + K_{SB}\Delta P_{GA}}{K_{SA} + K_{SB}} \qquad (1-14)$$

显然，当系统 A、系统 B 负荷变化时，要使 $\Delta f = 0$，且 $\Delta P_T = 0$，应同时使 $\Delta P_{LA} = \Delta P_{GA}$、$\Delta P_{LB} = \Delta P_{GB}$，这也就意味着互联电力系统中各系统应努力维持各自的负荷平衡。否则，要使得 $\Delta f = 0$，将出现相互支援。

由此可见，互联电力系统中的频率变化取决于总的系统发电出力变化和总的系统频率系数。联络线交换功率变化与线路两侧系统的发电出力变化有关，增加发电出力的系统将通过联络线将多余的有功功率送给相连系统；减少发电出力的系统则通过联络线将缺少的有功功率从相连系统吸收过来。由于互联电力系统容量很大，相应的负荷变动幅度很大，系统频率系数也较大。在全系统中指定若干个发电厂进行调频是不能满足要求的，因为在各控制电网内部有较强的联系，往往相互之间是较弱的联系。联络线的交换功率受传输容量的限制，必须满足安全稳定要求，在市场经济情况下还要受交易合同的限制，所以互联电力系统的有功功率平衡要考虑互连电网的联络线交换功率。正常情况下，互联电力系统各区域首先要负责自己控制内的有功功率平衡，分别控制联络线交换功率，在此基础上，再由其中相对中央的区域负责调节系统频率。在扰动情况下，各区域一方面负责自己控制内的有功功率平衡，另一方面，富裕区域在安全稳定约束的前提下向缺额区域提供支援，直到扰动消除。

二、互联电力系统的控制区域和区域控制偏差

1. 电力系统的控制区域

控制区域是指通过联络线与外部相联的电力系统。如图 1-4 所示，在控制区域之间联络线的公共边界点上，均安装了计量表计，用来测量并控制各区域之间的功率及电量交换。计量表计采用不同的符号分别表示，以有功功率送出为正，受进为负。

图 1-4 互联电力系统控制区域示意图

电力系统的控制区域可以通过控制区域内发电机组的有功功率和无功功率来维持与其他控制区域联络线的交换计划，并且维持系统的频率及电压在给定的范围之内，维持系统具有一定的安全裕度。

2. 互联电力系统的区域控制偏差

对于互联电力系统，若 ACE 仅反映控制联络线净交换功率的变化，使其达到期望值，因此 ACE 可定义为控制净交换功率的函数，其算法为：

$$ACE = \Delta P_T \tag{1-15}$$

$$\Delta P_T = P_a - P_s$$

式中：P_a 为实际交换功率；P_s 为计划交换功率。

如果同时附加频率响应，则相应的算法为：

$$ACE = \Delta P_T + 10 K_s \Delta f \tag{1-16}$$

如果考虑频率的累积调节误差造成的标准时间与电钟时间时差修正，则相应的算法为：

$$ACE = \Delta P_T + 10 K_1 \Delta f + d_2 T \Delta t \tag{1-17}$$

式中：d_2 为反调锁定因子（0，1）；T 为时间偏差修正系数，MW/s；Δt 为标准时间与电钟时间偏差，s。

如果考虑联络线交换功率的累积调节误差补偿，则相应的算法为：

$$ACE = \Delta P_T + 10 K_s \Delta f + d_1 R \Delta e \tag{1-18}$$

式中：d_1 为反调锁定因子（0，1）；R 为偿还比例（0.1~1）；Δe 为无意交换电量。

完整的 ACE 算法为：

$$ACE = \Delta P_T + 10 K_s \Delta f + d_1 R \Delta e + d_2 T \Delta t \tag{1-19}$$

三、单控制区的 AGC 控制方式

区域控制方式是指实现 AGC 控制目标的控制模式，也就是选择 ACE 算法的调度操作方式。通常有以下五种模式：

1. 定系统频率控制方式（Constant Frequency Regulation Control，CFRC）

这种方式的 ACE 只反映系统频率的变化，采用式（1-7）算法。参照系统频率系数，调节受控发电机组的功率，使系统频率达到基准值。

2. 定净交换功率控制方式（Constant Net Interchange Control，CNIC）

这种方式的 ACE 仅反映互联电网的有功交换功率，采用式（1-15）算法。按照互联电网交换功率计划，调节受控发电机组的功率，使联络线净交换功率达到计划值。

3. 联络线偏差控制方式（Tie Line Bias Control，TLBC）

这种方式的 ACE 同时反映系统频率的变化和互联电网的有功交换功率，采用式（1-16）算法。

4. 时差校正方式（Time Error Correction，TEC）

这种方式被用来解决频率调节累积误差造成标准时钟与电钟时差的辅助修正手段，采用式（1-17）算法。

5. 无意交换电量补偿方式（Inadvertent Interchange Correction，IIC）

作为解决联络线交换功率调节累计误差造成无意交换电量的辅助修正手段，采用式（1-18）算法。

四、多区域控制策略的配合

互联电力系统进行负荷功率控制的基本原则是在给定的联络线交换功率条件下，各个控制区域负责处理本区域发生的负荷扰动。只有在紧急情况下，才给予相邻系统以临时性的事故支援。

第五节　新能源接入的自动发电控制

一、新能源发电控制原则

风电/光伏等新能源接入电网的技术规定中明确指出：风电场/光伏电站需具备根据电力调度部门的指令来控制其输出有功功率的能力。所以电网 AGC 需能够对所辖风电场/光伏电站进行有功功率控制。遵循清洁能源优先调度以及多接纳清洁能源发电等原则，风电/光伏的控制策略如下：

（1）当区域调节功率向下调节时，若常规电源下备用足够，只下调常规电源机组出力；若常规电源下备用不足时，再考虑弃风/弃光。

（2）当区域调节功率向上调节时，若风电/光伏有上调的空间，优先增加风电/光伏出力，然后再增加常规电源机组出力。

（3）若某时段电网存在风电/光伏受限状态时，小幅减少常规电源机组出力，同时等比例增加风电/光伏出力，直至受限解除或接近常规电源下备用极限。

在一般情况下，风电机组不参与系统调频。在一些新能源发电发展较为发达的国家中，德国只要求风电机组在高频时候可减出力（即采用放弃部分风能的做法）；英国要求参与调频，但一般不用；丹麦要求在大规模、集中接入、远距离输送的大型风电场留有一定的调节裕度（即采用弃风方式保留一定的调整容量），不仅参与调频，还参与调峰。我国现行的标准没有对于风电机组参与系统调频提出要求，现有运行风电机组均不参与系统频率调整。

二、考虑新能源接入的自动发电控制框架

传统的有功调度模式由日前（日内）发电计划机组、实时协调机组和 AGC 机组在时间上相互衔接，构成了实时调度运行框架，为区域电网的有功调度提供了可靠的保障。受机组自身运行特性和风力发电的不确定性影响，风电机组难以具备像常规水、火电机组一样的功率调节能力。将风电机组纳入区域电网的有功调度与控制框架，应采取基于风电功率预测的发电计划跟踪为主，风电机组直接参与调频为辅（简称为辅助调频）的控制原则。

考虑风电接入的区域电网有功调度框架如图 1-5 所示。

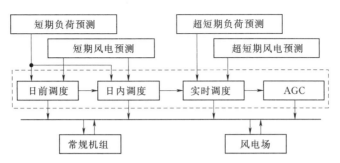

图 1-5 考虑风电接入的区域电网有功调度框架

与传统的有功调度模式相比，风电接入后新增的主要功能如下。

1. 短期与超短期风电功率预测

采用多时间维度的风电功率预测，并结合相同时间级的负荷预测、网络拓扑、检修计划等，综合考虑电网的安全约束，实现经济目标最优的发电计划优化编制。其中，短期风电功率预测主要用于安排日前和日内计划，超短期风电功率预测则主要用于编制实时调度计划。

当风力发电容量占总发电容量比例不大时，风电计划功率即为预测值，并作为"负"的负荷参与发电计划优化编制，其预测偏差主要通过常规 AGC 机组的实时调节来平衡。随着风力发电容量所占比例的不断增加，需要将风电机组与常规机组一并纳入调度计划优化模型，通过机组组合与经济调度算法，同时生成风电机组和常规机组的发电计划。由于风电功率预测可能存在较大偏差，必须在优化模型中为常规机组留有足够的旋转备用。值得注意的是，单纯从电网运行的经济性考虑，并非消纳风电越多越好，因为消纳风电是以增加常规机组的旋转备用为代价的，而且风电消纳能力还受到电网安全约束的影响。

风电场 AGC 负责将区域电网制订的发电计划分解至风电机组，通过改变桨距角限制功率输出、启停风电机组等一系列手段实现跟踪控制。与常规发电机组类似，风电场计划曲线的执行效果可通过响应精度、响应时间等指标来量化评估。

2. 辅助调频控制

风电机组功率输出特性决定了其有功出力随着风力的变化而变化，因此风电机组参与电网调频的能力非常有限，一般仅作为常规机组 AGC 的辅助调节手段，在紧急情况下贡献出有限的调节能力。

风电机组参与辅助调频的主要方式如下：

（1）高频减出力调节，即放弃部分风能。

（2）低频增出力调节，这要求机组在正常情况下"降额发电"，始终留有一定的备用裕度，以备在常规机组调频能力不足时提供临时性支援。

值得一提的是，风电机组参与调频是以牺牲经济性为代价的，电网原则上还是要优先调节常规发电机组。

风电场实际控制环节，可采用类似传统 AGC 的遥调方式，将风电场的有功指令通过指定链路下发。此外，还可以通过遥控方式投切风电机组并网馈线开关，实现风电机组的启停控制。由于风电机组不宜频繁启停，一般不作为常规调节手段，仅用于紧急情况。

第六节 AGC 主站功能

一、AGC 主站架构

AGC 主站软件通常包括负荷频率控制、在线经济调度、生产成本、负荷预报与备用容量计算等模块，下面做简要介绍。

（一）负荷频率控制

负荷频率控制（Load Frequency Control，LFC）的功能是以一定的周期（4～60s可调），按照给定的区域控制方式选定相应的算法，计算出 ACE，然后按照一定的控制策略将消除偏差的期望值分配给受控发电机组，力图使 ACE 趋于零或进入预先规定的死区范围，以解决电力供需的实时平衡，实现 AGC 的目的。LFC 根据 ACE 的计算结果，通过调节受控发电机组来消除系统频率和联络线交换功率的偏差，这一功能称为偏差调节，也叫 ACE 调节。

（二）经济调度控制

经济调度控制（Economic Dispatch Control，EDC）的功能是以一定的周期（5min可调），确定发电机组间最经济的出力分配，同时考虑发电机组的响应速率、运行限值和调节边界余量，EDC 的输出为一组经济基点和一组经济参与系数。通常采用最小边界余量费用（Minimum Margins，MIN-MAR）算法来计算可调节发电机组的经济基点，每次 EDC 运行时对参与调节的发电机组均按当时的负荷值和控制区域交换功率来进行调度。LFC 根据 EDC 提交的发电机组经济基点值来计算期望发电出力，使其运行在最优负荷水平，使发电成本最小，这一功能称为基点调节。如果系统负荷在两次 EDC 执行期间受到大幅扰动，则由 EDC 最后计算出的一组经济基点将不再有效，必须待 EDC 再次运行后给LFC 提交对应于扰动时的一组新的经济基点。若可调节发电机组的运行限值变高或变低，或者某发电机组进入或退出调节，EDC 将都自动重新运算。

（三）生产成本

生产成本（Production Cost，PC）模块计算各机组和系统的每小时与每天的生产成本，用于计算各机组的基点功率。

（四）负荷预报

负荷预报（Load Prediction，LP）的功能为经济调度程序提供系统下 1h 内每 5min的负荷。

（五）备用容量计算

备用容量（Reserve Capacity，RC）计算模块计算各发电机的备用容量给其他模块使用，并提示给调度员。

二、负荷频率控制基本流程

（一）ACE 计算

1. 原始 ACE 计算

主站中 AGC 的控制模式有三种，即联络线负荷和频率偏差控制（Tie-line Load

Frequency Bias Control，TLFBC）、恒定频率控制（Flat Frequency Control，FFC）、恒定联络线交换功率控制（Flat Tie - line Control，FTC），计算公式分别为式（1－16）、式（1－17）、式（1－15）。

2. 平滑滤波

电力系统的频率和联络线交换功率是时刻变化的，从 ACE 计算出来的值是原始值，具有很大的随机性，将其按傅里叶级数展开，可知原始 ACE 是由一系列不同频率的分量组成，其频谱很宽。分析这些分量，可知频率越高的分量，其幅值越小；峰突越尖锐，衰减越快。由于电力系统的响应速率有限，要求 AGC 紧紧跟随这些变化是不可能的，所以需要对原始 ACE 进行滤波，以达到平滑控制目的。平滑 ACE 计算公式如下：

$$SACE(t) = \gamma ACE(t) + (1-\gamma)SACE(T) \tag{1-20}$$

式中：ACE 为原始值；SACE 为平滑后的 ACE 值；γ 为平滑系数；t、T 为上周期 ACE 计算时间。

（二）区域调节功率

确定了用于控制所需的 ACE 后，就需要调度本区域中参与 AGC 调节的发电机组，调整其有功出力来消除偏差，这首先需要根据 ACE 计算区域调节功率。

AGC 的区域调节功率计算方法为：

$$P_R = -G_P SACE - G_I IACE \tag{1-21}$$

式中：G_P 为比例增益系数；G_I 为积分增益系数；SACE 为平滑滤波后的 ACE 值；IACE 为 ACE 的积分值，为当前考核时段（如 10min）累计的 ACE 积分值。

式（1－21）中等号右侧的负号则表示，ACE 为负值时，应增发功率；ACE 为正值时，应减少功率。

（三）控制策略

在 AGC 的控制过程中，需要划分控制区段，表示 ACE 的严重程度，并制订与之相适应的控制策略，如图 1－6 所示。

图 1－6 ACE 控制区段

1. ACE 控制区段与控制策略

（1）死区。在此区段 ACE 很小，发电机组不作任何调节。

（2）正常区。在此区段 ACE 较小，参与正常调节的发电机组动作。

（3）帮助区。在此区段 ACE 较大，参与正常调节和帮助调节的发电机组动作，若调节能力不足时，部分参与紧急调节的发电机组进行辅助调节。

（4）紧急区。在此区段 ACE 过大，所有参与调节的发电机组动作，若调节能力仍不足，部分不调节的发电机组立即参与进行辅助调节。当偏差消除之后，参与辅助调节的发电机组重新跟踪基点功率。

为保证 AGC 平滑稳定地实现电力供需的实时平衡，避免在减小 ACE 的过程中出现过调或欠调，可结合按频率偏移程度划分区段的方法进行控制，如图 1-7 所示。

图 1-7　频率偏移控制区段

2．频率偏移控制区段与控制策略

（1）松弛区。在此区段频率偏差很小，当 ACE 小于等于给定松弛区值时，不调整发电机组出力；当 ACE 大于给定死区值时，为防止无意电量偏差增大或频率偏差反向，可调整机组出力使 ACE 向相反方向变化，直到小于给定松弛区值。此时只需参与正常调节的发电机组动作。

（2）正常区。在此区段频率偏差较小，当 $ACE \cdot \Delta f < 0$，为保证 ACE 对频率的帮助作用可不调整机组出力；当 $ACE \cdot \Delta f > 0$，且 ACE 大于给定死区值时，调整机组出力使 ACE 与频率偏差符号相反。参与正常调节的发电机组立即动作，若调节能力不足，可令部分参与帮助调节的发电机组进行辅助调节。

（3）紧急区。在此区段频率偏差较大，当 $ACE \cdot \Delta f < 0$，为保证 ACE 对频率的帮助作用可不调整机组出力；当 $ACE \cdot \Delta f > 0$，调整机组出力使 ACE 与频率偏差符号相反。所有参与调节的发电机组立即动作，若调节能力仍不足，部分不调节的发电机组立即参与进行辅助调节。当偏差消除之后，参与辅助调节的发电机组重新跟踪基点功率。

（四）机组控制模式

机组控制模式由基点功率模式和调节功率模式组合而成。

1．基点功率模式

（1）实时功率。机组的基点功率取当前的实际出力。

（2）计划控制。机组的基点功率由电厂或机组的发电计划确定。

（3）人工基荷。机组的基点功率为当时的给定值。

（4）实时调度。机组的基点功率由实时调度模块提供。

（5）等调节比例。将该类机组的总实际出力按相同的上（下）可调容量比例进行分配，得到各机组的基点功率。

（6）负荷预测。机组的基点功率由超短期负荷预报确定，这类机组承担由超短期负荷预报预计的全部或部分负荷增量。

（7）断面跟踪。机组的基点功率由断面的传输功率确定，用来控制特定断面的传输功率。

（8）遥测基点。机组的基点功率是指定的实时数据库中某一遥测量、计算量或其他程序的输出结果。

2．调节功率模式

（1）不调节。任何时候都不承担调节功率。

（2）正常调节。任何需要的时候都承担调节功率。

（3）帮助调节。在帮助区或紧急区时承担调节功率。

（4）紧急调节。只在紧急区时才承担调节功率。

三、时差修正

AGC在控制过程中，应及时纠正系统频率偏差产生的时钟误差和净交换功率偏离计划值时所产生的无意交换电量。

用于控制的 ACE 在计算时需要考虑时差校正和无意交换电量校正。时钟误差作为量测量可从SCADA获取，考虑时差校正 ACE 计算公式为式（1-17）。

四、功频调差系数设定

在区域控制偏差指标的计算中，功频调差系数 B 的确定是进行计算的前提。理论上，系数 B 的计算主要有固定系数法和动态系数法两种。

（一）固定系数法

功频调差系数 B 可以采用固定的值，每年设定一次。根据运行经验，系数 B 可以按年度的最高预计负荷的百分数来设定，大多数控制区的功频调差系数为年度的最高预计负荷的（1%～1.5%）/0.1Hz。为避免偏离频率响应特性 β 较多，对固定的功频调差系数，应通过对控制区高峰时段多次系统扰动时频率响应特性的分析，取其平均值来设定。

区域 i 的频率响应特性 β_i 的实测计算公式为：

$$\beta_i = -\frac{\Delta P_{Li} - \Delta P_{ti}}{10\Delta f} \qquad (1-22)$$

式中：ΔP_{Li} 为扰动引起的功率损失；ΔP_{ti} 为扰动发生后二次调频作用发生前的联络线功率变化量；Δf 为扰动稳定后二次调频发生前的系统频率值与系统扰动前频率值的差值。

这些量可以通过记录扰动源明确的扰动事件发生前后的数据记录得出。

（二）动态系数法

根据电力系统频率响应特性性质的分析，电力系统的频率响应特性具有随时间变化和非线性的特点。为了使功频调差系数 B 在任何时候、任何情况下尽可能接近频率响应特性 β，可以采用线性的或非线性的可变参数来设定，该参数应通过对负荷、发电机组功率、调速系统特性等因素的频率响应特性的分析来确定。其分析计算公式为：

$$B = B_L + B_G \qquad (1-23)$$

式中：B_L 为负荷对频率的相应系数；B_G 为发电机组对频率的相应系数。

B_L 可以采用正比于系统负荷的参数来表示，即

$$B_L = P_L \cdot LR \qquad (1-24)$$

式中：P_L 为当前的负荷，MW；LR 为单位负荷对频率的响应率，1/0.1Hz。

B_G 的计算须考虑发电机组调速系统的不灵敏区、调差系数、发电机组的备用出力情况，计算表达式为：

$$B_G = K_{Gres} \cdot DB \cdot C \qquad (1-25)$$

式中：DB 为考虑发电机组调速系统不灵敏区的参变量；C 为发电机组调速系统调差系数的调整常数；K_{Gres} 为当前所有正在发电、但发电出力尚未达到额定容量的单台发电机组的功频调差系数 K_G（MW/0.1Hz）的总和。

实施动态系数法的技术条件并不具备，目前还没有这种方法的应用报道。

五、性能评价标准与参数确定

（一）区域控制标准（A/B）

理想情况下，*ACE* 应保持为零，这事实上是不可能的。正常情况下，*ACE* 应周期性地过零，以保证 *ACE* 减少到最小，并希望 *ACE* 的平均值小于一定的限度。为评价 AGC 对联络线净交换功率及系统频率偏差的控制性能，北美电气可靠性理事会（NERC）早在 1973 年就提出区域控制标准（A/B），并被广泛采用。该标准以减小 *ACE* 作为评价区域控制性能的依据，包含正常和扰动情况两组两个标准（A 和 B）。A 标准定义了以下两个准则：

A1 准则：每 10min 内 *ACE* 至少过零一次。

A2 准则：每 10min *ACE* 的平均值必须保持在区域负荷变化率的限值以内。

区域负荷变化率的计算公式为：

$$L_d = 0.025\Delta L + 5 \quad (\text{MW}) \tag{1-26}$$

式中：ΔL 指控制区域在冬季或夏季高峰时段，日小时负荷最大变化量，或指控制区域在一年中，任意 10h 电量变化量（增或减）的平均值；5 为经验系数，可取 0 到 10。

当电力系统发生负荷扰动时（区域负荷变化率不小于 $3L_d$ 被认为发生扰动），希望 *ACE* 能够尽快地减小，以消除扰动的影响，因此 B 标准定义了以下两个准则：

B1 准则：10min 内 *ACE* 必须返回到零。

B2 准则：1min 内 *ACE* 必须向减小方向变化。

违反 A/B 标准所占用的时间被称为不合格时间。按 A/B 标准进行评价，控制合格率必须不小于 98%，并争取不小于 99%，其计算公式为：

$$控制合格率 = \frac{AGC 功能投运时间 - ACE 不合格时间}{AGC 功能投运时间} \times 100\% \tag{1-27}$$

A/B 标准在实际控制过程中存在的明显缺陷如下：

（1）A/B 标准除了在定频率控制和定频率与联络线净交换模式中，*ACE* 的算法以代数的形式反映了电力系统的频率偏差程度之外，并没有直接针对频率偏差的控制效果作为评价区域控制性能的依据。

（2）A1 准则要求 *ACE* 经常过零，本来控制的主要目的是保证频率的质量，但 A1 准则不论频率偏差如何，为使 *ACE* 减少并在 10min 内过零，将迫使发电机组出力做出无益于缓解系统频率偏差的调节，在一些情况下增加了发电机组的无谓调节。

（3）A2 准则要求严格按 L_d 控制 *ACE* 的 10min 平均值，然而在某控制区域发生事故时，与之相联的控制区域在未修改交换计划前，难以提供较大的支援。

A/B 控制指标要求如图 1-8 所示。

（二）控制性能标准（CPS）

因为 A/B 标准并不完美，北美电气可靠性理事会（NERC）在总结 A/B 标准的运行经验之后，针对其存在的缺陷，于 1996 年推出了新的控制性能标准（Control Performance Standard，CPS）。CPS 以减小电力系统频率偏差作为评价区域控制性能的基

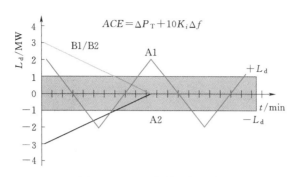

图 1-8　A/B 控制指标要求

本判据，充分考虑了 ACE 对系统频率的补益作用，因此国外电力系统很快便采用了这一标准。

CPS 包含 $CPS1$ 和 $CPS2$ 两个评价指标：

（1）$CPS1$ 标准。在给定期间，控制区域的 ACE 的 1min 平均值与 1min 频率偏差的平均值（Δf）的乘积，除以 10 倍的频率偏差系数（B_i），应小于年实际频率与标准频率偏差 1min 平均值的均方差（ε_1^2）。

计算公式为：

$$\frac{\sum(ACE_{AVG-min} \cdot \Delta f_{AVG-min})}{-10nB_i} \leqslant \varepsilon_1^2 \tag{1-28}$$

式中：ε_1 为上一年度实际频率与标准频率偏差 1min 平均值的均方根；$ACE_{AVG-min}$ 为控制区域的 ACE 的 1min 平均值；n 为分钟数；B_i 为控制区的系统频率系数，MW/0.1Hz，带负号；$\Delta f_{AVG-min}$ 为 1min 频率平均值。

（2）$CPS2$ 标准。在 1h 六个时间段，控制区域 ACE 的 10min 平均值，必须控制在限值 L_{10} 以内。

$$L_{10} = 1.65\varepsilon_{10}\sqrt{(-10B_i)(-10B_s)} \tag{1-29}$$

$$ACE_{AVG-10min} \leqslant L_{10} \tag{1-30}$$

式中：ε_{10} 为上一年度 10min 频率偏差（与给定基准频率）的均方根；B_i 为控制区的系统频率系数，MW/0.1Hz；B_s 为互联电网总的系统频率系数，均带负号。

按 $CPS1/CPS2$ 标准进行评价，$CPS1 \geqslant 100\%$，$CPS2 \geqslant 90\%$。其计算公式为：

$$CF = \frac{\sum(ACE_{AVG-min} \times \Delta f_{AVG-min})}{-10nB_i\varepsilon_1^2} \tag{1-31}$$

$$CPS1 = (2 - CF) \times 100\% \tag{1-32}$$

$$CPS2 = \frac{给定期间合格 ACE_{AVG-10min}}{给定期间全部 ACE_{AVG-10min}} \times 100\% \tag{1-33}$$

CPS 控制要求如图 1-9 所示。

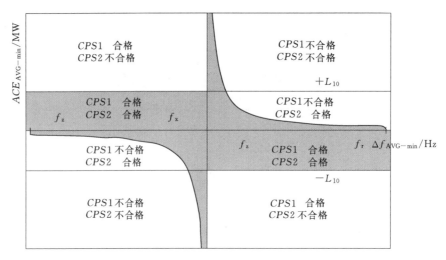

图 1-9　CPS 控制要求

第七节　现代电网 AGC 新技术

一、人工智能技术

在大力发展智能电网的背景下，自动发电控制在以下 5 个问题迎来了新的挑战。

1. 各种形式的能源不断接入电网带来的挑战

分布式、间歇性与随机性能源的不断接入，可控柔性负荷的接入，特别是大规模风电场、用户侧风光储互补系统接入，增加了电网随机波动性，为自动发电控制带来了挑战。

2. 电力市场改革带来的挑战

随着电力市场的改革步伐的进行，发电企业、输电公司、售电公司与用电用户之间的博弈不断展开。如何在最优化配置能源的情况下保证多方利益，也是自动发电控制面临的难题。

3. 系统框架和控制框架的改变带来的挑战

随着电网设备的更新换代和控制区域的模糊化，虚拟发电厂也在不断被测试与应用，甚至存在虚拟发电部落的探索，电网的结构和运行方式可能发生较大的变化，为自动发电控制带来了挑战。

4. 系统内部参数变化带来的挑战

自动发电控制的控制周期基本被控制在 2～8s，因此自动发电控制策略的算法必须是实时的，且能满足系统内部参数不断更新的过程。然而，基于模型的算法、耗时时间长的算法、不能在线更新的算法或不能适应系统参数不断变化的算法均不能被用在实际的自动发电控制系统中，这给自动发电控制带来了挑战。

5. 不断增多的控制目标带来的挑战

随着控制目标的不断增多，如电能质量的目标、经济目标和环保目标等，现有控制策略并不能完全同时满足多个目标的要求，这也给自动发电控制带来了挑战。

因此，在这些挑战下，有必要研究一种能主动应对大规模间歇性能源接入、系统参数不断变化、发售电商之间不断博弈且调度与控制目标不断变化的策略，且该策略能满足自动发电控制更高的实时性的要求。

现有 AGC 控制算法可分为两种类型：一种为传统解析式控制算法，以比例-积分-微分（Proportional - Integral - Derivative，PID）为代表；另一种为基于人工智能的强化学习（Reinforcement Learning，RL）系列算法，以 Q 学习算法为代表。为增强现有电网的控制性能，需对现有算法进行改进和完善。随着电网升级到智能电网的同时，控制技术也需从自动发电控制技术发展到更智能、更优质、更协调的智能发电控制（Smart Generation Control，SGC）技术。

应用强化学习实现自动发电控制，能够实现控制策略的智能化，所得控制策略更能从全局的角度考虑，从而获取到全局的多个目标的最优控制，而非仅仅某个控制区域的最优。并且能从互联大系统中多个区域相互合作博弈的角度，获取到整个系统的长时间尺度的最优控制；能应对大规模风电场或更多的分布式电源及储能接入电网，即算法的快速性及时性将大大提高系统的鲁棒性。

RL 是机器学习的一个重要分支，是多学科多领域交叉的一个产物，它的本质是解决一种决策问题，并且可以做出连续决策。RL 主要包含 4 种元素：智能体（Agent）、环境（Environment）、动作（Action）和状态（State）。强化学习的过程中，智能体选择一个动作来作用于环境，环境接收到该动作之后使得状态发生改变，并产生奖励（Reward）反馈给智能体，智能体再根据接受到的奖励信号和当前的状态做出决策，选择下一步的动作，使得可能接收到的奖励值最大。

智能体一般通过相应的策略（Policy）来选择行动。策略定义了智能体在某一时间点上的行为方式。简单地说，策略表达了从状态到所要采取的行动之间的映射关系。在某些情况下，策略可能是一个简单的函数或可查询的表，而在另外一些情况下，它可能涉及大量的计算，比如搜索过程。策略是强化学习中智能体的核心，因为只有策略才能有效地行动。一般来说，策略可能是随机的，并指定每个可能动作的概率。

每个动作执行完成后智能体将会从环境中得到奖励，奖励信号决定了强化学习问题的目标。在每一个时间点上，环境都会向智能体反馈一个代表奖励的数值，智能体的主要目标就是最大化其长期内获得的总奖励。因此，可通过定义奖励信号来使得智能体能够区分一个事件的好与坏。类比于生物系统，奖励可以被认为是类似于快乐或痛苦的经历，所以应当根据智能体所面临的问题的直接和决定性特征来设置奖励函数。奖励信号是改变智能体决策的主要依据，如果智能体所选择的动作得到的奖励较低，那么就可能会对决策（Policy）进行调整，从而在之后的时间点上选择其他的一些行为。一般来说，奖励信号有可能是关于环境状态以及所采取的行动的随机函数。

奖励信号表示的是直接的或短期内行动的好与坏，而价值（Value）则代表了长期意义上的好与坏。简单来说，一个状态的价值是这个智能体以当前的状态为起点，在未来一段时间范围内可以得到的报酬累加值的期望。虽然奖励决定了所处状态直接的、内在的可取性，但价值同时考虑了该状态以及随后可能处于的状态以及进入这些状态后可获得奖励，反映了状态的长期可取性。例如，一个状态可能总是产生较低的即时回报，但仍然具有较高的价值，因为它之后的状态通常具备较高奖励；反之亦然。

Q 学习算法是普遍使用的 RL 算法之一，也是一种基于值函数迭代的在线学习和动态最优技术。原理是利用包含先前的经验 Q 值表作为后续迭代计算的初始值，从而缩短算法的收敛时间。Q 学习算法的值函数及迭代过程分别表示为：

$$Q(s,a)=R(s,s',a)+\gamma \sum_{s'\in S}P(s'\mid s,a)\max_{a\in A_g}Q(s',a) \tag{1-34}$$

$$Q^{k+1}(s_k,a_k)=Q^k(s_k,a_k)+\alpha\left[R(s_k,s_{k+1},a_k)+\gamma \max_{a\in A_g}Q(s_{k+1},a')-Q^k(s_k,a_k)\right]$$
$$\tag{1-35}$$

式中：s 与 s' 分别为当前状态和下一时刻状态；S 为状态空间集；$R(s,s',a)$ 为状态 s 经过动作 a 转移到状态 s' 后得到的立即奖励函数值；$\gamma(0<\gamma<1)$ 为折扣因子；$P(s'\mid s,a)$ 为状态 s 在控制动作 a 发生后转移到状态 s' 的概率；Q^k 为最优值函数的第 k 次迭代值；α 为学习因子，表征基于改善更新部分的信任程度；$Q(s,a)$ 为 s 状态下执行动作 a 的 Q 值。

Q 学习算法在实用性上的局限是：当状态空间特别大时，Q 值表相应的维度也会很大，可能造成维度爆炸；且无法通过反复的实验遍历每个状态，这容易导致陷入局部最优解，降低算法的学习效果。在实际生活中，人类行为的决策更多的时候是将以往相似的记忆进行比对，若判断为相似，那么采取相似的行为。基于此原理，谷歌公司的 DeepMind 团队将具有感知能力的深度学习和具有决策能力的强化学习相结合，提出了深度 Q 学习（Deep Q-network）算法。此网络直接从高维原始数据中学习控制策略，完美地解决了传统强化学习不容易处理状态或者行动空间过大的问题，扩展了强化学习实用性。后续在 DeepMind 团队将 AlphaGo 升级为 Master 后，并在网上围棋平台与全球排名靠前的职业选手对弈连胜 60 局，进一步说明了该算法的优越性。

二、大数据

大数据是近年来各个研究领域的热点，是指通过对大量的、种类和来源复杂的数据进行高速地捕捉、发现和分析，用经济的方法提取其价值的技术体系或技术架构。广义上说，大数据不仅是指大数据所涉及的数据，还包含了对这些数据进行处理和分析的理论、方法和技术。因此结合机组历史运行大数据，研究基于大数据的智能 AGC 控制技术对提升 AGC 控制灵活性及适应性具有重要意义。

知识发现是大数据＋人工智能融合过程的高度概括，从大数据层面来说，就是根据实际目标需求从大数据中获取有效模型或结论的过程。知识发现包含数据采集、数据挖掘、结果表达三大内容，其中数据挖掘是知识发现的核心内容，其主要任务是基于各类算法快速地从大数据中寻获价值。得益于人工神经网络、模糊逻辑、预测控制及模式识别等智能算法的蓬勃发展，数据挖掘算法被注入了新的活力。特别是人工神经网络算法以其强大的非线性逼近能力和简单的三层拓扑结构，在过程控制、模式识别、函数逼近、动态建模、数据挖掘等领域都取得了丰硕的成果。因此，结合超超临界单元机组历史运行大数据，研究基于知识与大数据的智能 AGC 控制技术对提升 AGC 控制灵活性及适应性具有重要意义。

结合我国现在的电厂情况来看，行业内大都是一台锅炉、一台汽轮机的单元机组设置，在这种运行模式下，锅炉及汽轮机要兼顾电网系统负荷要求和电厂自身的稳定生产。在知识与大数据时代，以单元机组 AGC 为研究对象，基于电力大数据研究火电机组 AGC 系统模型优化方法，使用智能数据挖掘算法探讨 AGC 系统控制品质提升手段，都将为保持电网安全稳定运行、实现机组节能降耗、助力电力产业发展等带来积极的推动作用。

得益于完整的结构和丰富的运行经验，相较于其他行业，电力大数据具有无法比拟的内涵。电力数据源主要来源于电力生产和电能使用的发电、输电、变电、配电、用电和调度各个环节，可大致分为三类：电网运行和设备检测或监测数据、电力企业营销数据、电力企业管理数据。要使电力大数据传递有用的可视化信息，所有类型的电力大数据必将面临从采集高质量数据到大数据存储，再到大数据处理，最后到多数据融合等多个环节的挑战。

知识发现（Knowledge Discovery in Database，KDD）在狭义上被学术界称为数据挖掘，它是指从纷繁复杂的信息与数据中，根据不同的目标获取有用知识的过程。在当今信息爆炸的年代，用户获取的信息会有很多的干扰，难以在原始数据中获取对使用者真正有意义的知识，而知识发现能排除这些影响，直接提炼整合出有用信息向使用者展现。基于 Database 的知识发现与数据挖掘往往难以分辨，大多数情况下两者相互替换。KDD 的作用是将低层数据转变成高层知识，它能提取出有用的、可用的、有特色的、可能有用的及大致可理解的数据。而对数据挖掘而言，学术界比较能达成共识的描述是，它能提炼观测数据中的模式或模型。对于知识发现来说，数据挖掘是它的核心，但一般情况下，它只是 KDD 过程的一部分（1/5～1/4）。可以说数据挖掘只是 KDD 全部流程中的一个步骤，只是没法确切地说究竟有几个步骤和哪一个步骤一定包含在 KDD 过程中。不过，接收原始数据、确定有用的数据项、减少和预处理及提炼数据组、把数据变换成适合的形式、在数据里发现模式、对做出的结果进行释义，这些都是它们的通用过程。

在 AGC 系统辨识和智能控制器设计过程中，获得的数据天然的具有大数据的各类特征，通过经验分析选择与 AGC 系统相关联的负荷指令、中间点温度、主蒸汽压力、实际功率等数据进行处理，可建立更精确且结构简单的模型。在此过程中，除了采用经典辨识方法外，常采用与人工智能相关的神经网络算法，这也是知识发现中常用的数据挖掘方法。建立模型的主要目的是为了进行控制策略的设计，知识发现中的预测型知识被认为是以时间为关键属性的关联知识，控制策略中控制量的给出也正是以时间为属性的，为达到控制目的对下一时刻的控制量进行预测调整，可以加快控制速度，提高控制品质，最终达到提高效率、优化控制性能的目标。

参 考 文 献

[1] 刘维烈，等. 电力系统调频与自动发电控制 [M]. 北京：中国电力出版社，2005.

[2] 国家电网公司. 智能电网调度技术支持系统　第 4-4 部分：实时监控与预警类应用　网络分析：Q/GDW 680.44—2011 [S]. 北京：中国电力出版社，2012.

[3] 吴文传，张伯明，孙宏斌. 电力系统调度自动化 [M]. 北京：清华大学出版社，2011.

[4] 于尔铿，刘广一，周京阳，等. 能量管理系统（EMS）[M]. 北京：科学出版社，1998.

[5] 韩祯祥，等. 电力系统自动控制 [M]. 北京：水利电力出版社，1994.

第二章
现代电力系统的自动电压控制主站

第一节　概　　述

自动电压控制（Automatic Voltage Control，AVC）从整个系统的角度出发，以电压安全和优质为约束，以系统运行经济性为目标，采用分层控制的方法，连续闭环地进行电压的实时优化控制，已成为保证电网安全运行、保证电压合格和降低网损的重要措施。从本质上说，自动电压控制的目标就是通过对电网无功分布的重新调整，保证电网运行在一个更安全、更经济的状态。

国外在 AVC 方面的研究开展较早，1968 年日本电力公司首先在 AGC 系统的基础上增加了系统电压自动控制功能，这是首次从全局的角度出发进行电压和无功功率控制，从此吸引了世界各国学者对这一领域的关注。德国电力公司的 AVC 系统采用两级控制模式，进行在线实时的最优潮流应用。法国电力公司的三级电压控制模式的研究和实施始于 20 世纪 70 年代，是当时国际上公认为最先进的电压控制系统。意大利、西班牙等国也相继结合自身特点推行了三级电压控制方案。

我国在 2001 年 9 月中国第 27 届电网调度运行会议上将 AVC 列为现代电网调度重点发展技术。历经多年努力，AVC 获得迅猛发展，已从原来传统的厂站端的电压无功控制（Voltage Quality Control，VQC）装置发展到整个电网范围内的自动电压控制。国内最早的省级 AVC 由湖南电力公司于 2000 年开始实施，至 2003 年 4 月投入运行。辽宁电力公司在 2003 年启动 AVC 的研究，2005 年投入闭环运行。近年来，各区域电网调度控制分中心和省级电力调度控制中心逐步开展了 AVC 的研究与应用，AVC 已成为了各级调度自动化系统的必备功能。

电网各级电压的调整、控制和管理，由国调、分调、省调和各地县调按调度管辖范围分级负责。国调负责管辖各区域间的联网系统、特高压线路、特大型电厂和变电站，同时负责与各区域电网的电压无功协调；分调负责管辖省间联络线、500（330）kV 电厂和变电站，同时负责与各省级电网的电压无功协调；省调负责管辖省内 220kV 环状电力网络，包括 220kV 变电站和电厂，同时负责与各地调间的电压无功协调；地调管辖部分 220kV 变电站和辐射状的 110kV 电力网络，并与县调实行一体化电压无功管理。

新能源大量接入、交直流电网混合运行使得源荷双侧不确定性增强、电网动态特性复杂多变，无功电压的调控问题也日益突出。以某省级电网为例，由于风电接入比例的攀升，电网的波动性增强，导致 AVC 调节时出现电网电压质量下降、无功设备反复动作的情况。特高压直流输电可以提高新能源外送能力，但如何有效利用直流输电灵活的无功调节能力，实现与交流系统无功设备间的协调优化，对交直流电网的电压起到支撑作用也是研究重点。

第二节 电压/无功功率控制意义

一、电压与无功的关系

在工业生产和居民生活中，大多数的用电设备是根据电磁感应原理，依靠建立交变磁场进行能量的转换和传递的，而为建立交变磁场和感应磁通而需要的电功率就是无功功率。在电网运行中，无功功率起着至关重要的作用，大多数元件和负荷都是要消耗无功功率的，其运行必须要有无功源的支撑。

功率在输电线路上的传输会引起电压的偏移，计算公式为：

$$\Delta U = \frac{PR + QX}{U_N} \tag{2-1}$$

式中：ΔU 为电压偏移量；P 和 Q 分别为线路上传输的有功功率和无功功率；R 和 X 分别为线路的电阻和电抗；U_N 为额定电压。

由式（2-1）可知，在固定线路阻抗参数的情况下，电压偏移只与有功功率和无功功率有关。由于分调或省调管辖的输电线路电压等级较高，此时 $R \ll X$，可见输电线路上的有功功率对电压偏移造成的影响远不及无功功率。因此，合理的无功功率分布可以有效减小输电线路的电压损耗，起到改善电压质量的目的。

电压与无功功率的分布关系密切，无功功率失衡会引起电压偏差，影响电压质量。国家标准《电能质量 供电电压允许偏差》（GB/T 12325—2008）对允许电压偏差范围的规定是在电网正常运行时保证各节点电压在额定水平上。《电力系统无功和电压电力技术导则》（DL/T 1773—2017）中对不同等级的电压偏差作出了具体规定：

（1）500（330）kV 母线正常运行时，最高电压不得超过额定电压的 10%；最低电压不应影响电力系统同步稳定、电压稳定、厂用电的正常使用及下一级电压调节。

（2）发电厂和 500kV 变电站的 220kV 母线正常运行时，电压允许偏差为额定电压的 0～10%；电网事故时为系统额定电压的 -5%～10%。

（3）发电厂和 220（330）kV 变电站的 35kV 和 110kV 母线正常运行时，为相应额定电压的 -3%～7%；事故时为额定电压的 -10%～10%。

对用户侧的电压允许偏差规定如下：

（1）35kV 及以上用户的电压波动幅度应不大于系统额定电压的 10%。

（2）10kV 用户的电压波动幅度为系统额定电压的 -7%～7%。

（3）380V 用户的电压波动幅度为系统额定电压的 -7%～7%。

（4）220V用户的电压波动幅度为系统额定电压的－10％～5％。

发电厂和变电站的10kV和6kV母线依照用户侧中的第2条规定执行。

只有电网的中枢节点电压偏差保持在允许偏移范围内，其余各级电压的质量才能满足要求。电压过高或过低都会影响设备的使用寿命，严重时甚至会导致电压失稳事故。国内外的大停电事故多是在缺乏必要的无功储备情况下，由于潮流的大范围转移而导致电压崩溃的发生。

我国《电力系统安全稳定导则》（GB 38755—2019）规定，电网无功补偿的基本原则应遵循"分层分区、就地平衡"的原则，实践也证明了这种方法不仅可以有效降低网损、保证无功功率平衡和适当电压水平，而且还可防止电压崩溃的发生。

二、线损与无功的关系

线路损耗（以下简称线损）是网损的主要组成部分，线损的大小直接影响着网损的高低。线损的计算公式为：

$$\Delta P = \frac{\Delta U^2}{R} \tag{2-2}$$

式中：ΔP 为线路的有功损耗；ΔU 为线路的电压降；R 为线路电阻。

由式（2-2）可知，线损与线路的电压降的平方正相关，降低线损的方法是减小线路的电压降。而由式（2-1）可知，可以通过合理配置无功补偿容量来减小线路电压降，所以优化电网的无功潮流分布，是减小线损和网损的有效方法。

三、常用无功电源

电力系统中常用的无功电源主要有同步发电机、同步调相机、变压器、电容/电抗器、静止无功补偿器、静止无功发生器等。

（一）同步发电机

同步发电机是电力系统最重要的有功功率电源，同时也是最基本的无功电源，它既可发出无功，也可吸收无功，无功调节速度快，且可连续调节。

电力系统大部分的无功功率都是由同步发电机供给的。当发电机端电压大于电网电压时，发电机发出无功功率，称之为迟相运行；当机端电压小于电网电压时，发电机吸收无功功率，称之为进相运行。

（二）同步调相机

同步调相机（Synchronous Condenser，SC）是指同步发电机运行于电动机状态，不带机械负荷也不带原动机，只向电网提供或吸收无功功率，用于改善电压水平。当过励磁运行时，向电网提供无功功率；在欠励磁运行时，从电网吸收无功功率。欠励磁的最大容量仅为过励磁容量的50％～65％。同步调相机是旋转机械，运行维护复杂，响应速度慢，难以满足动态无功补偿的要求，目前已被静止无功补偿器所取代。

（三）变压器

变压器是电力系统中的常用设备，也是消耗无功功率的主要元件。具有可调分接头的变压器是电力系统调压的重要手段。通过调整变压器分接头，可以改变变压器两侧绕组的变比，进而提高或降低电压。但这种调压方式只能改变电网的无功潮流分布，而不是通过增加或减少无功功率来改变电压的。因此，只有当系统无功备用充足时，这种调压方式才有意义。

（四）电容/电抗器

电容/电抗器由于其价格低廉且易于安装维护，因此得到广泛使用。其中电容器可为电网提供无功功率，电抗器可从电网吸收无功功率，电容/电抗器提供或吸收的无功功率与其所连节点的电压的平方成正比。电容/电抗器属于离散型无功设备，其无功功率不能连续可调，而是一个类似于"0""1"的开关量，即要么以额定容量投入，要么全部退出。

（五）静止无功补偿器

静止无功补偿器（Static Var Compensator，SVC）始于 20 世纪 70 年代，它是由电容器和电抗器并联连接，再配合一定的调节装置而组成的。SVC 现在已经是很成熟的技术，被广泛应用于电力系统的各个领域。由于 SVC 没有旋转部件，响应速度快，能够双向连续、平滑调节，运行维护简单方便，因此具有很大的优越性。但同时也存在谐波污染、价格昂贵等问题。

（六）静止无功发生器

静止无功发生器（Static Var Generator，SVG）产生于 20 世纪 80 年代，它采用可关断电力电子器件组成自换相桥式电路，经过电抗器并联上网，通过调节桥式电路交流侧输出电压或电流，迅速吸收或发出无功功率，实现动态快速调节的目的。与 SVC 相比，SVG 响应速度更快、可调范围更宽、谐波成分更少，是一种更为先进的无功补偿设备。

（七）静止同步补偿器

静止同步补偿器（Static Synchronous Compensator，STATCOM）是一种并联型无功补偿的 FACTS 装置，它能够发出或吸收无功功率，与传统的无功补偿装置相比，STATCOM 具有调节连续、谐波小、损耗低、运行范围宽、可靠性高、调节速度快等优点，自问世以来，便得到了广泛关注和飞速发展。

四、调压措施及方式

在电力系统各种调压措施中，通常情况下应优先考虑使用发电机进行调压。但当仅依靠发电机无法满足调压目标时，应综合考虑动用其他手段进行调压以满足要求。

（一）常用调压措施

1. 发电机调压

省调管辖范围内主要的电源是发电机，应用机组的无功出力调节电压无需增加额外的成本。在电力系统实际运行过程中，应根据发电机所承担的负荷，以及与主网架的拓扑关系，合理地调节发电机的励磁装置，改变无功出力，在满足调压目标的情况下，尽量满足电网经济运行的要求。

2. 变压器调压

当电力系统无功功率较为充足时，可以通过调整变压器分接头挡位的方式来调节电压。通常情况下，变压器分接头挡位上升，变压器低压侧母线电压增大；变压器分接头挡位下降，变压器低压侧母线电压减小。这种调压方式本质上是通过改变无功潮流分布来实现的，当系统中无功功率相对缺乏时，此方法效果并不明显，此时某些母线电压的增大是以牺牲其他区域母线电压水平为代价的，因为系统中总体的无功水平并没有得到改善。

　　3. 无功补偿装置调压

　　无功补偿应遵循分层分区和就地平衡的原则，避免无功功率大范围远距离传输，以及从低电压等级向高电压等级的倒送。结合负荷变化趋势，确定电网所需要的无功补偿容量，通过调节无功补偿装置来满足电网的无功需求。实际中常用的无功补偿装置主要包括电容电抗器、SVC、SVG 和 STATCOM 等。

　　（二）基本调压方式

　　电力系统调压的根本目的是使各节点电压均能保持在允许范围内。但由于系统内节点众多，对所有节点的电压水平进行监控是不现实的，通常可以选择一些关键节点进行监控，只要将这些节点的电压控制在合理范围内，其他节点的电压水平也就基本可满足要求，这样的节点称之为中枢节点。对于中枢节点的选择，通常是装机容量较大的发电厂高压侧母线、枢纽变电站的低压侧母线、大量地方负荷的发电机母线。中枢节点的调压方式一般有恒调压、顺调压和逆调压三种。

　　中枢节点恒调压方式是指不论负荷趋势如何变化，保证中枢节点电压水平维持在相对稳定的范围内，通常是线路额定电压的 102%～105%。

　　中枢节点顺调压方式是指在重负荷时适当降低中枢节点电压，但不得低于额定电压的 102.5%；在轻负荷时适当提高中枢节点电压，但不得高于额定电压的 107.5%。

　　中枢节点逆调压方式是指在重负荷时，适当提高中枢节点电压以补偿电压损耗；在轻负荷时，适当降低中枢节点电压以防止受端电压过高。由于逆调压方式可以有效改善电压质量，所以是目前应用最为普遍的调压方式。

第三节　AVC 功能原理

一、AVC 基本原理

　　作为现代电网调度控制的基本而重要的功能，AVC 在正常运行情况下，通过 SCADA 实时采集电网运行数据，在确保电网安全稳定运行的前提下，以经济性为目标、安全性为约束，根据状态估计结果从全局角度进行电压无功优化。并根据控制指令，通过远程终端（Remote Terminal Unit，RTU）对装在厂站端的 AVC 子站发出指令，对发电机无功、有载调压变压器分接头、可投切无功补偿装置、SVC、SVG 等电压无功调节设备进行闭环调节，同时通过电力调度数据通信网与上、下级电网进行电压无功协调控制，实现全网无功功率分层分区就地平衡、提高电压质量、降低网损等目的。

　　完整的 AVC 系统由主站和子站两部分组成。对于省调而言，AVC 主站安装在调度控制中心，周期性的进行全网优化计算，得出相应的控制指令，并将控制指令下发到各 AVC 子站。AVC 子站安装在电厂和变电站，当其参与省调 AVC 主站的调节时，接收 AVC 主站下发的控制指令，并根据本厂站的实际情况，将指令分解到厂站内相应的无功设备，通过调节无功设备来响应 AVC 主站的指令。当其不参与省调 AVC 主站的调节时，即为就地运行状态，则跟踪运行方式部门事先设定的电压曲线，根据当前电压值与同时段电压曲线值的偏差，调节本厂站内的无功设备，使本厂站的电压值与相应时段的电压曲线值吻合。对于地调而言，此时也可以看做是省调 AVC 主站的一个子站。通过设定省、地关口，选择合适的协调变量，进行省地电压无功协调控制，省调通过电力调度数据通信网向地调下发对各省地关口的无功功率需求，地调将当前关口的无功功率与省调要求的无功功率进行对比，并通过地调自身的 AVC 系统调节相应的无功设备，来补偿两者之间的无功功率偏差。

电力系统电压和无功功率控制的根本目的是提高电压质量、减小网损、保证系统运行的安全稳定裕度。AVC 的作用就在于优化电网无功潮流分布，使电网趋于安全性和经济性最优的运行状态。AVC 系统集经济性和安全性于一身，符合智能电网的发展趋势，实现了安全约束下的经济控制，减轻了调控人员的工作强度，是目前公认的电压和无功功率控制的最高形式。

二、省级电网电压/无功功率控制特点

我国省级电网的主网架呈环状结构，西北地区各省是以 330kV 电压等级而形成环状电网，有的省份也管辖部分 750kV 环网。除西北地区外的省级电网是以 220kV 电压等级而形成环状电网，有的省份也管辖部分 500kV 环网。由于闭环运行的环状电网运行方式可灵活变化，所以省级电网的潮流方向也并不固定。

省级电网电压无功控制方式同样遵循"分层分区、就地平衡"的原则。其中分层平衡主要是指各电压等级维持自身的无功功率就地平衡，即 500（750）kV 网络、220（330）kV 网络、110kV 及以下网络各自维持无功功率就地平衡。减少无功功率跨电压等级大范围远距离传输，尤其避免无功功率由低电压等级网络流向高电压等级网络。至于分区平衡的概念主要是指全省电网可以划分为若干个区域，这些区域彼此之间呈电气弱耦合状态，无功关联灵敏度较小，彼此之间的无功功率支援能力较低。因此，这些区域只需保证本区域内的无功功率平衡即可，这样既能保证全网无功功率的就地平衡，也避免了无功功率的远距离传输。

省调 AVC 系统首先根据相应的数据检测识别机制处理 SCADA 量测信息，过滤坏数据和死数据，然后根据状态估计结果进行全网优化计算并得出控制指令，对控制指令进行校验后下发给电厂、变电站和地调执行。目前，各省调状态估计的遥测合格率指标一般可达到 95％以上，此时说明状态估计的结果可信，AVC 据此进行优化计算的结果和收敛性也是有保障的。即使如此，状态估计不收敛或估计精度不高的可能性仍然存在，AVC 优化计算不收敛的可能性理论上也是存在的。因此，当状态估计结果不可信或是 AVC 优化计算不收敛时，还需有备用的算法以保证控制的实时性。AVC 功能框图如图 2-1 所示。

目前常用的备用方法主要有两种：一种是根据运行方式部门事先安排好的各厂站电压曲线进行控制，此时省调 AVC 根据各厂站的实测电压值和同时段电压曲线值的偏差进行无功补偿，使各厂站按既定电压曲线运行；另一种是基于 SCADA 量测数据和无功灵敏度进行电压校正，如果所有母线电压均未越限，且与考核边界间保持有一定的距离，则 AVC 不调节，否则启动校正控制以使各母线电压水平相对靠近考核边界的中间地带，同

时监视各厂站的高压侧送出线路的无功功率，维持线路上有较高的功率因数水平，尽量减少无功功率的传输，做到无功功率就地平衡。

可见第一种方法类似于各厂站的就地分散控制模式，只不过是省调将所有厂站的分散控制集中到省调 AVC 系统进行。第二种方法可保证电网电压的安全性，虽然无法保证电网全局的经济性最优，但仍可使局部电网的经济性趋优，作为状态估计或电压无功优化异常的后备控制方法，可有效提高 AVC 系统的整体可靠性。

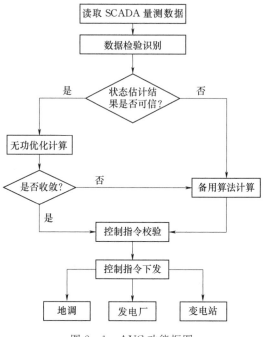

图 2-1 AVC 功能框图

三、主站设计架构

AVC 主站搭建在省级电网调度自动化系统平台之上。调度自动化系统平台通过系统管理器管理 AVC 相关应用和进程，并为 AVC 应用提供基础平台支持，包括实时库、历史库、数据通道和相关画面等。AVC 系统主站的基本架构如图 2-2 所示。

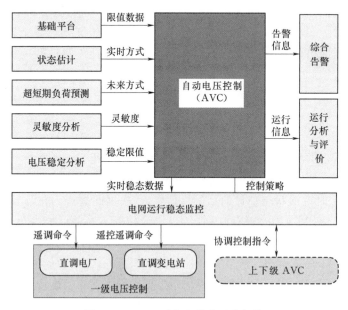

图 2-2 AVC 系统主站的基本架构

（一）输入数据交互

AVC 应包括以下输入数据：

（1）从基础平台获得各种限值数据。

（2）从状态估计获得电网实时方式数据。

（3）从电网运行稳态监控获得电网实时运行数据，包括：

1）受控电厂的母线电压，受控机组的有功、无功、机端电压、机组运行状态、增减磁闭锁状态，电厂 AVC 远投状态。

2）受控变压器运行状态，受控电容器/电抗器的运行状态、检修状态、保护闭锁状态，变电所 AVC 远投状态，受控 SVG、SVC 的运行状态。

3）需要 AVC 监视的母线电压和支路无功功率量测。

4）上下级协调控制所需的量测，包括上级 AVC 下发的协调目标、下级 AVC 的投运状态、可调容量、关口电压和无功等。

（4）短期和超短期负荷预测所提供的未来负荷数据。

（5）电压稳定分析模块提供的电压限值。

（6）灵敏度分析模块提供的无功电压的灵敏度。

（二）输出数据交互

AVC 应包括以下数据输出：

（1）向电网运行稳态监控功能输出电厂遥调指令和变电站遥控遥调指令。

（2）向综合智能分析与告警功能提供告警信息，包括：

1）实时数据异常告警信息。

2）电网状态异常告警信息。

3）软件运行异常信息。

4）系统、厂站和设备的状态变化信息。

（3）向运行分析与评价应用提供运行和考核指标等运行信息，包括：

1）AVC 主站可用率。

2）受控电厂、变电站、发电机、变压器、SVG、SVC、电容器、电抗器、下级电网 AVC 的投运率。

3）电压合格率。

4）优化后的网损和网损率。

5）受控电厂和下级电网 AVC 的调节合格率。

6）电厂子站机组 AVC 投运率。

7）电厂子站 AVC 调节合格率。

（4）给下级电网 AVC 发送协调控制目标，指令形式可为关口母线电压、无功交换的设定值或合格范围。

（三）系统集成

AVC 主站集成到调度自动化系统平台的总体思路包括完成数据交互、消息通信交互和人机界面交互，如图 2 - 3 所示。

数据交互的中间媒介是调度自动化系统的实时数据库表，除平台公用基础数据外，还包括 AVC 应用自身的输入数据和输出数据。

消息通信交互主要通过平台的消息总线实现，AVC 需实现消息队列机制，用于消息

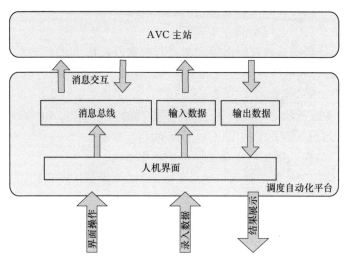

图 2-3 AVC 主站集成方式

的接收与处理。对于 AVC 应用内部的消息交互需求，由 AVC 自定义具体的消息类型与结构，并实现相应的消息处理。如果涉及 AVC 与其他应用之间的通信需求，则由双方共同定义消息类型与结构，并各自完成相应的消息处理过程。消息通信交互方式如图 2-4所示。

人机界面交互分为简单界面和复杂界面两种交互方式。对于简单界面，可应用平台提供的界面工具进行展示；对于不能直接应用平台图形工具实现的复杂界面，此时需要基于开发工具实现。人机界面交互方式如图 2-5 所示。

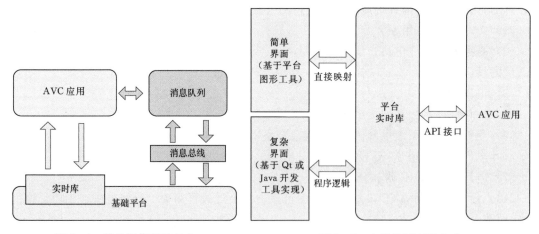

图 2-4 消息通信交互方式   图 2-5 人机界面交互方式

四、主站功能规范

(一) 控制建模

AVC 建模应实现以下功能：

（1）采用三级协调控制模式时应支持控制分区建模，可新建分区、删除分区、修改分区所含厂站。

（2）采用三级协调控制模式时应支持中枢母线建模，可针对各分区选择一条或多条中枢母线，并可人工设定每条中枢母线的电压计划曲线。

（3）支持控制母线建模，可针对各分区选择控制母线，可人工设定每条控制母线的电压计划曲线。

（4）支持电压曲线建模，可输入和修改全天不同时段及全年不同运行方式下的母线电压曲线，包括上限、下限和目标值。

（5）支持修改参与控制的发电机无功上下限等参数，支持功率圆图建模。

（6）支持修改变压器、电容器、电抗器的调节范围、动作次数和动作时间间隔等参数。

（7）支持修改 SVG 和 SVC 的无功上下限等参数。

（8）支持修改无功储备和关口功率因数等约束。

（9）应能对控制建模参数进行合理性校核。

（二）优化计算

优化计算在满足电网正常运行和安全约束的前提下，以全网网损最小为优化目标，给出母线电压和关键联络线无功的优化设定值，应满足以下要求：

（1）应以状态估计结果为依据进行计算，状态估计运行质量不好时应挂起无功优化计算功能，改为参照电压计划曲线进行控制决策。

（2）参与优化的变量应包括发电机无功、SVG 无功、变压器挡位、电容/电抗器投切状态、SVC 无功等。

（3）约束条件应包括母线电压约束、发电机无功功率约束、SVG 和 SVC 无功功率约束、分区无功储备和关口功率因数约束，以及变压器、电容/电抗器的调节范围等。

（4）应选用成熟优化算法，满足收敛性和实时性要求。

（5）优化结果应包括分区中枢母线电压和关键联络线无功的设定值、优化前后的网损对比、优化前后控制变量的对比以及优化前后各种约束条件是否满足。

（6）当无可行解时，可适当松弛约束，并给出提示信息。

（三）监视控制

1. 实时数据处理

对 AVC 控制相关的实时数据处理应满足以下要求：

（1）可判别和屏蔽明显的遥测和遥信坏数据。

（2）综合考虑多个周期的采集数据，滤除实时数据突变和高频电压无功波动。

（3）对并列运行母线量测，除主测点外，还应能从不同量测点获得一个或多个后备量测，主测点无效时自动选用后备量测替代。

（4）对不合理的无功电压量测数据进行告警。

2. 运行监视

运行监视应满足以下要求：

（1）分区域统计和监视动态无功备用，包括发电机、SVG 和 SVC 的无功调节备用，可按功率圆图考虑发电机不同有功水平下的无功备用。

（2）分区域统计和监视静态无功备用，按可投切的并联电容器和并联电抗器分别统计。

（3）无功备用不足时进行告警。

（4）监视母线的实时运行信息，包括：

1）监视母线电压信息，包括母线当前电压、目标电压、当前电压与目标电压之间的差值、电压上下限，并可对电压越限进行告警。

2）以曲线方式监视母线电压的变化，包括母线电压的变化趋势、上下限曲线、计算得到的母线目标电压等。

3）监视母线电压的统计信息，包括今日电压与设定值电压之间的最大差值及出现时刻、今日最高电压及出现时刻、今日最低电压及出现时刻。

（5）监视控制发电机的实时运行信息，包括发电机当前有功、当前无功、增减磁闭锁信号等。

（6）监视变电站无功设备的运行信息，包括 SVC 当前无功、增减磁闭锁信号等，当前投运、退出及可投切的电容器、电抗器，变压器挡位，SVG 当前无功等。

（7）监视优化后的有功损耗和网损率，可按电压等级、区域、设备等分类统计。

（8）监视当前 AVC 系统的运行工况，包括当前控制工作状态（开环/闭环/闭锁）、数据采集的刷新周期、优化策略计算的周期等。

（9）监视电厂 AVC 子站的实时运行工况，包括当前运行状态（投入/退出/闭锁）、当前控制模式（远方控制/就地控制）等。

3. 控制决策

无功电压控制决策应满足以下要求：

（1）可分区域进行控制，在满足安全运行前提下将中枢母线电压和重要联络线无功控制在设定值的死区之内，并保留足够的动态无功裕度。

（2）约束条件应包括母线电压上下限、发电机、SVG、SVC 的无功上下限、最大控制步长、变压器、电容器组、电抗器组的调节范围、动作次数和动作时间间隔、关口功率因数约束、线路和变压器过载等。

（3）给出电厂的无功电压控制策略应包括电厂高压侧母线电压设定值或调整量、全厂无功功率设定值或调整量、发电机无功功率设定值或调整量等。

（4）对变电站的控制，可选择分散控制或集中控制模式。

1）在分散控制模式下，控制策略应为母线电压或变压器无功的设定目标值或调整量。

2）在集中控制模式下，控制策略应包括电容、电抗器投切、变压器调节、SVG 和 SVC 的无功功率控制等，并应使变压器并列运行时分头保持一致，无功补偿设备循环投切。

（5）当电压越限时，应优先进行以调整量最小为目标的电压校正控制。

（6）可参考短期和超短期负荷预测进行预调节，以满足负荷突变时的调压需求。

（7）可考虑来自电压稳定分析模块的电压约束条件。

（8）某分区的实时数据采集错误或通道故障，应不影响其他分区的控制决策。

（9）在控制策略计算失败的情况下，应提供相应的后备措施保证控制指令的不间断下发。

（10）电网出现事故或异常时应自动闭锁 AVC 控制，并给出报警。

（11）可在线修改中枢母线电压和联络线无功的设定值曲线。

4. 电厂与变电站控制的配合

在电厂与变电站无功电压均可受控的电网，应实现无功电压连续调节手段和离散调节手段之间的协调控制，控制策略应满足以下要求：

（1）根据负荷预测结果，在负荷有较大变化趋势时，变电站的电容器、电抗器等不可频繁调节且调节范围较大的设备应优先动作，使发电机、SVG 和 SVC 等可快速调节或调节范围较小的设备保持足够的动态无功储备。

（2）应由发电机无功功率等连续调节设备实现电压的精细调节。

（3）控制执行过程中，应考虑离散调节设备和连续调节设备的动作时序，减少电厂和变电站之间不合理的无功流动。

5. 控制执行

AVC 的指令下发和的执行过程，应满足以下要求：

（1）无功电压控制命令下发应采用可靠的数据通道和成熟的通信规约。

（2）无功电压控制失败时应给出报警，并闭锁相应设备。

（3）应自动闭锁已停运设备。

（4）应具有开环控制和闭环控制模式，开环控制模式下 AVC 控制命令只在主站下发至子站，闭环控制模式下 AVC 控制命令自动下发到子站端执行。

（5）可对选定的当地设备进行通道测试和控制试验。

6. 闭锁设置

AVC 应具备设置闭锁的功能，满足以下要求：

（1）闭锁设置分为系统级闭锁、厂站级闭锁和设备级闭锁三个级别。

（2）处于系统级闭锁状态时，AVC 主站将整个 AVC 控制应用闭锁，不下发任何闭环控制指令，全部子站转入人工控制或者本地控制。

（3）处于厂站级闭锁时，不下发对该厂站的闭环控制指令。

（4）处于设备级闭锁时，不下发对该设备的闭环控制指令。

（四）上下级协调控制

各级电网应支持上下级协调的电压控制，实现无功的分层分区平衡，降低网损。协调策略应满足以下要求：

（1）上级调度通过控制策略给出下级调度的协调目标，下级调度通过闭环控制跟踪上级下发的协调目标。

（2）协调目标包括采用上下级电网的关口母线电压和无功交换的设定值或合格范围。

（3）上级调度在计算下级协调目标时，应考虑下级电网的调节能力。

（4）下级调度在跟踪上级下发的协调目标时，应考虑上级协调目标和本级控制目标的优先级，优先考虑上级协调目标。

（5）上下级电网 AVC 主站失去联系时，各级电网能自动切换至本地独立控制模式运行。

（五）历史记录和统计信息

历史记录和统计信息应包括以下内容：

（1）报警、异常信息的记录与统计。包括实时数据报警、电网状态异常、软件运行异常、厂站和设备的状态（运行状态和受控状态）变化等。

（2）控制命令的记录与统计。包括直控和非直控的发电机、SVG、变压器、电容器、电抗器、SVC 等设备的全部控制命令，记录信息包括控制时间、控制值、控制方式、是否成功等。

（3）投运率统计。包括 AVC 受控的厂站、设备以及下级 AVC 的投退状态、投运率。

（4）电压合格率统计。

（5）网损统计。包括统计优化后的网损和网损率。

（6）调节合格率统计。记录 AVC 子站跟踪设定值的情况，统计各电厂和机组 AVC 调节合格率。

（7）上下级协调控制统计。记录上下级间的协调控制指令和控制结果。

（六）画面要求

提供人机接口，便于设置系统参数，监视运行、计算和控制情况，查询历史统计数据。应包括以下画面：

（1）控制建模画面。提供控制建模的各种设置参数。

（2）运行监视画面。提供运行监视功能的各种监视信息。

（3）计算控制参数设置画面。提供算法控制参数设置、系统运行控制参数设置等。

（4）告警画面。包括实时数据告警、电网状态异常、软件运行异常、厂站和设备的状态变化等。

（5）控制记录查看画面。可查询每次优化计算前后的各种对比信息，计算形成的控制策略及其执行情况等信息。

（6）历史统计数据报表。提供投运率、合格率、控制效果评估等指标的统计报表。

（七）性能指标

AVC 的性能应满足以下要求：

（1）单次全网无功优化计算时间不大于 15s。

（2）AVC 主站命令控制周期不大于 5min。

（3）单次控制策略生成时间不大于 5s。

第四节 电压控制模式

电压控制模式，简而言之，就是如何组织各级的电压控制器，使之成为一个整体，完成电网的无功电压控制。针对电网的电压控制问题，存在着不同的电压控制模式，这些控制模式在最底层的执行机构上没有区别，一般都是通过发电机的 AVR 调节、电容电抗器的投切、有载调压变压器的分接头调整、静止无功补偿器的调节等控制元件来实现，这些控制元件可以统称为一级电压控制。一级电压控制的原理就是通过本身的闭环控制将其控制目标保持在设定值附近，属于典型的本地控制，只能保证本地控制目标的实现，本身无法预计也不能考虑当前的控制会对整个电网产生什么样的影响。电力系统电压控制的目的就是在更高层次上通过合理的设定每个一级电压控制器的目标值来协调一级电压控制的作用，从而实现系统无功和电压的优化分布。

由于系统级的电压控制策略最终都是通过一级电压控制器来实现的，所以从这个意义上看所有的系统电压控制都是分层实施的，不同之处就在于如何来协调分散在电网各处的一级电压控制器，目前已经取得比较好的应用效果的电压控制模式有二级电压控制、三级电压控制和"软"三级电压控制模式。

一、二级电压控制模式

二级电压控制模式以调控中心主站作为控制的第二级，进行统一决策后将控制方案下发到厂站端的 AVC 子站进行一级控制。其中比较有代表性的是德国电力公司的两级电压控制模式。

德国电力公司的 AVC 系统始建于 20 世纪 80 年代，它并没应用分区的概念，而是将全局无功优化的结果直接下发给各厂站实时闭环控制。该模式依赖状态估计结果，实时运行在能量管理系统（Energy Management System，EMS）的顶层，直接实现考虑安全约束的实时经济控制，如图 2-6 所示。

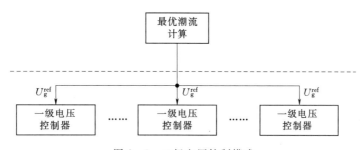

图 2-6　二级电压控制模式

二级电压控制模式结构简单清晰，易于实现，但完全依赖于最优潮流计算，因此存在以下几个方面的不足：

（1）最优潮流（Optimal Power Flow，OPF）运行在 EMS 的最高层次，对 EMS 各软硬件环节的运行质量和可靠性有很高的要求，每个环节的局部异常都可能导致 OPF 发散或者优化结果不可用，对状态估计的精度和可靠性的依赖都很高，局部的量测通道问题都可能影响 OPF 的计算结果。因此，如果完全依赖 OPF，AVC 的运行可靠性难以保证。

（2）OPF 以静态优化计算实现，主要考虑电压上下限约束和以网损最小化为目标。如果完全依赖 OPF，则 AVC 难以对电压稳定性进行协调。当负荷重载时，优化后的发电机无功出力可能搭界，无功裕度均衡度不好，使系统承担事故扰动的能力下降。因此，如果完全依赖 OPF，无法确保电压稳定性。

（3）OPF 模型计算量大，计算时间较长。当系统中发生大的扰动、负荷陡升或陡降时，如果完全依赖 OPF，则 AVC 的响应速度不够，控制的动态品质难以保证。

客观地说，二级控制模式结构简单，投资较小，但由于存在上述缺点，需要进一步提高控制性能。但近些年，随着最优潮流可靠收敛性的不断提高，以及当最优潮流不收敛时不依赖于状态估计的备用算法日趋完善，二级电压控制模式凭借其控制精度高、经济性好等优点，仍被应用于实际中。

二、三级电压控制模式

三级电压控制模式是由法国电力公司提出的，它以中枢节点和控制区域为基础，每个控制区域中至少含有一个中枢节点，任意两个控制区域彼此间呈现电气弱耦合状态。

在三级电压控制模式中，调控中心的 AVC 主站作为控制的第三级，进行全网统一优化后，将各控制区域的中枢节点电压指令下发给第二级电压控制层。第二级电压控制层由各个控制区域组成，每个控制区域内都装设二级电压控制器，二级电压控制器接收 AVC 主站的指令后，将指令分解并发送至各厂站端的 AVC 子站执行，目标是跟踪 AVC 主站下发的中枢节点电压目标值。厂站端的 AVC 子站是第一级控制的执行者，负责执行二级电压控制器下发的控制命令，自动调节本厂站内的无功设备来跟踪指令。三级电压控制模式的基本架构如图 2-7 所示。

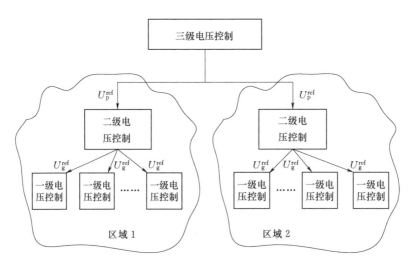

图 2-7　三级电压控制模式的基本构架

在图 2-7 中，AVC 体系架构被分为一级电压控制（Primary Voltage Control，PVC）、二级电压控制（Secondary Voltage Control，SVC）和三级电压控制（Tertiary Voltage Control，TVC）三个层次。显然，每一层都承担着各自的任务，下层接受上层的指令作为本层的控制目标，并向更下一层发出控制目标。

（1）一级电压控制为本地控制，只用到本地的信息。控制器由本区域内控制发电机的自动励磁调节器、有载调压分接头及可投切的电容器组成，控制时间常数一般为几秒。在这级控制中，控制设备通过保持输出变量尽可能接近设定值来补偿电压快速的和随机的变化。

（2）二级电压控制的时间常数为分钟级，控制的主要目标是保证中枢母线电压等于设定值，如果中枢母线的电压幅值产生偏差，二级电压控制器则按照预定的控制规律改变一级电压控制器的设定参考值，二级电压控制是一种区域控制，只用到本区域内的信息。

（3）三级电压控制是其中的最高层，它以全系统的经济运行为优化目标，并考虑稳定性指标，最后给出中枢母线电压幅值的设定参考值，供二级电压控制使用。在三级电压控制中要充分考虑到协调的因素，利用整个系统的信息来进行优化计算，一般来说它的时间常数在几十分钟到小时级。

与二级电压控制模式不同，在三级电压控制模式中，由于合理地确定了各级控制的响应时间，通过时间解耦，一方面保证了各级控制作用之间不会相互干扰，另一方面系统地实现了多目标控制，即电压安全和质量是第一位的，需要快速响应（由一级、二级控制来完成）。而经济性控制是第二位的，响应速度可以慢得多（由第三级控制来实现）。另外三级组织利用无功/电压的局域性，在二级区域解耦控制中只利用了区域内少量关键信息，有效降低了控制系统对状态估计等基础网络分析软件的依赖性，提高了优化控制的可靠性和实现的可行性。但这种控制模式存在的最主要问题是控制区域划分方式是固定不变的，随着电网运行方式和网架结构的不断变化，先前彼此解耦的控制区域间的电气联系可能会发生改变，所以这种"硬分区"方式难以长时间地保持良好的控制效果。

为此，有学者提出了协调二级电压控制（Coordinate Secondary Voltage Control，CSVC）的方案，以解决控制区域日益耦合的问题。其主要思想是计及区域间联络线的无功功率，将其也纳入 CSVC 的输入量，以实现考虑其他区域对本控制区域影响的目的，但这种方法实际应用的效果并不理想。

三、"软"三级电压控制模式

在我国，由于电网建设发展迅速，网架结构变化日新月异，所以传统的"硬分区"三级电压控制模式难以有效应用。因此，国内有学者提出了基于在线"软分区"的"软"三级电压控制模式，并得到实际应用，如图 2-8 所示。

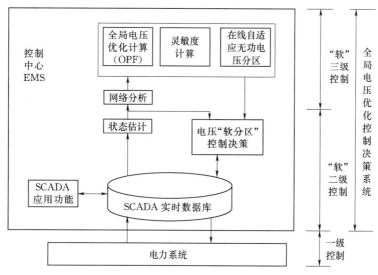

图 2-8　"软"三级电压控制模式

其中一级控制与三级电压控制的一级控制完全相同，而全局电压优化控制决策系统安装在控制中心中，以 EMS 作为决策支持系统，在系统组织上被分成两个级别，为区别于硬件上的三级组织结构，分别称为"软"二级控制和"软"三级控制，分别承担电压三级控制模式中的二级、三级控制系统的任务。具体的，一级电压控制利用 AVR 等调节手段的自动动作使得其电压保持为电压设定值；"软"二级电压控制对中枢节点的电压偏差进行校正；"软"三级电压控制对"软"二级电压控制的中枢节点的电压进行设定。

"软"三级控制基于状态估计和 OPF，运行在 EMS 的最高层，用协调"软"二级分区控制的行为，以实现安全约束下的网损最小，其主要任务有 3 项：在线自适应的无功电压分区的确定、各区域中枢母线电压的最优设定值的计算、电压控制灵敏度的计算。以上任务的启动一般是自动的和周期性的，也可在电力系统实时拓扑发生变化来启动。在线计算出来的分区方式、电压设定值和电压控制灵敏度均通过局域网发送至"软"二级控制工作站，实现对"软"二级控制的协调和决策支持，通过"软"二级控制和一级控制最终实现安全约束下的网损最小的经济性目标。

"软"二级控制利用在线自适应分区的结果，通过 SCADA 系统，对各个区域周期性地以轮循方式实现自动、闭环控制，通过修改区域内一级控制器的整定值来维持该区域的枢纽母线电压水平和无功发电裕度。其控制决策的依据是在线计算出的电压控制灵敏度，其控制目标如下：

（1）将中枢母线的电压控制在设定值附近一个很窄的区限内。

（2）尽量保证同属一个区域的各受控发电机的无功裕度的均衡。

由于区域内中枢母线个数一般远远小于发电机台数，因此以上两个控制目标一般能在一个简单的小规模的二次规划问题下得到满意的协调。

这种控制模式与传统的三级电压控制模式相比，最大的区别在于分区方式不再是固定不变的，而是根据电网实时拓扑结构，在线进行电网控制区域的划分，这些控制区域彼此间呈现电气弱耦合联系，在每个控制区域内部都有相应的中枢节点和无功电源，有效避免了研制硬件形式的区域控制器而带来的高昂成本。由于这种控制方式可以实时在线追踪电网的拓扑结构变化，又能够节约建设成本，因此可以有效解决传统三级电压控制所带来的问题，并在我国多个网省级电网应用。这种控制方式由运行在控制中心的主站系统和运行在电厂侧的子站系统组成，二者通过高速电力数据网通信。

第五节　AVC 模型及算法

一、目标及约束

电力系统电压和无功功率控制实质上是无功最优潮流问题，通常是指已知电网拓扑结构、参数、负荷水平、电源出力等信息，在满足电网和设备运行限制条件的基础上，通过调节可控无功电源的出力水平，使电网的某一个或多个性能目标达到最优的无功功率分布。在数学上可以表述为以电网运行的安全性为约束条件，以提高电网运行的经济性为优化目标，实现全网无功综合优化的一个非线性优化模型。

电力系统无功优化在数学上可以表示为：

$$\min f(x)$$
$$h(x) = 0 \qquad\qquad\qquad (2-3)$$
$$g_{\min} \leqslant g(x) \leqslant g_{\max}$$

式中：$f(x)$ 为目标函数；$h(x)$ 为等式约束；$g(x)$ 为不等式约束；x 为变量，包括可控变量和状态变量，可控变量包括发电机无功出力、有载调压变压器的挡位、无功补偿装置的补偿量等，状态变量包括除平衡节点外的其他所有节点的电压相角、除平衡节点和PV 节点外的节点的电压幅值以及 PV 节点的无功出力等；$g_{\min}$、$g_{\max}$ 分别为不等式约束的下限和上限。

（一）目标函数

无功优化的目标函数根据不同的需求可以有多种表达形式。

从经济性角度出发，考虑网损最小的目标函数为：

$$\min F = \sum_{i=1}^{n} U_i \sum_{j=1}^{n} U_j (G_{ij}\cos\theta_{ij} + B_{ij}\sin\theta_{ij}) \qquad (2-4)$$

式中：U_i 和 U_j 为节点 i 和 j 的电压；θ_{ij} 为节点 i、j 的相角差；G_{ij} 为连接节点 i、j 的支路电导；B_{ij} 为连接节点 i、j 的支路电纳。

从电压水平出发，以节点电压偏离规定值最小的目标函数为：

$$\min F = \sum_{j=1}^{n} \frac{U_j - U_j^{spec}}{\Delta U_j^{spec}} \qquad (2-5)$$

式中：U_j 为节点 j 的电压；U_j^{spec} 为节点 j 的规定电压值；ΔU_j^{spec} 为节点 j 的电压偏移量。

从提升电力系统稳定性的角度出发，使控制区域的无功裕度更大、出力更均衡，其目标函数为：

$$\min F = \sum_{k} \sum_{i \in A} (Q_i - Q_A)^2 \qquad (2-6)$$

式中：Q_i、Q_A 为发电机组 i 和控制区域 A 的无功出力水平；k 为无功分区后的控制区域的个数。

另外，随着电力市场的逐步形成，无功合理定价的重要性日益凸显。在电力市场环境下考虑无功成本的优化模型，即在计及无功电价的基础上提出无功优化补偿的模型，其采用的目标函数如下：

$$\min F = \lambda_{\text{loss}} P_{\text{loss}} + \sum_{k=1}^{GS} f_{Qk}(Q_{Gk}) \qquad (2-7)$$

式中：λ_{loss} 为有功功率的边际价格；P_{loss} 为电力网络的有功功率损耗，其与所有控制变量有关；G_S 为发电机总台数；$f_{Qk}(Q_{Gk})$ 为第 k 个非电网公司所属无功电源无功支出费用。

当然，目标函数也可以由多个单一目标函数通过加权平均的方式而获得，此时构成多目标函数，其目的是使多个单一的目标同步趋优，表达式如下：

$$\min F = \sum_{i=1}^{n} \lambda_i f_i \qquad (2-8)$$

式中：f_i 为第 i 个单一目标函数；λ_i 为第 i 个单一目标函数的加权平均值。

(二) 约束条件

1. 等式约束条件

无功优化中的等式约束为节点潮流约束，即所有节点的有功功率和无功功率都应满足如下关系式：

$$\begin{cases} P_i - U_i \sum_{j \in i} U_j (G_{ij}\cos\theta_{ij} + B_{ij}\sin\theta_{ij}) = 0 \\ Q_i - U_i \sum_{j \in i} U_j (G_{ij}\sin\theta_{ij} - B_{ij}\cos\theta_{ij}) = 0 \end{cases} \tag{2-9}$$

式中：P_i、Q_i 为节点 i 的有功功率注入量和无功功率注入量，发电取正，负荷取负。其余变量与式（2-4）中的变量定义相同。

2. 不等式约束条件

不等式约束由各可控变量的上、下限值组成，表达式为：

$$\begin{cases} U_{i\min} \leqslant U_i \leqslant U_{i\max} \\ Q_{G_i\min} \leqslant Q_{G_i} \leqslant Q_{G_i\max} \\ Q_{C_i\min} \leqslant Q_{C_i} \leqslant Q_{C_i\max} \\ B_{i\min} \leqslant B_i \leqslant B_{i\max} \\ T_{i\min} \leqslant T_i \leqslant T_{i\max} \end{cases} \tag{2-10}$$

式中：U_i、Q_G、Q_C、B_i、T_i 为节点 i 的电压、发电机 G 的无功出力、连续无功补偿装置 C（如 SVC、SVG、STATCOM 等）的无功出力、并联补偿设备 i 的并联电纳、变压器抽头 i 的变比；$U_{i\min}$、$U_{i\max}$ 为节点 i 的电压下限和上限；$Q_{G_i\min}$、$Q_{G_i\max}$ 为发电机 G 的无功出力下限和上限；$Q_{C_i\min}$、$Q_{C_i\max}$ 为连续无功补偿装置 C 的无功出力下限和上限；$B_{i\min}$、$B_{i\max}$ 为并联补偿设备 i 的并联电纳下限和上限；$T_{i\min}$、$T_{i\max}$ 为变压器抽头 i 的变比下限和上限。

二、原对偶内点法

内点法是由 Karmarkar 于 1984 年提出用于求解线性规划问题中具有多项式时间复杂性的算法，其核心思想是要将迭代求解过程始终限制在可行域的内部。为此，要保证将初始点选取在可行域内部，并在迭代过程中在可行域边界设置"障碍"，当迭代轨迹趋于可行域边界时，迅速增大目标函数值，以防止迭代过程收敛于可行域外部，所以内点法又称障碍法。在内点法的迭代过程中，还需对迭代步长加以控制，使寻优过程始终在可行域内部进行。当随着障碍因子的减小，障碍函数的影响将逐渐减弱，迭代过程便能可靠收敛于可行域内部的极值解。

但对于大规模的实际电力系统而言，在可行域内寻找初始点往往非常困难。这也引起了国内外学者的广泛关注，并致力于算法的改进。原对偶内点法就是对常规内点法的一种有效改进。它首先是根据对偶原理改造目标函数的表达形式，并用拉格朗日（Lagrange）乘子法处理约束条件中的等式约束，同时引入松弛变量，将约束条件中的不等式约束转换成等式约束。用内点障碍函数法和限制步长等方法处理变量不等式约束条件，导出引入障碍函数后的库恩-图克（Kuhn - Tucker）最优化条件，并用牛顿-拉夫逊（Newton -

Raphson）法进行求解。将障碍因子的初始值取得足够大，用以保证解的可行性，并在求解的过程中逐渐减小障碍因子，用以保证解的最优性。

应用原对偶内点法求解时，引入松弛变量，将式（2-3）约束条件中的不等式约束化为等式约束：

$$\begin{cases} g(x)-l-g_{\min}=0 \\ g(x)+u-g_{\max}=0 \\ l>0 \\ u>0 \end{cases} \tag{2-11}$$

式中：松弛变量 l 和 u 均为 r 维列相量。

在式（2-3）所示的目标函数中引入障碍分量，构造新的目标函数。当在可行域边界附近时，新的目标函数值足够大，其表达式为：

$$\min f(x)-\lambda\sum_{i=1}^{r}\ln l_i-\lambda\sum_{i=1}^{r}\ln u_i \tag{2-12}$$

其中 $\lambda>0$，称为障碍因子。当松弛变量接近于可行域边界时，新的目标函数会趋于无穷大；而在可行域内部时，新的目标函数与原目标函数同解。这样，原来含有不等式约束的数学模型就转化为与其等价的只含等式约束的新模型，可应用拉格朗日乘子法求解。其拉格朗日函数为：

$$F=f(x)+y^T(x)+z^T[g(x)-l-g_{\min}]+w^T[g(x)+u-g_{\max}]-\lambda\sum_{i=1}^{r}\ln l_i-\lambda\sum_{i=1}^{r}\ln u_i \tag{2-13}$$

式中：y、z、w 为拉格朗日乘子相量，也是对偶变量相量，其维数分别为 m、r、r；x、l、u 为原变量相量。

式（2-13）的极值存在需满足库恩-图克条件，表达式为：

$$F_x=\frac{\partial F}{\partial x}=\nabla f(x)+\nabla h(x)y+\nabla g(x)(z+w)=0 \tag{2-14}$$

$$F_y=\frac{\partial F}{\partial y}=h(x)=0 \tag{2-15}$$

$$F_z=\frac{\partial F}{\partial z}=g(x)-l-g_{\min}=0 \tag{2-16}$$

$$F_w=\frac{\partial F}{\partial w}=g(x)+u-g_{\max}=0 \tag{2-17}$$

$$F_l=L\frac{\partial F}{\partial l}=zle+\lambda e=0 \tag{2-18}$$

$$F_u=U\frac{\partial F}{\partial u}=wue-\lambda e=0 \tag{2-19}$$

式中：L、u、z、w 为 r 维对角矩阵，对角元素分别为相量 l、u、z、w 中的元素；e 为 r 维列相量，其元素全为 1。

式（2-18）和式（2-19）为互补松弛条件，联立求解可得：

$$\lambda = \frac{C_{\text{gap}}}{2r} \tag{2-20}$$

式中：$C_{\text{gap}} = \sum_{i=1}^{r}(u_i w_i - l_i z_i)$，代表对偶间隙。

在实际应用中，障碍因子通常按下式计算：

$$\lambda = \mu \frac{C_{\text{gap}}}{2r} \tag{2-21}$$

式中：$0 < \mu < 1$，代表向心参数；r 为不等式约束维数。通常 μ 在 0.1 附近取值时，迭代求解的收敛性较好。

由式（2-14）～式（2-19）构成的非线性方程组可用牛顿-拉夫逊法迭代求解，其修正方程用矩阵形式表达成如下式：

$$\begin{bmatrix} H' & J^T \\ J & 0 \end{bmatrix} \begin{bmatrix} \Delta x \\ \Delta y \end{bmatrix} = -\begin{bmatrix} F'_x \\ F_y \end{bmatrix} \tag{2-22}$$

式中：H' 为修正后的海森矩阵；J 为等式约束的雅可比矩阵。

在求解过程中，选择适当的初始值，并在期间限制迭代步长，来保证解的可行性。

三、分支界定法

由于内点法只能处理连续变量，但在实际电力系统中存在大量变压器、电容器、电抗器等离散设备，应用内点法求解时只能将其当做连续量，迭代收敛后再进行离散化处理。通常的处理方法是将离散变量就近归整，即将离散变量的最优值归整到与其最近的离散点上。但这种方法实际得到的并非最优解，而是一个近似最优解。另外，当最优值与离散点偏差较大时，这种处理方法可能会导致较大偏差。

分支定界法提出于 20 世纪 60 年代，是一种求解混合整数规划的优化算法，它的求解过程分为松弛、分支、定界、剪支、回溯五个步骤。若得到的最优解不满足整数约束限制，就将原问题分解为若干个部分，并在每部分补充新的约束条件，来压缩原有的可行域，以此逐步逼近最优解。

1. 松弛

松弛过程是先不计及整数约束，将所有变量连续化。这样处理后，原问题的可行解一定在松弛问题中也可行。松弛问题的可行域包括了原问题的所有可行解和非整数可行解，因此松弛问题的最优解至少与原问题的最优解一样好。

具体求解时，先用内点法求得松弛问题的最优解，如果这个可行解为整数，则已得到最优解，否则就需对松弛问题进行分支处理。

2. 分支

分支过程其实就是在父问题上添加新的约束条件。例如，父问题的最优解中某一个变量 x 的值不是整数，则可构造两个新的约束：

$$\begin{cases} x \leqslant i \\ x \geqslant i+1 \end{cases} \tag{2-23}$$

式中：i 为变量 x 的整数部分，通过约束来将变量 x 限制为整数。这两个新的约束将父问题的可行解区域分为两个独立部分，并除去了 $(i, i+1)$ 这部分不可能存在原问题可行解的区域，来减小搜索空间。于是便生成了两个子问题，如果这两个子问题中的任一个最优解仍不是整数解，则将该子问题继续分支。

3. 定界

在最优解的求解过程中，分支后子问题最优目标函数值都不会比原问题的最优目标函数值小，所以位于树枝分叉处的子问题的最优目标函数值是该分叉所有后继分支子问题的下界。

如果某一个子问题的最优解已经是整数，则将这个子问题的目标函数值作为最优目标函数值的上界。后续分支过程中，若有更优的整数解，则再将其替换为目标函数的上界。

4. 剪支

剪支过程是将满足一定条件的分支剪除，以缩减子问题的数量。若某一分支的子问题无解，则将该分支剪掉。若子问题所得最优目标函数值超过既定上界，则即使该分支尚未搜索完毕，也没有必要继续进行搜索。通过这样的过程，可以减少子问题的求解次数，节省计算时间。

5. 回溯

所谓回溯就是在搜索至某一分支末端后，返回到最近的分支节点，使算法沿另一分支方向进行搜索的过程。通过回溯，分支定界法实现了完整的整数解搜索方法，保证了计算的严密性。

在实际计算中，当离散变量较少时，算法性能较好。但当在大规模实际电力系统中，离散变量数目较多时，所需计算时间可能较长。为保证算法的工程实用性，可以通过限制优化次数而将优化计算的时间控制在一定范围内。即当优化次数达到一定次数时，后续的分支直接剪支并返回，并将已搜索到的可行解作为整个问题的最优解。如果没有搜索到任一可行解，则直接认为所有离散设备均不进行调节，只进行连续变量的优化即可。限制优化次数的分支定界法不再保证能够获得全局最优解，但一般能够获得较优的可行解，能够满足实际工程的要求。

四、交叉逼近法

交叉逼近法是利用 PQ 分解技术，实现有功功率和无功功率交替迭代的最优潮流算法。对于式（2-3）用 x_p 和 x_q 来区分与有功和无功关系密切的变量，则无功优化数学模型表述如下：

$$\min f(x_p, x_q) \tag{2-24}$$

$$\text{s. t.} \begin{cases} p_e(x_p, x_q) = 0 \\ p_i(x_p, x_q) \leqslant 0 \\ q_e(x_p, x_q) = 0 \\ q_i(x_p, x_q) \leqslant 0 \end{cases} \tag{2-25}$$

式中：x_p 包括有功电源出力和节点电压相角；x_q 包括无功电源出力、节点电压幅值、变压器变比；p_e、q_e 为节点有功、无功潮流平衡方程的等式约束；p_i、q_i 为与有功、无功关系密切的不等式约束条件。

根据凸对偶和部分对偶理论，原数学模型等价于 A：

$$\min f(x_{\mathrm{p}}, x_{\mathrm{q}}) + \lambda_{\mathrm{q}}^T q_e(x_{\mathrm{p}}, x_{\mathrm{q}}) + \mu_{\mathrm{q}}^T q_i(x_{\mathrm{p}}, x_{\mathrm{q}}) \qquad (2-26)$$

$$\mathrm{s.\,t.} \begin{cases} p_e(x_{\mathrm{p}}, x_{\mathrm{q}}) = 0 \\ p_i(x_{\mathrm{p}}, x_{\mathrm{q}}) \leqslant 0 \end{cases} \qquad (2-27)$$

或等价于 B：

$$\min f(x_{\mathrm{p}}, x_{\mathrm{q}}) + \lambda_{\mathrm{p}}^T p_e(x_{\mathrm{p}}, x_{\mathrm{q}}) + \mu_{\mathrm{p}}^T p_i(x_{\mathrm{p}}, x_{\mathrm{q}}) \qquad (2-28)$$

$$\mathrm{s.\,t.} \begin{cases} q_e(x_{\mathrm{p}}, x_{\mathrm{q}}) = 0 \\ q_i(x_{\mathrm{p}}, x_{\mathrm{q}}) \leqslant 0 \end{cases} \qquad (2-29)$$

式中：λ_{p}、λ_{q}、μ_{p}、μ_{q} 为对偶变量相量。

在求解过程中，利用 PQ 解耦原理，在模型 A 中，将与无功功率有关的变量当作常数处理；在模型 B 中，将与有功功率有关的变量当作常数处理。交替求解模型 A 和 B，直至两个模型求出的 z_{p} 和 z_{q} 之差分别在允许的偏差范围之内便完成迭代求解过程。求解出的最优点，应使模型 A 和 B 的目标函数值偏差在允许范围内。

第六节　含多种无功源的风电场/光伏电站电压优化控制技术

一、风电场/光伏电站内无功电源及控制原则

随着风电和光伏等间歇式能源穿透功率的增加，风速的随机变化、光伏发电的运行特性和系统运行方式的改变等扰动会引起风电场/光伏电站并网地区局部电网的电压波动，影响电力系统的安全稳定运行。目前我国和世界许多国家的风电/光伏并网技术导则均对风电场和光伏电站的无功功率输出和电压波动水平提出了一些运行规范，要求风电场/光伏电站在正常运行条件下能够根据实际运行情况或电网调度部门指令在线动态调节电网接入点的无功和电压。

风电场与光伏电站的无功电源及控制原则相似，以风电为例详细介绍。大型风电场内的无功调节设备主要包括风电场内分散分布的变速风电机组、升压站内集中安装的并联电容器/电抗器组、有载调压变压器和动态无功补偿设备 SVC/SVG 等。这些无功调节设备不但在时间尺度上具有不同的控制时间常数，而且在空间尺度上也具有不同的物理分布位置，表 2-1 给出了大型风电场内主要无功调节设备的运行特性比较。

表 2-1　　　　　　　　　大型风电场内主要无功调节设备的运行特性比较

设备分类	设备单元	补偿特点	补偿位置	响应时间
升压站内 静态设备	OLTC、 电容器组	离散阶梯形调节， 投切产生尖峰脉冲	集中补偿	秒级，慢
升压站内 动态设备	SVC/SVG	连续平滑动态调节	集中补偿	毫秒级，快
风电场内 风电机组	DFIG、DDSG	连续平滑调节， 单机补偿量有限	分散补偿	秒内，较快

可以看到，如何综合考虑多种无功调节设备在时间尺度上的动态响应配合和空间维度上的物理分布特性，是实现风电场无功优化控制的关键。风电场内无功调节设备的控制应满足以下原则：

（1）并联电容器组和 OLTC 等静态无功调节设备能够提高风电并网地区的静态电压稳定极限并控制风电场并网点电压在一定范围内，但是其响应时间较慢，只能实现阶跃、分段控制，难以精细调节。因此，可以对离散设备动作分布预先进行评估并提前操作，以提供基础无功支撑，增加动态无功调节设备裕度。

（2）SVC 没有旋转设备，运行维护简单，能够在容性和感性两个方向上快速平滑地实现无功功率的连续调节，从而迅速平抑风电场有功变化带来的无功电压波动。与 SVC 相比，SVG 不仅具备了无功功率连续双向调节、响应快速快的优点，还省去了大电感、大电容等发热量大的物理器件，能够降低无功补偿的损耗。但是由于 SVC/SVG 的造价较高，会增大风电场的投资成本，在风电场的安装容量通常较小。此外，当电网发生短路故障导致部分风电机组低压脱网之后，SVC 设备由于控制不当继续挂网运行，会造成局部电网无功过剩，这是诱发事故扩大的主要原因。因此，在稳态运行期间优先利用其他形式的无功补偿设备提供基础无功支撑，一方面可以预留充足动态无功调节裕度，另一方面可以降低电网故障后的过电压风险。

（3）变速风电机组是优质的无功调节电源，可以在正常运行期间快速调节无功输出从而稳定风电场内电压和向电网提供无功支撑，并且其在电网发生故障后可以通过控制变流器维持机端母线电压恒定，能够很好地抑制大扰动故障时有功切除后的无功过剩问题。但是大型风电场内变速风电机组发出的无功功率需经较长集电线路和多重变压器送出，馈线线型和风机间距等物理分布因素对于风电机组机端电压的影响又使得变速风电机组的无功调节能力受到一定制约。因此，可以根据风电场内变速风电机组的物理分布位置，在满足机端电压约束的前提下，充分利用风电机组的无功调节能力，从而节省动态无功调节设备的容量配置投资。

二、风电场/光伏集群基地无功电压特性

（一）新能源集群基地无功电压特性

我国新能源资源丰富的区域，往往远离负荷中心，且区域附近没有足够的负荷能够就近消纳新能源，使其与负荷呈逆向分布状态。因此，达到一定容量规模的风电场/光伏电站，需要并网运行，使电能送入公共电网，通过电网的资源配置能力向负荷中心供电，实现新能源的消纳。风电基地与光伏基地的无功电压特性相似，以风电为例详细介绍新能源基地的无功电压特性。

我国主流风电机组的机端输出电压通常为 690V，单台容量多为 1.5MW 的机组，因此需要风电场内部的集电系统将风电机组的电能汇集起来，经过升压变电站进行升压后统一送入输电网。

通常，风电机组按照物理位置分组，由集电系统汇集电能，每组汇集成一路 10kV 或 35kV 馈线送往升压站。多条馈线并联接入升压站的 10kV 或 35kV 侧母线，经升压站的主变压器升压至 110kV 或 220kV 后统一送入高压输电网。下面以新疆电网典型风电场集群并网为例进行说明，其并网示意图如图 2-9 所示。

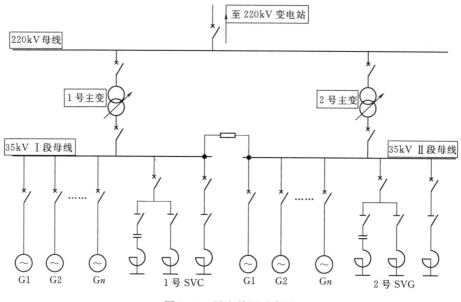

图 2-9　风电并网示意图

风电场以集群的方式接入 35kV 母线，再经过升压变压器升压至 220kV 后，通过 220kV 并网输电线路接入电网。同时在风电场升压站中还配备了一定量的无功补偿装置。

风电机组的型式多种多样，目前主流的风电机组可以分为 3 类：恒速恒频的鼠笼式异步发电机、变速恒频的双馈式感应发电机、变速变频的直驱式同步发电机。

对于鼠笼式风电机组，随着风电有功出力的增长，风电机组消耗的无功功率也同步增加，但功率因数的变化却体现出明显的非线性。通常，从风电机组空载到额定负载的变化过程中，无功功率的消耗总体上在不断提高，但在此阶段中，有功功率的增长起了关键性作用。因此，总体来看，风电机组的功率因数在逐渐提高，并在额定负载时达到极值（一般为 0.85 左右）。但从额定负载到过载的过程中，相对于有功功率的增长，无功功率需求的增加起了决定性作用，风电机组的功率因数开始逐渐下降。

双馈式感应发电机能够实现有功功率和无功功率的解耦控制，其发出或吸收的无功功率完全由其控制系统决定。双馈式风电机组能够控制其出口与电网之间不交换无功功率，即整个风电机组不发出也不消耗无功功率。

直驱式同步风电机组可实现有功功率和无功功率的解耦控制，通常风电机组在控制系统的作用下以恒定的单位功率因数运行，使风电机组与电网间不发生无功功率交换，即风电机组既不从电网中吸收无功功率，也不向电网中输出无功功率。当电网电压正常时，电网侧变流装置无功电流给定值为零，风电机组运行在单位功率因数状态，只向电网输送有功功率。当电网电压变化时，可以在电网侧变流装置和中间直流环节采取应对措施进行控制，使电网侧变流装置运行在 STATCOM 模式，可双向快速地改变其向电网提供的无功功率，稳定电网电压，且不影响发电机侧变流装置以及同步发电机的正常运行，所以直驱式风电机组具备了较双馈式风电机组更加优良的无功功率调节特性。

风电场的无功功率特性是风电机组、无功补偿设备、变压器、输电线路各种无功设备综合作用的结果。以鼠笼式风电机组为主的风电场需要吸收无功功率建立风电机组的励磁场，而且随着风电有功功率的增长，无功功率的需求量也将增大。加之风电场中各级升压变压器的无功功率消耗，以及并网线路上也可能消耗无功功率，使得此类风电场必须提供充足的无功补偿以维持正常运行。以双馈式或直驱式风电机组为主的风电场可灵活控制风电机组与电网间的无功功率交换，减轻了风电场对电网无功支撑的依赖。但随着风电有功功率的增加，变压器及并网线路消耗的无功功率必然增大，考虑到风电机组无功功率的受调节范围的限制，因此还需要电网提供必要的无功补偿。因此，无论是哪种类型的风电场，其正常运行都需要从电网中吸收无功功率，但一般以鼠笼式风电机组为主的风电场对无功功率的需求大于其他类型的风电场。

除此之外，风电场的无功功率特性还与其有功出力水平密切相关。当风电场有功功率送出水平较低时，变压器无功功率损耗小，输电线路上消耗的无功功率也小于产生的无功功率，此时风电场可向电网提供无功功率。但当风电场送出的有功功率较大时，变压器无功功率消耗变大，输电线路上消耗的无功功率也大于产生的无功功率，此时风电场需要从电网中吸收无功功率。

（二）并网点无功电压特性

1. 电压变化及电压波动

新能源并网发电功率较低时，在输电线路容性无功补偿的作用下（当新能源接入电网电压等级较低时，如 66kV 以下的电网，输电线路容性无功补偿作用可忽略），可能会向电网注入无功功率；但随着新能源并网发电功率的增大，整体的无功功率需求量也增加，需要从电网中获取无功功率。

因此，通常在新能源并网发电功率逐渐增加时，由于无功功率需求的增大，由电网向新能源基地注入的无功功率也增高，并网点电压逐渐降低。而当新能源整体出力较小时，输电线路将产生一定量的充电无功功率，但新能源基地附近缺少大型水、火电机组为其调压，其本身内部也缺乏吸收充电无功功率的设备，这将会使得并网点和区域电网运行电压增高。

考虑到新能源具有较强的随机性，有功功率波动较大导致无功功率的需求也随之变化，所以通常并网点电压波动明显。

另外，风电功率在并网输电线路上传输时会在线路上产生电压降落，其表达式见式（2-1），可见并网输电线路上的电压降落由线路阻抗参数和传输功率共同决定。通常，并网输电线路的电阻和电抗参数基本恒定，若线路上传输的有功功率和无功功率也基本不变，则线路上的电压降就可认为是基本固定的。但是由于风电的随机波动性较大，线路上传输的有功功率大小变化频繁，无功功率大小及方向的改变也频繁发生，导致线路上电压降也随之变动，这样也引发了并网点电压的波动。

2. 电压稳定性

新能源场站通常以大规模集群方式并网，考虑到其无功功率特性，运行时（尤其是出力较高时），需要的无功功率支撑较大。由于电压稳定性与无功功率强相关，所以新能源并网区域的电压稳定问题较为突出。

另外，由于新能源场站多数建在较为偏远的地区，采用远距离大规模输电与主网相连，而且接入地区的网络结构一般比较薄弱，短路容量较小，进一步降低了电网电压稳定裕度。

大规模新能源基地接入系统的网络结构和稳定特性与单机无穷大系统有较高的类似度，因此可以单机无穷大系统模型定性分析大规模新能源汇集地区的送出问题。

如图 2-10 所示，等值的大容量新能源机组通过长距离输电线路接入主网架，其中主网架等值简化成内阻抗为 X_s、内电势为 U_s 的电压源，机组并网母线电压为 U_w，并网线路阻抗为 X_l，线路导纳为 B_l。

对图 2-10 所示的单机无穷大系统进行等值变换，其中变换到 U_s 侧的对地电容支路由于无穷大母线电压恒定的特性，对系统无任何影响，可以忽略不计；变换到 U_w 侧的对地电容支路与线路左侧电容支路合并为 B；并网点和无穷大母线间形成等值阻抗 X_l。

假设机组发出的有功功率为 P，无功功率为 Q，等值阻抗 X 上通过的电流为 I，并令 $U_w = U_w \angle \delta$，$U_s = U_s \angle 0°$，则并网点母线电压与有功出力的关系如下：

$$\left(\frac{PX}{U_s^2}\right)^2 + \left[\frac{(Q-U_w^2 B)X}{U_s^2} + \left(\frac{U_w}{U_s}\right)^2\right]^2 = \left(\frac{U_w}{U_s}\right)^2 \qquad (2-30)$$

为分析方便，设机组在单位恒功率因数下运行，即 $Q=0$，故：

$$\left(\frac{PX}{U_s U_w}\right)^2 + \left[\frac{U_w(1-XB)}{U_s}\right]^2 = 1 \qquad (2-31)$$

从而可解得 P 和 U_w 之间的关系为：

$$\left(\frac{U_w}{U_s}\right)^2 = \frac{1 \pm \sqrt{1-\left[2(1-XB)\dfrac{PX}{U_s^2}\right]^2}}{2(1-XB)^2} \qquad (2-32)$$

通过式（2-32）可以求得不同补偿容量下新能源送出系统的 $P-U$ 曲线，如图 2-11 所示。

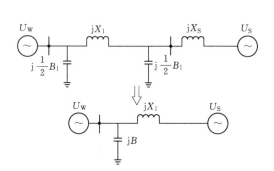

图 2-10　单机无穷大系统接线及等值拓扑

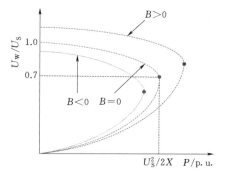

图 2-11　新能源送出系统 $P-U$ 曲线

通过式（2-30）可以求得单机无穷大系统 $P-U$ 曲线拐点处所对应的临界电压 U_{lim} 和临界功率 P_{lim} 分别如下：

$$\begin{cases} P_{lim} = \dfrac{U_s^2}{2(1-XB)X} \\ U_{lim} = \dfrac{\sqrt{2}U_s}{2(1-XB)} \end{cases} \qquad (2-33)$$

从上述分析可以看出，静态电压稳定极限水平与无功补偿容量有关，无功补偿容量越大，新能源功率输送能力越大，临界母线电压也越大；在同一机组相同出力水平下，无功补偿越小，系统电压稳定裕度越低。

对于大规模新能源并网发电而言，当出力水平较高时，无功功率需求量大，并网点电压偏低，静态电压稳定裕度较低，所以要求新能源厂站能够提供足够的无功功率，以实现支撑电压水平和提高电压稳定裕度的目的。另外，为贯彻新能源优先调度的原则，应尽量提高风电/光伏功率的送出能力，减少弃风弃光电量。因此新能源厂站可尽量增加无功补偿水平，从而提高静态电压稳定的临界功率和临界电压水平，以保证功率能够可靠送出。

三、基于支路电压稳定指标的静态无功电压优化控制

现代电网的规模不断扩大，尤其是新能源大规模接入的情况下，动态特性非常复杂，所以进行电压在线稳定性监测以及在线无功优化越来越需要从系统整体来考虑。首先对全网局部电压稳定指标的快速计算，尤其是对新能源接入区域的电压稳定进行快速分析和评估，然后通过无功优化计算有效提高电压稳定薄弱区域的电压稳定裕度，从而在实时优化控制中提高风电接入区域的电压稳定性。本章提出的支路在线电压稳定指标 $L_{\mathrm{u.p}}$，将其加入无功优化的约束条件或者目标函数中，实现考虑电压稳定约束的无功优化。

（一）基于支路方程解存在性的局部电压稳定指标

1. 支路电压稳定指标

支路在线电压稳定指标是由关于支路末端电压的支路潮流一元二次方程有解而推导得到的。对于图 2-12 所示的 π 形支路模型，对节点 j 列出潮流方程可得：

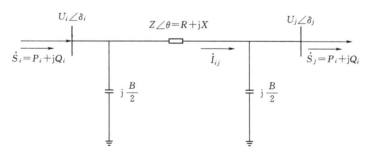

图 2-12 π 形等值支路模型

$$\begin{cases} U_j^2\cos\theta - U_iU_j\cos(\theta-\delta) = -P_jZ \\ U_j^2\left(\sin\theta - \dfrac{BZ}{2}\right) - U_iU_j\sin(\theta-\delta) = -Q_jZ \end{cases} \tag{2-34}$$

图 2-12、式（2-34）中：$U_i\angle\delta_i$、$U_j\angle\delta_j$ 为节点 i 和节点 j 的电压幅值和相角标幺值；$\delta=\delta_i-\delta_j$ 为节点 i 与 j 之间的相角差；$Z\angle\theta=R+\mathrm{j}X$ 为支路阻抗标幺值 jB/2 为支路两端对地电纳标幺值；$P_i+\mathrm{j}Q_i$、$P_j+\mathrm{j}Q_j$ 分别为节点 i 注入的功率标幺值和节点 j 流出的功率标幺值；$\dot{I}_{ij}$ 支路 ij 流向节点 j 的电流。

根据关于 U_j 的支路无功潮流一元二次方程式（2-34）的 $\Delta>0$，而电压发生崩溃时 Δ 趋近于 0，并忽略支路对地点电容，可以推得静态电压稳定 L_q 指标如下：

$$L_\mathrm{q}=\frac{4Q_jX}{[U_i\sin(\theta-\delta)]^2} \tag{2-35}$$

同理，根据关于 U_j 的支路有功潮流一元二次方程式（2-34）的 $\Delta>0$，可以推得静态电压稳定 L_p 指标如下：

$$L_p = \frac{4P_jR}{[U_i\cos(\theta-\delta)]^2} \qquad (2-36)$$

2. 改进指标 L_{pqu}

（1）指标构建。L_p 指标和 L_q 指标在模型推导上都存在着一定问题，事实上关于末端电压的支路有功/无功潮流方程有解只是不发生电压崩溃的一个必要条件，系统发生电压崩溃时 L_p 指标和 L_q 指标的值只能保证小于 1 而并没有趋近于 1。从 L_p 指标的表达式也可看出 $R=0$ 或 R 很小时，L_p 指标趋近于 0，此时 L_p 指标将失效。事实上，只有当支路末端功率的功率因素 $\alpha=\arctan Q_j/P_j$ 与该支路的阻抗角 θ 相等时，PU 曲线到达鼻尖点时 L_p 和 L_q 指标才等于 1，而 $\alpha=\theta$ 仅仅是一个特殊的系统运行情况。

有研究从 PU 曲线的推导过程着手，试图提出更具精确性的电压稳定指标。联立式（2-34）、式（2-35），忽略 $B/2$ 项并联立消去 δ，可以得到关于 U_j^2 的一元二次方程：

$$U_j^4-[U_i^2-2(P_jR+Q_jX)]U_j^2+(P_j^2+Q_j^2)Z^2=0 \qquad (2-37)$$

由式（2-37）有解可得到 L_{pq} 指标表达式：

$$L_{PQ} = \frac{2(S_jZ+P_jR+Q_jX)}{U_i^2} \qquad (2-38)$$

该指标的推导模型从 PU 曲线的推导过程入手，有较强的理论依据。但推导过程中忽略对地电容会使指标精度有一定影响，而且 L_{pq} 指标表达式中需要提供支路阻抗参数信息，不同的支路阻抗参数估计模型以及方法会引起不同程度参数估计误差，从而进一步导致 L_{pq} 指标的计算误差。

为此，本节试图从 L_{pq} 指标的推导过程入手，将 L_{pq} 指标改造成只由支路始末端电压相量表示的指标 L_{pqu}。

对图 2-12 所示的 π 形支路，列出支路的电压方程如下：

$$\dot{U}_i = \dot{U}_j + \dot{I}_{ij}(R+jX) \qquad (2-39)$$

忽略支路对地电容的影响，式（2-39）的实部分量可表示成：

$$P_jR+Q_jX=U_iU_j\cos\delta-U_j^2 \qquad (2-40)$$

联立式（2-39）、式（2-40）可得：

$$S_jZ=U_j\sqrt{U_i^2-2U_iU_j\cos\delta+U_j^2} \qquad (2-41)$$

联立式（2-39）、式（2-40）、式（2-41）最终得到改进后的 L_{pqu} 指标：

$$L_{pqu} = \frac{2U_j(\sqrt{U_i^2-2U_iU_j\cos\delta+U_j^2}+U_i\cos\delta-U_j)}{U_i^2} \qquad (2-42)$$

L_{pqu} 指标可以仅由简单计算计算得到，最大程度上减少了指标计算需要的量测信息，从而在实际应用中可以减小因其他量测信息不准确引入的指标误差。

（2）薄弱区域判别。以某省某一时刻实际电网为例，设定全网负荷以各自初始的功率因素，随着负荷增长率 λ 的增加而增长直至发生电压崩溃。如图 2-13～图 2-15 所示，仿真结果显示，某变电站节点电压降落最为严重，为此计算相关各支路在线电压稳定指标。

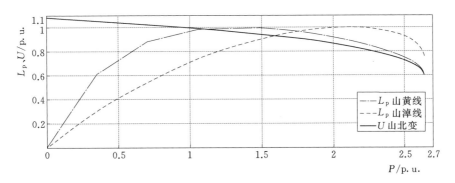

图 2-13　某变电站的 PU 曲线及相应支路 L_p 指标曲线

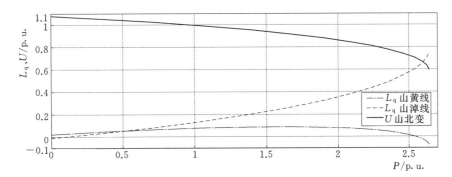

图 2-14　某变电站的 PU 曲线及相应支路 L_q 指标曲线

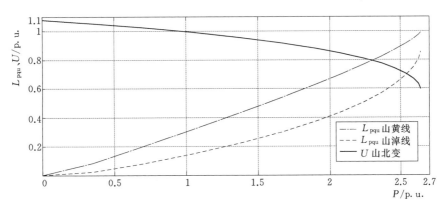

图 2-15　某变电站的 PU 曲线及相应支路 L_{pqu} 指标曲线

　　由仿真结果可以看到，仅有 L_{pqu} 指标具有较为理想的精确度和线性度，L_p 指标和 L_q 指标则表现较差。

　　支路山黄线的 L_{pqu} 指标值高于支路山淖线的指标值，表明该地区此时电压的稳定问题主要是由支路山黄线的负荷过重引起的，山黄线为系统的薄弱支路。调度人员应采取相关措施解决支路山北线负荷潮流过重问题。

　　3. 新型指标 $L_{u,p}$

　　基于支路末端电压可行解域的电压稳定指标一般是由关于支路末端电压的支路潮流

一元二次方程有解而推导得到的，如前面提到的 L_p 指标、L_q 指标和 L_{pq} 指标。本章将再提出一种新的支路电压稳定 L_u 指标和改进指标 $L_{u.p}$，指标的推导从支路电压方程有解出发。

（1）指标构建。将式（2-39）的实部和虚部分别列写如下：

$$\left(1-\frac{BX}{2}\right)U_j^2-U_iU_j\cos\delta+P_jR+Q_jX=0 \tag{2-43}$$

$$\frac{BR}{2}U_j^2-U_iU_j\sin\delta+P_jX-Q_jR=0 \tag{2-44}$$

将式（2-43）和式（2-44）相加得到：

$$\left[1-\frac{B(X-R)}{2}\right]U_j^2-U_iU_j(\cos\delta+\sin\delta)+P_j(X+R)+Q_j(X-R)=0 \tag{2-45}$$

系统电压不发生崩溃，则对系统中的每一条支路，关于 U_j 的二次方程式有解，即 $\Delta>0$，由此推得静态电压稳定的 L_u 指标为：

$$L_u=\frac{4\left[1-\dfrac{B(X-R)}{2}\right]\left[P_j(X+R)+Q_j(X-R)\right]}{U_i^2(1+\sin2\delta)} \tag{2-46}$$

由于电压稳定具有区域特性，系统中的任意支路发生电压崩溃则会导致整个系统的电压崩溃，而 L_u 指标可以很好地指示系统中静态电压稳定的薄弱支路，当 Δ 趋近于 0，L_u 指标趋近于 1，则相应支路越容易发生电压崩溃而导致局部或全局电压失稳。同时可将系统中所有支路 L_u 指标的最大值 L_{us} 作为反映系统静态电压稳定的指标：

$$L_{us}=\max_{j\in R}\{L_{uj}\} \tag{2-47}$$

由 L_u 指标的表达式（2-46）可知，为了获取支路的电压稳定 L_u 指标，需要的原始数据包括该支路始末端的状态量测信息以及该条支路的阻抗信息。电力系统线路参数辨识模型及辨识方法的不同都会对辨识参数的准确性产生影响，而支路阻抗及导纳参数的辨识误差则会对 L_u 指标的精确性产生直接影响。为此，对 L_u 指标的表达形式进行改进，联立式（2-43）、式（2-44）可得：

$$P_j(X+R)+Q_j(X-R)=U_iU_j(\sin\delta+\cos\delta)-\left[1-\frac{B(X-R)}{2}\right]U_j^2 \tag{2-48}$$

将式（2-48）代入 L_u 指标的表达式（2-46），并忽略支路对地电容的影响，可得到改进的电压稳定指标 $L_{u.p}$ 为：

$$L_{u.p}=\frac{4\left[U_iU_j(\sin\delta+\cos\delta)-U_j^2\right]}{U_i^2(1+\sin2\delta)} \tag{2-49}$$

可以看到，$L_{u.p}$ 指标可以仅由 PMU 测得的支路始末端电压幅值和相角信息计算得到，从而避免了 L_u 指标计算过程中因支路阻抗及导纳参数估计不准而引入的误差，在实际应用中可提高指标的精确度。

（2）薄弱区域判别。以某省某一时刻实际电网为例，设定全网负荷以各自初始的功率因素，随着负荷增长率 λ 的增加而增长直至发生电压崩溃。仿真结果见表 2-2，山北变电压降落最为严重，为此计算相关支路山黄线及山淳线的各支路在线电压稳定指标。

表 2 - 2   电压崩溃临界点时各电压稳定指标值

静态电压稳定指标	山黄线	山淖线
L_p 指标	0.6164	0.7690
L_q 指标	−0.0678	0.7523
L_{pq} 指标	0.9459	0.8442
$L_{u.p}$ 指标	0.9999	0.9560

可见相对于其他已有的支路在线电压稳定指标，$L_{u.p}$ 指标具有最为良好的精确度，可提高电压稳定识别准确率 5% 以上。为了验证 $L_{u.p}$ 指标的线性程度，做出 $L_{u.p}$ 指标随负载率增加的仿真结果，如图 2 - 16 所示。

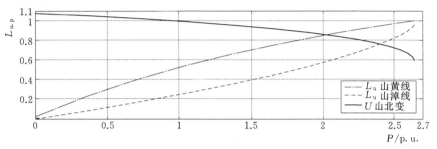

图 2 - 16   山北变的 PU 曲线及相应支路 $L_{u.p}$ 指标曲线

从图 2 - 16 中可以看到，$L_{u.p}$ 指标具有良好的线性程度。负载率增大全过程中，山黄线的 $L_{u.p}$ 指标一直大于山淖线的 $L_{u.p}$ 指标，由此可以判断山北变电压的稳定问题主要是由山黄线的负荷过重引起的，调度人员可根据此信息采取相应的措施缓解由山黄线的负荷过重引起的电压稳定问题。

（二）基于电压稳定约束的无功优化方法

1. 无功优化模型建立

将上述实时电压稳定性指标作为约束条件，以系统的有功网损最小为目标函数，结合对应支路的节点电压和相角量测数据，可以建立无功优化模型如下：

$$\min P_{\text{loss}}$$

$$\text{s. t.} \begin{cases} P_{Gi} = P_{Di} + U_i \sum_{j=1}^{N} U_j (G_{ij}\cos\theta_{ij} + B_{ij}\sin\theta_{ij}) \\ Q_{Gi} = Q_{Di} + U_i \sum_{j=1}^{N} U_j (G_{ij}\sin\theta_{ij} - B_{ij}\cos\theta_{ij}) \\ \overline{U}_i \geqslant U_i \geqslant \underline{U}_i \\ \overline{T}_i \geqslant T_i \geqslant \underline{T}_i \\ \overline{C}_i \geqslant C_i \geqslant \underline{C}_i \\ \overline{P}_{Gi} \geqslant P_{Gi} \geqslant \underline{P}_{Gi} \\ \overline{Q}_{Gi} \geqslant Q_{Gi} \geqslant \underline{Q}_{Gi} \\ L_{u.pk} < M_s \\ \text{其中 } i = 1 \sim N, k = 1 \sim N_B \end{cases} \quad (2-50)$$

式中：$P_{loss} = \min \sum\limits_{i=1}^{N} \sum\limits_{j \in i} G_{ij}(U_i^2 + U_j^2 - 2U_iU_j\cos\theta_{ij})$，为支路 k 的有功损耗；G_{ij}、B_{ij} 为节点 i、j 之间的电导和电纳；θ_{ij} 为节点 i、j 之间的电压相位差；P_{Gi}、Q_{Gi} 为节点 i 发电机注入有功功率和无功功率；P_{Di}、Q_{Di} 为节点 i 的有功负荷和无功负荷；U_i、$\underline{U_i}$、$\overline{U_i}$ 为节点 i 的电压幅值及下限和上限；T_i、$\underline{T_i}$、$\overline{T_i}$ 为第 i 个可调变压器的变比及其下限和上限；C_i、$\underline{C_i}$、$\overline{C_i}$ 为第 i 个电容器（或电抗器）的补偿电纳及其下限和上限；$\underline{P_{Gi}}$、$\overline{P_{Gi}}$ 为 PU 节点发电机的有功出力下限和上限；$\underline{Q_{Gi}}$、$\overline{Q_{Gi}}$ 为 PU 节点发电机的无功出力下限和上限；$L_{u.pk}$ 代表支路 k 的电压稳定指标 [见式（2-51）]；$M_s \in (0, 1)$ 为系统设定的稳定裕度。

考虑到 $L_{u.pk}$ 指标的弱约束特性，即如果发生电压稳定问题，电压约束不满足往往要先于 $L_{u.pk}$ 指标约束越限，可以将 $L_{u.pk}$ 指标加入到无功优化的目标函数中形成多目标的无功优化模型：

$$\min \omega_1 P_{loss} + \omega_2 \sum_{k \in Nd} L_{u.pk}$$

$$\text{s. t.} \begin{cases} P_{Gi} = P_{Di} + U_i \sum\limits_{j=1}^{N} U_j(G_{ij}\cos\theta_{ij} + B_{ij}\sin\theta_{ij}) \\ Q_{Gi} = Q_{Di} + U_i \sum\limits_{j=1}^{N} U_j(G_{ij}\sin\theta_{ij} - B_{ij}\cos\theta_{ij}) \\ \overline{U_i} \geqslant U_i \geqslant \underline{U_i} \\ \overline{T_i} \geqslant T_i \geqslant \underline{T_i} \\ \overline{C_i} \geqslant C_i \geqslant \underline{C_i} \\ \overline{P_{Gi}} \geqslant P_{Gi} \geqslant \underline{P_{Gi}} \\ \overline{Q_{Gi}} \geqslant Q_{Gi} \geqslant \underline{Q_{Gi}} \\ \text{其中 } i = 1 \sim N, k = 1 \sim N_B \end{cases} \qquad (2-51)$$

式中：ω_1、ω_2 为网损函数和电压稳定指标约束集的权重系数，取 $\omega_1 > \omega_2$。

2. 无功优化求解算法

求解非线性规划问题的算法种类繁多，确定性的方法主要有逐次线性规划法、逐次二次规划法、牛顿法、罚函数法和内点法等；不确定性的方法包括各种智能优化方法，如遗传算法。计算结果的可重复性是控制过程平稳性的基本要求，即要求相同的计算条件下能得到相同的计算结果，故遗传算法等智能优化方法事实上不太适合于在线实时控制。

Karmarkar 于 1984 年提出了求解线性规划问题的具有多项式时间复杂性的算法——内点法，并引起了广泛的关注，内点法属确定性方法。在随后的十多年中，数学家们致力于算法的改进，并成功将其应用于非线性规划问题的求解。随着内点法的日渐成熟，1995年前后逐渐有了其在电力系统优化问题中应用的文章发表，相关领域包括最优潮流、电压无功优化控制、静态电压稳定分析等。因此，内点法是目前已广泛证实的、求解无功电压优化问题的最有效的方法之一，算法性能优越。

内点法要求迭代过程始终在可行域内部进行。其基本思想就是把初始点取在可行域内部，并在可行域的边界上设置一道"障碍"，使迭代点靠近可行域边界时，给出的目标函数值迅速增大，并在迭代过程中适当控制步长，从而使迭代点始终留在可行域内部。显然，随着障碍因子的减小，障碍函数的作用将逐渐降低，算法收敛于原问题的极值解。

原对偶内点法实际上是对常规内点法的一种改进。其基本思路是：引入松弛变量将函数不等式约束化为等式约束及变量不等式约束；用拉格朗日乘子法处理等式约束条件，用内点障碍函数法及制约步长法处理变量不等式约束条件；导出引入障碍函数后的库恩-图克最优性条件，并用牛顿-拉夫逊法进行求解；取足够大的初始障碍因子以保证解的可行性，而后逐渐减小障碍因子以保证解的最优性。

考虑如下的非线性规划问题：

$$\min f(x) \qquad (2-52)$$

$$\text{s. t. } h(x)=0 \qquad (2-53)$$

$$\underline{g} < g(x) < \overline{g} \qquad (2-54)$$

式中：x 为 n 维相量；h 为 m 维相量；g 为 r 维相量。

引入松弛变量将不等式约束化为等式约束及变量不等式约束，即将式（2-54）改为：

$$\begin{cases} g(x)-l-\underline{g}=0 \\ g(x)+u-\overline{g}=0 \\ l、u>0 \end{cases} \qquad (2-55)$$

对于式（2-55）中的变量不等式约束条件，引入障碍函数项，则有：

$$f'(x)=f(x)-p\left(\sum_{i=1}^{r}\ln l_i+\sum_{i=1}^{r}\ln u_i\right) \qquad (2-56)$$

式中：p 为障碍因子，且 $p>0$；下标 i 表示相量的第 i 个元素。

根据式（2-54）、式（2-55）及式（2-56）可定义拉格朗日函数如下：

$$F(x,y,l,u,z,w)=f(x)+y^T h(x)+z^T[g(x)-l-\underline{g}]$$
$$+w^T[g(x)+u-\overline{g}]-p\left(\sum_{i=1}^{r}\ln l_i+\sum_{i=1}^{r}\ln u_i\right)$$

$$(2-57)$$

式中：x、l、u 为原始变量相量；y、z、w 为对应的拉格朗日乘子相量，即对偶变量相量。

由此可导出库恩-图克条件，为书写方便，以下用 F 代替 $F(x,y,l,u,z,w)$：

$$F_x=\frac{\partial F}{\partial x}=\nabla f(x)+\nabla^T h(x)y+\nabla^T g(x)(z+w)=0 \qquad (2-58)$$

$$F_y=\frac{\partial F}{\partial y}=h(x)=0 \qquad (2-59)$$

$$F_z=\frac{\partial F}{\partial z}=g(x)-l-\underline{g}=0 \qquad (2-60)$$

$$F_w=\frac{\partial F}{\partial w}=g(x)+u-\overline{g}=0 \qquad (2-61)$$

$$F_l=L\frac{\partial F}{\partial l}=ZLe+pe=0 \qquad (2-62)$$

$$F_u = U \frac{\partial F}{\partial u} = WUe - pe = 0 \tag{2-63}$$

$$l、u、w > 0, z < 0 \tag{2-64}$$

式中：L、U、Z、W 为以相量 l、u、z、w 各元素为对角元构成的对角矩阵；e 为 r 维全一相量，即 $e = [1, 1, \cdots, 1]^T$。

式（2-62）及式（2-63）为互补松弛条件。

式（2-58）～式（2-64）用牛顿-拉夫逊法迭代求解，可得修正方程如下：

$$\Delta l = \nabla g(x) \Delta x + F_z \tag{2-65}$$

$$\Delta u = -\nabla g(x) \Delta x - F_w \tag{2-66}$$

$$\Delta z = -L^{-1} Z \nabla g(x) \Delta x - L^{-1}(ZF_z + F_1) \tag{2-67}$$

$$\Delta w = U^{-1} W \nabla g(x) \Delta x + U^{-1}(WF_w - F_u) \tag{2-68}$$

$$-F_x' = H' \Delta x + \nabla^T h(x) \Delta y \tag{2-69}$$

$$-F_y = \nabla h(x) \Delta x \tag{2-70}$$

其中
$$F_x' = F_x + \nabla^T g(x)[U^{-1}(WF_w - F_u) - L^{-1}(ZF_z + F_1)]$$
$$= \nabla f(x) + \nabla^T h(x) y + \nabla^T g(x)[U^{-1}(WF_w + pe) - L^{-1}(ZF_z + pe)]$$
$$H' = \nabla^2 f(x) + y^T \nabla^2 h(x) + (z^T + w^T) \nabla^2 g(x) + \nabla^T g(x)(U^{-1}W - L^{-1}Z) \nabla g(x)$$

令 $J = \nabla h(x)$，则有：

$$\begin{bmatrix} H' & J^T \\ J & 0 \end{bmatrix} \begin{bmatrix} \Delta x \\ \Delta y \end{bmatrix} = -\begin{bmatrix} F_x' \\ F_y \end{bmatrix} \tag{2-71}$$

式中：H' 为修正后的海森矩阵；J 为等式约束的雅可比矩阵。

记 $V = \begin{bmatrix} H' & J^T \\ J & 0 \end{bmatrix}$，则 V 即为扩展海森矩阵。

对于变量不等式约束 l、u、$w > 0$，$z < 0$，适当选取初始值，而后在每次迭代中采用制约步长法来保证解的内点性质，即：

$$\begin{cases} T_P = \min\left[0.9995\min\left(\frac{-l_i}{\Delta l_i} : \Delta l_i < 0; \frac{-u_i}{\Delta u_i} : \Delta u_i < 0\right); 1\right] \\ T_D = \min\left[0.9995\min\left(\frac{-z_i}{\Delta z_i} : \Delta z_i > 0; \frac{-w_i}{\Delta w_i} : \Delta w_i < 0\right); 1\right] \end{cases} \tag{2-72}$$

式中：T_P、T_D 为原变量及对偶变量的修正步长。

原对偶内点法一般根据对偶间隙来确定障碍因子，即：

$$p = \sigma \frac{C_{gap}}{2r} \tag{2-73}$$

式中：σ 为向心参数，其取值范围为（0，1）；r 为不等式约束数；C_{gap} 为对偶间隙。

$$C_{gap} = \sum_{i=1}^{r} (u_i w_i - l_i z_i) \tag{2-74}$$

原对偶内点法一般在开始时取一充分大的初始障碍因子，当 $\sigma \in (0, 1)$ 时，算法将随着 $p \to 0$ 而逐渐收敛于某一最优解。σ 的取值是影响算法的性能的重要因素。当 σ 取较大值时，算法主要考虑解的可行性，数值稳定性一般较好，但收敛速度可能较慢；当 σ 取较小值时，算法则主要考虑解的最优性，收敛速度一般较快，但数值稳定性较差，容易引起振荡，使算法的收敛速度减慢，甚至振荡发散。实用中，σ 取 $0.05\sim0.2$ 时，算法一般能取得较好的收敛性。

在原对偶内点法中，松弛变量的引入消除了函数不等式约束，故只需对松弛变量及对应的拉格朗日乘子给出适当的初始值，即可保证初始解的内点性质，而不需为此进行专门的计算。

（三）算例

基于以上提出的考虑电压稳定约束的多目标无功优化模型，在某电网中进行仿真验证，采用现代内点法对无功优化进行求解，基态潮流网损为 138.1MW。图 2-17 所示为不考虑电压稳定约束的单目标无功优化求解结果。系统网损为 127.2MW，系统中 $L_{u.p}$ 指标最大的两条支路为支路山黄线、支路徐鹿线，其指标分别为 0.571 和 0.491。

下面对考虑 $L_{u.p}$ 指标约束的多目标无功优化模型进行计算求解，将系统中 $L_{u.p}$ 指标最大的两条支路：支路山黄线、支路徐鹿线的 $L_{u.p}$ 指标加入到优化的目标函数中，图 2-18 所示为相应的求解结果。系统网损为 129.9MW，支路山黄线、支路徐鹿线的 $L_{u.p}$ 指标值分别为 0.5186 和 0.3702。

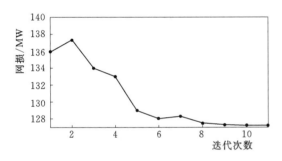

图 2-17　不考虑电压稳定约束的单目标
无功优化求解结果

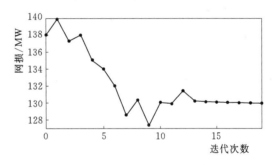

图 2-18　考虑 $L_{u.pk}$ 指标约束的
多目标无功优化求解结果

表 2-3　　　　考虑 $L_{u.p}$ 约束的多目标无功优化与单目标无功优化结果对比

参　数	考虑 $L_{u.p}$ 约束的多目标无功优化	单目标无功优化
系统网损/MW	129.9	127.2
山黄线的 $L_{u.p}$ 指标	0.5186	0.5337
徐鹿线的 $L_{u.p}$ 指标	0.3702	0.3822

表 2-3 列出了两种无功优化算法的结果对比，可见考虑电压稳定约束的多目标无功优化可以识别系统中电压稳定薄弱区域，并以损失一部分系统网损为代价，增大了电压稳定薄弱支路的电压稳定裕度，提高了系统电压稳定薄弱区域的电压稳定水平。

第七节　各级电网间的 AVC 协调控制

一、网省协调控制

网省协调是指分调和省调 AVC 系统间的协调优化控制。我国除西北地区（分调管辖

750kV 输电网络，省调管辖 330kV 输电网络）外，分调主要管辖 500kV 的输电网络，省调主要管辖 220kV，所以网省协调的实质是要进行 500kV 网络和 220kV 网络的协调优化控制，实现无功功率的分层分区、就地平衡。但由于我国调度体制的原因，分调和省调所管辖的电网范围又并不完全是按照电压等级划分的，很多省调也负责管辖少部分 500kV 电厂或变电站，所以具体的网省协调具体方案还要视省调是否管辖 500kV 网络而定。

（一）省调管辖 500kV 网络

此时对于分调而言，其 EMS 系统建模的电网模型虽然可覆盖全部的 500kV 网络，但是其中有部分 500kV 厂站不归分调管辖，无法直接对其进行电压控制。而对于省调而言，其管辖的 500kV 厂站只是整个 500kV 网络的一个局部，尽管省调可以直接对其进行电压控制，但却无法确定这些 500kV 厂站的最优控制目标。因此，只有从分调侧全局的 500kV 网络出发，进行全网优化计算，才能得到最优的电压和无功功率分布以及每个 500kV 厂站的控制目标。

此时协调变量的选择，通常采用 500kV 关口变电站的高压侧母线电压和 500kV 关口变电站的功率因数（无功功率）作为协调变量。

在分调侧，通过 AVC 计算得到整个 500kV 网络的电压和无功功率的最优分布，并将协调变量的最优设定值下发给省调 AVC 系统。省调 AVC 系统将本省范围内的 500kV 厂站和全部 220kV 网络一起纳入模型范畴，进行优化计算，将分调下发的协调变量最优设定值作为约束条件考虑，保证给出的 220kV 电压和无功功率的最优分布状态与分调所期望的 500kV 电压和无功功率的最优分布相匹配，以实现网省协调的目标。

（二）省调不管辖 500kV 网络

当省调 AVC 系统不控制任何 500kV 厂站时，通常采用 500kV 关口变电站的中压侧母线电压和 500kV 关口变电站中压侧关口功率因数（无功功率）作为协调变量。

此时在分调侧，通过 AVC 优化计算得到整个 500kV 网络的电压和无功功率的最优分布，并将协调变量的最优设定值下发给省调 AVC 系统。省调 AVC 系统的控制范围只涵盖本省内 220kV 网络，将分调下发的协调变量最优设定值作为约束条件考虑，保证给出的 220kV 网络电压和无功功率的最优分布与分调所期望的 500kV 网络电压和无功功率的最优分布相匹配，从而实现 220kV 网络与 500kV 网络相协调的目标。

总之，不论省调是否管辖 500kV 厂站，分调的职责是实现整个 500kV 网络的电压和无功功率的最优分布。并以此为目标，对分调直属厂站进行控制的同时，还给省调下发协调变量的期望目标值。而省调的职责是与分调相配合，在实现本省内的 220kV 网络电压和无功功率最优分布的同时，保证 500kV 网络与 220kV 网络的电压和无功功率分布状态能够同步趋优。

二、省地协调控制

省地协调是指省调和地调 AVC 系统间的协调优化控制。就我国目前的调度体制而言，省调的电压调节方式主要是改变发电机组的无功出力，地调的电压调节方式主要是电容器和电抗器的投切以及变压器分接头挡位的调整。其中省调发电机组的无功出力可连续调节，且不受调节次数的限制，而地调的电容器、电抗器、变压器分接头等属于离散设备，在实际运行中有调节时间间隔和日允许调节次数的限制，并要求在保证电压合格的基础上尽可能地减少设备调节次数，若频繁调节将严重影响设备的使用寿命。因此，省地协调除保证省、地两级电网的无功功率分层分区、就地平衡外，还需避免省调的协调指令造成地调离散设备频繁调节。

对于地调而言，避免离散设备的频繁调节是保证电网和设备安全的有效手段。而避免离散设备频繁调节的关键是使离散设备的调节方向与负荷的变化趋势相一致。一般日负荷的变化趋势呈现两峰两谷或三峰三谷的形态，在负荷的爬坡时段，随着有功负荷的上升，无功负荷也随之上升，电网电压有下降的趋势，地调 AVC 系统应该只允许切电抗、投电容、升挡位，在负荷下降的滑坡时段则应进行相反的操作。

从地调 AVC 系统的调节情况来看，设备的频繁调节大多是由于 AVC 系统的控制策略没有与负荷的变化趋势保持一致而造成的，导致离散设备调整后较短时间内即因负荷的波动而进行相反的操作。这种现象称之为调节振荡，在生产实际中必须避免。为解决该问题，可以考虑根据各地调负荷总体变化趋势确定相应时段的无功设备调节方向。

一般而言，省调 EMS 系统能够提供省网及各地区电网的负荷预测数据，其中省网负荷预测的质量一般较高。若地区电网的负荷预测质量达标，可考虑利用各地区的负荷预测结果确定该地区的负荷变化趋势，进而可根据该地区的负荷变化趋势确定离散设备的调节方向。若地区电网的负荷预测质量较差，可考虑利用省网负荷预测结果确定总体的负荷变化趋势。但有时部分地调 220kV 片区内的负荷变化趋势与所在地区的总体负荷变化趋势相反，该情况其实是有利于主网的调压的，所以应在电压考核范围内尽量维持该 220kV 片区内的离散设备不动作，只有在 220kV 母线电压越限或接近越限时才要求地调进行相应的调节。

（一）协调变量的选择

省地协调通常选择关口变电站的主变功率因数和母线电压作为协调变量，但具体也要根据调度职能有所区分。我国西北地区各省调管辖 330kV 电厂和变电站，地调管辖 110kV 变电站，所以此时协调变量选为 330kV 关口变电站主变中压侧功率因数和中压侧母线电压。而其他地区的省调多是管辖 220kV 电厂和 220kV 变电站的高压侧母线，地调管辖 110kV 变电站和 220kV 变电站的高压侧母线以下设备，所以此时协调变量选为 220kV 关口变电站的主变高压侧功率因数和高压侧母线电压。

由于地调侧的主要控制手段为离散设备，如此选择协调变量更容易体现省地无功功率分层分区、就地平衡的原则，使其与关口无功之间的关系更加清晰，从策略制定和策略执行上也更加方便，并且与已有的调度考核体制相近，更容易被调控人员所接受。

在省调的 EMS 系统中，电网模型一般建设到 220kV 变电站主变，并在主变以下作等值负荷处理，忽略了 110kV 及其以下的电网。由于省调侧缺少详细的地调模型，所以需要地调实时上报其相关的电压和无功功率数据，一方面保证省调给出的协调策略不超过地调的可调范围；另一方面也要保证地调为了执行省调下发的协调策略不会影响 110kV 及以下电网的安全。

因此，地调 AVC 需要在考虑当前状态和自身约束的情况下，向省调实时上传可行的控制范围，作为省调 AVC 求解的约束条件参与省网的全局优化计算，省调在地调上报的可调范围内寻找最优的协调变量目标值，保证给出的策略不超出地调的控制能力，同时还能满足地调的调压需求。

（二）地调上报信息

省地协调的过程中，地调 AVC 需要实时上报的信息量主要包括：

（1）可用状态信号。该量对应到地调，每个地调有一个信号，表示现在地调 AVC 系统是否可用。地调应具备一个以上关口实时状态信号才为可用，否则为不可用。

（2）远方/就地信号。该量对应到地调，每个地调有一个信号，表示现在地调 AVC 是否采用省调 AVC 的协调控制策略。远方表示采用，就地表示不采用。

（3）地调 AVC 刷新时刻。该量对应到地调，每个地调有一个信号，表示现在地调 AVC 上送省调 AVC 遥测数据的时间戳。这个值刷新，则省调 AVC 认为地调上送的数据有效，反之，认为地调数据不刷新，省调不予采用。

（4）是否可控信号。该量对应到关口，每个关口有一个数据，表示该关口主变向下辐射的整个电网是否投入闭环控制。

（5）地调辐射电网正常情况下可增加的无功容量。该量对应到关口，每个关口有一个数据，表明在正常情况下，从该关口主变向下辐射的整个电网内，真正可增加的无功容量。对于那些可能会导致电压越上限、超出设备投切次数、动作时间间隔过短的设备不统计在内。

（6）地调辐射电网正常情况下可减少的无功容量。该量对应到关口，每个关口有一个数据，表明在正常情况下，从该关口主变向下辐射的整个电网内，真正可减少的无功容量，对于那些可能会导致电压越下限、超出设备投切次数、动作时间间隔过短的设备不统计在内。

（7）地调辐射电网在省网紧急情况下可增加的无功容量。该量对应到关口，每个关口有一个数据，表明从该关口主变向下辐射的整个电网在计及所有可控手段的情况下，不考虑可能会导致的电压越上限、设备投切次数越限，在当前可用容量中最多可增加的无功容量。

（8）地调辐射电网在省网紧急情况下可减少的无功容量。该量对应到关口，每个关口有一个数据，表明从该关口主变向下辐射的整个电网在计及所有可控手段的情况下，不考虑可能会导致的电压越下限、设备投切次数越限，在当前可用容量中最多可减少的无功容量。

（9）地调关口站内正常情况下可增加的无功容量。该量对应到口，每个关口有一个数据，表明从该关口主变低压侧无功设备在正常情况下，真正可增加的无功容量，对于那些可能会导致电压越上限、设备投切次数越限、动作时间间隔过短的设备不统计在内。

（10）地调关口站内正常情况下可减少的无功容量。该量对应到关口，每个关口有一个数据，表明从该主变低压侧无功设备在正常情况下，真正可减少的无功容量，对于那些可能会导致电压越下限、设备投切次数越限、动作时间间隔过短的设备不统计在内。

（11）地调关口站内在省网紧急情况下可增加的无功容量。该量对应到关口，每个关口有一个数据，表明从该关口主变低压侧无功设备在计及所有可控手段的情况下，不考虑可能会导致的电压越上限、设备投切次数越限，最多可增加的无功容量。

（12）地调关口站内在省网紧急情况下可减少的无功容量。该量对应到关口，每个关口有一个数据，表明从该关口主变低压侧无功设备在计及所有可控手段的情况下，不考虑可能会导致的电压越下限、设备投切次数越限，最多可减少的无功容量。

（13）地调侧对 220kV 母线的期望电压向上可调量。该量对应到关口，每个关口主变有一个数据，表明从地调侧调压的角度出发所期望的省网侧 220kV 电压最大增加量。当该值为正时，表明地调期望省调提高电压；为负时，表明地调期望省调降低电压。

（14）地调侧对 220kV 母线的期望电压向下可调量。该量对应到关口，每个关口主变有一个数据，表明从地调侧调压的角度出发所期望的省网侧 220kV 电压最大减少量。当该值为正时，表明地调期望省调降低电压；为负时，表明地调期望省调提高电压。

（15）AVC 指令校验结果，该量对应到关口，以关口为单位，由地调上传至省调，为安全起见，地调在接收到省调的指令时，需要对指令进行预校验，如果校验不通过，则不执行本次指令并报警。

（三）省调下发信息

省地协调的过程中，省调 AVC 需要向地调 AVC 下发的信息量主要包括：

（1）省调 AVC 刷新时刻。该量对应到地调，每个地调有一个数据。表示当前针对该地调的协调变量设定值的刷新时刻。地调可用该数据判断设定目标值是否可用。

（2）协调控制优先级。该量对应到关口主变，表明针对该变电站的协调控制命令是正常协调命令还是强制执行命令。

（3）220kV 电压设定值。该量对应到关口变电站高压侧母线电压，表示当前从省调侧期望的该母线电压。地调 AVC 在优先满足无功协调约束的前提下，进一步满足省调的调压指令。

（4）功率因数设定值上限。该量对应到关口，每个关口对应一个数据。表示当前从省调侧期望的该关口高压侧功率因数上限。

（5）功率因数设定值下限。该量对应到关口，每个关口对应一个数据。表示当前从省调侧期望的该关口高压侧功率因数下限。

（6）关口 AVC 指令刷新时刻。该遥测量以关口为单位，由省调转发至地调。若某关口的关口指令刷新时刻数据过老，与当前时刻相差 30min 以上，则认为省调没有产生该关口的协调指令，地调须主动退出该关口与省调的协调状态；当关口指令刷新时刻恢复刷新时，地调须自动将该关口投入省地协调范畴。

三、与特高压电网的协调控制

我国负荷中心与能源中心分布不均，为实现能源的优化配置，提高电网的传输能力，发展以特高压为代表的超远距离、超大规模的输电技术势在必行。我国对特高压技术的研究始于 20 世纪 80 年代，通过几代电力人的不懈努力，攻克了诸多技术难关，并先后组织建设了 1000kV 特高压交流试验示范工程和 ±800kV 特高压直流示范工程。

特高压电网的建设和正式投运，对电力系统的电压和无功功率控制产生了重要影响。由于特高压联络线传输有功功率水平极高，其在一定范围内的快速变化，势必会引起特高压落点近区高压电网的电压大幅波动。另外，由于特高压联络线运行方式多变，不同的运行方式下特高压联络线计划功率水平相差较大，这也会严重影响特高压近区电网的电压水平。在特高压线路端变电站加装 SVC、SVG 等快速连续无功调节装置，是平抑电压波动的有效方法。但考虑到设备的容量有限，以及造价偏高等客观因素，该方法无法完全解决电压的波动问题，所以还需从改进电压和无功功率控制方式上着手，实施特高压落点近区的省级电网与特高压电网的协调控制，来保证电压质量。

目前在华北地区和华中地区，一种切实有效的方法是利用 AVC 系统在线监视特高压联络线运行方式，一旦发现功率传输计划发生显著改变或实际传输功率与计划功率之间存在较大偏差，则综合考虑设备电压极限以及当前工况下的电网稳定性，自动调节特高压落点近区母线的相关电压运行约束条件，新的约束条件将替换原有的约束条件参与 AVC 计算，以保证对无功设备的调节不会导致特高压落点近区母线电压越限。这样，经过 AVC 优化计算得出的控制策略中就较好的考虑了特高运行方式变化对近区电网的影响。

特高压电网短时间尺度的传输功率变化引起的快速电压波动可由 SVC、SVG 等快速无功调节装置应对。而由于特高压线路运行方式变化给落点近区电网电压造成的较长时间尺度的影响，则可通过实时改变特高压落点近区电网的电压运行约束条件，交由 AVC 系统进行协调优化控制。以上两种方法的综合应用，可有效解决特高压电网给电力系统电压和无功功率控制带来的影响。

四、与风电/光伏电站/汇集站的协调控制

（一）时序递进电网无功电压优化控制

为了适应大规模风电/光伏接入电网的无功电压优化控制，需要引入动态无功优化技术，从而在时间维度上提高电压优化水平。电力系统动态无功优化是一个十分复杂的时空分布的非线性优化问题。一方面，某一时刻的无功优化是十分复杂的非线性混合整数优化，具有空间复杂性；另一方面，一段时间（如一天）内的无功优化又必须考虑负荷以及新能源的动态变化，具有时间复杂性。对于这样的复杂优化问题，要找出全局最优解十分困难，严格意义上必须用动态规划法求解，但是随着电网规模的扩大，传统的动态规划法不可避免的会出现维数灾难问题。

对于实际的电力系统而言，动态无功优化目前尚没有一个通用的行之有效的解决方法。通常的做法是折中考虑计算效率和全局最优性，从这个角度出发，采用基于多时间尺度的预测数据趋势辨识，利用时序递进的方法解决动态无功优化问题。简单地说，就是利用日内负荷和新能源预测数据求取各个时段的离散设备控制动作时段，接着利用超短期预测数据对离散设备控制动作时段进行修正，最后通过实时无功优化计算获得离散设备动作策略，即采用时序递进的方式依靠越来越精确的数据逐步修正分析出最合理的动作策略。

时序递进的电网无功电压优化控制充分利用不同时间尺度上预测精度不同的预测数据来预估、修正和确认离散设备是否动作，能够对全天 24h 的离散设备策略进行优化。时序递进的技术路线求解动态无功优化问题，流程清晰，控制方案实用可行。

1. 趋势辨识技术

虽然每个新能源机组或负荷点具有一定的随机性，但是其也依然具有相应的统计性。因此，当对一个区域的新能源或负荷进行统计时，其对本区域的影响就可以通过本地区新

能源或负荷的趋势进行确定，所以，对新能源、负荷以及特高压直流输电的趋势辨识是本控制系统实现的关键。

目前，针对电力系统中负荷预测数据的趋势分析通常采用人工读取典型负荷曲线，针对当地负荷特点，结合查看的负荷趋势，确定负荷升降趋势。或者是采用典型负荷趋势，作为负荷升降趋势。电力系统中针对风电和光伏的趋势辨识，则是通过一定周期内发电出力的比较确定。

每天电网受到不同因素的影响，每天的预测数据是按照时间序列提供的负荷/发电预测值，其中受到影响的因素有趋势因素、周期因素、季节因素、随机因素。时间序列预测数据通常表现出随机波动性，但是在一个时间段中，时间序列仍可能表现出向一个更高值或者更低值的渐进变化或者移动。时间序列的渐进变化被称作时间序列趋势。通常在一天的负荷中各地在不同的时间段出现不同的负荷变化趋势。尽管每天负荷变化趋势发生变化，但是每天负荷变化的波动都有各自当地特点，并具有一定的周期性。新能源中的风电和光伏发电也随着本地天气因素、白昼变化而具有一定的周期规律。

从地区电网的角度来看，在电网控制中需要避免离散设备频繁调节，而避免离散设备频繁调节的关键是使离散设备的调节与负荷的变化趋势一致。一天的负荷变化具有明显的峰谷特征（两峰两谷或三峰三谷）。在负荷的爬峰时段，随着有功负荷的上升，无功负荷也随之上升，电网电压有下降的趋势，地区电压控制系统应该只允许切电抗、投电容、升挡位；在负荷下降的滑坡时段，则应进行相反的操作。从地调电压控制系统的调节情况来看，无功电压调节设备的频繁调节大多是由于系统的控制策略没有与负荷的变化趋势保持一致，导致离散设备调整后较短时间内即因负荷的变化而进行相反的操作。因此可以考虑利用短期（超短期）负荷预测结果，过滤小幅的负荷波动，预测一天内负荷的大致变化趋势，进而将一天时间划分为多个时段（4～6个时段），并根据该时段的负荷总体变化趋势确定相应时段的无功电压调节方向。

新能源的随机性及电力系统自身特性决定了新能源出力趋势，对于解决风电并网电力系统的安全、稳定运行及电能质量等都具有重要的意义。新能源的出力预测数据的趋势辨识直接影响经济调度的效益，提高辨识的正确性可以降低备用容量、减少临时出力调整和计划外开停机组。

以下通过对电力系统预测类数据进行分析，实现一种针对电网预测数据的趋势辨识技术。

本方法是电力系统的预测类数据的趋势辨识技术，将电力预测类数据依据对应时间点转化为时间序列数据，通过分析数据变化得到每一段时间的趋势变化，然后针对每个趋势变化的时间长度依据实际要求进行合并，形成电网实时控制可用的趋势信息。

通过对预测数据的时间序列化，以及对数据变化的分析，能够快速对负荷/出力变化趋势以及所属时段进行辨识，然后通过对部分波动造成的趋势波动进行合并消除，最终获得满足电力系统控制要求的负荷/出力趋势时段。其技术难点在于：①如何在趋势分析中辨识出短时波动因素还是趋势因素造成的数值变化；②如何针对一段时间序列区分出电网控制所需的有效趋势区间。

针对电力系统预测类数据的趋势辨识，包括以下步骤：

（1）读取电力系统一定时间段的预测类数据（通常为日预测数据），通过将时间序列化形成采集密度平均的序列化数据。将预测类数据进行时间序列化处理，即对数据进行离散化处理，形成一系列平均采样的离散数据。

（2）对时间序列数据进行扫描，确定时间序列采样周期，曲线波动最小值及其时间点、曲线波动最大值及其时间点以及波动幅度。通过对时间序列数据进行扫描，获得时间序列数据中的最大值、最小值以及波动幅值等曲线基本特征信息。

（3）确定趋势转向的波动门槛作为是否为一个波动时段的标识。通过波动门槛，确定趋势是否转向的标识。波动门槛通常由电网控制的元件类型或控制系统特点决定。例如，在电力系统的 AVC（自动电压控制中）针对波动时段通常以波动幅度的 15％为门槛（当趋势发生逆转，并变化了 15％则认为可能为下一段），波动趋势超过 25％则允许投切容抗器。

（4）从曲线最小值时间并以上升趋势为初始默认趋势开始分析时间数据，当波动趋势发生转向并低于此时段最大值一个波动门槛值时，则此段时间序列为一个上升序列。

（5）接着步骤（4）开始分析，并以下降趋势为当前趋势分析数据，当波动趋势发生转向并高于此时段最小值一个波动门槛值时，则此段时间序列为一个下降序列。

（6）当时间序列到达最后一个数据，查看分析数据是否达到时间序列数据最大量。如果没有，则转向时间数据第一个数据开始分析，直到曲线的最小值处。

（7）分析各个时段的持续时间，若时段时间小于时段最小值（默认为 30min），则认为此时段趋势无效，则相邻时段进行合并。由于电力系统设备的控制需要考虑执行过程中有一段变化时间和执行过程的平稳性要求，时段最小值由电网控制的元件类型或控制系统特点决定。

（8）对负荷趋势进行辨识完成，将负荷时间序列数据，分割为不同趋势的数据段。

传统的预测类数据的趋势是由人工指定或者简单前后负荷数据对比进行判断。人工指定的方法不能自动根据预测类数据变化进行趋势辨识的调整。简单前后数据对比对负荷数据波动问题较为敏感，并对趋势分段效果不好。依据时间序列数据，结合电力系统特点，针对电力系统预测类数据的趋势辨识。具有以下优点：①通过实时的预测类数据，能够形成趋势时段，对当前和即将到来的电力系统的趋势进行识别；②辨识过程中能够很好地对数据波动进行过滤。

2. 控制模式

时序递进无功电压控制是协调日前、日内、实时多时间尺度的动态无功电压优化控制。日前针对未来一天的短期负荷预测数据、新能源数据和特高压输电数据进行无功优化，针对影响趋势即其单调性进行分段，由于这些影响因素的趋势不同对系统的影响不同，进行分时段多目标无功优化，优化计算中计及离散调节设备的日调节次数限制，求解得到各个时段最优的目标值以及各时段连续和离散无功调节设备的优化值，从而避免了无功调节设备频繁调节，解决了 AVC 目前只针对当前电网状态进行控制的问题，为日内进行无功电压控制奠定基础。

由于超短期预测特点为速度快，预测时间短，精度高，因此日内进行超短期预测，更新日前的预测曲线，并重新按负荷分段进行无功优化计算，修正日前各时段连续和离散无功调节设备的动作值。日内的优化控制方案相较日前预测数据更为精确，起到了校正作用，而且比起当前动态无功优化只针对短期预测数据进行优化控制更加合理。同时也为实时无功电压调节提供控制方案。

　　实时优化目的是根据日前及日内的控制方案进行无功电压优化控制，对连续与离散无功调节设备进行协调控制，对无功电压进行精细化调控。实时优化控制周期较短，假设为5min。在此阶段，根据系统实时状态决定离散无功调节设备的投切时刻，每个周期优化确定离散设备动作方案后，将其当作常量，对发电机等连续调节设备优化进行精细化调节。由于计及了离散设备日调节次数限值，在离散控制设备达到该负荷分段内的优化值后，将其作为常量不再进行调节，利用连续调节设备进行无功电压控制。

　　3. 控制框架

　　针对日前、日内和实时时序递进的无功电压优化控制模式，适应多种控制设备和新能源间歇性的时序递进的无功电压优化控制模式框架如图 2-19 所示。该框架中主要由三类优化分析完成，三类优化分析主要的区别在于两个方面：第一方面优化分析基于的数据不

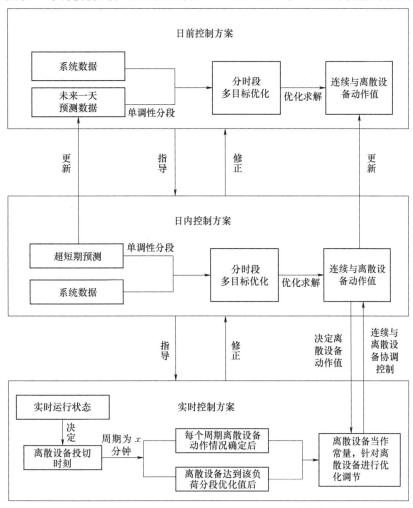

图 2-19　时序递进无功电压优化控制模式框架

同，分别为未来一天的预测数据、超短期数据和实时数据；第二方面优化分析的目的不同，日前和日内优化的目的为依据不同时间尺度的平均状态计算厂站的无功范围并进行滚动修正，实时优化的目的为依据滚动修正的无功范围和当前状态形成最终可下发执行的控制策略。

（二）优化控制模型

为了实现基于多种无功源相互配合机理，研究含风电/光伏发电集群的电网日前、日内和实时协调的无功电压优化控制模式和控制技术，在确认控制模式和框架后，有必要对实现无功电压优化控制的模型进行分析和细化，并通过模型的处理，将整个优化求解问题转化为可求解分析的优化模型。

1. 静态及动态无功优化、无功储备模型

电力系统中的负荷时刻处于时空变化之中，考虑各时刻点负荷（新能源可以看做负的负荷）形态变化的系统无功优化属于动态无功优化。电力系统的实际负荷时刻处于连续变化中，但是这种连续变化的负荷曲线是不能直接用于优化求解的，动态无功优化的一般解决方法是将负荷分时段静态化，即认为在各时段内负荷保持不变，然后对各时段分别进行无功优化。对于负荷曲线的分段数越多就越接近于负荷实际变化情形，如果负荷曲线分段数趋向于无穷大就是理想的连续控制，也相当于实时控制；但是随着负荷曲线分段数的增多往往要求控制变量的调节次数也就越多，而电力系统的无功控制设备（如变压器、电容器等）是不可能频繁动作的。一方面，因为控制设备频繁动作会缩短电气设备使用寿命，相当于增加了设备运行的成本；另一方面，控制设备频繁动作往往会大大增加值班人员的劳动强度，而且出现误操作的可能性也会增加。因此，运行规程中对分接头和开关在一定的时限内（如一天）中的操作次数有着明确的规定，也就是说全天无功控制设备的动作次数往往要受到最大允许设备调节次数的限制。

电力系统动态无功优化是在已知未来最长一天的负荷曲线（负荷预报模块提供）与风电/光伏预测曲线（新能源模块提供）的前提下进行计算的。通常电网的日负荷预报会给出未来一天 24h 内 15min 为周期的系统有功负荷预报数据，并可以根据负荷的功率因数统计值算出母线无功负荷。因为无功优化是通过调整无功功率在电网中流动来达到降低有功网损的目的，所以应该以无功功率的变化曲线为基准进行负荷时段划分。一般情况下，有功和无功的变化趋势基本相关，所以有功和无功可以兼顾，负荷的分段并不是很困难。对于负荷曲线的分段数，应该根据经济性和控制操作的复杂程度选择适当的分段数，一般负荷曲线只有一个荷峰和一个荷谷，通常分段可以取 4~6 个分段。对于风电/光伏出力的分段数，通常采取两段，但是由于其随机波动性，主要采用短期预测数据对趋势进行修正。

（1）静态无功电压控制模型。建立数学模型是处理优化问题的基础，对于每个单一的时段来说，可以认为负荷保持不变，所以就相当于一般意义上的静态无功优化，选取发电机机端电压、电容器投切、有载调压变压器分接头为无功控制手段，以节点电压为状态变量，不等式约束包括发电机所发无功，电容器、电抗器无功补偿容量、变压器分接头调节等，此外还要考虑电容器、电抗器还有变压器分接头的离散约束，建立任意时段 k 的静态无功优化模型如下：

$$\min P_{\text{loss}}(k)$$

$$\text{s. t.}\begin{cases} P_{Gi}(k) - P_{Li}(k) - \sum_{i \in S_N} P_{ij}(U, \theta, B, T, k) = 0 & i \in S_N \\ Q_{Gi}(k) - Q_{Li}(k) - \sum_{i \in S_N} Q_{ij}(U, \theta, B, T, k) = 0 & i \in S_N \\ \underline{Q_{Gi}} < Q_{Gi}(k) < \overline{Q_{Gi}} & i \in S_G \\ \underline{B_i} < B_i(k) < \overline{B_i} & i \in S_C \\ \underline{T_i} < T_i(k) < \overline{T_i} & i \in S_T \end{cases} \quad (2-75)$$

式中：$P_{Gi}(k)$、$Q_{Gi}(k)$ 为 k 时刻节点 i 处机组有功和无功出力；$P_{Li}(k)$、$Q_{Li}(k)$ 为 k 时刻节点 i 处的负荷有功和无功出力；S_N 为模型中计算节点集合；S_G 为模型中发电机集合；S_C 为模型中容抗器集合；S_T 为模型中变压器抽头集合；$\overline{Q_{Gi}}$、$\underline{Q_{Gi}}$ 为发电机无功出力上限、下限；$\overline{B_i}$、$\underline{B_i}$ 为容抗器组导纳上限、下限；$\overline{T_i}$、$\underline{T_i}$ 为变压器抽头上限、下限；$B_i(k)$、$T_i(k)$ 为 k 时刻电纳值和抽头位置。

实际情况，根据问题的优化目的不同，目标函数的确定也不是唯一的。从经济性角度出发的经典模型是考虑系统的网损最小化；从系统安全性出发的经典模型是用节点电压偏离规定值最小为目标函数；而对于电力系统往往需要同时考虑安全性和经济性，所以出现了同时考虑有功网损最小、电压水平最好和电压稳定性的多目标的无功优化模型。

（2）动态无功电压控制模型。动态无功优化的目标函数为一天 24 个小时段的有功网损之和最小，约束条件除了各个时段自身的运行约束外，还要考虑无功补偿装置的最大调节次数约束，假设实际系统允许一天内每台电容器组最大的投切次数 C_i，变压器分接头挡位的最大允许调节次数为 T_i，则建立如下动态无功优化模型：

$$\min \sum_{k=1}^{24} P_{\text{loss}}(k)$$

$$\text{s. t.}\begin{cases} t \text{ 时刻的静态无功优化约束} \\ NOA(B_{i,1}, B_{i,2}, B_{i,3}, \cdots, B_{i,24}) \leqslant \overline{C_1} \\ NOA(T_{i,1}, T_{i,2}, T_{i,3}, \cdots, T_{i,24}) \leqslant \overline{T_1} \end{cases} \quad (2-76)$$

在以上模型中：目标函数是以全天 24 个小时段总的有功网损之和最小为目标函数；模型约束第一项为所有 24 个小时段的每个小时段各自的静态无功优化的运行约束；约束第二项为是 24 个小时段每台电容器、电抗器的最大调节次数约束；约束三项为 24 个小时段有载调压分接头挡位调节次数约束；NOA 为无功调节次数。

（3）无功储备。为保障电力系统具有应对突发事故的能力，通常要求具有一定的无功储备裕度，特别是动态无功储备裕度。

由于发电机和 SVC 的无功调节速度较快，通常将其剩余无功容量纳入动态无功储备裕度；而电容电抗器由于其调节速度较慢，通常将其剩余无功容量纳入静态无功储备裕度。由于变压器不能产生无功，计算无功储备裕度时不将其考虑在内。

无功裕度的计算方法为：

$$Q_{\mathrm{m}} = \frac{\sum\limits_{QUS} Q_{\max} - \sum\limits_{DUS} Q_i}{\sum\limits_{QUS} Q_{\max} - \sum\limits_{DUS} Q_{\min}} \tag{2-77}$$

式中：DUS 为动态无功设备集合；QUS 为静态无功设备集合。

提高无功储备的优化模型可以无功储备裕度最高为目标、电网运行安全为约束建立模型如下：

$$\min\left(\frac{1}{Q_{\mathrm{m}}}\right)$$

$$\mathrm{s.\,t.} \begin{cases} P_{Gi} - P_{Li} - \sum\limits_{j \in S_N} P_{ij}(U, \theta, B, T) = 0 & i \in S_{\mathrm{N}} \\[2mm] Q_{Gi} - Q_{Li} - \sum\limits_{j \in S_N} Q_{ij}(U, \theta, B, T) = 0 & i \in S_{\mathrm{N}} \\[2mm] \underline{Q}_{Gi} < Q_{Gi} < \overline{Q}_{Gi} & i \in S_{\mathrm{G}} \\[2mm] \underline{U}_i < U_i < \overline{U}_i & i \in S_{\mathrm{N}} \\[2mm] \underline{B}_i < B_i < \overline{B}_i & i \in S_{\mathrm{C}} \\[2mm] \underline{T}_i < T_i < \overline{T}_i & i \in S_{\mathrm{T}} \end{cases} \tag{2-78}$$

为将无功储备优化纳入时序递进无功电压优化控制体系内，在日前无功优化中，当负荷/新能源功率处于下降阶段，将提高静态和动态无功储备纳入目标函数，进行多目标优化；而在负荷/新能源功率处于平稳阶段，将提高动态无功储备纳入目标函数，其物理意义是在进行正常无功优化的基础上，用静态无功出力置换动态无功处理，从而提高动态无功储备裕度；在负荷/新能源功率处于上升阶段，电网需要大量无功支撑，此时不考虑无功储备裕度问题。在进行日内和实时无功优化时，也应根据当时断面所在的负荷/新能源功率的变化区间，应用上述方法建模。

2. 无功电压多时间尺度滚动优化与协调控制模型

动态无功优化如果增加时间维度，容易导致模型复杂性大增，因此采用多时间尺度滚动优化的方法，综合新能源和负荷的趋势辨识技术，将单次无功优化技术和时间维度进行了结合，形成了新的协调优化控制模型。优化模型主要分多个时间尺度，分别为：

（1）日前方案。日前方案目的是从 24 个小时周期内确定最优的离散设备投退方案，方案形式是提供容抗器组以小时周期时段信息，为容抗器投退时间进行初步时段上优化分析。

日前方案以分析离散设备投退时段为目的，是因为连续控制设备运行能够保证实时调整到最优，离散设备由于动作次数的限制需要保证在最佳时间处动作。另外，由于各地区作息时间具有确定性，因此负荷趋势存在确定的波峰波谷并基本不发生变化，因此，日前方案中需要参考负荷趋势（通常会分析成 4 段或 6 段）确定容抗器投切。

小时周期优化以平均状态为基础进行优化计算，依据所属趋势不同，优化目标也不同，电压以 1h 内母线电压最大值和最小值为范围。当小时周期属于上升时段，以无功优化和电压稳定为目标；属于下降时段，以无功优化和无功备用为目标。

为确定具体时段，取 24 个小时周期，分别取小时周期内的平均状态，并将离散设备连续化处理，离散设备对应节点可调区间为 $[B_{min}, B_{max}]$，通过优化计算确定当前状态希望投退的补偿量。如节点 i 处的容抗器组电容为 B，当 $B > B_{now}$ 时，即 $\Delta B > 0$，记为 t_{min} 时刻；当 $B < B_{now}$ 时，即 $\Delta B < 0$，则记为 t_{max} 时刻，则 $[t_{min}, t_{max}]$ 时刻为该容性容抗器应该投运时间。

日前方案以表的形式表示见表 2-4。

表 2-4　　　　　　　　　　　日　前　方　案

T_i 时刻节点 i 处补偿增量	T_i 时刻所属负荷趋势段	T_i 记为 T_{min} 或 T_{max}
$\Delta B > 0$	负荷升，未来需要增补偿	T_i 为离散容性补偿设备的投入最早时刻，记为 T_{min}
$\Delta B < 0$	负荷降，未来需要减补偿	T_i 为离散容性补偿设备的退出最晚时刻，记为 T_{max}

若分析过程中容抗器投退时段大于容抗器动作次数 N，则以多时段内最大 ΔB 和最小 ΔB 进行排序，以最大 ΔB 前 N 次时段作为容性离散设备投运时段，以最小 ΔB 前 N 次时段作为感性离散设备投运时段。

针对直流系统近区，通过直流调度系统调度计划曲线获得需要用调度计划功率变化趋势并替换对应的日前负荷趋势，因此在外送功率增加时，为防止局部电压降低调整，在分析调度计划后，需要对应动作时间前后 30min 内局部区域电压下限为当前值处理。外送功率减少时，当前电压为上限分析处理。

针对新能源近区，通过风电和光电外送线路功率曲线，确定风电变化趋势，并替换日前负荷趋势。当光电和风电送出功率属于增长时，需要考虑相关支路电压稳定，当光电和风电送出功率属于降低时，不需要考虑相关支路电压稳定。

日前方案通过各小时平均状态和所属负荷趋势段确定本容抗器投入或退出时间，从而获得容抗器精确投退时间段，为进一步日内和实时优化计算提供离散设备投入时间范围。

（2）日内方案。日内方案的目的是确定未来 1h 内离散设备是否投退，若投退则确定实时无功优化的具体 5min 周期的时点。

通过超短期负荷预测数据确定未来负荷变化趋势，通过未来 12 个 5min 周期的数据确定是否有应该有离散设备投退。

日内方案以表的形式表示见表 2-5。

表 2-5　　　　　　　　　　　日　内　方　案

S_i 时刻节点 i 处补偿增量	是否属于日前容性补偿投运时段	超短期负荷趋势	确定 S_{min} 或 S_{max}
$\Delta B > 0$	属于投运时段	升	确定投运时点 S_{min}
$\Delta B < 0$	不属于投运时段	降	确定退出时点 S_{max}

通过确定是否满足各方案运行条件要求，并利用超短期负荷预测数据进行修正，确定离散设备投退的 5min 周期时点。

针对直流系统近区，通过直流调度系统调度计划曲线获得需要用调度计划功率变化趋势并替换对应的超短期负荷趋势，因此在外送功率增加时，为防止局部电压降低调整，在分析调度计划后，需要对应动作时间前后 30min 内局部区域电压下限为当前值处理。外送功率减少时，当前电压为上限分析处理。

针对新能源近区，通过风电和光伏外送线路实时功率曲线分析获得风电和光伏变化趋势，并替换超短期负荷趋势。当风电和光伏送出功率属于增长时，需要考虑相关支路电压稳定，当光电和风电送出功率属于降低时，不需要考虑相关支路电压稳定。

（3）实时方案。实时方案目的是获得各类动作策略。在分析计算中，以日前事先初步分析和日内滚动分析修正获得最终的具体的离散设备投退的 5min 周期时段为离散设备的分析基础。分析数据以当前状态估计为基础数据，以网损和高过门槛值的支路电压稳定性指标为目标，获得实时控制策略。

（4）其他情况处理。特高压接入情况下，当特高压直流输送功率高于当前系统发电的门槛值时，则需要按照近区调度计划的功率趋势变化做预处理。当直流输送功率小到一定程度，可以不考虑对应直流对电网影响。

风电接入情况下，为满足风电接入子站的电压命令需求，需要按照 1min 周期分析计算，因此需要引入超短期无功优化计算。在实时优化计算数据基础上，局部更新风电区域数据为分析基础，以电压稳定为目标进行优化计算，下发风电场所需的控制命令。

3. 模型求解方法

由于采用实用化处理方法，能够较方便实现日前无功优化多时段的解耦，从而使各个时段具有独立性。因此，日前的各时段无功优化，以及日内和实时无功优化，均可采用前文提及的非线性互补内点法进行求解，保证离散变量和连续变量共存的大规模非线性规划问题求解的全局最优性。

互补约束问题的数学规划可用如下方程描述：

$$\min f(x)$$

$$\text{s. t.} \begin{cases} g(x)=0 \\ \underline{h} \leqslant h(x) \leqslant \overline{h} \\ 0 \leqslant G(x) \perp H(x) \geqslant 0 \end{cases} \tag{2-79}$$

式（2-79）中的 $0 \leqslant G(x) \perp H(x) \geqslant 0$ 为互补约束条件，表示的逻辑关系为：①$G_i(x) \neq 0$ 且 $H_i(x)=0$；②$G_i(x)=0$ 且 $H_i(x) \neq 0$；③$G_i(x)=0$ 且 $H_i(x)=0$。

若优化问题的最优解满足条件①和②则称其满足了严格互补条件；满足条件③的解称其满足非严格互补条件。

采用原对偶内点算法直接求解时，若 $G_i(x)$ 和 $H_i(x)$ 同时到达其边界，则会造成两者无法脱离边界的束缚，收敛困难。为此，可引入松弛参数 ε，使其在迭代过程中逐步减少，最终趋于 0。

在非线性互补理论进行处理离散变量时，可先用原对偶内点法将其当作连续变量处理内点法确定其两个边界，然后加入互补约束条件，如下式所示：

$$\begin{cases} q_{i\min} \leqslant q \leqslant q_{i\max} \\ q - q_{i\min} \geqslant 0 \\ q_{i\max} - q \geqslant 0 \\ 0 \leqslant (q - q_{i\min})(q_{i\max} - q) \geqslant 0 \end{cases} \tag{2-80}$$

然后将式（2-80）当作离散变量约束条件重新进行优化可得离散变量的值，加入松弛系数 ε，如下式所示：

$$\begin{cases} q_{i\min} \leqslant q \leqslant q_{i\max} \\ q - q_{i\min} \geqslant 0 \\ q_{i\max} - q \geqslant 0 \\ (q - q_{i\min})(q_{i\max} - q) \leqslant \varepsilon \end{cases} \tag{2-81}$$

（三）电网时序递进无功电压控制

日前基于新能源和负荷单调性将其未来 24h 的预测数据分段，可分为低谷期、上升期、高峰期、下降期。由于数据变化趋势不同对系统运行的稳定性影响不同，因此本文提出分时段多目标优化方案，优化过程中连续变量与离散变量共存，计及离散调节设备日动作次数的限制，采用非线性互补原对偶内点法进行求解优化模型。

1. 低谷期

在负荷低谷期，系统传输的功率较少，系统运行的稳定性较好，此时段考虑系统运行经济性，以网损最小为目标进行优化。

2. 上升期和负荷高峰期

在上升期和负荷高峰期，由于线路传输功率加剧，对系统的无功需求也在升高，系统的电压稳定性成为不可忽略的问题。因而在这两个时段需考虑系统经济性和稳定性，以降低网损和提升系统电压稳定性为目标。

3. 下降期

在下降期，对系统的无功需求也相应减小，此时段除了考虑经济性，也将无功储备设为目标，使得当电网运行出现状况时系统可调控的无功资源越多，从而防止电压失稳。此时无功备用越充足越有利于调控，因此以降低网损和提高无功备用容量为目标。

（四）与新能源集群的多时序协调

风电/光伏汇集区域远离负荷中心，其无功电压特性主要受风电/光伏功率影响，最主要的问题是电压稳定性弱，难以对大规模集群式新能源并网发电提供有效的无功支撑。

为将新能源基地的无功优化纳入时序递进的无功优化调度体系，将电网中的所有节点分群，即为负荷中心区域和新能源汇集区域。对于负荷中心区域，依然按照前述的时序递进无功优化方法进行调度控制。对于新能源汇集区域，以风电/光伏汇集站为单位，根据日前新能源功率预测结果辨识各汇集站全天输送功率的变化趋势。在新能源功率上升阶段提高电压稳定薄弱区域的裕度，防止低电压脱网；在新能源功率下降阶段降低无功补偿水平，防止高电压脱网。具体的方法是依据前文所提出的电压稳定指标，识别输送功率上升时段指标过大的并网输电线路以及输送功率下降时段指标过小的并网输电线路。同时将新能源厂站的无功设备与常规厂站的无功设备统一纳入无功优化的约束条件中，而将并网输电线路的电压稳定指标纳入目标函数中，形成负荷中心区域和新能源汇集区域的多目标联合优化模型为：

$$\min \sum_{i=1}^{N} U_i \sum_{j=1}^{N} U_j G_{ij} \cos\delta_{ij} + \sum_{m \in W_R} L_{\mathrm{upro}}^{m} + \sum_{n \in W_D} \frac{1}{L_{\mathrm{upro}}^{n}}$$

$$\text{s. t.} \begin{cases} P_{G,i} - P_{D,i} - U_i \sum U_j (G_{ij}\cos\delta_{ij} + B_{ij}\sin\delta_{ij}) = 0 & i \in N \\ Q_{G,i} - Q_{D,i} - U_i \sum U_j (G_{ij}\sin\delta_{ij} - B_{ij}\cos\delta_{ij}) = 0 & i \in N \\ U_{i,\min} \leqslant U_i \leqslant U_{i,\max} & i \in N \\ Q_{Gi,\min} \leqslant Q_{G,i} \leqslant Q_{Gi,\max} & i \in S_G \\ T_{i,\min} \leqslant T_i \leqslant T_{i,\max} & i \in S_T \\ B_{i,\min} \leqslant B_i \leqslant B_{i,\max} & i \in S_B \end{cases} \quad (2-82)$$

在进行日内和实时无功优化时，也应根据新能源汇集区域所处的输送功率变化区间，应用上述方法建模实现与负荷中心区域的联合优化。

（五）模型变换处理

传统非线性原对偶内点法的无功优化模型如下：

$$\min \sum_{(i,j) \in M} G_{ij}(U_i^2 + U_j^2 - 2U_i U_j \cos\delta_{ij})$$

$$\text{s. t.} \begin{cases} P_{G,i} - P_{D,i} - U_i \sum U_j (G_{ij}\cos\delta_{ij} + B_{ij}\sin\delta_{ij}) = 0 & i \in N \\ Q_{G,i} - Q_{D,i} - U_i \sum U_j (G_{ij}\sin\delta_{ij} - B_{ij}\cos\delta_{ij}) = 0 & i \in N \\ U_{i,\min} \leqslant U_i \leqslant U_{i,\max} & i \in N \\ Q_{Gi,\min} \leqslant Q_{G,i} \leqslant Q_{Gi,\max} & i \in S_G \\ T_{i,\min} \leqslant T_i \leqslant T_{i,\max} & i \in S_T \\ B_{i,\min} \leqslant B_i \leqslant B_{i,\max} & i \in S_B \end{cases} \quad (2-83)$$

其中目标为系统网损最小，约束类型分为两类：一类为等式约束，即潮流等式方程约束；另一类为不等式约束，分别为节点电压上下限约束、发电机无功出力上下限约束、变压器抽头上下限约束以及容抗器的导纳上下限约束。

（1）为了提高整个模型的收敛性，引入松弛变量。在理想情况下，通过非线性原对偶内点法可以求解出以上的优化模型。然而，在实际情况中，由于录入的限值不合理、状态估计数值出现偏差或者实际量测出现不合理等情况的发生，容易导致整个优化问题的求解困难。由于在实际运行情况中，电压出现越限并不是强制要求的约束，在此成为软约束。其他类型的约束，如发电机无功出力、容抗器导纳以及变压器抽头是硬约束。针对软约束，可以通过增加约束偏移的成本来改善越限，同时也可以保证约束不合理情况下的收敛性。针对实际自动电压控制电力系统中计算条件，通过在模型中增加电压松弛变量就可以大大增加优化算法的收敛性，从而得到可靠的收敛性。对应的优化模型将变成如下形式：

$$\min \sum_{(i,j)\in M} G_{ij}(U_i^2 + U_j^2 - 2U_iU_j\cos\delta_{ij}) + \omega\sum_{i=1}^N S_i^2$$

$$\text{s. t.} \begin{cases} P_{G,i} - P_{D,i} - U_i\sum U_j(G_{ij}\cos\delta_{ij} + B_{ij}\sin\delta_{ij}) = 0 & i\in N \\ Q_{G,i} - Q_{D,i} - U_i\sum U_j(G_{ij}\sin\delta_{ij} - B_{ij}\cos\delta_{ij}) = 0 & i\in N \\ U_{i,\min} + S_i \leqslant U_i \leqslant U_{i,\max} & i\in N \\ S_i \geqslant 0 & i\in N \\ Q_{Gi,\min} \leqslant Q_{G,i} \leqslant Q_{Gi,\max} & i\in S_G \\ T_{i,\min} \leqslant T_i \leqslant T_{i,\max} & i\in S_T \\ B_{i,\min} \leqslant B_i \leqslant B_{i,\max} & i\in S_B \end{cases} \tag{2-84}$$

依据实际控制特性，通过为电压不等式引入大于零的 S 变量，电压约束的软松弛可以根据计算情况进行放大，由于松弛量在目标函数中以 ωS^2 形式，保证松弛量最小。即当电压在正常范围时，由于目标函数的存在 S 为 0，当电压超出范围时，通过控制变量的调节，保证偏移量 S 尽可能小，即对限值偏移量尽可能接近为零。

（2）为了提高整个系统中大量离散设备的分析能力，引入等式变量。在离散设备的处理上，目前成熟的方法主要采用就近规整的方法，即针对离散变量通过两次求解。第一次优化分析将离散变量连续化，第二次优化先将连续化的变量就近设置为固定值再进行机组无功变量的计算。通过将离散设备控制量转化为等式方程，将需要两次优化计算转化为一次优化计算。其优化模型进一步变成如下形式：

$$\min \sum_{(i,j)\in M} G_{ij}(U_i^2 + U_j^2 - 2U_iU_j\cos\delta_{ij}) + \omega\sum_{i=1}^N S_i^2$$

$$\text{s. t.} \begin{cases} P_{G,i} - P_{D,i} - U_i\sum U_j(G_{ij}\cos\delta_{ij} + B_{ij}\sin\delta_{ij}) = 0 & i\in N \\ Q_{G,i} - Q_{D,i} - U_i\sum U_j(G_{ij}\sin\delta_{ij} - B_{ij}\cos\delta_{ij}) = 0 & i\in N \\ U_{i,\min} + S_i \leqslant U_i \leqslant U_{i,\max} - S_i & i\in N \\ S_i \geqslant 0 & i\in N \\ Q_{Gi,\min} \leqslant Q_{G,i} \leqslant Q_{Gi,\max} & i\in S_G \\ (T_i - T_{i,\min})(T_{i,\max} - T_i) = 0 & i\in S_T \\ (B_i - B_{i,\min})(B_{i,\max} - B_i) = 0 & i\in S_B \end{cases} \tag{2-85}$$

（3）为了提高电力系统电压稳定性，目标函数中引入与电压稳定性相关的 L 指标目标函数。由于表征电力系统支路 ij 电压稳定裕度的 L 指标的分子前部分的电力系统 $X \gg R$，且支路中 B 很小，因此分子的前部分基本为常数。由于电压标幺值基本为 1 附近，且支路间功角差很小，所以式中分母基本为常数。因此，支路电力系统稳定性主要由式中的分子右部分 $P_j(R+X) + Q_j(X-R)$ 来决定，其中 P_j 和 Q_j 为支路 ij 节点的 j 节点流出的有功和无功。综合考虑以上的电压稳定裕度，最终无功优化模型变为如下形式：

$$\min \sum_{(i,j)\in M} G_{ij}(U_i^2 + U_j^2 - 2U_iU_j\cos\delta_{ij}) + \omega\sum_{i=1}^N S_i^2 + \psi\sum_{m\in W} L_{up}^m$$

$$\text{s. t.}\begin{cases} P_{G,i} - P_{D,i} - U_i\sum U_j(G_{ij}\cos\delta_{ij} + B_{ij}\sin\delta_{ij}) = 0 & i\in N \\ Q_{G,i} - Q_{D,i} - U_i\sum U_j(G_{ij}\sin\delta_{ij} - B_{ij}\cos\delta_{ij}) = 0 & i\in N \\ U_{i,\min} + S_i \leqslant U_i \leqslant U_{i,\max} - S_i & i\in N \\ S_i \geqslant 0 & i\in N \\ Q_{Gi,\min} \leqslant Q_{G,i} \leqslant Q_{Gi,\max} & i\in S_G \\ T_i(T_i - T_{i,\min})(T_{i,\max} - T_i) = 0 & i\in S_T \\ B_i(B_i - B_{i,\min})(B_{i,\max} - B_i) = 0 & i\in S_B \end{cases} \tag{2-86}$$

第八节　AVC 实 用 化 技 术

一、控制策略体系

AVC 作为实时控制系统，其控制效果直接影响电网和设备的安全。为实现 AVC 的可靠控制，必须具备完善的控制策略体系，保证 AVC 控制策略的高可靠性。

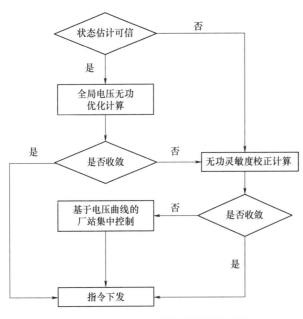

图 2-20　二级电压控制模式策略体系

1. 二级控制模式策略体系

省级电网二级控制模式的 AVC 系统应具备三种控制策略：基于全局电压无功优化的控制策略、基于无功灵敏度校正的控制策略以及基于电压曲线的厂站集中控制策略。其中以全局电压无功优化控制为主，以无功灵敏度校正控制为一级备用，以基于电压曲线的厂站集中控制为二级备用，构成完善的 AVC 策略生成体系，其逻辑关系如图 2-20 所示。

当省调状态估计结果可信时，采用基于全局电压无功优化的控制策略。此时以提高电网运行的经济性作为优化目标，以保证电网运行的安全性作为约束条件，实现全网电压无功的综合优化，目标函数在数学上可以表述如下：

$$\min f(U,\theta,B,T,Q_G) \tag{2-87}$$

式中：目标函数 $f(U,\theta,B,T,Q_G)$ 通常为网损。

约束条件为：

$$
\text{s. t.}
\begin{cases}
P_{Gi} - P_{Li} - \sum_{j \in S_N} P_{ij}(U, \theta_i, B, T) = 0 & i \in S_N \\
Q_{Gi} - Q_{Li} - \sum_{j \in S_N} Q_{ij}(U, \theta_i, B, T) = 0 & i \in S_N \\
\underline{Q}_{Gi} \leqslant Q_{Gi} \leqslant \overline{Q}_{Gi} & i \in S_G \\
\underline{U}_i \leqslant U_i \leqslant \overline{U}_i & i \in S_N \\
\underline{B}_i \leqslant B_i \leqslant \overline{B}_i & i \in S_C \\
\underline{T}_i \leqslant T_i \leqslant \overline{T}_i & i \in S_T
\end{cases}
\tag{2-88}
$$

式中：U_i、θ_i、P_{Gi}、Q_{Gi}、P_{Li}、Q_{Li} 为节点 i 的电压幅值、电压相位、有功功率注入量、无功功率注入量、有功负荷、无功负荷；B_i 为并联补偿设备 i 的并联电纳；T_i 为变压器有载调压分接头 i 的变比；S_N 为所有网络拓扑点的集合；S_G 为所有发电机端拓扑点的集合；S_C 为所有补偿设备的集合；S_T 为所有变压器有载调压分接头的集合。

在电力系统的实际运行中，由于负荷的随机波动性，可能会引起相应的母线电压发生变化。如果母线电压水平靠近电压限值运行，则母线电压可能会随着负荷波动而发生越限，这种不必要的越限是应该避免的。因此在进行电压控制时应对电压限值进行一定的压缩，使母线电压与电压限值保持一定距离。在负荷爬坡/滑坡时段，由于负荷的增长/下降速度较快，负荷侧电压有较快的下降/上升趋势，较易出现电压越下限/上限的情况，应适当提高相应电压下限/上限的压缩量，以保证电网的电压质量，提高电压合格率。对于负荷变化相对平稳的时段，电压幅值的变化速度较慢，变化幅值较小，电压限值的压缩量可适当减小，增大可行域空间，以降低电网的有功损耗，提高电网运行的经济性。

从约束条件中的不等式约束可知，发电机无功功率、并联补偿设备的容量、变压器分接头挡位在优化过程中是要严格将其控制在物理限值之内的，称之为硬约束；而对于电压约束，当电网的局部无功调节能力不足时，就极有可能发生部分节点电压越限的情况。这时可能导致全局优化问题无可行解，这显然不能满足 AVC 系统对算法可靠性要求。因此，即使电网局部无功调节能力不足，也需保证策略的可靠生成，以减少越限量。

所以可将电压视为软约束，引入松弛变量 S 以反映最大电压越限量，并通过在目标函数中引入对违反量的惩罚以体现对电网电压品质的要求，则电压无功优化问题的目标函数可描述为：

$$
\min f(U, \theta, B, T, Q_G) + \omega S^2
\tag{2-89}
$$

约束条件为：

$$
\text{s. t.}
\begin{cases}
P_{Gi} - P_{Li} - \sum_{j \in S_N} P_{ij}(U, \theta_i, B, T) = 0 & i \in S_N \\
Q_{Gi} - Q_{Li} - \sum_{j \in S_N} Q_{ij}(U, \theta_i, B, T) = 0 & i \in S_N \\
\underline{Q}_{Gi} \leqslant Q_{Gi} \leqslant \overline{Q}_{Gi} & i \in S_G \\
\underline{B}_i \leqslant B_i \leqslant \overline{B}_i & i \in S_C \\
\underline{T}_i \leqslant T_i \leqslant \overline{T}_i & i \in S_T \\
\underline{U}_i^c - S \leqslant U_i \leqslant \overline{U}_i^c + S & i \in S_N \\
S \geqslant 0
\end{cases}
\tag{2-90}
$$

式中：$\overline{U}_i^c$、$\underline{U}_i^c$ 为压缩后的电压上限和下限；S 为松弛变量，表征电网中各节点允许的最大电压越限量；ω 为在目标函数中对电压越限给予惩罚的权重系数。

这种处理方法事实上是基于压缩后的电压限值对电压越限量进行惩罚。通过在合理压缩电压限值的基础上设置适当的惩罚系数，可以有效减少节点电压靠近限值边界或越限。此时当状态估计结果可信时，节点潮流等式约束、机组无功功率、补偿设备并联电纳及变压器挡位等不等式约束等均会得到满足。当局部无功调节能力不足时，只要松弛变量 S 值足够大，电压约束也会得到满足，即全部约束条件都可得到满足，这就意味着全局优化问题肯定存在可行解，可以满足 AVC 全局优化策略可靠性的要求。

但是，当出现状态估计指标偏低或状态估计不收敛等情况，导致状态估计结果不可用时，基于全局电压无功优化算法存在较大的无可行解可能性，即使能求解出控制指令，也无法保证指令的合理性。对于短时间的状态估计不可用，尚可维持原控制策略允许，但是当状态估计长时间不可用时，必需启动其他的控制策略以保证 AVC 策略的可靠性。

当状态估计结果长时间不可用时，通常采用基于无功灵敏度校正的控制策略。具体的办法则是基于 SCADA 量测及无功灵敏度结果进行电压校正控制。如果电网中母线电压没有越限，且运行在压缩后的电压限值范围内，则维持原 AVC 策略运行。否则，启动校正控制策略以使母线电压相对靠电压限值中间区域运行。数学模型的目标函数可描述为：

$$\min f(\Delta \boldsymbol{Q}_{\mathrm{G}}, \Delta \boldsymbol{U}, S) \tag{2-91}$$

约束条件为：

$$\mathrm{s.t.} \begin{cases} \Delta \boldsymbol{Q}_{\mathrm{G}} = \boldsymbol{B} \Delta \boldsymbol{U} \\ \Delta \underline{\boldsymbol{Q}}_{\mathrm{G}i} \leqslant \Delta \boldsymbol{Q}_{\mathrm{G}i} \leqslant \Delta \overline{\boldsymbol{Q}}_{\mathrm{G}i} & i \in S_{\mathrm{G}} \\ \Delta \underline{U}_i^c - S \leqslant \Delta U_i \leqslant \Delta \overline{U}_i^c + S & i \in S_{\mathrm{N}} \\ S \geqslant 0 \end{cases} \tag{2-92}$$

上二式中：目标函数为半正定二次函数；$\boldsymbol{B}$ 为灵敏度矩阵，它是由潮流计算中导纳矩阵各元素虚部构成的矩阵；$\Delta \boldsymbol{Q}_{\mathrm{G}}$ 为电源总无功功率注入变化量；S_{N} 为所有拓扑点的集合；S_{G} 为所有机端拓扑点的集合。

这是典型的凸二次规划模型，可采用原对偶内点法求解，其收敛性在理论上可以得到有效保障。

基于无功灵敏度校正的控制策略可有效保证电网电压的安全性，但是无法兼顾经济性。但作为状态估计或全局电压无功优化不可用时的后备控制方法可以提高 AVC 系统的整体可靠性。

当无功灵敏度校正算法仍长时间无法给出控制策略时，一种办法是 AVC 主站不出策略，所有电厂和变电站转为就地控制模式。这种方法过于简单粗放，本质上属于各厂站脱离省调 AVC 控制的范畴。更好的方法是采用基于电压曲线的厂站集中控制策略，此时 AVC 系统根据各厂站的当前母线电压与计划电压曲线值的偏差进行控制，使电压水平自动跟踪计划值。此时虽然无法从全局角度实现电压和无功功率的经济控制，但能够将所有厂站的电压控制在安全的范围内，在保证了 AVC 系统可靠性的同时，也避免了给调控人员和运维人员增加负担。作为一种最基本的备用控制方法，也因此等到了广泛的应用。

2. 三级控制模式策略体系

与二级控制模式策略体系相同，省级电网三级电压控制模式的 AVC 策略体系一般也由基于全局电压无功优化的控制策略、基于无功灵敏度校正的控制策略以及基于电压曲线的厂站集中控制策略构成。但由于三级控制模式与二级控制模式有所不同，它是首先在第三级控制层中进行全网电压无功优化计算，然后将各分区中枢母线电压的优化目标值下发到第二级控制层中，第二级控制层通过调节第一级电压控制的无功水平来跟踪本分区的中枢母线目标电压。因此，在三级控制模式中，三个控制策略构成的策略体系方式与二级控制模式的策略体系有所不同，如图 2-21 所示。

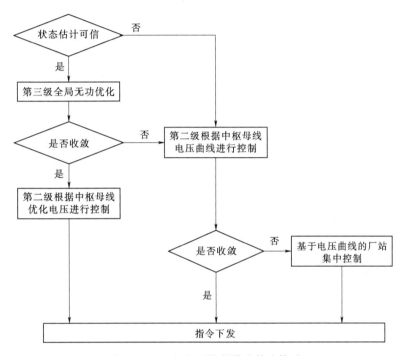

图 2-21　三级电压控制模式策略体系

当状态估计结果可信时，第三级控制层进行全局电压无功优化计算，计算方法与式（2-89）和式（2-90）相同。但当状态估计结果不可信或全局电压无功优化不收敛时，即第三级控制失效，此时无法提供给各区域中枢母线优化电压目标值。若第三级控制只是短时失效，则第二级控制可维持原策略运行。但当长时间失效时，第二级控制须舍弃原策略，启动无功灵敏度校正控制，即根据本分区中枢母线的电压曲线值与实际值的偏差实施校正控制，使中枢母线电压跟踪计划值运行。若无功灵敏度校正控制算法仍无法收敛，则启动基于电压曲线的厂站集中控制方式，此时与二级电压控制模式相同，没有分区的概念，由 AVC 主站负责调节，保证各厂站跟踪各自的电压曲线运行。

二、超前控制策略

传统的电压和无功功率控制理论和技术虽已比较成熟，但通常只考虑电力系统当前时间断面，只能做到发现电压越限或接近限值时才进行控制，本质上属于被动控制，无法从根本上提高电压的合格率。但随着日前短期负荷预测和超短期负荷预测技术的发展，可考虑利用负荷变化趋势实施电压的超前控制。将电压无功控制与负荷预测分析技术相结合，改变现有无功电压控制以单一断面为研究对象的思路，通过考虑负荷变化趋势对设备动作策略进行优化，使控制策略具有预见性，以达到超前控制、提高电压无功质量和减少设备动作次数、避免调节振荡等目的。

具体的方法是根据日前短期负荷预测以及超短期负荷预测结果，对负荷变化趋势进行分析，以5～15min为时间尺度，辨识全天各时段高峰/低谷/腰荷等负荷水平以及爬坡/滑坡/平稳等负荷变化趋势。在负荷爬坡时段，由于电压有下降的趋势，所以可以适当加大母线电压下限的压缩量，避免电压水平过分靠近电压下限运行，同时应闭锁减少无功出力、降低变压器分接头挡位的控制命令；在负荷滑坡时段，由于电压有上升的趋势，所以可以适当加大母线电压上限的压缩量，避免电压水平过分靠近电压上限运行，同时应闭锁增加无功出力、提升变压器分接头挡位的控制命令；在负荷平稳时段，由于电压的波动幅度并不显著，相对比较平稳，所以没必要加大电压上限或下限的压缩量，但应使电压尽量靠近压缩后的电压限值的中间区域运行。

通过实施电压的超前控制，可以主动寻找潜在的越限量，并提前进行控制，能真正的从本质上提高电压的合格率。

三、多种无功源间协调技术

能源在国民经济中具有特别重要的战略地位，为满足持续快速增长的能源需求和能源的清洁高效利用，国务院发布的《国家中长期科学和技术发展规划纲要（2006—2020年）》（国发〔2006〕6号）明确提出，推进能源结构多元化，增加能源供应，在风电、光伏等可再生能源技术方面取得突破并实现规模化应用。随着风电场和光伏电站等新能源的集群式开发与并网发电，现在部分省份已形成传统能源（如火电、水电、燃气等）与新能源（风电、光伏）联合运行的局面，加之新能源并网地区大量SVC、SVG的广泛使用，新形势下的电压和无功功率控制已经成为传统能源与新能源的协调控制、连续无功源（发电机、SVC、SVG等）与离散无功源（电容器、电抗器、变压器挡位等）间的协调控制。

1. 传统能源与新能源的协调

风电等新能源具有随机波动性，且可控性较差，其运行需要吸收一定的无功功率以建立磁场。这些无功功率的来源主要为风机自身的无功出力、风电场并网区域内部的无功补偿以及从并网系统中吸收的无功功率，而随着风力的增强，无功功率的需求量也随之增加。

以风电为代表的新能源与传统能源间的无功协调控制的核心思想仍是保证无功功率的分层分区、就地平衡。风电场群通常是汇集至升压站，再将有功功率通过并网线路集中送出并连接至主网。由于风电场通常位于电网的末端，远离负荷中心，所以并网线路一般较长。若风电场需要从主网吸收较多的无功功率，则会在线路上产生较大的损耗。通常的方法是根据风电功率的变化趋势，调整风电机组无功出力、风电场升压站内的SVC、SVG，以及电容器等无功设备，跟踪风电场无功需求的变化。当这些无功设备不足以维持风电场并网点电压水平时，主网内的传统无功源也应根据风功率的变化趋势给予无功支援，与风电场群送出区域内的无功源相互协调配合，稳定并网点电压水平，减少并网线路上的无功功率传输。

2. 连续无功源与离散无功源的协调

AVC 的控制过程事实上是各种无功调节设备共同作用的结果，而不同的无功调节设备其响应速度存在一定差异，若部分设备由于响应速度慢尚未跟踪调节，而令响应速度快的设备进行大幅度的无功调整是没有必要的，因为在响应速度慢的设备跟踪控制命令后，之前大幅调节的无功量又要"回吐"出来。

AVC 主站对电容器、电抗器、变压器分接头等离散无功设备的调节是通过遥控命令实现的，调节速率较慢，响应时间较长。而对发电机、SVC、SVG 等连续无功设备的调节是通过遥调命令实现的，调节速率较快，响应时间较短。由于离散无功源与连续无功源在响应控制指令的时序上存在差异，且离散无功源无法实现无功补偿的精确调节，所以通常的方法是先利用离散无功源进行"粗调节"，再利用连续无功源进行"精细调节"。

在负荷趋势变化时段，超前控制响应速度慢的离散无功设备，若离散无功设备能够满足负荷变化时段的无功功率需求，则连续无功设备无需进行大幅度的无功调整，只需发挥其调节速度快的特点来跟踪负荷的波动即可。若离散无功设备所提供的无功补偿不足或过补时，连续无功设备需要发挥其可精细调节的特点，进行无功功率的校正。在负荷趋势平稳时段，系统的无功需求也相对平稳，此时应尽量避免离散无功设备的调节，而是利用连续无功设备的响应能力跟踪负荷的波动。

四、工程化关键技术

AVC 是一个工程化系统，应用于电力系统生产实际，为保证其实用性，必须进行大量的工程化处理。

1. 量测数据的处理

量测数据对 AVC 影响最大的是坏数据和死数据。坏数据主要是指不良数据，即量测值与实际值存在较大偏差的情况；死数据主要是指由于 RTU 通道损坏导致量测数据不刷新的情况。除借助于 SCADA 提供的量测数据质量位来识别和处理坏数据和死数据外，还有许多工程实用化的方法。

对于连续变量坏数据的识别和处理，主要是基于状态估计结果和专家经验进行判断。如对于电压量测，如果量测值明显偏离其电压等级，则认为是坏数据，此时可将量测值替换为状态估计数据或前几个采集时段的量测平均值，对于因为坏数据引起的电压越限，AVC 不予校正。无功量测坏数据的识别与处理方法与电压量测坏数据相同。

而对于离散变量坏数据的识别和处理则应该偏保守以保证控制的安全性，主要依靠状态估计结果进行判断。若电容器或电抗器的开关遥信状态与状态估计辨识的状态不一致，则闭锁该设备并告警，AVC 不对其进行控制。同理，变压器量测档位若与状态估计挡位不一致时，AVC 也闭锁对该变压器挡位的控制并告警。

死数据的识别和处理包括下述环节：

（1）若量测信息经过一段时间而一直没有变化则判断为死数据，无论其量测值是多大，控制时认为其量测不合格，即忽略因该量测越限而启动控制。

（2）对于具有较强电气联系的母线和无功设备，若母线电压量测在无功设备调节后仍不发生变化或波动，则认为量测为死数据，之后忽略该量测造成的电压越限。

（3）对于变压器所联中低压侧的母线而言，若在主变分接头调整后，主变中低压侧电压量测仍保持不变，则认为量测为死数据，之后忽略该量测造成的电压越限。

2. 控制平稳性的处理

由于 AVC 主站的控制周期较短，一般在 5min 之内，所以对电压的调节没有必要一步到位。为保证电压控制的精度及平稳性，避免产生大幅度的电压调节，AVC 应遵循"小步多走"的原则进行控制。

为保证控制的平稳性，AVC 控制策略应避免单次对母线电压设定值进行大幅度的调节。实用中，500kV 母线电压调节幅度一般控制在 3kV 以内；220（330）kV 母线电压调节幅度一般控制在 2kV 以内；110kV 母线电压调节幅度一般控制在 1kV 以内。

对于离散无功设备的调节，一个控制周期内一个厂站应只允许投切一组电容器或电抗器，任一变压器也只允许调节一挡。

另外，为避免量测瞬时性跳变，可综合多个时段的量测数据，并对量测数据进行纵向滤波，进一步保证控制过程的平稳性。

3. 机组无功水平的处理

由于机组的无功出力水平受制于机组本身的铭牌参数限制，机组不可能提供超出其无功上下限的无功功率，故在优化计算中必须严格将机组的无功出力控制在其限值之内。

电网运行过程中，各机组应留有一定的无功备用，以备在负荷波动或电网故障时提供必要的无功支撑。另外，虽然机组正常时大多处于迟相状态，但是在特殊时段，尤其是夜间轻负荷时，部分机组可能处于进相运行状态。综上所述，可以将机组的无功出力运行区间划分为正常区和紧急区，机组进相或无功备用不足属于紧急区，可在优化计算的目标函数中给予惩罚，以尽量使机组运行在正常区。可构造目标函数如下：

$$f(Q)=\begin{cases} w_1 Q^2 & Q_{\min}<Q<0 \\ 0 & 0 \leqslant Q \leqslant Q_{\max}-r \\ w_2(Q-Q_{\max}+r)^2 & Q_{\max}-r<Q<Q_{\max} \end{cases} \qquad (2-93)$$

式中：$Q_{\min}$、$Q_{\max}$ 为机组无功出力上限和下限；r 为预留的无功备用；w_1、w_2 为惩罚系数。

4. 量测与状态估计偏差的处理

在电网的考核中一般根据电压量测值统计电压合格率，母线并列运行时通常包含多个电压量测点，状态估计值与电压量测值之间一般会有一定偏差。若量测值正常，一种较好的处理方法是根据所有量测点中的最大值与电压上限的差值确定允许上调量，根据所有量测点中的最小值与电压下限的偏差确定允许下调量，并在电压估计值基础上叠加允许上调量和下调量，即可获得优化计算的电压上限和下限。将优化得到的调节量与相应电压量测叠加即可确定电压目标值。

若采集点的所有电压量测均为坏数据，则闭锁该母线电压的控制。但如果与其相邻的各厂站电压都控制在合格范围内，并与电压限值间留有一定的裕度，则电压坏数据对应母线的实际电压质量也会有所保障。

对于机组无功量测，若量测值正常，量测值与状态估计值的偏差处理方法与母线电压相同，这可以确保 AVC 系统下达给子站的电压控制目标是能够实现的。若无功量测异常，则闭锁该机组参与无功调节。

这种处理方法使 AVC 系统对状态估计精度的依赖大大降低，有利于提高 AVC 系统的总体可靠性。

5. 离散无功设备控制的处理

由于电容器、电抗器、变压器分接头等离散无功设备一天之内有调节次数的限制，连续两次调节之间还有时间间隔的限制。为合理利用离散无功设备的有限调节次数进行电压控制，一种实用的方法是利用负荷的峰谷特性，根据负荷的变化趋势将一天 24h 划分为若干负荷变化时段，并根据各时段的负荷变化趋势确定离散无功设备的调节方向。如负荷上升时段只允许投电容、切电抗、升挡位；负荷下降时段只允许切电容、投电抗、降挡位。这样不仅每个离散设备一天内的操作次数可以限制在 4～6 次，还能有效保证同一设备两次操作的时间间隔。这种处理方法大大降低了算法实现的复杂性，而且有效保证了 AVC 对离散无功设备的实用化控制。

另外，对于同一个厂站的电容器、电抗器，应遵循循环投切的原则，以均衡各电容器、电抗器的投切次数，尽量增大同一设备两次调节间的时间间隔，充分挖掘其无功调节能力。同时还应具备提供组合控制命令的能力，如升挡切电容、降挡投电容等。

6. 电压波动范围预测的处理

国家电网公司对电压水平的考核除要满足电压限值之外，还有日电压波动幅度的要求。例如国网福建省电力公司对 220kV 母线电压日波动率要求母线日电压最大值与最小值的偏差不超过 11kV，否则该日电压波动率不合格。这使得各运行断面间存在耦合关系，对 AVC 的调节带来了较大的难度。

目前的处理方法一般是由调度专业人员根据历史运行情况凭经验或离线工具人工制定日电压允许运行范围，AVC 直接将该范围作为电压控制限值。当运行方式变化或特殊节假日时，就需要对该限值进行调整。

在电力系统实际运行中，负荷具有渐变特性。由于电压水平与负荷变化是相关的，所以电压的变化也是有规律可循的。因此可以借鉴负荷预测的方法对历史日电压波动范围进行统计分析，并预测次日的日电压波动范围。

日电压波动范围预测，事实上是希望通过合理优化各母线的允许日电压波动范围在其电压限值内的位置，以尽量使各母线的允许日电压波动范围相容，为 AVC 调节提供尽可能大的空间。

第九节 现代电力系统 AVC 新技术

一、人工智能算法

人工智能概念诞生于 1956 年，在半个多世纪的发展历程中，由于受到智能算法、计算速度、存储水平等多方面因素的影响，人工智能技术和应用发展经历了多次高潮和低谷。2006 年以来，以深度学习为代表的机器学习算法在机器视觉和语音识别等领域取得了极大的成功，识别准确性大幅提升，使人工智能再次受到学术界和产业界的广泛关注。云计算、大数据等技术在提升运算速度，降低计算成本的同时，也为人工智能发展提供了丰富的数据资源，协助训练出更加智能化的算法模型。下面介绍几种适用于 AVC 的人工智能算法。

1. 遗传算法

遗传算法（Genetic Algorithm，GA）是一类借鉴达尔文的生物进化论演化而来的随机化搜索方法。它是由美国的 J. Holland 教授 1975 年首先提出，其主要特点是直接对结构对象进行操作，不存在求导和函数连续性的限制；具有内在的隐性并行性和更好的全局寻优能力；采用概率化的寻优方法，能自动获取和指导优化的搜索空间，自适应地调整搜索方向，不需要确定的规则。基于遗传算法的这些性质，已被人们应用于电力系统无功优化的领域中。

2. BP 神经网络算法

BP（Back Propagation）神经网络是 1986 年由 Rumelhart 和 McCelland 为首的科学家小组提出的，是一种按误差逆传播算法训练的多层前馈网络，目前应用的非常广泛。BP 神经网络能学习和存贮大量的输入输出模式映射关系，而无需事先揭示描述这种映射关系的数学方程。它的学习规则应用最速下降法，通过反向传播来不断调整网络的权值和阈值，使网络的误差平方和最小。BP 神经网络算法是通过任意选定一组权值，将给定的目标输出直接作为线性方程的代数和，并建立线性方程组，解得待求权值。不存在陷入局部极小及收敛速度慢的问题，且更易理解。

3. 模糊理论算法

模糊理论（Fuzzy Theory，FT）用到了模糊集合的基本概念和连续隶属度函数的基本理论。从实际应用的观点来看，模糊理论的应用大部分集中在模糊系统上，尤其集中在模糊控制上。将其应用于电力系统无功优化时，利用模糊集将多目标函数和负荷电压模糊化，给出各目标函数的分段隶属度函数，将问题转化为标准的线性规划和非线性规划模型。模糊算法的优点在于可处理不确定性问题，能很好地反映电力系统电压和无功功率的变化。但其缺点也非常明显，由于对信息简单的模糊处理，可能会导致控制精度和动态品质偏低。

4. 粒子群优化算法

粒子群优化算法（Particle Swarm Optimization，PSO）是一种进化计算技术，1995 年由 Eberhart 博士和 Kennedy 博士提出。该算法起源于飞鸟集群活动的规律性研究，进而利用群体智能建立的一个简化模型。粒子群算法通过对动物集群活动行为的观察，利用群体中的个体对信息的共享，使整个群体的运动在问题求解空间中产生从无序到有序的演化过程，从而获得最优解。

PSO 类似于遗传算法，也是基于迭代的优化算法。系统初始化为一组随机解，通过迭代寻找最优值。但是它没有遗传算法所用的交叉和变异，而是粒子在解空间追寻最优的粒子进行搜索，它比遗传算法的优势在于简单容易实现，并且需要调整的参数较少。

5. 蚁群优化算法

蚁群优化算法（Ant Colony Optimization，ACO）是一种用来在图中搜寻优化路径的概率型算法。它由 Marco Dorigo 于 1992 年在他的博士论文中提出，最初是受到蚂蚁在寻找食物过程中搜索路径行为的启发。蚁群寻食行为表现为一种正反馈现象，当某条路径上经过的蚂蚁比较多时，以后就会有越来越多的蚂蚁从该路径上经过。通过正反馈来加速最优解的搜索过程，应用分布式计算来避免陷入局部最优解。

6. 免疫算法

免疫算法（Immune Algorithm，IA）是将生命科学中的免疫概念引入到工程实践领域中，借助其中的相关知识和理论，力图有选择、有方向地利用待求问题中的某些特征信息来抑制优化过程中出现的退化现象，以此来提高算法的整体性能。该算法模拟人体免疫系统，能够避免陷入局部最优解，通过提高局部搜索能力来加快计算速度，但也存在着当迭代到一定范围时，求解速率明显下降的问题。

7. 禁忌搜索算法

禁忌搜索（Tabu Search，TS）算法最早由 Glover 于 1986 年提出，它是对人类智力过程的一种模拟，通过对局部领域搜索的扩展，实现全局逐步寻优的方法。禁忌搜索算法通过引入一个灵活的存储结构和相应的禁忌准则来避免迂回搜索，并通过藐视准则来赦免一些被禁忌的优良状态，进而保证多样化的有效探索，来最终实现全局优化。该方法计算结果准确性高，能够避免陷入局部最优解，但由于采用单点搜索，其计算时间长，寻优速度慢。

8. 模拟退火算法

模拟退火（Simulated Annealing，SA）算法最早由 Kirkpatrick 等应用于组合优化领域，它是一种随机寻优算法，从固体物质的退火过程与一般组合优化问题之间的相似性衍生而来。模拟退火算法从某一较高初温出发，随着温度的不断下降，根据概率突变特性在可行域中随机寻找目标函数的全局最优解，当陷入局部最优解时，也能概率性的跳出并最终趋于全局最优解。模拟退火算法是一种通用的优化算法，通过赋予搜索过程一种时变且最终趋于零的概率突变性，从而有效避免陷入局部最优并最终趋于全局最优的串行结构算法。

能够应用于电力系统无功优化的智能算法还有很多，例如人工鱼群算法、混沌优化算法、进化规划算法等，这里不再一一赘述。

二、分布式群体智能控制模式

随着分布式可再生能源、柔性负荷和储能装置等不断接入，无功可控设备的规模不断扩大使得分层式 AVC 协调控制运行模式面对以下困难：通信需求大，数据交换多，存在通信瓶颈问题；固定制式的网络结构无法适应于复杂灵活多变的在线运行方式；多无功可控设备特性各异，主体多样化态势难以实现不确定环境下的协调优化运行。与此同时，新一代物联通信、高性能计算等能源、信息科技的快速发展，使得分散自治、异构协同、数据驱动成为可能。此背景下，国内外学者提出信息物理耦合系统概念，并提出了分布式群体智能控制等技术，分散式的无功由多个具有自治性、适应性、协调性和社会性的单智能体进行协同控制，通过各能源网络节点内部各智能体的协商通信和协同优化，实现网络整体的优化运行。

群体智能的概念源自 1785 年 Condorcet 的陪审团定理：如果投票组的每个成员有超过一半的机会做出正确的决定，则组中多数决定的准确性随着组成员数目的增加而增加。在 20 世纪下叶，群体智能被应用到机器学习领域，并对如何设计智能体的集合以满足全系统的目标进行了更广泛的考虑。群体智能的精髓在于整体的智能性而不是个体的智能程度，个体智能性的低下将不影响整体智能性的提高，这在没有集中协调且不提供全局模型的前提下，为寻找复杂分布式协调控制问题的解决方案提供了基础。

群体智能中的群体指的是一组相互之间可以进行直接通信或者间接通信通过改变局部环境的主体，它们能够合作进行分布式的问题求解，而群体智能则是指无智能的主体通过合作表现出智能行为的特征。在分布式无功电压控制系统中，不同无功源主体通过深度神经网络构建出个体智能，然而个体的表达能力限制了它们的智能程度，如果个体的表达能力较低，即使群体智能涌现出来，群体智能也不能被个体继承。值得注意的是，一旦个体具备了足够的表达能力，下一个问题就是怎样让他们进化。为了能让个体持续进化，就需要找到进化方向。例如在 AlphaGo Zero 程序中，是通过个体自己的经历来找到进化方向，即通过强化学习，这样的结果就使个体能够持续进化，最后超越了之前版本以及人类专家的棋力。

目前，已有国内外相关科研单位开展了群体智能等技术在分布式控制方面的应用，但在电力系统 AVC 中尚未开展应用研究，未来也许会成为新的发展趋势。

参 考 文 献

[1] 中华人民共和国国家经济贸易委员会. 电力系统安全稳定导则：DL 755—2001 [S]. 北京：中国电力出版社，2001.
[2] 于尔铿，刘广一，周京阳，等. 能量管理系统（EMS）[M]. 北京：科学出版社，1998.
[3] 燕福龙. 电力系统电压和无功功率自动控制 [M]. 北京：中国水利水电出版社，2013.
[4] 刘明波，谢敏，赵维兴，等. 大电网最优潮流计算 [M]. 北京：科学出版社，2010.
[5] 中华人民共和国能源部. 电力系统电压和无功电力技术导则：SD 325—89 [S]. 北京：水利电力出版社，1989.
[6] 国家电网公司. 地区智能电网调度技术支持系统应用功能规范：Q/GDW Z 461—2010 [S]. 北京：中国电力出版社，2010.
[7] 孙宏斌，郭庆来，张伯明. 大电网自动电压控制技术的研究与发展 [J]. 电力科学与技术学报，2007，22（1）：7 - 12.
[8] 于汀，蒲天骄，刘广一，等. 含大规模风电的电网 AVC 研究与应用 [J]. 电力自动化设备，2015，35（10）：81 - 86.

第三章
发电厂侧 AGC 子站

第一节 概　述

一、燃煤火力发电厂 AGC 概述

(一) 燃煤火电机组有功功率响应特性

燃煤火电机组的发电过程是一个从煤的化学能到电能的转换过程。磨煤机首先将原煤磨成很细的煤粉，在磨煤机磨煤的同时还要输入一定的风用来对煤粉进行干燥，磨好的煤粉送入锅炉进行燃烧。煤粉在锅炉中燃烧产生的热能被循环水吸收，循环水受热变成高温高压的水蒸气，这一过程使煤的化学能转换成了水蒸气的热能。然后，利用高温高压的水蒸气推动汽轮机旋转做功，使水蒸气的热能转换成了汽轮机的机械能。最后汽轮机旋转带动发电机旋转发电，于是汽轮机的机械能就转换成了电能。

水蒸气的热能推动汽轮发电机发电，进而转换成电能的过程是一个快速的过程。而煤粉在锅炉里燃烧使循环水受热变成高温高压的水蒸气的过程是从化学能转换到热能的过程。在这个能量转换过程中，由于能量的蓄积和释放需要一定的时间，具有较大的延迟。可见，当给机组的有功功率调整指令发生变化时，汽轮发电机的能量转换要比锅炉的能量转换快得多，因此，燃煤发电机组的有功功率调节能力主要取决于锅炉的响应特性。锅炉的响应特性主要取决于制粉系统的响应特性和锅炉的响应特性。

1. 制粉系统的响应特性

火电厂的制粉系统的作用是将原煤磨成非常细的煤粉，目的是提高煤的燃烧效率。按照输送方式的不同，制粉系统可以分为直吹式制粉系统和中间仓储式制粉系统两种。

在直吹式制粉系统中，给煤机将原煤送入磨煤机。磨煤机对原煤进行研磨，在研磨的同时往磨煤机输入适量的风对煤粉进行干燥，并将磨好的煤粉直接送入锅炉进行燃烧。这个制粉过程需要较长时间，从给煤机的煤量发生变化到磨煤机送入锅炉的煤粉量发生变化的过程有较长的延迟和一定的惯性。大型的锅炉一般都会配备多台磨煤机，由于给煤机的最大给煤量，磨煤机的容量和锅炉的燃烧特性的限制，当调整指令发生较大变化时，不仅需要调整给煤机的给煤量，有时还要启停一些磨煤机。磨煤机的正常启动和停机过程需要

的时间较长，在发电机组有功功率调节过程中，如果需要启停磨煤机，功率调节会暂时中断或暂时对调整指令不响应。另外，在启停磨煤机的过程中，煤粉量也会有一定的波动，也会导致对有功功率调节存在一些较小的不受控制的波动。

在中间仓储式制粉系统中，磨好的煤粉不直接全部送进锅炉进行燃烧，只把少部分的煤粉与制粉气一起被送进锅炉进行燃烧，其他部分被送到煤粉仓，煤粉仓中的煤粉由给粉机控制送入锅炉炉膛。与直吹式制粉系统相比，中间仓储式制粉系统是从煤粉仓将煤粉送入锅炉的，当调节给粉机的转速时，给粉机送入锅炉的煤粉量也几乎同时变化。在中间仓储式制粉系统中，由于给粉机的转速和给粉量有一定的范围，当有功功率调整指令变化较大时，不仅需要调节给粉机的转速，有时还需要启停一些给粉机。因此，当有功功率调整指令有较大变化时，功率调节也会存在断点。由于给粉机的正常启停过程非常简单和迅速，所以中间仓储式制粉系统的有功功率调节断点远不如直吹式制粉系统明显。

2. 锅炉的响应特性

煤粉在锅炉内燃烧，释放热能，锅炉内的循环介质水吸收这些热能变成高温高压的水蒸气，这是一个热传导过程。锅炉根据工作方式的不同分为汽包炉和直流炉两种。对于汽包炉和直流炉，由于它们的汽水系统不同，因此响应特性也有所不同。

在汽包锅炉中，循环水由省煤器加热以后进入汽包，并在汽包和水冷壁之间循环加热，成为饱和蒸汽。这些饱和蒸汽经过汽包进行水汽分离，然后通过过热器吸收烟气的热量，成为高温高压的过热蒸汽。汽包锅炉的蒸发量与给水量没有直接关系，主要取决于燃烧率。因此，增减负荷是调整燃烧率（包括风和煤量，并保持适当的风煤比）。为了维持汽包水位的稳定，在汽包锅炉中其给水量需要随蒸汽流量而快速变化，以维持汽包的水位平稳。

直流锅炉的蒸发量的调整，首先也是调整燃烧率，只有增加燃料量的投入，才可能多产生蒸汽。然后才是根据蒸汽流量的增加同时增加给水量。直流锅炉和亚临界机组最大的不同，就是没有汽包。在直流锅炉中，汽水分离器只有在启动或低负荷时才会起作用，对水汽混合物进行分离，此时与汽包锅炉相似。但是在正常运行时，直流锅炉的汽水分离器是不起作用的。直流锅炉对蒸汽饱和点的控制要求很高，直流锅炉一般要求蒸汽在到达汽水分离器前就要达到饱和，同时要有一定的过热度。如果简单地增加给水，在蒸发量增加的同时，由于蒸汽的欠焓增加，将会造成气温大幅度下降。直流锅炉气温的调节，煤水比是粗调，减温水量和燃烧调整是细调。在直流锅炉中，在给水量变化时，应使给水量跟随燃烧率快速变化，使给水量与燃烧率有一个良好的煤水比，这样可以维持汽水系统的稳定。因此控制策略是设置煤水比，煤水比是运转人员首先设定的，将煤水比设定以后，自动控制系统就会自动保持这一设定值。增加给水量以后，由于煤水比已经设定，燃烧率就会自动跟踪调整。这就是为什么直流锅炉增加负荷只需直接调整给水量，就可以增加出力的原因。

由以上讨论可见，燃煤火电机组对有功功率调整指令的响应延迟时间长，调节速率慢，且不容易改变调节方向。燃煤火电机组的有功功率调节范围通常在（50%～100%）P_e之间（P_e 为发电机组的额定容量）。燃煤火电机组对有功功率调整指令的响应速率一般为 $1.5P_e/\min$，不少可以达到 $2\%P_e/\min$，最大允许的调节速率一般为 $3\%P_e/\min$。对于配有汽包锅炉的燃煤火电机组，由于受到汽包的热应力的限制，其汽轮机汽门调节速率不能太快。对于配有直流锅炉的燃煤火电机组，其功率调节速率主要受到汽水分离器和联箱处的热应力的限制。配有直流锅炉的燃煤火电机组可以在 10min 内改变 $20\%P_e$ 的功率。配有汽包锅炉的燃煤火电机组可以以 $2\%P_e/min$ 的调节速率在 $50\%P_e$ 的范围内响应调整指令。

燃煤火电机组对调整指令的响应延迟时间主要发生在制粉系统。对于中间仓储式制粉系统，由于煤粉直接由给粉机送入锅炉进行燃烧，少了制粉过程，因此中间仓储式制粉系统的纯延迟时间较小，一般在 $1\sim2min$ 之间。对于直吹式制粉系统，其纯延迟时间较中间仓储式制粉系统要长，一般在 $1\sim2.5min$ 之间。

（二）燃煤发电机组的有功功率调节系统

一般大型燃煤发电机组的有功功率调节都是由机组协调控制系统（CCS）完成的。在保证发电机组安全运行的前提下，机组协调控制系统通过调节汽轮机的汽门和锅炉燃烧率来调节发电机功率和锅炉主蒸汽压力，能尽快响应机组的功率调整指令，同时使锅炉主蒸汽压力保持稳定。机组协调控制系统主要有机跟炉、炉跟机、机炉协调三种运行方式。

（1）机跟炉控制方式采用汽轮机指令调节主蒸汽压力，由锅炉燃烧率指令调节机组功率。机跟炉控制方式的优点是锅炉主蒸汽压力比较稳定，缺点是机组有功功率响应延迟时间较长，功率波动较大，机组的有功功率调节性能较差。

（2）炉跟机控制方式采用锅炉燃烧率指令调节主蒸汽压力，由汽轮机指令调节机组功率。炉跟机控制方式的优点是机组对有功功率调节指令响应迅速，缺点是锅炉主蒸汽压力不稳定。

（3）机炉协调控制方式是在保证锅炉主蒸汽压力品质的前提下，通过协调汽轮机指令和锅炉燃烧率指令的变化，尽快响应机组的功率调整指令。协调控制方式的锅炉主蒸汽压力稳定性和机组有功功率调节性能介于机跟炉控制方式和炉跟机控制方式之间。

一般大型的燃煤火电电厂都不采用单纯的机跟炉控制方式或炉跟机控制方式，而是采用协调控制方式。协调控制方式又包括以机跟炉为基础的协调控制方式、以炉跟机为基础的协调控制方式。以机跟炉为基础的协调控制系统通常用于配有直流锅炉的发电机组，以炉跟机为基础的协调控制方式通常用于配有汽包锅炉的发电机组。

（三）燃煤火力发电厂厂级 AGC 调节系统

传统的电力调度中心对火电厂的自动发电控制（AGC）采用的是机组直调方式，即能量管理系统（EMS）将 AGC 负荷指令直接下发给每台机组，直接调度每台机组的负荷。但由于网内涉及机组很多，特性差异很大，EMS 只能考虑系统优化，无法顾及各机组的复杂运行情况，因此很多省级调度中心把单机负荷调度方式改为厂级负荷调度方式，如云南省火电厂已全部实现厂级调度方式。在厂级调度方式下，调度中心把全厂的负荷指令下发给厂级 AGC 设备，由厂级 AGC 根据各台机组的运行情况，优化计算各台机组的 AGC 负荷，然后下发给每台机组。

火力发电厂自动发电控制系统连接关系如图 3-1 所示。

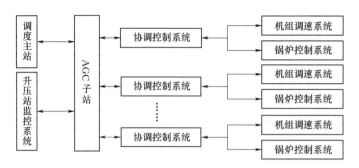

图 3-1 火力发电厂自动发电控制系统连接关系图

二、水力发电厂 AGC 概述

(一) 水电机组的有功功率响应特性

与火电机组相比，水电机组的功率调节性能更好。水电机组开停机方便，机组的调节范围宽，调节速率快。由于水电机组在功率调节方面的优势，因此水电机组通常在电力系统中承担调峰、调频和事故备用的任务。

在水电机组中，水轮机的响应特性比发电机的响应要慢得多，因此主要影响水电机组的响应特性的是水轮机的响应特性。而主要影响水轮机响应特性的又是水轮机的调速器的响应特性。图 3-2 所示为水轮机调节系统原理图。衡量水轮机调速器性能的指标有静态指标和动态指标两种。其中静态指标有轮叶不随动和转速死区两个，动态指标有甩满负荷时间和接力器的不动时间两个。经过实际测量，水轮机的轮叶不随动率通常为 1.38%。转速死区一般在 $(0.02\% \sim 0.008\%)n_0$(n_0 为水轮机的额定转速)之间。水轮机调速器的甩满负荷时间和接力器的不动时间通常为 35s 和 0.2s，而配有微机型调速器的水轮机的甩满负荷时间可以控制在 20s 内。

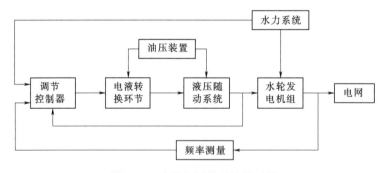

图 3-2 水轮机调节系统原理图

(二) 水力发电机组的有功功率调节

水力发电机组对有功功率调整指令的响应延迟短，一般小于 3s，有功功率调节速率快，大部分水电机组的有功功率调节速率可以达到 $(1\% \sim 2\%)P_e/s$。水电机组的有功功率可调节范围较宽，对于配有微机型调速器的水力发电机组，通常可以在 1min 内完成从零负荷到满负荷的过程，对于配有 PLC 调速器的水电机组，对阶跃信号的响应时间一般

可以控制在 $20\sim30s$ 之内。

为了使水力发电机组能稳定运行，应当设置合理的功率调节死区，调节死区的设置原则是在机组进入调节死区后能够稳定运行的前提下尽可能地减小调节死区，以提高机组功率调节的精度和调节品质。水电机组的功率调节死区一般设置为 $(1\%\sim2\%)P_e$。

（三）水力发电厂厂级 AGC 调节系统

传统的水力发电厂的 AGC 控制方式采用单机控制方式，在单机控制方式下，机组启停由水电厂控制，但是发电机组的调节功率直接由调度中心下发。这种控制方式的优点是发电机组能快速响应系统的负荷变化，但是这种控制方式不能考虑调节功率在发电机组之间的优化分配，会造成发电机组的频繁调节。

水力发电厂厂级 AGC 调节系统是全厂控制方式，在全厂控制方式下，调度中心下发的是水力发电厂全厂总的调节功率，然后由发电厂厂级 AGC 子站根据电厂内各发电机组的运行工况，将全厂总的有功调节功率合理、优化地分配给各发电机组。这种控制方式的优点是 AGC 子站能考虑电厂内各发电机组的运行工况，避开发电机组的不可运行区（如振动区、汽蚀区），将有功调节功率在各发电机组之间进行优化分配，避免对发电机组的频繁调节。

水力发电厂自动发电控制系统连接关系如图 3-3 所示。

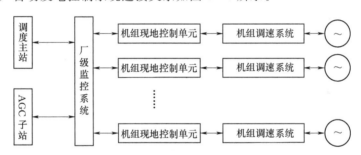

图 3-3　水力发电厂自动发电控制系统连接关系图

AGC 子站程序接收调度下发的全厂有功设定值，并根据当前全厂每台机组的振动区以及当前水头等信息将当前有功功率给定值合理分配到各台机组，将机组有功功率调节指令发送给机组现地控制单元（LCU）。当调速器工作在开度模式时，机组 LCU 将上位机下发的有功功率给定值和实发值进行 PID 运算，在每一个 PID 运算周期，输出逐步递减的脉宽信号，驱动相应的增、减有功继电器同步动作及复归。增、减有功这 2 个继电器，采用硬接线的方式将继电器输出接点传至调速器，调速器工作在开度模式，按调节脉冲控制导叶开度和桨叶开度（轴流转桨式机组需要同时调整桨叶开度），继而达到调节机组有功功率的目的。当调速器工作在功率控制模式时，机组 LCU 将 AGC 子站下发的有功功率给定值直接传送至调速器，调速器直接以有功功率给定与当前有功功率的偏差进行 PID 运算，实时作用于导叶接力器和桨叶接力器，将有功功率调整至有功功率目标值。

三、风力发电场 AGC 概述

风电作为一种的特殊电源，其出力具有较强的间歇性、波动性、随机性和难预测性，不能随意增加或者减少。当风电在电网中所占的比例较小、接入的电压等级较低时，上述特点不会对电网带来明显影响。但随着风电渗透率的增加、接入电压等级的提高，风电对电力系统的影响将从简单的局部电压波动、谐波污染等电能质量问题扩展到系统层面的频率调节、运行可靠性、发电计划与调度、动态稳定等一系列问题。并且由于电网公司对风电装备技术条件要求提升，风电并网开始从物理"并网难"，向技术"并网难"转化。同时，在实际运行中，为使风电较为平稳的接入系统，调度运行人员往往要在运行控制中留有较大的安全裕度，这导致电网最大可接纳风电能力得不到充分利用，"弃风"成为风电发展的新难题。

消纳大规模风电需要在发电计划中为其预留充足备用，因此系统中的常规机组将承担艰巨的调峰任务，这往往导致常规机组频繁启停和长期低负荷运行、出力严重偏离经济运行区，额外增加系统煤耗量和污染气体排放。因此，传统的仅依靠常规机组的调度运行模式无法解决风电大规模开发态势下电力系统运行管理中遇到的问题。主动对风电出力进行控制，优化利用风能资源，协调常规电源，在提高电网风电接纳能力的同时确保运行稳定性和经济性，是电网和风电场都十分关心的课题。

综上所述，由于风电本身固有的随机性、波动性、反调峰特性以及我国陆上风资源集中分布的特点，大规模的风电并入电网，给电网的运行调度、分析控制、安全经济运行以及电能质量保证等方面带来了一系列严峻的挑战。因此，要求风电主动参与系统频率调整是风电大规模并网后电力系统为保证其自身安全做出的必然选择。风电场有功出力控制可以通过启停风电机组或者对场内风电机组的协调控制（桨距角或转速控制）实现，对风电机组的有功出力控制方法主要包括最大风功率捕获控制、平均功率控制和随机最优控制。但是频繁的启停控制会增加风机的磨损和运行费用，通过调节风电机组控制系统协调风电机组出力能够尽可能降低运行费用，并且可使风电场出力维持在可控范围内。然而，利用变频器控制的双馈风电机组通常不具备响应系统频率变化的能力，大规模风电接入将会明显减弱系统的调频能力。为消除风电机组无惯量响应能力对系统频率稳定产生的负面影响，国内外最新发布的一些电网导则明确提出并网风电场需要提供和常规发电厂一样的旋转备用、惯性响应以及一次调频等附属功能。我国颁布的国家标准《风电场接入电力系统技术规定》（GB/T 19963—2011）明确指出并网风电场应具备参与电力系统调频、调峰和备用的能力。国家电网风电场接入电网规定，在以下两种情况下，风电场应能够根据电网调度部门下达的指令来控制风电场输出的有功功率。

（1）当电网频率过高时，如果常规调频电厂容量不足，可降低风电场有功功率。

（2）在电网故障或特殊运行方式下，为了防止输电线路发生过载，确保电力系统的稳定性，要求降低风电场有功功率。

因此，风力发电场中应安装 AGC 子站，用以接收电网调度部门下达的全场有功功率指令，根据风电场现场运行情况、功率分配策略、启停机策略形成对各风电机组的调节指令，并经由风电机组机群监控系统将指令下发给各风电机组功率控制系统，再由风电机组功率控制系统完成有功功率调节。风力发电场自动发电控制系统的连接关系如图 3-4 所示。

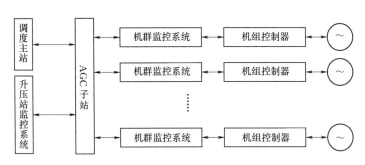

图 3-4　风力发电场自动发电控制系统的连接关系图

四、并网光伏电站 AGC 概述

　　大规模光伏发电集中并网后，光伏的波动性 和"正调峰"特性对电网运行产生了严重的影响，光伏不同于常规能源的调频、调压、备用特性。光伏的波动性、间歇性和"正调峰"特性所带来的有功波动和不平衡量的调节，需要由系统中的常规能源机组承担。大规模光伏功率波动，需要大容量的系统有功备用来平抑，这既不利于电网运行的经济性，同时又产生了光伏发电集中接入后所带来的潮流大范围输送、谐波、电压波动和闪变问题，也严重影响了电网运行的安全和稳定。从光伏发电并网后电网有功调度和控制角度来看，对光伏组件逆变器控制进行有功调节有较强的操作性。根据系统调频的要求进行适当的有功备用分配，光伏发电参与系统的调频会降低波动对系统频率的影响，减少系统中常规能源机组对光伏发电出力波动执行有功补偿量，降低系统运行成本，从而更好地控制光伏发电并网成本，减小电网平衡压力，在保证电网安全运行的前提下最大化消纳光伏发电。

　　光伏电站的有功功率调整可以通过光伏逆变器的启停和限制功率方式来进行。由于电网调度部门不能对光伏电站中的每台逆变器下达功率调整指令和启停机指令，所以在光伏电站中需安装 AGC 子站，用来接收电网调度部门下达的全厂有功功率指令，根据光伏电站现场运行情况、功率分配策略、启停机策略形成对各逆变器的调节指令，并经由逆变器机群监控系统将指令下发给各逆变器功率控制系统，再由逆变器功率控制系统完成有功功率调节。在光伏电站中，光伏电站自动发电控制系统的连接关系如图 3-5 所示。

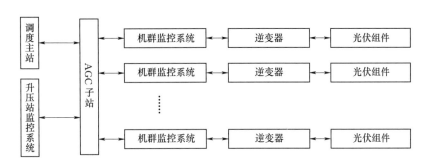

图 3-5　光伏电站自动发电控制系统的连接关系图

第二节　AGC 子站主要功能

通常 AGC 子站应具备以下主要功能。

一、数据采集处理

数据采集是 AGC 子站的基础，为与 AGC 调度主站数据同源，AGC 调节需要的数据应尽量从 NCS（升压站监控系统）系统采集，NCS 不能提供的数据从其他系统采集或加装传感器直接采集。

二、指令接收处理

AGC 子站指令的接收包括两种模式，一种是远方调整模式，远方调整模式通过通信系统由 AGC 主站下达当前全厂或机组有功目标值指令；另一种是就地调整模式，就地调整模式 AGC 主站下达一天内不同时间段的就地有功曲线，AGC 子站根据就地曲线获取全厂或机组有功目标值指令。就地曲线可通过人机界面输入，或通过通信系统接收。

当 AGC 子站与 AGC 主站通信正常时，AGC 子站使用远方调整模式接收指令，当 AGC 子站与 AGC 主站通信中断时，AGC 子站使用就地调整模式接收指令。AGC 子站收到指令后，检查指令有效性，若指令有效，则更新有功目标值。

三、功率调整目标模式切换

AGC 子站功率调整目标可以设置为全厂工作模式或单机工作模式。当 AGC 子站处于全厂工作模式时，AGC 子站接收上级 AGC 主站下达的全厂有功功率目标值，然后根据分配策略计算分配给各有功设备有功目标值，再根据各有功设备的有功目标值调整各有功设备实时有功功率，直到全厂有功功率输出与全厂有功功率目标值的差值落入调整死区。

当 AGC 子站处于单机工作模式时，AGC 子站接收上级 AGC 主站下达的单机有功率目标值，然后根据各有功设备的有功目标值调整各有功设备实时有功功率，直到各有功设备有功功率输出与上级 AGC 主站下达的单机有功功率目标值的差值落入调整死区。

四、安全闭锁检查

根据采集的遥测、遥信数据判断数据是否可用，装置是否故障，系统是否需要闭锁（如通信中断、数据异常、设备故障保护等一系列约束条件）。如果发现某台有功设备有异常情况，则停止对该设备的调整，并记录闭锁状态，发报警信息。

五、有功功率分配

有功功率指令为全厂目标有功时，查找参与调节的可用有功设备。由全厂总有功目标值，根据有功分配策略计算各有功设备有功目标值。可根据最优化算法分配、等裕度分配、等容量分配及平均分配等多种方式对单台有功设备承担的有功分配计算。为提高控制系统的可靠性，可在优化算法不收敛等异常情况下提供次优的备用有功调节分配策略，包括按调节速率、按机组容量及按用户指定的系数等，保证控制系统的实时性。为避免过度优化影响全厂调节速率，保证机组间的负荷差在一定范围内，可设置最大偏差，保持电厂机组间的负荷差在最大偏差范围内。可根据预设的调节范围，为所有机组保留一定比例的有功备用裕度。在保证经济性的同时，满足对电网安全性的要求。该部分调节能力只有在全部机组都已达到备用裕度值或调节速度达不到调度要求时，被逐步释放出来，以保证电厂在更大调节范围内具备更高调节速度。对于火力发电厂，为避免频繁启停辅机，软件可根据值长设定的临界负荷范围，保证分配出机组有功目标不在临界负荷范围之内。而且可以根据全厂负荷曲线的调节趋势，判断是否应该跨越临界负荷范围。

六、有功调节设备指令处理下发

对有功设备下发指令之前要检查该有功设备指令有效性，若指令有效，转化为有功调节设备指令格式，如火力发电厂需把机组有功指令转换为 $4\sim20\mathrm{mA}$ 信号。

七、历史数据记录

AGC 的每次动作都应详细记录，如动作间隔、动作时间、动作属性（升、降）等，为设备运行维护提供历史经验，并对系统异常原因分析提供有力证据。

八、人机界面

人机界面提供人机接口，实现设备定值修改、实时数据监视、人工设备操作、历史数据查询、历史数据分析等功能。

第三节 实 时 数 据 交 换

AGC 子站控制系统需要与发电厂内多种设备连接，采集设备实时数据，并能向有功调节设备发送有功调节指令，同时 AGC 子站也要与上级调度接口，接收全厂或机组有功指令，也要把当前 AGC 子站采集和生成的重要信息上传给上级调度。

一、AGC 子站与上级调度的数据交换

（一）交换的数据

1. 遥测量

当 AGC 子站功率调整目标设置为全厂工作模式时，AGC 子站向上级调度 AGC 主站转发的遥测量包括全厂有功功率、全厂当地频率、全厂调节上/下限、全厂调节上升/下降速率、远方指令返回值等。

当 AGC 子站功率调整目标设置为单机工作模式时，AGC 子站向上级调度 AGC 主站转发的遥测量包括机组有功功率、机组当地频率、机组调节上/下限、机组调节上升/下降速率、机组振动区上限/下限、远方指令返回值等

2. 遥信量

当 AGC 子站功率调整目标设置为全厂工作模式时，AGC 子站向上级调度 AGC 主

站转发的遥信量包括全厂 AGC 投入/退出、全厂 AGC 允许/禁止、全厂自动开停机投入/退出、全厂自动开停机允许/禁止、全厂增出力闭锁、全厂减出力闭锁、远方就地状态。

当 AGC 子站功率调整目标设置为单机工作模式时，AGC 子站向上级调度 AGC 主站转发的遥信量包括机组 AGC 投入/退出、机组 AGC 允许/禁止、机组运行/停机、机组可调（发电机组已经解列备用，需要时可投入使用）/失备（发电机组正在检修，不能使用）、机组增出力闭锁、机组减出力闭锁、机组切机、机组远方就地状态。

3. 遥调量

当 AGC 子站功率调整目标设置为全厂工作模式时，上级调度向 AGC 子站下发全厂有功功率设定值；当 AGC 子站功率调整目标设置为单机工作模式时，上级调度向 AGC 子站下发各发电机组有功功率设定值。

4. 遥控量

遥控量包括 AGC 遥调控制请求

（二）数据传输接口

目前 AGC 系统调度端 AGC 主站和电厂端 AGC 子站的连接多数采用如下两种方式，其中一种是 AGC 主站通过数据专用通道与厂站端的 AGC 子站相连接，通信规约多采用 IEC 104、IEC 101 或 CDT 规约。另一种是 AGC 主站通过远动通道及 RTU 和厂站端的 AGC 子站相连接，RTU 和 AGC 子站通常采用 4～20mA 的模拟量接口。

二、AGC 子站与燃煤火力发电机组的数据交换

（一）交换的数据

1. 遥测量

遥测量包括频率、有功功率、机端电压、定子电流、有功功率指令返回值。

2. 遥信量

遥信量包括机组 AGC 投入/退出、机组 AGC 允许/禁止、机组运行/停机、机组可调/失备、机组增出力闭锁、机组减出力闭锁、机组切机、锅炉保护总信号、汽机保护总信号、发电机保护总信号。

3. 遥调量

遥调量包括机组有功功率目标指令。

（二）数据传输接口

机组的遥测信号，如频率、机端电压、机组有功功率、机组定子电流可通过升压站监控系统（NCS）获得。机组的遥信信号通常通过 AGC 子站下位机采集，遥信量由 DCS 系统提供硬接点与 AGC 子站下位机连接。机组有功功率目标遥调值通过 AGC 子站下位机以 4～20mA 的模拟量输出与 DCS 系统连接，由 DCS 系统将有功功率目标值转发给功率协调控制系统（CCS）。AGC 子站下位机与 AGC 子站上位机之间一般距离较远，多采用光纤连接，光纤两端转换为串口，AGC 子站下位机与 AGC 子站上位机之间的传输规约可采用 MODBUS。

三、AGC 子站与水力发电机组的数据交换

（一）交换的数据

1. 遥测量

遥测量包括水头、机端电压、频率、有功功率、机组定子电流、有功功率指令返回值。

2. 遥信量

遥信量包括机组 AGC 投入/退出、机组 AGC 允许/禁止、机组自动开停机投入/退出、机组自动开停机允许/禁止、机组运行/停机、机组可调/失备、机组增出力闭锁、机组减出力闭锁、机组切机、水轮机保护总信号、发电机保护总信号。

3. 遥调量

遥调量包括机组有功功率目标指令。

4. 遥控量

遥控量包括机组启停机指令。

（二）数据传输接口

机组的遥测、遥信信号可通过厂级监控系统获得。遥控、遥调信号通过厂级监控系统转发给机组 LCU，由 LCU 实现有功调整和机组启停机操作。AGC 子站与厂级监控系统的物理连接通常采用以太网，通信规约大多采用 IEC 104 规约。

四、AGC 子站与风机机群管理系统的数据交换

当风机机群管理系统具备机群总体有功功率调节功能时，需要与风机机群管理系统交换以下信息。

（一）交换的数据

1. 遥测量

遥测量包括机群总有功、平均风速、机群有功上限、机群有功下限、机群有功指令返回值。

2. 遥信量

遥信量包括 AGC 投入/退出。

3. 遥调量

遥调量包括机群有功指令。

（二）数据传输接口

目前 AGC 子站与机群管理系统的通信的物理通道多为以太网，通信规约主要为 MODBUS、MODBUSTCP、IEC 101、IEC 104、OPC 等。

五、AGC 与光伏逆变器机群管理系统的数据交换

当光伏逆变器机群管理系统具备机群总体有功功率调节功能时，需要与光伏逆变器机群管理系统交换以下信息。

（一）交换的数据

1. 遥测量

遥测量包括机群总有功、机群有功上限、机群有功下限、机群有功指令返回值。

2. 遥信量

遥信量包括 AGC 投入/退出。

3. 遥调量

遥调量包括机群有功指令。

（二）数据传输接口

目前 AGC 子站与机群管理系统的通信的物理通道多为以太网，通信规约主要为 MODBUS、MODBUSTCP、IEC 101、IEC 104、OPC 等。

六、AGC 子站与风力发电机的数据交换

当风力发电厂 AGC 子站直接控制风电机组来调节全厂有功功率出力时，需要与风电机组交换以下信息。

（一）交换的数据

1. 遥测量

遥测量包括电压、电流、有功、无功、有功指令返回值。

2. 遥信量

遥信量包括 AGC 投入/退出、启停机状态、并网状态、故障状态、检修状态、限功率状态。

3. 遥调量

遥调量包括有功指令。

4. 遥控量

遥控量包括启停机指令。

（二）数据传输接口

AGC 子站一般不直接与风机控制器直接连接通信，需要通过机群管理系统转发风机的数据，AGC 子站与机群管理系统的通信的物理通道多为以太网，通信规约主要为 MODBUS、MODBUSTCP、IEC 101、IEC 104、OPC 等。

七、AGC 子站与光伏逆变器的数据交换

当并网光伏电站 AGC 子站直接控制光伏逆变器来调节全厂有功功率出力时，需要与光伏逆变器交换以下信息。

（一）交换的数据

1. 遥测量

遥测量包括电压、电流、有功、无功、有功指令返回值。

2. 遥信量

遥信量包括 AGC 投入/退出、主接触器状态、并网开关状态、故障状态、检修状态、告警状态。

3. 遥调量

遥调量包括有功指令。

4. 遥控量

遥控量包括启停机指令。

（二）数据传输接口

AGC 子站一般不直接与光伏逆变器直接连接通信，需要通过机群管理系统转发光伏逆变器的数据，AGC 子站与机群管理系统的通信的物理通道多为以太网，通信规约主要为 MODBUS、MODBUSTCP、IEC 101、IEC 104、OPC 等。

第四节　安　全　闭　锁

为使 AGC 系统能安全、可靠地运行，控制系统应具有完善的闭锁功能。当发电厂运行出现异常或控制对象出现异常以及 AGC 设备本身出现异常情况时，应能自动及时地停止调节，闭锁相应的控制输出。一般认为闭锁问题是 AGC 能否正常、可靠运行的最大问题，如果 AGC 的闭锁系统不完善、闭锁条件不全面、闭锁限值设置不合理、闭锁速度不够快，就会对发电厂的安全运行带来严重威胁。例如 AGC 通信中断时，数据停止刷新，此时 AGC 子站应及时闭锁。

AGC 的数据也可能是经过通信中转几次后所得到的，数据中转环节出现故障，也会造成数据长时间停止刷新，形成老数据，老数据出现时，AGC 子站也应及时闭锁。

一、AGC 自身闭锁

1. 开机时的闭锁

AGC 程序重启后，AGC 调整功能不应该立刻进入闭环调整状态，应该先闭锁一段时间，等待其他功能模块初始化完成，数据采集正确时再进行闭环调整。

2. AGC 开环时的闭锁

当 AGC 设置为开环状态时，AGC 停止自动闭环调整，此时可以通过人机界面操作向设备下发调节指令。这种情况适合 AGC 调试期间对单台设备操作进行调试。

3. 半闭环时的闭锁

当 AGC 设置为半闭环状态时，AGC 向设备下发指令前，弹出一对话框，告知某台设备下发指令的值，询问对某台设备是否下发指令。当人工选择"是"，AGC 执行指令下发，选择"否"或等待超时，AGC 取消本次指令下发。这种情况适合调试 AGC 闭环调整逻辑，避免因设备参数设置错误造成设备调节误操作。

4. 主备机切换时的闭锁

AGC 装置处于备机状态时，应闭锁与 AGC 外部设备的通信连接，同时闭锁 AGC 自动调整，只接收来自主机的信息。AGC 装置升级为主机时，自动解除闭锁。

5. AGC 装置自检异常时的闭锁

控制装置自检异常时，如某些重要功能模块的进程（或线程）退出或死锁，AGC 应闭锁所有的操作指令，并发报警信号。闭锁和报警需手动解除。

二、全厂 AGC 闭锁

1. 远方就地控制时的闭锁

AGC 子站长时间接收不到正确指令时，自动从远方状态转为就地状态，当人工设定不使用就地调整功能时，闭锁 AGC 调整。

2. 无效指令闭锁

当收到全厂有功设定值变幅越过预先设定的变幅，拒绝接受该有功设定值，闭锁更新全厂的指令值，保持原指令值不变。

当收到全厂有功设定值越过预先设定的上/下限（如程序根据水头计算当前全厂可发最大/最小有功值），程序拒绝接受该有功设定值，闭锁更新全厂的指令值，保持原值不变。

3. 通信故障闭锁

当与全厂相关的数据采集通道发生通信故障时，闭锁全厂 AGC 操作，并发报警信号，故障恢复时，闭锁自动解除。

4. 老数据闭锁

当有功、频率等重要数据长时间不刷新，形成老数据，应闭锁 AGC 操作，并发报警信号，数据恢复正常时，闭锁自动解除。

三、因发电设备异常而设计的闭锁

1. 设备退出、停运或检修时的闭锁

人工设置为机组退出或停运、检修时，AGC 闭锁对该机组调整。

2. 通信故障时的闭锁

当与设备相关的数据采集通道发生通信故障时，闭锁该机组操作，并发报警信号，故障恢复时，闭锁自动解除。

3. 老数据闭锁

当设备相关的数据长时间不刷新，形成老数据，应闭锁该设备操作，并发报警信号，数据恢复正常时，闭锁自动解除。

4. 其他闭锁

机组跳闸、辅机故障时，磨煤机启停时，锅炉、汽机、发电机保护动作时，AGC 闭锁对该机组调整。

第五节　火力发电厂有功功率分配策略

一、目标函数

经济负荷分配问题的优化目标是在满足系统运行约束条件下，优化机组功率，从而使全厂各机组的总煤耗最低。其目标函数为：

$$\min F = \min \sum_{i=1}^{N} F_i(P_i) \tag{3-1}$$

式中：F 为全厂总标准煤耗；N 为全厂发电机组台数；P_i 为第 i 台机组的目标有功功率；$F_i(P_i)$ 为第 i 台机组的煤耗特性，反应机组在稳定运行状态下，输入的燃料 F_i 与输出功率 P_i 间的对应关系。

$F_i(P_i)$ 一般用以下二次函数近似：

$$F_i(P_i) = a_i P_i^2 + b_i P_i + c_i \tag{3-2}$$

煤耗特性具有典型的非线性、时变性等特点，使得较难获得比较精确的模型。传统的建模方法包括机理建模和试验建模，对于煤耗特性曲线，是通过生产厂家进行热力试验获得，这些曲线一般长期不变。但机组的实际运行煤耗特性同机组的实时状况是息息相关的，像运行方式、设备运行状况、人员操作技术、煤种选取等多方面因素对煤耗特性曲线的确定均有一定影响。

二、约束条件

经济负荷分配问题还需满足如下约束条件。

（1）功率平衡约束为：

$$P_D = \sum_{i=1}^{N} P_i \tag{3-3}$$

式中：P_D 为系统要求的总负荷。

（2）负荷上下限约束为：

$$P_{i,\min} \leqslant P_i \leqslant P_{i,\max} \tag{3-4}$$

式中：$P_{i,\min}$ 为第 i 台机组的功率下限；$P_{i,\max}$ 为第 i 台机组的功率上限。

机组协调控制系统负荷上下限基本是一个定值，即额定负荷和最低稳燃负荷。

（3）机组升降负荷的速度约束为

$$P_{i,T-1} - \Delta T U_{Di} < P_i < P_{i,T-1} + \Delta T U_{Ui} \tag{3-5}$$

$$0 \leqslant U_{Di} \leqslant U_{Di,\max} \tag{3-6}$$

$$0 \leqslant U_{Ui} \leqslant U_{Ui,\max} \tag{3-7}$$

式中：$P_{i,T-1}$ 为第 i 台机组前一时刻的输出功率；U_{Di} 为第 i 台机组出力的下降速度；U_{Ui} 为第 i 台机组出力上升的速度。

对机组升降负荷的速度约束，可转化为当前时段负荷上下限的约束。

三、等微增率求解方法

等微增率算法又叫作拉格朗日乘数法，是解析法的代表。该算法主要是将负荷分配模型的等式约束条件即式（3-3）附加到待求解的目标函数式（3-1）中，通过求偏导数、求极值再结合负荷上下限来筛选极值点。为了求解上述目标函数，引入拉格朗日常数 λ，构造拉格朗日函数：

$$L = \sum_{i=1}^{n} F_i(P_i) - \lambda\left(\sum_{i=1}^{n} P_i - P_D\right) \tag{3-8}$$

式（3-8）对 P_i 求偏导数得：

$$\frac{\partial L}{\partial P_i}=\frac{\partial F_i(P_i)}{\partial P_i}-\lambda=0 \tag{3-9}$$

由式（3-9）可得：

$$\frac{\partial F_1(P_1)}{\partial P_1}=\frac{\partial F_2(P_2)}{\partial P_2}=\cdots=\frac{\partial F_n(P_n)}{\partial P_n}=\lambda \tag{3-10}$$

式中：$\dfrac{\partial F_i(P_i)}{\partial P_i}$ 为第 i 个机组的煤耗微增率。

当各机组的煤耗微增率相同时，式（3-8）取得最小值的充分条件为：

$$\frac{\partial^2 F_i(P_i)}{\partial^2 P_i}>0 \quad (i=1,2,\cdots,n) \tag{3-11}$$

利用等微增率法求解厂级 AGC 节能负荷分配问题时，就是求得各机组煤耗微增率相同的点，并将该点对应的机组负荷作为厂级 AGC 经济运行点。对于不等式约束，当按等微增率法确定的某发电设备的应发功率小于其下限时，则该设备应发功率取其下限；当按等微增率法确定的某发电设备的应发功率大于其上限时，则该设备应发功率取其上限。

等微增率法在求解火电机组厂级 AGC 节能负荷分配时，存在以下局限性：

（1）机组的煤耗特性曲线必须准确已知，最好拟合成二次函数形式。

（2）煤耗特性曲线连续可微。

（3）煤耗微增率随负荷单调递增。

四、遗传-禁忌混合求解方法

遗传算法的原理是模仿自然界的物种演化过程，包括编码、选择、交叉、变异等主要步骤。遗传算法是一种高效、并行、全局搜索的优化方法，能够在搜索过程中自动获取和积累有关搜索空间的知识，并自适应地控制搜索过程以求得最优解。但是它也有一些很明显的缺陷，对于某些具体问题不能发掘到问题中内在的联系，很容易陷入过早收敛无法得到全局最优解的境地。

禁忌搜索是一种全局逐步寻优的启发式优化算法，通过近期搜索记忆和藐视准则达到搜索解空间的目的。其优点是在搜索过程中可以接受劣解，具有较强的"爬山能力"，缺点是对初始解具有较强的依赖性，另外迭代搜索过程是把一个解移动到另一个解，降低了得到全局最优解的概率。

遗传-禁忌混合算法有效结合了遗传算法并行的大范围搜索能力和禁忌算法的局部搜索能力。通过遗传算法对种群进行全局搜索，当遗传算法接近于早熟时，对每个个体进行禁忌搜索操作，使个体趋向于所在区域的局部最优解，从而改善群体的质量。算法步骤如下：

1. 实数编码

在功率上下限范围内随机产生 n（种群大小）个初始解，初始种群的个体要求是满足约束条件的可行解，这里假设有 N 台机组，前 $N-1$ 台机组的负荷在机组上下限范围内随机获得，最后一台机组的负荷为：

$$P_{N} = P_{D} - \sum_{i=1}^{N-1} P_{i} \qquad (3-12)$$

若 $P_{N} > P_{N,\max}$，则 $P_{N} = P_{N,\max}$；若 $P_{N} < P_{N,\min}$，则 $P_{N} = P_{N,\min}$。

2. 适应值函数选取

$$F_{i} = C - F - F_{cf} \qquad (3-13)$$

式中：C 为一个较大常数；F 为总煤耗；F_{cf} 为惩罚函数。

F_{cf} 可表示为：

$$F_{cf} = A \left(P_{D} - \sum_{i=1}^{N} P_{i} \right) \qquad (3-14)$$

式中：A 为惩罚系数；P_{D} 为系统要求的总负荷，这样保证结果满足功率平衡约定。

计算个体适应值，若满足收敛条件则结束，若不满足收敛条件则继续下一步。

3. 执行遗传操作

交叉和变异采用一般的随机法进行，交叉概率 $P_{c} = 0.3$，变异概率 $P_{m} = 0.1$。

4. 利用种群适应值的样本方差来判断种群的多样性

样本方差值小到一定程度就认为个体多样性较差，遗传算法趋于早熟则执行下一步，否则到第 2 步。

5. 禁忌搜索

以遗传算法的结果作为初始解进行禁忌搜索，若找到更优的解则用该解代替原来的解，返回本小节第 2 步继续。禁忌搜索过程如下：

(1) 以遗传算法的结果作为禁忌搜索的初始解，取初始解中一个个体作为当前解。

(2) 在当前解 X 的邻域产生 N 个候选解。

(3) 计算各候选解的个体适应值，得到适应值最优的候选解 Y。

(4) 如果候选解 Y 的适应值优于当前最优解状态，或者 Y 不在禁忌表里则令 $X = Y$，并将 Y 加入禁忌表，到下一步继续，否则到第 (3) 步，重新选取适应值最优的候选解 Y。

(5) 检查是否满足收敛条件，如果不满足则返回到第 (2) 步，重复 (2)～(5) 步骤，直到满足收敛条件程序结束。

第六节 水力发电厂机组有功分配策略

一、目标函数

水力发电厂有功负荷优化分配是在给定全厂总有功负荷的前提下，通过优化机组的开停机组合，以及总有功负荷在机组间进行优化分配，使得全厂的总发电流量最小。其目标函数为：

$$\min F = \min \sum_{i=1}^{N} \left[Q_{i}(P_{i}, H_{i}) + | s_{i} - s_{i}^{0} | W_{T} \right] \qquad (3-15)$$

式中：N 为参与 AGC 的机组台数；P_{i} 为参与 AGC 的第 i 台机组的有功功率；H_{i} 为参与 AGC 的第 i 台机组的发电水头；Q_{i} 为参与 AGC 的第 i 台机组的发电流量，为 P_{i} 和

H_i 的非线性函数；s_i^0 为参与 AGC 的第 i 台机组当前的运行工况，当 $s_i^0 = 0$ 时，表示机组当前处于停机状态，当 $s_i^0 = 1$ 时，表示机组当前处于发电工况；s_i 为参与 AGC 的第 i 台机组的 AGC 决策运行状态，当 $s_i = 0$ 时，表示机组应转为停机状态，当 $s_i = 1$ 时，表示机组应转为发电状态；W_T 为机组单次开机或停机操作的耗水当量。

二、约束条件

（1）有功功率平衡约束为：

$$\sum_{i=1}^{N} P_i = P_{\text{total}} \tag{3-16}$$

式中：P_{total} 为参与 AGC 的机组总有功目标值，为全厂总有功目标值减去不参加 AGC 的机组（以固定负荷运行）的有功实发值。

（2）机组容量约束为：

$$P_i \leqslant P_{i,c} \tag{3-17}$$

式中：$P_{i,c}$ 为参与 AGC 的第 i 台机组的单机容量，依据机组铭牌来预先给定。

（3）机组最短启停机时间约束为：

$$(X_{i,\text{on}} - T_{i,\text{on}})(s_i^0 - s_i) \geqslant 0 \tag{3-18}$$

$$(X_{i,\text{off}} - T_{i,\text{off}})(s_i - s_i^0) \geqslant 0 \tag{3-19}$$

式中：$X_{i,\text{on}}$ 为参与 AGC 的第 i 台机组的开机持续时间；$X_{i,\text{off}}$ 为参与 AGC 的第 i 台机组的停机持续时间；$T_{i,\text{on}}$ 为参与 AGC 的第 i 台机组的最短开机时间设定值；$T_{i,\text{off}}$ 为参与 AGC 的第 i 台机组的最短停机时间设定值。

（4）机组发电流量约束为：

$$s_i Q_{i,\text{min}} \leqslant Q_i \leqslant s_i Q_{i,\text{max}} \tag{3-20}$$

式中：$Q_{i,\text{min}}$ 为参与 AGC 的第 i 台机组的最小发电流量，m^3/s，依据机组铭牌预先给定；$Q_{i,\text{max}}$ 为参与 AGC 的第 i 台机组的最大发电流量，m^3/s，依据机组铭牌预先给定。

通过加入表征机组 AGC 决策运行工况的 s_i 因子，可使得应转为停机状态的机组所分配的发电流量保持为零。

（5）机组有功出力约束及振动区处理为：

$$s_i P_{i,\text{min}} \leqslant P_i \leqslant s_i P_{i,\text{max}} \tag{3-21}$$

式中：$P_{i,\text{min}}$ 为参与 AGC 的第 i 台机组的最小有功出力；$P_{i,\text{max}}$ 为参与 AGC 的第 i 台机组的最大有功出力。

同理，通过加入表征机组 AGC 决策运行工况的 s_i 因子，可使得应转为停机状态的机组所分配的有功出力保持为零。

（6）机组有功出力转移约束为：

$$\mu_{i,\text{inc}} = \begin{cases} 1 & P_i > P_i^0 \\ 0 & P_i \leqslant P_i^0 \end{cases} \tag{3-22}$$

$$\mu_{i,\text{dec}} = \begin{cases} 1 & P_i < P_i^0 \\ 0 & P_i \geqslant P_i^0 \end{cases} \tag{3-23}$$

$$\sum_{i=1}^{N} \mu_{i,\text{inc}}(P_i - P_i^0) \sum_{i=1}^{N} \mu_{i,\text{dec}}(P_i^0 - P_i) = 0 \qquad (3-24)$$

式中：P_i^0 为参与 AGC 的第 i 台机组的当前实测有功值；P_i 为第 i 台机组的目标有功功率；$\mu_{i,\text{inc}}$ 为参与 AGC 的第 i 台机组的有功出力需增加；$\mu_{i,\text{dec}}$ 为参与 AGC 第 i 台机组的有功出力需减少。

由于机组通常只存在一段连续的可运行区间，不会出现部分机组穿越到振动区以下，同时另外部分机组穿越到振动区以上的情况，因此只需要限定所有机组必须单向调增负荷或单向调减负荷，不允许部分机组降负荷而部分机组增加负荷，即机组的开机组合未发生变化时不允许负荷在机组之间转移。当 AGC 判别需要启停机组时，负荷优化分配不受机组有功出力转移约束的限制。

三、动态规划求解算法

动态规划求解算法优化问题的思路是把原始问题根据时间或者空间分成若干个阶段，利用基本的递推关系实现问题各个子过程的连续转移，并在每个子过程中求取最优解，最优一个阶段或者子问题的最优解就是原始问题的最优解，并通过反推得到各个阶段变量的取值。动态规划算法在求解过程中按照一定的步长搜索解空间，当步长逐渐变为 0 时，算法找到全局最优解的概率趋近于 1。用该算法求解的问题需要保证优化问题在各个子阶段决策无后效性，即当前决策对后续的决策不会造成影响。动态规划在巡游过程中通过步长来遍历解空间，通过比较解空间的点来寻优，对模型的优化目标函数没有特定的要求，因此可以处理非线性，甚至是隐性表达函数式问题。在处理机组负荷优化分配问题时，通过对搜索步长的选取，可以灵活处理各种约束条件。将动态规划法应用于解决负荷有变动需求的机组最优分配，计算过程物理意义明确，精度高。对于机组数量较多，机组型号复杂的系统求解问题尤其方便。因此，该算法在负荷分配问题中得到了广泛的应用。

动态规划算法包括逆序解法和顺序解法两种基本求解方法，逆序解法又称后向动态规划方法，顺序解法又称前向动态规划方法，这两种方法本质上并无区别。一般情况下，在初始状态给定的情况下，选用顺序解法；在终止状态给定的情况下，则选用逆序解法。

（一）阶段划分

阶段是针对整个优化问题划分后的各个部分。一般根据时间顺序或空间来划分特征，将优化问题转化为一个多阶段决策过程。描述各阶段状态序号的变量称为阶段变量，通常用 k 表示。对于 AGC 有功负荷分配问题，应该将参与 AGC 的每台机组作为一个阶段，设参与 AGC 的机组为 n 台，则 k 的取值范围为 1，2，3，……，n。

（二）状态变量

状态表示在每个阶段所具有的自然属性，通常以数值表示。它能够描述本阶段特征并要求满足无后效性：即某一个阶段的状态确定后，其后续阶段求解与该阶段之前的各阶段状态无关。用于描述状态的变量称为状态变量。该变量取值范围称为状态集合。状态变量下文简称为状态。对于 AGC 有功负荷分配问题，把参与 AGC 的前 k 台机组的总负荷指令作为状态变量，记作 x_k。

（三）决策变量

在已知一个阶段的所有可行状态后，选择一个状态作为该阶段的状态变量的取值，称之为决策。描述决策的变量称为决策变量，该变量的取值范围称为决策集合。AGC 有功负荷分配问题，将各台机组的有功负荷分配值 P_k 作为 k 阶段决策变量，记作 u_k。

（四）状态转移方程

在确定性过程中，如果某阶段的状态和决策已经确定，下一阶段的最优状态便完全确定。这种演变规律可以用状态转移方程来表示。对于 AGC 有功负荷分配问题，状态转移方程为：

$$x_{k+1} = x_k + u_{k+1} \quad (k=1,2,3,\cdots,n) \tag{3-25}$$

（五）指标函数与最优函数

指标函数是在算法求解过程中用来衡量状态优劣的数量指标。表示为：

$$V_{kn} = V_{kn}(x_k, x_{k+1}, \cdots, x_{n+1}) \quad (k=1,2,\cdots,n) \tag{3-26}$$

最优指标函数 $f_k(x_k)$ 表示从阶段 k 的状态 x_k 开始到阶段 n 的终止状态采用最优策略所得到的指标函数值，表示为：

$$f_k(x_k) = \mathrm{opt}\{V_{kn}(x_k, u_{kn})\} \tag{3-27}$$

由式（3-15）可得，AGC 有功负荷分配问题的最优指标函数为：

$$
\begin{aligned}
f_k(x_k) &= \min_{P_1, \cdots, P_i} \sum_{i=1}^{k} F_i(P_i) \\
&= \min_{P_1, \cdots, P_i} \sum_{i=1}^{k} [Q_i(P_i, H_i) + |s_i - s_i^0| W_\mathrm{T}]
\end{aligned} \tag{3-28}
$$

（六）递推方程

依据动态规划最优化原理的可得如下递推方程：

$$f_k(x_k) = \min_{P_k}\{f_{k-1}(x_{k-1}) + F_k(P_k)\} \tag{3-29}$$

（七）求解过程

1. 顺序造表

设初始条件为 $F_0(x_0) = 0$，顺序造表步骤如下。

（1）当 $k=1$ 时，第一台机组参与厂级负荷经济分配，有：

$$
\begin{aligned}
&f_1(x_1) = F_1(P_1) \\
&x_1 = P_1 \\
&P_{1,\min} \leqslant P_1 \leqslant P_{1,\max}
\end{aligned} \tag{3-30}
$$

让 x_1 以一定的步长遍历一号机组功率的有效取值区间 $[P_{1,\min}, P_{1,\max}]$，设 x_1 的取值为 $(x_{1,1}, x_{1,2}, \cdots, x_{1,m_1})$，其中 $x_{1,1} = P_{1,\min}$，$x_{1,m_1} = P_{1,\max}$，计算出第一台机组在不同出力下的水耗量 $[F_{1,1}(x_{1,1}), F_{1,2}(x_{1,2}), \cdots, F_{1,m_1}(x_{1,m_1})]$，把这些水耗量看作是第一台单元机组在相应的出力下的最小水耗量 $[f_{1,1}(x_{1,1}), f_{1,2}(x_{1,2}), \cdots, f_{1,m_1}(x_{1,m_1})]$，这样就得到第一组数据集合 $\{[x_{1,1}, f_{1,1}(x_{1,1})], [x_{1,2}, f_{1,2}(x_{1,2})], \cdots, [x_{1,m_1}, f_{1,m_1}(x_{1,m_1})]\}$。

（2）当 $k=2$ 时，全厂参与厂级负荷经济分配的两台机组的负荷经济分配总指令为 x_2，有：

第六节 水力发电厂机组有功分配策略

$$f_2(x_2) = \min\{f_1(x_2 - P_2) + F_2(P_2)\}$$

$$\sum_{i=1}^{2} P_{i,\min} \leqslant x_2 \leqslant \sum_{i=1}^{2} P_{i,\max}$$

$$P_{2,\min} \leqslant P_2 \leqslant P_{2,\max} \tag{3-31}$$

当两台机组共同参与厂级负荷经济分配时，让两台机组的总指令 x_2 以相同的步长在两台机组总负荷上下限范围内变化，即 x_2 的取值为 $(x_{2,1}, x_{2,2}, \cdots, x_{2,m_2})$，其中 $x_{2,1} = \sum\limits_{i=1}^{2} P_{i,\min}, x_{2,m_2} = \sum\limits_{i=1}^{2} P_{i,\max}$，结合第（1）步得到的数据集合，计算出对应于 x_2 不同取值的最优函数值 $[f_{2,1}(x_{2,1}), f_{2,2}(x_{2,2}), \cdots, f_{2,m_2}(x_{2,m_2})]$，并计算出对应的第二台机组的最经济负荷指令 $(P_{2,1}^*, P_{2,2}^*, \cdots, P_{2,m_2}^*)$。

当 $x_2 = x_{2,1}$ 时，显然知道 $x_{2,1}$ 为第一、第二两台机组的负荷之和，即可知 $P_2 = x_{2,1} - P_1$，对于不同的 P_2 值 $(P_{2,k}, P_{2,k+1}, \cdots, P_{2,M})$，$P_1$ 会有相对应的取值 $(P_{1,k}, P_{1,k+1}, \cdots, P_{1,M})$，$P_1$ 与 P_2 的组合就会有 $M-k+1$ 种，不同的组合两台单元机组负荷分配的结果就有所不同，两台单元机组的总水耗量就不同，而在这几种组合中，肯定有一种组合使得这两台机组的总水耗量最小，就是使 $F_{2,1}(x_{2,1})$ 最小。假设在这种组合下，第一、第二台单元机组的出力分别为 $P_{1,1}^*$ 和 $P_{2,1}^*$，$P_{1,1}^*$ 和 $P_{2,1}^*$ 也就是达到两台单元机组总负荷为 $x_{2,1}$ 的最优分配策略。

同理可以求得对应于 $(x_{2,2}, x_{2,3}, \cdots, x_{2,m_2})$ 的 $[f_{2,2}(x_{2,2}), f_{2,3}(x_{2,3}), \cdots, f_{2,m_2}(x_{2,m_2})]$，同时可以计算得出两台机组相应的最优负荷分配结果 $(P_{1,2}^*$ 和 $P_{2,2}^*, \cdots, P_{1,m_2}^*$ 和 $P_{2,m_2}^*)$，进而可以得到全厂两台机组参与厂级负荷经济分配时的数据集合 $\{[x_{2,1}, f_{2,1}(x_{2,1}), P_{2,1}^*], [x_{2,2}, f_{2,2}(x_{2,2}), P_{2,2}^*], \cdots, [x_{2,m_2}, f_{2,m_2}(x_{2,m_2}), P_{2,m_2}^*]\}$。

（3）中间阶段，设全厂参与厂级负荷经济分配的运行机组 k 台总负荷指令为 x_k，有：

$$f_k(x_k) = \min\{f_{k-1}(x_k - P_k) + F_k(P_k)\}$$

$$\sum_{i=1}^{k} P_{i,\min} \leqslant x_k \leqslant \sum_{i=1}^{k} P_{i,\max}$$

$$P_{k,\min} \leqslant P_k \leqslant P_{k,\max} \tag{3-32}$$

当 k 台机组同时并列运行时，k 台机组的总负荷 x_k 以相同的步长在 k 台机组总负荷上下限范围内变化，即 x_k 的取值为 $(x_{k,1}, x_{k,2}, \cdots, x_{k,m_k})$，其中 $x_{k,1} = \sum\limits_{i=1}^{k} P_{i,\min}$，$x_{k,m_k} = \sum\limits_{i=1}^{k} P_{i,\max}]$，可以得到对应于 x_k 不同取值时的最优函数值 $[f_{k,1}(x_{k,1}), f_{k,2}(x_{k,2}), \cdots, f_{k,m_k}(x_{k,m_k})]$，同理可以求出第 k 台单元机组对应的最优负荷计算结果 $(P_{k,1}^*, P_{k,2}^*, \cdots, P_{k,m_k}^*)$，记录得到的数据集合 $\{[x_{k,1}, f_{k,1}(x_{k,1}), P_{k,1}^*], [x_{k,2}, f_{k,2}(x_{k,2}), P_{k,2}^*], \cdots, [x_{k,m_k}, f_{k,m_k}(x_{k,m_k}), P_{k,m_k}^*]\}$。

（4）最后阶段，全厂 n 台机组同时并列运行，即 x_n 为全厂总负荷 P_{total}，有：

$$f_n(u_n) = \min\{f_{n-1}(P_{\text{total}} - P_n) + F_n(P_n)\}$$

$$\sum_{i=1}^{n} P_{i,\min} \leqslant x_n \leqslant \sum_{i=1}^{n} P_{i,\max}$$

$$P_{n,\min} \leqslant P_n \leqslant P_{n,\max} \tag{3-33}$$

可根据第 $n-1$ 步的计算结果，计算出 $x_n = P_{total}$ 时，不同 P_n 值对应的总水耗的值 $F_n(x_n)$，比较得到最经济的负荷分配结果，同时得到数据集合 $\{[x_{n,1}, f_{n,1}(x_{n,1}), P^*_{n,1}], [x_{n,2}, f_{n,2}(x_{n,2}), P^*_{n,2}], \cdots, [x_{n,m_n}, f_{n,m_n}(x_{n,m_n}), P^*_{n,m_n}]\}$。

2. 逆序查表

当所有机组都参与负荷经济分配时，厂级指令就是所有机组的总负荷指令 P_{total}，那么，在最后步骤即可直接查出第 n 台机组所应承担的经济负荷指令 P^*_n；在第 $n-1$ 阶段，即假设全厂机组只有 $n-1$ 台参与厂级负荷经济分配，全厂参与经济分配的指令为 $P_{total} - P^*_n$ 时的 P^*_{n-1}；同理，其他机组的负荷指令即可由动态规划法的状态转移方程依次得到。因此，所确定的 n 台机组的负荷经济分配结果为 $\{P^*_n, P^*_{n-1}, \cdots, P^*_1\}$。

第七节　风力发电场机组有功分配策略

一、风力发电场机群有功分配策略

根据不同地区风电场用户使用需求差异，应用中会采用不同的分配模式可供用户选择，通常根据具体风电场机组运行状态以及机群运行整体成本差异进行模式确定，以符合用户生产运行需要。

1. 等比例法

机群有功功率指令为：

$$P_{i,cmd} = \frac{P_{i,max}}{\sum\limits_{j=1}^{N} P_{j,max}} P_{target} \qquad (3-34)$$

式中：$P_{i,cmd}$ 为参与分配的机群 i 的有功功率指令；P_{target} 为全场有功功率指令；$P_{j,max}$ 机群 j 的最大有功功率。

2. 相似裕度法

升功率时根据各机群的有功功率可增加裕量大小进行分配，即

$$P_{i,cmd} = P_i + \frac{P_{i,max} - P_i}{\sum\limits_{j=1}^{N}(P_{j,max} - P_j)}(P_{target} - \sum\limits_{j=1}^{N} P_j) \qquad (3-35)$$

式中：$P_{i,cmd}$ 为机群 i 的有功功率指令；P_{target} 为全场有功功率指令；P_i 为机群 i 的当前实发有功功率；P_j 为机群 j 的当前实发有功功率；$P_{i,max}$ 机群 i 的最大有功功率；$P_{j,max}$ 为机群 j 的最大有功功率。

降功率时根据各机群的有功功率可减小裕量进行分配，即

$$P_{i,cmd} = P_i - \frac{P_i - P_{i,min}}{\sum\limits_{j=1}^{N}(P_j - P_{j,min})}(P_{target} - \sum\limits_{j=1}^{N} P_j) \qquad (3-36)$$

式中：$P_{i,cmd}$ 为机群 i 的有功功率指令；P_{target} 为全场有功功率指令；P_j 为机群 j 的有功功率；$P_{j,min}$ 为机群 j 的最小运行有功功率。

按照以上策略在机群间形成指令后，需要对指令进行进一步的判断处理。机群 i 的额

定容量记为 $P_{i,\text{en}}$，当机群 i 的有功功率指令 $P_{i,\text{cmd}}$ 大于机群 i 的额定容量 $P_{i,\text{en}}$ 时，$P_{i,\text{cmd}}$ 取机群 i 的额定容量 $P_{i,\text{en}}$；当机群 i 因故无法达到其额定容量的情况下，即有功功率指令 $P_{i,\text{cmd}}$ 小于其额定容量 $P_{i,\text{en}}$，且大于其最大有功功率 $P_{i,\text{max}}$ 时，$P_{i,\text{cmd}}$ 取机群 i 的最大有功功率 $P_{i,\text{max}}$；当机群 i 的有功功率指令 $P_{i,\text{cmd}}$ 小于其最小运行有功功率 $P_{j,\text{min}}$ 时，$P_{i,\text{cmd}}$ 取 0。

3．按优先级顺序分配

升功率时按照设定的升功率优先级顺序，由高到低依次增加风电机群的有功功率，当高优先级的机群升至最大有功功率 $P_{i,\text{max}}$ 后再增加低优先级风电机群的有功功率，直至风电场有功功率达到上一级调度有功指令要求或整个风电场达到最大有功出力为止。降功率时，如果总有功指令小于风电场的最小运行有功功率，子站按照设定的降功率优先级顺序，依次将风电机群的有功指令设置为 0 直至风电场有功功率达到上一级调度有功指令要求。如果总有功指令不小于风电场的最小运行有功功率，子站按照设定的降功率优先级顺序，依次将风电机群的有功功率降至最小运行有功功率直至风电场有功功率达到上一级调度有功指令要求。机群升降功率优先级顺序可依据不同机群上网电价、有功调节方式设定。

当机群间上网电价不同时，升功率时上网电价高的机群设定为高优先级，优先调节上网电价高的机群；降功率时上网电价低的机群设定为高优先级，优先调节上网电价低的机群。

当风电场即存在具有变桨功能的机群，又包含不具有变桨功能的机群时，由于不具有变桨功能的机群调节有功功率是只能通过群内机组的启停机实现，为避免频繁启停机，无论升功率还是降功率，可把具有变桨功能的机群设定为高优先级，升降功率是优先调节具有变桨功能的机群。

4．按比例分配

各机群的分配比例的总和为 100%，按比例进行分配时，所有风电机群都参与分配机群的有功功率指令计算公式为：

$$P_{i,\text{cmd}} = P_{\text{target}} R_i \qquad (3-37)$$

式中：$P_{i,\text{cmd}}$ 为机群 i 的有功功率指令；P_{target} 为全场有功功率指令；R_i 为机群 i 的有功功率设定分配比例。

部分风电机群不参与分配，当机群管理系统故障时，该机群不能参与分配，参与分配的机群的有功功率指令计算公式为：

$$P_{i,\text{cmd}} = P_{\text{target}} \frac{R_i}{R_{\text{adj}}} \qquad (3-38)$$

式中：R_{adj} 为所有参与分配的机群的有功功率分配比例之和；$P_{i,\text{cmd}}$ 为参与分配的机群 i 的有功功率指令；P_{target} 为全场有功功率指令；R_i 为机群 i 的有功功率设定分配比例。

二、风力发电场机群内发电机组有功分配策略

风力发电场机群内发电机组有功分配是指风电场限功率运行时，合理分配风电场机群内部各风力发电机组的有功功率，使风电场机群总输出功率接近风电场机群限功率目标值。由于风力发电机组的停机会导致风能的浪费，机组的频繁启停过程会导致机组的机械磨损

加剧。因此在优先满足风电场限功率目标值的前提下，在对风电场机群内部各风力发电机组有功功率分配时都应尽量避免单个风力发电机组的频繁启停，以减少对风力发电机组自身的物理损耗。因此，总体的风电场机群内发电机组有功功率优化分配模型中的目标有两个，一是要使风电场机群有功实际输出与风电场机群限功率目标值的差要尽量小；二是要在电网对风电场机群输出功率需求增大或减小时，尽量减少风力发电机组的启停次数。

群内风力发电机组间进行有功功率分配时，以保证尽量多的风电机组处于运行状态为原则。风电机组的启停机受到其自身的一些参数的限制，包括最小停机时间和最小运行时间。最小停机时间是指风电机组从停机到再次启机允许的最小时间间隔，最小运行时间是指风电机组从启机到再次停机允许的最小时间间隔。另外，为了防止多台风电机组同时启机时导致冲击电流过大和集电线路过热，需要限制每个周期的启机数量。AGC 子站实时监测每台风电机组的状态并记录运行时间和停机时间，将停机时间超过最小停机时间的可调风电机组按照停机时间的长短形成启机队列，将运行时间超过最小运行时间的可调风电机组按照运行时间的长短形成停机队列。

1. 升功率

当需要启动的风机较多时，分批次优先启动启机队列中的风机。在所有风机未全部启动前，运行风机不会进行升功率。当启机队列中的所有风机都启动完成后，仍然需要升功率时，可按照相似裕度法在可调风机间进行功率分配，即

$$P_{i,j,\text{cmd}} = P_{i,j} + \frac{P_{i,j,\text{max}} - P_{i,j}}{\sum\limits_{k=1}^{N}(P_{i,k,\text{max}} - P_{i,k})}\left(P_{i,\text{cmd}} - \sum\limits_{k=1}^{N}P_{i,k}\right) \tag{3-39}$$

式中：$P_{i,j,\text{cmd}}$ 为机群 i 的第 j 台风电机组的有功功率指令；$P_{i,j,\text{max}}$ 为机群 i 的第 j 台风电机组在未来一段时间内的最大有功功率；$P_{i,j}$ 为机群 i 的第 j 台风电机组的实发有功功率；$P_{i,\text{cmd}}$ 为机群 i 的有功功率指令。

2. 降功率

如果机群的有功功率指令大于其最小运行有功功率，则按照相似裕度法在可调风电机组间进行功率分配，即

$$P_{i,j,\text{cmd}} = P_{i,j} - \frac{P_{i,j} - P_{i,j,\text{min}}}{\sum\limits_{k=1}^{N}(P_{i,k} - P_{i,k,\text{min}})}\left(P_{i,\text{cmd}} - \sum\limits_{k=1}^{N}P_{i,k}\right) \tag{3-40}$$

式中：$P_{i,j,\text{cmd}}$ 为机群 i 的第 j 台风电机组的有功功率指令；$P_{i,j,\text{min}}$ 为机群 i 的第 j 台风电机组的最小运行有功功率；$P_{i,j}$ 为机群 i 的第 j 台风电机组的实发有功功率；$P_{i,\text{cmd}}$ 为机群 i 的有功功率指令。

如果机群的有功功率指令小于其最小运行有功功率，先将所有可调风机降至最小运行有功功率，然后依次对停机队列中的风机进行停机操作直至风电场的实发有功功率进入门槛，如果遍历到最后一台风机才能满足要求，则所有风机都停机。

第八节　光伏电站有功分配策略

光伏电站的有功功率调节靠调节光伏逆变器的有功输出来实现，通常一个光伏电站包

含许多台光伏逆变器，光伏逆变器安装的位置不同，则逆变器同一时间输出的功率特性不同。一般情况下，不同厂家生产的逆变器输出的功率特性不同。另外，不同时期建设的逆变器机群上网电价也可能不同。因此有必要首先对光伏电站内部的众多逆变器分群，光伏电站 AGC 子站系统收到主站下达的指令后，首先在逆变器机群之间分配有功功率，然后对每个机群内部的逆变器进行功率分配，最后功率调节指令下发给光伏逆变器。

一、光伏电站逆变器机群有功分配策略

（一）不同优先级逆变器机群有功分配

1. 不同上网电价的逆变器机群有功分配

当逆变器机群间上网电价不同时，升功率时上网电价高的逆变器机群设定为高优先级，优先调节上网电价高的逆变器机群；降功率时上网电价低的逆变器机群设定为高优先级，优先调节上网电价低的逆变器机群。

升功率时，按照设定的升功率优先级顺序，由高到低依次增加逆变器机群的有功功率，当高优先级的逆变器升至最大有功功率 $P_{i,\max}$ 时再增加低优先级逆变器机群的有功功率，直至光伏电站有功功率达到上一级调度有功指令要求或整个光伏电站达到最大有功出力。

降功率时，如果总有功指令小于全厂的最小运行有功功率，子站按照设定的降功率优先级顺序，依次将逆变器机群的所有逆变器停机，直至光伏电站有功功率达到上一级调度有功指令要求。如果总有功指令不小于全厂的最小运行有功功率，子站按照设定的降功率优先级顺序，依次将逆变器机群的有功功率降至最小运行有功功率直至光伏电站有功功率达到上一级调度有功指令要求。

2. 不同调整速度的逆变器机群有功分配

按逆变器调节速度把逆变器机群分成两类，第一类为调节速度慢的机群，第二类为调节速度快的机群。因为第一类逆变器调节速度慢，从停运状态到达稳定运行状态需要较长时间，所以投入运行的第一类逆变器常态下应该一直处于运行状态。在当前运行的逆变器不能满足功率调节指令时，优先对第二类逆变器进行投切操作，实现光伏电站有功功率的快速调节。当光伏电站总功率能满足上一级调度有功指令要求时，再逐渐平衡第一类和第二类逆变器机群的有功功率，为第二类逆变器机群留出调节容量，以备上一级调度有功指令变化时，能通过调节第二类逆变器机群使光伏电站总有功功率快速达到上一级调度有功指令要求。

（二）相同优先级逆变器机群有功分配

1. 等比例法

逆变器机群有功功率指令为：

$$P_{i,\mathrm{cmd}} = \frac{P_{i,\max}}{\sum\limits_{j=1}^{N} P_{j,\max}} P_{\mathrm{target}} \tag{3-41}$$

式中：$P_{i,\mathrm{cmd}}$ 为参与分配的逆变器机群 i 的有功功率指令；P_{target} 为全场有功功率指令；$P_{j,\max}$ 逆变器机群 j 的最大有功功率。

2. 相似裕度法

升功率时根据各逆变器机群的有功功率可增加裕量进行分配，即

$$P_{i,\text{cmd}} = P_i + \frac{P_{i,\max} - P_i}{\sum\limits_{j=1}^{N} (P_{j,\max} - P_j)} \left(P_{\text{target}} - \sum\limits_{j=1}^{N} P_j \right) \qquad (3-42)$$

式中：$P_{i,\text{cmd}}$ 为逆变器机群 i 的有功功率指令；P_{target} 为全场有功功率指令；P_i 为逆变器机群 i 的当前实发有功功率；P_j 为逆变器机群 j 的当前实发有功功率；$P_{i,\max}$ 逆变器机群 i 的最大有功功率；$P_{j,\max}$ 为逆变器机群 j 的最大有功功率。

降功率时根据各逆变器机群的有功功率可减小裕量进行分配，即

$$P_{i,\text{cmd}} = P_i - \frac{P_i - P_{i,\min}}{\sum\limits_{j=1}^{N} (P_j - P_{j,\min})} \left(P_{\text{target}} - \sum\limits_{j=1}^{N} P_j \right) \qquad (3-43)$$

式中：$P_{i,\text{cmd}}$ 为逆变器机群 i 的有功功率指令；P_{target} 为全场有功功率指令；P_j 为逆变器机群 j 的有功功率；$P_{j,\min}$ 为逆变器机群 j 的最小运行有功功率。

按照以上策略在逆变器机群间形成指令后，需要对指令进行进一步的判断处理。逆变器机群 i 的额定容量记为 $P_{i,\text{en}}$；当逆变器机群 i 的有功功率指令 $P_{i,\text{cmd}}$ 大于逆变器机群 i 的额定容量 $P_{i,\text{en}}$ 时，$P_{i,\text{cmd}}$ 取逆变器机群 i 的额定容量 $P_{i,\text{en}}$；当逆变器机群 i 的有功功率指令 $P_{i,\text{cmd}}$ 小于其额定容量 $P_{i,\text{en}}$ 且大于其最大有功功率 $P_{i,\max}$ 时，$P_{i,\text{cmd}}$ 取逆变器机群 i 的最大有功功率 $P_{i,\max}$；当逆变器机群 i 的有功功率指令 $P_{i,\text{cmd}}$ 小于其最小运行有功功率 $P_{j,\min}$ 时，$P_{i,\text{cmd}}$ 取 0。

二、光伏电站逆变器机群内部逆变器有功分配策略

（一）光伏逆变器有功功率输出限制

当逆变器工作在低功率状态时，转换效率降低，电能质量也较差，对逆变器有功功率调整时应设定一最小启动功率 $P_{i,\min}$。光照和温度一定时，第 i 台逆变器存在最大预测发电功率 $P_{i,\max}$，因此第 i 台逆变器的功率参考值 $P_{i,\text{cmd}}$ 应满足：

$$P_{i,\min} \leqslant P_{i,\text{cmd}} \leqslant P_{i,\max} \qquad (3-44)$$

根据光伏模块的 $P-U$ 特性，可用逆变器直流母线电压限值 $U_{\text{dc\_min}}$ 对应的逆变器输出功率 $P_{i,\text{dc\_min}}$ 作为逆变器的最小启动功率，即 $P_{i,\min} = P_{i,\text{dc\_min}}$。$P_{i,\max}$ 值的选取可采用以下几种方法。

1. 样板机法

选取一台或多台有功调节性能好的逆变器作为样板逆变器，使样板逆变器一直运行在最大功率跟踪模式下且输出功率只与光照强度和温度有关，向外输出有功但不参与有功功率调节。由于同一个逆变器机群内逆变器的容量规格及光伏阵列所受光照强度、环境温度基本相同，且并网电压相等，所以群内各逆变器的 $P_{i,\max}$ 和 $P_{i,\min}$ 可以认为近似相等。可将样板逆变器当前实发有功功率作为其余逆变器的 $P_{i,\max}$。

2. 从光功率预测系统获取

光伏电站通常安装光功率预测设备，如果 AGC 子站设备能与光功率预测设备之间通

信，获取光伏电站超短期预测数据，则可以使用光功率预测设备的预测数据计算单台逆变器的最大预测发电功率 $P_{i,\max}$。通常从光功率预测设备得到的是整个机群的下一时刻预测有功功率，由于同一个逆变器机群内逆变器的容量规格及光伏阵列所受光照强度、环境温度基本相同，且并网电压相等，所以可把光功率预测设备的预测有功功率求平均值，作为单台逆变器的最大预测发电功率 $P_{i,\max}$。

3. 利用光伏电池特性计算

当第 i 台光伏逆变器连接的光伏电池的光照强度、环境温度数据以及光伏电池参数已知的情况下，可根据光伏电池数学模型（参见本书第六章有关内容）和光伏逆变器转换效率计算光伏逆变器在当前光照和环境温度下的最大理论输出有功功率作为逆变器的最大预测发电功率 $P_{i,\max}$。

（二）光伏逆变器启停机策略

1. 轮换休眠控制策略

轮换休眠的主要控制思路是：关闭时，最先关闭最先开启的逆变器，而开启时，最先开启最先关闭的逆变器，这样做可以拉长逆变器的开启关闭频率，保证了各逆变器的休眠时间，避免其频繁启停，从而有利于延长设备寿命。

具体做法为首先根据光伏逆变器开启时间的先后建立已开启的光伏逆变器序列，先开启的逆变器将排在开启序列的前面，根据光伏逆变器关闭时间建立已关闭的光伏逆变器序列，先关闭的逆变器排在关闭序列的最前面。

当 AGC 需要关闭一些逆变器减低有功功率时，优先关闭开启逆变器序列的第一位，并将该逆变器的序列排到已关闭逆变器序列的最后一位。

而反之，当 AGC 需要开启一些逆变器增加有功功率时，优先开启关闭序列中的第一位，而将其列入开启序列中的最后一位。

2. 按季节调整的控制策略

由于光伏发电的特性，受到天气和季节等因素的影响，发电量存在很大差异，尤其在四季较为明显的地区，不同季节对光伏发电的要求也不一样。在春、夏、秋季里一般存在逆变器启动问题，按照轮换休眠的分配策略，尽量保持少启少停的原则，就可以很好地解决逆变器的频繁启停控制。但是在冬季时节，由于外界温度过低，逆变器的启动将受到很大影响，所以此时为避免逆变器的启动造成较大的功率波动影响，通常情况下，会让尽量多的逆变器处于运行状态。这时，需要根据系统的实际发电量和各个逆变器的实时状况，可按照平均分配的分配策略，尽可能合理分配输出功率到每台逆变器。若此时的调度设定值较小，而不适合每台逆变器均开启发电时，应按照轮换休眠方式，对部分逆变器进行关闭控制。

3. 依据逆变器温度的启停控制

光伏逆变器运行过程中，当温度过高时，会降低逆变器的转换效率，并且减少设备的寿命，严重时会造成安全事故。因此可考虑根据采集到的逆变器的温度，在发电输出功率需求不太大时使温度过高的逆变器进行待机或停止操作，对设备进行降温冷却，同时启动另外已经停运一段时间的设备补偿这部分发电功率输出。

（三）增功率光伏逆变器功率分配策略

当逆变器机群总有功功率需要上调时，设：

$$\Delta P = P_{\text{ref}} - P_{\text{mea}} \qquad (3-45)$$

式中：ΔP 为逆变器机群有功功率增量；P_{ref} 为逆变器机群有功功率给定值；P_{mea} 为逆变器机群当前有功功率值。

有功功率增量分配步骤如下。

1. 计算所有运行光伏逆变器的有功功率增裕度总和

有功功率增裕度总和计算公式为：

$$P_{\text{add,margin}} = \sum_{i=1}^{m}(P_{i,\text{dmax}} - P_{i,\text{dmea}}) \qquad (3-46)$$

式中：$P_{\text{add,margin}}$ 为光伏逆变器机群中运行的光伏逆变器有功功率增裕度总和；m 为运行光伏逆变器的数量；$P_{i,\text{dmax}}$ 为运行光伏逆变器机群中第 i 台当前可输出的最大有功功率；$P_{i,\text{dmea}}$ 为当前第 i 台光伏逆变器实际输出功率。

2. 生成开机队列

记录各光伏逆变器本次停机的时间和之前累计停机时间，根据启停机策略，生成开机队列。

3. 计算开机队列中光伏逆变器有功功率增裕度总和

开机队列中光伏逆变器有功功率增裕度总和计算公式为：

$$P_{\text{add,start}} = \sum_{i=1}^{n} P_{i,\text{dmax}} \qquad (3-47)$$

式中：$P_{\text{add,start}}$ 为开机队列中光伏逆变器有功功率增裕度总和；n 为开机队列中光伏逆变器的数量。

4. 计算各光伏逆变器的最终分配功率

（1）当需要分配的功率差值 $\Delta P \leqslant P_{\text{add,margin}}$ 时，即如果所有运行的光伏逆变器有功功率均可升至最大值，且能够满足当前有功功率增量要求时，则将 ΔP 作为分配的总有功功率增量。此时：

$$P_i = \frac{P_{i,\text{dmax}} - P_{i,\text{dmea}}}{P_{\text{add,margin}}} \times \Delta P + P_{i,\text{dmea}} \qquad (3-48)$$

式中：P_i 为第 i 台光伏逆变器的分配功率目标值；$P_{i,\text{dmax}}$ 为第 i 台光伏逆变器预测的最大有功功率；$P_{i,\text{dmea}}$ 为当前第 i 台光伏逆变器实际输出功率。

（2）当 $(P_{\text{add,margin}} + P_{\text{add,start}}) > \Delta P > P_{\text{add,margin}}$ 时，即如果运行的光伏逆变器全部输出到最大有功功率时，仍不能满足当前有功增量要求，则需要启动开机队列中的部分光伏逆变器，可依次启动开机队列中的光伏逆变器，直至已启动光伏逆变器的有功功率增裕度之和大于 $(\Delta P - P_{\text{add,margin}})$，设从开机队列启动的光伏逆变器的数量为 N_{start}，则光伏逆变器分配的有功功率 P_i 可表示为：

$$P_i = \frac{P_{i,\text{max}} - P_{i,\text{mea}}}{P_{\text{add,margin}} + \sum_{j=1}^{N_{\text{start}}} P_{j,\text{max}}} \times \Delta P + P_{i,\text{mea}} \qquad (3-49)$$

（3）如果 $\Delta P \geqslant (P_{\text{add,margin}} + P_{\text{add,start}})$，即当前有功功率增量大于当前所有光伏逆变器可分配的有功功率，则允许启动开机队列中所有光伏逆变器，并将所有光伏逆变器有功率升至最大有功功率，则 P_i 可表示为 $P_i = P_{i,\text{max}}$。

（四）减功率光伏逆变器功率分配策略

当逆变器机群总有功功率需要下调时，设：

$$\Delta P = P_{\text{mea}} - P_{\text{ref}} \tag{3-50}$$

式中：ΔP 为逆变器机群有功功率减量；P_{ref} 为逆变器机群有功功率给定值；P_{mea} 为逆变器机群当前有功功率值。

有功功率减量分配步骤如下。

1. 计算所有运行光伏逆变器的有功功率减裕度总和

有功功率减裕度总和计算公式为：

$$P_{\text{sub,margin}} = \sum_{i=1}^{m} (P_{i,\text{dmea}} - P_{i,\text{min}}) \tag{3-51}$$

式中：$P_{\text{sub,margin}}$ 为有功功率减裕度总和；m 为运行光伏逆变器的数量；$P_{i,\text{dmin}}$ 为运行光伏逆变器中第 i 台当前可输出的最小启动功率；$P_{i,\text{dmea}}$ 为当前第 i 台光伏逆变器实际输出功率。

2. 生成停机队列

记录各光伏逆变器本次开机的时间和之前累计开机时间，根据启停机策略，生成停机队列。

3. 计算停机队列中光伏逆变器有功功率减裕度总和

停机队列中光伏逆变器有功功率减裕度总和计算公式为：

$$P_{\text{sub,stop}} = \sum_{i}^{n} P_{i,\text{dmea}} \tag{3-52}$$

式中：$P_{\text{sub,stop}}$ 为停机队列中光伏逆变器有功功率减裕度总和；n 为停机队列中光伏逆变器的数量；$P_{i,\text{dmea}}$ 为当前第 i 台光伏逆变器实际输出功率。

4. 计算各光伏逆变器的最终分配功率。

（1）当需要分配的功率差值满足 $\Delta P \leqslant P_{\text{sub,margin}}$ 时，即如果所有运行的光伏逆变器有功功率全部降至最小启动功率值，能够满足当前有功功率减量要求时，则将 ΔP 作为分配的有功功率减量。此时：

$$P_i = P_{i,\text{dmea}} - \frac{P_{i,\text{dmea}} - P_{i,\text{min}}}{P_{\text{sub,margin}}} \times \Delta P \tag{3-53}$$

式中：P_i 为分配后逆变器有功功率值。

（2）当 $P_{\text{sub,stop}} > \Delta P > P_{\text{sub,margin}}$ 时，即运行光伏逆变器均输出最小有功功率时，仍不能满足当前有功减量要求，则依次对停机队列中部分光伏逆变器停机，直至已停机的逆变器满足下列条件：

$$\sum_{i}^{N_{\text{stop}}} P_{i,\text{min}} \geqslant (\Delta P - P_{\text{sub,margin}}) \tag{3-54}$$

式中：N_{stop} 为从停机队列停的光伏逆变器的数量。

运行的光伏逆变器分配的有功功率 P_i 可表示为：

$$P_i = P_{i,\text{dmea}} - \frac{P_{i,\text{dmea}} - P_{i,\min}}{\sum\limits_{i=1}^{m-N_{\text{stop}}}(P_{i,\text{dmea}} - P_{i,\text{dmin}})} \times (\Delta P - \sum\limits_{i=1}^{N_{\text{stop}}} P_{i,\text{dmea}}) \qquad (3-55)$$

（3）如果 $\Delta P \geqslant P_{\text{sub,stop}}$，即当前有功功率减量大于当前所有光伏逆变器的有功功率之和，则关闭停机队列中所有光伏逆变器，则 P_i 可表示为 $P_i = 0$。

第九节 AGC 子站设备的实现

一、典型硬件设计方案

AGC 子站的硬件主要包括 AGC 控制器、串口服务器、网络交换机、KVM（键盘、显示器、鼠标切换装置）、工业显示器、键盘、鼠标、后台机。其中 AGC 控制器、串口服务器、网络交换机、KVM、工业显示器、键盘、鼠标需要单独组屏设计，机柜通常安装在升压站网控室。网控室设备多，电磁干扰大，所以放在网控室的设备应采用工业级。后台机安装在值班室的操作台。

各部分硬件性能指标及功能如下。

1. AGC 控制器

AGC 控制器采用主备冗余设计，两台 AGC 控制器采用工业级嵌入式工控机，一台作为主机，一台作为备机，AGC 主机执行 AGC 软件全部功能，备机只接收来自主机的信息，显示并存储信息，当主机故障时，备机自动升级为主机。AGC 控制器带有硬件看门狗（Watchdog），AGC 控制软件启动时启动看门狗，并定时喂狗，当系统故障，或软件故障时，看门狗自动重启计算机，操作系统和 AGC 软件自动重新运行。AGC 控制器应具备多个串口、多个网口。

2. 串口服务器和网络交换机

串口服务器是可选安装的，当 AGC 控制器上的串口不够时，可加装工业级串口服务器扩展 AGC 控制器的串口数目。

网络交换机是必备的，AGC 子站内部设备间的通信需要采用以太网连接，AGC 子站与外部设备也可能采用以太网连接。

与 NCS 通信要考虑对方主备机设计；与上级调度 AGC 主站通信若采用数据专网连接，要考虑主备通道以及对方主备机设计。如果是物理双通道，则两台 AGC 控制器（主备机）都要有两个单独以太网端口直接与外网连接。如果端口不足，而且 AGC 控制器不能扩展，则需要加装路由器。

3. 后台机

后台机可采用非嵌入式的工控机或工作站，后台机通过以太网与 AGC 主控制器交换信息。值班员或管理员可以通过后台机实时监视 AGC 子站的实时数据、运行状态、报警信息等，也可以通过后台机进行历史数据分析和报表。

4. KVM、显示器、键盘、鼠标

显示器、键盘、鼠标是 AGC 子站安装在机柜上的操作和显示设备，通过 KVM 与两台控制器连接。KVM 可实现对两台控制器连接的切换。

二、典型软件设计方案

AGC 软件采用模块化设计，各模块关系如图 3-6 所示。

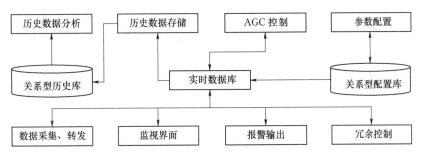

图 3-6 AGC 软件模块设计图

1. 数据采集、转发软件

数据采集、转发软件用来与发电厂其他系统通信，主要通过各种标准规约采集数据，并能向无功调节设备以数字通信方式下发指令；为其他系统提供数据源，其他系统可通过标准规约，接入本系统，获取本系统的实时数据。

2. 冗余控制软件

冗余控制软件用来实时监测主备机状态，实现主机与备机的自动切换功能。主机冗余控制软件通过网络实时向备机发送实时数据，保证备机上实时数据与主机同步。备机冗余控制软件实时接收主机发送的实时数据，并更新实时数据库。备机定时发送心跳信息，当操作员在备机上修改参数时，备机向主机发送修改后的参数。

3. 实时数据库软件

实时数据库软件用来读取配置库的配置信息，将关系型数据转换成面向对象的实时数据库，驻留内存，是系统核心，处理采集的数据，并发布数据。同时可计算生成数据，采集无法直接得到的量，支持各种运算公式，并可组合成各种复杂运算公式，计算结果有模拟量或状态量。支持数据缓存和双机热备功能，在很大程度上保证了数据可靠性和系统稳定性。

4. 历史数据存储软件

历史数据存储软件可对实时数据定时、分类存储到关系型历史数据库中，历史数据库采用流行的关系数据库软件，提供给历史数据查询、分析、报表软件使用。可使用多维数据仓库技术进行大数据海量存储，提供数据分析软件进行多维大数据分析。

5. 监视界面软件

监视界面软件可通过图形、文字、表格、曲线等多种表现形式显示数据，便于用户实时监视。事件产生可通过文字、声音、短信、电话、打印等设备报警。

6. 历史数据分析软件

历史数据分析软件可按各种查询条件查询历史数据，并以表格、图形、曲线方式显示查询结果，利用历史数据进行各种核查和相关性分析功能。通过双机热备，不会因为服务器故障造成数据丢失，保证了数据可靠性和系统稳定性。使用 Excel 软件，用户可灵活自定义报表模板，可人工操作报表、也可定时报表输出

7. 参数配置软件

参数配置软件用来维护系统中基本信息的内容，并设定相应实体的关系，为整个软件系统的基础模块。参数配置数据库采用流行的关系数据库，增删改查操作比较方便。

8. AGC 控制软件

AGC 控制软件用来读取实时数据库的信息，根据预定的控制策略实现发电厂有功功率的控制。控制过程产生的闭锁信息写入实时数据库。

9. 报警输出软件

报警输出软件可根据预定的报警条件，实时监视实时数据库信息，当满足报警条件时产生报警，报警形式包括声音、推画面、短信、遥控等。

参 考 文 献

［1］《电力系统调频与自动发电控制》编委会. 电力系统调频与自动发电控制 ［M］. 北京：中国电力出版社，2006.

［2］ 韩中合，田松峰，马晓芳. 火电厂汽机设备及运行 ［M］. 北京：中国电力出版社，2002.

［3］ 刘启钊，胡明. 水电站 ［M］. 北京：中国水利水电出版社，2010.

［4］ 何平. 厂级 AGC 系统在火电厂中的应用 ［J］. 云南电力技术，2013，41（6）：64-66.

［5］ 姚静，方彦军. 厂级 AGC 机组负荷优化分配系统研究 ［J］. 汽轮机技术，2012，54（1）：52-58.

［6］ 倪宏伟，盛锴，李正家. 水电厂 AGC 控制系统性能分析及其优化应用 ［J］. 湖南电力，2016，36（1）：43-45.

［7］ 王鹏宇，孔德宁，朱华. 龙滩电站自动发电控制（AGC）安全策略 ［J］. 水电站机电技术，2011，34（1）：12-15.

［8］ 郭树军，史忠权，田勇. 200MW 空冷机组 AGC 系统功能优化 ［J］. 内蒙古电力技术，2016，34（6）：98-103.

［9］ 李蔚，陈坚红，盛德仁，等. 机组负荷优化的遗传禁忌混合算法 ［J］. 浙江大学学报（工学版），2007，41（11）：1862-1865.

［10］ 王友，马晓茜，刘翱. 自动发电控制下的火电厂厂级负荷优化分配 ［J］. 中国电机工程学报，2008，28（14）：103-107.

［11］ 芮钧，徐洁，徐麟，等. 抽水蓄能电站 AGC 有功负荷优化分配策略的改进 ［J］. 人民长江，2017，48（9）：83-88.

［12］ 孙耘，丁宁，卢敏，等. 等微增率法在厂级 AGC 节能负荷分配中的实用化研究 ［J］. 浙江电力，2017，36（9）：57-61.

［13］ 刘晓彤，龚传利，丁伦军，等. 溪洛渡左岸电站 AGC 功能设计及实现 ［J］. 水电站机电技术，2016，39（3）：9-11.

［14］ 胡林，唐海，李毅. 南方电网水电厂 AGC 算法设计及调节性能评估 ［J］. 水电与抽水蓄能，2017，3（5）：44-49.

［15］ 樊新东，杨秀媛，金鑫城. 风电场有功功率控制综述 ［J］. 发电技术，2018，39（3）：268-276.

［16］ 张利，王成福，牛远方. 风电场输出有功功率的协调分配策略 ［J］. 电力自动化设备，2012，32（8）：101-105.

［17］ 奚志江，连倩，汪一，等. 大规模风电场有功功率控制策略 ［J］. 控制工程，2017，24（2）：

475 - 480.

[18] 邹见效, 袁炀, 黄其平, 等. 风电场有功功率控制降功率优化算法 [J]. 电子科技大学学报, 2011, 40 (6): 882 - 886.

[19] 李耀华. 并网风电场 AGC 系统应用中的问题分析 [J]. 电工技术, 2017, 12 (A): 153 - 155.

[20] 郑刚. 风电场有功功率控制系统关键技术研究 [D]. 成都: 电子科技大学, 2011.

[21] 施佳锋, 沈燕, 程彩艳, 等. 光伏发电有功自动控制技术 [J]. 宁夏电力, 2012, 1: 1 - 5.

[22] 刘琳. 光伏电站有功功率优化分配 [J]. 热力发电, 2015, 44 (11): 104 - 108.

[23] 马立凡, 李永丽, 常晓勇, 等. 光伏电站多逆变器有功功率协调分配策略 [J]. 电源技术, 2018, 42 (9): 1379 - 1382.

[24] 汤海宁, 朱守让, 王伟. 光伏电站并网有功功率控制策略的设计与实现 [J]. 电网与清洁能源, 2015, 31 (8): 75 - 79.

第四章
发电厂侧 AVC 子站

第一节 概 述

从宏观角度看，一个装机容量10000MW运行中的电力系统，实际上也同时是一个装机容量为12000～15000Mvar正在运行的无功功率系统。这个无功系统正如有功系统一样，由无功电源、网络、无功负荷组成。电网的有功功率损耗不超过负荷的10%，而电网的无功功率损耗却占无功负荷的30%～50%，无功功率总损耗要比有功功率总损耗大3～5倍。因此，如何调配好无功电源的无功功率牵涉到电网的安全、稳定和经济性，在日常电网调度运行管理中是十分重要的一个课题。

电厂侧自动电压控制系统子站接收 AVC 主站实时下发的母线电压目标指令，结合本地实测母线电压及全厂各发电机组及无功设备的运行情况，按照既定的分配策略，将系统所需要的无功合理分配给相应机组或无功设备，快速准确跟踪母线电压目标值，提高发电厂高压母线的电压合格率，从而达到提高区域供电电压水平、改善电网电能质量的目的。电厂侧 AVC 已成为保证电压质量和无功平衡，保证电网可靠、经济运行必不可少的措施。

一、发电厂内无功设备构成

电力系统的无功电源除发电机外，还有电容器组、电抗器组、调相机，以及新型的各类无功补偿装置，如静止无功补偿器 SVC、静止无功发生器 SVG、静止同步补偿器 STATCOM 等。但是最佳的无功电源依然是同步发电机组，这是因为发电厂建成后就具备了提供无功功率的能力，不需要另外增加投资。

常规的火力发电厂或水力发电厂，同步发电机组配备了性能良好的励磁调节装置，它可以快速、稳定地调节发电机组的励磁功率，发电机组自身具备较大范围的无功调节能力，能够向电网发送无功，也具备一定的从电网吸收无功的能力，同时还具备较强的低电压、高电压穿越能力，所以这类电厂通常不用配备额外的无功补偿装置。

早期的风力发电场，风力发电机组本身不具备无功功率调节的能力，新建的风力发电场发电机组都具备一定的无功调节能力，但调节能力有限。因此，风力发电场通常还配备其他无功功率补偿装置，如电容器组和电抗器组等离散无功设备，以及 SVG、MCR、

TSC 等可连续调整的无功补偿装置。有的风力发电场具有储能装置，储能装置的逆变器通常对无功功率和有功功率都是可调的，所以储能装置也可以参与无功功率调整。

出线电压为 220kV 以上的发电厂（场）的有载调压变压器通常不允许 AVC 对其进行电压调节。

光伏电站的无功设备组成与风力发电场类似，通常光伏逆变器具备一定的无功功率调整能力，但调节能力有限，也需要与风力发电场一样配备其他无功补偿装置。

可见风力发电场、光伏电站的发电厂侧 AVC 系统控制的设备种类多，控制逻辑复杂。

二、AVC 子站控制目标

1. 保证高压侧电压质量合格

主变高压侧母线电压 U 必须满足上级调度部门下达的电压指令要求。

2. 保证无功设备安全运行

数据异常、设备异常时，AVC 能闭锁操作，保证无功设备安全运行。

3. 合理无功分配、使有功功率损耗尽量减小

从发电厂电压无功综合控制的角度，在保证高压侧电压质量合格的前提下，保证无功设备安全运行。保持无功平衡，对保持电网稳定性，减少网损也是十分有益的。在保证电压合格的前提下，应使发电厂内部损耗尽量小。

4. 为快速调节设备预留调节裕度

发电机组、SVG 等快速无功补偿设备通常具备低电压穿越和高电压穿越能力，系统事故发生时，能对系统电压提供一段时间的支援，避免事故范围扩大，所以 AVC 子站在保证电压合格的前提下，应为无功快速调节设备预留一些调节裕度。

5. 尽量减少离散设备的动作次数（尤其是减少有载分接头的调节次数）

由于变压器在电网中的重要地位，应对其进行重点保护。在有载调节分接头动作时，由于会出现短时的匝间短路产生电弧，一方面会对分接头的机械和电气性能产生影响；另一方面也影响变压器油的性能。因此各变电站都严格限制了有载分接头的日最大调节次数，如 220kV 变压器为 10 次，35kV 变压器为 20 次，并对总的动作次数作出了限制，一般要求分接头动作 3000 次后必须停电检修。

变电站对电容器组的日最大投切次数也作出了限制（如 30 次）。因此，在控制策略上应尽量使控制对象的日动作次数越少越好，特别是减少分接头的调节次数。

三、AVC 子站与站内其他系统的连接

1. 风力发电场

风力发电场自动电压控制系统连接关系如图 4-1 所示。

在风力发电场中，AVC 子站单独建立通信通道或通过升压站监控系统

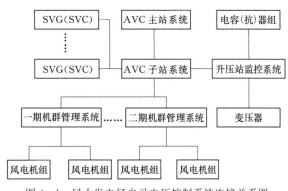

图 4-1　风力发电场自动电压控制系统连接关系图

的转发功能与 AVC 主站建立连接,接收 AVC 主站的母线电压目标值(或全场无功功率)指令,并上传 AVC 主站需要的遥测、遥信等信息。AVC 子站与升压站监控系统建立通道,采集升压站的遥测、遥信等信息,并能够通过升压站监控系统控制变压器分接头挡位的升降、电容(抗)器的投切。AVC 子站与各 SVG(SVC)无功补偿设备单独建立通道,采集 SVG(SVC)无功补偿设备的遥测、遥信等信息,并能够下发 SVG(SVC)无功补偿设备的无功目标值或电压目标值。AVC 子站通常不与风电机组单独建立通信通道,而是与机群管理系统建立通道,通过机群管理系统采集风电机组的遥测遥信数据,并通过机群管理系统调节各台风力发电机组的无功目标值或功率因数目标值,达到调节机组无功出力的目的。

2. 光伏电站

光伏电站自动电压控制系统连接关系如图 4-2 所示。

在光伏电站中,AVC 子站单独建立通信通道或通过升压站监控系统的转发功能与 AVC 主站建立连接,接收 AVC 主站的母线电压目标值(或全厂无功功率)指令,并上传 AVC 主站需要的遥测、遥信等信息。AVC 子站与升压站监控系统建立通道,采集升压站的遥测、遥信等信息,并能够通过升压站监控系统控制变压器分接头挡位的升降、电容(抗)器的投切。AVC 子站与各 SVG(SVC)无功补偿设备单独建立通道,采集 SVG(SVC)无功补偿设备的遥测、遥信等信息,并能够下发 SVG(SVC)无功补偿设备的无功目标值或电压目标值。AVC 子站通常不与光伏逆变器单独建立通信通道,而是与逆变器集中通信装置建立通道,通过逆变器集中通信装置采集逆变器的遥测、遥信等数据,并通过逆变器集中通信装置调节各台光伏逆变器的无功目标值或功率因数目标值,达到调节光伏逆变器无功出力的目的。

3. 火(水)力发电厂

火(水)力发电厂自动电压控制系统连接关系如图 4-3 所示。

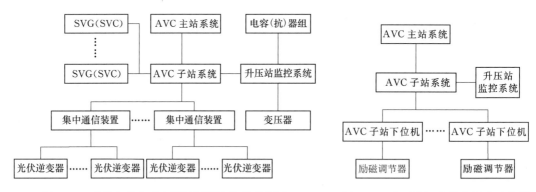

图 4-2 光伏电站自动电压控制系统连接关系图　　图 4-3 火(水)力发电厂自动电压控制系统连接关系图

在火(水)力发电厂中,AVC 子站单独建立通信通道或通过升压站监控系统的转发功能与 AVC 主站建立连接,接收 AVC 主站的母线电压目标值(或全厂无功功率)指令,并上传 AVC 主站需要的遥测、遥信等信息。AVC 子站与升压站监控系统建立通道,采集升压站的遥测、遥信等信息。AVC 子站通常不直接与同步发电机组的励磁调节器直接建立通信通道,而是在 AVC 子站与励磁调节器之间增加 AVC 下位机,AVC 子站与

AVC 下位机建立数字通信通道，AVC 下位机通过模拟量输入模块采集励磁调节器的遥测数据，IO 输入模块采集励磁调节器遥信数据，并上传给 AVC 子站。AVC 下位机接收 AVC 子站的无功功率目标值指令，转换成脉冲输出指令，通过 IO 输出模块及继电器与励磁调节器连接，输出励磁调节器的脉冲调节指令，达到调节机组无功出力的目的。

第二节　发电厂侧 AVC 基本原理

一、母线电压与无功关系

发电厂高压侧与电力系统连接等效电路如图 4-4 所示。

图 4-4 中 $\dot{U}_1$ 为发电厂高压侧母线电压，$\dot{E}$ 为系统等效戴维南等值电压，Z_s 为系统等效戴维南等值阻抗，P_1 为母线注入有功功率，Q_1 为母线注入无功功率。

图 4-4 所示系统的电压相量图如图 4-5 所示，由图 4-5 可得如下关系式：

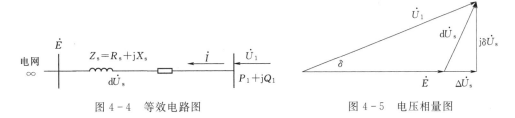

图 4-4　等效电路图　　　　　　　图 4-5　电压相量图

$$\dot{U}_1 = \dot{E} + \mathrm{d}\dot{U}_s = \dot{E} + \dot{I}(R_s + jX_s) \tag{4-1}$$

为便于计算令 $\dot{U}_1 = U_1 \angle 0°$，则：

$$S_1 = P_1 + jQ_1 = \dot{U}_1 (\dot{I})^* \tag{4-2}$$

则：

$$\dot{I} = \frac{P_1 - jQ_1}{\dot{U}_1} \tag{4-3}$$

由式（4-1）和式（4-3）得：

$$
\begin{aligned}
\mathrm{d}\dot{U}_s &= \Delta U_s + j\delta U_s \\
&= \dot{I}(R_s + jX_s) = \frac{P_1 - jQ_1}{U_1}(R_s + jX_s) \\
&= \frac{P_1 R_s + Q_1 X_s}{U_1} + j\frac{P_1 X_s - Q_1 R_s}{U_1}
\end{aligned} \tag{4-4}
$$

由式（4-1）和式（4-4）得：

$$\dot{E} = \left(U_1 - \frac{P_1 R_s + Q_1 X_s}{U_1}\right) + j\frac{P_1 X_s - Q_1 R_s}{U_1}$$

$$(\dot{E})^2 = E^2 = \left(U_1 - \frac{P_1 R_s + Q_1 X_s}{U_1}\right)^2 + \left(\frac{P_1 X_s - Q_1 R_s}{U_1}\right)^2 \tag{4-5}$$

在高压电网中，$\mathrm{d}\dot{U}_s$ 的虚部分量 δU_s 很小，由式（4-5）得

$$U_1 \approx E + \frac{P_1 R_s + Q_1 X_s}{U_1} \qquad (4-6)$$

在高压电网中，R_s 比 X_s 小得多，所以：

$$U_1 \approx E + \frac{Q_1 X_s}{U_1} \qquad (4-7)$$

由式（4-7）可以看出，当母线注入无功 Q_1 变化时，则 U_1 也会发生变化。由此可见改变发电厂无功出力可以改变高压侧母线电压，电网电压波动主要取决于无功波动。

二、系统等值电抗估算

由式（4-7）可以看出高压侧母线电压的变化量 ΔU 与高压侧出线的无功变化量 ΔQ 是单调递增的，发电厂发容性无功时，Q_1 为正，发感性无功时，Q_1 为负，当 $\Delta Q > 0$ 时，母线电压升高，当 $\Delta Q < 0$ 时，母线电压降低。发电厂侧 AVC 可以根据式（4-7）通过调整发电厂无功输出来改变高压侧母线电压。而 X_s 对不同发电厂来说是不同的，对同一发电厂的不同时间也是不同的，所以根据式（4-7）来估算无功增量之前，要先估算发电厂的系统戴维南等值电抗 X_s，估算 X_s 通常采用摄动法。

摄动法是通过记录高压侧母线电压变化前和变化后的母线电压值和变化前后的无功值来估算戴维南等值电抗。设 U_{last} 为前一次记录的母线电压，Q_{last} 为前一次记录的母线总无功，U_{now} 为本次记录的母线电压，Q_{now} 为本次记录的母线总无功，由式（4-7）得：

$$U_{last} \approx E + \frac{Q_{last} X_s}{U_{last}}$$
$$U_{now} \approx E + \frac{Q_{now} X_s}{U_{now}} \qquad (4-8)$$

由式（4-8）利用摄动法估算系统戴维南等值电抗 X_s 的估算公式为：

$$X_s \approx (U_{now} - U_{last}) / \left(\frac{Q_{now}}{U_{now}} - \frac{Q_{last}}{U_{last}} \right) \qquad (4-9)$$

计算时要注意 U_{now} 和 U_{last} 的差值必须大于一定值，才能计算系统阻抗。获取 U_{now} 和 U_{last} 的时间差也具有一定限制，在取得 U_{now} 或 U_{last} 后超过一定时间，即认为 U_{now} 或 U_{last} 无效。因此，需设置一个系统电抗的上限，当无法使用式（4-9）计算出系统电抗时，则当前系统电抗取上限。例如，监测的母线电压在规定的一段时间内一直没有明显变化时，则不适用使用式（4-9）估算系统电抗，因此取系统阻抗上限作为阻抗最终计算结果。

三、系统无功目标值预测

发电厂 AVC 的调整目标是母线电压，调整手段是通过调整母线总无功出力来调整母线电压，所以在调整母线电压时需计算母线总无功的目标值或母线总无功增量。

设 Q_{target} 为母线总无功目标值，Q_{now} 为母线总无功当前值，U_{target} 为母线电压目标值，U_{now} 为母线电压当前值，由式（4-7）可得：

$$U_{now} \approx E + \frac{Q_{now} X_s}{U_{now}}$$

$$U_{\text{target}} \approx E + \frac{Q_{\text{target}} X_{\text{s}}}{U_{\text{target}}} \tag{4-10}$$

由式（4-10）可导出计算母线总无功目标值计算式为：

$$Q_{\text{target}} = \frac{(U_{\text{target}} - U_{\text{now}})U_{\text{target}}}{X_{\text{s}}} + \frac{Q_{\text{now}} U_{\text{target}}}{U_{\text{now}}} \tag{4-11}$$

式（4-7）表明，无论等值电抗值是否精确，预测系统无功的变化方向与母线目标电压变化的方向始终是相同的。在母线电压由一个稳态值向目标电压变化过程中，系统无功先用系统阻抗上限进行计算，母线电压随着无功调节开始变化，当母线电压变化超过死区值时，由式（4-9）将得到较准确的系统阻抗值，因此通过式（4-11）可得到母线总无功功率预测值。在确定了母线总无功功率注入量后，需要将此无功功率最优分配给发电厂内各台无功设备，即无功优化问题，也是 AVC 控制中的核心问题之一。

第三节　AVC 子站功能规范

AVC 软件接收到主站下达的母线电压目标值后，首先根据母线电压目标值计算母线总无功，然后计算分配给各无功设备目标无功，再根据各无功设备目标无功调整各无功设备实时无功功率，直到实时母线电压与目标母线电压差值落入调整死区。因此，AVC 软件的核心工作流程是无功分配和对无功设备的无功调节，通常无功分配时间间隔为 5～10s。

通常 AVC 子站应具备以下主要功能。

一、数据采集处理

数据采集是 AVC 子站的基础，为与 AVC 调度主站数据同源，AVC 调节需要的数据应从 NCS（升压站监控系统）系统采集，NCS 不能提供的数据从其他系统采集或加装传感器直接采集。

二、接线识别

根据采集的遥测、遥信数据自动识别系统的拓扑结构。根据母线与母线之间一次设备隔离开关、断路器的双位置信号软件自动识别母线与母线连接的拓扑结构，根据无功设备及母线相连的所有发电厂一次设备隔离开关、断路器的双位置信号，软件自动识别电厂无功设备与母线连接的拓扑结构，从而决定参与调整的无功设备。

三、指令接收处理

AVC 子站指令的接收包括两种模式：一种是远方调整模式，远方调整模式通过通信系统由 AVC 主站下达当前母线电压目标值指令；另一种是就地调整模式，就地调整模式 AVC 主站下达一天内不同时间段的就地电压曲线，AVC 子站根据就地曲线获取母线电压目标值指令。就地曲线可通过人机界面输入，或通过通信系统接收。当 AVC 子站与 AVC 主站通信正常时，AVC 子站使用远方调整模式接收指令，当 AVC 子站与 AVC 主站通信中断时，AVC 子站使用就地调整模式接收指令。AVC 子站收到指令后，检查指令有效性，若指令有效，则根据母线电压目标值估算全厂总无功目标值。

四、安全闭锁检查

根据采集的遥测、遥信数据判断数据是否可用，装置是否故障，系统是否需要闭锁，如机端电压超限、定子电流超限、转子电流超限、厂用电压超限保护、设备故障保护、无功功率超限、有功功率超限等一系列约束条件。如果发现某台无功设备有异常情况，则停止对该设备的调整，并记录闭锁状态，发报警信息。

五、无功分配

AVC 系统动态识别拓扑结构后，查找与母线连接的可用无功设备。由全厂总无功目标值，根据无功分配策略计算各无功设备无功目标值。可根据等裕度分配、等功率因数分配、等容量分配及平均分配等多种方式对单台无功设备承担的无功分配计算。

六、无功调节设备指令处理下发

对无功设备下发指令之前要检查该无功设备指令有效性，若指令有效，转化为无功调节设备指令格式，如，同步发电机需把无功指令转换为调整脉冲（转换方法详见本章第五节），无功调节脉冲下发至控制输出板，控制输出板与励磁控制器接口，完成对机组励磁系统的 AVC 调节。

七、历史数据记录

AVC 的每次动作都应详细记录，如动作间隔、动作时间、动作属性（升、降）等，为设备运行维护提供历史经验，并对系统异常原因分析提供有力证据。

八、人机界面

人机界面提供人机接口，实现设备定值修改、实时数据监视、人工设备操作、历史数据查询、历史数据分析等功能。

第四节 接 线 识 别

一、接线识别的作用

在对母线电压调节过程中，需要根据发电厂升压站内设备接线方式以及当前的开关、刀闸的分合状态，判断发电机组和高压侧主母线或副母线的连接状态，以及母线与无功调节设备的连接状态。当主母线与副母线相连接时，则只需要对主母线的电压进行调节。主母线与副母线不连接时，则主母线与副母线的电压按各自的指令分别单独调整。多母线电压调整时，还需要先判断哪些无功调节设备与当前母线连接，然后把调节母线电压所需要的无功功率按一定的算法分配给这些无功调节设备，以使母线电压达到调整目标。不同发电厂升压站内接线方式多种多样，AVC 子站系统采用的接线识别算法需要适应各种接线方式。

二、发电厂电气主接线拓扑结构

在发电厂的升压站中，发电机、变压器、断路器、隔离开关、互感器等高压电气设备以及将它们连接在一起的高压电缆和母线，按照其功能要求组成的主回路称为电气一次系统，又叫做电气主接线。

电气主接线的主体是电源（进线）回路和线路（出线）回路，分为有汇流母线和无汇流母线两大类。电气主接线的基本分类如图 4－6 所示。

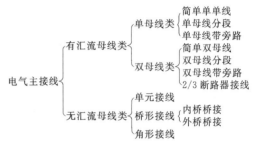

图 4－6　电气主接线的基本分类

三、发电厂电气主接线拓扑模型的生成

（一）图的定义

在图论中，图可以用 $G＝(V，E)$ 来表示，即把图 G 定义成一个节点集合和边集合的偶对 $(V，E)$。其中，V 是图中节点（Vertice）的非空有限集，E 是图中边（Edge）的有限集。一个图既可以用几何图形来描述，也可以用矩阵来描述。在保持节点和边的关系不变情况下，图形的大小、位置和形状都是无关紧要的，本质的是要描述二元关系，即节点和边的关联关系。若一个系统具有这种二元关系，则可用图作为数学模型。其实在现实中，图作为一类数学模型已被广泛应用于许多科学领域。如运输的优化问题或者社会学中某类关系的研究等许多问题，都可以用图这种数学模型进行研究和处理。图包括无向图和有向图。

1. 无向图

无向图上的每条边都没有方向，如图 4－7 所示，边的两个顶点没有次序关系，即两个顶点对 $(V_1，V_2)$ 和 $(V_2，V_1)$ 代表同一边。根据图论的概念，电力系统网络也视为一个无向图。

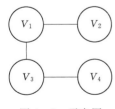

图 4－7　无向图

2. 有向图

有向图上的每条边都有方向，如图 4－8 所示，边的两个顶点有次序关系，即两个顶点对 $(V_1，V_2)$ 和 $(V_2，V_1)$ 代表两条边。

根据图论的概念，电力系统网络也视为一个无向图。设有两个节点 i 和 j，若这两个节点之间至少有一条直线相连，则称节点 i 与节点 j 连通。

在无向图中，如果从顶点 V_1 到顶点 V_2 有路径，则称 V_1 和 V_2 是连通的。如果图中任意两个顶点 $v_i，v_j \in v$，v_i 和 v_j 都是连通的，则称 G 为连通图，如图 4－9 所示；否则为非连通图，如图 4－10 所示。

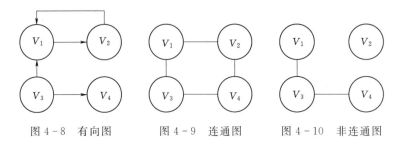

图 4-8　有向图　　　图 4-9　连通图　　　图 4-10　非连通图

对于图中某一个节点集来说，从任意一个节点出发，每次经过一条边到达另一个节点，总可以找到集合中的所有节点称为连通域。

对于图中某一个节点集 M 和另一个节点集 N，从 M 中任意一个节点出发，无论经过多少条边，都找不到 N 中的节点，则 M 和 N 互为非连通域。

（二）图的存储

图是一种结构复杂的数据结构，表现在不但各个顶点的度可以千差万别，而且顶点之间的逻辑关系也错综复杂，因此图在计算机中的存储方式有多种，这里主要介绍邻接矩阵和邻接表。

1. 邻接矩阵

邻接矩阵是表示图形中节点间相互关系的矩阵，且对无向图来说，其邻接矩阵是按主对角线对称的。图 4-11 所示为例图及邻接矩阵。

存储邻接矩阵需占用 $n \times n$ 个存储位置。而一般大型电力网络的邻接矩阵是稀疏矩阵，如果用这种存储结构表示的话，很大程度上造成存储空间的浪费。

2. 邻接表

邻接表是对图中的每个顶点建立一个邻接关系的单链表，并把它们的表头指针用向量存储的一种图的表示方法。它将顺序存储结构和链式存储结构结合起来，顺序存储部分用来保存图中顶点的信息，而链式存储部分用来保存图中边的信息。图 4-11 的邻接表如图 4-12 所示。

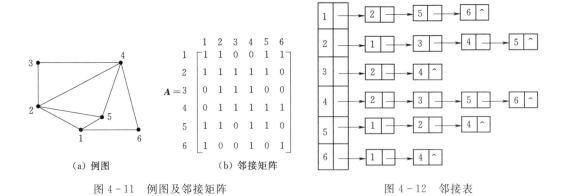

（a）例图　　　　　（b）邻接矩阵

图 4-11　例图及邻接矩阵　　　　　　图 4-12　邻接表

在图的邻接表表示中，表头向量需要占用 n 个或 $2n$ 个指针存储空间，所以其空间复杂度为 $O(n + e)$，e 为边节点空间。这种存储结构用于表示稀疏图比较节省存储空间，因为只需要很少的边节点。

（三）发电厂电气主接线拓扑模型

根据图论的拓扑理论，对于一个任意的拓扑网络，都可以用邻接矩阵描述其拓扑结构。而对于任意一个电力系统主接线图，都可以把它抽象成为一个拓扑图描述，把主接线的节点作为拓扑图的节点，把开关元件作为拓扑图的支路，对单个变电站，把母线的每一进出线也作为一个节点。

升压站主接线的拓扑包括系统的全部设备：母线、断路器、刀闸、线路、变压器和发电机等。各个设备之间的结线是基本固定的，比如线路、变压器和发电机等都直接与母线相连，或经开关与母线相连。实际上，开关状态直接影响到网络中各母线的连通情况，决定网络结构，所以可用图来描述电力系统网络结构。

连接关系分析是指根据设备之间的连接关系对有直接电气连接的元件划分统一编号，形成连接节点模型。发电厂电气主接线包括许多无阻抗元件，如断路器和母线。但是分析计算时只需要等值电路，所以需要把所有的无阻抗元件融合到相应的节点中，而保留参与计算的阻抗元件。在厂站中，若两个阻抗元件有一个公共节点，则物理上认为这两个元件相连。而无阻抗元件如断路器和刀闸开关，闭合时两端节点电压相同，这两个节点属于一个电气节点；断开时，两个节点之间是不连通的，分别属于两个电气节点。有时一个电气节点会包含很多节点。根据节点的作用，节点分为以下4种：

1. 母线节点

母线节点是指母线上任意一点。

2. 输入节点

输入节点是给厂站提供电能的设备的某个端点，如输电线路和发电机的端点。

3. 输出节点

输出节点是厂站输出能量到用户的设备的某个端点，如与变电站相连的直馈线端点。

4. 连接节点

除上述三类节点以外的其余节点就是连接节点。

一般情况下，为了确定各元件所连接的节点及相互之间的关系，将拓扑图的主要设备分两类，即源端和开关，源端和开关分别抽象为单端口图元和双端口图元。把源端和开关端口作为拓扑图的节点，开关作为拓扑图的支路（开关断开时该支路断开，开关闭合时该支路连通）。节点编号的基本步骤是：

（a）将开关设备的节点依次编号，最大节点编号为 $n=2b$，其中 b 为开关设备的数目；再对源端节点编号，最大编号为 $n=2b+k$，其中 k 为源端数目。

（b）节点融合。若有与母线直接相连的支路元件（发电机、负荷、开关等），则以母线号为节点号；两个元件节点编号相同时，进行节点融合。

以某电压级下的主接线模型为例，如图4-13所示，该模型为3/2开关接线方式，共有9个开关。对其电气主接线图进行连接关系分析后，在图中标注出电气节点编号。

邻接矩阵如图4-14所示。

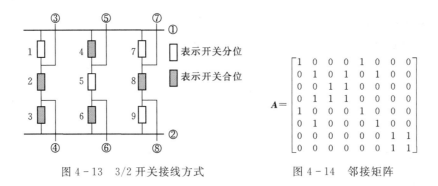

图 4-13　3/2 开关接线方式　　　　　　图 4-14　邻接矩阵

四、发电厂电气主接线拓扑分析

目前拓扑分析的方法包括搜索法和矩阵法这两大类。

(一) 搜索法

在目前的网络拓扑分析算法中，最容易想到的也是应用最广泛的一种是搜索法及其各种变形。它主要通过搜索某一个节点与其相邻节点之间的连接关系进行分析的。根据搜索原理的不同，分为深度优先搜索法（DFS）和广度优先搜索法（BFS），后者流程图显示如图 4-15 所示。广度优先搜索法是按层搜索，逐层进行，搜索网络中每个顶点的相邻顶

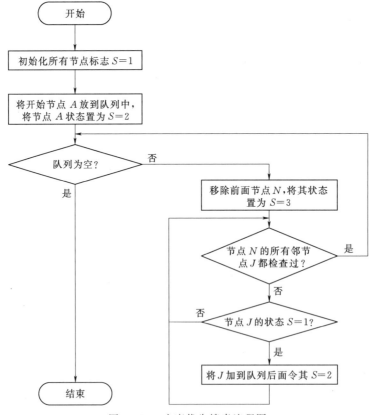

图 4-15　广度优先搜索流程图

点的次数只有一次，所以搜索过程中不存在对节点的重复访问，搜索效率要高于深度优先搜索法。但是不管是哪种方法，都需要建立关联表来反映节点支路之间的关联关系。

搜索算法主要采用堆栈技术，虽然实现起来较为方便，但是其缺点在于重复搜索支路，造成搜索效率低，速度较慢。

（二）矩阵法

由图论的相关理论可知，图可由邻接矩阵唯一确定，邻接矩阵是表示节点之间邻接关系的矩阵。节点之间有边连接时，为 1；无边连接时，为 0。因此，它可直观反映网络结构。

由邻接矩阵中元素的定义知道，$a_{ik}=1$ 表示节点 i 和节点 k 之间有一条边直接相连。$a_{kj}=1$ 表示节点 k 和节点 j 之间有一条边直接相连。$a_{ik} \wedge a_{kj}=1$ 表示节点 i 和 j 通过节点 k 是连通的。定义任意的两个节点 i、j 之间通过一个中间节点连接在一起的，这种关系称为节点 i 和 j 是二级连通。同理，如果节点 i 和 j 之间通过最少（$n-1$）个节点连接在一起，则称节点 i 和节点 j 之间是 n 级连通的。

用图论的语言可以为 n 级连通定义如下：在图中，如果在顶点 i 和 j 之间存在一条最短路径，其所包含的顶点数目为 $n-1$（不包含顶点 i 和 j），则顶点 i 和 j 之间是 n 级连通。因此，(a_{ij}^2) 表示了图中节点 i、j 之间第一、二级的连通关系。

设邻接矩阵 $\boldsymbol{A}$ 为布尔矩阵，定义 $\boldsymbol{A}^m$ 为 $\boldsymbol{A}$ 的 m 次幂矩阵，如 $\boldsymbol{A}^2=\boldsymbol{A}\times\boldsymbol{A}$，矩阵 $\boldsymbol{A}^2$ 中的元素 (a_{ij}^2) 为：

$$(a_{ij}^2)=\sum_{k=1}^{n} a_{ik} \wedge a_{kj}=(a_{i1} \wedge a_{1j}) \vee (a_{i2} \wedge a_{2j}) \vee \cdots \vee (a_{in} \wedge a_{nj}) \quad (4-12)$$

同理，设 $\boldsymbol{A}^m$ 为 $\boldsymbol{A}$ 矩阵的 m 次自乘，矩阵元素 (a_{ij}^m) 表示节点 i、j 之间从第 1 级到第 m 级的连通关系。可以发现邻接矩阵实际表示的是节点 i、j 之间的第 1 级连通关系。对于一个具有 n 个顶点的图来说，任意两个顶点之间最多有（$n-1$）级连通关系。对邻接矩阵 $\boldsymbol{A}$ 进行（$n-1$）次自乘运算，称之为全接通矩阵，通过全接通矩阵就可以得出任意两个顶点之间包含从第 1 级到第（$n-1$）级的连通关系，也就是任意两个顶点之间的连通情况。

通过对邻接矩阵 $\boldsymbol{A}$ 进行（$n-1$）次自乘运算，得到网络的全接通矩阵 $\boldsymbol{T}$，再对其分析可得到拓扑结果。以某 8 节点无向图为例，如图 4-16 所示。

对图 4-16 表示的无向图形成 8×8 的邻接矩阵，再对邻接矩阵进行 7 次自乘后，得到的全接通矩阵如图 4-17 所示。

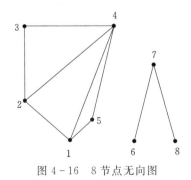

$$\boldsymbol{T}=\begin{array}{c} \\ 1 \\ 2 \\ 3 \\ 4 \\ 5 \\ 6 \\ 7 \\ 8 \end{array}\begin{array}{c} 1\ 2\ 3\ 4\ 5\ 6\ 7\ 8 \\ \begin{bmatrix} 1 & 1 & 1 & 1 & 1 & 0 & 0 & 0 \\ 1 & 1 & 1 & 1 & 1 & 0 & 0 & 0 \\ 1 & 1 & 1 & 1 & 1 & 0 & 0 & 0 \\ 1 & 1 & 1 & 1 & 1 & 0 & 0 & 0 \\ 1 & 1 & 1 & 1 & 1 & 0 & 0 & 0 \\ 0 & 0 & 0 & 0 & 0 & 1 & 1 & 1 \\ 0 & 0 & 0 & 0 & 0 & 1 & 1 & 1 \\ 0 & 0 & 0 & 0 & 0 & 1 & 1 & 1 \end{bmatrix} \end{array}$$

图 4-16　8 节点无向图　　　　图 4-17　全接通矩阵

对于一个图来说，有时常常关心的是任意两个顶点之间的导通状态。在电网的拓扑分析中，任意两点之间的导通状态就是非常重要的信息。全接通矩阵就是表示图中任意两个顶点之间导通关系的矩阵。对于一个具有 n 个顶点的图来说，其全接通矩阵 T 是一个 $n \times n$ 的方阵，矩阵中的元素 t_{ij} 为 1 或者 0，如果顶点 i，j（$i = j$）之间至少存在一条通路，则 $t_{ij} = 1$，否则 $t_{ij} = 0$，对角线元素 $t_{ij} = 1$。

全接通矩阵只是表示出了任意两个顶点之间的连通关系。为了确定哪些顶点是连通的，一个连通块由哪些顶点组成，还必须对全接通矩阵进行分析。分析方法有两种：行比较法和行扫描法。

（1）行比较法。全接通矩阵的属于同一个连通块的行是相同的，比较各行元素的值，相同的行所对应的节点就属于同一个连通块。在图 4-17 所对应的全接通矩阵中，行 1~5 所对应的矩阵元素相同，所以他们属于同一个连通块。

（2）行扫描法。行比较法要用到矩阵中所有的行元素，而行扫描法可以仅仅利用少数的行元素的值。全接通矩阵中的一个行元素就包含了一个连通块中所有连通在一起的节点。在全接通矩阵中，线性无关的行确定了连通块，行中元素数值为 1 的节点是属于连通块中的节点。如在上面的例子中，线性无关的行有两行，分别对应两个连通块。在图 4-17 中，节点 1~5 属于同一个连通块，而节点 6~8 属于另一个连通块。

矩阵法通过定义矩阵乘法运算再利用连通性的传递性质及对称性质，得出表示节点间关联关系的矩阵，这种方法较为直观，分析过程清晰，数据组织简单，可节省 CPU 时间，因此适用于电网任何接线方式的拓扑分析。

五、矩阵法分析发电厂电气主接线连接关系实例

以某电厂主接线为例，如图 4-18 所示，采用矩阵法进行网络拓扑分析。分析的目标如下：

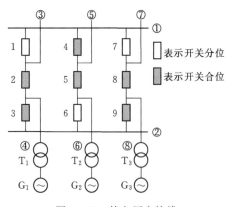

图 4-18 某电厂主接线

（1）两条母线的连通关系。

（2）两条母线与三台机组之间的连通关系。

利用矩阵法来进行拓扑分析步骤可概括为如下的三个步骤：

（1）形成网络连接关系的邻接矩阵 A。根据上图的开关状态及网络拓扑结构，由于变压器和机组之间直接连接，没有开关元件，可把相连的变压器和机组等效为一个设备，于是节点定义为如图圆圈数字编号①、②、③、④、⑤、⑥、⑦、⑧ 八个节点，节点间连接支路定义为如图数字编号 1、2、3、4、5、6、7、8、9 九个支路。形成网络连接关系的邻接矩阵 A，如图 4-19 所示。

（2）对形成的邻接矩阵进行（$n-1$）次自乘运算，得到网络的全连通矩阵 T，如图 4-20 所示。

$$A = \begin{bmatrix} 1 & 0 & 0 & 0 & 1 & 0 & 0 & 0 \\ 0 & 1 & 0 & 1 & 0 & 0 & 0 & 1 \\ 0 & 0 & 1 & 1 & 0 & 0 & 0 & 0 \\ 0 & 1 & 1 & 1 & 0 & 0 & 0 & 0 \\ 1 & 0 & 0 & 0 & 1 & 1 & 0 & 0 \\ 0 & 0 & 0 & 0 & 1 & 1 & 0 & 0 \\ 0 & 0 & 0 & 0 & 0 & 0 & 1 & 1 \\ 0 & 1 & 0 & 0 & 0 & 0 & 1 & 1 \end{bmatrix} \qquad T = A^7 = \begin{bmatrix} 1 & 0 & 0 & 0 & 1 & 1 & 0 & 0 \\ 0 & 1 & 1 & 1 & 0 & 0 & 1 & 1 \\ 0 & 1 & 1 & 1 & 0 & 0 & 1 & 1 \\ 0 & 1 & 1 & 1 & 0 & 0 & 1 & 1 \\ 1 & 0 & 0 & 0 & 1 & 1 & 0 & 0 \\ 1 & 0 & 0 & 0 & 1 & 1 & 0 & 0 \\ 0 & 1 & 1 & 1 & 0 & 0 & 1 & 1 \\ 0 & 1 & 1 & 1 & 0 & 0 & 1 & 1 \end{bmatrix}$$

图 4-19　邻接矩阵　　　　　　　　　图 4-20　全连通矩阵

（3）分析得到的全接通矩阵 T，判断母线与母线、母线与机组连接关系。分析两条母线的连通关系就是分析母线节点①与母线节点②的连通关系，分析两条母线与三台机组之间的连通关系，也就是母线节点①与机组节点④、⑥、⑧的连通关系。利用行比较法找出所有完全相同的行，由图 4-20 所示全连通矩阵 T 可知，第 1、5、6 行完全相同，说明节点①、⑤、⑥是联连通的，第 2、3、4、7、8 行完全相同，说明节点②、③、④、⑦、⑧是联连通的。第一条母线节点为①，第二条母线节点为②，处于两个连通区域，所以两条母线是分列运行的。第一台机组节点编号为④，第二台机组节点编号为⑥，第三台机组节点编号为⑧，节点编号⑥处于第一个连通区域，说明第二台机组与第一条母线连接。节点④和节点⑧处于第二个连通区域，说明第一台机组和第三台机组与第二条母线连接。AVC 调整时，两条母线分别接收各自电压目标值指令，第一条母线通过调节第二台机组的无功使母线电压达到目标值，第二条母线通过调节第一台机组和第三台机组的无功使母线电压达到目标值。

第五节　实 时 数 据 交 换

AVC 控制系统运行的前提是保持电力系统中的各发电机均应运行在额定的功率、功率因数、电压、电流的范围以内，并保持发电厂高压母线电压在允许范围内。AVC 控制系统需要与发电厂内多种设备连接，采集设备实时数据，并能向设备发送无功调节指令，同时 AVC 也要与上级调度接口，接收母线电压指令，也要把当前 AVC 采集和生成的重要信息上传给上级调度。

一、AVC 与上级调度的数据交换

（一）交换的数据

1. 遥测量

AVC 子站向上级调度 AVC 主站转发的遥测量包括母线电压实时值、远方指令返回值、无功上下限值。

2. 遥信量

AVC 子站向上级调度 AVC 主站转发的遥信量包括远方就地状态、闭锁状态。

3. 遥调量

AVC 主站向 AVC 子站下发高压侧母线电压目标值或增量值，有些主站还会同时下发高压侧母线电压参考值，参考值与母线电压实时值相差太大时，则指令值无效。有些主站也会下发母线总无功上限值和下限值，AVC 子站调节过程中，母线总无功当前值不能超出上限值和下限值之间的范围。

（二）数据传输接口

目前 AVC 系统多数采用两种调度端 AVC 主站和电厂端 AVC 子站的连接方式，其中一种方式如图 4-21 所示，AVC 主站通过数据专用通道与厂站端的 AVC 子站相连接，原有的远动通道仍保留已有的上下行四遥功能。另一种方式如图 4-22 所示，即 AVC 主站通过远动通道及 RTU 和厂站端的 AVC 子站相连接，这种方式简单、适用。

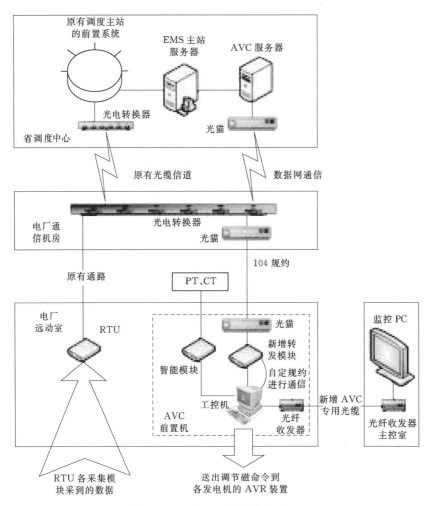

图 4-21　AVC 系统连接方式一

图 4-21 表示在省调度中心设置了 AVC 服务器，通过与 EMS 主站服务器进行数据交换，获得电网有关信息，在完成 AVC 主站有关计算分析任务后，把各个电厂的高压母线电压目标值通过数据网信道下发给各电厂的 AVC 子站，由 AVC 子站根据高压母线电压目标值去优化分配各厂内无功设备的无功功率。AVC 子站的重要信息仍通过数据网信道上传给省调度中心。省调度中心 AVC 主站服务器与发电厂侧 AVC 子站的通信规约通常用 IEC 104 规约。

图4-22表示了在省调度中心设置了AVC服务器，通过与EMS主站服务器进行数据交换，获得电网有关信息，在完成AVC主站有关计算分析任务后，把各个电厂的各台发电机组的无功功率目标值通过升压站监控系统NCS（或RTU）信息通道下发给各电厂的NCS装置，由NCS（或RTU）装置的遥调出口发送给AVC子站，AVC子站重要信息仍由NCS（或RTU）装置上传给省调度中心。AVC子站与NCS之间的物理通道大多为以太网或串口方式，如果物理通道为串口，则AVC子站与NCS的通信规约多采用IEC 101，如果物理通道为以太网，则AVC子站与NCS的通信规约多采用IEC 104。

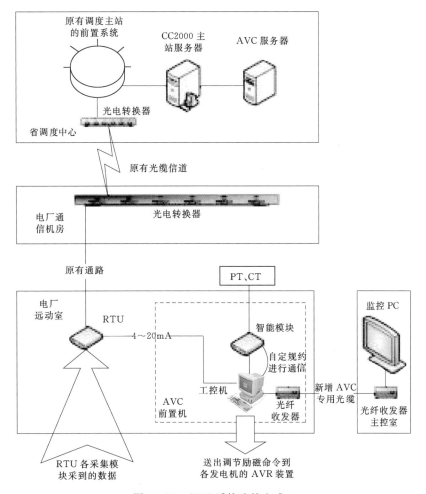

图4-22　AVC系统连接方式二

二、AVC与升压站监控系统的数据交换

（一）交换的数据

1. 遥测量

AVC子站从升压站监控系统采集的遥测量包括与主变高压侧母线连接的发电厂出线电流、有功、无功，主变高压侧母线电压，主变高压侧电流、有功、无功，主变低压侧电

流、有功、无功，主变低压侧母线电压，主变低压侧母线各进线电流、有功、无功。

2. 遥信量

AVC 子站从升压站监控系统采集的遥信量包括开关状态、刀闸状态。

3. 遥控量

AVC 子站通过升压站监控系统实现电容器投切、主变分接头升降或急停（目前国内变电站的主变分接头控制主要采用遥控方式实现）。

（二）数据传输接口

1. 使用 AVC 调节装置采集升压站的实时数据

这种方法利用 AVC 装置中自带的数据采集器件获取所需要的实时数据。

（1）优点。使用这种方式时数据的采集、闭环控制均由 AVC 调节装置独立完成，对外界的依赖性小，由于采集的信息量小，实时数据刷新快，对控制比较有利。

（2）缺点。采集到的实时数据与上级调度进行无功功率计算的数据不同源，即数据有可能会不一致；另外还需在二次回路中增加变送器，增加二次回路的负担，也增加了额外费用。

2. 共享 NCS（升电站监控系统）已采集的实时数据

由于 AVC 调节所需的信息 NCS 系统均已采集，可在 AVC 子站增加一个串口或网口，通过电力系统通用的标准规约（如 IEC 101 或 IEC 104 等）接收远动装置或计算机监控系统发出的实时数据。

（1）优点。能与上级调度所接收的数据保持一致，对考核较为有利，对发电厂高压母线电压控制有利。

（2）缺点。对远动装置或计算机监控系统的依赖性大，数据更新较本小节方式 1 慢。

AVC 子站之间的物理通道大多为以太网或串口方式。如果物理通道为串口，则 AVC 子站与 NCS 的通信规约多采用 IEC 101，个别电厂采用部颁 CDT 规约；如果物理通道为以太网，则 AVC 子站与 NCS 的通信规约多采用 IEC 104。

三、AVC 与同步发电机的数据交换

同步发电机的无功调节是通过 AVR（自动励磁调节器）进行的。由于目前多数励磁调节器不提供数字通信接口，所以 AVC 装置与 AVR 进行数据交换，需额外配有模拟量输入模块、数字量输入模块、数字量输出模块。

（一）交换的数据

1. 遥测量

遥测量包括转子电流、机端电压、厂用电电压、有功功率、无功功率、机组定子电流、无功上限、无功下限。

2. 遥信量

遥信量包括 AVR（自动励磁调节器）保护动作总信号、AVR 故障、机组 AVC 投入/退出等信息。

3. 遥调量

遥调量包括增磁、减磁指令。

（二）数据传输接口

1. 数据采集接口

机端电压、机组有功功率、机组无功功率、机组定子电流可通过 NCS 获得，转子电流、厂用电电压需独立采集，经变送器与 AVC 子站下位机连接，AVC 子站下位机与 AVC 子站上位机之间一般距离较远，多采用光纤连接，光纤两端转换为串口，AVC 子站下位机与 AVC 子站上位机之间的传输规约可采用 MODBUS。

2. 无功上限、无功下限的确定

发电机组的运行总受一定条件，如定子绕组温升、励磁绕组温升、原动机功率等的约束。这些约束条件决定了发电机组发出的有功、无功功率有一定的限额。以下以隐极汽轮发电机为例，介绍如何以图解法按这些约束条件确定发电机组的运行限额。图 4-23（a）所示为隐极式发电机组的相量图，并认为这一相量图是按发电机组的额定运行条件绘制的。然后设想图中所有相量都乘以 U_N/x_d，图中 OB 的长度就代表发电机的额定视在功率 S_N，从而 $OC=OB\cos\varphi_\text{N}$，代表发电机的额定有功 P_N，$Ob=OB\sin\varphi_\text{N}$ 代表额定无功功率 Q_N。据此，就可以在图 4-23（b）所示纵、横轴分别代表发电机组所发有功、无功功率的平面上确定它的运行极限。

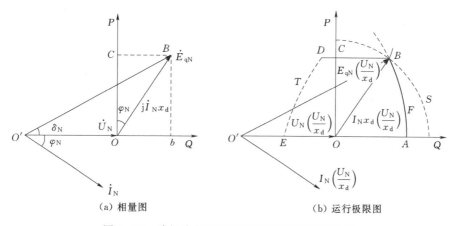

（a）相量图　　　　　　　（b）运行极限图

图 4-23　隐极式发电机组的相量图和运行极限图

（1）定子绕组温升约束。定子绕组温升取决于定子绕组电流，也就是取决于发电机的视在功率。当发电机在额定电压下运行时，这一约束条件就体现为其运行点不得越出以 O 点为圆心、以 OB 为半径所作的圆弧 S。

（2）励磁绕组温升约束。励磁绕组温升取决于励磁绕组电流，也就是取决于发电机的空载电势。这一约束条件体现为发电机的空载电势不得大于其额定值 E_qN，也就是其运行点不得越出以 O' 圆心、线段 $O'B$ 为半径所作的圆弧 AB。

（3）原动机功率约束。原动机的额定功率往往就等于它所配套的发电机的额定有功功率。因此，这一约束条件就体现为经 B 点所作与横轴平行的直线 BD。

（4）其他约束。其他约束出现在发电机以超前功率因数运行的场合。它们有定子端部温升、并列运行稳定性等的约束。其中，定子端部温升的约束往往最为苛刻，而这一约束条件通常都需通过试验确定，并在发电机的运行规范中给出，图 4-23（b）中的虚线 DE

只是一种示意，它通常在发电机运行规范书中规定。

由此可见，隐极式发电机组的运行极限就体现为图 4-23（b）中直线段 EA、弧 AB、线段 BD 和虚线 DE 所包围的面积。发电机发出有功、无功功率所对应的运行点位于这一面积内时，发电机组可保证安全运行。由此可见，发电机只有在额定电压、电流、功率因数下运行时，视在功率才能达额定值，其容量才能最充分地利用；发电机发出的有功功率小于额定值 P_N 时，它所发出的无功功率允许略大于额定条件下的 Q_N。

3. 无功指令接口

目前多数励磁调节器提供给外部的增减磁接口为两个按钮，一个增磁，一个减磁，按钮按下时间越长，给定量越大；按下时间越短，给定量越小。AVC 装置可以通过继电器节点，模拟增减磁按钮与手动增减磁按钮输出接点并联，向励磁调节器输出脉冲给定量。脉冲越长，给定值越大，脉冲越短，给定值越小。这样既可以由操作员手动增减磁，也可以由 AVC 装置自动增减磁。AVC 增减励磁脉冲输出信号通常采用无源接点。为防止继电器的节点粘死，输出节点应如图 4-24 所示，由 2 个继电器 4 对节点并、串而成。

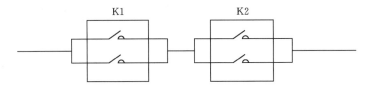

图 4-24　脉冲输出继电器接口

K1、K2 分别为两个继电器各自的两对触点，每个继电器的两对触点先并联，然后与另一个继电器串联。当 AVC 装置与励磁调节装置（AVR）相距较远（如大于 $100\sim150$m）时，为了保证可靠性及节约电缆投资，应当把 AVC 的执行元件（含接口电路）放置在励磁调节装置（AVR）机柜附近。为了避免人工调节与自动调节同时进行，可增加人工、自动切换把手。

这种继电器干接点电路，不仅适用于新型数字式励磁调节器，也适用于某些模拟式励磁调节器。采用这种接口方式，具有经济、可靠、便于实现的特点。

在一个调节过程中 AVC 装置可以根据分配好的机组无功功率目标值 Q_m 与机组实发功率 Q_s 之间的差值 ΔQ 大小，决定发送给励磁调节器的调节脉冲的宽度 ΔT_1，当 ΔQ 大时，ΔT_1 就大，反之则小。随着调节过程的进行，ΔQ 会逐渐变小，调节脉冲的宽度 ΔT 也逐渐变小，即 $\Delta T_0 \geqslant \Delta T_1 \geqslant \Delta T_2 \geqslant \Delta T_3 \geqslant \Delta T_4$，…，如图 4-25 所示。

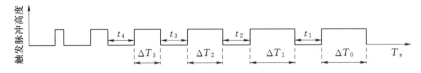

图 4-25　"等间隔变脉宽"的无功功率调节方法示意图

ΔT 与 ΔQ 之间的变化关系是非线性的，多变量函数关系，很难用数学关系式来准确描述，可通过试验，根据无功功率调节曲线来确定 $\Delta Q = f(\Delta T)$。

另外，还可采用如图 4-26 所示的等脉宽变间隔的控制方法，其中：$t_n > t_{n-1} > t_{n-2} > \cdots > t_0$。此时，由于应当考虑相关自动化设备的采样周期和励磁调节系统的反应速度，所以最小的脉冲间隔 t_0 不可太小，一般也得数秒之多，因此该方法不如间隔变脉宽方法的调节速度快、动态品质好。

注意：以上两种调节方法已被沈阳天河自动化工程有限公司于 2003 年申请发明专利，请勿模仿，以免引起侵权纠纷。

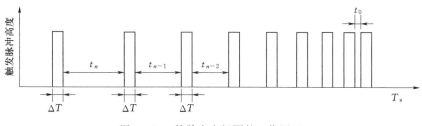

图 4-26　等脉宽变间隔的工作原理

四、AVC 与风力发电机群或光伏机群的数据交换

（一）交换的数据

1. 遥测量

遥测量包括机群总有功、机群总无功，机群总无功上限（或机群可增加无功）、机群总无功下限（或机群可减少无功）、机群无功指令返回值。

2. 遥信量

遥信量包括 AVC 投入/退出。

3. 遥调量

遥调量包括机群无功指令。

（二）数据传输接口

目前 AVC 子站与机群管理系统的通信的物理通道多为以太网，通信规约主要为 MODBUS、TCP、IEC 104、OPC 等。

五、AVC 与 SVG 或 SVC 的数据交换

（一）交换的数据

1. 遥测量

遥测量包括电压、电流、无功，无功指令返回值。

2. 遥信量

遥信量包括 AVC 投入/退出。

3. 遥调量

遥调量包括无功指令。

（二）数据传输接口

AVC 子站与 SVG（或 SVC）的通信的物理通道多为 RS485 串口，通信规约主要为

MODBUS。

六、AVC 与风力发电机的数据交换

（一）交换的数据

1. 遥测量

遥测量包括电压、电流、有功、无功、功率因数、无功上限、无功下限、无功指令返回值。

其中，无功上限、无功下限一般不能直接从风机得到，需根据风机说明书获取。理论上风机的无功上限、无功下限与机组视在功率容量及当前有功功率有关，实际运行中，通常风机厂家对无功的调节设定一个固定的无功上下限值或固定的功率因数上下限值。如果风机以恒功率因数方式运行，无功指令要转换成功率因数指令（即利用当前有功功率和无功指令值计算功率因数指令值）再下发给风机。

2. 遥信量

遥信量包括 AVC 投入/退出、启停机状态、并网状态、故障状态、检修状态、限功率状态。

3. 遥调量

遥调量包括无功（或功率因数）指令。

（二）数据传输接口

AVC 子站一般不直接与风机控制器直接连接通信，需要通过机群管理系统转发风机的数据。

七、AVC 与光伏逆变器的数据交换

（一）交换的数据

1. 遥测量

遥测量包括电压、电流、有功、无功，功率因数、无功上限、无功下限、无功指令返回值。

其中，无功上限、无功下限一般不能直接从逆变器得到，需根据光伏逆变器说明书获取。理论上无功上限、无功下限与逆变器视在功率容量及当前有功功率有关，实际运行中，通常逆变器厂家对无功的调节设定一个固定的无功上下限值或固定的功率因数上下限值。如果逆变器以恒功率因数方式运行，无功指令要转换成功率因数指令。

2. 遥信量

遥信量包括 AVC 投入/退出；光伏逆变器主接触器状态；光伏逆变器并网开关状态、故障状态、检修状态、告警状态。

3. 遥调量

遥调量包括无功（或功率因数）指令。

（二）数据传输接口

AVC 子站一般不直接与光伏逆变器直接连接通信，需要通过一个或多个光伏逆变器通信集中转发系统转发光伏逆变器的数据，AVC 子站与集中转发系统的通信的物理通道

多为以太网，通信规约主要为 MODBUSTCP、IEC 104、OPC 等。

第六节 安全闭锁与解除

为使 AVC 系统能安全、可靠地运行，控制系统应具有完善的闭锁功能，当发电厂运行出现异常或控制对象出现异常以及 AVC 设备本身出现异常情况时，应能自动及时地停止调节，闭锁相应的控制输出。一般认为闭锁问题是 AVC 能否正常、可靠运行的最大问题，如果 AVC 的闭锁系统不完善、闭锁条件不全面、闭锁限值设置不合理、闭锁速度不够快，就会对发电厂的安全运行带来严重威胁。特别是当保护动作信号发生时，如果 AVC 不及时闭锁会带来严重的后果。例如，电容器保护动作跳闸后，若 AVC 不及时闭锁而在很短的时间内使电容器开关再次合闸，则电容器可能由于带电荷合闸而发生爆炸。

由于 AVC 的数据是通过通信方式采集和发送的，当通信中断时，数据停止刷新，此时 AVC 子站应及时闭锁。

AVC 的数据也可能是经过通信中转几次后所得到的，数据中转环节出现故障，也会造成数据长时间停止刷新，形成老数据，老数据出现时，AVC 子站也应及时闭锁。

异常情况解除后，AVC 闭锁解除包括人工复归和自动复归两种。人工复归是指进行人工（手动）操作，解除闭锁状态；自动复归是指闭锁原因消失后，自动解除闭锁状态。

一、AVC 自身闭锁

1. 开机时的闭锁

AVC 程序重启后，AVC 调整功能不应该立刻进入闭环调整状态，应该先闭锁一段时间，等待其他功能模块初始化完成，数据采集正确时再进行闭环调整。

2. AVC 开环时的闭锁

当 AVC 设置为开环状态时，AVC 停止自动闭环调整，此时可以通过人机界面操作向无功设备下发调节指令。这种情况适合 AVC 调试期间对单台设备操作进行调试。

3. 半闭环时的闭锁

当 AVC 设置为半闭环状态时，AVC 向无功设备下发无功指令前，弹出一对话框，告知某台设备下发指令的值，询问对某台设备是否下发指令。当人工选择"是"，AVC 执行指令下发，选择"否"或等待超时，AVC 取消本次指令下发。这种情况适合调试 AVC 闭环调整逻辑，避免因设备参数设置错误造成设备调节误操作。

4. 主备机切换时的闭锁

AVC 装置处于备机状态时，应闭锁与 AVC 外部设备的通信连接，同时闭锁 AVC 自动调整，只接收来自主机的信息。AVC 装置升级为主机时，自动解除闭锁。

5. AVC 装置自检异常时的闭锁

控制装置自检异常时，如某些重要功能模块的进程（或线程）退出或死锁，AVC 应闭锁所有的操作指令，并发报警信号。闭锁和报警需手动解除。

二、母线闭锁

1. 母线退出、停运或检修时的闭锁

AVC 子站可以管理两条以上的母线电压的调整，当某条母线人工设置为退出或停运、检修时，AVC 闭锁对该母线调整。

2. 远方就地控制时的闭锁

AVC 子站长时间接收不到正确指令时，自动从远方状态转为就地状态，当人工设定不使用就地调整功能时，闭锁 AVC 对该母线调整。

3. 无效指令闭锁

当 AVC 检测到某条母线的指令无效，如超过指令最大值或小于指令最小值，闭锁更新该母线的指令值。

4. 双量测偏差大时的闭锁

如果 AVC 子站采用双重量测，如果双量测偏差过大，闭锁对母线的操作，并发报警信号，数据正常时，闭锁自动解除。

5. 并列母线电压差闭锁

当两条母线并列运行时，理论上两条母线电压相同，但因两条母线上的电压传感器不同等原因，两个母线电压数据会有些偏差，当偏差太大时闭锁对母线的操作，并发报警信号，压差恢复正常时，闭锁自动解除。

6. 通信故障闭锁

当与母线相关的数据采集通道发生通信故障时，闭锁对母线的操作，并发报警信号，故障恢复时，闭锁自动解除。

7. 老数据闭锁

当母线电压长时间不刷新，形成老数据。应闭锁对母线的操作，并发报警信号，数据恢复正常时，闭锁自动解除。

8. 参考电压差值闭锁

当收到 AVC 主站下发的母线参考电压时，和实际运行的母线电压比较，差值如果太大，说明 AVC 主站与 NCS 的通信可能发生故障，应闭锁该对母线的操作，并发报警信号，数据恢复正常时，闭锁自动解除。

9. 全厂无功越限闭锁

当母线总无功实际值大于设定的总无功上限，或小于总无功下限时，应闭锁该对母线的调整，并发报警信号，数据恢复正常时，闭锁自动解除。

10. 主变保护动作时的闭锁

主变保护、主变本体或有载调压重瓦斯动作时，闭锁 AVC 并发报警信号。当主变重新投入运行时，手动解除闭锁和报警。两台主变并列运行时，若有一台主变出现故障保护动作跳闸时应闭锁两台主变的调档指令。

11. 电压互感器（PT）断线时的闭锁

PT 断线时应闭锁该母线调整，并发报警信号，数据恢复正常时，闭锁自动解除。若PT 断线而 AVC 不及时闭锁，会导致 AVC 不断地将受控母线电压向上抬高，产生严重后果。

12. 电网电压异常时的闭锁

当主变低压侧母线电压高于额定电压的 10％ 或低于额定电压的 75％～85％ 时，闭锁 AVC 并发报警信号。电压恢复正常时自动解除闭锁。可将电压异常闭锁值范围整定得比保护动作整定值范围小一些，这样 可使 AVC 在电容器欠压保护和过压保护动作前已经闭锁，在二次回路断线时也可及时闭锁。

三、同步发电机组自动励磁系统的闭锁

主要指对火厂、水厂同步发电机自动励磁系统的闭锁。

1. 机组退出、停运或检修时的闭锁

人工设置为机组退出或停运、检修时，AVC 闭锁对该机组调整。

2. 通信故障时的闭锁

当与机组相关的数据采集通道发生通信故障时，闭锁该机组操作，并发报警信号，故障恢复时，闭锁自动解除。

3. 老数据闭锁

当机组相关的数据长时间不刷新，形成老数据。应闭锁该机组操作，并发报警信号，数据恢复正常时，闭锁自动解除。

4. 无功越限闭锁

无功越上限时，闭锁无功上调；无功越下限时，闭锁无功下调；无功恢复正常时，自动解除闭锁。

5. 低频振荡闭锁

检测到机组产生低频振荡时，闭锁无功上调和下调操作；数据恢复正常时，自动解除闭锁。

6. 双量测闭锁

双量测偏差大时，闭锁无功上调和下调操作；数据恢复正常时，自动解除闭锁。

7. 机端电压越限闭锁

机端电压越上限时，闭锁无功上调；机端电压越下限时，闭锁无功下调；电压恢复正常时，自动解除闭锁。

8. 厂用电越限闭锁

厂用电电压越上限时，闭锁无功上调；厂用电电压越下限时，闭锁无功下调；电压恢复正常时，自动解除闭锁。

9. 有功越下限闭锁

有功越下限时，应该是机组刚启机状态，此时 AVC 不参与调整，闭锁无功上调和下调操作，有功恢复正常时，自动解除闭锁。

10. 转子电流越限闭锁

转子电流越上限时，闭锁无功上调；转子电流越下限时，闭锁无功下调；电流恢复正常时，自动解除闭锁。

11. 励磁保护动作闭锁

收到励磁保护动作信号时，闭锁该机组的无功调整，并发报警信号，励磁保护复归时，需手动解除闭锁。

四、连续调整无功设备的闭锁

主要指 SVG、SVC、风力发电机群、光伏发电机群、储能设备等的闭锁。

1. 无功设备退出、停运或检修闭锁

人工设置为无功设备退出或停运、检修时，AVC 闭锁对该无功设备调整。

2. 通信故障闭锁

当与无功设备相关的数据采集通道发生通信故障时，闭锁对该无功设备的操作，并发报警信号，故障恢复时，闭锁自动解除。

3. 老数据闭锁

当无功设备相关的数据长时间不刷新，形成老数据。应闭锁该无功设备操作，并发报警信号，数据恢复正常时，闭锁自动解除。

4. 无功越限闭锁

无功越上限时，闭锁无功上调；无功越下限时，闭锁无功下调；无功恢复正常时，自动解除闭锁。

5. 过流闭锁

无功设备输出电流过流时，应闭锁无功向绝对值增加方向调整。电流恢复正常时，自动解除闭锁。

6. 主变低压侧母线越限

与设备连接的主变低压侧电压越上限时，闭锁无功上调；电压越下限时，闭锁无功下调，电压恢复正常时，自动解除闭锁。

五、主变有载调压闭锁条件

1. AVC 退出、停运或检修时的闭锁

当该设备的退出、停运或检修遥信信号处于合状态时，AVC 应闭锁对该设备的调节。

2. 主变并列错挡

两台主变并列运行时，为防止出现环流，一般规定各主变必须处于同一挡位时才能参与调挡，当两台主变并列运行出现不同挡（错挡）时应闭锁对这两台主变的调挡指令，并发报警信号。闭锁和报警需手动解除。两台主变并列运行时必须保证同步调挡（同升同降），不能在单台主变上进行连续两次调挡操作。可采用主从方式对并列主变进行调挡，将处于越限状态的主变作为主调主变，另一台主变自动作为从调主变，主调主变分接头动作成功后，再调节从调主变。若主调主变动作未成功，AVC 将自动闭锁对这两台并列主变的调节；若从调主变动作未成功，AVC 将自动将主调主变回调，然后闭锁所有调挡指令并报警。

3. 主变调挡拒动

AVC 发出调挡指令后，在规定的动作延时内自动调节挡位，延时到了之后应进行校验以确定动作是否正确。如分接头连续发生两次拒动，应能及时闭锁该主变调挡指令并报警。闭锁和报警需手动解除。

4. 主变滑挡

在规定的调挡动作延时到了之后应立即切断分接头调节机构的电源，以防止发生滑挡故障。滑挡是指在规定的调挡动作延时内分接头连续升或降 2 挡及以上。发生滑挡时应能及时闭锁该主变调挡指令并报警。闭锁和报警需手动解除。滑挡时 AVC 应立即发出急停命令，切断分接头调节机构的电源。

5. 主变挡位异常

主变无挡位或空挡位时，闭锁调挡指令并报警。闭锁和报警需手动解除。

6. 主变分接头日调节次数达限

主变分接头 1 天的调节次数是有限制的，一旦越限则闭锁该主变的调挡指令并报警。每天的 0：00 时调节次数归 0，闭锁自动解除。

7. 主变分接头总调节次数达限

主变分接头总调节次数（检修调节次数）一旦越限则闭锁该主变的调挡指令。闭锁需手动解除。

8. 主变分接头挡位达上、下限

主变挡位达上、下限时，闭锁该主变在该方向的调挡指令，直至该主变出现反向调挡时自动解除闭锁。

9. 主变调挡动作延时未到

主变分接头调挡命令发出后，应设置一定的动作延时，此延时由分接头调节机构动作时间决定，可根据实际运行情况整定（如 40～60s）。主变调挡动作延时未到时，闭锁所有的调挡指令。调挡动作延时到之后，自动解除闭锁。

10. 主变本体或有载调压轻瓦斯动作、主变油温过高

当发生主变本体或有载调压分接开关轻瓦斯动作、主变油温过高等异常时闭锁调挡指令。

11. 主变过电流

主变有载调压装置只能在不超过额定负载的情况下进行调节，因此当主变高压侧电流超过定值（一般整定为 1.05 倍额定电流）时必须闭锁调挡指令并发报警信号。电流恢复正常时自动延时解除闭锁和报警。

12. 在规定的动作时间间隔内对控制对象发出相反的操作指令

控制装置对同一控制对象执行相反操作的最小时间间隔称为反向动作时间间隔。主变刚刚升挡后不宜立即降挡，刚刚降挡后不宜立即升挡。该时间间隔可整定为 5min。

六、电容器（电抗器）投切闭锁条件

1. 电容器（电抗器）停运或检修时的闭锁

当该电容器（电抗器）停运或检修状态时，AVC 应闭锁对该设备的调节。

2. 电容器（电抗器）保护动作

电容器（电抗器）保护动作时，闭锁电容器（电抗器）投切指令并发报警信号。闭锁

和报警需手动解除。

3. 电容器（电抗器）开关拒动

AVC 发出电容器（电抗器）投切指令后，在规定的动作延时到了之后电容器（电抗器）开关状态未改变，则表明电容器（电抗器）"拒投"或"拒切"。如电容器连续发生两次拒动，则闭锁电容器（电抗器）投切指令并报警。闭锁和报警需手动解除。

4. 主变低压侧母线电压越限

主变低压侧母线电压越上限时，闭锁该段母线上电容器的投入（电抗器切除）指令并报警。主变低压侧母线电压越下限时，闭锁该段母线上电容器的切除（电抗器投入）指令并报警。主变低压侧母线电压正常时自动延时解除闭锁和报警。

5. 电容器日投切次数达限

电容器日投切次数一旦越限则闭锁电容器投切指令并报警。每天的 0：00 时投切次数归 0，闭锁自动解除。

6. 电容器总投切次数达限

电容器总投切次数达限，闭锁电容器投切，需人工解除闭锁。

7. 电容器动作延时未到

电容器投切指令发出后，应设置一定的动作延时，此延时由电容器断路器动作时间决定，可根据实际运行情况整定（如 30～40s）。电容器投切动作延时未到时，闭锁所有的电容器投切指令。电容器投切动作延时到之后，自动解除闭锁。

8. 电容器投入引起高次谐波放大

电容器投入引起 3、5、7 等奇次谐波放大时，切除该电容器并闭锁其投入指令，发报警信号。

闭锁和报警需手动解除。也可在投电容前检测高次谐波分量，若超标则闭锁电容器投入指令。

9. 在规定的动作时间间隔内对控制对象发出相反的操作指令

控制装置对同一控制对象执行相反操作的最小时间间隔称为反向动作时间间隔。为了保证电容的放电时间和调压安全，电容刚刚切除不能立即投入，刚刚投入不宜立即切除；该时间间隔可整定为 5min。

第七节　无功设备的无功功率分配

无功功率分配是指在根据母线电压目标值，确定了全厂总无功功率目标值后，考虑当前可用无功设备的闭锁条件和无功出力极限，将全厂总无功功率分配给各台可用无功设备的方法。

一般火力发电厂、水力发电厂、核能发电厂中，发电设备为大型的同步发电机，同步发电机同时也是大的无功电源，此类发电厂无需安装其他类型的无功设备，因此对全厂总无功的目标值的分配只需在连接到同一母线各台可调的同步发电机之间进行分配。在工程上，多台同步发电机无功分配算法大多采用等功率因数分配法，此外还可采用与容量成比例分配法、平均分配法、等微增率分配法、人工智能算法等。

一、与容量成比例分配法

与容量成比例分配法可用如下公式表示：

$$Q_i = Q_{m\Sigma} \times \frac{Q_{i\max}}{\sum\limits_{i=1}^{n} Q_{i\max}} \quad (i=1,2,\cdots,n) \tag{4-13}$$

式中：n 为参加分配无功设备的个数；$Q_{i\max}$ 为参加分配的第 i 台机组的最大无功容量；$\sum\limits_{i=1}^{n} Q_{i\max}$ 为参加分配无功设备的最大无功容量之和；Q_i 为分配到第 i 台参加分配无功设备的无功功率；$Q_{m\Sigma}$ 为待分配总无功功率。

二、平均分配法

平均分配法可用如下公式表示：

$$Q_i = \frac{Q_{m\Sigma}}{n} \quad (i=1,2,\cdots,n) \tag{4-14}$$

式中：n 为参加分配无功设备的个数；$Q_{m\Sigma}$ 为待分配总无功功率；Q_i 为分配到第 i 台参加 AVC 调节的无功设备的无功功率目标值。

三、等功率因数法

等功率因数法是针对具有无功补偿能力的发电机组设备之间进行无功分配，等功率因数是根据获得的无功目标值总和，并结合机组的当前有功功率总和，计算出调节完成后的功率因数，根据这一功率因数确定各台具体机组的无功目标值，可用以下公式表示：

$$\cos\varphi = \sqrt{\sum P_i^2 / (\sum P_i^2 + Q_{m\Sigma}^2)}$$
$$Q_i = P_i \tan\varphi \tag{4-15}$$

式中：$\sum P_i$ 为参加分配机组的当前有功总和；$Q_{m\Sigma}$ 为待分配总无功功率；P_i 为参加分配的第 i 台机组的当前有功功率；Q_i 为确保各个机组功率因数相等进行分配所确定的第 i 台机组的无功功率。

如果各台机组参数相同或相接近，根据此法进行各台并联机组间无功分配，可以使各机组间因机组内电势大小及相角不相同引起的内部环流及因环流而产生的功率损耗减少，故此法是一种无功优化分配的方法，为国内广泛应用。但是，应当指出的是，由于无功分配与功率因数有关，也就是与有功功率有关，所以对于有功功率频繁波动的机组，当所采用的 AVC 装置的调节速度较慢时，很容易产生无功功率调整不稳定的现象。当然，凡与有功功率有关的分配方法，均有类似问题。例如，我国西南某大型水电站是本区的主要调频厂，AVC 不投运的情况下 AGC 可稳定运行，一旦 AVC 投入运行，则出现功率严重波动现象，其原因就是该厂是主要调频厂，有功功率变化频繁，而其 AVC 装置又采用了等功率因数法，加之 AVC 的调节速度也不够快，便出现了这种现象。

四、等微增率分配法

等微增率分配法是指在确定了母线总无功功率注入量后，如何将此无功功率最优分配给各台运行发电机组的方法。

机组发无功的能力与同时发出的有功有关，由发电机的 $P-Q$ 图决定。为了保证机组的安全稳定运行，分配各台机组无功功率时须考虑机组的各项指标，应满足以下条件：

（1）机组的定子电流在定子发热的容许范围内。

（2）机组的转子电流在转子发热的容许范围内。

（3）机组的端电压在容许范围内。

（4）机组在具有一定稳定裕度的稳定范围内。

以上安全稳定限制条件转化为无功功率的上、下限值。无功优化的目的在于降低发电厂内网络中的有功功率损耗，因此以有功损耗最小为目标函数，且需满足无功功率平衡约束方程，还要满足变量约束条件。

有功损耗最小为目标函数为：

$$\min(P_{\text{loss}}) = \min\{\sum_{i=1}^{n}(P_{\text{m}i}^2 + Q_{\text{m}i}^2)R_{\text{t}i}/U_{\text{m}}^2\} \qquad (4-16)$$

式中：n 为参与无功调整的机组总台数；$P_{\text{m}i}$ 为第 i 台机组接入母线侧的有功功率注入量；$Q_{\text{m}i}$ 为第 i 台机组接入母线侧的无功功率注入量；U_{m} 为站内母线电压；$R_{\text{t}i}$ 为变压器折算至高压侧的电阻。

无功功率平衡约束方程为：

$$\sum_{i=1}^{n}Q_{\text{m}i} - Q_{\text{m}\Sigma} = 0 \qquad (4-17)$$

式中：$\sum_{i=1}^{n}Q_{\text{m}i}$ 为各参与分配机组接入母线侧的无功功率注入量总和；$Q_{\text{m}\Sigma}$ 为维持母线电压所需的总无功注入量，即待分配总无功功率。

变量约束条件为：

$$Q_{i\min} \leqslant Q_{\text{m}i} \leqslant Q_{i\max} \quad (i=1,2,\cdots,n) \qquad (4-18)$$

式中：$Q_{i\max}$ 为第 i 台机组接入母线侧无功功率的最大限值；$Q_{i\min}$ 为第 i 台机组接入母线侧无功功率的最小限值。

由机组机端发出无功功率的最大、最小无功限值主要受到定子发热、转子发热、机端电压以及静稳等条件的限制。

无功分配时，应保证各机组机端电压在安全极限内，同时尽可能同步变化，保持相似的调控裕度，在计算无功功率最优分配时，通常不等式约束条件可以暂不考虑，待算出结果后，进行检验。

设 n 台机组的无功功率最优分配值 $Q_{\text{m}i}$。先根据已列出的目标函数式（4-16）和相等约束条件式（4-17）建立新的、不受约束的目标函数 F，即建立拉格朗日函数：

$$F = P_{\text{loss}} - \lambda(\sum_{i=1}^{n}Q_{\text{m}i} - Q_{\text{m}\Sigma}) \qquad (4-19)$$

式中：λ 为拉格朗日乘数。

由于拉格朗日函数中有 $n+1$ 个变量，即 n 个 $Q_{\text{m}i}$ 和一个拉格朗日乘数 λ，求取最小值时，对 $Q_{\text{m}i}$ 和 λ 取偏导数等于零，即

$$\begin{cases} \dfrac{\partial F}{\partial Q_{mi}} = \dfrac{\partial P_{loss}}{\partial Q_{mi}} - \lambda = 0 \quad (n=1,2,\cdots,n) \\ \dfrac{\partial F}{\partial \lambda} = \sum\limits_{i=1}^{n} Q_{mi} - Q_{m\Sigma} = 0 \end{cases} \tag{4-20}$$

式（4-20）可改写为：

$$\begin{cases} \dfrac{\partial P_{loss}}{\partial Q_{m1}} = \dfrac{\partial P_{loss}}{\partial Q_{m2}} = \cdots = \dfrac{\partial P_{loss}}{\partial Q_{mn}} = \lambda \\ \sum\limits_{i=1}^{n} Q_{mi} - Q_{m\Sigma} = 0 \end{cases} \tag{4-21}$$

由式（4-16）、式（4-21）中得到 $\dfrac{\partial P_{loss}}{\partial Q_{mi}} = \dfrac{2Q_{mi}R_{ti}}{U_m^2} = \lambda$，因此：

$$Q_{mi} = \dfrac{\lambda U_{mi}^2}{2R_{ti}} \tag{4-22}$$

式（4-22）代入式（4-21），得到：

$$Q_{mi} = Q_{m\Sigma} \Big/ \left(R_{ti} \sum_{i=1}^{n} \dfrac{1}{R_{ti}} \right) \tag{4-23}$$

以上没有引入不等约束条件，实际计算时，当某一变量 Q_{mi} 超越它的上限 Q_{mimax} 或下限 Q_{mimin} 时，可取 $Q_{mi} = Q_{mimax}$ 或 Q_{mimin}。

等微增率法计算简单，不须迭代，计算速度快，且考虑了网络损耗。但在计算过程中未考虑不等式约束条件，需要算出结果后进行校验，因此不能最大限度地降低网络损耗。

第八节　无功设备的调整策略

一、集中控制与分散控制

在风力发电场、太阳能光伏电站以及风光储混合发电站等绿色能源发电厂中，可以利用无功集中补偿设备（如 SVC、SVG、MCR 等）、分组投切电容（抗）器组等静态补偿装置的无功容量来实现无功电压的调整。随着风机制造技术的日臻成熟，由双馈风力发电机、直驱型永磁同步风力发电机、太阳能逆变器等构成的发电厂中，发电机可以利用 PQ 解耦控制方式，具备一定的无功电压调节能力。因此，此类电厂 AVC 子站也可利用双馈风力发电机、直驱型永磁同步风力发电机、太阳能逆变器的无功电压调节能力进行无功控制，进而减轻电网的调压负担。风力发电场和太阳能光伏电站 AVC 子站对发电机无功控制方式可分为以下两种情况：

（一）通过机群能量管理系统对发电机控制

大多数风力发电场和太阳能电站具备机群能量管理系统，用来实时监控机群内各台发电机组各种电气参数，并能控制机组启停和调整机组有功、无功出力。如果机群能量管理系统具备机群无功指令接收功能，并能自动调节集群内各机组无功出力，可以把整个机群等值为一个大的无功设备，AVC 只需计算机群无功出力目标值，然后将目标值发送到机群能量管理系统，由机群能量管理系统一负责优化分配各机组的无功出力目标值，然后向各机组下发无功调整指令，从而调整机群的总无功。

（二）直接对发电机控制

如果机群能量管理系统不具备机群无功指令接收和自动调节机群总无功出力的功能，AVC 可以先将机群等值为一个大的无功设备，计算整个机群无功出力目标值后，再计算分配给各机组的无功出力目标值，然后直接向各机组下发无功调整指令，从而调整机群的总无功。

二、不同种类无功设备协调控制

各种无功设备中，发电机组和静止无功补偿设备（SVG、SVC）属于快速、连续调整设备。而分组投切电容（抗）器、变压器分接头，通常使用遥控方式实现设备操作，且不能频繁操作，属于慢速、离散调整设备。由于风力发电场、太阳能光伏电站以及风光储混合发电站等绿色能源发电厂内无功设备种类较多，数量较大，可能既有离散调节的无功设备，又有连续调节的无功设备，各种无功设备调整速度也不一样，所以此类发电厂的无功分配既要考虑同种类设备之间的无功分配，又要考虑多种不同性能设备间的协调分配，从而协调控制离散型设备、连续型设备，协调控制快速设备、慢速设备，并保证风电场留有充足的调节速度较快的动态无功补偿容量。

（一）连续、快速调节设备和离散、慢速无功设备之间协调控制

当收到高压侧母线电压指令后，为快速使高压侧母线电压达到目标值，应优先对连续、快速调节设备进行无功分配，当连续、快速调节设备不能满足要求时，再启用离散、慢速设备进行分配。考虑到电网发生事故时，发电厂应具有足够的低电压和高电压穿越能力，所以发电厂应尽可能为连续、快速无功调节设备预留一定的调节裕度。AVC 子站在母线电压满足 AVC 主站的指令要求、调节空闲时，应该进行无功的置换。例如某风力发电厂既具有 SVG，由具有电容器组，当 SVG 处于发容性无功状态时，且无功数值大于电容器组中单台电容器的容量时，可考虑投入一台电容器，然后减少 SVG 的容性无功，使母线电压满足要求。由于 SVG 的有功损耗与无功绝对值正相关，即无功绝对值越大，有功损耗越大；无功绝对值越小，有功损耗越小。而电容器的损耗要比 SVG 的损耗小得多，所以经过无功置换后，不仅为 SVG 预留出了调整裕度，而且也减小了 SVG 的有功损耗。

（二）静态无功补偿设备和发电机组协调控制

在风电场无功电压调节过程中，考虑到静态无功补偿设备（SVC/SVG）对电网暂态电压稳定性的作用以及动态无功支撑能力，在正常运行情况下应使之运行在优化中值位上，具备充足的上下调节裕度；风机的无功出力则作为基础出力；最后考虑每台机组的运行工况，并保持相同的功率因数或调节裕度。对静态无功补偿设备（SVC/SVG）和发电机组之间可选用如下三种协调控制方式之一。

1. 风机优先调节控制方式

该方式优先利用风机无功出力保证风电场无功电压平衡，若风机无功出力耗尽时再启用静态无功调节设备 SVC/SVG，该方法能保证静态无功补偿设备具有足够的调节裕度，但要求风机具备足够的无功调节能力（与当前有功出力相关），当 SVC/SVG 调节达到最大但还是没有达到电压目标时，启动调节分接头来改变主变压器挡位。

2. 静态无功补偿设备 SVC/SVG 优先调节控制方式

此方式优先利用静态无功补偿设备的无功调节能力，该控制具有较好的响应速度。风电场 AVC 控制系统实时监测静态无功补偿设备无功出力，并通过多次优化调节保持静态无功补偿设备出力在合适位置上。当 SVC/SVG 的无功调节能力用尽时，调节风机无功，当风机无功调节达到最大但还是没有达到电压目标时，启动电容器、分接头等其他设备调节。

3. 平衡模式的优化控制方式

此方式在接收到电压目标时，先启动优化算法，计算出风机、静态无功补偿设备各自承担的无功量，然后同时启动风机、静态无功补偿设备的调节，直至达到调节目标。待母线电压目标调节到位后，进行优化控制，通过调节风机出力置换静态无功补偿设备出力，以保证静态无功补偿设备具备足够的无功调节容量应对异常情况。

此外，AVC 子站如果未采用无功优化算法进行无功功率分配时，调节空闲时也应该做简单优化，如检查各无功设备无功发送方向，如果既有发容性无功的设备，又有发感性无功的设备，会造成有功损耗增加，也应通过置换算法进行无功置换，使各无功设备无功发送方向一致，减少有功损耗。

三、电容器（电抗器）组的控制策略

对电容器（电抗器）组的控制，每次只能投切一台电容器（电抗器），每次选择哪一台电容器（电抗器）进行投切包含以下几种方式。

（一）循环投切

投入时选择最长时间未运行的电容器（电抗器）优先投入，切除时，按先投先切，后投后切原则选择要切除的电容器（电抗器）。当补偿电容器（电抗器）组中各电容器（电抗器）容量相同时，为延长电容器的寿命，一般按循环投切方式，使每组电容器投入补偿运行的时间大致相同。

（二）顺序投切

先投先切，后投后切，减小放电延时，延长平均使用寿命。补偿电容器每组容量不一样时，例如有四组电容，电容量分别为 1kvar、2kvar、4kvar、8kvar，则每次投切操作时，按容量从小到大的顺序操作。只要最小一组容量的电容能够投切，则总是对该组进行操作。以此类推，顺序操作，这样的结果是最小一组电容器投切最频繁，但是补偿精度可以得到提高，如以上例子，则可补偿到无功功率在 1kvar 左右。

（三）编码投切

设定不同的分组容量，成倍提高分级数，细化动态投入量。编码就是电容的容量之比。编码投切是按电容器的级差投切，有的是 8421 码，有的自控器有自己的编码方式，很灵活。

四、变压器分接头的调整策略

进行变压器分接头调整时应考虑以下因素：

（1）多台主变压器并列运行时必须保证同步调挡，并列运行的各主变压器必须处于同一挡位时才能参加调挡，并列运行的主变压器调挡时必须同时升降。

（2）有载调压要分级进行，每次只能调一挡，前后两次调挡应有一定的延时。

（3）调挡命令发出后要进行校验，发现拒动或滑挡应闭锁调挡机构。

（4）变压器过负荷时应自动闭锁调压功能。

第九节 AVC 设备的实现

一、典型硬件设计方案

（一）风电场（或光伏电站）AVC 硬件设计

AVC 子站的硬件主要包括 AVC 控制器、串口服务器、网络交换机、KVM（键盘、视频、鼠标切换装置）、工业显示器、键盘、鼠标、后台机。其中 AVC 控制器、串口服务器、网络交换机、KVM、工业显示器、键盘、鼠标需要单独组屏设计，机柜通常安装在升压站网控室。网控室设备多，电磁干扰大，所以放在网控室的设备应采用工业级。后台机安装在值班室的操作台。

各部分硬件性能指标及功能如下。

1. AVC 控制器

AVC 控制器通常采用主备冗余设计，两台 AVC 控制器采用工业级嵌入式工控机，一台作为主机，一台作为备机，AVC 主机执行 AVC 软件全部功能，备机只接收来自主机的信息，显示并存储信息，当主机故障时，备机自动升级为主机。AVC 控制器带有硬件看门狗（watchdog），AVC 控制软件启动时启动看门狗，并定时喂狗，当系统故障，或软件故障时，看门狗自动重启计算机，操作系统和 AVC 软件自动重新运行。AVC 控制器应具备多个串口、多个网口。

2. 串口服务器和网络交换机

串口服务器是可选安装的，当 AVC 控制器上的串口不够时，可加装工业级串口服务器扩展 AVC 控制器的串口数目。SVG、SVC 等无功设备、GPS 模块大多通过串口与 AVC 控制器通信。

网络交换机是必备的，AVC 子站内部设备间的通信需要采用以太网连接，AVC 子站与外部设备也可能采用以太网连接，如与风机机群监控通信时，如果采用 OPC、IEC 104、MODBUSTCP 等规约时，AVC 控制器与风机机群监控之间物理上采用以太网连接。

与 NCS 通信要考虑对方主备机设计。与上级调度 AVC 主站通信若采用数据专网连接，要考虑主备通道以及对方主备机设计。如果是物理双通道，则两台 AVC 控制器（主备机）都要有两个单独以太网端口直接与外网连接。如果端口不足，而且 AVC 控制器不能扩展，则需要加装路由器。

3. 后台机

后台机可采用非嵌入式的工控机或工作站，后台机通过以太网与 AVC 主控制器交换信息。值班员或管理员可以通过后台机实时监视 AVC 子站的实时数据、运行状态、报警信息等，也可以通过后台机进行历史数据分析和报表。

4. KVM、显示器、键盘、鼠标

显示器、键盘、鼠标是 AVC 子站安装在机柜上的操作和显示设备,通过 KVM 与两台控制器连接。KVM 实现对两台控制器连接的切换。

（二）火电厂（或水电厂、核电厂）AVC 硬件设计

火电厂（或水电厂、核电厂）AVC 子站的硬件和风电 AVC 子站硬件基本相同,除风电 AVC 子站所需的硬件外,对于每一台发电机组还需要配置一台下位机。下位机一般采用具有 AI（模拟量输入）、DI（数字量输入）、DO（数字量输出）、数字通信模块的 PLC（可编程逻辑控制器）实现,AI 模块采集转子电流、厂用电电压等模拟量数据,DI 模块采集来自 AVR 的保护、故障、闭锁等数字量数据,DO 模块与继电器连接,向 AVR 输出励磁调节脉冲。数字通信模块通过串口或网口与 AVC 上位机连接,向 AVC 上位机转发采集到的模拟量和数字量数据,接收 AVC 上位机下达的增减磁指令,转换成脉冲通过 DO 模块输出。此外下位机还具备数据转换,闭锁判断等简单功能。

二、典型软件设计方案

根据 AVC 子站系统的功能,按照分布式、强内聚松耦合的原则,把 AVC 子站软件划分为多个功能模块,各模块关系如图 4-27 所示。

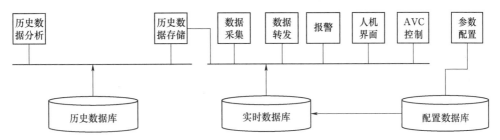

图 4-27 AVC 软件架构设计图

各功能模块之间即相互独立,又相互联系,每个功能模块运行在单独的进程空间,也可以单独运行在不同的计算机上,这样可以灵活地进行硬件的增减和软件功能的增减,方便针对不同的 AVC 系统规模进行软硬件设计。如可以把 AVC 子站所有软件运行在同一台计算机上,也可以把不同的功能软件运行在多台计算机上。不同的功能模块之间的数据交换采用统一的实时数据接口和历史数据接口相互联系。实时数据库软件是核心,AVC 子站系统运行时,是必须启动的。历史数据分析、历史数据存储、数据采集、数据转发、报警、人机界面、AVC 控制、参数配置几个功能软件采用即插即用的软插件形式,需要的时候随时启动。历史数据分析、历史数据存储、数据采集、数据转发、报警、人机界面、AVC 控制、参数配置几个功能软件之间的相互联系采用软总线结构,即通过实时数据库提供的统一接口实现各功能模块之间相互通信。

（一）实时数据库

AVC 系统的实时数据库是面向对象的数据库,驻留内存,是 AVC 系统的核心,也是 AVC 系统中各功能模块之间的联系纽带,如数据采集软件把采集的实时电网数据和设备运行数据存放在实时数据库,数据转发软件通过访问实时数据库,把数据转发给 AVC

主站或其他系统。再如，AVC 控制软件访问实时数据库生成控制逻辑，并将控制指令发给实时数据库，实时数据库把控制指令交给数据采集软件，数据采集软件将指令转换成设备要求的指令格式，并下发给设备。

1. 功能设计

（1）数据初始化。读取配置库的配置信息，在内存中建立实时数据库数据结构，如遥测数据、遥信数据等。

（2）数据计算。对不能实时采集的数据，可利用现有数据，利用预定义的公式，进行实时计算，计算结果保存到实时数据结构中。支持各种运算公式，并可组合成各种复杂运算公式。

（3）数据滤波。可对不合理的数据进行滤波处理，如突变的数据进行中值滤波处理，零漂数据按零数据处理。

（4）老数据检测。当遥测数据长时间不刷新，视为老数据，并把数据状态置为老数据状态。

（5）数据访问。提供数据访问接口，供其他软件访问实时数据。当实时数据有变化时，向其他软件发送数据变化通知。

（6）冗余热备。允许多台计算机同时运行实时数据库软件，同一时刻只有一台主机，任何软件只能修改主机上实时数据。备机上的实时数据来源于主机，当主机宕机，会有一台备机自动升级为主机。

（7）数据缓存。对短时间内的历史数据（如 10min 内的变化了的历史数据）加以缓存，数据保存在内存中，方便其他功能模块软件快速读取。

（8）人工置数。通过人机界面调用实时数据库接口，实现人工设置实时数据值。可以进行数据封锁和解锁，数据封锁期间任何软件不能修改被封锁的数据值。

2. 数据结构设计

数据结构采用面向对象的设计，涉及的主要类及其之间的关系如图 4-28 所示。

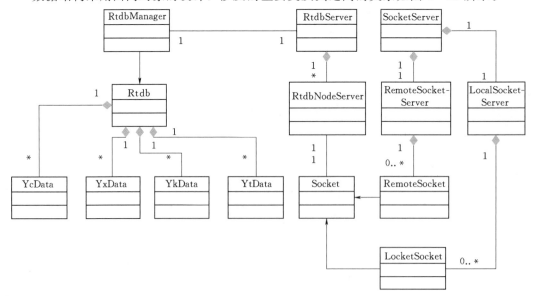

图 4-28　AVC 实时数据库类图

在图 4-28 中，YcData、YxData、YkData、YtData 分别为遥测数据、遥信数据、遥控数据实体类，Rtdb 类为以上四个实体类的包装类，并提供访问以上四个实体类的接口，Rtdb 类的实例在软件启动时根据配置库实例化以上四个实体类。RtdbManager 是 Rtdb 类的继承类，软件启动时建立一个 RtdbManager 实例。RtdbNodeServer 类是为外部软件提供实时数据服务的类，RtdbServer 类是 RtdbNodeServer 类的包装类，软件启动时建立一个 RtdbServer 类实例，RtdbServer 类实例在软件启动时根据配置库实例化多个 Rtdb-NodeServer 类。RtdbNodeServer 实例关联一个 Socket 类的引用，RtdbNodeServer 类通过 Socket 类的引用与外部软件通信。Socket 类是通信类，由 LocalSocket 和 RemoteSocket 继承，LocalSocket 实现本地外部程序的通信功能，RemoteSocket 提供与其他计算机上的外部程序的通信功能。RemoteSocket 类的实例由 RemoteSocketServer 类实例化，RemoteSocketServer 类监听其他计算机上的外部程序的连接，当由其他计算机上的外部程序发起连接时，RemoteSocketServer 建立一个 RemoteSocket 实例，并调用 RtdbNode-Server 类的接口，更新与 RtdbNodeServer 关联的 Socket 抽象类的引用。LocalSocket 类的实例由 LocalSocketServer 类实例化，LocalSocketServer 类监听本地外部程序的连接，当由本地外部程序发起连接时，LocalSocketServer 建立一个 LocalSocket 实例，并调用 RtdbNodeServer 类的接口，更新与 RtdbNodeServer 关联的 Socket 抽象类的引用。SocketServer 类是 RemoteSocketServer 和 LocalSocketServer 的包装类，软件启动时 SocketServer 分别建立一个 RemoteSocketServer 实例和一个 LocalSocketServer 并调用两个实例的监听接口。LocalSocket 类通信功能可通过操作系统提供的命名管道或共享内存实现。RemoteSocket 类通信功能可通过操作系统提供的 TCP/IP Socket 功能实现。

3. 数据访问接口设计

实时数据库的数据访问接口是提供给外部程序访问实时数据库的通道，可设计成一个动态链接库，提供 API 函数供外部程序调用。用户程序可以通过调用 API 函数与实时数据库服务器建立连接，并能通过调用 API 函数获取当前遥测、遥信量的实时数据，也能通过调用 API 函数发遥控、遥调指令。当实时数据发生变化时（如遥信变位、遥测越限、遥控返校等），实时数据库服务器能向用户程序推送变化消息。

（二）数据采集软件

实时数据库服务器只提供实时数据访问接口，没有实时数据采集功能。实时数据采集软件负责与发电厂系统中的各种 AVC 相关设备建立物理连接（如串口 RS232/RS485/RS422、CAN、以太网等），然后通过各种标准通信规约（如 MODBUS、MODBUSTCP、IEC 101、IEC 104、OPC 等）采集设备的实时数据，并把数据转换成统一的数据格式，通过动态链接库调用实时数据库接口，把设备的实时数据交给实时数据库。实时数据采集程序收到实时数据库的遥控或遥调消息时，查找与该消息相关的设备，并能向相关设备下发指令。实时数据采集程序收到设备响应的遥控遥调结果时，调用实时数据库的接口，把设备响应结果传递给实时数据库。AVC 子站系统中可以建立多个数据采集软件实例，每个采集软件实例对应一个数据采集通道，每个通道对应一种标准通信规约。这样做的优点是，其中某个软件实例宕机，不影响其他软件实例的数据采集。

（三）数据转发软件

数据转发软件通过动态链接库调用实时数据库接口，获取实时数据。数据转发软件负责与发电厂外部的系统（如省调 AVC 主站、地调 AVC 主站、发电集团管理系统等）建立连接，然后通过各种标准规约（如 MODBUS、MODBUSTCP、IEC 101、IEC 104、OPC 等）向发电厂外部的系统提供实时数据。数据转发软件还要接收 AVC 主站下发的遥控或遥调指令，并把指令通过调用实时数据库接口传递给实时数据库。AVC 子站系统中可以建立多个数据转发软件实例，每个数据转发软件实例对应一个数据转发通道，每个通道对应一种标准通信规约。这样做的优点是，其中某个数据转发软件实例宕机，不影响其他数据转发软件实例的数据转发。

（四）人机界面软件

人机界面软件通过动态链接库调用实时数据库接口，获取实时数据。人机界面软件可通过图形、文字、表格、曲线等多种表现形式显示实时数据，便于用户实时监视。收到实时数据库产生的消息时，可通过文字、声音、短信、电话、打印等设备显示消息内容。人机界面软件也可通过人机交互界面设置实时数据值，人工向设备发送遥控遥调指令。人机界面软件可采用 CS 架构或 BS 架构实现。

（五）历史数据存储软件

历史数据存储软件通过动态链接库调用实时数据库接口，获取实时数据。通过通用关系数据库接口（如 ODBC）与历史数据库管理系统连接，对实时数据定时、分类存储到关系型历史数据库中。

（六）历史数据分析软件

历史数据分析软件不需要与实时数据库连接，历史数据分析软件通过通用关系数据库接口（如 ODBC）与历史数据库管理系统连接，按各种查询条件查询历史数据，并以表格、图形、曲线方式显示查询结果。利用历史数据进行各种核查和相关性分析功能。使用 EXCEL 软件，用户可灵活自定义报表模板，可人工操作报表，也可定时报表输出。

（七）参数配置软件

参数配置软件用来维护配置数据库中基本信息的内容，对配置参数进行增删改查操作。参数配置软件可采用 CS 架构或 BS 架构实现。

（八）AVC 控制软件

AVC 控制软件通过动态链接库调用实时数据库接口，获取实时数据。读取实时数据库的信息，根据预定的控制策略实现发电厂无功电压的控制。控制过程产生的闭锁信息、状态写入实时数据库，控制过程产生的调节信息、告警信息写入历史数据库。

（九）报警输出软件

报警输出软件通过动态链接库调用实时数据库接口，获取实时数据。根据预定的报警条件，实时监视实时数据库信息，当满足报警条件时产生报警，报警形式包括声音、推画面、短信、遥控等。

（十）配置数据库

配置数据库保存实时数据实体定义、外部软件节点配置、无功设备参数配置、AVC 调节参数配置等信息。配置数据库可采用文件方式以二进制数据流存储，也可以采用关系数据库存储。以文件方式存储的优点如下：

（1）读取数据、存储数据速度快。

（2）可直接按面向对象的数据结构存储。

以文件方式存储的缺点如下：

（1）需编写专用软件进行增删改查操作。

（2）软件升级时要编写向上兼容读取数据的程序。

采用关系数据库存储的优点如下：

（1）可使用通用的数据库操作软件进行增删改查操作。

（2）软件升级，数据结构更改方便。

采用关系数据库存储的缺点如下：

（1）读取数据、存储数据速度慢。

（2）面向对象的数据结构需转换成实体关系型存储到关系数据库的数据表中。

（十一）历史数据库

历史数据库采用流行的关系数据库软件（如 SQL Server、Oracle、SQLite、MySQL），提供给历史数据查询、分析、报表软件使用。可使用多维数据仓库技术进行大数据海量存储，提供数据分析软件进行多维大数据分析。

参 考 文 献

［1］ 李基成. 现代同步发电机励磁系统设计及应用［M］. 北京：中国电力出版社，2009.

［2］ 姜齐荣，谢小荣，陈建业. 电力系统并联补偿——结构、原理、控制与应用［M］. 北京：机械工业出版社，2004.

［3］ 周全仁，张海. 现代电网自动控制系统及应用［M］. 北京：中国电力出版社，2004.

［4］ 王正风，徐先勇，司云峰. 电力系统无功功率的最优分布一等网损微增率准则和最优网损微增率准则的接合［J］. 现代电力，2004（6）：20 - 23.

［5］ 邱军，梁才浩. 电厂的电压无功控制策略和实现方式［J］. 电力系统及其自动化学报，2004（2）：69 - 72.

［6］ 唐建惠，张立港，赵晓亮. 自动电压控制系统（AVC）在发电厂侧的应用［J］. 电力系统保护与控制，2009（2）：32 - 35.

［7］ 孟祥萍. 电力系统远动与调度自动化［M］. 北京：中国电力出版社，2007.

［8］ 陈珩. 电力系统稳态分析［M］. 北京：中国电力出版社，2007.

［9］ 蒋建民，冯志勇，刘美仪. 电力网电压无功功率自动控制系统［M］. 沈阳：辽宁科学技术出版社，2010.

［10］ 燕福龙. 电力系统电压和无功功率自动控制［M］. 北京：中国水利水电出版社，2013.

［11］ 竺炜，穆大庆. 电力网络实时拓扑分析的两种算法的实现［J］. 长沙电力学院学报（自然科学版），2001，16（2）：23 - 25.

［12］ 陈星莹，孙恕坚，前锋. 一种基于追踪技术的快速电力网络拓扑分析方法［J］. 电网技术，2004，28（5）：22 - 24.

［13］ 万华，李乃湖，陈晰，等. 基于广度优先的快速拓扑分析法［J］. 电力系统及其自动化学报，2005，7（2）：17 - 22.

［14］ 李晓鹏，侯佑华，刘斌，等. 矩阵方法在电力系统网络拓扑的应用［J］. 内蒙古电力技术，2000，

18 (4)：4 - 12.

[15]　姚玉斌. 基于邻接矩阵准平方法网络拓扑分析 [J]. 电力系统保护与控制，2012，40 (6)：17 - 21.

[16]　周琰，周步祥，邢义. 基于邻接矩阵的图形化网络拓扑分析方法 [J]. 电力系统保护与控制，2009，37 (17)：49 - 52.

[17]　于红，朱永利，宋少群. 图形数据库一体化的厂站接线拓扑分析 [J]. 电力自动化设备，2005，25 (11)：79 - 82.

[18]　龙启峰，陈岗，丁晓群，等. 基于面向对象技术的电力网络拓扑分析新方法 [J]. 电力系统及其自动化学报，2005，17 (1)：73 - 77.

[19]　郝飞，黄凯，刘吉臻，等. 电厂侧自动电压控制系统研究及应用 [J]. 现代电力，2009，26 (6)：62 - 65.

[20]　李黎. 发电厂自动电压控制无功分配策略的探讨 [J]. 云南电力技术，2015，43 (2)：31 - 34.

[21]　乔敏瑞，文玲峰，李月乔. 风电场 AVC 的优化控制策略研究综述 [J]. 华北电力技术，2014 (6)：52 - 56.

[22]　杨森，郭权利，李胜辉，等. 双馈风电场 AVC 系统协调优化控制策略研究 [J]. 东北电力技术，2017，38 (1)：1 - 4.

[23]　乔颖，陈惠粉，鲁宗相，等. 双馈风电场自动电压控制系统设计及应用 [J]. 电力系统自动化，2013，37 (5)：15 - 21.

[24]　屈爱艳，袁玉宝，陈洪雨，等. AGC 与 AVC 在光伏电站的应用与实现 [J]. 电气技术，2016 (6)：146 - 148.

第五章
风力发电设备功率控制

第一节 风力发电机组简介

从电机运行方式来看，风力发电机组分为恒速恒频风力发电机组和变速恒频风力发电机组两种类型。恒速恒频风力发电机组多采用鼠笼型异步电机作为并网运行的发电机，它根据异步电机同步转速的概念，当发电机的转子转速小于同步转速时，该电机从电网吸收有功功率，以电动机状态运行；当发电机的转子转速大于同步转速时，发电机开始发电，将风力机的机械能转换为电能，向电网输出有功功率。恒速恒频风力发电机组的运行原理与异步电动机相同，在运行时需从电网吸收无功功率

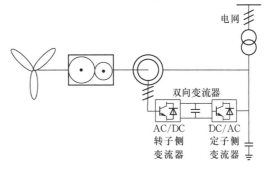

图 5-1 双馈型变速恒频发电机组原理示意图

来建立磁场，因此这种类型的风力发电机需要自身配有无功补偿装置，不能向系统发无功。变速恒频发电机组又包含双馈型变速恒频发电机组和直驱型变速恒频发电机组两大主要类型。双馈型变速恒频发电机组是绕线式异步发电机的一种，其定子绕组直接接入工频电网，转子通过交-直-交式双向变流器与电网连接。双馈发电机通过双向变频器对转子进行交流励磁，其原理如图 5-1 所示，是发电机组的主流机型。这两种机型可以发出一定容量的无功功率。

一、双馈型变速恒频发电机组

为使发电机电压始终满足电网频率，其转子绕组的励磁电流的频率应满足：

$$f = n_p(f_1 \pm f_2) \tag{5-1}$$

式中：f 为电网频率；f_1 为转子旋转频率；f_2 为转子励磁电流频率；n_p 为电机极对数。

由图 5-1 可见，双馈风电机组采用双向脉宽调制（PWM）变流器加双馈感应型发电机进行能量的转换和传递，其中核心控制是转子的励磁控制，通过励磁控制来控制发电机

输出的有功功率和无功功率的大小。有功功率的给定主要由最大风能跟踪来决定，无功的给定受机组容量及稳定性的约束。若想要利用双馈风电机组对风电场的无功进行控制，必须确定双馈机组的无功工作范围，进而确定双馈风电场的无功容量。

双馈感应型电机稳态运行时满足：

$$\begin{cases} n \pm n_2 = n_1 \\ f_2 = s f_1 \\ s = \dfrac{n_1 - n}{n_1} \end{cases} \tag{5-2}$$

式中：n 为转子的旋转速度；n_1 为同步速度；n_2 为转子磁场相对于本身的旋转速度；f_1 为电源频率；f_2 为转差频率；s 为转差率。

根据转差率 s 的符号可以将双馈发电机稳态运行状态分为三种发电状态，即亚同步发电状态、超同步发电状态和同步发电状态。

（一）亚同步发电状态

当 $0 < s < 1$ 时，发电机工作在亚同步发电状态。此时 $n < n_1$，变流器向转子注入功率，由转差频率 f_2 产生电流磁场，旋转方向与转子的旋转方向相同，满足 $n + n_2 = n_1$。亚同步发电状态的功率流向如图 5 - 2（a）所示，图中忽略进线电感和电阻、变流器的损耗。由图 5 - 2（a）可见，亚同步时，转子消耗转差功率为 sp_s。

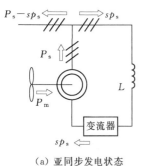

（a）亚同步发电状态　（b）超同步发电状态

图 5 - 2　双馈风力发电机组运行的状态

（二）超同步发电状态

当 $s < 0$ 时，发电机工作在超同步发电状态。此时 $n > n_1$，改变通入转子绕组的频率为 f_2 的电流相序，则其所产生的磁场转速 n_2 的旋转方向与转子的旋转方向相反，因此有 $n - n_2 = n_1$，为了实现 n_2 能反向，在由亚同步向超同步运行时，转子的变流器必须能自动改变绕组相序。反之，由超同步向亚同步运行时也是一样的。超同步状态的有功功率是从定子侧和转子侧同时馈入电网，如图 5 - 2（b）所示。

（三）同步发电状态

当 $s = 0$ 时，发电机工作在同步发电状态。此时 $n = n_1$，发电机注入的转子电流频率为零，即向转子注入直流。

二、直驱型变速恒频发电机组

直驱型变速恒频发电机组略去了双馈型风力发电机组的齿轮箱，使风力机与发电机同轴相连。这样，发电机的频率只与风力机的转速和发电机的极对数有关。直驱型变速恒频发电机组是通过全功率变流技术，采用 AC - DC - AC 变流方式，将发电机发出的低频交流电经整流转变为脉动直流电（AC/DC），经斩波升压输出为稳定的直流电压，再经 DC/AC 逆变器变为与电网同频同相的交流电，最后经变压器并入电网，完成向电网输送电能的任务，其原理如图 5-3 所示。由于直驱型变速恒频发电机组采用的是整流逆变技术，通过调节逆变器的相位角就能调节风力发电机的无功输出，所以直驱型变速恒频发电机组也可以发出一定容量的无功功率。

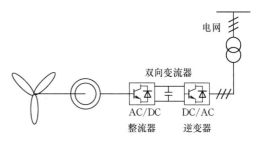

图 5-3 直驱型变速恒频发电机组原理示意图

三、变速恒频风力发电机组无功控制模式

风力发电机的传统无功控制模式主要有功率因数模式（PFC mode）、单位功率因数模式（UPF mode）、电压控制模式（LVC mode）。

（一）功率因数模式

功率因数模式通常将发电机组的功率因数设为固定的数值，一般都在超前或滞后 0.95 以上，发电机组保持一定的功率因数运行。这种状态下，能够发出少量的无功，无功的大小要依赖于有功的大小。当风速较小时，发出的有功很小，虽然机组的空余容量很大，但在功率因数一定的前提下，发电机发出的无功仍然很小。功率因数模式是目前双馈风电机组普遍采用的无功控制模式，但这种无功控制模式并不能对机组的无功进行充分利用。

（二）单位功率因数模式

单位功率因数模式是功率因数控制模式的一种特例。单位功率因数模式通常将发电机的无功给定设为零，发电机运行在功率因数为 1 的状态下，发电机只发出有功功率。这种状态下完全忽略了机组的无功能力。

（三）电压控制模式

电压控制模式以稳定发电机端口电压为目标。传统的电压控制模式主要是指利用机组的无功来稳定机端电压，基于定子磁链定向的矢量控制策略假定的前提条件是电网的电压不变，磁链恒定。因此从这个假设上来说，稳定机端的电压具有明显意义，机端电压越稳定，功率越平稳。但基于机端的电压控制模式也存在以下缺点：

（1）各机组均以本机端的电压为参考点，由于各机组分布的地理位置、风速、塔影效应等的影响，各机端的电压实际值会有一定的差别。

（2）由于机端电压的无功灵敏度较高，少量的无功可能会引起一个电压较大的变化，从而在箱式升压变压器的高压端会有一定电压差。当通过集电线路把箱式变高压端并到一起的时候，会在各机组之间，通过箱式升压变压器产生无功环流，从而会抵消掉一小部分风电场的无功，而且也会增加有功损耗。

（3）这种电压控制模式是以稳定端电压为目标，并没有考虑到风电场其他设备无功的补偿，包括变压器和集电线路。另外这种各自独立调节的方式，不利于风电场作为一个整体统一协调的无功控制。

第二节　双馈风电机组的功率控制

一、双馈感应发电机的数学模型

双馈感应发电机（Double Fed Induction Generator，DFIG）类似于绕线式电动机运

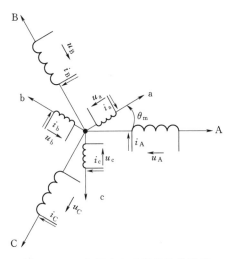

图 5-4　三相异步电动机的数学模型

行在发电状态，异步电动机数学模型完全适用于双馈发电机。在研究异步电动机数学模型时常作如下假设：忽略空间谐波和齿槽效应，三相绕组对称，在空间上互差 120°电角度，所产生的磁动势沿气隙周围按正弦规律变化；忽略磁路饱和和铁芯损耗，认为各绕组的自感系数都是恒定的；不考虑频率变化和温度变化对电机参数的影响。无论电动机转子是绕线型的还是鼠笼型的，都将它等效成三相绕线转子，并折算到定子侧，折算后的定子和转子绕组匝数都相等。这样双馈电机绕组就等效成图 5-4 所示的物理模型。图 5-4 中定子三相绕组轴线 A、B、C 在空间是固定的，转子 a 轴和定子 A 轴间的电角度 θ 为空间角位移变量，它与转子的机械角位移 θ_m 的关系为 $\theta_m=$

θ/n_p，n_p 为极对数。规定各绕组电压、电流、磁链的正方向符合发电机惯例和右手螺旋定则。异步电机的数学模型主要由电压方程、磁链方程、转矩方程和运动方程组成。

（一）电压方程

三相定子的电压方程为：

$$\begin{cases} u_A=-i_A R_s+\dfrac{d\psi_A}{dt} \\[2mm] u_B=-i_B R_s+\dfrac{d\psi_B}{dt} \\[2mm] u_C=-i_C R_s+\dfrac{d\psi_C}{dt} \end{cases} \tag{5-3}$$

式中：u_A、u_B、u_C 为定子侧各相电压的瞬时值；i_A、i_B、i_C 为定子各相电流的瞬时值；ψ_A、ψ_B、ψ_C 为定子各相绕组的全磁链；R_s 为定子的每相绕组电阻。

三相转子绕组折算到定子侧后的电压方程为：

$$\begin{cases} u_a=i_a R_r+\dfrac{d\psi_a}{dt} \\[2mm] u_b=i_b R_r+\dfrac{d\psi_b}{dt} \\[2mm] u_c=i_c R_r+\dfrac{d\psi_c}{dt} \end{cases} \tag{5-4}$$

式中：u_a、u_b、u_c 为转子侧各相电压的瞬时值；i_a、i_b、i_c 为转子各相电流的瞬时值；ψ_a、ψ_b、ψ_c 为转子各绕组的全磁链；R_r 为转子的每相绕组电阻；设 N_1 为定子的每相匝数；N_2 为转子的每相匝数。

电压和磁链折算系数为 N_1/N_2，电流折算系数为 N_2/N_1，电阻折算系数为 $(N_1/N_2)^2$。将上述方程写成矩阵形式，并以微分算子 p 代替微分符号 $\mathrm{d}/\mathrm{d}t$ 得：

$$
\begin{bmatrix} u_A \\ u_B \\ u_C \\ u_a \\ u_b \\ u_c \end{bmatrix} = \begin{bmatrix} -R_s & 0 & 0 & 0 & 0 & 0 \\ 0 & -R_s & 0 & 0 & 0 & 0 \\ 0 & 0 & -R_s & 0 & 0 & 0 \\ 0 & 0 & 0 & R_r & 0 & 0 \\ 0 & 0 & 0 & 0 & R_r & 0 \\ 0 & 0 & 0 & 0 & 0 & R_r \end{bmatrix} \begin{bmatrix} i_A \\ i_B \\ i_C \\ i_a \\ i_b \\ i_c \end{bmatrix} + p \begin{bmatrix} \psi_A \\ \psi_B \\ \psi_C \\ \psi_a \\ \psi_b \\ \psi_c \end{bmatrix} \tag{5-5}
$$

写成矢量形式为：

$$
u = R_i I_i + p\psi \tag{5-6}
$$

（二）磁链方程

每个绕组的磁链是它本身的自感磁链和其他绕组对它的互感磁链之和，因此六个绕组的磁链可表示为：

$$
\begin{bmatrix} \psi_A \\ \psi_B \\ \psi_C \\ \psi_a \\ \psi_b \\ \psi_c \end{bmatrix} = \begin{bmatrix} -L_{AA} & -L_{AB} & -L_{AC} & L_{Aa} & L_{Ab} & L_{Ac} \\ -L_{BA} & -L_{BB} & -L_{BC} & L_{Ba} & L_{Bb} & L_{Bc} \\ -L_{CA} & -L_{CB} & -L_{CC} & L_{Ca} & L_{Cb} & L_{Cc} \\ -L_{aA} & -L_{aB} & -L_{aC} & L_{aa} & L_{ab} & L_{ac} \\ -L_{bA} & -L_{bB} & -L_{bC} & L_{ba} & L_{bb} & L_{bc} \\ -L_{cA} & -L_{cB} & -L_{cC} & L_{ca} & L_{cb} & L_{cc} \end{bmatrix} \begin{bmatrix} i_A \\ i_B \\ i_C \\ i_a \\ i_b \\ i_c \end{bmatrix} \tag{5-7}
$$

其中

$$
\begin{cases} L_{AA} = L_{BB} = L_{CC} = L_{ms} + L_{ls} \\ L_{aa} = L_{bb} = L_{cc} = L_{mr} + L_{lr} \\ L_{AB} = L_{BC} = L_{CA} = L_{BA} = L_{CB} = L_{AC} = -\dfrac{1}{2} L_{ms} \\ L_{ab} = L_{bc} = L_{ca} = L_{ba} = L_{cb} = L_{ac} = -\dfrac{1}{2} L_{mr} = -\dfrac{1}{2} L_{ms} \\ L_{Aa} = L_{aA} = L_{Bb} = L_{bB} = L_{Cc} = L_{cC} = L_{ms}\cos\theta \\ L_{Ab} = L_{bA} = L_{Bc} = L_{cB} = L_{Ca} = L_{aC} = L_{ms}\cos(\theta + 120°) \\ L_{Ac} = L_{cA} = L_{Ba} = L_{aB} = L_{Cb} = L_{bC} = L_{ms}\cos(\theta - 120°) \end{cases} \tag{5-8}
$$

式中：L_{AA} 为定子 A 相的自感；L_{Ab} 为定子 A 相对转子 b 相的互感，类似符号含义相同；L_{ms} 为定子互感；L_{mr} 为转子互感；L_{ls}、L_{lr} 为定、转子漏感。

由于折算后定子、转子绕组匝数相等，且各绕组间互感磁通都通过相同磁阻的主气隙，故可认为 $L_{ms} = L_{mr}$。

用式（5-8）可将式（5-7）进一步整理成分块矩阵的形式为：

$$
\begin{bmatrix} \psi_s \\ \psi_r \end{bmatrix} = \begin{bmatrix} -L_{ss} & L_{sr} \\ -L_{rs} & L_{rr} \end{bmatrix} \begin{bmatrix} i_s \\ i_r \end{bmatrix} \tag{5-9}
$$

其中

$$\begin{cases} \psi_s = [\psi_A, \psi_B, \psi_C]^T \\ \psi_r = [\psi_a, \psi_b, \psi_c]^T \\ i_s = [i_A, i_B, i_C]^T \\ i_r = [i_a, i_b, i_c]^T \end{cases} \tag{5-10}$$

$$L_{ss} = \begin{bmatrix} L_{ms} + L_{ls} & -\dfrac{1}{2}L_{ms} & -\dfrac{1}{2}L_{ms} \\ -\dfrac{1}{2}L_{ms} & L_{ms} + L_{ls} & -\dfrac{1}{2}L_{ms} \\ -\dfrac{1}{2}L_{ms} & -\dfrac{1}{2}L_{ms} & L_{ms} + L_{ls} \end{bmatrix} \tag{5-11}$$

$$L_{rr} = \begin{bmatrix} L_{mr} + L_{lr} & -\dfrac{1}{2}L_{mr} & -\dfrac{1}{2}L_{mr} \\ -\dfrac{1}{2}L_{mr} & L_{mr} + L_{lr} & -\dfrac{1}{2}L_{mr} \\ -\dfrac{1}{2}L_{mr} & -\dfrac{1}{2}L_{mr} & L_{mr} + L_{lr} \end{bmatrix} \tag{5-12}$$

$$L_{rs} = L_{sr}^T = L_{ms} \begin{bmatrix} \cos\theta & \cos(\theta - 120°) & \cos(\theta + 120°) \\ \cos(\theta + 120°) & \cos\theta & \cos(\theta - 120°) \\ \cos(\theta - 120°) & \cos(\theta + 120°) & \cos\theta \end{bmatrix} \tag{5-13}$$

式中：L_{rs}、L_{sr} 为两个分块矩阵互为转置，而且数值与转角 θ 有关。

（三）转矩方程

发电机的转矩方程为：

$$T_e = n_p L_{ms} [(i_A i_a + i_B i_b + i_C i_c)\sin\theta + (i_A i_b + i_B i_c + i_C i_a)\sin(\theta + 120°)$$
$$+ (i_A i_c + i_B i_a + i_C i_b)\sin(\theta - 120°)] \tag{5-14}$$

（四）运动方程

一般情况下，电机的转矩平衡方程为：

$$T_m = T_e + \frac{J}{n_p}\frac{d^2\theta}{dt^2} = T_e + \frac{J}{n_p}\frac{d\omega_r}{dt} \tag{5-15}$$

式中：T_m、T_e、J、n_p、θ、ω_r 为原动机转矩、电磁转矩、机组的转动惯量、电机的极对数、转子的旋转电角度、电机的电角速度。

二、同步旋转坐标变换

由于交流异步电机电流的磁场分量和转矩分量彼此耦合，所以要想对交流异步电机进行准确的控制，必须通过坐标变换，把电流分解为直轴分量和交轴分量。同步旋转 dq 坐标系下的数学模型，如图 5-5 所示。

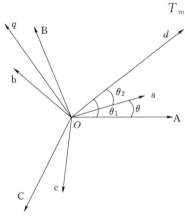

图 5-5　三相到二相的变换

将定子三相电流等效到两相 dq 轴上，等效的原则是总磁势和功率不变，如下式所示：

$$\begin{bmatrix} i_{ds} \\ i_{qs} \\ i_{0s} \end{bmatrix} = \frac{N_3}{N_2} \begin{bmatrix} \cos\theta_1 & \cos(\theta_1-120) & \cos(\theta_1+120) \\ -\sin\theta_1 & -\sin(\theta_1-120) & -\sin(\theta_1+120) \\ K & K & K \end{bmatrix} \begin{bmatrix} i_A \\ i_B \\ i_C \end{bmatrix} = C_{3s-2} \begin{bmatrix} i_A \\ i_B \\ i_C \end{bmatrix} \quad (5-16)$$

式中：i_{ds}、i_{qs}、i_{0s} 为定子电流的 d 轴分量、q 轴分量、0 轴分量；N_3、N_2 为三相系统每相绕组的匝数和二相系统的匝数。

如果式（5-16）中 K 不为零，则上述变换阵存在逆阵，即可将两相系统等效为三相系统，如下式所示：

$$\begin{bmatrix} i_A \\ i_B \\ i_C \end{bmatrix} = C_{3s-2}^{-1} \begin{bmatrix} i_{ds} \\ i_{qs} \\ i_{0s} \end{bmatrix} = \begin{bmatrix} \cos\theta_1 & -\sin\theta_1 & \dfrac{1}{2K} \\ \cos(\theta_1-120) & -\sin(\theta_1-120) & \dfrac{1}{2K} \\ \cos(\theta_1+120) & -\sin(\theta_1+120) & \dfrac{1}{2K} \end{bmatrix} \begin{bmatrix} i_{ds} \\ i_{qs} \\ i_{0s} \end{bmatrix} \quad (5-17)$$

假设 C_{3s-2} 是单元变换阵，所以有 $C_{3s-2}^{-1} = C_{2-3s}^T$，通过该式可求得 $N_3/N_2 = \sqrt{2/3}$、$K = \sqrt{1/2}$。通过上述变换阵 C_{3s-2}^{-1}，可写出 i_A、u_A、ψ_A 的表达式为：

$$\begin{cases} i_A = \sqrt{\dfrac{2}{3}} \left(i_{ds}\cos\theta_1 - i_{qs}\sin\theta_1 + i_{0s}/\sqrt{2} \right) \\[3mm] u_A = \sqrt{\dfrac{2}{3}} \left(u_{ds}\cos\theta_1 - u_{qs}\sin\theta_1 + u_{0s}/\sqrt{2} \right) \\[3mm] \psi_A = \sqrt{\dfrac{2}{3}} \left(\psi_{ds}\cos\theta_1 - \psi_{qs}\sin\theta_1 + \psi_{0s}/\sqrt{2} \right) \end{cases} \quad (5-18)$$

式中：u_{ds}、u_{qs}、u_{0s} 为定子电压的 d 轴分量、q 轴分量、0 轴分量；ψ_{ds}、ψ_{qs}、ψ_{0s} 为定子磁链的 d 轴分量、q 轴分量、0 轴分量。

将式（5-18）代入 A 相绕组电压方程式，$u_A = -r_s i_A + p\psi_A$ 得：

$$(u_{ds} + r_s i_{ds} - p\psi_{ds} + \psi_{qs} p\theta_1)\cos\theta_1$$
$$- (u_{qs} + r_s i_{qs} - p\psi_{qs} - \psi_{ds} p\theta_1)\sin\theta_1$$
$$+ \frac{1}{\sqrt{2}}(u_{0s} + r_s i_{0s} - p\psi_{0s}) = 0 \quad (5-19)$$

由于 θ_1 不断变化，要使式（5-19）恒为零，则 $\cos\theta_1$、$\sin\theta_1$ 前的系数为零，零轴电流为零。所以有式，

$$\begin{cases} u_{ds} = -r_s i_{ds} + p\psi_{ds} - \psi_{qs} p\theta_1 \\ u_{qs} = -r_s i_{qs} + p\psi_{qs} + \psi_{ds} p\theta_1 \end{cases} \quad (5-20)$$

当三相对称时零轴各分量为零，所以式中将零轴分量省略。同样利用上述变换阵可以推导出磁链和电流的关系。最后得到一般化的 $dq0$ 系统下的电压方程与磁链方程分别为：

$$\begin{cases} u_{ds} = -r_s i_{ds} + p\psi_{ds} - \psi_{qs} p\theta_1 \\ u_{qs} = -r_s i_{qs} + p\psi_{qs} + \psi_{ds} p\theta_1 \\ u_{dr} = r_r i_{dr} + p\psi_{dr} - \psi_{qr} p\theta_2 \\ u_{qr} = r_r i_{qs} + p\psi_{qr} + \psi_{dr} p\theta_2 \end{cases} \quad (5-21)$$

$$\begin{cases} \psi_{ds} = -L_s i_{ds} + L_m i_{dr} \\ \psi_{qs} = -L_s i_{qs} + L_m i_{qr} \\ \psi_{dr} = L_r i_{dr} - L_m i_{ds} \\ \psi_{qr} = L_r i_{qr} - L_m i_{qs} \end{cases} \quad (5-22)$$

式中：i_{dr}、i_{qr} 为转子电流的 d 轴分量、q 轴分量；u_{dr}、u_{qr} 为转子电压的 d 轴分量、q 轴分量；ψ_{dr}、ψ_{qr} 为转子磁链的 d 轴分量、q 轴分量；L_m 为 dq 坐标系中定转子同轴等效绕组间的互感，$L_m = \frac{3}{2}L_{ms}$；L_s 为 dq 坐标系中定子等效两相绕组自感，$L_s = L_m + L_{ls}$；L_r 为 dq 坐标系中转子等效两相绕组自感，$L_r = L_m + L_{lr}$。

如果坐标系旋转的速度为同步旋转角速度，则上述式（5-21）、式（5-22）两式分别为同步旋转坐标系的电压和磁链方程。

三、转子侧变流器控制

双馈风力发电机的控制主要是 DFIG 的功率控制，这是通过其转子侧变流器来实现的。由于直流环节的解耦作用，交流励磁变换器中各变换器的功能独立，其中网侧变换器主要用于控制直流母线电压的稳定和获得良好的交流输入性能，并不直接参与对 DFIG 的控制。转子侧变流器则是用以实现 DFIG 及整个风机系统的运行控制，其控制的有效性直接影响 DFIG 风机系统的运行性能。

DFIG 风机系统的主要运行目标有两个，首先是变速恒频条件下实现最大风能跟踪，关键是转速或有功功率的控制；其次是 DFIG 输出无功功率的控制，以保证电网运行的稳定性。

由于 DFIG 输出有功和无功功率与转子的 d、q 分量电流密切相关，转子侧变换器的控制目标就是实现对转子两电流分量的有效控制。为实现对 DFIG 的有功功率、无功功率的有效控制，必须借鉴交流调速传动中的矢量控制技术，通过坐标变换使得转子电流的有功与无功分量获得解耦，再分别控制这两个分量电流，实现对 DFIG 有功和无功功率的解耦控制。

DFIG 矢量控制中，可选取的定向矢量很多，可有定子电压矢量、定子磁链矢量、气隙磁链矢量和电网虚拟磁链矢量等，但在变速恒频风力发电运行中最常用的是定子电压矢量定向、定子磁链矢量定向。本书讨论采用定子磁链定向的双馈发电机矢量控制策略。

令 $p\theta_1 = \omega_1$，$p\theta_2 = \omega_2$，$p\theta = \omega_r$，$\omega_2 = \omega_1 - \omega_r$，则 ω_1 为同步旋转角速度，ω_r 为转子的旋转角速度，代入式（5-21）得：

$$\begin{cases} u_{ds} = -r_s i_{ds} + p\psi_{ds} - \psi_{qs}\omega_1 \\ u_{qs} = -r_s i_{qs} + p\psi_{qs} + \psi_{ds}\omega_1 \\ u_{dr} = r_r i_{dr} + p\psi_{dr} - \psi_{qr}\omega_2 \\ u_{qr} = r_r i_{qs} + p\psi_{qr} + \psi_{dr}\omega_2 \end{cases} \quad (5-23)$$

同步旋转坐标系中 d 轴与定子磁链势 ψ_s 重合，磁链在 q 轴的分量为零，即 d 轴的转速和相位都与 ψ_s 相同。这样就有 $\psi_{ds}=\psi_s$，则 $\psi_{qs}=0$，由式（5-22）可得到：

$$\begin{cases}\psi_{ds}=-L_s i_{ds}+L_m i_{dr}\\0=-L_s i_{qs}+L_m i_{qr}\end{cases} \tag{5-24}$$

因为 ψ_s 的感应电压 U_s 超前于 $\psi_s 90°$，所以 U_s 全部落在 q 轴上。又因为上述方程组是在同步旋转坐标系 $dq0$ 下建立的，所以各量都变成直流量了，所以 $\dfrac{\mathrm{d}\psi_{ds}}{\mathrm{d}t}=0$。忽略定子电阻上的压降，把式（5-24）代入式（5-23）并整理得式（5-25）和式（5-26）。

$$\begin{cases}u_{ds}=0\\u_{qs}=U_s=\omega_1\psi_s\\i_{dr}=\dfrac{\psi_s+L_s i_{ds}}{L_m}\\i_{qr}=\dfrac{L_s i_{qs}}{L_m}\\\psi_{dr}=-L_m i_{ds}+L_r i_{dr}\\\psi_{qr}=-L_m i_{qs}+L_r i_{qr}\end{cases} \tag{5-25}$$

$$\begin{cases}u_{dr}=u'_{dr}+\Delta u_{dr}\\u_{qr}=u'_{qr}+\Delta u_{qr}\\u'_{dr}=r_r i_{dr}+\left(L_r-\dfrac{L_m^2}{L_s}\right)\dfrac{\mathrm{d}i_{dr}}{\mathrm{d}t}\\u'_{qr}=r_r i_{qr}+\left(L_r-\dfrac{L_m^2}{L_s}\right)\dfrac{\mathrm{d}i_{qr}}{\mathrm{d}t}\\\Delta u_{dr}=-(\omega_1-\omega_r)\left(L_r-\dfrac{L_m^2}{L_s}\right)i_{qr}\\\Delta u_{qr}=(\omega_1-\omega_r)\dfrac{L_m}{L_s}\psi_s+(\omega_1-\omega_r)\left(L_r-\dfrac{L_m^2}{L_s}\right)i_{dr}\end{cases} \tag{5-26}$$

其中：u'_{dr}、u'_{qr} 为实现转子电压、电流解耦控制的解耦项；Δu_{qr}、Δu_{dr} 为消除转子电压交叉耦合的补偿量。

将转子电压分解为解耦项和补偿项后，既简化了控制，又能保证控制的精度和动态响应的快速性。有了 u_{dr}、u_{qr} 后，就可以通过坐标变换得到三相坐标系下的转子电压量。定子磁链矢量定向下，DFIG 定子发出的有功功率、无功功率表示为：

$$\begin{cases}P_s=U_s i_{qs}=\omega_1\psi_s\dfrac{L_m}{L_s}i_{qr}\\Q_s=U_s i_{ds}=\omega_1\psi_s\dfrac{L_m i_{dr}-\psi_s}{L_s}\end{cases} \tag{5-27}$$

由式（5-27）可以看出，采用定子磁链定向后，控制转子电流 q 轴分量就可以控制 DFIG 定子输出的有功功率，控制转子电流 d 轴分量就可以控制 DFIG 向电网输出的无功功率，从而实现了 DFIG 有功和无功功率的解耦控制。这样，通过式（5-25）~式（5-27）就可以建立定子电流有功分量 i_{qs}、无功分量 i_{ds} 与其他物理量之间的关系，这几个关系式构成了定子磁链定向双馈发电机的矢量控制方程。只要能计算出磁链、测出同步速度、转子的旋转速度就能构成基于定子磁链定向的矢量控制系统。根据上面得出的矢量控制方程可以设计出双馈风力发电系统在定子磁链定向的矢量控制系统框图，如图 5-6 所示。

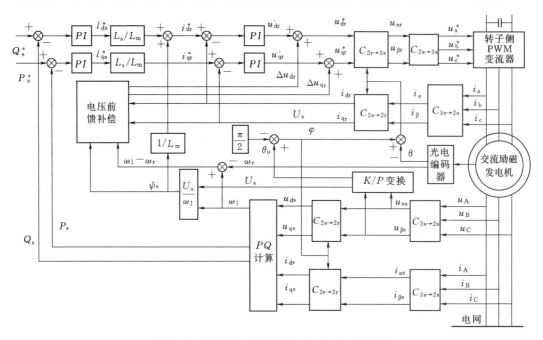

图 5-6　定子磁链定向的矢量控制系统结构图

由图 5-6 可见，系统采用双闭环结构，外层为功率控制环，内环为电流控制环。在功率闭环中，有功指令 P_s^* 由风力机特性根据风力机最佳转速给出，无功指令 Q_s^* 根据电网需求设定；反馈功率 P_s、Q_s 则是通过对发电机定子侧输出电压、电流的检测再经过坐标变换后按式（5-27）计算求得；有功、无功指令与反馈值相比较、经过 PI 型功率调节器运算，分别输出发电机定子电流有功分量指令 i_{qs}^* 及无功分量指令 i_{ds}^*，按照式（5-25）计算得到转子电流参考分量 i_{qr}^* 和 i_{dr}^*；它们与转子电流反馈值 i_{qr} 和 i_{dr} 相比较，经 PI 调节后，可输出转子电压解耦项 u_{qr}'、u_{dr}'，再加上转子电压补偿项 Δu_{qr}、Δu_{dr} 就可以获得转子电压指令值 u_{qr}^*、u_{dr}^*。经过矢量坐标变换后，最终可获得双 PWM 交流变频电源所需的三相电压控制指令 u_a^*、u_b^*、u_c^*。图 5-6 中 K/P 变换是指直角坐标到极坐标的变换。

四、网侧变流器的控制

电网侧变换器的控制目标是保持直流母线电压恒定，而不管转子侧变换器功率流动的大小和方向。具体说来，就是为转子侧变换器的功率双向流动提供通路，同时使网侧的功率因数可控。电路拓扑结构如图 5-7 所示，其实质就是一个三相 PWM 高频整流器，与转子侧电路拓扑完全相同。

在图 5-7 中，u_{sa}、u_{sb}、u_{sc} 为三相对称电网电压；i_a、i_b、i_c 为交流侧输入电流；L、R 为线路电感和电阻；C 为直流母线滤波电容；i_{dc} 为直流母线电流；i_L 为负载电流，也就是前级转子侧变换器直流母线电流。设图 5-7 中的功率器件是理想开关，则根据其所示

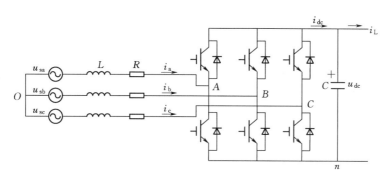

图 5-7　网侧变流器的电路拓扑结构

的网侧变流器的拓扑结构，由基尔霍夫电压、电流定理可以得到：

$$\begin{cases} u_{sa}=Lpi_a+i_aR+u_{ga} \\ u_{sb}=Lpi_b+i_bR+u_{gb} \\ u_{sc}=Lpi_c+i_cR+u_{gc} \\ C\dfrac{\mathrm{d}u_{dc}}{\mathrm{d}t}=i_{dc}-i_L=S_a^*i_a+S_b^*i_b+S_c^*i_c-i_L \end{cases} \tag{5-28}$$

$$\begin{cases} u_{ga}=S_a^*u_{dc}+u_n \\ u_{gb}=S_b^*u_{dc}+u_n \\ u_{gc}=S_c^*u_{dc}+u_n \end{cases} \tag{5-29}$$

式中：$S^*=1$ 代表对应的桥臂上管导通，下管关断；$S^*=0$ 代表对应的桥臂上管关断，下管导通；u_{ga}、u_{gb}、u_{gc} 为变流器交流侧电压；u_n 为直流侧负极性端 n 与电网中性点之间的电压。

在三相无中线系统中，三相电流之和始终为零，即 $i_a+i_b+i_c=0$，若三相电网平衡，则有 $u_{ga}+u_{gb}+u_{gc}=0$，可得：

$$u_n=-\dfrac{1}{3}(S_a^*+S_b^*+S_c^*)u_{dc} \tag{5-30}$$

将式（5-30）代入式（5-28）、式（5-29），则：

$$p\begin{pmatrix} i_a \\ i_b \\ i_c \end{pmatrix}=-\frac{R}{L}\begin{pmatrix} i_a \\ i_b \\ i_c \end{pmatrix}+\frac{1}{L}\begin{pmatrix} u_a \\ u_b \\ u_c \end{pmatrix}-\frac{u_{dc}}{L}\begin{pmatrix} \dfrac{2}{3} & -\dfrac{1}{3} & -\dfrac{1}{3} \\ -\dfrac{1}{3} & \dfrac{2}{3} & -\dfrac{1}{3} \\ -\dfrac{1}{3} & -\dfrac{1}{3} & \dfrac{2}{3} \end{pmatrix}\begin{pmatrix} S_a^* \\ S_b^* \\ S_c^* \end{pmatrix} \tag{5-31}$$

式中：p 为微分算子。

根据坐标变换，则其 dq 旋转坐标系下的数学方程为：

$$\begin{cases} v_d=-Lpi_d-Ri_d+\omega_eLi_q+u_d \\ v_q=-Lpi_q-Ri_q+\omega_eLi_d+u_q \\ Cpu_{dc}=i_{dc}-i_L \end{cases} \tag{5-32}$$

式中：u_d、u_q 为电网电压的 d、q 分量；i_d、i_q 为输入端电流的 d、q 分量；v_d、v_q 为桥臂

输出电压的 d、q 分量；u_{dc} 为直流母线电压；ω_e 为同步角速度。

将同步旋转坐标系下的 d 轴准确定向于电网电压空间矢量方向上，则有：

$$\begin{cases} u_d = U_s \\ u_q = 0 \end{cases} \qquad (5-33)$$

采用恒功率坐标变换，则电网处有功功率、无功功率可表示为：

$$\begin{cases} P = u_d i_d + u_q i_q = u_d i_d \\ Q = u_q i_d - u_d i_q = -u_d i_q \end{cases} \qquad (5-34)$$

由式（5-34）知，电网处有功功率、无功功率分别正比于 i_d 和 i_q。进一步分析可知，i_d 指令值来自直流母线电压误差的调节输出；而 i_q 指令值则决定了电网侧的功率因数，若对电网侧无功功率没有特殊要求，电网侧一般被控制为单位功率因数，即 i_q 指令值被设置为零。

仿照前面转子侧变换器的交叉解耦控制，可得：

$$\begin{cases} v_{d1} = R i_d + L p i_d \\ v_{q1} = R i_q + L p i_q \end{cases} \qquad (5-35)$$

从而通过加入补偿项到 v_d、v_q，以消除输入交流电流交叉耦合影响，同时引入电网电压的前馈补偿，从而可得参考电压 v_d^*、v_q^* 分别为：

$$\begin{cases} v_d^* = -v_{d1} + (\omega_e L i_q + u_d) \\ v_q^* = -v_{q1} + \omega_e L i_d \end{cases} \qquad (5-36)$$

由上面的分析可得电网侧变换器矢量控制系统的结构图如图 5-8 所示。图 5-8 中，

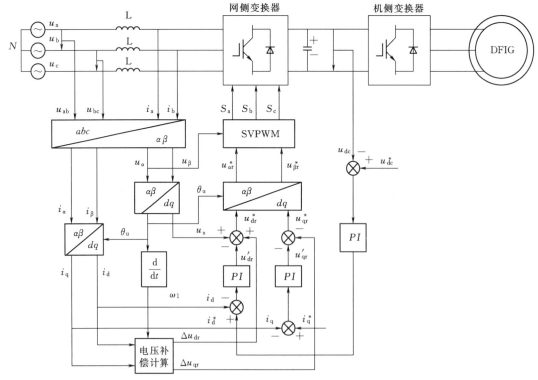

图 5-8　电网侧变流器矢量控制系统的结构图

SVPWM 模块是指空间矢量脉宽调制（Space Vector Pulse Width Modulation，SVPWM），$dq/\alpha\beta$ 模块为两相同步旋转坐标系到两相静止坐标系的变换，$abc/\alpha\beta$ 模块为三相静止坐标系到两相静止坐标系的变换。

第三节　直驱型变速恒频发电机组的功率控制原理

一、直驱型变速恒频发电机组结构

随着现代风电机组的额定功率的逐渐上升，风轮桨叶长度将逐渐增加，转速将逐渐降低。例如，额定功率为 5MW 的风电机组桨叶长度超过 60m，转子额定转速为 10r/min 左右。当发电机为两对极时，为了使 5MW 风力发电机通过交流方式直接与额定频率为 50Hz 的电网相连，机械齿轮箱变速比应为 150。齿轮箱变速比的增加，给兆瓦级风电机组变速箱的设计和制造提出了挑战。风电机组功率及变速箱变速比增大时，其尺寸、重量及摩擦磨损也在增加。作为另外一种选择，风力发电机可以采用全功率变流器以 AC - DC - AC 的方式与电网相连。如图 5 - 9 所示为采用全功率变流器结构的直驱永磁同步风电机组结构图。

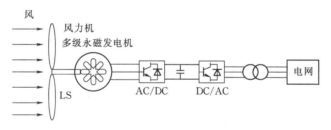

图 5 - 9　直驱永磁同步风电机组结构图

全功率变流器是一种由直流环节连接两组电力电子变流器组成的背靠背变频系统，这两组变流器分别为电网侧变流器和发电机侧变流器。发电机侧变流器接受感应发电机产生的有功功率，并将功率通过直流环节送往电网侧变流器。电网侧变流器接受通过直流环节输送来的有功功率，并将其送到电网，即它平衡了直流环节两侧的电压。根据所选的控制策略，电网侧变流器也用来控制功率因数或支持电网电压。

二、永磁同步发电机的数学模型

对于永磁同步发电机（Permanent Magnet Synchronous Generator，PMSG），取永磁体转子极中心线为 d 轴，沿转子旋转方向超前 d 轴 90°电角度为 q 轴，dq 坐标系随转子同步旋转。经过坐标变换后得到 dq 坐标系下的电机定子电压方程为：

$$\begin{cases} u_{sd} = R_s i_{sd} + L_d \dfrac{\mathrm{d}i_{sd}}{\mathrm{d}t} - \omega L_q i_{sq} \\ u_{sq} = R_s i_{sq} + L_q \dfrac{\mathrm{d}i_{sq}}{\mathrm{d}t} + \omega L_d i_{sd} + \omega \psi \end{cases} \tag{5-37}$$

式中：u_{sd}、u_{sq} 为定子 d、q 轴电压分量；i_{sd}、i_{sq} 为定子 d、q 轴电路分量；R_s 为定子电阻；L_d、L_q 为定子 d、q 轴自感；ω 为转子角速度；ψ 为转子永磁体的磁链最大值。

电磁转矩方程为：

$$T_e = n_p[\psi i_{sq} + (L_d - L_q)i_{sd}i_{sq}] \tag{5-38}$$

式中：n_p 为电机的极对数。

忽略附加损耗后的功率平衡方程为：

$$\begin{cases} P_e = P_1 - p_{Fe} - p_m \\ P_s = P_e - p_{Cus} \end{cases} \tag{5-39}$$

式中：P_e、P_1、P_s 为电机的电磁功率、输入功率和输出功率；p_{Fe}、p_m、p_{Cus} 为电机的铁耗、机械损耗和定子铜耗。

电磁功率与电磁转矩的关系为：

$$P_e = T_e \omega \tag{5-40}$$

三、全功率风电机组变流器

电力电子变流器作为风力发电与电网的接口，作用非常重要，既要对风力发电机进行控制，又要向电网输送优质电能，还要实现低电压穿越等功能。随着风力发电的快速发展和风电机组单机容量的不断增大，变流器的容量也要随之增大，因此大容量多电平变流器也开始得到应用，以下将对一些典型变流器拓扑结构进行讨论。

从图 5-9 中可以看到，典型的永磁直驱变速恒频风电系统中，采用背靠背双 PWM 变流器，包括电机侧变流器与电网侧变流器，能量可以双向流动。对 PMSG 直驱系统，电机侧 PWM 变流器通过调节定子侧的 dq 轴电流，实现转速调节，在额定风速以下具有最大风能捕获功能。电网侧 PWM 变流器通过调节网侧的 dq 轴电流，保持直流侧电压稳定，实现有功和无功的解耦控制，控制流向电网的无功功率，通常运行在单位功率因数状态。背靠背双 PWM 变流器是目前风电系统中常见的一种拓扑，国内外对其研究较多，主要集中在变流器建模、控制算法以及如何提高其故障穿越能力等方面。

（一）电机侧变流器控制策略

如果是隐极永磁同步发电机且气隙均匀（或凸极电机凸极比 $L_d/L_q = 1$），则 dq 轴上的电感值相同，令 $L_s = L_d = L_q$，则定子方程式（5-37）变为：

$$\begin{cases} u_{sd} = R_s i_{sd} + L_s \dfrac{di_{sd}}{dt} - \omega L_s i_{sq} \\ u_{sq} = R_s i_{sq} + L_s \dfrac{di_{sq}}{dt} + \omega L_s i_{sd} + \omega \psi \end{cases} \tag{5-41}$$

根据式（5-41）可以构成电机侧变流器的电流环控制图，如图 5-10 所示。

由于定子直轴电流、交轴电流不但受到各自控制电压 u_{sd} 和 u_{sq} 的影响，还要分别受到交叉耦合电压 $-\omega L_s i_{sq}$、$\omega L_s i_{sd} + \omega \psi$ 的影响。因此，在电机的电流环控制中，除了要对直轴电流和交轴电流分别进行闭合积分控制，从而得到相应的控制电压分量 u'_{sd} 和 u'_{sq} 以外，还要分别加上交叉耦合电压的补偿项 $-\omega L_s i_{sq}$、$\omega L_s i_{sd} + \omega \psi$，最终分别得到直轴控制电压和交轴控制电压 u_{sd} 和 u_{sq}。

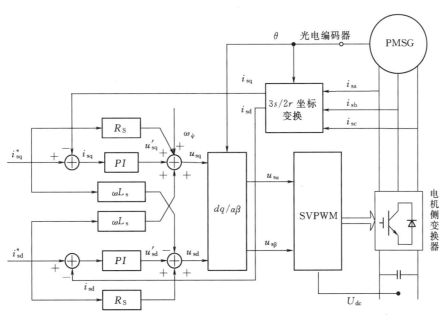

图5-10 电机侧变流器的电流环控制框图

为了更好地控制转矩（或有功功率），还应在电流环之外加上转矩环（或功率环）。由于 $L_d = L_q$，而且采用 $i_{sd} = 0$ 的控制方式，所以电磁转矩表达式为：

$$T_e = p\psi i_{sq} \tag{5-42}$$

当保持电机转速不变时，可以通过控制定子交轴电流分量来控制电磁转矩，从而进一步实现对电机输出有功功率的控制。带有有功功率控制外环的电机侧变流器的控制框图如图5-11所示。

由于在后面对电网侧变流器进行控制时，要求它保持直流侧电压稳定，因此直流侧电容器的充放电对有功功率的影响很小。如果再进一步忽略变流器本身的功率损耗，就可认为发电机发出的有功功率经过电机侧和电网侧变流器后会被全部送入电网。因此，在图5-11中，发电机输出的功率是通过间接检测电网侧变流器输入到电网的功率来近似获取的。

（二）电网侧变流器控制策略

1. 电网侧变流器的基本工作原理

电网侧变流器的主电路为三相桥式结构，采用脉宽调制方式控制各开关元件工作，其交流侧电压除了正弦基波外，也存在一些高次谐波。但由于有电感的滤波作用，使得高次谐波电压所产生的谐波电流很小，所以电网侧变流器的交流侧电流波形比较接近正弦。在以下的分析中，将不考虑交流侧电压和电流谐波。

在电网看来，电网侧变流器相当于是一个可控的三相交流电压源，图5-12所示为其基波等效电路。u_{ga}、u_{gb}、u_{gc} 为电网的三相电压，"+、-"代表规定的正方向（下同）；R_g、L_g 为变流器交流侧的电阻和电感；i_{ga}、i_{gb}、i_{gc} 为交流侧三相电流，其正方向规定如箭头所示；v_{ga}、v_{gb}、v_{gc} 为电网侧变流器交流侧三相电压。变流器的工作状态将由它们共同决定。

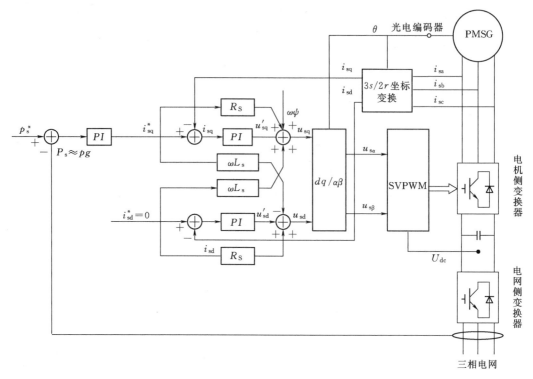

图 5-11 电机侧变流器的控制框图

当电网侧变流器稳态运行时，由图 5-12 可知，任意一相的电压平衡方程式为：

$$\dot{V}_g = \dot{U}_g - \dot{I}_g(R_g + j\omega L_g) \tag{5-43}$$

式 (5-43) 对应的相量图如图 5-13 所示。其中，图 5-13 (a) 表示电网侧变流器工作于逆变状态，有功功率从变频器输入电网；图 5-13 (b) 表示电网侧变流器工作于整流状态，有功功率从电网输入变频器。

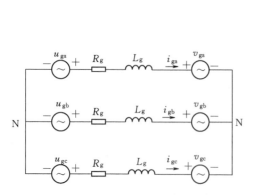

图 5-12 电网侧变流器的交流侧等效电路

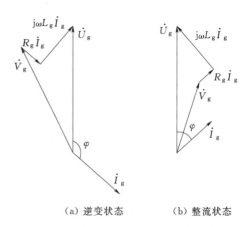

（a）逆变状态　　（b）整流状态

图 5-13 电网侧变流器稳态运行相量图

从图 5-13 也可看出，通过调节电网侧变流器的交流侧电压 $\dot{V}_g$ 的幅值和相位，就可

以控制电流 $\dot{I}_g$ 的大小及其与电网电压 $\dot{U}_g$ 之间的相位角 φ，从而让变流器工作在以下不同的运行状态：

（1）单位功率因数逆变运行。交流侧电流与电网电压之间的相位角 φ 为 180°，变流器与电网之间没有无功功率的传递，有功功率从变流器输入电网。

（2）单位功率因数整流运行。交流侧电流与电网电压同相，即相位角 φ 为 0°，变流器与电网之间没有无功功率的传递，有功功率从电网输入变流器。

（3）静止无功发生器运行状态。当 $\varphi = 90°$ 时，变流器与电网之间仅有无功传递，相当于一台静止的无功发生器。

（4）其他运行状态。当 $\varphi = 0° \sim 90°$ 时，变流器从电网吸收有功功率和滞后的无功功率；当 $\varphi = -90° \sim 0°$ 时，变流器从电网吸收有功功率和超前的无功功率；当 $\varphi = 90° \sim 180°$ 时，变流器向电网输出有功功率和超前的无功功率；当 $\varphi = -180° \sim -90°$ 时，变流器向电网输出有功功率和滞后的无功功率。

可见，电网侧变流器能够灵活控制输入到电网的无功功率和有功功率。一方面，当电网需要无功补偿时，它可以方便地提供相应的无功功率；另一方面，如果电网对无功功率没有要求，可按功率因数为 1 进行控制，从而降低变流器的容量要求和投资。这也是双 PWM 变流器与其他变流器相比所具有的优点之一。

2．电网侧变流器的数学模型

为了对电网侧变流器进行有效的控制，首先必须建立其数学模型。如果用开关来表示变流器的各个电力电子器件，则电网侧变流器的主电路可用图 5-14 所示的简化模型来表达。

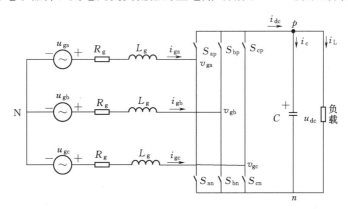

图 5-14　电网侧变流器主电路的简化模型

引入开关函数来表达各相电力电子器件的导通状态。第 i 相（$i=a$，b，c）的开关函数表达式为：

$$S_i = \begin{cases} 1 & S_{ip}导通 \\ 0 & S_{in}导通 \end{cases} \qquad (5-44)$$

式中：$S_i = 1$ 代表对应的桥臂上管导通，下管关断；$S_i = 0$ 代表对应的桥臂上管关断，下管导通。

由图 5-14，根据基尔霍夫电压和电流定律，可以写出以下方程：

$$\begin{cases} u_{ga} - R_g i_{ga} - L_g \dfrac{di_{ga}}{dt} = v_{ga} \\[2mm] u_{gb} - R_g i_{gb} - L_g \dfrac{di_{gb}}{dt} = v_{gb} \\[2mm] u_{gc} - R_g i_{gc} - L_g \dfrac{di_{bc}}{dt} = v_{gc} \\[2mm] C \dfrac{du_{dc}}{dt} = S_a i_{ga} + S_b i_{gb} + S_c i_{gc} - i_L \end{cases} \qquad (5-45)$$

式中：C 为直流测电容；i_L 为负载电流。

在图 5-14 中，电网侧变流器主电路的简化模型用 $v_{(n,0)}$ 表示直流侧负极性端 n 与电网中性点之间的电压；$v_{(ga,n)}$、$v_{(gb,n)}$、$v_{(gc,n)}$ 分别表示变流器交流侧各相对 n 端的电压，则变流器交流侧各相对电网中性点的电压分别为：

$$\begin{cases} v_{ga} = v_{(ga,n)} + v_{(n,0)} \\[2mm] v_{gb} = v_{(gb,n)} + v_{(n,0)} \\[2mm] v_{gc} = v_{(gc,n)} + v_{(n,0)} \end{cases} \qquad (5-46)$$

在一个开关周期内有：

$$\begin{cases} v_{(ga,n)} = S_a u_{dc} \\[2mm] v_{(gb,n)} = S_b u_{dc} \\[2mm] v_{(gc,n)} = S_c u_{dc} \end{cases} \qquad (5-47)$$

式中：u_{dc} 为变流器直流侧电压。

假设电网的三相电压是对称的，应有：

$$v_{ga} + v_{gb} + v_{gc} = 0 \qquad (5-48)$$

将式 (5-47)、式 (5-48) 代入到式 (5-46) 中可得：

$$v_{(n,0)} = -\frac{S_a + S_b + S_c}{3} u_{dc} \qquad (5-49)$$

再将式 (5-46)、式 (5-47)、式 (5-49) 代入到式 (5-45) 中可得：

$$\begin{cases} L_g \dfrac{di_{ga}}{dt} = -R_g i_{ga} - \left(S_a - \dfrac{S_a + S_b + S_c}{3}\right) u_{dc} + u_{ga} \\[3mm] L_g \dfrac{di_{gb}}{dt} = -R_g i_{gb} - \left(S_b - \dfrac{S_a + S_b + S_c}{3}\right) u_{dc} + u_{gb} \\[3mm] L_g \dfrac{di_{gc}}{dt} = -R_g i_{gc} - \left(S_c - \dfrac{S_a + S_b + S_c}{3}\right) u_{dc} + u_{gc} \\[3mm] C \dfrac{du_{dc}}{dt} = S_a i_{ga} + S_b i_{gb} + S_c i_{gc} - i_L \end{cases} \qquad (5-50)$$

式 (5-50) 就是电网侧变流器在 ABC 坐标系下的高频数学模型。将其写为矩阵形式可得

$$\begin{cases} L_{\mathrm{g}} \begin{bmatrix} \dfrac{\mathrm{d}i_{\mathrm{ga}}}{\mathrm{d}t} \\[2mm] \dfrac{\mathrm{d}i_{\mathrm{gb}}}{\mathrm{d}t} \\[2mm] \dfrac{\mathrm{d}i_{\mathrm{gc}}}{\mathrm{d}t} \end{bmatrix} = -R_{\mathrm{g}} \begin{bmatrix} i_{\mathrm{ga}} \\ i_{\mathrm{gb}} \\ i_{\mathrm{gc}} \end{bmatrix} - \begin{bmatrix} \dfrac{2}{3} & -\dfrac{1}{3} & -\dfrac{1}{3} \\[2mm] -\dfrac{1}{3} & \dfrac{2}{3} & -\dfrac{1}{3} \\[2mm] -\dfrac{1}{3} & -\dfrac{1}{3} & \dfrac{2}{3} \end{bmatrix} \begin{bmatrix} S_{\mathrm{a}} \\ S_{\mathrm{b}} \\ S_{\mathrm{c}} \end{bmatrix} u_{\mathrm{dc}} + \begin{bmatrix} u_{\mathrm{ga}} \\ u_{\mathrm{gb}} \\ u_{\mathrm{gc}} \end{bmatrix} \\[4mm] C \dfrac{\mathrm{d}u_{\mathrm{dc}}}{\mathrm{d}t} = (S_{\mathrm{a}} \quad S_{\mathrm{b}} \quad S_{\mathrm{c}})(i_{\mathrm{ga}} \quad i_{\mathrm{gb}} \quad i_{\mathrm{gc}})^{T} - i_{\mathrm{L}} \end{cases} \tag{5-51}$$

设电网三相电压对称，可以表达为：

$$\begin{bmatrix} u_{\mathrm{ga}} \\ u_{\mathrm{gb}} \\ u_{\mathrm{gc}} \end{bmatrix} = U_{\mathrm{gm}} \begin{bmatrix} \cos(\omega_{\mathrm{g}}t + \alpha) \\ \cos(\omega_{\mathrm{g}}t + \alpha - 120) \\ \cos(\omega_{\mathrm{g}}t + \alpha + 120) \end{bmatrix} \tag{5-52}$$

式中：U_{gm} 为电网相电压的幅值；ω_{g} 为电网的电角频率；α 为电网 A 相电压的初始相位角。

由电网电压的瞬时值可以得到电网电压的空间矢量为：

$$\vec{U}_{\mathrm{g}} = \frac{2}{3}(u_{\mathrm{ga}} + u_{\mathrm{gb}}\mathrm{e}^{\mathrm{j}\frac{2\pi}{3}} + u_{\mathrm{gc}}\mathrm{e}^{-\mathrm{j}\frac{2\pi}{3}}) \tag{5-53}$$

如果把 dq 坐标系的 d 轴方向选为电网电压的空间矢量方向，q 轴方向超前 d 轴 $90°$，则有：

$$\begin{cases} u_{\mathrm{gd}} = |\vec{U}_{\mathrm{gd}}| = \sqrt{\dfrac{2}{3}} U_{\mathrm{gm}} \\[3mm] u_{\mathrm{gq}} = 0 \end{cases} \tag{5-54}$$

如果 dq 坐标系的 d 相电压初相角与 A 相的相等，则由 ABC 三相静止坐标系到 dq 同步旋转坐标系的变换矩阵为：

$$C_{\mathrm{ABC}}^{dq0} = \frac{2}{3} \begin{bmatrix} \cos\omega t & \cos(\omega t - 2\pi/3) & \cos(\omega t + 2\pi/3) \\ -\sin\omega t & -\sin(\omega t - 2\pi/3) & -\sin(\omega t + 2\pi/3) \end{bmatrix} \tag{5-55}$$

式中：ω 为 dq 同步旋转坐标系的角频率。

于是有：

$$\begin{bmatrix} i_{\mathrm{gd}} \\ i_{\mathrm{gq}} \end{bmatrix} = C_{\mathrm{ABC}}^{dq0} [i_{\mathrm{ga}} \quad i_{\mathrm{gb}} \quad i_{\mathrm{gc}}]^{T} \tag{5-56}$$

$$\begin{bmatrix} S_{\mathrm{d}} \\ S_{\mathrm{q}} \end{bmatrix} = C_{\mathrm{ABC}}^{dq0} [S_{\mathrm{a}} \quad S_{\mathrm{b}} \quad S_{\mathrm{c}}]^{T} \tag{5-57}$$

将式（5-55）、式（5-56）、式（5-57）代入到式（5-51）中，可得 dq 同步旋转坐标系下电网侧变流器的数学模型为：

$$\begin{cases} L_{\mathrm{g}} \dfrac{\mathrm{d}i_{\mathrm{gd}}}{\mathrm{d}t} = -R_{\mathrm{g}}i_{\mathrm{gd}} + \omega_{\mathrm{g}}L_{\mathrm{g}}i_{\mathrm{gq}} - S_{\mathrm{d}}u_{\mathrm{dc}} + u_{\mathrm{gd}} \\[3mm] L_{\mathrm{g}} \dfrac{\mathrm{d}i_{\mathrm{gq}}}{\mathrm{d}t} = -R_{\mathrm{g}}i_{\mathrm{gq}} - \omega_{\mathrm{g}}L_{\mathrm{g}}i_{\mathrm{gd}} - S_{\mathrm{q}}u_{\mathrm{dc}} + u_{\mathrm{gq}} \\[3mm] C \dfrac{\mathrm{d}u_{\mathrm{dc}}}{\mathrm{d}t} = S_{\mathrm{d}}i_{\mathrm{gd}} + S_{\mathrm{q}}i_{\mathrm{gq}} - i_{\mathrm{L}} \end{cases} \tag{5-58}$$

而 dq 同步旋转坐标系下变流器的交流侧电压为：

$$\begin{cases} v_{gd} = S_d u_{dc} \\ v_{gq} = S_q u_{dc} \end{cases} \tag{5-59}$$

把式（5-59）代入到式（5-58）中，并且只取前两个方程式，可得：

$$\begin{cases} v_{gd} = -R_g i_{gd} - L_g \dfrac{di_{gd}}{dt} + \omega_g L_g i_{gq} + u_{gd} \\ v_{gq} = -R_g i_{gq} - L_g \dfrac{di_{gq}}{dt} + \omega_g L_g i_{gd} + u_{gq} \end{cases} \tag{5-60}$$

而在 dq 同步旋转坐标系下，由电网侧变流器输入到电网的有功功率和无功功率分别为：

$$\begin{cases} P_g = -u_{gd} i_{gd} - u_{gq} i_{gq} = -u_{gd} i_{gd} \\ Q_g = u_{gd} i_{gq} - u_{gq} i_{gd} = u_{gd} i_{gq} \end{cases} \tag{5-61}$$

3. 电网侧变流器的矢量控制

式（5-61）表明，调节电网侧变流器交流侧电流的 d、q 分量，就可以分别控制变流器输入到电网的有功功率和无功功率。因此，当采用电网电压空间矢量定向的 dq 坐标系时，可以实现对有功和无功的解耦控制，这也是对电网侧变流器采用矢量控制的意义所在。

从双 PWM 变流器的电路拓扑结构可知，当发电机输出的有功功率大于变流器输入到电网的有功功率时，多余的有功功率会给电容充电使直流侧电压 u_{dc} 升高；反之，u_{dc} 则会降低。因此，如果控制 u_{dc} 不变，在忽略变流器自身损耗时，可认为发电机输出的有功功率全部被送到了电网。所以，对 d 轴电流（有功电流）的控制可以采用双闭环结构：外环为直流侧电压控制环，其输出作为 d 轴电流的给定。该控制环节的作用是稳定直流侧电压，其基本思想是，如果直流侧电压高于其给定，则表明发电机输出的有功功率大于变流器输入到电网的值，于是增大有功电流给定值，以提高送入到电网的有功功率，从而使直流侧电压下降；反之亦然。内环为电流控制环，其作用是跟踪外环输出的有功电流给定以实现电流的快速控制。这样的结构可保证发电机输出的有功功率能够及时通过变流器送入电网。

对 q 轴电流（无功电流）的控制则只需采用单闭环结构：由设定的无功功率值经过简单处理可得到无功电流的给定值，将该值作为 q 轴电流环的给定，从而实现对无功功率的调节。电网侧变流器的矢量控制结构如图 5-15 所示。

在图 5-15 中，u_{dc}^* 为直流侧电压给定，Q_g^* 为变流器输入到电网的无功功率给定值。由式（5-60）可以看出，d、q 轴电流除了要受到控制电压 V_{gd} 和 V_{gq} 的影响外，还要受到交叉耦合电压 $\omega_g L_g i_{gq}$、$-\omega_g L_g i_{gd}$ 以及电网电压 u_{gd} 的影响。因此，对 d 轴和 q 轴电流可以分别进行闭环 PI 调节得到相应的控制电压分量 v_{gd}' 和 v_{gq}'；再分别加上耦合电压补偿相 Δv_{gd} 和 Δv_{gq}，就可以得到 q 轴的控制电压 v_{gd} 和 v_{gq}；然后结合电网电压的综合矢量位置角 θ_g 和直流侧电压 u_{dc}，经过空间矢量调制（SVM）之后，就可以得到控制电网侧变流器所需要的 PWM 驱动信号。

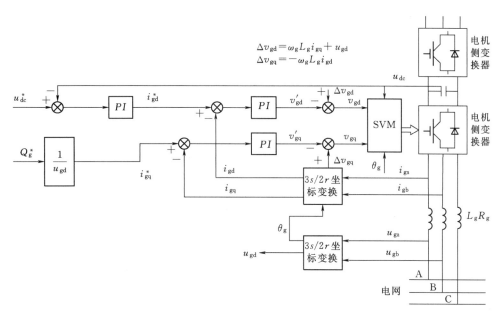

$$\Delta v_{gd} = \omega_g L_g i_{gq} + u_{gd}$$
$$\Delta v_{gq} = -\omega_g L_g i_{gd}$$

图 5-15　电网侧变流器控制框图

第四节　变速恒频风力机组最大风能追踪控制

一、风力机数学模型

1. 风能利用系数

风能利用系数为：

$$C_P = \frac{P_m}{0.5 \rho S v^3} \tag{5-62}$$

式中：P_m 为风力机实际获得轴功率；ρ 为空气密度；S 为风轮扫过面积；v 为上游风速。

理想风力机的风能利用系数 C_P 的最大值为 0.593。C_P 越大，风力机能够从自然界获取的能量百分比也越大，风力机的效率越高，即风力机对风能的利用率也越高。

2. 叶尖速比

为了表示风轮运行速度的快慢，常用叶片的叶尖圆周速度与来流（上游）风速之比来描述，称为叶尖速比 λ，即

$$\lambda = \frac{2\pi n}{v} = \frac{\omega R}{v} \tag{5-63}$$

式中：n 为风轮的转速；R 为叶尖的半径；v 为上游风速；ω 为风轮旋转角速度。

3. 风力机的输入功率及实际获得的轴功率

风力机的输入功率及实际获得的轴功率为：

$$P_w = \frac{1}{2}(\rho S_w v) v^2 = \frac{1}{2} \rho S_w v^3 \tag{5-64}$$

$$P_m = C_p P_w = \frac{1}{2} \rho S v^3 C_p = \frac{\pi}{8} \rho D^2 v^3 C_p \qquad (5-65)$$

式中：ρ 为空气密度，一般为 1.25；S_w 为风力机迎风扫掠面积；v 为空气进入风力机扫掠面以前的风速（即未扰动风速）；P_m 为风力机实际获得的轴功率；P_w 为风力机的实际输入功率；D 为风机叶片直径。

4. 最佳叶尖速比

为了使风力机产生最大的机械功率，应使 C_p 保持为 C_{pmax} 不变。当风速变化时就必须使风力机的转速 n 随风速正比变化，并保持一个恒定的最佳叶尖速比 λ_{opt}，即

$$n = \frac{30 v \lambda_{opt}}{\pi R} = k_1 v \qquad (5-66)$$

将式（5-66）代入式（5-65），得到风力机最大输出功率与转速的三次方成比例，即

$$P_{wmax} = \frac{1}{2} \rho \pi R^2 C_{pmax} (\pi/30)^3 (R/\lambda_{opt})^3 n^3 = k_2 n^3 \qquad (5-67)$$

不同风速条件下风力机输出机械功率与电机转速的关系如图 5-16 所示。

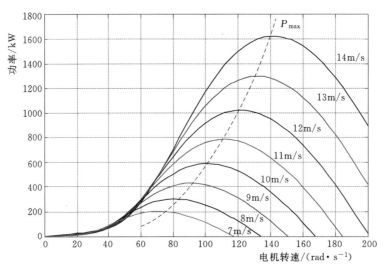

图 5-16　不同风速条件下风力机输出机械功率与电机转速的关系

从图 5-16 中可以看出，在某一风速下，风力机的输出机械功率随转速的不同而变化，其中有一个最佳的转速。在该转速下，风力机输出最大机械功率，它与风速的关系就是最佳叶尖速比关系。在不同的风速下，均有一个最佳的转速使风力机输出最大机械功率，从而得到一条最大输出机械功率曲线，即最佳功率负载线。处于这条曲线上的任何点，其转速与风速的关系均为最佳叶尖速比关系。

二、风力发电系统的最大风能追踪运行机理

从图 5-16 中可以看出，同一风速、不同机组转速下输出功率不同，同一风速下存在一个最佳转速，此转速下风力机能达到最佳叶尖速比，可捕获到该风速下的最大能量、输

出最大的功率，所以风力机的最大风能追踪控制与风力机的转速控制密切相关。因此，只要有效控制发电机转速，就可使风力机运行于某风速所对应的最佳转速上，获得最佳叶尖速比和最大功率输出。连接不同风速下与最佳转速对应的最大功率点就可形成一条最佳功率 $P_{\max}$ 曲线。

实际运行中的最大风能追踪过程是依据风力机的输出特性通过对发电机的控制来完成的。从图 5-16 可以看出，同一风速、不同转速下风力机输出功率不同，要实现追踪最佳功率曲线运行，必须在风速变化时及时调整转速 n，以期随时保持最佳叶尖速比 λ_{opt}。因此，最大风能追踪过程可以理解为风力机的转速调节过程，转速调节的精度决定了最大风能追踪的效果。

最大风能追踪运行实质上就是风电机组的转速控制过程，既可通过风力机控制，也可通过发电机控制来实现。采用风力机控制时，最大困难在于巨大风轮致使机组机械时间常数很大，调速过程动态响应很慢，赶不上风速的急剧变化，且机械式桨距调节机构复杂、维护困难。采用发电机控制时，控制对象为电磁转矩，这是一个时间常数小、动态响应快的电气量，电气系统的控制也相对简单，因此变速恒频风电机组通常就是通过控制发电机输出有功功率来调节风电系统的电磁阻转矩，改变整个系统转矩平衡关系，进而调节风电系统的转速来实现最大风能追踪运行。

风电机组转速控制时，一般需要检测当前风速，当风速小于额定风速时，保持桨距角不变，通常设为零，通过对发电机进行调速，从而使机组运行在 c_{p}（风力机功率系数）恒定区，实现最大风能跟踪。因此要使风力机的转速时刻追随风速保持为该风速下的最优转速，就是使发电机的转子转速跟随风速并保持某风速下的最优转速，也就是对发电机进行速度控制。

这是一种直接转速控制方法，控制目标明确、原理简单。但由于风轮叶片迎风扫掠面积很大，各点风速均不同，使得风场中风速的准确量测较为困难，存在很多实际技术问题，而风速检测的误差更会降低最大风能追踪的效果。这样，在工程实践中只能是尽量通过改进的功率控制策略和方法，通过控制其他参数来间接控制风力机转速，避免风速的直接测量。这是一种较易实现、具有广阔应用前景的最大风能追踪运行实现方式。

三、双馈风力发电机组最大风能跟踪控制

根据最大风能追踪运行机理，有功功率参考值的正确计算是 DFIG 风电机组实现最大风能追踪控制的关键。在不计机械损耗情况下，由式（5-67）得 DFIG 输出总电磁功率参考值 P_{e}^{*} 为：

$$P_{\mathrm{e}}^{*} = p_{\mathrm{opt}} = k_2 n^3 \tag{5-68}$$

但 DFIG 控制中一般并不对总电磁功率实行闭环控制，而是以定子输出功率参考值为目标进行闭环控制，所以要通过 DFIG 总电磁功率参考值 P_{e}^{*} 计算出定子输出功率参考值 P_{s}^{*}。DIFG 的总电磁功率为：

$$P_{\mathrm{e}} = P_{\mathrm{es}} + P_{\mathrm{er}} \tag{5-69}$$

$$P_{\mathrm{es}} = P_{\mathrm{s}} + P_{\mathrm{Cus}} \tag{5-70}$$

式中：P_{s} 为定子输出功率；P_{Cus} 为定子铜耗，忽略转子铜耗的条件下有：

$$P_{\mathrm{er}} \approx P_{\mathrm{r}} = -sP_{\mathrm{es}} \qquad (5-71)$$

式中：P_{r} 为转子励磁变频器输入的电功率；s 为转差率。

因此，可推导出定子输出功率参考值 P_{s}^{*} 为：

$$P_{\mathrm{s}}^{*} = \frac{P_{\mathrm{e}}^{*}}{1-s} - P_{\mathrm{Cus}} \qquad (5-72)$$

四、直驱风力发电机组最大风能跟踪控制

对于直驱风力发电系统，采用永磁同步发电机，无增速机构，因此风力机在各种风速下的转速 ω 就对应发电机相应的转速 ω_{g}，即 $\omega = \omega_{\mathrm{g}}$，由于发电机的速度和电磁转矩有着直接的关系，因此可将力矩环节作为速度环节的内环进行设计。对于永磁电机不需要励磁电流，定子电流只产生转矩，在旋转坐标系下，永磁电机的电磁转矩为：

$$T_{\mathrm{e}} = p\psi i_{\mathrm{sq}} \qquad (5-73)$$

电磁转矩只与 q 轴电流相关，而与 d 轴电流无关，所以力矩环节的控制可以转化为电流环节的控制。于是，只需通过控制 q 轴电流即可实现发电机转矩转速的控制。速度控制方式是以电流控制为内环，速度控制为外环的闭环控制系统。发电机侧变流器的主要作用是根据实际风速的变化，调节输出电压信号和电频率。根据永磁电机的矢量控制原理，通过对发电机定子电流矢量的相位和幅值进行控制即可达到调速的目的。

第五节　变速恒频风力发电机组无功功率极限

一、双馈风电机组的无功功率极限

要对风电场进行无功控制，首先要确定单台风电机组的无功能力，进而确定整个风电场的无功工作范围，以便对风电场无功进行合理分配。

双馈风力发电机加双向变流器组成的风电机组，能够向电网馈送无功功率或吸收无功功率的是发电机定子和网侧变流器。

（一）双馈发电机无功能力分析

双馈发电机的无功功率主要受三个方面限制：定子电流的限制、转子电流的限制、稳定性的限制。

1. 定子电流对定子侧无功功率的约束

设定子侧电流最大值为 I_{smax}，则就可以得到确定双馈发电机无功功率极限的定子侧电流约束的关系式为：

$$\sqrt{P_{\mathrm{s}}^{2} + Q_{\mathrm{s}}^{2}} \leqslant \sqrt{3} U_{\mathrm{s}} I_{\mathrm{smax}} \qquad (5-74)$$

式中：P_{s} 为定子有功功率；Q_{s} 为定子无功功率；U_{s} 为定子电压。

2. 转子侧变频器电流对定子侧无功功率的约束

转子电流的约束主要指转子侧变频器电流的约束。由式（5-25）、式（5-27）可得：

$$P_s = U_s i_{qs} = \omega_1 \psi_s \frac{L_m}{L_s} i_{qr} = U_s \frac{X_m}{X_{ss}} i_{qr} \tag{5-75}$$

$$Q_s = U_s i_{ds} = \omega_1 \psi_s \frac{L_m i_{dr} - \psi_s}{L_s} = U_s \frac{X_m}{X_{ss}} i_{dr} - \frac{(U_s)^2}{X_{ss}} \tag{5-76}$$

$$X_{ss} = X_m + X_{s\sigma} \tag{5-77}$$

式中：X_m 为激磁电抗；$X_{s\sigma}$ 为定子漏磁电抗。

由此可得：

$$P_s^2 + \left(Q_s + \frac{U_s^2}{X_{ss}}\right)^2 = \frac{U_s^2 X_m^2}{X_{ss}^2}(i_d^2 + i_q^2) \tag{5-78}$$

因为：

$$(i_d^2 + i_q^2) \leqslant i_{rmax}^2 \tag{5-79}$$

所以：

$$P_s^2 + \left(Q_s + \frac{U_s^2}{X_{ss}}\right)^2 \leqslant \frac{U_s^2 X_m^2}{X_{ss}^2} i_{rmax}^2 \tag{5-80}$$

3. 静态稳定裕度对定子侧无功功率的约束

静态稳定分析主要是分析系统小扰动下是否会周期性地丧失稳定性的问题。一个安全的系统，必须有足够的静态稳定储备抵御电网可能遭受的各种小扰动影响。虽然双馈感应发电机是异步化的同步电机，但从功率平衡角度来看，如果机械功率大于电磁功率，多余的能量必然会促使功角 δ 增大，系统通过增大功角来实现多余能量的调节。由此看来，双馈机的静态稳定特性与同步电机相似，故必须考虑静态稳定裕度。双馈发电机的电势相量如图 5-17 所示。

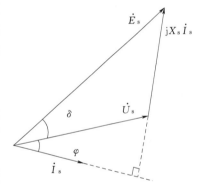

图 5-17 双馈电机的电势相量图

结合式（5-75）、式（5-76）、式（5-77）和图 5-17 可以看出，有功功率随着内电动势和电压的夹角增大而增大。理论上最大可以相互垂直，即 $\delta \leqslant 90°$，双馈风力发电机最大能吸收的无功功率为：

$$Q_s \geqslant -\frac{U_s^2}{X_{ss}} \tag{5-81}$$

（二）网侧变流器无功能力分析

忽略网侧变流器进线电抗的损耗，令网侧变流器的容量为 S_g，有功功率为 P_g，无功功率为 Q_g，由定转子侧的功率关系可得：

$$\begin{cases} Q_g = \sqrt{S_g^2 - P_g^2} \\ P_g = sP_s \\ Q_{gmin} = -\sqrt{S_g^2 - (sP_s)^2} \\ Q_{gmax} = \sqrt{S_g^2 - (sP_s)^2} \end{cases} \tag{5-82}$$

式中：Q_{gmin}、Q_{gmax} 为网侧变流器无功的最小值和最大值；s 为转差率。

二、直驱型变速恒频发电机组的无功功率极限

直驱型变速恒频发电机组的无功功率能力取决于网侧变流器，由于视在功率的限制，若变流器所发的有功功率多了，则必然引起输出无功功率减少。若要增加无功功率输出，就必须要减少有功功率的输出。

忽略网侧变流器进线电抗的损耗，令网侧变流器的最大视在功率为 S_g，则有：

$$Q_g = \sqrt{S_g^2 - P_g^2} \tag{5-83}$$

式中：P_g 为有功功率；Q_g 为无功功率。

则网侧变流器无功功率极限如下：

$$Q_{gmin} = -\sqrt{S_g^2 - P_g^2}$$
$$Q_{gmax} = \sqrt{S_g^2 - P_g^2} \tag{5-84}$$

式中：Q_{gmin}、Q_{gmax} 为网侧变流器无功的最小值和最大值。

第六节　风电场低电压穿越技术

一、低电压穿越技术的提出

在风电场容量相对较小并且分散接入时，系统故障时风电场退出运行不会对系统稳定造成影响。随着风电装机容量在系统中所占比例增加，风电场的运行对系统稳定性的影响将不容忽视。世界各国电力系统对风电场接入电网时的要求越来越严格，甚至以火电机组的标准对风电场提出要求，包括低电压穿越（Low Voltage Ride Through，LVRT）能力、无功控制能力、有功功率控制能力等，其中 LVRT 被认为是对风电机组设计制造技术的最大挑战。

二、低电压穿越的定义

低电压穿越（LVRT）是指在风力发电机并网点电压跌落的时候，风机能够保持并网状态，甚至向电网提供一定的无功功率，支持电网电压恢复，直到电网电压恢复正常，从而"穿越"这个低电压时间（区域）。

并网风力发电系统与传统的并网发电设备最大的区别在于，在电网故障或扰动期间风力发电系统不能维持电网的电压和频率，这对电力系统的稳定性非常不利，必须考虑电网故障时风电系统的各种运行状态对电网稳定性的影响。一般情况下若电网出现故障，并不考虑故障的持续时间和严重程度，风电机组就实施被动式自我保护而立即解列，这样能最大限度保障风电机组的安全。在风力发电占电网的比重较低时是可以允许风电场在电网发生故障及扰动时切除，不会引起严重后果。然而，当风电在电网中占有较大比重（国外的经验表明当比例达到 3%）时，若风电机在电压跌落时仍采取保护式的解列，则电网故障引起的大量风电机切除会导致系统潮流的大幅变化，由此带来的频率稳定性问题，会增加整个系统的恢复难度，甚至可能加剧故障，最终导致系统其他机组全部解列，甚至可能引

起大面积的停电。因此，LVRT 被认为是风电机组设计制造和控制技术上的最大挑战，直接关系到风电机组的大规模应用，因而必须采取有效的 LVRT 措施，以维护风电场电网的稳定。

三、电网对风电场接入电网运行的 LVRT 规定

目前在风电技术领先的国家，如美国、丹麦、西班牙、德国、澳大利亚等相继制定了风电场的电网运行 LVRT 规定。风电场在规定曲线上保持并网运行，且风电机组应该提供无功功率，只有当电网电压低于规定曲线以下才允许脱网。如丹麦要求电网电压跌落到 25％时持续 100ms，电网电压跌落至 25％以下才允许风电机组脱网；德国要求电网电压跌落到 15％时持续 300ms。

我国对于风电装机容量占其他电源总容量比例大于 5％的省（区域）级电网，要求该电网区域内运行的风电场应具有低电压穿越能力。根据国家电网公司标准《风电场接入电网技术规定》（Q/GDW 1392—2015），图 5-18 示出了风电场低电压穿越要求的规定，并网点电压在图中电压轮廓线以上的区域内时，场内风电机组必须保证不间断并网运行，且还要求风电系统向电网提供无功功率支撑，帮助电网电压恢复；并网点电压在图 5-18 中电压轮廓线以下时，场内风电机组才允许从电网切出。

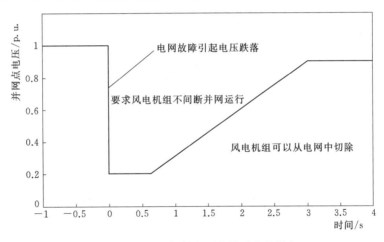

图 5-18 风电场低电压穿越要求的规定

由图 5-18 可见，风电场低电压穿越规定要求如下：

（1）风电场内的风电机组具有在并网点电压跌至 20％额定电压时能够保持并网运行 625ms 的低电压穿越能力。

（2）风电场并网点电压在发生跌落后 3s 内能够恢复到额定电压的 90％时，风电场内风电机组应保持并网运行。

四、双馈风力发电机低电压穿越技术的实现

目前已有大量文献对双馈风力发电机的 LVRT 技术进行了研究。双馈风力发电机 LVRT 技术概括起来可分为两大类：一类是不增加硬件电路的方法；另一类是增加硬件

电路的方法。下面将将两类方法作简要的介绍。

（一）不增加硬件电路的 LVRT 方法

为了尽可能少增加 LVRT 的成本，许多学者都在寻求不增加硬件电路，只从改进控制策略的角度入手来实现风电机组的 LVRT 方法，目前大致有以下几种。

1. 基于改进电机模型的控制策略

在假定电网电压恒定前提下实施的 DFIG 风电机组运行控制模型较为简单，容易实现，且在电网电压稳态的情况下可获得良好的动、静态响应。但是在电网电压扰动时，据此预测的性能就会产生误差，危害交流励磁电源的安全，严重时甚至导致控制失误。通过建立 DFIG 动态过程的精确模型采取新的控制策略，即在原来控制器的基础上再加上补偿量，对解耦电路进行必要的修正。

与传统的控制方案相比，这种方法在一定程度上提高了外部电网电压故障时对转子电流的控制能力，但由于转子电流的有效控制是以增大转子输入电压为代价的，并没有从根本上解决电网电压故障时来自风机的多余能量的释放，所以这种方法只能在小的电网电压跌落范围内发挥一定的作用，但不能作为单独的 LVRT 控制策略使用。

2. 采用基于可靠控制技术的 H_∞ 和 $\mu-$analysis 方法设计全新的控制器

这种方案的主要控制思路如下：

（1）在故障过程中由于电网无法供给或吸收能量，因而风力发电机的参考功率应设为 0。

（2）故障过程中转子侧的控制依然进行。

（3）建立 H_∞ 控制器，它的网侧控制器用来检测直流侧电压的故障和定子端电压单独故障，从而产生电流信号来补偿这些故障；它的转子侧控制器用以检测定子有功和无功的异常，并产生转子电流信号进行补偿。

但由于在电网电压跌落后，变流器控制能力变差，网侧变流器无法在短时间内将多余的能量馈入电网，直流侧电压仍会升高；而转子侧，由于转子侧变流器容量的限制，使得转子侧电流的动态响应速度受到限制，仍会在转子侧出现过流。

（二）增加硬件电路的 LVRT 方法

从能量守恒角度分析，电网发生低电压故障时，发电机机端电压比正常工况低，意味着风电系统无法正常向电网输送电能。由于风力机惯性较大，调桨系统在很短的时间内能调节的范围比较有限，于是捕获的风能将有一部分过剩，而只通过控制来调节显然不能给这些能量一个释放通道。一旦出现很严重的电压跌落，单纯靠控制策略的改进将难以实现低电压穿越，须增加硬件辅助电路为系统多余的能力提供释放通道。增加的硬件电路主要包括转子侧保护电路、定子侧保护电路、直流侧保护电路、组合保护电路。

1. 转子侧保护电路

对于双馈型系统，转子侧增加保护电路（撬棒电路）是最常用的方法，图 5-19 示出了双馈系统转子侧保护电路的几种不同形式。

图 5-19（a）是采用两相交流开关构成的保护电路，交流开关由晶闸管反向并联构成。当发生电网故障时，通过交流开关短路转子绕组，起到保护变流器的作用。图 5-19（b）是由二极管整流桥和晶闸管构成的保护电路，当直流侧电压达到最大值时，通过

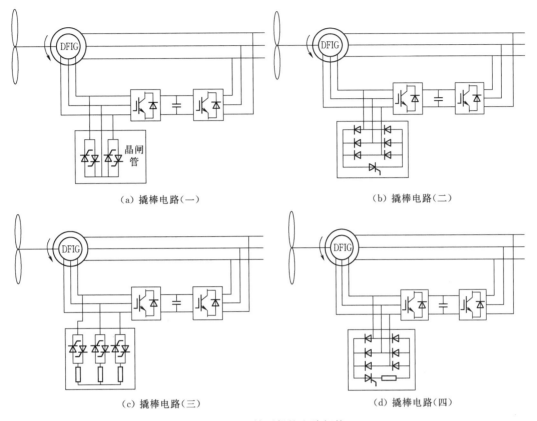

（a）撬棒电路（一）　　　　　　　　　　（b）撬棒电路（二）

（c）撬棒电路（三）　　　　　　　　　　（d）撬棒电路（四）

图 5-19　转子保护电路拓扑

触发晶闸管导通实现对转子绕组的短路，同时断开转子绕组与转子侧变流器的连接，保护电路与转子绕组一直保持连接，直到主回路开关将定子侧与电网彻底断开为止。

对于图 5-19（a）、（b）所示的晶闸管被动式撬棒电路，由于双馈电机多运行于同步转速附近，转子侧频率通常较低，一旦撬棒动作后，由于电流较大，难以关断，因此对这种基于晶闸管的被动式撬棒保护电路，通常需要双馈电机的定子从电网脱开且等双馈电机转子电流衰减殆尽后，晶闸管才能恢复到其阻断状态，待条件允许的情况下双馈电机重新执行并网操作。由于上面两种电路都是被动式保护，被称之为被动撬棒法，难以适应新的电网规则要求，因此现在大都采用自关断器件构成的主动式保护电路即主动撬棒电路。

图 5-19（c）、（d）给出了两种主动撬棒电路。图 5-19（c）是采用了关断器件构成的可控整流桥，图 5-19（d）是在二极管整流桥后采用关断器件和电阻构成的斩波器，这种保护电路使转子侧变流器在电网故障时可以与转子保持连接，当故障消除后通过切除保护电路，使风电系统快速恢复正常运行，因而具有更大的灵活性。

此方法简单有效，且成本较低，便于实现，但实际效果严重依赖于内部运行条件和故障特征，对于非对称故障能起到的作用有限；并且撬棒在不同运行状态间切换会不可避免地产生暂态响应，尤其是在电压恢复过程中，电网电压从故障状态恢复到正常会使系统产生一个暂态过程，若此时撬棒退出还将加剧该暂态过渡过程。且当撬棒电路工作时，双馈电机处于一般感应电机的不可控状态,当电网电压恢复时,电机将从电网中吸收大量的无功,而不利于电网电压的恢复。

2. 定子侧保护电路

为保持系统控制能力,限制短路电流,避免转矩振荡,可在定子侧与电网之间每相反

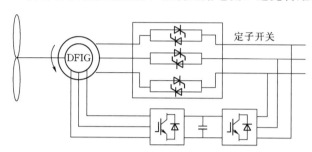

图 5-20 定子侧保护电路

向并联一对晶闸管作为电子开关,使定子快速与电网分离,原理图如图 5-20 所示。

定子侧增加交流开关构成保护电路,与传统的并网软启动器相似,正常运行时,交流开关全部导通。为承受电压跌落所带来的大电流冲击,转子侧变流器选用电流等级较高的大功率 IGBT 功率器件,

发生故障时,定子侧会产生较大的暂态电流,此时通过控制晶闸管的触发角对此电流进行限制。使用这种方法时,交流开关的通态压降会造成系统效率降低,正常运行时可以通过导通旁路继电器、关闭交流开关来降低通态损耗。此方法的缺点如下:

(1) 要选用较大定额的 IGBT 方能解决转子过电流问题。

(2) 此方案并未实现真正意义上的不脱网运行。

3. 直流侧保护电路

直流侧保护电路如图 5-21 所示。

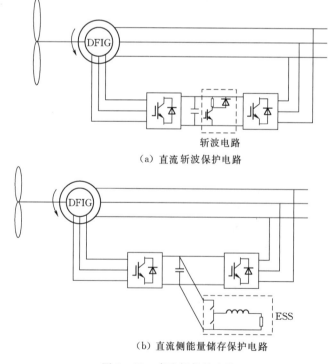

(a) 直流斩波保护电路

(b) 直流侧能量储存保护电路

图 5-21 直流侧保护电路

由于在电网电压跌落时，转子侧过流，电网侧变流器输出功率受到限制，能量在直流侧积累会造成直流侧电压升高，可能会损坏直流侧电容和功率器件，为了克服此问题，图5-21（a）在直流侧增加斩波电路。当电网电压跌落时，转子侧过流，此时投入卸荷负载，消耗掉直流侧多余的能量，则可以保持电压稳定。图5-21（b）采用能量存储设备（Energy Storage System，ESS），该系统可将故障期间的过剩能量储存起来，并在故障结束后将这些能量送入电网。此方法可解决使用撬棒须在不同运行状态间切换的问题，既避免了工况切换造成的暂态过程，又可对系统进行持续调控。缺点也很明显，ESS无法对转子电流进行有效控制，若要保证变流器不因为转子过电流而损坏，必须增加转子侧变流器的容量，以通过电网故障时转子侧的大电流，因此增加了成本，但同时也为实现更好的控制策略创造了条件。

4. 组合保护电路

为了提高保护电路的性能，可以将上述电路进行组合，以获取更好的控制效果。图5-22示出了几种组合形式。

图5-22（a）将图5-20与直流侧卸荷负载组合使用，可以进一步提高图5-20的保护性能，当发生电网电压跌落时，投入直流侧卸荷负载，应对转子侧过电流，稳定直流侧电压，当故障恢复时，由定子侧交流开关抑制定子侧的过电流。与图5-20单纯使用定子侧保护电路比较，图5-22（a）可以进一步提高可靠性。图5-22（b）中在定子侧和转子侧都采用旁路电阻，当电网故障发生及恢复时，分别对定子侧和转子侧的过电流进行抑制，可以进一步提高保护电路的可靠性。图5-22（c）将图5-19的转子侧旁路电阻与直流侧卸荷负载组合使用，可以对转子侧保护电路进行优化，降低转子侧旁路电阻的动作次数，当直流侧电压上升较少时，可以不必投入转子侧旁路电阻，由直流侧卸荷负载保持电压稳定，当直流侧电压继续上升时，再考虑投入转子侧保护。由于转子侧旁路电阻是固定值，因此这种组合方法可以提高保护动作的平滑性。

5. 改变发电系统结构

变速恒频双馈风力发电机（VSCF-DFIG）系统中所采用的背靠背变流器通常都是与定子侧并联的，这表明变流器能够向电网注入或者吸收电流，若采用图5-23所示的电路结构，将变流器与电网串联连接，则DFIG定子侧的电压是网侧电压和变流器输出电压之和，因此可以通过控制变流器的电压来控制定子磁链，有效抑制由于电压跌落所造成的磁链振荡，从而阻止转子侧大电流的产生，减小系统受电网扰动的影响，达到强化电网的目的。

五、直驱式永磁同步风力发电机低电压穿越技术的实现

直驱式永磁同步风力发电机因省去了齿轮箱，无电刷和滑环，得到广泛应用。直驱式永磁同步风力发电机由于定子经变流器接电网，与电网解耦，因此电网电压的降落不会对发电机有大的影响，但仍会影响网侧变流器的运行，这就要求网侧变流器能实现低电压穿越。对于直驱永磁同步电机机组来说，在电网电压故障情况下，变流器面临的最大问题是中间能量的堆积，造成过电压、过流等一系列问题。这是由于电机侧变流器控制目标是控制同步电机的电磁转矩，当电网电压跌落时，传统的控制策略使得机侧并不会改变输出功

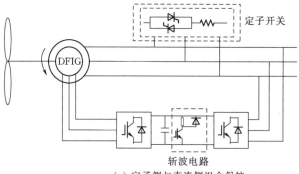

（a）定子侧与直流侧组合保护

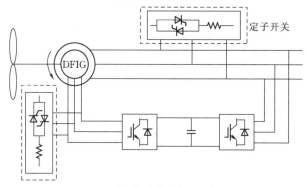

（b）定子侧与转子侧组合保护

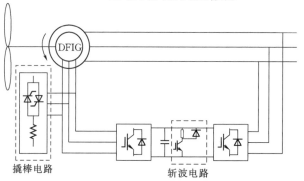

（c）转子侧与直流侧组合保护

图 5-22 组合保护电路

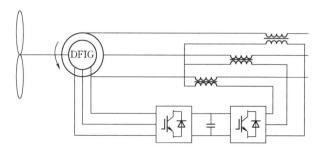

图 5-23 改变系统结构的保护电路

率，而电网侧由于电压的跌落，则必须增大输出电流，但变流器的限流控制使得电流不能有太大的增大幅值。当电压跌落幅度较大时，会造成输出功率下降，使得输入能量不等于输出能量，多余能量堆积在中间直流电容中，造成电压升高，带来一系列问题。

可以看出，解决低电压穿越期间能量不平衡的办法一是释放掉中间堆积的多余能量，二是减少同步电机的输出功率，使得能量在此期间建立新的平衡。对于前一种方法，常用的做法是增加中间直流侧卸荷支路，如图 5－24 所示。通过控制功率器件投入和切出卸荷电路，调节直流侧电压。后一种是一种新的控制方法，称为机侧网侧协调控制策略。它使机侧控

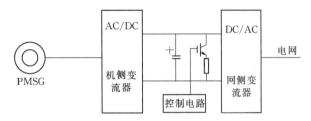

图 5－24　增加中间卸荷支路示意图

制中间直流电压恒定，网侧调节并网有功/无功功率，实现网侧的功率因数可调，且使得风力机的输出功率跟踪网侧功率，使得对风能的利用度达到最大。这样一来，当电网电压跌落时，网侧变流器会迅速检测到功率的下降，快速调整同步电机的电磁转矩，减少电机输出功率，以达到功率新的平衡关系。

此外，根据低电压穿越的要求，在电网故障期间，机组在一定区域内还应该向电网提供一定的无功支持，帮助电网迅速恢复电压，有的文献把这种模式称为网侧变流器运行在 STATCOM 模式下。

（一）直流侧卸荷电路

在直流侧增加卸荷电路是提高 LVRT 能力一种常用的方法，卸荷电路通常由功率器件和卸荷电阻构成，通过控制功率器件投入和切出卸荷电路，调节直流侧电压。直流侧电容电压的控制方程为：

$$\frac{1}{2}C\frac{\mathrm{d}U_{\mathrm{dc}}^2}{\mathrm{d}t}=p_{\mathrm{in}}-p_{\mathrm{out}}=\Delta p \tag{5－85}$$

式中：p_{in} 为永磁同步电机定子侧输出的有功功率；p_{out} 为电网从风力发电系统中吸收的有功功率。

卸荷电路投入时的导通占空比可由下式给出：

$$\frac{(dU_{\mathrm{dc}})^2}{R_{\mathrm{d}}}=\Delta p \tag{5－86}$$

式中：R_{d} 为卸荷电阻；d 为卸荷电路功率器件的导通占空比。

式（5－86）表明，当直流侧功率不平衡时，由卸荷电阻吸收多余的功率。当 ΔP 在限制范围内波动时，$d=0$，即卸荷电路不参与工作；当 ΔP 超出限定值时，立刻投入卸荷电路，d 处于 0 与 1 之间；当 U_{dc} 超出允许值时，使 $d=1$，完全投入卸荷电阻。

卸荷电路有多种控制策略。美国有一种控制策略是采用直流侧电压作为判断条件，如图 5－25 所示，当直流侧电压超过上限值时，投入卸荷电阻；当低于设定的下限电压值时，切出卸荷电阻。

同样采用直流侧电压作为判断条件，对直流侧电压的偏差进行 PI 调节，控制卸荷电

路中功率器件的导通占空比，如图 5-26 所示。

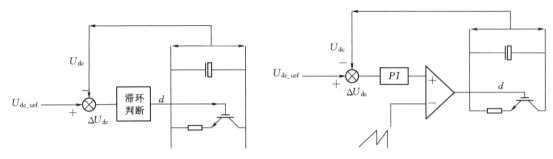

图 5-25　中间卸荷支路滞环控制框图　　　　图 5-26　中间卸荷支路 *PI* 调节控制框图

　　卸荷电路控制器采集输入、输出有功功率，以输入、输出有功功率的偏差作为主要判断条件，通过判断输入和输出有功功率的偏差，确定卸荷电路是否需要投入运行。可以采集交流侧电压、电流获取输入和输出的有功功率，也可以通过采集直流侧电压、电流获取输入、输出有功功率。根据输入、输出有功功率的偏差，通过 *PI* 调节器确定功率器件的导通占空比。卸荷电路同时采用直流侧电压作为辅助判断条件，当根据功率偏差对卸荷电路的控制不够快或者直流侧电压上升幅度较大时，由直流侧电压作为条件对卸荷电路进行控制，控制框图如图 5-27 所示。

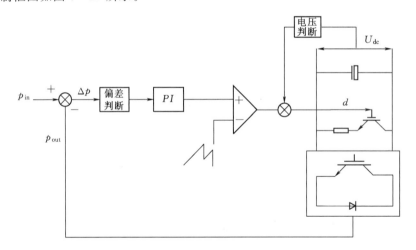

图 5-27　中间卸荷支路双重条件控制框图

（二）网侧变流器低电压穿越期间无功控制策略

　　在正常运行情况下，网侧变流器一般采用输出有功、无功功率解耦控制，无功指令给定为 0，实现功率因数为 1 并网。在电网电压跌落时，网侧变流器运行在无功支持模式下，快速向电网提供无功功率，帮助较快恢复电网电压，同时也有利于直驱型风力发电机组实现低电压运行能力。

　　网侧变流器在故障情况下运行模式控制策略是在原有控制的基础上，对无功电流和有功电流的参考值重新分配来实现的。它在网侧变流器原有控制框图上又增加了一个电网电压外环，其中无功电流参考值通过电网电压外环 *PI* 调节器得到，控制框图如图 5-28 所示。

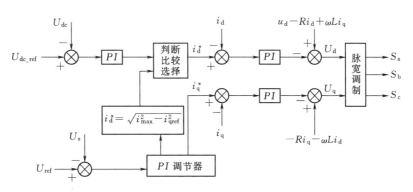

图 5-28 网侧变流器无功控制框图

当电网电压正常时，电网电压外环输出为 0，即无功电流指令给定为 0，当电网发生故障时，电网外环开始工作，通过 $i_d^* = \sqrt{i_{max}^2 - i_{qref}^2}$ 对有功参考电流进行限制，实现有功、无功电流指令的重新分配。当原有有功参考电流小于限制值时，说明网侧变流器直流侧电压外环尚能对直流侧电压进行调节，当原有功参考电流大于限制值时，直流侧电压外环已经不能有效保持直流侧电压稳定，此时需要投入直流侧卸荷支路，消耗掉直流侧积累的多余能量，使直流侧电压保持在安全范围内。

（三）机侧、网侧变流器协调控制策略

具体的机侧、网侧协调控制策略的控制框图如图 5-29 所示。

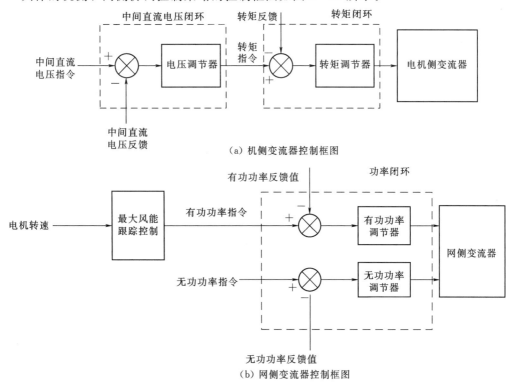

（a）机侧变流器控制框图

（b）网侧变流器控制框图

图 5-29 机侧、网侧变流器协调控制框图

从图 5-29 中可以看出，机侧 PWM 变流器的控制策略是保持中间直流电压恒定，网侧变流器控制目标是根据电网功率指令实现风机最大功率跟踪。机侧变流器采用双闭环控制方法，电流内环，中间电压外环。网侧变流器也采用双闭环方法，内环控制网侧电流，外环控制使得风力机的输出功率跟踪网侧功率，使得对风能的利用率达到最大。

当电压跌落时，并网功率由于并网点的电压降低也随之降低，为了保持中间电压恒定，机侧变流器降低电流内环指令，使得同步电机输出功率减少。由于减少了同步电机输出的负载转矩，必然造成电磁转矩与风力机转矩的不平衡，造成转子的转速上升，即这一部分多余的能量转化为动能贮存在转子中。但对于兆瓦级机组来说，由于其巨大的惯性，这对于风力机速度的影响非常微小。

第七节　风电场高电压穿越技术

一、概述

1. 高电压穿越技术的提出

实际风电场运行中难以避免工频过电压、操作过电压以及谐振过电压等电压升高问题。电网电压上升同样会对电网的安全稳定运行造成不良影响，甚至导致风电机组脱离电网运行。

在风力发电系统中，引起电网电压上升的因素很多，像风电负载的切出、电力系统设备故障、无功补偿装置的投入与切出。此外，随着我国高压直流输电项目的逐步投运，电力系统的网源结构和运行方式也随之发生了的变化，在大容量直流馈入的送端电网，潜在发生换相失败与直流闭锁事故。当直流系统事故后，如果未及时退出滤波器，滤波器会向电网注入大量无功，从而造成送端换流站附近的区域暂态电压升高，附近区域接入送端电网的风电机组就会面临电网高电压运行问题。如果造成大量风电机组因电网高电压事故而脱网，会危及全网的安全稳定运行。例如，2014 年我国某区域电网特高压直流送端发生单极闭锁事故，就造成大量风电机组因电网高电压事故而脱网。因此，风电机组的高电压穿越控制技术研究与应用已显得刻不容缓。

2. 高电压穿越能力的定义

高电压穿越能力（High Voltage Ride Through，HVRT）是指电网故障引起电压升高，风电场在电网发生故障时及故障后，保持不脱网连续并网运行的能力。不但穿越电压升高的风电机组需要具有一定的高电压穿越能力，而且风电场无功动态调整的响应速度应与风电机组高电压穿越能力相匹配，以防止电压调节过程中风电机组因为高电压而脱网。

3. 风电场接入电网运行的 HVRT 规定

目前国外许多国家都对风电场电压穿越边界做出了明确规定，如澳大利亚、美国和德国等，都根据本国电网发展实际及结构特点等，制定了电压故障穿越标准及技术规范，以降低高电压穿越故障的发生。澳大利亚电网规程要求风力发电设备在 1.1p. u. 电压以下保持持续运行，在最高至 1.3p. u. 电压下保持 60ms 持续运行。美国 WECC（Western Electricity Coordinating Council）针对风力发电设备也有明确的 HVRT 能力要求，其要求

风电设备在 $1 \sim 1.05 \mathrm{p.u.}$ 电压下可以持续运行，在 $1.2 \mathrm{p.u.}$、$1.175 \mathrm{p.u.}$、$1.15 \mathrm{p.u.}$ 和 $1.1 \mathrm{p.u.}$ 电压下可分别保持 1s、2s、3s 和 4s 持续运行。德国要求电网电压提高到 $1.2 \mathrm{p.u.}$ 时，风电机组能够在不脱网情况下持续运行，同时还提出在高电压情况下，必须提高风机吸收无功功率能力的要求，以实现对无功补偿的控制。

我国国家电网最新颁布的标准《风电场接入电网技术规定》（Q/GDW 1392—2015）中参考了国际上风力发电发达国家有关高电压穿越的技术规定，对风电场的高电压穿越进行了相应规定，该标准对风电场高电压穿越的基本要求如图 5-30 所示。

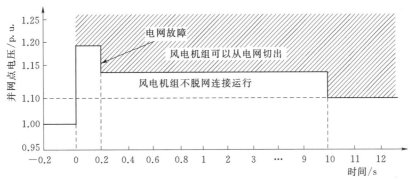

图 5-30 风电场高电压穿越要求的规定

在图 5-30 中，风电场并网点电压在电压轮廓线以下时，要求场内的风电机组应保证不脱网连续运行。Q/GDW 1392—2015 对风电场高电压穿越的具体要求见表 5-1。

表 5-1 风电场高电压穿越运行时间要求

并网点工频电压值/p.u.	运行时间	并网点工频电压值/p.u.	运行时间
$U_T \leqslant 1.10$	连续运行	$1.15 < U_T \leqslant 1.20$	具有每次运行 200ms 能力
$1.10 < U_T \leqslant 1.15$	具有每次运行 10s 能力	$1.20 < U_T$	允许退出运行

4. 技术方案

如何应对电网高电压故障带来的危害，在风电场层面，解决方案主要有两种。第一种方案是通过安装静态同步补偿器（Static Synchronous Compensator，STATCOM）或者静态无功发生器（Static Var Generator，SVG）通过无功补偿的方式来调节电压，这种方法响应速度快，但需要较高的硬件设备成本投入，且补偿能力有限；第二种方案是通过改进发电机组的结构和改进机组控制策略解决。本章主要讨论第二种方案。

二、双馈风力发电机组高电压穿越技术

对 DFIG 而言，电网电压的骤升（对称和非对称骤升）会导致风电机组定子磁链的大幅振荡。其中，对称电压骤升引起的定子磁链衰减直流分量和非对称电压骤升引起的定子磁链负序分量相对于高速运行的异步发电机形成较大的转差率，进而引起转子侧过电流、过电压，最终会危害转子侧变流器。另外，电网电压的骤升不仅会引起变流器对直流电压等环节控制能力的减弱，而且也会引起风机系统绝缘薄弱环节的绝缘老化或绝缘下降，甚

至会引起绝缘击穿或设备损坏。一般而言，可以通过以下几种措施来使 DFIG 满足并网规程中的 HVRT 技术要求。

1. 机组动态无功支持措施

电压骤升期间，网侧变换器可以以无功补偿方式工作，向电网提供感性无功功率；同时机侧变换器改变转子无功电流分量，根据电网电压升高的程度使发电机减少发出无功，以支持电网电压恢复。

对于网侧变流器，其处于可控状态的前提是满足如下约束关系式：

$$U_{dc} \geqslant \sqrt{3}\sqrt{(U_g + \omega_s L_g I_{gq})^2 + (-\omega_s L_g I_{gp})^2} \tag{5-87}$$

式中：U_{dc} 为直流母线电压；U_g 为网侧相电压峰值；L_g 为网侧滤波电感；I_{gp} 为网侧负载有功电流；I_{gq} 为网侧无功电流；ω_s 为同步电角速度。

根据上式可导出网侧变流器正常工作时其无功电流最小值与电网相电压峰值及有功电流间的关系，即

$$I_{gq} \geqslant \frac{1}{\omega_s L_g}\left[\sqrt{U_{dc}^2/3 - (-\omega_s L_g I_{gp})^2} - U_g\right] \tag{5-88}$$

由于电网电压骤升期间，网侧变流器无功输出能力主要取决于电压骤升幅度，而几乎不受变流器输出有功电流的影响。为确保网侧变流器正常工作，因此上式进一步简化得电网电压骤升期间网侧变流器的感性无功电流指令为：

$$I_{gq}^* = \frac{k}{\omega_s L_g}(U_{dc}/\sqrt{3} - U_g) \tag{5-89}$$

为便于工程应用，上式中引入一个系数 k，k 为防过调制系数，且有 $1.05 \leqslant k \leqslant 1.1$。同理，可令机侧变流器输出的感性无功电流最小为：

$$\begin{aligned}I_{rq} &\geqslant \frac{k}{\omega_r L_r}(U_{dc}/\sqrt{3} - U_r) \\ &= \frac{k}{\omega_r L_r}\left(U_{dc}/\sqrt{3} - |s|\frac{U_g}{N_{sr}}\right)\end{aligned} \tag{5-90}$$

式中：U_{dc} 为直流母线电压；U_r 为机侧相电压峰值；L_r 为机侧滤波电感；ω_r 为转子电角速度；$s = (\omega_s - \omega_r)/\omega_s$ 为转差率；N_{sr} 为定转子绕组匝数比。

假设当电网电压高于 1.1 倍标称值时，电压每骤升 1%，机组需输出 2% 的额定感性无功电流。为满足这一无功约束，令故障期间网侧变流器的无功电流按式（5-89）进行设置，考虑到此网侧变流器已输出部分无功电流，则 DFIG 定子侧输出的无功电流 I_{sq} 需满足：

$$I_{sq} \geqslant \left(2 \times \frac{U_g - 1.1U_b}{U_b}I_N + I_{gq}\right) \tag{5-91}$$

式中：I_N 为机组额定流；U_b 为电压标称值。

根据 DFIG 定子侧输出无功功率方程，则机侧变流器输出的无功电流 I_{rq} 还应满足如下约束条件：

$$I_{rq} = \frac{L_s I_{sq}}{L_m} - \frac{U_g}{\omega_s L_m}$$

$$\geqslant \frac{L_s}{L_m}[2\times(U_g-1.1)I_N+I_{gq}]-\frac{U_g}{\omega_sL_m} \quad (5-92)$$

式中：I_N 为机组额定流；L_s、L_m 为定子绕组电感和定转子绕组互感。

综合式（5-90）、式（5-92），电网电压骤升期间，机侧变流器的无功电流指令可设定为：

$$I_{rq}^*=\max\begin{bmatrix}\dfrac{k}{\omega_rL_r}\left(U_{dc}/\sqrt{3}-|S|\dfrac{U_g}{N_{sr}}\right)\\[4mm]\dfrac{L_s}{L_m}[2\times(U_g-1.1)I_N+I_{gq}]-\dfrac{U_g}{\omega_sL_m}\end{bmatrix} \quad (5-93)$$

式（5-89）、式（5-93）共同构成了双馈机组高电压穿越运行期间网侧变流器、机侧变流器的无功电流给定。

2. 硬件改造措施

电网电压发生严重的故障，机侧变流器达到其控制能力极限，转子电流或转子电压冲击满足撬棒投切条件，机侧变流器封锁，撬棒电阻投入来保护系统中的电力电子设备。撬棒电阻具有方便实用，操作简单，便于实现，为电机提供释放能量的路径等优点。投入撬棒后，双馈电机变为不受转子侧变流器控制，成为不利于电网电压的恢复的感性负载。高电压穿越和低电压穿越时对撬棒最优阻值的选取不同，低电压穿越时有更高的转子电压电流冲击，高电压穿越时有更高的功率和电磁转矩的冲击。不同的阻值对系统的性能影响不同，阻值偏大会导致母线电容充电，阻值偏小影响了转子电流的衰减和撬棒投切的时间。目前常用的撬棒保护电路拓扑结构如图 5-31 所示。

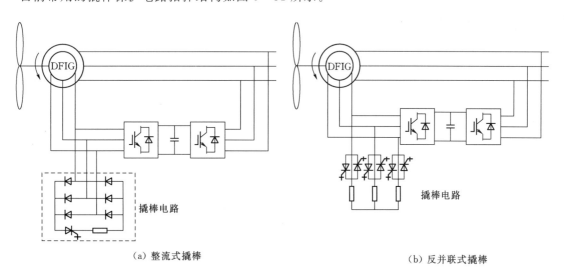

（a）整流式撬棒　　　　　　　　　　（b）反并联式撬棒

图 5-31　撬棒保护电路拓扑结构图

在图 5-31（a）所示整流桥式电路拓扑结构中，转子侧通过二极管整流桥和可控的开关器件连接撬棒电阻，在满足撬棒投切的条件时，控制开关器件的通断。图 5-31（b）所示为双馈电机转子绕组侧通过反并联连接的开关器件连接撬棒电阻的拓扑结构，在满足撬棒投切条件时，封锁转子变流器，通过撬棒电阻短路转子回路。

电网故障控制方式中，常用直流斩波（Chopper）电路来释放母线内的能量，防止母线电容因过充电损毁。由于在电网电压升高时，会抬升直流侧电压，对变流器稳定运行造成严重损害。将功率电阻与可通断器件串联后形成直流斩波（Chopper）电路，Chopper 电路与母线电容并联，如图 5 - 32 所示。当母线电压超过电压安全阈值，投入 Chopper 电路释放能量，降低电

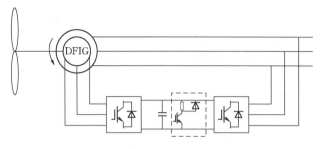

图 5 - 32　直流斩波电路拓扑结构图

容电压。不同于撬棒电路，Chopper 电路在投入的同时，可以改变转子侧变换器对电机进行相应的功率控制。

三、直驱永磁风力发电机高电压穿越技术

对 PMSG 而言，发电机经过 AC - DC - AC 全功率变流器与电网相接，当电网侧电压骤升时，从风机注入电网的潮流方向将改变，电网向风电机组注入一定的逆向能量，而从发电机注入变流器的功率不变。此时 PMSG 主回路功率平衡关系为：

$$\Delta P = U_{dc} I_{dc} = \frac{1}{2} C \frac{dU_{dc}^2}{dt} = P_s + P_{gneg} - P_g \tag{5-94}$$

式中：P_s 为发电机定子侧输出的有功功率；P_g 为输入到电网的有功功率；P_{gneg} 为电压升高时电网注入网侧变流器的功率；ΔP 为直流母线侧电容器的承载功率；U_{dc} 为直流母线电压；I_{dc} 为直流侧电流；C 为直流侧母线电容。

因此，在变流器整流侧注入进来的能量和变流器逆变侧逆向能量的叠加作用下，变流器 DC 电压会急剧上升。由于直流侧电容承载功率有限，若直流侧母线电压持续升高，不仅功率平衡关系被破坏，还将威胁到整个 PMSG 系统从电网解列。可见，直流侧过电压是因 DC 回路输入能量和输出能量的不平衡引起，若要使风电机组在故障穿越期间平稳过渡，关键就是解决机侧、网侧功率不平衡的问题。释放这一部分多余的能量是实现直驱风机 HVRT 能力的重要途径。另外全功率变流器因为自身容量大，有很强的无功电流调节能力，并且可以实时监测电网电压，可以通过变流器本身的调节来配合风电场无功补偿设备更好的应对电网高电压故障。

因此，针对高电压故障对 PMSG 风电机组造成危害的机理，对 PMSG 风电机组可以有以下三种方法。

1. 机侧变流器有功控制策略

当高电压故障发生时，由于网侧变流器电网端电压升高，能量由电网向风机倒流，网侧变流器无法正常向电网输出功率，所以导致直流电容上累积一部分不平衡功率，直流母线电压快速升高。若要在高电压故障期间减少直流桥上的不平衡功率，则应使机侧输出功率迅速减小，将多余能力储存于发电机转子中，从而限制直流母线电压骤升幅度。机侧采用基于转子磁链定向的矢量控制时，将 d 轴定向于转子磁场方向，通过机侧 q 轴直接电

流补偿策略来减小发电机电磁转矩的方法，降低高电压故障时发电机输出有功功率，从而减少直流桥上累积的不平衡功率。

对机侧 q 轴补偿电流大小为：

$$\Delta i_{sq}=\frac{k_s\Delta P}{N_p\omega_r\psi_f} \tag{5-95}$$

式中：k_s 为补偿系数。

得到在电网电压骤升时，q 轴电流大小为：

$$i_{sq}^*=\frac{P_s^*}{N_p\omega_r\psi_f}+\Delta i_{sq} \tag{5-96}$$

式中：P_s^*、i_{sq}^* 为电网电压上升时发电机输出有功功率与 q 轴电流。

2. 直流母线侧斩波电路控制策略

为抑制由于直流母线两侧功率不平衡而引起直流电压的突升，稳定直流侧电压，同时配合机侧转子提升转速储存多余能量以平衡功率的控制方案。图 5-33 所示虚线框内是用可控 IGBT 元件控制的直流母线斩波电路，其工作原理是监测变流器直流桥电压，当电压超过阈值时，控制 IGBT 元件导通，直流

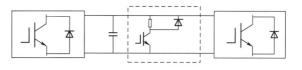

图 5-33　直流母线斩波电路

桥上多余能量在耗能元件上消耗掉，以达到维持直流桥电压的目的。

3. 网侧变流器无功补偿控制策略

通过网侧变流器注入感性无功电流的方式，可以降低变流器出口端电压。这种方式不需要增加任何硬件，仅仅在变流器网侧控制策略中控制网侧 d 轴电流 i_d 为一个合适的值即可实现对变流器出口端电压的降低，此方法响应时间很短，约在故障时刻 10ms 后即注入感性无功电流。

高电压故障期间，无功电流参考值设定为：

$$|i_{gq}^*|\geqslant 2\frac{U_{ref}-U_{ref}^*}{U_{ref}^*}|i_N| \tag{5-97}$$

式中：i_{gq}^* 为高电压故障时无功电流给定值；U_{ref} 为实测电网电压有效值；U_{ref}^* 为电网电压设定参考值；i_N 为额定电流。

为保护网侧变流器安全稳定工作，网侧有功电流给定值满足下式要求：

$$|i_{gd}^*|\leqslant\sqrt{i_{max}^{*2}-i_{gq}^{*2}} \tag{5-98}$$

式中：i_{max} 为网侧变流器的最大允许电流值。

参 考 文 献

［1］ 贺益康，胡家兵，Lie Xu（徐列）. 并网双馈异步风力发电机运行控制［M］. 北京：中国电力出版社，2011.

［2］ 李建林，许洪华，等. 风力发电系统低电压运行技术［M］. 北京：机械工业出版社，2008.

［3］ 严干贵，王茂春，穆钢，等. 双馈异步风力发电机组联网运行建模及其无功静态调节能力研究 ［J］. 电工技术学报，2005，23 （7）：98 - 104.

［4］ 申洪，王伟胜，戴慧珠. 变速恒频风力发电机组的无功功率极限 ［J］. 电网技术，2003，27 （11）：60 - 63.

［5］ 曹军，张榕林，林国庆，等. 变速恒频双馈电机风电场电压控制策略 ［J］. 电力系统自动化，2009，33 （4）：87 - 90.

［6］ 王晓兰，王耀辉. 调整双馈风力发电机无功功率的风电场并网点电压控制 ［J］. 兰州理工大学学报，2010，36 （4）：84 - 89.

［7］ 刘其辉，王志明. 双馈式变速恒频风力发电机的无功功率机制及特性研究 ［J］. 中国电机工程学报，2011，31 （3）：82 - 88.

［8］ 孙蕾，余洋. 原美琳. 双馈异步风力发电机组功率调控能力研究 ［J］. 电力科学与工程，2009，25 （9）：1 - 5.

［9］ 廖勇，庄凯，姚骏，等. 直驱式永磁同步风力发电机双模功率控制策略的仿真研究 ［J］. 中国电机工程学报，2009，29 （33）：76 - 81.

［10］ 程启明，程尹曼，汪明媚，等. 风力发电系统中最大功率点跟踪方法的综述 ［J］. 华东电力，2010，38 （9）：1393 - 1398.

［11］ 吴国祥，陈国呈，俞俊杰，等. 变速恒频风力发电最大功率点跟踪控制 ［J］. 上海大学学报 （自然科学版），2009，15 （4）：351 - 356.

［12］ 马炜，俞俊杰，吴国祥，等. 双馈风力发电系统最大功率点跟踪控制策略 ［J］. 电工技术学报，2009，24 （4）：202 - 208.

［13］ 邓秋玲，石安乐，谢卫才，等. 直驱永磁风力发电系统无位置传感器最大功率点跟踪控制 ［J］. 湖南工程学院学报，2009，19 （4）：5 - 8.

［14］ 李杰，王得利，陈国呈，等. 用于永磁同步机风力发电的新型最大功率点跟踪方法 ［J］. 上海大学学报 （自然科学版），2008，14 （6）：637 - 641.

［15］ 关宏亮，赵海翔，王伟胜，等. 风电机组低电压穿越功能及其应用 ［J］. 电工技术学报，2007，22 （10）：173 - 177.

［16］ 胡书举，李建林，许宏华. 永磁直驱风电系统低电压运行特性分析 ［J］. 电力系统自动化，2007，31 （17）：73 - 76.

［17］ 徐海亮，章玮，陈建生，等. 考虑动态无功支持的双馈风电机组高电压穿越控制策略 ［J］. 中国电机工程学报，2013，33 （36）：112 - 118.

［18］ 白恺，宋鹏，徐海亮，等. 双馈风电机组的高电压穿越控制策略 ［J］. 可再生能源，2016，34 （1）：21 - 27.

［19］ 闵泽生，李华银，杜睿. 一种应用于双馈异步风力发电系统高电压穿越的控制策略 ［J］. 东方电气评论，2017，31 （2）：66 - 72.

［20］ 朱永利，艾斯卡尔，刘少宇，等. 风力发电机组高电压穿越问题及其基本解决方案 ［J］. 华北电力大学学报，2014，41 （5）：6 - 10.

［21］ 王永强，喻俊志，冯静安，等. 永磁直驱风电机组低/高电压穿越研究 ［J］. 电力系统保护与控制，2018，46 （9）：34 - 40.

第六章
并网光伏发电设备功率控制

第一节 概 述

一、光伏发电设备并网系统结构

光伏效应就是当有光照射到特殊的半导体器件上时，半导体器件会产生相应的电动势，这种现象就成为光生伏特效应，简称光伏效应。利用这一效应，通过电力电子技术的控制和调节，建立一个发电系统，将光能转化为满足用户需求标准的电能，输送到电网，进而供给不同的负载，这就是光伏并网系统，图6-1所示为光伏发电设备并网系统基本结构。

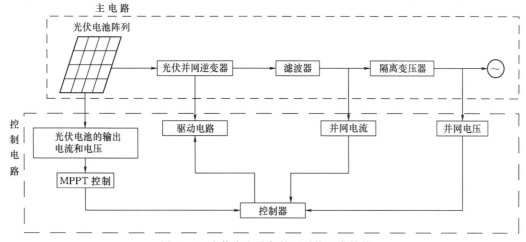

图6-1 光伏发电设备并网系统基本结构

整个系统由主电路和控制电路组成。主电路包括光伏电池阵列、变流器、滤波器和隔离变压器（或者并网电抗）组成；控制电路由主控芯片（如单片机、DSP等）、传感器、驱动电路组成。通过控制主电路中的功率开关器件，可以实现最大功率点跟踪（MPPT）、电能逆变、输出跟踪锁相，完成光能到电能并网的过程。

电网正常时，控制系统工作在并网模式，通过检测算法检测出网侧非线性负载的无功和谐波电流分量，并将其换算为无功和谐波补偿指令电流分量，同时对太阳能进行最大功率跟踪，最大功率跟踪控制部分负责跟踪光伏阵列的最大功率点，形成并网指令电流。控制部分把两部分指令电流进行合并后，再利用合适的电流跟踪控制方法，控制变流器跟踪合成的指令电流向电网注入电流，将光伏能量最大限度的转换为电能并网，并同时进行无功和谐波的补偿，这样就可以实现光伏发电设备并网发电和无功补偿的同时进行。夜间，在缺乏光照的情况下，光伏系统不能工作，逆变器直接用作有源电力滤波器，补偿负载所含的谐波和无功电流分量，净化电网，改善电网供电质量。这样就可以在同一设备上同时实现无功和谐波电流补偿、光伏并网发电的统一控制。光伏发电系统可以采用灵活的电力调度，使光伏并网发电系统始终在最优的经济模式下运行，这样的光伏并网发电系统可以有效地节省设备投资，简化系统结构并提高逆变器的利用率，同时具有优良的无功补偿快速响应特性，对提高电网末梢供电能力和质量具有重要作用。

二、光伏电池的原理和特性

太阳能光伏电池的工作原理基础是半导体 PN 结的光生伏打效应。所谓光生伏打效应，就是当物体受到光照时，物体内的电荷分布状态发生变化而产生电动势和电流的一种效应。

太阳能电池的工作状态可以用等效电路来模拟，如图 6-2 所示。当光照强度和环境

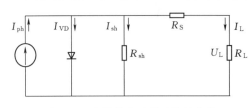

图 6-2　太阳能电池单元等效电路

温度一定时，光伏电池所产生电流是一定的，那么可以将等效电路中的电池看成一个恒流源。电流流经负载形成负载电压。

在图 6-2 中，I_{ph} 为光生电流，I_{VD} 为二极管电流，R_L 为外接负载，R_S 等效串联电阻，R_{sh} 为等效并联电阻，I_{sh} 为并联电阻电流，则有：

$$I_L = I_{ph} - I_{VD} - I_{sh} \qquad (6-1)$$

其中

$$I_{VD} = I_{D0}\left[e^{\frac{q(U_L + I_L R_S)}{AkT}} - 1\right] \qquad (6-2)$$

式中：I_{D0} 为二极管反向饱和电流；q 为电子的电荷，1.6×10^{-9} C；k 为玻尔兹曼常数 1.38×10^{-23} J/K；T 为电池板实际温度；A 为常数因子，一般取 1 或 2。

$$I_{sh} = \frac{U_L + I_L R_S}{R_{sh}} \qquad (6-3)$$

由式 (6-1)、式 (6-2)、式 (6-3) 可得到负载电流 I_L 为：

$$I_L = I_{ph} - I_{D0}\left[e^{\frac{q(U_L + I_L R_S)}{AkT}} - 1\right] - \frac{U_L + I_L R_S}{R_{sh}} \qquad (6-4)$$

其中

$$I_{ph} = \frac{G}{G_{ref}}\left[I_{phref} + K_T(T - T_{ref})\right] \qquad (6-5)$$

$$I_{D0} = I_{Dref}\left(\frac{T}{T_{ref}}\right)^3 e^{\frac{qE_g}{Ak}\left(\frac{1}{T_{ref}} - \frac{1}{T}\right)} \qquad (6-6)$$

上二式中：G 为实际光照强度；G_{ref} 为参考光照强度，取 $1000W/m^2$；T 为电池板实际温度；T_{ref} 为参考温度，取 $298.15K$；K_T 为温度系数（A/K）；I_{phref} 为光生电流参考值，即光照强度为 $1000W/m^2$，温度为 $298.15K$ 时的光生电流；I_{Dref} 为二极管反向饱和电流参考值，即光照强度为 $1000W/m^2$，温度为 $298.15K$ 时的二极管反向饱和电流；E_g 为禁带宽度，与光伏电池材料有关。

电池板温度 T 与环境温度、光照强度有关，可表示为：

$$T = T_{air} + KG \tag{6-7}$$

式中：T_{air} 为环境温度；K 为光伏材料系数，当光伏组件为硅材料构成时的典型值为 0.03。

以上光伏组件建模可以准确地表示光伏组件的输出特性，但是参数的确定比较困难，不适合工程应用，工程应用数学模型，通常仅要求供应商提供几个重要参数来建立近似的光伏组件的输出特性数学模型，这些参数包括：

1. 短路电流（I_{sc}）

短路电流（I_{sc}）指在给定日照强度和温度下的最大输出电流。I_{sc} 的值与太阳能电池的面积大小有关，面积越大 I_{sc} 值越大。对于同一块太阳能电池来说其 I_{sc} 值与入射光的辐照度成正比，当电池结温升高时，I_{sc} 值略有上升。

2. 开路电压（U_{oc}）

开路电压（U_{oc}）指在给定日照强度和温度下的最大输出电压。U_{oc} 的大小与入射光谱辐照度的对数成正比，而与电池的面积无关，当结温升高时 U_{oc} 值将下降。

3. 最大功率点电流（I_m）

最大功率点电流（I_m）指在给定日照强度和温度下对应于最大功率点的电流。

4. 最大功率点电压（U_m）

最大功率点电压（U_m）指在给定日照强度和温度下对应于最大功率点的电压。

5. 最大功率点功率（P_m）

最大功率点功率（P_m）指在给定日照强度和温度下太阳能电池阵列可能输出的最大功率，$P_m = U_m I_m$。当结温升高时，太阳能电池总的输出功率会下降，而日照强度增强则会增大电池的功率，但是它也会增大电池的结温。

R_S、R_{sh} 两个电阻值与电池板内部材料有关。由于 R_S 很小，R_{sh} 很大，可以忽略流入 R_{sh} 中的电流，所以由式（6-4）可得：

$$I_L \approx I_{ph} - I_{D0}\left(e^{\frac{qU_L}{AkT}} - 1\right) \tag{6-8}$$

因为在通常情况下，R_S 远小于二极管正向导通电阻，所以设 $I_{ph} = I_{sc}$，并设在开路状态时，输出电压 U_L 为 U_{oc}，输出电流 I 为 0，最大功率点时，输出电压 U_L 为 U_m，输出电流 I_L 为 I_m，可得到工程应用模型，此时 U-I 特性可简化为：

$$I_L = I_{sc}\left[1 - C_1\left(e^{\frac{U_L}{C_2 U_{oc}}} - 1\right)\right] \tag{6-9}$$

其中

$$\begin{cases} C_1 = \left(1 - \dfrac{I_m}{I_{sc}}\right) e^{\frac{-U_m}{C_2 U_{oc}}} \\ C_2 = \left(\dfrac{U_m}{U_{sc}} - 1\right)\left[\ln\left(1 - \dfrac{I_m}{I_{sc}}\right)\right]^{-1} \end{cases} \tag{6-10}$$

由最大功率点和开路状态可分别求出 C_1 和 C_2，从式（6-9）和式（6-10）的数学模型中，可确定光伏电池在参考辐照度 $G_{ref}=1000\text{W/m}^2$ 和温度 $T_{ref}=25℃$ 下的 I-U 及 P-U 特性曲线。

考虑辐照度和温度变化，光伏电池输出特性的修正方法如下：

$$\begin{cases} \Delta T = T - T_{ref} \\ \Delta G = \dfrac{G}{G_{ref}} - 1 \\ I'_{sc} = \dfrac{I_{sc}G}{G_{ref}}(1+a\Delta T) \\ U'_{oc} = U_{oc}(1-c\Delta T)(1+b\Delta G) \\ I'_{m} = \dfrac{I_{m}G}{G_{ref}}(1+a\Delta T) \\ U'_{m} = U_{m}(1-c\Delta T)(1+b\Delta G) \end{cases} \tag{6-11}$$

式中：I'_{sc}、U'_{oc}、I'_{m}、U'_{m} 为 I_{sc}、U_{oc}、I_{m}、U_{m} 在不同辐照度和温度下的修正值；a、b、c 为计算常数，当光伏组件为硅材料构成时 $a=0.0025$、$b=0.5$、$c=0.00288$。

光伏阵列是根据实际负载的大小的要求，由一系列的组件串、并联形成的，常见光伏阵列如图 6-3 所示。

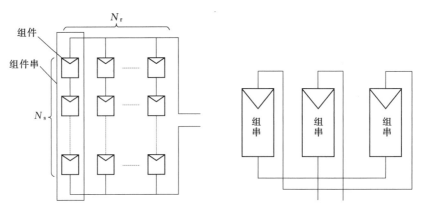

图 6-3　光伏阵列结构图

当光伏阵列由 N_s 个组件串联，N_r 个组件并联时，其输出特性可表示为：

$$I_L = I_{sc}N_r\left[1 - C_1\left(e^{\frac{U_L/N_s}{C_2 U_{oc}}} - 1\right)\right] \tag{6-12}$$

由以上分析可知太阳能电池结温的变化依赖于日照强度，日照强度和电池结温是影响太阳能电池阵列功率输出最重要的参数，太阳电池的伏安特性随日照强度和电池温度变化而变化。

图 6-4（a）和图 6-4（b）分别是太阳电池在温度为 $25℃$ 时，不同日照下表现出的电压-电流（U-I）特性和电压-功率（U-P）特性曲线。

由图 6-4（a）和图 6-4（b）可以看出，太阳能光伏阵列的输出短路电流 I_{sc} 和最大功率点电流 I_m 随日照强度的上升而增大，但日照的变化对阵列的输出开路电压 U_{oc} 影响

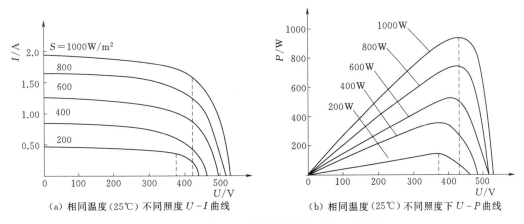

(a) 相同温度（25℃）不同照度 U-I 曲线　　　　(b) 相同温度（25℃）不同照度下 U-P 曲线

图 6-4　相同温度不同照度下的太阳电池特性

不是那么大，其最大功率点电压 U_m 变化也不大。

图 6-5（a）和图 6-5（b）分别给出了太阳能光伏阵列在日照射为 $1000W/m^2$ 时，不同温度下电压-电流（U-I）和电压-功率（U-P）特性曲线。

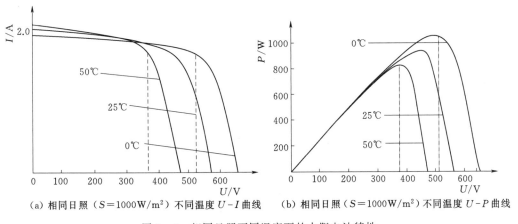

(a) 相同日照（$S=1000W/m^2$）不同温度 U-I 曲线　　(b) 相同日照（$S=1000W/m^2$）不同温度 U-P 曲线

图 6-5　相同日照不同温度下的太阳电池特性

由图 6-5（a）和图 6-5（b）可以看出，太阳能电池温度对太阳能光伏阵列的输出电流影响不大，短路电流 I_{sc} 随太阳能电池温度升高而微微增加，但对输出开路电压 U_{OC} 影响较大，太阳能电池温度上升将使太阳能电池开路电压 U_{OC} 下降，而且随太阳能电池温度升高几乎是线性地降低，总体效果会造成太阳能电池输出功率下降。

三、光伏阵列输出功率最大点

根据以上内容的分析可知，光伏电池的输出特性受光照强度及环境温度影响很大，具有明显的非线性特征，因此仅在某一电压下才能输出最大功率，为了充分利用太阳能，增大光伏电池的输出功率，应该在光伏电池电路中加入相应的控制模型和策略方法，使光伏阵列在辐照度和温度改变时仍能获得最大功率输出。图 6-6 为在工作条件下光伏电池的工作点示意图。曲线代表输出的 U-I 特性，直线代表负载的 U-I 特性，两线的交点即光伏电池的工作点。

由图 6-6 可知，当工作在最大功率点时，光伏电池的内阻抗与所加负载的阻抗相匹配，即二者相等，此时光伏电池的输出功率达到最大。当日照强度和环境温度变化时，光伏电池的输出电压和电流成非线性关系变化，其输出功率也随之变化，而且当光伏电池应用于不同的负载时，由于光伏电池输出阻抗与负载阻抗不匹配，也会使得光伏系统的输出功率不能达到最大值。解决这一问题的有效方法就是利用最大功率点跟踪算法进行控制，即 MPPT（Maximum Power Point Tracking）控制。如图 6-7 所示，在光伏电池输出端与负载之间加入开关变换电路（DC/DC），利用开关变换电路对阻抗的变换原理，使得负载的等效阻抗跟随光伏电池的输出阻抗，从而使光伏电池的输出功率最大。目前 MPPT 算法很多，最常用的 MPPT 法是扰动观察法和增量电导法。由经验可知，采用 MPPT（Maximum Power Point Tracking）策略可以使发电量提高 5%～20%。

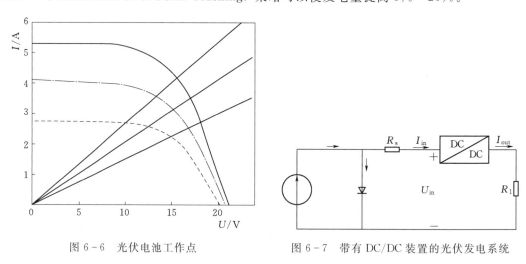

图 6-6　光伏电池工作点　　　　　　图 6-7　带有 DC/DC 装置的光伏发电系统

第二节　光伏电站并网逆变器功率控制原理

光伏逆变器是光伏电站的核心。通常采用三相电压型脉宽调制逆变器，简化模型如图 6-8 所示。对于三相电压型脉宽调制逆变器，通常采用同步旋转坐标系下双环控制的系

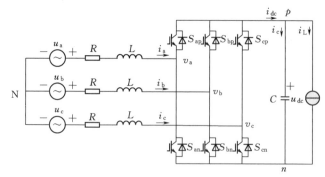

图 6-8　三相电压型脉宽调制逆变器主电路的简化模型

统设计,即电流内环和电压外环,电压外环和电流内环的控制如图6-9所示。采用在同步坐标系下进行控制可实现无功电流与有功电流的解耦控制,以及无功功率与有功功率独立调节。使用 PI 调节器也可实现无静差的调节,能够获得比较好的固定开关频率、动静态特性等。

电流内环的作用主要是参考电压外环的输出电流来指示电流的控制,电压外环的作用是控制逆变器直流侧电压。双环控制的基本控制

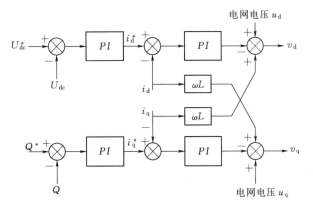

图6-9 同步旋转坐标系下的控制框图

思想是从直流电压控制环节着手,产生输入电流参考幅值,再从锁相环节中检测电压源的电压相位,按照输入功率因数的要求进行移相,从而得到输入电流的参考相位,再次由参考相位和电流参考幅值相结合得到参考电流。最后通过对控制开关的通断来改变三相桥交流侧电压,达到输入电流随参考值的变化而变化,进而也达到对输入电流波形及其无功控制的目的。

一、电流内环控制策略

电流内环的作用主要是按电压外环输出的电流指令进行电流控制。电流内环的 dq 模型可描述为:

$$\begin{cases} u_d = Ri_d + L \dfrac{di_d}{dt} - \omega Li_q + v_d \\ u_q = Ri_q + L \dfrac{di_q}{dt} + \omega Li_d + v_q \end{cases} \quad (6-13)$$

式中:v_d、v_q 为三相逆变器输出电压的 d、q 分量;u_d、u_q 为电网电压 E_{dq} 的 d、q 分量;i_d、i_q 为逆变器输出电流矢量的 d、q 分量,以流出逆变器方向为正;R、L 为逆变器交流输出侧的电阻和电感。

如果把 dq 坐标系的 d 轴方向选为电网电压的空间矢量方向,q 轴方向超前 d 轴 $90°$,得到电网侧电压分量的表达式为:

$$\begin{cases} u_d = |\vec{U}_d| = \sqrt{\dfrac{2}{3}} E_{gm} \\ u_q = 0 \end{cases} \quad (6-14)$$

式中:E_{gm} 为电网相电压幅值。

有功功率和无功功率可以简单表达为:

$$\begin{cases} P = u_d i_d \\ Q = -u_d i_q \end{cases} \quad (6-15)$$

式中：P、Q 的正负分别表示功率的发出与吸收。

基于这一模型，通过分别给定 i_d 和 i_q 来实现有功和无功的解耦控制。当电流调节器采用 PI 调节器时，v_d、v_q 的控制方程为：

$$\begin{cases} v_d = \left(K_{iP} + \dfrac{K_{iI}}{S}\right)(i_d^* - i_d) - \omega L i_q + u_d \\[3mm] v_q = \left(K_{iP} + \dfrac{K_{iI}}{S}\right)(i_q^* - i_q) + \omega L i_d + u_q \end{cases} \tag{6-16}$$

式中：K_{iP}、K_{iI} 为电流内环比例调节增益和积分调节增益；i_q^*、i_d^* 为 i_q、i_d 的电流指令值，逆变器以额定有功功率运行时，$i_d = i_d^* = 1 \text{p. u.}$，$i_q = i_q^* = 0$。

这样通过 d、q 轴变量的解耦，可以分别控制逆变器输出的有功功率和无功功率，为光伏电站的功率控制建立基础。

二、电压外环控制策略

电压外环一方面控制逆变器直流侧输出电压 u_{dc} 跟踪电压给定值 u_{dc}^*；另一方面通过 PI 调节器得到有功输入电流分量的参考值 i_d^* 和无功电流分量的参考值 i_q^*。

在三相电流是对称的条件下，那么在三相交流电感上的瞬时功率就会为 0，由于有功功率 $p = u_{dc} i_{dc} = u_d i_d$，因此可以得到交流电流和直流电压之间的表达式为：

$$C \frac{\mathrm{d}u_{dc}}{\mathrm{d}t} + i_L = \frac{u_d}{u_{dc}} i_d \tag{6-17}$$

直流电压和有功电流的传递函数在不考虑负载扰动的情况下的表达式为：

$$\frac{U_{dc}(s)}{I_q(s)} = \frac{K}{sC} \tag{6-18}$$

PI 调节器控制方程设定为

$$i_d^* = \left(K_{vP} + \frac{K_{vI}}{s}\right)(u_{dc}^* - u_{dc}) \tag{6-19}$$

式中：K_{vP}、K_{vI} 为电压外环比例调节增益和积分调节增益；i_d^*、u_{dc}^* 为 i_d、u_{dc} 指令值。

三、并网逆变器的无功功率极限

光伏逆变器发出无功功率的能力并不是无限的，而是受多方因素制约的。逆变器的无功输出能力与逆变器出口电压、接入点电压、交流侧电感及当前的有功输出有关。由于视在功率的限制，若光伏逆变器所发的有功功率多了，则必然引起输出无功功率减少。若要增加无功功率输出，就必须要减少有功功率的输出。

一般来说，逆变器允许短时工作在视在功率的 1.1 倍，即无功功率极限受有功功率影响，即

$$Q_i^{max} \leqslant \sqrt{(1.1S)^2 - P^2}$$

式中：S 为视在功率。

当 $P = 1 \text{p. u.}$ 时，$Q_i^{max} \leqslant 0.46 \text{p. u.}$；当 $P = 0$ 时，$Q_i^{max} \leqslant 1.1 \text{p. u.}$。

第三节 光伏电池最大功率点跟踪控制

一、光伏电池升压控制

光伏阵列输出电压一般比较低，并且为了实现光伏电池最大功率输出，光伏阵列首先进行直流电压变换，然后经过逆变器输出交流电。直流变换一般采用 Boost 斩波电路，它可以保证光伏发电系统连续运行，降低成本。Boost 电路控制，如图 6-10 所示。图 6-10 中，C_{pv} 为直流电容器，功能是降低光伏电池输出的谐波；C_{dc} 为直流储能电容，功能是电压支撑和储能，采集电池输出电流。

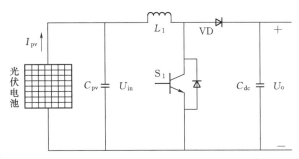

图 6-10 Boost 电路控制

假设电路中所有元件均为理想元件，电路的输入到输出的过程无功率损耗。当功率开关 S_1 导通时，二极管 VD 承受反向电压，处于关断状态，输出端的电容提供电能，选取足够大的电容，可以使输出电压变化很小。输入电压对电感 L_1 充电，L_1 中电流上升；当 S_1 关断后，电感 L_1 开始放电，由于电感的电流不能突变，电感电流通过二极管向输出侧流动，电源电能和电感的储能向负载和电容提供能量。电感两端电压与输入电源的电压叠加，使输出端产生高于输入端的电压。Boost 电路输入电压 U_{in} 与输出电压 U_o 关系为：

$$U_o = U_{in}/(1-D) \tag{6-20}$$

式中：D 为开关 S_1 在一个周期内导通时间与周期的比值。

由于 Boost 变换器的负载为电解电容，输出电压 U_o 的值将被钳位于电解电容两端的电压上。由于输入端电压最高为光伏电池的开路电压 U_{OC}，而 $U_{OC} < U_o$，如果 D 值过小，由式（6-20）可知 Boost 电路在输出端产生的电压将会小于电解电容两端的电压，从而无法对电容充电。因此，存在一个 D 的下限值 D_{min}，在 $D > D_{min}$ 的情况下，光伏电池才能对电容的充电电流产生影响，该值可按下列方法求出：

设输入端电压为光伏电池的开路电压 U_{OC}，则由式（6-20）可得：

$$U_o = U_{OC}/(1-D_{min}) \tag{6-21}$$

由式（6-21）得：

$$D_{min} = 1 - U_{OC}/U_o \tag{6-22}$$

当 D 在 $D_{min} \sim 100\%D$ 的区间内变化时，Boost 电路输入输出端的电压应满足式（6-20），在 U_o 不变的情况下，改变 D 将改变与 Boost 变换器输入端相连的光伏电池两端的电压。由此可得：

$$U_{in} = U_o(1-D) \tag{6-23}$$

二、光伏电池 MPPT 控制

太阳能电池的开路电压和短路电流在很大程度上受日照强度和温度的影响，系统工作也会因此飘忽不定，这必然导致系统效率的降低。为此，太阳能电池必须实现最大功率点跟踪控制，以便电池在当前日照下不断获得最大功率输出。

由式（6-22）可知，Boost 电路的输入端电压 U_{in} 可在 $0 \sim U_{OC}$ 之间变化。只要光伏电池具有合适的开路电压，通过改变 Boost 变换器的占空比 D，就能找到与光伏电池极大功率点对应的 U_{in} 值，此时光伏电池输出功率最大。在常规电网下利用 Boost 变换器对电容充电时，若占空比过大而输出滤波电容较小，则会产生脉动很大的充电电流，影响电容的寿命。且光伏系统输出的功率有一上限值，因此电容的最大充电电流也有一上限值，在选择输出滤波电容 C 时，只需保证其在功率开关导通期间能够供给最大功率时的负载电流即可。

可见，在光伏并网系统中，光伏电池最大功率点跟踪功能的实现是在 DC/DC 级。将该级作为光伏电池的负载。通过改变占空比来改变其与光伏电池输出特性的匹配。

图 6-11 所示为 MPPT 控制系统的框图，光伏电池阵列通过 Boost 路对电容充电。系统通过 MPPT 控制器寻找出光伏电池最大功率点，给出控制信号，通过 PWM 驱动电路调节 Boost 变换器的占空比 D，改变 Boost 变换器的输入电压 U_{in}，使其与光伏电池阵列最大功率点所对应的电压相匹配，从而使光伏电池阵列始终输出最大功率。

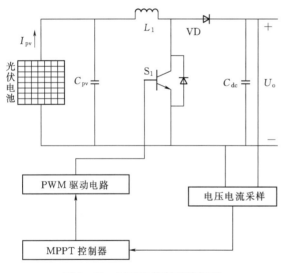

图 6-11　MPPT 控制系统框图

三、常用最大功率点跟踪算法

光伏电池受日照强度和环境温度影响较大，而且光伏电池的电压和电流输出特性是一种非线性关系，也就是说，其输出功率也是变化的，找出最大功率点，并使其保持在这一输出点上，就是光伏系统的最大功率点跟踪控制（MPPT）。MPPT 在所有光伏发电系统中都占有很重要的地位，它的控制成败和好坏影响着整个光伏系统将光能转化为电能的效率。MPPT 的实现其实是一个自寻优的过程。通过增加或减小太阳能电池的输出电流，再检测出相应的电压值，计算出当前太阳能电池的输出功率，将此功率与已被保存的前一次计算的功率相比较，如果比前一次功率大，则表示对电流的改变是正确的，否则就要退回到前一次的电流输出状态，并减小下一次的电流输出，再进行同样的检测计算和对比。就这样不断往复循环，通过这种方式使太阳能电池工作在最大功率点。随着电力电子器件性能的提升和控制理论技术发展，MPPT 的控制能力有了很大的发展，目前，对于太阳能最大功率点跟踪算法的研究有很多种，下面主要介绍常用的几种算法。

（一）定电压跟踪法

定电压跟踪法是最简单的一种最大功率跟踪法。在光照强度为恒定不变且温度变化较小时，光伏电池的最大功率输出点总是分布在某个定值电压所在的垂线的左右，因此可将这个恒定的电压对应的输出功率点作为光伏阵列的最大功率输出点。可以通过查询事先存储的一系列 U_{max} 值，来控制光伏阵列的输出电压，实现光伏阵列的最大功率输出，在对 MPPT 的控制精度要求不高的情况下，可以采用这种方法来实现最大功率输出。早期的 MPPT 控制大多是采用此方法。

1. 定电压跟踪法的优点

对于控制系统的要求不高，甚至可以手工调节光伏阵列的输出电压，系统实时检测得到的电压与微处理器中的默认值进行比较，得到的指令用来驱动功率变换模块，使得光伏阵列的输出电压为最大功率时的电压。由于控制系统的设计比较简单，通过设计比较简单的控制器就能够快速地实现整个系统的功能，因此控制系统的输出电压具有较高的稳定性。

2. 定电压跟踪法的缺点

由于控制方法过于简单，控制精度比较低，适应性较差，对于外界多变的环境，不能有效地实时跟踪，因为光伏阵列的输出同时受光照强度和温度的影响，外界环境的变化都能影响光伏阵列的最大功率点，如果还是按定电压来输出功率，会有功率损失，甚至产生因为最大功率点降低过多而引起的输出功率为零。

（二）扰动观察法

扰动观察法又称为登山法，是目前研究和采用最多的 MPPT 方法。其算法原理是在光伏电池阵列正常工作时，以微小的电压来扰动输出电压的大小，与此同时检测输出功率的变化方向，从而确定功率的寻优方向，确定电压扰动的方向，按此不断往复循环。

由光伏电池输出特性的 $P-U$ 曲线可知，对于叠加到光伏阵列输出电压中的扰动量 ΔU，势必会引起光伏阵列输出功率的变化，通过比较扰动前后光伏阵列输出功率的变化，若输出功率的变化量 ΔP 与扰动电压量的方向相同，说明对系统中加入的扰动的方向是正确的，应继续向这个方向加入电压扰动量直至输出功率的变化量为负值，再往反方向施加较小量扰动电压，如此这样来逐次逼近最大功率点。

1. 扰动观察法的优点

被测参数少、结构简单、易于实现，能够普遍应用于光伏系统的最大功率点跟踪控制中。通过电压的不断扰动，使系统的功率输出保持在最大功率点附近。

2. 扰动观察法的缺点

由于需要不停的扰动，光伏电池阵列的输出功率点不会稳定在最大值处，而是会在最大值附近波动，这样在波动的过程中就会损失一定的功率。扰动观察法的主要控制参数为初始给定电压值和扰动步长。电压初始值应该根据系统输出电压范围设定，扰动步长对大功率点的跟踪的速度和精度都有影响。当步长值设得较小时，跟踪的精度会比较高，但是会降低跟踪速度；步长值较大时，跟踪的速度提高，但是精度会变低，而且会来回振荡，致使功率输出波动变大。另外，天气和环境对扰动观察法也会有影响，容易引起对最大功率点的误判。

（三）电导增量法

电导增量法也是常用的 MPPT 算法。由光伏电池的特性曲线可以看出，功率和电压的关系是一个单峰值的曲线，只存在唯一的最大功率点，在这一点处，功率对电压的取导值为 0。功率计算公式为：

$$P = UI \tag{6-24}$$

先设公式满足求导条件，公式两边对 U 求导可得：

$$\frac{\mathrm{d}P}{\mathrm{d}U} = I + U\frac{\mathrm{d}I}{\mathrm{d}U} \tag{6-25}$$

根据以上分析，最大功率点 $P_{\max}$ 处的斜率为零，则有：

$$\frac{\mathrm{d}P}{\mathrm{d}U} = I + U\frac{\mathrm{d}I}{\mathrm{d}U} = 0 \tag{6-26}$$

因此，可以得到以下判断依据：

（1）在最大功率点处：

$$\frac{\mathrm{d}P}{\mathrm{d}U} = I + U\frac{\mathrm{d}I}{\mathrm{d}U} = 0 \tag{6-27}$$

即

$$\frac{\mathrm{d}I}{\mathrm{d}U} = -\frac{I}{U} \tag{6-28}$$

（2）在最大功率点左侧：

$$\frac{\mathrm{d}P}{\mathrm{d}U} = I + U\frac{\mathrm{d}I}{\mathrm{d}U} > 0 \tag{6-29}$$

即

$$\frac{\mathrm{d}I}{\mathrm{d}U} > -\frac{I}{U} \tag{6-30}$$

（3）在最大功率点右侧：

$$\frac{\mathrm{d}P}{\mathrm{d}U} = I + U\frac{\mathrm{d}I}{\mathrm{d}U} < 0 \tag{6-31}$$

即

$$\frac{\mathrm{d}I}{\mathrm{d}U} < -\frac{I}{U} \tag{6-32}$$

设 U_n 为当前电压采样值，U_o 为上一次电压采样值，设 I_n 为当前电流采样值，I_o 为上一次电流采样值，电导增量法的具体流程如下：当 $\mathrm{d}U = U_n - U_o$ 为零时，即不符合求导条件，那么再判断 $\mathrm{d}I = I_n - I_o$ 的大小，当 $\mathrm{d}I$ 为零时，表示此时的电压值对应的即为最大功率点，保持扰动值不变，即使 $U_n = U_o$。若 $\mathrm{d}I < 0$ 时，表示光照减弱，扰动值 D 减小；若 $\mathrm{d}I > 0$，表示光照强度增强，增加扰动值 D。当 $\mathrm{d}U$ 不为零时，表示能够对 U 求导，那么就可以根据式（6-28）、式（6-30）、式（6-32）中的判断结果，调整扰动值。当工作点处于最大功率点处时，保持扰动值不变，当工作点在最大功率点左侧时，增大扰动值，当工作点在最大功率点右侧时，减小扰动值即可。

电导增量法与扰动观察法相比，能够在光照强度变化时更平稳的跟随最大功率点的变化，但是工作点仍然会在最大功率点处波动，可以给 $\mathrm{d}P/\mathrm{d}U$ 设一个阈值，当其的绝对值小于阈值时，即说明工作点处于最大功率点处，扰动值不再变化。

电导增量法的控制速度和精度都比较好，均优于前面的两种方法，能够较好的抑制外界环境变化带来的扰动，该方法控制速度远大于日照强度和温度的变化速度，能够实现较好的控制效果，有很高的准确性，能在复杂多变的环境下仍能保持较好的跟踪能力，输出电压波动小。但是，该算法较为复杂，会对微处理器带来较大负担，而且增加控制的难度。

（四）光伏电池模型法

光伏电池模型法是根据光伏电池供应商提供的光伏电池参数，以及当前环境条件。利用光伏电池的数学模型计算出光伏电池最大功率点，从而实现 MPPT 控制。

光伏电池模型法的工作过程包含以下几个步骤。

（1）计算出 C_1 和 C_2。根据式（6-9）、式（6-10），利用太阳能电池厂商提供的技术参数 I_{sc}、U_{oc}、I_m、U_m 计算出 C_1 和 C_2。

（2）计算当前日照强度 G。测出当前电池温度 T，根据式（6-7）计算出当前日照强度 G。

（3）修正 I_{sc}、U_{oc}。通过式（6-11）计算出当前电池温度 T 和日照强度 G 时新的 I'_{sc} 和 U'_{oc}。

（4）计算最大功率点。由式（6-9）可得：

$$I_L = I_{sc} - I_{sc}C_1(e^{\frac{U_L}{C_2 U_{oc}}} - 1) \tag{6-33}$$

由于式（6-33）中的指数项远大于1，即：

$$e^{\frac{U_L}{C_2 U_{oc}}} \gg 1 \tag{6-34}$$

式（6-33）化简整理得：

$$I_L = I_{sc} - I_{sc}C_1 e^{\frac{U_L}{C_2 U_{oc}}} \tag{6-35}$$

由式（6-35）得：

$$U_L = C_2 U_{oc} \ln \frac{I_{sc} - I_L}{C_1 I_{sc}} \tag{6-36}$$

由式（6-36）得电池输出功率为：

$$P_L = U_L I_L = C_2 U_{oc} I_L \ln \frac{I_{sc} - I_L}{C_1 I_{sc}} \tag{6-37}$$

式（6-37）对 I_L 求导得：

$$\frac{\mathrm{d}P_L}{\mathrm{d}I_L} = C_2 U_{oc}\left(\ln \frac{I_{sc} - I_L}{C_1 I_{sc}} - \frac{I_L}{I_{sc} - I_L}\right) \tag{6-38}$$

令式（6-38）的导数等于0，并令 $I_L = I_m$，即：

$$C_2 U_{oc}\left(\ln \frac{I_{sc} - I_m}{C_1 I_{sc}} - \frac{I_m}{I_{sc} - I_m}\right) = 0 \tag{6-39}$$

式（6-39）进一步整理得：

$$\ln \frac{I_{SC}-I_m}{C_1 I_{SC}}=\frac{I_m}{I_{SC}-I_m} \tag{6-40}$$

当 $U=U_m$ 时，由式（6-36）得：

$$U_m=C_2 U_{OC}\ln \frac{I_{SC}-I_m}{C_1 I_{SC}} \tag{6-41}$$

代入式（6-40）得：

$$U_m=C_2 U_{OC}\frac{I_m}{I_{SC}-I_m} \tag{6-42}$$

根据以上推导，通过式（6-40）和式（6-42）就可以计算出 U_m 和 I_m，计算出最大功率点。

（5）扰动观察。MPPT 变换器先扰动输入电压值（$U_m+\Delta U$），将测得的功率 P_{L1} 与系统前一时刻存储的功率值 P_L 相比较，根据比较结果确定参考电压的调整方向。

令 $\Delta P=P_{L1}-P_L$ 为当前输出功率与前一次功率之差。如果 $\Delta P>0$，即功率比上一次有所增大，说明参考电压的调整方向正确，应该继续按原来的方向调整；如果 $\Delta P<0$，即输出功率比上一次小，说明参考电压的调整方向错误，需要改变原来的调整方向。可以进一步得到修正后的最大功率点 P_m，检测出此时太阳能电池的电流 I_m 和电压 U_m，结合 I'_{SC} 和 U'_{OC} 代入式（6-10）重新修正参数 C_1 和 C_2。再重新根据式（6-40）和式（6-42）计算 U_m 和 I_m，进而得到最大功率点 P_m。此时系统工作在当前电池温度 T 和光照 G 下的一条 I-U 曲线上，对应一组参数 C_1 和 C_2，当温度和光照变化时又工作在新的一条 I-U 曲线上，对应一组新的修正后的参数 C_1 和 C_2，去计算新的极大功率点 P_m。

当输出功率达到最大功率点时，不再继续扰动，在允许误差范围内算法设置一个阈值 e，当最大功率在阈值 e 内变化时认为 P_m 不变。阈值 e 对应于电池温度 T 也有一个允许误差范围 ΔT，在这个范围变化我们认为最大功率点 P_m 不变。

当求得最大功率点时，此时的电池结温的允许误差范围 ΔT 为 2℃，可以通过式（6-11）计算出电池温度 T 和日照强度 G 变化后的新的 I'_{SC} 和 U'_{OC}，进而代入式（6-40）和式（6-42）计算可得 U_m 和 I_m，从而可以近似求得当前电池温度和光照下的最大功率点 P_m 允许的一个误差范围，即阈值 e。输出功率在这个范围变化我们认为最大功率点 P_m 不变。

如此不断地计算和修改 C_1 和 C_2 就可以使不同电池温度和光照下的最大功率点 P_m 更加准确。

基于太阳能电池模型的 MPPT 算法，能够准确快速跟踪到 P_m，这是由算法本身决定的，它避免了在最大功率点附近因扰动造成的功率损失。系统一旦达到 P_m，将通过 CPU 指令不做任何电压调整，保持系统长期工作在该点上，直到外部环境发生变化。

基于太阳能电池模型的 MPPT 算法当光强发生突变时，不盲目移动工作点待日照量稳定后再追踪。不跟随日照量的快速改变而盲目调整工作电压，避免了系统过快的振荡。此种处理会造成一小部分功率损失，但相对于整个系统稳定运转这是值得的。

基于太阳能电池模型的 MPPT 算法，较为复杂，为适应日照急剧变化在判断最大功率点时对电压、电流等参数检测和 A/D 转换速度要求较高，对系统硬件尤其对微处理器的控制提出了很高要求，增加了投资成本。但是由于采用软件控制，基于太阳能电池模型的 MPPT 算法减少了程序运行中的误判现象，即使在光照发生急剧变化时，电压也只有较小晃动，从而实现平稳跟踪。此方法适用于光强变化较大的场合，如安装在多变气候地区的光伏系统。

（五）其他跟踪算法

1. 模糊逻辑控制法

模糊逻辑控制法是基于模糊逻辑的 MPPT 控制方法。模糊逻辑控制的 MPPT 是针对光伏电池温度与负载特性的变化、辐照度的不确定性以及光伏电池输出特性的非线性特征而提出的。为实现 MPPT 控制，模糊控制系统将采样得到的数据经过运算，判断出工作点与最大功率点之间的位置关系，自动校正工作点电压值，使工作点趋于最大功率点。模糊逻辑是一类人工智能用于控制的算法，通常称之为模糊控制。模糊逻辑控制器的输入通常为误差 E 和误差变化 ΔE。由于在最大功率点处 $\mathrm{d}P/\mathrm{d}U$ 为 0，因此在光伏系统中其输入变量 E 与 ΔE 可以用下式确定：

$$\begin{cases} E(n) = \dfrac{P(n) - P(n-1)}{U(n) - U(n-1)} \\ \Delta E = E(n) - E(n-1) \end{cases} \tag{6-43}$$

式中：$P(n)$、$U(n)$ 为光伏阵列的输出功率和输出电压的第 n 次采样值，显然，若 $E(n) = 0$，则表明光伏电池已经工作在最大功率输出状态。

模糊逻辑控制器的输出变量为电压校正值控制步长 ΔU，对控制步长 ΔU 进行积分并限幅，得到 Boost 电路的占空比 D。

模糊逻辑控制实现可以分为 3 个步骤：模糊化、模糊推理运算和解模糊。

（1）模糊化。模糊化将模糊集合论域 E 和 ΔE 分别定义为 5 个模糊子集，即：

$$E = \{NB, NS, ZE, PS, PB\} \tag{6-44}$$

$$\Delta E = \{NB, NS, ZE, PS, PB\} \tag{6-45}$$

上二式中：NB、NS、ZE、PS、PB 表示负大、负小、零、正小、正大。

根据光伏系统特征，采用均匀分布的三角形隶属度函数来确定输入变量（E 和 ΔE）和输出变量（ΔU）不同取值与相应语言变量之间的隶属度，如图 6-12 所示，E、ΔE、ΔU 中任一变量的隶属度函数图相同。

（2）模糊推理运算。模糊推理运算是对光伏电池 P-U 特性曲线进行分析，得出 MPPT 的逻辑控制规则。即当 $E(n) > 0$，$\Delta E(n) < 0$ 时，P 由左侧向 $P_{\max}$ 靠近，则 ΔU 应为正，以继续靠近最大功率点；当 $E(n) > 0$，$\Delta E(n) \to 0$ 时，P 由左侧远离 $P_{\max}$，则 ΔU 应为正，以靠近最大功率点；当 $E(n) < 0$，$\Delta E(n) \to 0$ 时，P 由右侧向 $P_{\max}$ 靠近，则 ΔU 应为负，以继续靠近最大功率点；当 $E(n) < 0$，$\Delta E(n) < 0$ 时，P 由右侧远离 $P_{\max}$；则 ΔU 应为负，以靠近最大功率点。由 MPPT 逻辑控制规则，可以得到表 6-1 所示的模糊控制规则推理表，该表反映了当输入变量 E 和 ΔE 发生变化时，相应输出变化 ΔU 的变化

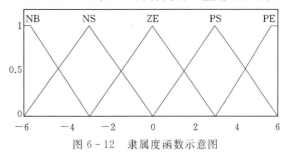

图 6-12　隶属度函数示意图

规则，由此即得出 ΔU 对应的语言变量。

表 6 - 1   模 糊 规 则 推 理 表

E	ΔE				
	NB	NS	ZE	PS	PB
NB	PB	PS	PS	ZE	ZE
NS	PB	PS	PS	ZE	ZE
ZE	PB	PS	ZE	NS	NB
PS	ZE	ZE	NS	NS	NB
PB	ZE	ZE	NB	NB	NB

（3）解模糊。解模糊是指根据输出模糊子集的隶属度计算出确定的输出变量的数值。常用的解模糊法有重心法、二等分法、中间最大值法、最大最大法、最小最大法。重心法一般具有更平滑的输出推理控制，即对应于输入信号的微小变化，其推理的最终输出一般也会发生一定的变化，且这种变化比较平滑。重心法的计算公式如下：

$$\Delta U = \frac{\sum_{i=1}^{n} \mu(U_i) U_i}{\sum_{i=1}^{n} \mu(U_i)} \tag{6-46}$$

式中：ΔU 为模糊逻辑控制器输出的电压校正值。

根据给出的隶属度函数，E、ΔE 按照其取值对应于相应的语言变量，依据表 6 - 1 可以判断出输出变量 ΔU 对应的语言变量，该语言变量在隶属度函数中对应的数值区间的中心值即为 U_i，$\mu(U_i)$ 是对应于 U_i 的权值，由隶属度函数决定 E、ΔE 对应于相应的语言变量的权值根据 MAX - MIN 方法计算得到。

模糊控制最大的特点是将专家经验和知识表示成语言控制规则，然后用这些规则去控制系统。模糊逻辑控制跟踪迅速，达到最大功率点后基本没有波动，具有较好的动态和稳态性能，但是定义模糊集、确定隶属函数的形状以及规则表的制订这些关键的设计环节需要设计人员更多的直觉和经验。

2. 神经网络法

神经网络法是基于神经网络的 MPPT 控制方法。神经网络是一种新型的信息处理技术，一个最普通和常用的多层神经网络结构如图 6 - 13 所示。图 6 - 13 中网络有 3 层神经元：输入层、隐含层和输出层。其中层数和每层神经元的数量由待解决问题的复杂程度确定，根据每层神经元的个数将该网络定义为 2 - 3 - 1 网络。应用于光伏阵列时，输入信号可以是光伏阵列的参数，例如开路电压 U_{OC}、短路电流 I_{SC} 或者外界环境的参数，例如光照强度和温度，也可以是上述参数的合成量。输出信号可

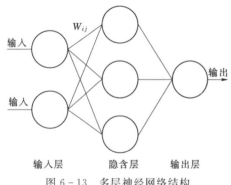

图 6 - 13　多层神经网络结构

以是经过优化后的输出电压、变流器的占空比信号等。

　　在神经网络中各个节点之间都有一个权重增益 W_{ij}，选择恰当的权重可以将输入的任意连续函数转换为任意的期望函数来输出，从而使光伏阵列能够工作于最大功率点。为了获得光伏阵列精确的最大功率点，权重的确定必须经过神经网络的训练来得到。这种训练必须使用大量的输入/输出样本数据，而大多数的光伏阵列的参数不同，因此对于使用不同的光伏阵列的系统需要进行有针对性的训练，而这个训练过程可能要花费数月甚至数年的时间，这也是其应用于光伏系统中的一个劣势。在训练结束后，基于该网络不仅可以使输入输出的训练样本完全匹配，而且内插和一定数量的外插的输入输出模式也能达到匹配，这是简单的查表功能所不能实现的，也是神经网络法的优势所在。

第四节　光伏电站低电压穿越技术

一、电网对光伏电站接入电网运行的低电压穿越规定

　　随着新能源发电产业的快速发展，光伏并网发电在发电领域中占有的比重越来越大。对于小容量的光伏发电系统，在电网电压降低到一定程度时可以选择自动脱网，因为其对电网整体的频率和电压的影响不是很大；但对于大规模的光伏发电系统，当电网电压降低到一定程度时，如果选择直接脱网很有可能造成电网电压和电网频率的瞬间崩溃，不利于电力系统的安全运行。因此，为保证光伏并网发电系统的安全，大规模光伏电站必须具备一定的低电压穿越能力。

　　德国作为最早关注太阳能发展的国家，不仅对并网点电压跌落期间保不脱网的时间给出了相关的明确要求，而且还明确规定电压跌落 90% 以下，在 0.02s 时间内必须向电网输送一定量的无功补偿，以支持电网电压恢复，排除故障，待电网电压恢复后，有功功率立刻重新占领主导地位，恢复过程中恢复速度不低于每秒 20% 额定值。德国光伏 LVRT 标准如图 6-14 所示。

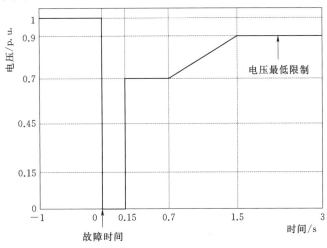

图 6-14　德国光伏 LVRT 标准

美国有关部门对光伏发电系统的 LVRT 能力也做出了明确的要求，规定在并网点电压跌落至 15% 额定电压时，光伏并网发电系统至少继续并网运行 0.625s，从电压跌落时刻起到恢复至额定电压 80%，时间不能超过 3s。美国光伏 LVRT 标准如图 6-15 所示。

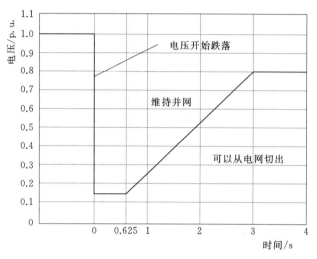

图 6-15　美国光伏 LVRT 标准

中国在光伏领域相应的 LVRT 检测标准及控制策略的研究都要滞后于风电行业的发展。中国当前尚未出台光伏并网的国家标准，仅国家电网公司在其制定的企业标准《光伏发电站接入电网技术规定》（Q/GDW 1617—2015）中对大中型光伏电站的 LVRT 提出了一定的要求。国家电网公司规定：光伏电站应该具有一定的承受电压失常的能力，防止在电网电压失常时电站脱离电网，造成系统的损失。当电网电压突然跌落时，光伏电站应保持一段时间的不脱网运行，当并网点电压处于图 6-16 中曲线 1 虚线以下时，光伏电站才可以从电网中切出。在低电压穿越过程中，光伏系统给予电网一定的无功补偿以支持电网电压恢复，以避免电网电压跌落时光伏电站立即脱网所带来的损失。

二、光伏逆变器低电压穿越技术的实现

光伏电站与风电场相比，相同的是都通过电力电子器件并网，电力电子器件的耐受能力制约光伏电站的低电压穿越能力。风电机组低电压穿越的结构和控制方法，可以采用增加硬件 Crowbar 卸荷电路和不增加硬件的方式实现风电场低电压穿越。光伏电站与风电场不同的是光伏电站没有转动惯量。电网电压正常的情况下，在光照强度和温度都保持不变的理想状

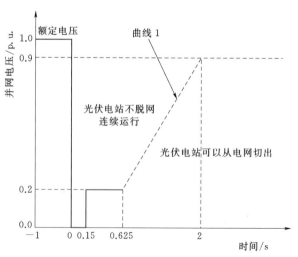

图 6-16　中国大中型光伏电站 LVRT 标准

态下，光伏阵列始终保持以最大功率输出。在电网故障导致低电压期间，如果电池功率不变，逆变器输出电流会增大，逆变器输出电流到一定程度时，逆变器控制器会对输出电流进行限流，这样导致逆变器输出的功率会小于输入到逆变器的功率。由于直流侧电容具有储能功能，逆变器输出后剩余的功率将存储在直流侧电容里，使得直流母线电压升高，直流母线电压升高，则光伏电池输入功率减少。当直流母线电压达到开路电压 U_{oc} 后，逆变器的输出有功功率为 0，直流母线电压将不会继续增大，从而达到一个新的平衡。

由此可见，在电网故障导致电网电压降低时，光伏逆变器直流母线电压会升高，但不会像风电机组那样升高很多，制约光伏电站低电压穿越能力的瓶颈是逆变器交流侧输出电流的大小，若超过额定电流过大，则会损害电力电子器件。由于电压跌落期间逆变器输出的电流主要是有功分量 i_d，因此使输出电流不过流（一般不超过额定电流的 1.1 倍），主要是控制电流内环的有功电流给定值 i_d^*，从而控制 i_d 不过电流，在必要时可以降低 i_d，从而留出电流裕度用以输出无功电流 i_q，其控制策略如图 6-17 所示。

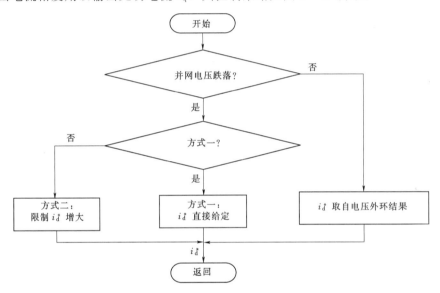

图 6-17 控制策略流程图

在图 6-17 中，控制器检测并网点电压是否跌落，若检测到电压没有跌落，则 i_d^* 继续取自电压外环计算出的结果。若电压跌落，则断开电压外环，电流内环控制可采用两种方法，一种方法是直接给定输出不过流时的 i_d 值作为参考值 i_d^*，可用正常运行时 $i_d = 1$ p.u. 作为参考值，也可以用小于 1 的值作为参考值从而减小 i_d，降低有功功率输出；另一种方法是用逆变器正常运行时的 $i_d = 1$ p.u. 作为限制值，通过限幅环节限制住 i_d 的增大，从而限制 i_d 的增加。

新的并网要求规定，在电网故障期间，光伏电站不仅需要保持并网状态，而且最好能够动态发出无功功率以支撑电网电压，并尽快恢复电气有功出力。正常情况时逆变器运行在单位功率因数，即 $i_d = 1$ p.u.，逆变器输出电流 i 在电网电压跌落时不能超过额定电流的 1.1 倍，i_d 以 1p.u. 作为限制，则最大无功电流给定为 $i_q^* = \sqrt{(1.1i)^2 - i^2} = 0.46i$，即最大无功电流的给定值不能超过额定电流的 46%，否则会造成交流侧输出电流过流。如果要进一步增大无功电流给定，则必须减小有功电流给定值 i_d^*。

第五节　光伏电站高电压穿越技术

光伏电站在运行过程中遇到负荷突然切除、单相接地引起的非故障相电压升高，以及短路故障恢复期间、电容器投入切除不合理时，光伏电站并网点电压都可能会出现高于额定值运行的情况。当电网电压骤升时，一方面电网侧功率无法送出；另一方面功率由电网侧流入逆变器，会使直流电压快速升高，如果超过电力半导体 IGBT 的耐压极限将引起逆变器的损坏。此外，电网电压骤升也会导致并网逆变器控制裕度下降，控制失控时能量会由电网倒灌进入逆变器，引起直流侧过压或过流最终触发保护而脱网，对光伏电站自身电网的安全稳定运行产生威胁。

一、电网对光伏电站接入电网运行的高电压穿越规定

光伏发电站的高电压穿越（High Voltage Ride Through，HVRT）是指当电力系统事故或扰动引起光伏发电站并网点电压升高时，在一定的电压升高范围和时间间隔内，光伏发电站能保证不脱网连续运行。

我国对光伏发电站的高电压穿越研究则尚处于刚起步的阶段。最新颁布的《光伏发电站接入电网技术规定》（Q/GDW 1617—2015）中参考了国际上光伏发电发达国家有关高电压穿越的技术规定，对光伏电站的高电压穿越进行了相应规定。规定要求光伏电站并网点电压在 1.1～1.2p.u. 之间时能坚持 10s 不脱网连续运行；并网点电压在 1.2～1.3p.u. 之间时能坚持 500ms 不脱网连续运行；并网点电压大于 1.3p.u. 时可以脱网。光伏发电站的高电压穿越要求曲线如图 6-18 所示。

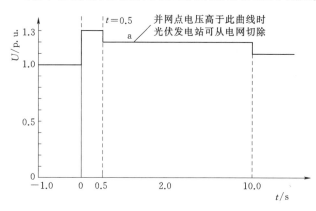

图 6-18　光伏发电站的高电压穿越要求曲线

二、光伏逆变器高电压穿越技术的实现

光伏电站高电压穿越技术实现主要包括两种：一种是增加高电压穿越辅助设备；另一种是改善光伏逆变器的控制策略。

（一）增加高电压穿越辅助设备

根据相应辅助设备种类的不同可以分为主动式和被动式两类。

1. 主动式

主动式辅助设备主要包括 SVC、SVG 等动态无功补偿装置以及储能装置，当电网电压迅速上升时，通过控制注入电网的无功电流，可以使电网电压降低，从而抑制电网电压骤升。通过辅助设备的动态调整来减少光伏电站并网点的电压升高程度，可以等效视为光

伏电站与电网系统近似"隔离"起来。

2. 被动式

当电网电压迅速上升时，光伏并网发电系统的能量反向流动，造成直流侧母线电压上升。被动式辅助设备主要包括直流侧卸荷电路，可以通过控制直流侧卸荷电路来抑制能量流向直流母线，从而抑制直流侧母线电压上升，这样也就实现了稳定 HVRT 期间并网点电压的目的。

通过增加辅助设备来实现高电压穿越是实际运行中的一种有效策略，该方法的缺点是会增加设备成本，通常与改善光伏逆变器的控制策略配合使用以实现高电压穿越。

（二）改善光伏逆变器的控制策略

目前通过改善光伏逆变器的控制策略来实现高电压穿越主要有以下两种思路：一是使光伏逆变器在容量允许的范围内吸收一定量的无功功率，来降低并网点电压；二是适当提高直流侧电压的参考值，减小直流侧的电压波动。以下进一步讨论对于特定的电网电压骤升情况，直流母线电压参考值是否有必要提升？何时提升母线电压参考值？以及若需要提升直流母线电压参考值以实现 HVRT，如何合理精确地选择其增量幅值，以避免过高的提升等问题。

根据图 6-8 以及式（6-13），若三相交流输入阻抗相等，即 $L_a=L_b=L_c=L$，$R_a=R_b=R_c=R$，则在同步旋转 dq 坐标系中矢量形式的电压方程为：

$$u_{dq}=Ri_{dq}+L\frac{di_{dq}}{dt}+j\omega Li_{dq}+v_{dq} \tag{6-47}$$

式中：u_{dq}、v_{dq}、i_{dq} 为电网电压、逆变器交流侧电压及电流的空间矢量；R、L 为逆变器三相交流输入电阻和电感；ω 为同步电角速度。

忽略输入电阻上的压降，在稳态情况下式（6-47）可简化为：

$$u_{dq}=j\omega Li_{dq}+v_{dq} \tag{6-48}$$

考虑到逆变器的容量限制条件如下：

$$\begin{cases} |i_{dq}|=\sqrt{i_d^2+i_q^2}\leqslant I_{max} \\ |v_{dq}|=\sqrt{v_d^2+v_q^2}\leqslant \dfrac{u_{dc}}{m} \end{cases} \tag{6-49}$$

式中：I_{max} 为逆变器的电流上限值，一般设定为额定值的 1.5 倍；m 为调制系数，对于正弦脉宽调制（Sinusoidal Pulse Width Modulation，SPWM），$m=2$，对于空间矢量脉宽调制（Space Vector Pulse Width Modulation，SVPWM），$m=3$。

电网电压骤升情况下，由式（6-49）所给出的限制条件，式（6-48）中 3 个空间矢量 u_{dq}、v_{dq}、i_{dq} 之间的关系可以归纳为以下 3 种情况。

1. 情况一

当 $|u_{dq}|<u_{dc}/m-\omega LI_{max}$ 时，在此情况下式（6-48）中 3 个空间矢量之间的关系如图 6-19 所示。可以看到，此时逆变器的可控区为整个小圆区域（$\sqrt{i_d^2+i_q^2}\leqslant I_{max}$），即对于小圆内的任一工作点而言，其所需的输出电压 v_{dq} 均在逆变器所能提供的范围之内。此时无需提升直

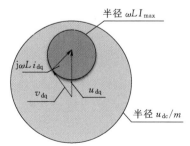

图 6-19 逆变器电压方程的
空间矢量示意图（情况一）

流母线电压的控制参考值，仅通过增加逆变器的感性无功电流输出即可保证其可控性。

2. 情况二

当 $u_{dc}/m - \omega L I_{max} \leqslant |u_{dq}| \leqslant u_{dc}/m + \omega L I_{max}$ 时，在此情况下式（6-48）中 3 个空间矢量之间的关系如图 6-20 所示。此时，逆变器的可控区为两个圆的重合部分。采用电网电压矢量定向（即 $u_d = u_{dq}$，$u_q = 0$），可知处于两圆的交点 A 与 B 时，逆变器的有功电流 i_{d_AB} 和无功电流 i_{q_AB} 满足以下关系：

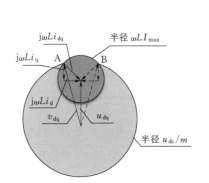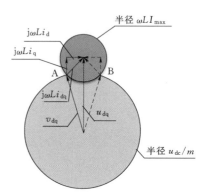

(a) 两圆交点 A 与 B 处的逆变器无功电流 $i_{gq} > 0$　(b) 两圆交点 A 与 B 处的逆变器无功电流 $I_{gq} < 0$

图 6-20　逆变器电压方程的空间矢量示意图（情况二）

$$\begin{cases} \sqrt{i_{d\_AB}^2 + i_{q\_AB}^2} = I_{max} \\ \sqrt{(u_d + \omega L i_{q\_AB})^2 + (\omega L i_{d\_AB})^2} = \dfrac{u_{dc}}{m} \end{cases} \quad (6-50)$$

对式（6-50）进行求解，可得：

$$\begin{cases} i_{q\_AB} = \dfrac{\left(\dfrac{u_{dc}}{m}\right)^2 - u_d^2 - (\omega L I_{max})^2}{2\omega L u_d} \\ |i_{d\_AB}| = \sqrt{I_{max}^2 - i_{q\_AB}^2} \end{cases} \quad (6-51)$$

进一步观察图 6-20（a）、（b）可知，随着电网电压的逐渐增大，逆变器所能输出的最大有功电流 $|i_d|_{max}$ 将逐渐减小。

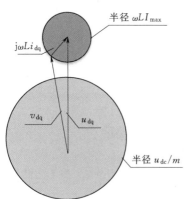

图 6-21　逆变器电压方程的空间矢量示意图（情况三）

若有功电流参考值 i_d^* 满足 $|i_d^*| \leqslant |i_d|_{max}$ 时，由图 6-20 不难发现，此时无需提升直流母线电压的控制参考值，仅通过增加逆变器的感性无功电流输出即可保证其可控性。

若有功电流参考值 i_d^* 满足 $|i_d^*| > |i_d|_{max}$ 时，则此时应使直流母线电压参考值 u_{dc}^* 高于额定常量参考值，以确保逆变器的可控性。

3. 情况三

当 $|u_{dq}| > u_{dc}/m + \omega L I_{max}$ 时，式（6-48）中 3 个空间矢量之间的关系如图 6-21 所示。可以看到，此

时的两个圆之间不存在交集，即逆变器不可控，具体而言则是对于小圆内的任一工作点，由于受限于直流母线电压，其所需的输出电压均已超出了逆变器所能提供的范围。u_{dc}^* 应至少高于 $m(u_d-\omega LI_{max})$ 才能确保逆变器的可控性。因此，此时也应抬高直流母线电压参考值 u_{dc}^*，否则逆变器将失控。

根据以上三种情况的讨论，直流母线电压参考值是否有必要提升，关键是要确保逆变器可控，当电网电压骤升期间，逆变器状态处于失控的边缘的情况下，则要考虑提升直流母线电压参考值来实现 HVRT。

参 考 文 献

[1] 李练兵. 光伏发电并网逆变技术 [M]. 北京：化学工业出版社，2016.

[2] 祁太元. 光伏电站自动化技术及其应用 [M]. 北京：中国电力出版社，2017.

[3] 杨金焕，于化丛，葛亮. 太阳能光伏发电应用技术 [M]. 北京：电子工业出版社，2009.

[4] 赵争鸣，刘建政，孙晓瑛，等. 太阳能光伏发电及其应用 [M]. 北京：科学出版社，2005.

[5] 王长贵，王斯成. 太阳能光伏发电实用技术 [M]. 北京：化学工业出版社，2005.

[6] 窦伟，徐正国，彭燕昌，等. 三相光伏并网逆变器电流控制器研究与设计 [J]. 电力电子技术，2007，41 (1)：85-86.

[7] 杨勇，阮毅. 三相并网逆变器直接功率控制 [J]. 电力自动化设备，2011，31 (9)：54-58.

[8] 云珂，杨舟，杨东升，等. 光伏系统 MPPT 方法的分析比较与改进 [J]. 电力学报，2015 (2)：111-116.

[9] 吴理博，赵争鸣，刘建政，等. 单级式光伏并网逆变系统中的最大功率点跟踪算法稳定性研究 [J]. 中国电机工程学报，2006，26 (6)：73-76.

[10] 于晶荣，曹一家，何敏，等. 单相单级光伏逆变器最大功率点跟踪方法 [J]. 仪器仪表学报，2013，34 (1)：18-24.

[11] 程启明，程尹曼，汪明媚，等. 光伏电池最大功率点跟踪方法的发展研究 [J]. 华东电力，2009，37 (8)：1300-1305.

[12] 赵庚申，王庆章，许盛之. 最大功率点跟踪原理及实现方法的研究 [J]. 太阳能学报，2006，27 (10)：997-1001.

[13] 周林，武剑，栗秋华. 光伏阵列最大功率点跟踪控制方法综述 [J]. 高电压技术，2008，34 (6)：1145-1152.

[14] 徐凯，王湘萍. 光伏发电最大功率点跟踪的智能集成控制 [J]. 太阳能学报，2018，39 (2)：536-543.

[15] 甄晓亚，尹忠东，王云飞，等. 太阳能发电低电压穿越技术综述 [J]. 电网与清洁能源，2011，27 (8)：65-68.

[16] 陈波，朱晓东，朱凌志，等. 光伏电站低电压穿越时的无功控制策略 [J]. 电力系统保护与控制，2012，40 (17)：6-12.

[17] 肖远逸，王珺，翟立唯，等. 基于 STATCOM 的光伏低电压穿越技术的应用研究 [J]. 电力学报，2017，32 (2)：116-121.

[18] 陈波，朱晓东，朱凌志，等. 光伏电站低电压穿越技术要求与实现 [J]. 电网与清洁能源，2017，33 (8)：77-81.

[19] 纪竹童，周娜娜，赵品，等. 光伏逆变器低电压穿越控制策略研究 [J]. 电力电容器与无功补偿，

2017，38（5）：176-179.

［20］葛路明，曲立楠，陈宁，等.光伏逆变器的低电压穿越特性分析与参数测试方法［J］.电力系统自动化，2018，42（18）：1-7.

［21］樊世超，赵丹.光伏发电站高电压穿越研究综述［J］.科技创新与应用，2017，27：180-181.

［22］郑重，耿华，杨耕.新能源发电系统并网逆变器的高电压穿越控制策略［J］.中国电机工程学报，2015，35（6）：1463-1470.

第七章
储能系统功率控制

第一节　概　　述

储能技术是指通过某种介质或设备实现能量的存储，并在需要时进行能量释放的一系列相关技术，储能技术的发展关系到能源、交通、电力、电信等多个重要行业的发展。推进能源消费结构向低碳化和清洁化方向转型已成为全球各国发展的重要共识，储能技术可对能源模式进行时间和空间上的转移，随着可再生间歇性能源渗透率的不断增加，其重要作用日益凸显，储能已成为大规模集中式和分布式新能源发电接入和有效利用的重要支撑技术，成为主要发达国家竞相发展的战略性新兴产业。

一、储能系统类型及特点

储能技术根据能量转化存储形态的差异，可以分为物理储能、电化学储能、电磁储能和冷热储能四大类。

（1）物理储能以水、空气等为储能介质，通过储能介质将电能转换为动能或势能，常见的有抽水蓄能、压缩空气储能、飞轮储能等。

（2）电化学储能通过储能介质将电能以化学能的形式进行存储，充放电过程伴随储能介质的化学反应或变价，常见的有各类型电池储能。

（3）电磁储能是直接以电磁能的方式储能的技术，主要包括超导储能、超级电容器储能等。

（4）冷热储能是利用储热或储冷介质将能量以冷热能形式储存的技术，主要包括显热储能、相变（潜热）储能和热化学储热，其中蓄冷技术是热储能的一种特殊形式。

各种储能系统因采用的储能技术不同，在储存容量、充放电时间、能量损耗及成本等方面存在较大差异。

（一）物理储能

典型的物理储能包括抽水蓄能、压缩空气储能和飞轮储能，一般具有规模大、循环寿命长和运行费用低等优点，但抽水蓄能和压缩空气储能需要特殊的地理条件和场地，建设局限性较大，且初始投资成本较高，投资回报周期较长。

1. 抽水蓄能

抽水蓄能（Pumped Hydroelectric Energy Storage，PHES）已有超过 100 年的应用历史，被认为是最成熟、使用寿命最长、最经济的储能技术。其具有响应时间相对短（1～2min）、装机容量大（大于 100MW）、充放电时间长（8～10h）、循环寿命长（40～50 年）的特点，因此可以应用于能量时移、调频、调相、旋转备用、负荷跟踪、黑启动等。据美国能源部（Department of Energy，DOE）全球储能数据库 2017 年统计，全球抽水蓄能装机容量已达到 184GW，占全部储能项目累计装机容量的 95% 以上。抽水蓄能电站对地理位置有较高要求，需要严格的环境评估，初始投资较大，但其设备的运营和维护简单且效率高，因此实际度电成本是现有储能技术中最低的。

2. 压缩空气储能

压缩空气储能（Compressed Air Energy Storage，CAES）是基于燃气轮机技术的储能系统，电动机驱动多级压缩机将空气压缩并存于储气单元中，如岩石洞穴、盐洞、沉降的海底储气罐、废弃矿井等，在能量释放时，将高压气体从储气单元释放，通过多级透平膨胀做功，完成空气压力能到电能的转换。CAES 具有储能容量较大（大于 10MW）、循环寿命较长（30～40 年）、投资相对小等优点。相比于抽水蓄能，压缩空气储能效率较低，约为 70%，同时机组启动时间较长（1～10min），且安装地点需要满足储气单元配套要求，因此其应用范围和应用场景受到了一定限制。

3. 飞轮储能

飞轮储能（Flywheel Storage，FS）通过加速转子（通常由高强度碳纤维制成），将能量以旋转动能的形式储存于系统中，利用电动机和能量转换控制系统来控制能量的输入和输出，达到充/放电的目的。飞轮储能具有毫秒级响应时间，储能密度大，且工作效率可以达到 90% 左右，采用磁悬浮轴承的飞轮储能，在真空罩内转子的转速可达到 20000～50000r/min，工作效率接近 95%。飞轮储能使用寿命长，可达到 20 年以上，且不受重复深度放电影响，免维护时间可达到 10 年以上，运维成本低，且飞轮储能环境污染小，不受地理环境限制，适用于 -20～50℃ 环境下。飞轮储能属于功率型储能，符合电网的短时响应与调节需求，可应用于调频，瞬时平滑新能源出力，为关键负荷提供不间断电源（Uninterruptible Power Supply，UPS）及应用于轨道交通中。

（二）电化学储能

电化学储能主要利用电池正负极的氧化还原反应进行充放电，目前技术较成熟的电化学储能包括锂电池、铅酸电池、钠硫电池、液流电池等。根据中关村储能产业技术联盟 2018 年白皮书统计，截至 2017 年年底，全球已投运储能项目中，电化学储能装机容量达到 2926.6MW，占比为 1.7%，较上一年增长 0.5 个百分点，是发展速度最快的储能类型。其中，锂离子电池累计装机占比超过 75%。

电化学储能响应时间短，可以快速攀升到最大功率，适用于调频。但电化学储能无转动惯量，退役电池一般考虑进行梯次利用或者直接材料回收，若不能很好地加以回收利用，会对环境造成伤害。

1. 锂离子电池

锂离子电池通常以碳材料为负极，以锂金属化合物作正极，锂离子在正极和负极之间移动，充电时，Li^+从正极脱嵌，负极处于富锂状态；放电时则相反。相较于其他电化学储能，锂离子电池能量密度高，循环寿命较长，自放电率较低，能量转化效率高，可以进行不同深度的充放电循环，无记忆效应，可以实现快速充放，充放电倍率较高。

2. 铅酸电池

铅酸（Lead Acid）电池是1859年由法国物理学家Gaston Planté发明的一种主要由铅及其氧化物为电极、硫酸溶液为电解液的蓄电池，是国际上最早商业化的电池类型。铅酸电池技术成熟、安全性高、循环再生利用率高、适用温度范围宽、电压稳定且价格相对低。但铅酸电池能量密度较低，循环次数少，且生产过程中会对环境造成不良影响。

3. 液流电池

液流（Flow）电池最早在20世纪70年代由美国航空航天局（National Aeronautics and Space Administration，NASA）资助开发设计的以电解质溶液作为活性物质的电池，其中应用最广泛的是全钒液流电池，电解质溶液存储在电池外部的两个相互独立的由离子交换膜分隔的电解液储罐中，电池工作时正负极电解液由各自的送液泵强制通过各自反应室循环流动，在离子交换膜两侧的电极上分别发生氧化和还原反应。

液流电池最大的特点在于输出功率和储能容量相互独立，产生的总电量取决于储罐的体积和数量，效率通常高于75％，自放电率低，使用寿命是目前电池中最长的。电解液可循环使用，运行稳定性及安全性较高，因此在民用和军用方面都有着广泛的应用场景。但液流电池目前面临着成本高和工作温度区间窄的缺点。

4. 钠硫电池

钠硫（Sodium－Sulfur）电池是由美国福特公司于1967年首先发明的，它由熔融电极和固体电解质组成，属于中温绿色二次电池，是目前唯一同时具备大容量和高能量密度的储能电池，也是目前全球累计装机量仅低于锂电池的电化学储能技术。钠硫电池的比能量与锂电池相仿，能量储存和转换效率达到90％以上，具有容量大、体积小、寿命长等优点，适用于调峰和提高电能质量。

（三）电磁储能

电磁储能主要包括超导储能和超级电容器储能。

1. 超导储能

超导储能（Superconducting Magnetic Energy Storage，SMES）通常由超导单元、低温恒温器和相应的转换系统组成。超导储能系统将电网供电励磁产生的电磁能存储在超导线圈中，需要时再释放出来。超导磁储能的效率可达到97％，并且具有毫秒级的响应速度，循环次数大于10万次，寿命大于20年。超导储能的比能量（$0.1\sim10W\cdot h/kg$）和比功率（约$1000W/kg$）都比较高，但昂贵的超导体材料及其环境维护费用是超导储能发展的瓶颈，且其强磁场对环境影响也受到广泛关注。超导储能适用于输配电网电压支撑、功率补偿、频率调节、改善系统供电可靠性、瞬时平滑可再生能源出力、解决大型用户的电压稳定和电能质量问题。

2. 超级电容器储能

超级电容器储能（Super Capacitor Storage，SCS）是一种介于电容器和电池之间的新型储能技术，它根据电化学双电层理论研制而成，充电时处于理想极化状态的电极表面，电荷将吸引周围电解质溶液中的异性离子，使其赋予电极表面，形成双电荷层，构成双层电容。超级电容储能具有效率高、充放电速度快、比功率高、工作温度范围较宽等优点。但目前其比能量低、自放电率较高且成本高昂，制约了其商业化的进程。在电力系统中多用于短时间、大功率的负载平滑，大功率电机的启动支撑，动态电压恢复和平滑可再生能源出力等。

（四）冷热储能

随着综合能源系统的发展，冷热储能技术得到广泛的关注。其中，储热技术大体可分为显热储能、潜热储能和化学储热 3 类。显热储能通过提高介质的温度实现热存储。这种技术储能密度低、体积大、温度输出波动大、成本低、装置结构简单、技术成熟，已有镁砖、混凝土等固体储热的商业化产品。潜热储能即相变储能，利用材料相变时吸收或放出热量，目前以固-液相变为主。与显热储能相比，相变储能具有较稳定的温度以及较大的能量密度。其优点是储能密度高、体积小、温度输出平稳，但循环寿命有待提升。化学储热利用可逆化学反应储存热能，可实现宽温域梯级储热，能量密度可达显热和潜热储能的10 倍以上。化学储热储能密度高、周期长，但目前稳定性及耐久度不足，难以实现商业化。

相较于储热，在相同温度变化下，储冷可更有效地存储高品质能量。近年来，深冷储电技术逐渐得到关注，它以液态空气为储能介质，利用空气常压下极低的液化点解决了一般储热技术中能量密度小以及压缩空气储能高压储存困难的问题，因而可以将深冷储电技术看作是储热技术和压缩空气储能技术的结合。

二、储能系统发展

（一）发展概况

储能系统的历史可追溯到 19 世纪末 20 世纪初，世界上第一个抽水蓄能电站在瑞士建造，利用电力负荷低谷时的电能抽水至上水库，在电力负荷高峰期再放水至下水库发电，实现削峰填谷。抽水蓄能技术在 20 世纪中叶伴随着核电站的建设得到了快速的发展。由于核电机组单机容量较大，一旦停机，将对其所在电网造成很大的冲击，严重时可能会造成整个电网的崩溃。且核电机组难以满足快速的负荷匹配，在电网中需要有强大调节能力且运行稳定的电源与之配合以达到降低核电发电成本和运行风险的目的。因此，美国、日本和欧洲一些国家在 1960—1980 年建设了一批一定规模的抽水蓄能电站配合核电机组运行。与此同时，CAES 也得到了广泛关注，CAES 是在电网负荷低谷期将电能用于压缩空气，将空气高压密封在报废矿井、沉降的海底储气罐、山洞、过期油气井或新建储气井中，在电网负荷高峰期释放压缩空气推动汽轮机发电。

自 20 世纪 80 年代末，储能技术得到了飞速的发展。21 世纪初，镍镉（Nickel - Cadmium）电池、钠硫电池、液流电池和锂电池储能等电化学储能技术发展迅速。与此同时，超导储能、飞轮储能以及超级电容等新型储能技术也不断得到发展和应用。随着 20 世纪 80 年代的西方发达国家电力产业私有化及电力市场改革的进程，储能的发展受限于其高额的投资成本。但近年来随着可再生能源发电和智能电网技术及应用的快速发展，电力储能技术及其应用重新回到了人们的视野，并得到快速的发展。

（二）世界各国储能系统发展概况

1. 美国

美国电力网络由诸多区域网络构成，地区差异性较大。在加利福尼亚州（以下简称"加州"），储能主要用于平抑光伏和负荷的波动，保证电力系统的安全稳定运行。美国能源部早在 2009 年就在《美国复苏与再投资法案》（*American Recovery and Reinvestment Act*，ARRA）中推出了储能技术发展计划，其主要目标为提高美国电网的灵活性、经济竞争力以及网络的整体可靠性和鲁棒性。同时，美国能源部在《储能安全性战略规划》中提出了安全可靠部署电网储能技术的高层次路线图。美国能源部着眼于将储能技术从研究阶段快速过渡到市场化阶段，并预计未来 20 年其产值将达到 20 亿～40 亿美元。

在技术上，2010 年 ARRA 投资 1.85 亿美元用于储能研究及示范项目的建设，既包括压缩空气等储能技术，也包含应用储能实现可再生能源波动平抑和调峰调频技术，具体如下：

（1）储能设备的能量管理和保护。

（2）适用于交通系统的储能电池技术。

（3）电网可调控储能技术。

（4）高能量先进储热技术。

在政策上，美国各州差异性较大，其中加州被认为是全球储能政策环境最先进的区域。2016 年出台的相关法案要求加州电力服务提供商必须提出各自的储能发展方案。随后，该州又提出将 2030 年全州可再生能源发电占比的目标从原来的 50% 提高到 60%，并规定加州需在 2045 年之前实现电力需求 100% 由可再生能源与零碳能源供应的目标。根据南加州爱迪生公司的预测，为适应该目标的调整，同时为满足加州到 2030 年电力部门温室气体排放减少至 2800 万 t 的目标，加州公用事业委员会需要规定加州的电力服务提供商提供约 11.5GW 的储能。2018 年，加州提出到 2030 年电动汽车和氢燃料汽车达到 500 万辆的目标，预计未来 8 年的时间里投资 25 亿美元用于电动汽车充电站和加氢站的建设。电动汽车的快速发展也直接推动了储能设施的配套建设。在加州储能政策和市场的引领下，纽约州、马萨诸塞州、得克萨斯州等纷纷推出储能发展目标、激励政策和市场交易机制以刺激储能的发展。

从应用来看，辅助服务仍然是美国储能应用的焦点。其中，美国西南部地区主要将应用储能提升供电可靠性作为首要目标；东北部地区将储能用于电网调频，增加电网的灵活性。随着分布式资源的广泛渗透，储能也被应用于居民和工商业用户，以虚拟电厂或需求响应用户参与电网辅助服务，在获取自身收益的同时参与电网调峰调频。

2. 日本

日本由于国土面积小、能源需求量占比大且地震频发，发展新型可再生能源已成为未来能源发展的主要方向。预计至 2030 年，日本新能源发电量将占到总发电量的 35%。但自 2014 年起，可再生能源容量已经接近电网承载极限，亟须发展储能技术以缓解电网压力。

在技术上，日本在电池储能领域技术尤为先进，电网中配有超过 200 个大型钠硫电池储能电站，15％的电力通过储能电站进行循环利用。日本新能源与产业技术综合开发机构（New Energy and industrial technology Development Organization，NEDO）在 2014 财年报告中，预计在储能电池和能源系统领域投入 83 亿日元。主要关注下一代电池材料评估，安全、低成本、大规模电力储能技术开发，锂离子电池应用与商业化技术等。日本经济产业省（Ministry of Economy，Trade and Industry，METI）持续对储能相关科研及示范项目进行资助，并提出在 2030 年之前将电池储能能量密度提升 2.5 倍的同时降低 95％储能成本的目标。METI 主要关注以下 4 个方向的技术研发：

(1) 适用于电网及混合动力汽车的锂电池储能技术。

(2) 适用于大规模可再生能源并网的新型电化学储能电站。

(3) 适用于居民家庭能量管理的小型电池储能。

(4) 新型电池储能技术及材料的研发。

对电池储能技术的持续投入已使日本储能技术达到世界先进水平。

在政策方面，日本政府采用激励措施鼓励住宅配套储能系统，以缓解大量接入的分布式太阳能给电网带来挑战，METI 出资约 9830 万美元为装设锂电池的家庭和商户提供 66％的费用补贴，大大促进电池储能系统的需求。调查报告表明，2022 年在储能电池部署方面日本将会超越澳大利亚和德国位列全球第三位。

从应用来看，自福岛核电站事故后，日本东北部电力系统面临严峻挑战。2016 年，日本新能源促进会斥巨资资助福岛县南相马（Minami‐Soma）变电站锂离子电池项目，该项目通过利用锂电池储能系统提升电网供需平衡，平抑因大规模可再生能源并网而引起的电力波动，提高该地区供电可靠性。

3. 欧洲

欧盟在 Framework Program 6 和 Framework Program 7 中部署了多个储能领域研究项目，重点关注分布式可再生能源并网、储氢、储热、锂离子电池、超导和超级电容器技术等。在政策上，欧盟 2050 路线图规定成员国在共同开发新技术的同时，在政策、投资乃至能源市场上共同协同发展。

德国政府自日本福岛核电站事故后开始减少在核电厂方面的投资，并大规模投资以光伏和风力发电为代表的可再生能源。在政策方面，德国计划投资新建 4.7GW 的抽水蓄能电站，为此德国能源法案（Energie Wirtschafts Gesetz，EnWG）对新建的抽水蓄能电站减免并网费用。同时，德国环境署、德国自然保护与核安全部颁布可再生资源法案，德国政府联合德国复兴发展银行对家庭光储系统提供贷款和现金奖励，以鼓励家庭购买储能实现过剩光伏的就地消耗，减少配电网压力。在技术上，除抽水蓄能电站，德国也开展了压缩空气储能和绝热压缩空气储能的研发工作。从应用来看，发展兆瓦级储能电站用于一次调频仍然是现阶段的主要目标，但随着分布式光伏的普及及光伏上网电价的下降，储能技术的成熟推动成本的大幅下降，以及德国复兴发展银行储能补贴政策的推广，用户侧储能将在未来德国储能市场中持续攀升，预期将达到 2GW·h 容量。

在英国低碳网络基金（Low Carbon Network Fund，LCNF）推动下，英国可再生能源发展迅速，储能的投运一方面可平抑可再生能源波动，降低可再生能源的运行成本。另一方面，2022 年英国计划淘汰全部燃煤发电，供需不平衡将使得系统频率更加敏感，传统能源发电的惯性缺口需要得到补偿。储能系统可为电网提供先进快速调频响应（Enhanced Frequency Response，EFR）、快速充储备用服务（Fast Reserve，FR）以及短期运行备用服务（Short - Term Operating Reserve，STOR），储能系统通过辅助服务获得收益。开放的配电市场机制使得配电侧的储能在英国应用更为广泛，储能运营商通过竞价参与配电网维护与运营，为电网增加灵活性的同时获得额外收益。在用户侧，储能系统以聚合商的方式参与电网服务，客户通过固定的年度支付或总收入的固定比例实现盈利。

目前，英国储能项目装机规模仍然较小，但从市场活跃度、政策推进等方面可以看出，英国储能市场将实现快速发展。预计到 2020 年，英国储能容量将超过 1.6GW。到 2040 年，储能容量将达到 18GW，将推动英国成为全球储能增速最快、最具吸引力的市场之一。

在意大利，由于其地形原因与欧洲其他国家电网互联较少，随着可再生能源的发展，意大利电网受困于本土电网的拥塞问题，以及岛屿电网的惯性减少问题。针对以上问题意大利电网运营商启动两项计划，其一是通过投运 35MW 钠硫电池解决电网拥塞问题，其二则通过投运 16MW 的各种储能技术实现岛屿电网的防御能力。在用户侧储能方面，意大利也建立了用户侧储能聚合平台等一系列用户侧储能商业化举措，但经济可行性尚未实现，政策激励及消费者对能源市场的兴趣依然是未来发展的主要驱动因素。

4. 中国

近年来，中国以风电、光伏为代表的新能源发展迅猛，新能源装机总量和发电量已连续多年稳居全球首位。但新能源消纳能力不足，弃风弃光形势严峻，以西北五省（区）为例，2017 年弃风电量达到 236.0 亿 kW·h，弃风率高达 24.6%，弃光电量 66.7 亿 kW·h，弃光率也高居 14.1%，总弃风、弃光电量约为 302.7 亿 kW·h，严重影响可再生能源的利用率。而弃风、弃光问题具有随机性、波动性和反调峰特性。

为推动可再生能源有序快速发展，2009 年中国推出《中华人民共和国可再生能源法（修正案）》，其中首次提出将储能技术作为国家战略性发展方向。2011 年 3 月，中国国家发展和改革委员会推出《产业结构调整指导目录（2011 年本）》（中华人民共和国国家发展和改革委员会令第 9 号），提出大力鼓励与储能相关的产业发展，包括大容量电能储存技术开发与应用、电池储能技术与材料的开发等。2014 年，国家发展和改革委员会发布《关于促进抽水蓄能电站健康有序发展有关问题的意见》（发改能源〔2014〕2482 号），针对抽水蓄能出台了相应的支持政策和补贴标准，并制订了到 2025 年全国抽水蓄能电站总装机容量达到约 1 亿 kW，占全国电力总装机容量比重 4% 的目标，大力推动我国抽水蓄能的发展。同年，国务院办公厅印发《能源发展战略行动计划（2014—2020 年）》（国办发〔2014〕31 号），首次将储能列入 9 个重点创新领域之一，要求科学安排储能配套能力以切实解决弃风、弃水、弃光问题。2016 年年底，《能源发展"十三五"规划》（发改能源〔2016〕2744 号）中提及积极发展储能作为优质调峰电源，提升我国电力系统调峰能力和可再生能源消纳能力不足的短板，加快突破电网平衡和自适应等运行控制技术。2017 年 10 月，我国大规模储能技术及应用发展的首个国家级指导性政策《关于促进储能技术与产业发展的指导意见》（发改能源〔2017〕1701 号）正式发布，该指导意见指出我国储能呈现多元发展的良好态势，技术总体上已经初步具备了产业化的基础。"十四五"期间,储能项目将广泛应用,形成较为完整的产业体系,成为能源领域经济新增长点,储能产业规模化发展,储能在推动能源变革和能源互联网发展中的作用全面展现。将先进储能纳入可再生能源发展、配电网建设、智能电网等专项基金支持范围,根据不同应用场景研究出台针对性补偿政策,同时结合电力体制改革研究推动储能价格政策。该文件明确未来国家对储能技术和应用场景不再做过多的限制。2019 年发布的《产业结构调整指导目录》在大容量电能储存技术开发与应用、智慧能源系统、能源路由、能源交易等能源互联网技术与设备方向上大力支持储能技术的开发与应用。

在应用上,国家电网公司与南方电网公司积极推动中国储能市场发展,其中调频辅助服务是储能在中国最主要的应用领域。华北地区"按效果付费"的调频辅助服务补偿机制正在被越来越多的区域辅助服务市场所采纳。而利用峰谷电价差异进行套利则是用户侧储能运营商的主要方向。受国家政策和激励机制的引导,新能源侧储能以及电动汽车发展潜力巨大。

三、储能在电力系统中的应用

储能技术应用于电力系统,可以从根本上改变电能生产、输送及消费在时间上的同步性,从而在整个能源产业链中提供极有价值的服务。储能系统在电力系统中的应用可有效应对电网故障的发生,提高电能质量和用电效率,满足经济社会发展对优质、灵活、可靠和高效用能需求;有效缓解源-荷在时间和空间上的不平衡,提高现有电网设备的利用率和电网的运行效率;储能的规模化应用将有效延缓或减少源-网不必要的设备更新与投资建设,提高电网资产利用率;储能的有效利用将平抑新能源出力波动,提高可再生能源灵活性和利用率,减少不必要的弃风、弃光现象;储能的广泛推广同样可以有效改变终端用户的用能行为,激励终端用户主动参与电网运行与管控。

储能系统可应用于电力系统发、输、配、用等各个环节,具体包括发电端服务(传统及可再生能源发电)、输电网服务、配电网服务、用户侧及微电网服务。

(1)在传统发电领域,储能系统可辅助动态运行,取代或延缓新建机组,提供黑启动能源。

(2)在可再生能源发电领域,储能系统可以平抑新能源功率波动,跟踪计划出力和爬坡率,控制减少弃风、弃光,辅助新能源参与电网双向调频,提升新能源消纳能力。

(3)在输配电领域,储能系统可提供无功支持,限制上级电网波动,缓解线路阻塞,延缓输配电扩容升级和作为变电站直流电源。

(4)在电网辅助服务领域,储能系统可提供调频、电压支持、调峰和备用容量等服务。

(5)在孤岛系统中,储能系统可提供频率支撑,避免不必要的负荷损失。

(6)在用户侧可以进行分时电价管理、容量费用管理,提高电力可靠性和提高电能质量。

四、储能系统商业模型

储能系统作为电力系统中的新成员,长期受到高昂的储能系统成本及接入成本的限制,为更好地发挥储能在电力系统中的优势,提出可推广的商业模型至关重要。在竞争性市场环境下，储能作为参与主体可参与贯穿电力供应链的各项市场竞争，包括日前及日中的能源批发市场、辅助服务市场及容量市场。储能系统受其所有权的不同、地理位置的差异以及监管制度的多样性影响，其商业模型区别较大，在监管市场下，储能系统根据所签订的合同提供服务获得稳定收益，而在竞争性市场环境下，储能则通过参与服务竞价获得收益。

世界范围内，受到多方面不确定因素和风险的影响，储能监管政策的制定还处于探索阶段。

（1）由于储能的功能多样性，在网络中可被视为发电机、负荷或者二者的综合体。其资产属性界定还未明确，这直接影响了储能服务的网络定价以及资产的回收成本。目前网络运营商提供储能激励机制的政策还不明朗，特别是储能对电能质量改善效益、网络容量提升以及对传统发电机效率提升效益难以量化。

（2）目前除抽水蓄能以外的大部分储能技术还处于研发阶段，尚缺少大量的案例及数据，还未形成必要的标准和实践经验来进行经济性评估、系统设计和部署。

（3）由于储能所存储能量并非完全来源于可再生能源，储能所获效益不能计入可再生能源的效益中，因此各国出台的关于可再生能源的相关方案和补贴政策并不完全适用于储能系统。这也影响了投资者对储能系统投资盈利能力的判断。

目前，电力市场中对于储能系统的策略设计处于研究和试点阶段，也受到了技术及政策等多因素的制约。

（1）当储能系统参与多项市场竞争时，储能运营商对系统充放电状态不能完全掌控，因此限制了其参与现货市场和辅助服务市场的竞争。

（2）自由开放的电力市场环境促进有序竞争，然而，大型发电机组或网络运营商参与双边交易以缓解现货市场价格波动所带来的问题，限制了电力市场的流动性，为独立储能运营商进入市场造成障碍。

（3）通过峰谷电价套利是储能系统最为常见的盈利方式，然而峰谷电价差越来越受到能源转型的影响而缩小，影响因素包括新型负荷和发电用能方式的时空差异、燃料价格及碳排放价格的不确定性等。

（4）相比于传统的发电机组，储能在运行时间上相对较短，其在市场中利用价格波动收回成本的时机至关重要，而价格控制机制将影响储能通过套利实现投资成本回收。

（5）储能在辅助服务市场中以其精准性、快速响应特性以及高效的爬坡能力而处于优势地位，然而如何在辅助服务市场的价格中体现储能的优势尚未有明确的方法。

（6）现有辅助服务市场以及备用容量市场对服务提供商最短服务时间以及最小容量的门槛限制了小型储能系统进入市场。

第二节 储能系统并网与控制

一、直流储能系统

直流储能系统涵盖了所有类型的电池储能，以及超级电容器与氢储能系统等。各种直流储能技术除直流的电气特性外，还具有以下特点：

（1）除超级电容器外，其原理均基于电化学反应。

（2）均可以用等效电路模型表达。

（3）各直流型储能设备均由多个电压较低的单体进行串并联组成。

（4）并网结构及控制策略基本相同。

（一）直流储能系统并网结构

直流的储能系统的输出均为直流电，当接入交流系统时，需要通过逆变器进行并网或

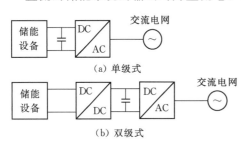

图 7-1　直流储能系统并网结构

与负载连接。当直流型储能设备的端口电压与逆变器直流侧电压不匹配时，还需通过 DC/DC 变换器进行升压后再与逆变器相连。通常这两种并网形式被称为单级式并网结构与双级式并网结构，如图 7-1 所示。

并网逆变器具有多种类型，按照直流侧电源的性质，可以分为电压型逆变器和电流型逆变器；按照输出电压的相数，可以分为单相逆变器、三相逆变器和多相逆变器。另外，还可按其输出电压电平数、电压波形类型、频率、是否有隔离等进行分类。在直流储能系统中采用的多是电压型逆变器，典型的电压型三相桥式逆变器的拓扑及并网结构如图 7-2 所示，该结构的逆变器具有电路拓扑简单、易于控制、功率开关电压应力低等优点。

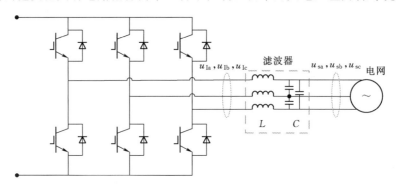

图 7-2　典型的电压型三相桥式逆变器的拓扑及并网结构

考虑储能系统的双向工作特性，DC/DC 变换器需要在储能设备放电时进行升压，充电时进行反向的降压。图 7-3 所示为一种典型的双向 DC/DC 变换器拓扑结构，具有 Buck（降压）和 Boost（升压）两种工作模式，其中，IGBT 的 S_1、S_2 不允许同时导通。当电网向储能侧（U_{DC1} 端）充电时，双向 DC/DC 变换器工作于 Buck 模式，S_1、VD_2 工作，S_2、VD_1关断。当 S_1 导通时，储能电感 L 被充磁，流经电感的电流线性增加，同时给电容 C_1 充电，由于电感 L 与负载电容串联，电感 L 要分得一部分电压，所以电容 C_1 上的电压 U_{DC1} 小于输入电压

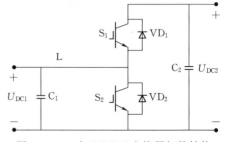

图 7-3　双向 DC/DC 变换器拓扑结构

U_{DC2}。当 S_1 关断时，储能电感 L 通过续流二极管 VD_2 放电，电感电流线性减少，输出电压 U_{DC1} 靠输出滤波电容 C_1 放电以及减小的电感电流维持，此时输出电压 U_{DC1} 也小于输入电压 U_{DC2}。当储能设备向电网侧（U_{DC2} 端）放电时，双向 DC/DC 变换器工作于 Boost 模式，S_2、VD_1 工作，S_1、VD_2 关断。S_2 导通时，电压 U_{DC1} 流过电感 L，和 S_2 形成回路，由于 U_{DC1} 是直流电，所以电感上的电流以一定的比率线性增加，随着电感电流增加，电感中就储存了一些能量。当 S_2 断开时，由于电感的电流具有不可突变的特性，流经电感的电流不会马上变为 0，于是电感开始经过 VD_1 给电容 C_2 充电，使得电容 C_2 两端电压升高，如果 C_2 电容量足够大，在输出端（U_{DC2} 端）就可以保持一个持续的电流，如果这个通断的过程不断重复，就可以在电容 C_2 两端得到高于输入电压（U_{DC1}）的电压（U_{DC2}）。

（二）单级式直流型储能系统控制

单级式直流型储能系统的并网系统控制主要是并网逆变器的控制，并网逆变器的控制方式有多种形式，其中矢量控制由于其具有原理简单、易于实现、控制效果理想等特点而被广泛应用。矢量控制可将三相瞬时值信号变换到 dq 旋转坐标系，将三相交流信号转化为两相的直流信号。通过 dq 变换，能够实现有功分量与无功分量的解耦。并网逆变器的控制结构中较常采用的为双环控制结构，其中外环控制器主要用于体现不同控制目的，产生内环的电流参考信号，动态响应较慢；内环控制器主要进行精细、快速的电流调节，动态响应较快。三相电压型逆变器控制系统的典型结构如图 7-4 所示，其中 $i_{sa,b,c}$ 和 $u_{sa,b,c}$ 分别表示三相瞬时值电流与三相瞬时值电压，经派克变换后，得到 dq 轴分量 i_{sd}、i_{sq}、u_{sd}、u_{sq}。

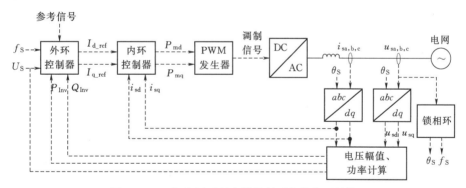

图 7-4 三相电压型逆变器控制系统的典型结构

1. 并网逆变器外环控制器

直流储能系统应用场景不同时，其并网逆变器需采取不同的控制策略，控制策略的不同主要体现在逆变器的外环控制。常见的储能并网逆变器的外环控制方法有恒功率控制（PQ 控制）、恒压恒频控制（U/f 控制）、下垂控制（Droop 控制）。

（1）恒功率控制。恒功率控制的主要功能是使逆变器输出的有功和无功功率跟随功率参考值，其实质是将有功功率和无功功率解耦后分别进行控制，其控制原理如图 7-5 所示。由式（7-1）计算瞬时功率 P_{Inv}、Q_{Inv}，经低通滤波器后得到平均功率 P_{filt} 与 Q_{filt}，与功率参考值 P_{ref} 与 Q_{ref} 做差后并进行 PI 控制，从而得到内环控制器的参考信号 I_{d_ref} 与 I_{q_ref}。

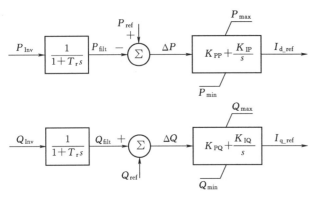

$$\left.\begin{array}{l} P_{\text{Inv}} = u_{\text{sd}} i_{\text{sd}} + u_{\text{sq}} i_{\text{sq}} \\ Q_{\text{Inv}} = u_{\text{sq}} i_{\text{sd}} - u_{\text{sd}} i_{\text{sq}} \end{array}\right\} \quad (7-1)$$

在恒功率控制中，有功功率与无功功率的控制是解耦的，若将某一个控制通道的输入信号和参考信号进行一定的改变，也可得到其他控制方式。如用直流电压 U_{dc} 及参考值 $U_{\text{dc\_ref}}$ 分别代替图 7-5 中的有功功率及其参考值，可以将有功功率控制通道转变为直流电压控制通道，此控制方式

图 7-5　恒功率控制结构

即称为恒直流电压恒无功控制，又称为 U_{DC}/Q 控制。

（2）恒压恒频控制。恒压恒频控制的功能是通过调整逆变器输出功率，使逆变器出口处的交流电压幅值和频率维持不变，一般用于微电网孤岛运行，其控制结构如图 7-6 所示。锁相环输出的系统频率 f_{S} 与参考频率 f_{ref} 相比较，通过 PI 调节器形成有功功率参考信号 P_{ref}；电压幅值 U_{S} 与参考电压 U_{ref} 相比较，通过 PI 调节器形成无功功率参考信号 Q_{ref}；后面功率控制部分与恒功率控制相同。

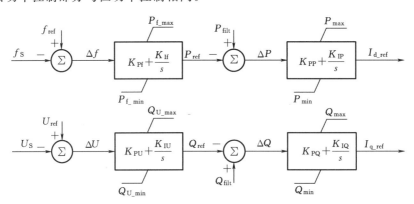

图 7-6　恒压恒频控制结构

（3）下垂控制。下垂控制是模拟发电机组"功频静特性"的一种控制方法，利用注入交流电网的有功功率、无功功率分别和电压相角、幅值呈线性关系的原理，其控制原理如图 7-7 所示。

系统的初始运行点为 A，输出的有功功率为 P_0，当系统有功负荷突然增大时，有功功率不足，导致频率下降，下垂控制调节逆变器输出的有功功率按下垂特性相应地增大，最终达到新的功率平衡，即过渡到 B 点运行。无功功率与电压的关系及调节原理也与之类似。下垂控制主要包含两种基本方法：

1）$f-P$ 和 $U-Q$ 下垂控制方法。基本思想是通过系统频率和交流母线处电压幅值的测量值，利用相关的下垂特性确定逆变器有功功率和无功功率的输出参考值，典型控制框图如图 7-8 所示。下垂控制环节输出有功功率和无功功率的输出参考值，可实现各采用

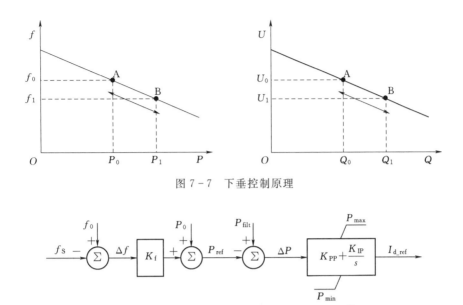

图 7-7　下垂控制原理

图 7-8　基于 f-P 和 U-Q 下垂控制方法的外环控制器典型结构

下垂控制的电源间的负荷功率分摊。

2）P-f 和 Q-U 下垂控制方法。基本思想是通过逆变器输出的有功功率和无功功率的测量值，利用相关下垂特性确定频率和电压幅值的参考值，典型控制器框图如图 7-9 所示。其中，P-f 和 Q-U 下垂控制环节输出频率和电压幅值的参考值，经控制信号形成环节后可直接用于并网逆变器的控制，是一种单环控制方式。

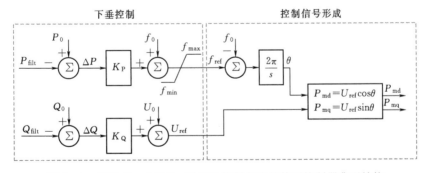

图 7-9　基于 P-f 和 Q-U 下垂控制方法的外环控制器典型结构

除上述控制方法外，还存在其他下垂控制方式，如虚拟阻抗法，采用 Q-L 特性代替 Q-U 特性实现电压控制；在考虑低压配电线路呈阻性特点的基础上，也可采用 P-U 和 Q-f 控制方法，用有功功率控制电压幅值，无功功率控制输出频率。

2. 并网逆变器内环控制器

内环控制器主要对注入电网的电流进行快速调节，其控制原理是基于逆变器并网的电路方程。在图 7-2 中逆变器交流侧出口三相电压分别为 u_{Ia}、u_{Ib}、u_{Ic}，经滤波后接入电网处的电压分别为 u_{sa}、u_{sb}、u_{sc}，L 与 C 分别代表滤波器中的电感与电容。另外，逆变器注入电网的电流为 i_{sa}、i_{sb}、i_{sc}。忽略滤波器中电容的影响，则根据电路关系有：

$$\begin{cases} L\dfrac{\mathrm{d}i_{sa}}{\mathrm{d}t}=u_{Ia}-u_{sa} \\[2mm] L\dfrac{\mathrm{d}i_{sb}}{\mathrm{d}t}=u_{Ib}-u_{sb} \\[2mm] L\dfrac{\mathrm{d}i_{sc}}{\mathrm{d}t}=u_{Ic}-u_{sc} \end{cases} \tag{7-2}$$

将式（7-2）中各电压电流经过派克变换后可得：

$$\begin{cases} L\dfrac{\mathrm{d}i_{sd}}{\mathrm{d}t}=u_{Id}-u_{sd}+\omega Li_{sq} \\[2mm] L\dfrac{\mathrm{d}i_{sq}}{\mathrm{d}t}=u_{Iq}-u_{sq}-\omega Li_{sd} \end{cases} \tag{7-3}$$

根据上式所示的 dq 旋转坐标系下逆变器并网的电路方程，可得 dq 坐标系下内环控制器的典型结构，如图 7-10 所示。

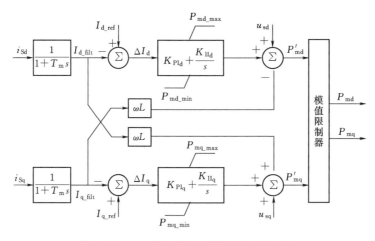

图 7-10 dq 坐标系下内环控制器典型结构

i_{sd}、i_{sq} 经过低通滤波器后分别得到 I_{d_filt} 与 I_{q_filt}，与外环控制器给出的电流参考值 I_{d_ref} 与 I_{q_ref} 进行做差后进行 PI 控制，同时限制逆变器输出的最大电流，并通过电压前馈补偿和交叉耦合补偿，输出控制信号 P'_{md} 与 P'_{mq}。该控制信号经过模值限制器输出调制信号 P_{md} 与 P_{mq}。模值限制器的主要作用是防止输出调制信号 P_{md} 与 P_{mq} 饱和，使得逆变器处于线性调制状态，常用的模值限制器模型如图 7-11 所示。最终模值限制器输出的调制信号 P_{md} 与 P_{mq} 经过反派克变换可以得到三相调制信号，从而控制输出的三相电压。

（三）双级式直流型储能系统控制

双级式直流型储能系统的并网系统由 DC/DC 变换器与并网逆变器组成，需要二者之

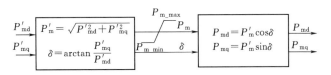

图 7-11 模值限制器模型

间进行协调控制。其中并网逆变器的控制与单级式并网系统中相同，本节主要说明 DC/DC 变换器的控制方式以及双级式系统中 DC/DC 变换器与并网逆变器的协调控制。相比逆变器，DC/DC 变换器控制中涉及的均为直流量，不涉及坐标变换，相对较为简单。DC/DC 变换器的控制也多采用双环结构，外环控制器根据不同的控制目标产生内环参考信号，内环控制器进行快速的电流调节。典型的 DC/DC 变换器控制结构如图 7-12 所示。

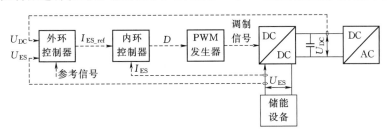

图 7-12 DC/DC 变换器控制结构

根据不同的应用目的，DC/DC 变换器的外环应采用不同的控制策略，如图 7-13 所示。根据控制目标不同，外环控制器的控制策略有以下几类：

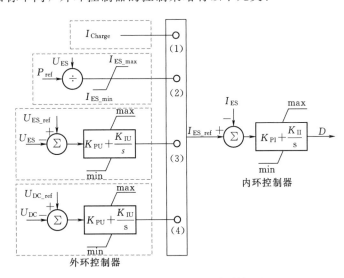

图 7-13 DC/DC 变换器控制框图

（1）恒电流控制，控制储能侧电流为给定的电流参考值，主要用于储能设备的恒流充电。

（2）恒功率控制，控制储能设备输出的功率为给定的参考值。

（3）储能侧电压控制，控制储能侧直流电压 U_{ES}，主要应用于对储能设备进行恒电压充电。

（4）直流母线电压控制，主要控制逆变器直流侧电压 U_{DC} 恒定。

DC/DC 控制器的内环控制多采用 PI 控制，储能侧电流 I_{ES} 与电流参考值进行比较后，差值经 PI 控制器输出占空比信号 D，该信号经过调制后送入 DC/DC 变换器。

在双级式的直流型储能系统中，为实现不同的控制目标，需要 DC/DC 变换器与并网逆变器的协调控制。表 7-1 给出了在不同控制目标下，系统中 DC/DC 变换器与并网逆变器的控制策略。

表 7-1　　　　双级式直流储能系统控制策略

控制目标	DC/DC 控制器控制	并网逆变器控制
系统输出功率	U_{DC} 控制	恒 PQ 控制
	恒功率控制	$U_{DC}Q$ 控制
系统电压频率	U_{DC} 控制	U/f 控制
	U_{DC} 控制	下垂控制
储能恒流充电	恒电流控制	$U_{DC}Q$ 控制
储能恒压充电	储能侧电压控制	$U_{DC}Q$ 控制

二、交流储能系统

交流储能系统主要包括 CAES 与飞轮储能系统等。交流储能技术除交流电气特性外，还具有以下特点：

（1）交流储能系统均需要与电机耦合，在电力系统应用中多采用交流电机。

（2）交流储能系统的结构具有相似之处，均是通过交流电机吸收或发出功率。

（3）系统中一般采用高转速的永磁同步电机、感应电机等。

（4）需要将高频的交流电整流和逆变后，变为工频的交流电并网，其并网系统结构基本相同。

（一）交流储能系统建模

1. CAES

CAES 主要由压缩机、涡轮机、发电机、储气设施构成，有的 CAES 为提高效率可能还配有热回收装置、储热装置等。根据系统规模、是否需要燃料、有无热源与热回收装置等条件，CAES 可以分为多种类型。

CAES 放电时利用高压空气驱动气动涡轮机，带动发电机发电。在小型的 CAES 系统中，多采用高速的永磁同步发电机，通过电力电子设备并网。储气罐中的高压气体在放电时需通过减压阀降低到合适的压力，再经储热装置的换热器为高压空气加热，以提高做功效率。储热装置可以回收空气压缩过程中产生的热量，或利用电能或太阳能进行加热。充电时，空气压缩机将常温常压的空气压缩并储存在储气罐中。系统的储能量由储气罐的体积和压力决定，通过增加储气罐数量，可以提高系统的储能量。

CAES 在充电时一般以恒功率工作，且充、放电支路相互独立，因此主要考虑 CAES

在放电时的特性，对其放电支路进行建模。CAES放电支路由原动部分、电机与电力电子并网系统组成。原动部分的模型如图7-14所示。

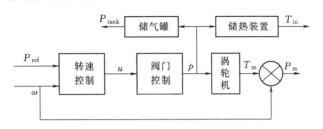

图7-14 压缩空气储能原动部分模型示意图

CAES放电支路的原动模型由转速控制器、阀门控制器、涡轮机、储热装置、储气罐等部分组成，原动部分根据转速与功率参考值，通过调节减压阀控制涡轮机进气压力，改变系统输出功率。转速控制环节的主要作用为根据功率参考值，调节涡轮机与电机的转速，给出阀门控制环节的输入信号，其控制环节框如图7-15所示。

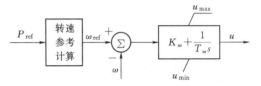

图7-15 转速控制环节框图

对于可以在较大的转速范围内运行的气动涡轮机，当其输出功率一定时，存在一个最优转速使得所需空气压力最小。为此，在转速参考值计算环节可根据给定功率参考值计算该最优转速作为电机的参考转速。从储气罐放出的高压空气需经过减压阀降压后，才能用于推动涡轮做功。通过调节减压阀的开度控制流过气体的压力和流速。

2. 飞轮储能

飞轮储能将能量以动能的形式储存在高速旋转的飞轮中，飞轮储能系统主要包括轴承、飞轮、电机三部分。目前飞轮储能系统中采用的轴承有机械轴承、超导磁轴承、电磁轴承、永磁轴承等；飞轮一般采用高强度复合纤维材料，通过一定的绕线方式缠绕在与电机转子一体的金属轮毂上；飞轮储能系统中一般采用内置电机，飞轮本体与电机转子通常采用一体化设计，电机需满足转速高、运转范围大、具有可逆性、运行可靠、易于维护等特点，多采用感应电机、永磁无刷电机、开关磁阻电机等。

作为一个定轴旋转体，飞轮储存的动能为：

$$E_{FW} = \frac{1}{2} J_{FW} \omega_g^2 \tag{7-4}$$

式中：J_{FW}为飞轮的转动惯量；ω_g为飞轮旋转的角速度。

当飞轮在给定的最高转速ω_{max}和最低转速ω_{min}之间旋转时，可以吸收和释放的最大能量为：

$$E_{FW\_max} = \frac{1}{2} J_{FW} (\omega_{max}^2 - \omega_{min}^2) \tag{7-5}$$

飞轮转动惯量的大小取决于物体的质量、质量对轴的分布情况以及转轴的位置。例如，最常见的圆盘形飞轮，其转动惯量为：

$$J_{\text{FW}} = \frac{1}{2}mR^2 = \frac{1}{2}\rho h\pi R^4 \tag{7-6}$$

式中：R 为飞轮半径；h 为飞轮厚度；m 为飞轮质量；ρ 为飞轮材料密度。

对于给定的飞轮储能系统，其储存的能量与转速密切相关，当转速为 ω 时，飞轮储能系统的 S_{OC} 可表示为：

$$S_{\text{OC}} = \frac{E_{\text{FW}}}{E_{\text{FW\_max}}} = \frac{\omega^2 - \omega_{\min}^2}{\omega_{\max}^2 - \omega_{\min}^2} \tag{7-7}$$

由电机原理可知，不平衡转矩是飞轮转速增加或减小的根本原因，由刚体定轴转动的转动定理可知飞轮转矩 T_{FW} 可表示为：

$$T_{\text{FW}} = J_{\text{FW}}\frac{\mathrm{d}\omega}{\mathrm{d}t} \tag{7-8}$$

当转矩方向与飞轮转动方向一致时，飞轮被施加正方向不平衡转矩而加速，将能量转化为飞轮的动能储存起来；当转矩方向与飞轮旋转方向相反时，飞轮受到负方向不平衡转矩而减速，将动能转化为电能释放出来。因此，飞轮储能系统的运行模式可分为能量储存模式（充电模式）、能量释放模式（放电模式）和飞轮能量保持模式（待机模式）。

由于飞轮属于大惯性负载，其速度变化比较慢，在启动过程中为了获得尽可能快的储能速度，对电机的加速控制通常有恒定转矩和恒定功率两种控制方式。前者以系统允许的最大加速转矩 $T_{\max}$ 为电磁驱动转矩，加速过程保持系统的电磁转矩不变；后者以系统允许的最大功率 $P_{\max}$ 为电机输入电磁功率，加速过程保持电机输入电磁功率不变。

（二）交流储能系统并网结构

交流储能系统一般与高速的电机耦合，需要通过电力电子装置经整流及逆变后并网，

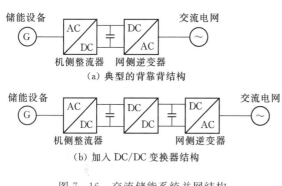

图 7-16　交流储能系统并网结构

典型并网结构如图 7-16 所示。其中，网侧变流器与 DC/DC 控制器的拓扑结构与上节中所述相同，在交流储能系统中，机侧变流器一般也采用全控的三相桥式变流器，其结构与图 7-2 所示的逆变器结构相同。

图 7-16（a）为典型的背靠背并网结构，由电机侧整流器和并网逆变器组成；在图 7-16（b）所示结构中，在电机侧整流器和并网逆变器之间加入一个 DC/DC 变换器，主要作用是对电机侧变流器直流出口电压进行升压。在两种结构中，需要其中各设备进行协调控制，其中并网逆变器与 DC/DC 变换器的控制原理与直流储能系统相同。本节主要说明机侧整流器的控制方法。

（三）交流储能系统控制

机侧整流器的控制系统主要对电机进行控制，在压缩空气储能系统中多采用永磁同步电机，而飞轮储能系统中既可采用永磁同步电机又可采用感应电机。压缩空气储能系统中只需考虑放电时的控制，而在飞轮储能系统中，需考虑不同工作模式下控制策略的区别。

总体来看，无论交流分布式储能系统中采用的电机是何种类型，处于何种工作模式，其电机侧整流器均可采用图 7-17 所示的典型双环控制结构。根据不同的控制目标，外环控制器可对电机转速、直流侧电压、机端电压等电气量进行控制，并得到内环参考信号；内环一般采用 PI 控制器控制电机电流，并产生整流器的调制信号。

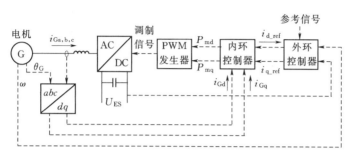

图 7-17 电机侧整流器控制结构

机侧整流器一般采用矢量控制，通过磁场定向与矢量变换，将电机定子电流分解为与转子磁场方向一致的励磁分量和与磁场方向正交的转矩分量，分别进行控制。当储能系统中采用不同类型的电机时，其具体的控制方法有所区别。下面分别针对交流型储能系统中采用永磁同步电机与感应电机时的机侧整流器控制进行分析。

1. 永磁同步电机机侧整流器控制

对于与永磁同步电机耦合的交流型储能系统，其机侧整流器的控制一般采用转子磁场定向的双环控制。根据应用需求，外环可采用 $i_{Gd}=0$ 控制、最大转矩电流比控制、最大输出功率控制、定子电流最优控制等。其中 $i_{Gd}=0$ 控制使得定子磁场与转子永磁磁场相互独立，最为简单。采用该种控制策略时，内环 d 轴电流参考值 i_{Gd_ref} 为 0；q 轴电流参考值 i_{Gq_ref} 根据外环控制器中 q 轴的控制得到，可采用转速控制或直流电压控制，如图 7-18 所示。

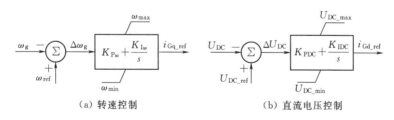

（a）转速控制   （b）直流电压控制

图 7-18 永磁同步电机外环控制器 q 轴控制

图 7-18（a）为转速控制，测量得到的发电机转速 ω_g 与转速参考值 ω_{ref} 进行比较，对误差进行 PI 控制，得到内环控制器 q 轴参考信号 i_{Gq_ref}；图 7-18（b）为直流电压控制，原理与转速控制相同，只是将 ω_g 与 ω_{ref} 分别替换为 U_{DC} 与 U_{DC_ref}。电压控制的目的是维持直流电压恒定，转速控制的目标是控制电机转速跟随转速参考值 ω_{ref} 变化。ω_{ref} 可根据不同输出功率下最优转速曲线设定，或根据功率与转速的关系，通过控制转速达到控制功率的目的。如在飞轮储能系统中，系统储存或释放的功率 P_{FW} 为：

$$P_{FW} = \frac{d}{dt}\left(\frac{1}{2}J_{FW}\omega_g^2\right) = J_{FW}\omega_g\frac{d}{dt}\omega_g \qquad (7-9)$$

对上式进行拉普拉斯变换，并整理成传递函数框图的形式，可得下图所示的转速参考值计算环节。

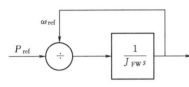

图 7-19　转速参考值计算环节

内环控制器的结构与永磁同发电机 dq 旋转坐标系下的电压方程相关，dq 旋转坐标系下永磁同步发电机的磁链方程如下：

$$\begin{cases} \psi_d = -i_{Gd}L_d + \psi_f \\ \psi_q = -i_{Gq}L_q \end{cases} \qquad (7-10)$$

电压方程如下：

$$\begin{cases} u_{Gd} = \dfrac{d\psi_d}{dt} - \omega_g\psi_q - i_{Gd}R_S \\ u_{Gq} = \dfrac{d\psi_q}{dt} + \omega_g\psi_d - i_{Gq}R_S \end{cases} \qquad (7-11)$$

式中：ψ_d、ψ_q 为定子磁链经派克变换后的 dq 轴分量；ψ_f 为永磁体磁链；L_d、L_q 为 dq 轴电感；u_{Gd}、u_{Gq} 为经派克变换后的 dq 轴电机端电压；i_{Gd}、i_{Gq} 为经派克变换后的 dq 轴电机电流；ω_g 为电机转速。

将式（7-10）代入式（7-11）可得：

$$\begin{cases} u_{Gd} = -L_d\dfrac{di_{Gd}}{dt} + \omega_g i_{Gq}L_q - i_{Gd}R_S \\ u_{Gq} = -L_q\dfrac{di_{Gq}}{dt} - \omega_g i_{Gd}L_d + \omega_g\psi_f - i_{Gq}R_S \end{cases} \qquad (7-12)$$

根据上式可得内环控制器典型结构，如图 7-20 所示，其中模值限制器与并网逆变器内环控制器中的模值限制器原理相同。

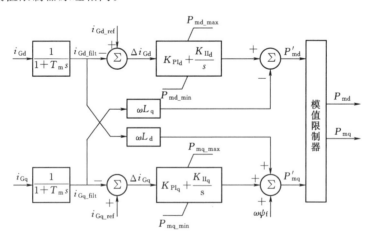

图 7-20　永磁同步电机机侧变流器内环控制器

永磁同步电机的电磁功率和转矩如下：

$$P_g = u_{Gd}i_{Gd} + u_{Gq}i_{Gq} = \omega_g(\psi_d i_{Gq} - \psi_q i_{Gd}) \qquad (7-13)$$

$$T_{e}=\frac{P_{g}}{\Omega}=\frac{P_{g}}{\frac{\omega_{g}}{p}}=p(\psi_{d}i_{Gq}-\psi_{q}i_{Gd}) \tag{7-14}$$

式中：P_{g} 为电机的电磁功率；T_{e} 为电机的电磁转矩；Ω 为电机机械角速度；p 为电机的极对数。

当采用 $i_{Gd}=0$ 控制时，可进一步简化为：

$$P_{g}=\omega_{g}\psi_{f}i_{Gq} \tag{7-15}$$

$$T_{em}=p\psi_{f}i_{Gq} \tag{7-16}$$

由此可见，有功功率与转矩仅与 q 轴电流分量有关，因此在 $i_{Gd}=0$ 控制方式下，对电机转速或直流电压进行控制产生 q 轴参考信号 i_{Gq_ref}，即等同于对有功功率和转矩的控制。根据系统的运行需求，可将不同的控制策略进行结合，在电机低转速时采取恒转矩控制，高转速时采取弱磁恒功率控制，由此可以加速启动过程，还能获得较宽的调速范围。

2. 感应电机机侧整流器控制

感应电机多应用于飞轮储能系统，本节以飞轮储能系统为例说明系统中采用感应电机时机侧整流器的控制方式。与采用永磁同步电机时类似，采用感应电机时，机侧整流器一般采用基于磁场定向的双环控制策略，其常用的磁场定向方式有四种，包括转子磁场定向、定子磁场定向、气隙磁场定向、自感磁场定向，本节以转子磁场定向为例分析机侧变

流器控制原理。通过转子磁场定向可将 dq 旋转坐标系的参考轴定向于感应电机的转子磁链方向，将定子电流分解为互相垂直的励磁电流分量和转矩电流分量，分别进行控制，从而实现磁场与转矩的解耦控制。在外环控制器中，d 轴主要对磁链进行控制，而 q 轴主要对转矩进行控制，典型的外环控制结构如图 7-21 所示。

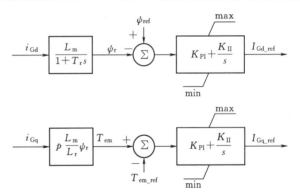

图 7-21 感应电机机侧整流器外环控制

在外环控制器的 d 轴通道中，转子磁链 ψ_{r} 与参考值 ψ_{ref} 进行比较，偏差通过 PI 控制器输出内环控制器的电流参考信号 i_{Gd_ref}，其中磁链的估计可利用下式计算：

$$\psi_{r}=\frac{L_{m}}{1+T_{r}S}i_{Gd} \tag{7-17}$$

式中：$T_{r}=L_{r}/R_{r}$ 为感应电机转子时间常数，L_{r} 为感应电机转子电感，R_{r} 为感应电机转子电阻。

当感应电机的转速在额定转速以下时，ψ_{ref} 为感应电机转子磁链的额定值；当转速较高且超过额定转速时，应采用弱磁控制，此时 ψ_{ref} 可由下式计算：

$$\psi_{ref}=\frac{P_{ref}L_{r}}{L_{m}i_{Gq\_max}\omega_{g}} \tag{7-18}$$

式中：P_{ref} 为感应电机的功率参考值；L_m 为感应电机定子与转子之间的互感；i_{Gq_max} 为 q 轴转矩电流分量的最大值。

在外环控制器的 q 轴通道中，电机转矩参考值 T_{em_ref} 与实际转矩 T_{em} 相比较，并通过 PI 控制器输出内环控制器的电流参考信号 i_{Gq_ref}。其中，T_{em} 可由下式计算：

$$T_{em} = p \frac{L_m}{L_r} \psi_r i_{Gq} \qquad (7-19)$$

电机转矩参考值 T_{em_ref} 可根据系统运行需要通过转速控制或直流电压控制得到，其控制方式与图 7-16 中所示相同，只需将其中 i_{Gq_ref} 替换为 T_{em_ref}。由上述分析可知，采用转子磁场定向控制时，转子磁链仅与励磁电流 i_{Gd} 相关；在转子磁链不变的情况下，电磁转矩仅与转矩电流 i_{Gq} 相关，因此采用上述控制方式能够实现磁场与转矩的解耦控制。

内环控制器的结构与感应电机 dq 旋转坐标系下的电压方程相关，当采用电动机惯例时，忽略阻尼绕组的影响，dq 旋转坐标系下感应电机的磁链方程和电压方程分别为：

$$\begin{cases} \psi_d = L_s i_{Gd} + L_m i_{rd} \\ \psi_q = L_s i_{Gq} + L_m i_{rq} \\ \psi_{rd} = L_m i_{Gd} + L_r i_{rd} \\ \psi_{rq} = L_m i_{Gq} + L_r i_{rq} \end{cases} \qquad (7-20)$$

$$\begin{cases} u_{Gd} = \dfrac{d\psi_d}{dt} - \omega\psi_q + i_{Gd}R_s \\ u_{Gq} = \dfrac{d\psi_q}{dt} + \omega\psi_d + i_{Gq}R_s \end{cases} \qquad (7-21)$$

式中：ψ_d、ψ_q 为定子磁链经派克变换后的 d、q 轴分量；ψ_{rd}、ψ_{rq} 为转子磁链经派克变换后的 d、q 轴分量；L_s、L_r、L_m 为定子电感、转子电感、定子与转子之间的互感；i_{Gd}、i_{Gq} 为经派克变换后的定子电压 d、q 轴分量；i_{rd}、i_{rq} 为经派克变换后的转子电流 d、q 轴分量；u_{Gd}、u_{Gq} 为经派克变换后的定子电压 d、q 轴分量；R_s 为定子绕组的电阻；ω 为同步旋转角速度。

当转子磁场定向控制中选取 d 轴方向与转子磁链方向重合时，$\psi_{rq}=0$，$\psi_{rd}=\psi_r$，将式（7-20）代入式（7-21）可得：

$$\begin{cases} u_{Gd} = \left(L_s\sigma \dfrac{di_{Gd}}{dt} + \dfrac{L_m}{L_r}\dfrac{d\psi_r}{dt} + i_{Gd}R_s \right) - \omega\sigma L_s i_{Gq} \\ u_{Gq} = \left(L_s\sigma \dfrac{di_{Gq}}{dt} + i_{Gq}R_s \right) + \omega\sigma L_s i_{Gd} + \dfrac{L_m}{L_r}\omega\psi_r \end{cases} \qquad (7-22)$$

式中：σ 为感应电机的总漏感系数，其值为 $1 - L_m^2/L_r L_s$。

由此可得内环控制器的控制结构，如图 7-22 所示。

由于采取转子磁场定向控制，因此在上述坐标变换中涉及的变换角均为电机转子磁链角 θ_r，θ_r 为：

$$\theta_r = \int_{t_0}^{t_1} \omega \, dt \qquad (7-23)$$

式中：ω 为同步旋转角速度，为转子角速度与转差角频率 ω_s 之和。

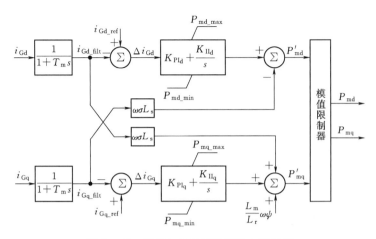

图 7-22 感应电机机侧变流器内环控制

根据定子电流的转矩分量 i_{Gq} 可得感应电机的转差角频率 ω_s，由此可得 ω 为：

$$\omega = \omega_g + \omega_s = \omega_g + \frac{L_m i_{Gq}}{T_r \psi_r} \tag{7-24}$$

通过式（7-18）所得的转子磁链角对调制信号 P_{md}、P_{mq} 进行反派克变换得到三相调制信号。

第三节 储能系统的典型应用

储能的本质是实现对能量的存储，并在需要时以电能的形式释放到电网中，这一技术在电力系统中的应用，从时间与空间上彻底打破了传统电力系统生产、输送和使用实时匹配的运行模式。储能使传统的"刚性"电力系统具备"柔性"，也为未来具备高比例可再生能源的智能电网提供关键技术支撑。

从电力系统对储能的实际需求来看，储能技术的应用领域主要包括新能源并网、系统调峰、应急备用电源、电能质量管理等，具体可以分为发电领域、辅助服务领域、输配电领域、新能源领域以及用户侧领域。不同的储能技术所具有的技术经济优势和局限性差异很大，故其适用于何种领域，需要进行具体分析。储能技术在电力行业发、输、配、用的各个环节均有不同的应用，详情见表 7-2。

表 7-2　　　　　　　　　　储能在电力系统中的应用

应用领域	应用类型	储能类型
发电领域	辅助动态运行	抽水蓄能、压缩空气、蓄电池
	取代或延缓新建机组	抽水蓄能、压缩空气、蓄电池
辅助服务领域	调频	压缩空气、抽水蓄能、飞轮、蓄电池
	电压支持	蓄电池、液流电池、飞轮储能、超导储能、超级电容
	调峰	抽水蓄能、压缩空气、蓄电池
	备用容量	蓄电池、压缩空气、液流电池、抽水蓄能、燃料电池

续表

应用领域	应用类型	储　能　类　型
输配电领域	无功支持	超导储能、蓄电池
	缓解线路阻塞	蓄电池、液流电池、飞轮储能、超级电容
	延缓输配电扩容升级	抽水蓄能、蓄电池、压缩空气、液流电池、蓄热储能、燃料电池
	备用电源	蓄电池、小型压缩空气储能、飞轮储能、液流电池、燃料电池
新能源领域	可再生能源平滑输出	飞轮储能、蓄电池、超级电容、液流电池、超导储能、燃料电池
	爬坡率控制	蓄电池、液流电池、超导储能、燃料电池
用户侧领域	电能质量	飞轮储能、蓄电池、超导储能、电容、超级电容、液流电池
	紧急备用	蓄电池、飞轮储能、液流电池、小型压缩空气储能、燃料电池
	需求侧管理	超导储能、超级电容、蓄电池

本节将储能在电力系统中的应用，按时间尺度分为短时间尺度应用以及中长时间尺度应用，根据不同的储能应用对电力系统能源补充的时间尺度进行划分，可以更清晰地分析储能对电力系统不同领域的支撑作用。

一、短时间尺度应用

近年来，电力系统中以风电与光伏发电为代表的可再生能源不断接入电力系统后，传统机组的爬坡速率往往不能满足可再生能源带来的大幅度、短时的功率波动要求，导致电网面临诸如调峰和调频压力增大、电压波动频繁、日常调度计划管理困难等一系列实际问题，严重威胁电网的安全稳定运行。同时，由于旋转备用增大等原因电力系统运行的经济性也受到较大影响，迫使电网对接入系统的可再生能源进行限制。弃风、弃光问题已经成为制约光伏、风电等新能源取得进一步发展的首要因素，2017 年仅我国甘肃地区弃风率高达 33%，弃光率也超过 20%，使得风电、光伏新增装机容量逐年下降甚至陷入停滞状态。

储能与光伏、风电等可再生能源发电系统相配合可有效缓解弃风弃光、保证供需平衡、提高电能质量、确保电网稳定运行。

（1）配合可再生能源平滑输出波动。

（2）将间歇式可再生能源转变为可调度能源，实现削峰填谷、计划发电、辅助服务及优化运行等。

（3）为电网提供有效的瞬时功率，频率及电压支撑。

以风电为例，如果风电与储能的比例达到 3.5:1，则每小时的平均波动量小于 10%，可以达到较好的平抑效果。

1. 可再生能源波动平抑

光伏、风力发电等可再生能源具有随机性、间歇性等特点，可再生能源发电的短时输出波动会导致网络频率和电压变化，从而影响电能质量。储能系统可以平滑可再生能源发电功率输出，提高可再生能源渗透率的同时提升电网稳定性，降低弃风弃光率。从而抑制可再生能源输出波动对电网的不利影响。

适用的存储技术需要具有很好的功率爬坡率和较好的循环能力，以达到快速功率调制和连续运行。因此，可选择锂电池、液流电池、飞轮储能、超级电容器和 SMES 等具有快速响应能力的储能系统。

对于双馈感应发电机（Doubly Fed Induction Generator，DFIG）的功率波动问题，目前广泛应用的解决方案是在电机的背靠背转换器的直流部分加入储能系统，同时在储能系统中配备控制器与发电机控件和其他控件交互，以优化整个系统传递给外部电网的净功率。储能系统 PCS 根据集中控制器设定值与风力发电机的实际有功功率之差来控制储能系统的功率注入与吸收以平抑风力发电功率波动。

2. 电压控制

电网中无功功率控制对于维持系统中电压水平稳定起到至关重要的作用，而有功功率在呈现阻性的配电网电压控制中也同样重要。电池、液流电池、飞轮储能、SMES、超级电容等通过快速可控的 PCS 接入电网，具有良好的有功、无功调节能力。如图 7 - 23 所示，储能系统在静态断面下的快速充放电过程可以描述为四象限运行状态，可快速有效维持电网电压稳定。

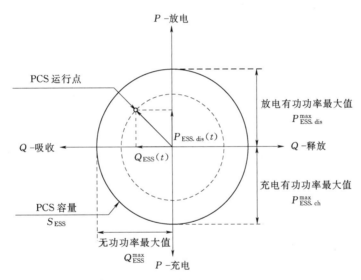

图 7 - 23 储能系统四象限充放电状态

储能系统在满足如下运行约束下，参与电网电压控制：

$$\begin{cases} \sqrt{P_k^2(t)+Q_k^2(t)} \leqslant S_{k\max} \\ -P_{k\max}(t) \leqslant P_k(t) \leqslant P_{k\max}(t) \\ -Q_{k\max}(t) \leqslant Q_k(t) \leqslant Q_{k\max}(t), k \in \Omega_{PCS} \\ P_k(t)=P_k^{dis}(t), \quad if \quad P_k(t) \geqslant 0 \\ P_k(t)=P_k^{ch}(t), \quad if \quad P_k(t) < 0 \end{cases} \qquad (7-25)$$

式中：Ω_{PCS} 为储能换流器的集合；$P_k(t)$、$Q_k(t)$ 为 t 时刻第 k 个换流器输出的有功功率和无功功率；$S_{k\max}$、$P_{k\max}$、$Q_{k\max}$ 为第 k 个换流器的接入容量以及有功和无功功率上限；

$P_k^{dis}(t)$ 大于 0 表示储能系统放电；$P_k^{ch}(t)$ 小于 0 表示储能系统处于充电状态。

储能单元的电荷状态（State of Charge，SOC）在时序上具有绝对的连续性，它严格按照时间顺序根据充放电功率大小进行累积计算。储能充放电过程中，在 t 时段的荷电状态与 $t-1$ 时段的荷电状态、$[t-1，t]$ 时段蓄电池的充放电量以及每小时的电量衰减量都有关系。

以锂电池为例，储能充电时，t 时段的荷电状态可以表示为：

$$S_{oc}(t)=S_{oc}(t-1)(1-\sigma)+\eta_c\frac{P_{ch,t}\Delta t}{E_{bat}} \tag{7-26}$$

储能放电时，t 时段的荷电状态可以表示为：

$$S_{oc}(t)=S_{oc}(t-1)(1-\sigma)-\frac{P_{dis,t}\Delta t}{E_{bat}\eta_d} \tag{7-27}$$

式中：$S_{oc}(t)$ 为储能电池在 t 时刻的荷电状态；σ 为储能电池的自放电率参数；η_c 为储能电池的充电效率；η_d 为储能电池的放电效率；$P_{ch,t}$ 为 t 时段的储能充电功率；$P_{dis,t}$ 为 t 时段内储能电池的放电功率；E_{bat} 为储能电池的容量。

此外，在实际运行中，储能系统每个时间点的储能量应满足 S_{oc} 上下限的要求，并且储能系统的工作通常基于一个固定的循环周期，单个周期内的初始储能量和最终储能量应保持一致。

$$S_{oc,min}\leqslant S_{oc}(t)\leqslant S_{oc,max} \tag{7-28}$$

$$S_{oc}(0)=S_{oc}(T) \tag{7-29}$$

式中：T 为仿真周期；$S_{oc,min}$、$S_{oc,max}$ 为 S_{oc} 的上、下限。

如图 7-22 所示，以光伏接入配电网为例，有：

$$\begin{cases}P_s=P_{PV}+P_{ESS}\\Q_s=Q_{PV}+Q_{ESS}\end{cases} \tag{7-30}$$

则电压波动可通过下式计算：

$$\Delta U_1=\frac{P_sR+Q_sX}{U}=\frac{(P_{PV}+P_{ESS})R+(Q_{PV}+Q_{ESS})X}{U} \tag{7-31}$$

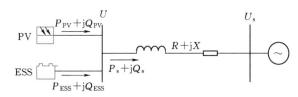

图 7-24 储能与光伏接入配电网等效电路图

显然，储能系统可通过充放电调节有功进行电压调节，也可通过 PCS 提供无功支撑调整电压。通常，在低电价时段储能可通过充电缓解电压过高的问题，或通过释放无功支撑电压降低的问题；而在高电价时段，储能尽可能通过 PCS 提供无功支撑缓解电压问题，或通过放电提供电压支撑并获得套利。

3. 低压穿越

低压穿越（Low Voltage Ride Through，LVRT）是指小型发电系统在一定时间内承受一定限值的电网低电压而不退出运行的能力。通常，当电网发生故障时，光伏电站、风电场需维持一段时间与电网连接而不解列，且能够提供无功功率以支持电网电压的恢复，即完成低电压区域/时间穿越。国家电网公司出台的《风电场接入电网技术规定》（Q/GDW 1392—2015）中明确了关于风力发电 LVRT 的技术规定：风电机组需在并网点电压跌落至 20% 的额定电压时保持 625ms 并网运行，并网点电压跌落后需 3s 内恢复到 90% 的额定电压，并且风电机组需保持并网运行。2015 年国家电网公司推出的《光伏发电站接入电网技术规定》（Q/GDW 1617—2015）中对大中型光伏电站在电网故障时的 LVRT 能力制定了相关标准规定：当光伏电站在并网点电压跌落至 20% 的额定电压或者跌落后 3s 内能够恢复到额定电压的 85% 时，光伏电站能够保持不间断并网运行。德国 E. ON 电网公司标准详细规定了无功电流和电压跌落的关系，在电压降落时光伏电站应增加无功功率，以提高电网电压，当电压跌落为 50%～90% 时，光伏并网系统需有线性输出的无功电流；当电网的电压跌落深度小于 50% 时，需提供 100% 的无功电流。

常用的低电压穿越技术主要有控制策略法、Crowbar 电路法、动态电压恢复等。同平抑可再生能源功率波动相似，用于 LVRT 的储能主要为具有快速响应能力的功率型储能，包括飞轮储能、SMES、蓄电池、超级电容器等。其基本原理为：利用储能装置快速去磁并衰减风电机组转子过电流，在故障暂态过程中吸收能量降低直流侧过电压，并配合网侧变换器控制无功功率，提高并网点电压稳定性，加快故障后机组的恢复速度，并在故障清除后将能量回馈给电网。

储能系统提高 LVRT 能力主要通过两种方式：一种是通过换流器直流侧接入，该方式主要通过稳定直流侧电压防止换流器触发保护动作；另一种是从公共耦合点（Point of Common Coupling，PCC）接入，其中复合储能系统（Composite Energy Storage System，CESS）可由蓄电池、超级电容器以及其他储能系统组成，该方式通过无功补偿维持 PCC 的电压稳定，从而防止风机脱网。超级电容器的接入方式主要根据风机类型、风电场规模以及并网情况综合考虑。

4. 一次频率调节

电力系统频率是判断电能质量的重要标准之一，用户侧负荷的改变、发电侧机组的脱网都会对电力系统频率造成影响，频率的变化会对发电及用电设备的安全高效运行及寿命产生影响，因此频率调节至关重要。为将频率变化控制在系统安全范围内，需要通过不断调整发电机工作点或可控负荷消耗功率来维持供需之间的平衡。其中，一次调频是指利用系统固有的负荷频率特性以及发电机组调速器的作用，来阻止系统频率偏离标准的自动调节方式，主要面向变化幅度小、周期短的偶然性功率波动导致的瞬时差异带来的频率变化，响应时间一般为 10～30s。由于各个控制区域负荷变化规律不同，参与自动调节的机组容量需求也不同，通常一次调频机组容量为系统最高负荷的 1%～3%。

传统意义上的发电厂根据需要提高或降低功率输出以参与调频辅助服务，当发电不足时，发电厂提高功率输出以提高频率；而当发电过剩时，发电厂减少功率输出以降低频率。传统火电机组爬坡速率较慢，不能精确出力，在响应电网调度指令时具有滞后性，有时会出现反向调节之类的错误动作，同时频繁调整功率输出会带来严重机组磨损，影响机组寿命。随着电网规模的扩大，可再生能源并网容量的增加，原有的调频电厂已不能满足未来电网调频需求。

比较而言，储能电站在参与电网一次调频辅助服务方面具有以下明显优势：

（1）响应速度快，响应效率高，且在合理控制 SOC 的前提下易改变调节方向。储能系统通过电力电子装置与电网相连，没有能量转换过程中的延时与惯性；接收区域控制误差（Area Control Error，ACE）信号或 AGC 信号后可做到毫秒级快速响应；同时可以快速调节与电网能量交换的容量与方向，快速跟踪可再生能源功率变化；储能电站也可作为传统调频电厂的补充，为响应较慢的传统机组启动调频服务提供足够的时间裕度。

（2）储能系统不存在不灵敏区域，可更精准的完成一次调频服务。传统调频电厂为避开电力系统频率幅度较小而又具有一定周期的随机波动，减少调速系统动作频率，因此设置调速系统不灵敏区。由于不灵敏区的存在，在系统扰动情况下，频率和联络线功率振荡的幅值和时间都将增大，加重二次调频负担。

（3）储能调频效率高，运维成本较低，安装地点灵活，建设周期短。

基于以上分析可见，储能系统参与调频辅助服务是未来电力系统调频的发展方向。一次调频是典型的功率型应用，其要求在较短时间内进行快速的充放电，采用电化学储能时需要有较大的充放电倍率。另外，由于调频辅助服务年运行次数在 250～10000 次之间，从全寿命周期角度考虑会减少某些类型储能设备的寿命，从而影响其全寿命周期经济性。

5. 旋转备用

电力系统的频率稳定性取决于系统的瞬时功率备用，即同步发电系统的惯性。同步发电机可快速平衡系统供需间的不平衡，用非同步的基于可再生能源的发电系统逐步替换同步电机可能会影响上述瞬时功率储备量，从而影响系统在干扰下的频率稳定性。备用容量是指在满足预计负荷需求以外，针对突发情况时为保障电能质量和系统安全稳定运行而预留的有功功率储备，一般备用容量需要在系统正常电力供应容量的 15%～20%。在我国，备用容量服务分为旋转备用、非旋转备用和其他补充备用。其中，旋转备用为维持系统同步运行的在线但未参与发电的容量，可以在 10min 内补偿由于其他发电机或者变压器故障导致的发电缺口，旋转备用在电力短缺时被优先调用。承担旋转备用服务的储能系统需要响应速度快，放电时间相对较短，持续放电时间通常为 15～60min，年运行次数为 20～50 次，属于典型的功率型应用。储能容量供应服务适合电力供不应求或供需紧平衡的市场，能够减少备用电源建设。

二、中长时间尺度应用

未来电力系统中，可再生能源在电力系统中渗透率将不断提高，在技术上造成系统频率与电压波动，限制了可再生能源的利用率；在经济上，电力运营商由于风能和太阳能的预测误差造成竞价误差，从而受到监管机构的经济处罚。为保证发电量与负荷在中长期时段内达到平衡，储能装置将发挥重要作用，其应用包括负荷跟踪、能量时移/削峰填谷、黑启动、拥塞管理、机组组合及季节储能等。

1. 负荷跟踪

负荷跟踪是针对电力供需之间的实时平衡进行动态调整的一类辅助服务。传统意义上的负荷跟踪是指出于安全或经济运行的目的，调控发电机组出力或储能系统充放电以跟踪设定的目标负荷曲线，其主要针对变化缓慢的持续变动负荷或爬坡负荷，即通过调整出力，尽量减少传统能源机组的爬坡速率，让其尽可能平滑过渡到调度指令水平。传统发电厂参与负荷跟踪时启动速度慢，爬坡效率低，导致参与负荷跟踪服务的传统发电厂燃料成本、运营维护成本和碳排放均高于其正常运行状态。

而储能电站可灵活调整其充放电功率跟踪负荷变化。特别是在电力市场环境下，储能电站参与负荷跟踪服务需要根据独立系统运营商（Independent System Operator，ISO）提供的 AGC 信号，同时与储能电站承担的可再生能源波动平抑、备用容量、电压控制等服务容量相互协调，在集中式及分布式发电厂和可需求响应负荷集成商之间进行博弈竞价，参与负荷跟踪辅助服务。通常储能系统需要为系统提供几分钟至 10h 之内的能量补充。适用的储能方式包括电池、液流电池、压缩空气储能、抽水蓄能等，通过充放电满足负荷跟踪的需求，有效解决供需平衡问题。

2. 能量时移/削峰填谷

能量时移/削峰填谷是储能在电力系统中的典型应用，通常服务时间为 1～12h。储能系统通过在低电价或系统边际成本时段，购买廉价电能或可再生能源多余电量，在高电价或高成本时段使用或卖出，在通过能量时移实现套利的同时减少峰谷差。储能电站的可变运维成本和系统效率是该服务的关键所在，而可变运维成本中两个核心因素是充放电效率和容量衰减率。影响该服务经济收益因素包括购电、储电、放电等成本和放电收益等。能量时移/削峰填谷属于典型的能量型应用，由于用户的用电负荷及可再生能源的发电特征导致能量时移的应用频率相对较高，每年在 300 次以上。适用于能量时移/削峰填谷的储能类型较广泛，包括电池、液流电池、压缩空气储能、抽水蓄能、储氢等储能方式。

3. 黑启动

随着全球经济增长，用电需求不断提升，可再生能源的大量接入，使得电力系统结构繁复，运行状态复杂，发生大面积停电事故的可能性大大增加。黑启动是指电力系统因故障停运后（不排除孤岛小电网仍维持运行），处于全"黑"状态。一般先将系统划分成几个子系统，利用子系统中具有自启动能力的"黑启动电源"带动无自启动能力的发电机组，然后通过各子系统的互联逐步实现整个系统恢复。保证在最短时间内实现停机机组的安全启动，为系统后续恢复提供电源支持。

黑启动的恢复过程根据停电区域及复杂程度不同，可延续数小时乃至数天。因此，恢复过程应首先启动黑启动电源附近的大容量机组、重要枢纽变电站（特别是站内自备电源不足，且正常站内用电取自高压侧母线的变电站）、重要用户（如电力调度中心、政府机关、通信部门及医院等），其中，由于政府机关、电力调度中心和通信部门在黑启动过程中扮演决策、指挥、调度和通信的重要角色，应考虑优先保证送电。同时，可采取平行恢复方式，启动多个地理上分散的黑启动电源，从而在失电区域形成多个并行的孤岛，这些孤岛可逐步恢复相关联的负荷，并可在一定条件下相互连接，使电网再次成为一个稳定的互联网络。

通常黑启动过程可分为如下几个阶段：

（1）准备阶段。调度运行人员根据网络量测及报警信息准确判断电网已出现大面积停电事故并进行定位，按照事先制定的黑启动计划，各相关厂站自行启动事故备用电源，确保主机、主设备安全，确保直流操作电源及通信、监控系统电源处于工作状态。

（2）网络恢复阶段。优先启动具有热启动最大临界时间限制的机组，如果启动电源不足，则优先启动最大临界时间短的机组；如果多台机组最大临界时间相同，则优先启动额定有功出力少的机组；如果由于电源不足无法启动具有最大临界时间的机组，则考虑用剩余电源启动其他机组，启动具有最大临界时间的机组后，优先启动加载负荷最快的机组。启动的黑启动电源随即向输电线路充电，建立平行孤岛，各孤岛逐步扩大与合并直至完成网络重建。

（3）负荷恢复阶段。前两个阶段中，负荷恢复是作为保证系统频率和电压稳定的控制手段，实现孤岛自治平衡。当系统完成网络重构后，以快速大面积恢复供电为目标，减少由大面积停电带来的经济损失为目标进行负荷恢复供电。

选择可再生电源作为黑启动电源，扩展了黑启动电源的选择范围，其快速启动能力对促进大停电后电力系统恢复具有重要意义。但可再生能源由于其间歇性的特质难以独立承担黑启动任务，需配置一定容量的储能，为可再生能源提供稳定的外部电压支撑，间歇性电源联合储能实施黑启动的关键在于储能与可再生能源的系统配置问题以及如何协调二者达到系统稳定运行。

4. 拥塞管理

当现有输配电线路容量不能满足日益增长的电力负荷需求与不断接入的可再生能源波动性出力时，传统输配电系统将发生拥塞。输配电设施需要更多容量以满足峰值负荷需求，而在可再生能源并网渗透率较高地区，也需要升级改造输配电系统。输配电系统升级改造投资成本较高，导致电价升高，同时，输配电系统拥塞可能会导致批发电能在某些节点处的拥堵成本或区域边际价格较高。为减少输配电线路拥塞，保证输配电网络的稳定性，可再生能源会被限制其功率输出，从而造成弃风弃光。

储能系统根据输配电线路容量控制其充放电功率，将不能传输的可再生能源进行就地存储，提高可再生能源利用率，也可通过放电满足尖峰负荷需求。这项服务使用储能既可提供足够容量扩充，实现延缓输配电设施升级改造，降低电网公司运营成本，提高公共设施利用率，节省投资和降低金融风险。同时，储能电站亦可实现套利获益。通常，液流电池、压缩空气储能以及储氢可应用于此项服务，通常服务时间为 $1 \sim 12h$ 之间，年运行次数在 $50 \sim 100$ 次之间。

5. 机组组合

机组组合计划需要在日前基于发电预测与负荷预测进行安排，而可再生能源的出力预测受地理环境、气象条件及随机因素影响较大，难以精确预测，对于系统备用的合理配置以及电力系统的安全与经济性提升均提出挑战。因此，在网络中引入高容量的储能系统可有助于对抗可再生能源出力预测不确定性的影响，并减少系统正常运行期间的能量储备。大型储能系统，如抽水蓄能、压缩空气储能以及储氢系统可应用于此项应用。机组组合问题也经常被转换为以电网运营成本最小或储能系统投资回报率最大为目标函数的优化问题。

6. 季节储能

电力系统负荷受气候、地理环境及产业（如农业、旅游业）等方面影响呈现季节性负荷特性变化，而可再生能源同样受环境影响呈现中长期时间尺度波动（如几天至几个月时间）。因此，采用大容量、低自放电率的季节性储能系统，如大型抽水蓄能、压缩空气储能或储氢系统，可应对长时间尺度能量供需不均衡。季节性储能容量受多方面因素制约和影响，包括气候、区域、输电线路容量以及该区域非电能能源容量等，难以精确计算，通常通过对光伏、风电及水电月度出力及负荷消耗进行粗略估算。另外，季节性储能容量也需要与发电容量进行权衡。以美国2007年为例，通过对月度风力发电数据与负荷数据进行分析可见，在年度供需均衡的前提下，负荷与发电在各季节之间存在着明显的不均衡，在缺乏季节性储能的情况下需要增加51%的风力发电容量以平衡这种供需矛盾。

目前，储能的成本仍然是季节性储能的发展瓶颈，与短时、中级时间尺度应用不同，季节性储能的应用时间尺度为月至若干个月，容量也相对较大。其初期投资成本较高，成本计算方式也不尽相同。

三、储能在电力系统中应用的挑战

当前，世界各国正在推动电网智能化水平建设，以提高应对极端天气或攻击事件下电网的韧性，减少与老化基础设施相关的系统停运，提高系统对新能源及新型负荷的接纳能力，提高系统整体效率。在政府财政激励与电力市场改革的机遇下，储能系统正逐步进入电力系统批发市场，参与辅助服务竞价。

目前，储能发展与广泛推广主要受限于技术层面、市场与监管层面以及战略层面。

1. 技术层面

（1）现有储能技术的功率、能量以及效率都需要提升，这个提升过程涉及新技术、新材料以及产业链的更新。

（2）储能技术需要提升其兼容性和集成性以利于大规模推广。

（3）成本是储能技术发展与推广中需要权衡的关键。

2. 市场与监管层面

（1）需要建立适当的市场信号来激励储能容量和储能服务市场的建立，为新的从业者提供短期经济支持促进竞争与规模化经济发展。

（2）建立合理的市场价格机制以保证储能服务提供商可以通过提供调频、负荷跟踪以及新能源出力平抑等服务在能源市场中获得收益。

3. 战略层面

需要建立一个系统化的平台以便在技术、市场监管以及政策方面为储能的发展与推广建立良好的机制。

参 考 文 献

[1] Wei He, Jihong Wang. Optimal selection of air expansion machine in Compressed Air Energy Storage: A review [J]. Renewable and Sustainable Energy Reviews, 2018, 87: 77-95.

［2］　Luo X.，Wang J.，Dooner M.，et al. Overview of current development in electrical energy storage technologies and the application potential in power system operation ［J］. Applied Energy，2015，137：511－536.

［3］　李建林，田立亭，来小康. 能源互联网背景下的电力储能技术展望［J］. 电力系统自动化，2015，39（23）：15－25.

［4］　罗星，王吉红，马钊. 储能技术综述及其在智能电网中的应用展望［J］. 智能电网，2014，2（1）：7－12.

［5］　Zame K. K.，Brehm C. A.，Nitica A. T，et al. Smart grid and energy storage：Policy recommendations ［J］. Renewable and Sustainable Energy Reviews，2018，82（1）：1646－1654.

［6］　程时杰，文劲宇，孙海顺. 储能技术及其在现代电力系统中的应用［J］. 电气应用，2005（04）：1－19.

［7］　王成山，武震，李鹏. 分布式电能存储技术的应用前景与挑战［J］. 电力系统自动化，2014，38（16）：1－8.

［8］　武凤霞. 并网电池储能系统中双向变流器的研究［D］. 哈尔滨：哈尔滨工业大学，2013.

［9］　Lemofpuet S.，Rufer A.. A hybrid energy storage system based on compressed air and supercapacitors with maximum efficiency point tracking ［J］. IEEE transactions on industrial electronics，2006，53（4）：1105－1115.

［10］　王松岑，来小康，程时杰. 大规模储能技术在电力系统中的应用前景分析［J］. 电力系统自动化，2013，37（1）：3－8.

［11］　周强，汪宁渤，冉亮，等. 中国新能源弃风弃光原因分析及前景探究［J］. 中国电力，2016，40（9）：7－12.

［12］　孙博. 多类型储能系统在分布式发电中的应用技术研究［D］. 南京：东南大学，2016.

［13］　王成山，于波，肖峻，等. 平滑可再生能源发电系统输出波动的储能系统容量优化方法［J］. 中国电机工程学报，2012，32（16）：1－8.

［14］　Francisco Díaz－González，Sumper A.，Gomis－Bellmunt O.，et al. A review of energy storage technologies for wind power applications ［J］. Renewable and Sustainable Energy Reviews，2012，16（4）：2154－2171.

［15］　桑丙玉，王德顺，杨波，等. 平滑新能源输出波动的储能优化配置方法［J］. 中国电机工程学报，2014，34（22）：3700－3706.

［16］　Xu T.，Meng H.，Zhu J.，et al. Considering the Life－Cycle Cost of Distributed Energy－Storage Planning in Distribution Grids ［J］. Applied Sciences，2018，8：2615.

［17］　国家标准化管理委员会. 风电场接入电力系统技术规定：GB/T 19963—2011 ［S］. 北京：中国标准出版社，2011.

［18］　国家电网公司. 光伏发电站接入电网技术规定：Q/GDW 1617—2015 ［S］. 北京：国家电网公司，2015.

［19］　王伟，孙明冬，朱晓东. 双馈式的风力发电机低电压穿越技术分析［J］. 电力系统自动化，2007，23（1）：131－136.

［20］　邓霞，孙威，肖海伟. 储能电池参与一次调频的综合控制方法［J］. 高电压技术，2018，44（4）：1157－1165.

［21］　张浩. 储能系统用于配电网削峰填谷的经济性评估方法研究［D］. 北京：华北电力大学，2014.

［22］　金钊. 新能源接入对电力系统恢复策略的影响研究［D］. 北京：华北电力大学，2015.

［23］　Chou Y. T.，Liu C. W.，Wang Y. J.，et al. Development of a black start decision supporting system for isolated power systems ［J］. IEEE Transactions on Power Systems，2013，28（3）：2202－2210.

［24］　荆平，徐桂芝，赵波，等. 面向全球能源互联网的大容量储能技术［J］. 智能电网，2015，

3 (6)：486 - 492.

[25] Gabrielli P. , Poluzzi A. , Kramer G. J. . Seasonal energy storage for zero - emissions multi - energy systems via underground hydrogen storage [J]. Renewable and Sustainable Energy Reviews，2020，121：1 - 19.

第八章
无功功率补偿装置控制

第一节 概 述

一、研究背景与意义

无功功率的存在使电力系统中的电场和磁场得以建立，并能完成电磁场能量的相互转换。但无功功率在电力系统中的流动也会造成许多不良影响，如降低系统功率因数、增加设备视在功率和容量、增加线路和设备的损耗等。此外，无功功率还会影响系统公共连接点电压的稳定性。因此，根据电力系统对无功功率的需求，便产生了无功补偿装置。

这些补偿装置大体可以分为两类，即串联补偿和并联补偿。所谓串联补偿就指串联电容器补偿，并联补偿则指并联电容器、调相机和静止补偿器等。串联电容器在调压方面的作用很简单，无非是抵偿线路的感抗。串联电容器补偿之单纯用于调压并不多见，以下将集中讨论并联补偿。

在电网中安装并联电容器等无功补偿设备以后，可以提供感性负载所消耗的无功功率，减少了电网电源向感性负荷提供、由线路输送的无功功率，由于减少了无功功率在电网中的流动，因此可以降低线路和变压器因输送无功功率造成的电能损耗。

电网中常用的无功补偿方式包括：

（1）集中补偿。在高低压配电线路中安装并联电容器组。

（2）分组补偿。在配电变压器低压侧和用户车间配电屏安装并联补偿电容器。

（3）单台电动机就地补偿。在单台电动机处安装并联电容器等。

二、无功补偿装置发展历程及其优缺点

最早出现的无功补偿装置是同步调相机（Synchronous Condenser，SC）和机械投切电容器（Mechanically Switched Capacitor，MSC）。SC 虽具有连续调节不同性质无功的能力，但其具有噪声严重、运行维护复杂、响应速度慢等缺点，已无法适应当下快速无功功率控制的要求。早期的 MSC 虽具有运行成本低、可分级、分组投切的优点，但其并不能实现无功功率的连续控制和快速跟踪，目前在国内多应用于负荷波动不频繁的场所。

为实现无功功率的快速跟踪补偿，具备响应快速、价格适中等优点的静止式动态无功补偿装置（Static Var Compensator，SVC）应势而生，并在工业领域和配电领域得到了高速发展。但 SVC 在动态调节无功功率时存在易产生谐波的问题，为避免影响电能质量，常需使用滤波器来滤除谐波。SVC 的形式多样，且各具特点，可分为饱和电抗器（Saturated Reactor，SR）型、晶闸管投切电容器-晶闸管控制电抗器（Thyristor Switched Capacitor Thyristor Controlled Reactor，TSC - TCR）型、固定电容-晶闸管控制电抗器（Fixed Capacitor Thyristor Controlled Reactor，FC - TCR）型、机械投切电容器-晶闸管控制电抗器（Mechanically Switched Capacitor Thyristor Controlled Reactor，MSC - TCR）型及晶闸管投切电容器（Thyristor Switched Capacitor，TSC）型。但 SVC 因其铁芯需要磁化到饱和，损耗和噪声过大，并且非线性电路的某些特殊问题也出现于此，其仍未能占据静止无功补偿装置的主流。

随着电力电子技术的不断革新，更为先进的静态无功补偿装置——静态无功发生器（Static Synchronous Compensator，STATCOM）在众多无功补偿装置中脱颖而出。与 SVC 相比，其具有调节速度更快、调节范围更宽、补偿能力更强、谐波更少、应用范围更广等优点。目前，STATCOM 代表着无功补偿和谐波抑制领域的先进技术和发展方向，对其理论和技术的研究已成为国内外的热点。

上述各种无功补偿装置的具体性能见表 8 - 1。

表 8 - 1　　　　　　　　各种无功补偿装置的具体性能

性能	调相机	MSC	SVC					STATCOM
			SR 型	TSC 型	FC - TCR 型	MSC - TCR 型	TSC - TCR 型	
调节范围	超前/滞后	超前	超前/滞后	超前	超前/滞后	超前/滞后	超前/滞后	超前/滞后
控制方式	连续	不连续	连续	不连续	连续	连续	连续	连续
调节灵活性	好	差	差	好	好	好	好	很好
响应速度	慢	较快	快	快	快	快	快	最快
调节精度	好	差	好	差	好	好	好	最好
高次谐波量	少	无	少	无	多	多	多	少
控制难易度	简单	简单	简单	稍复杂	稍复杂	稍复杂	稍复杂	复杂
控制成熟度	好	好	好	好	好	好	好	一般
噪声	大	小	大	小	小	小	小	小
分相调节	有限	可以	不可以	有限	可以	可以	可以	可以
成本	高	低	中等	中等	中等	中等	中等	高

三、产生无功的控制方法

在无功补偿中，当电容器或电抗器与交流电源相连时，电容支路输出无功功率，电感支路则吸收无功功率。在早期的交流功率的传输中，机械开关已用于粗略地控制无功的产生和吸收。对于无功产生和吸收的连续暂态补偿系统，最初是由过励磁或欠励磁同步旋转电机来实现，以后则由饱和电抗器加上固定电容共同来实现。

　　自 20 世纪 80 年代初开始，与电容器和电抗器串联的大功率线性换流晶闸管就已用于各种补偿电路之中，它可以产生可变的无功输出。从效果上看，它相当于同步投入或切除并联电容或并联电抗，因而也能改变并联在线路上的阻抗特性。当给定某个电压时，可用适当的开关模式连续控制无功输出，使之从最大的容性输出到最大的感性输出。随着可关断晶闸管（Gate Turn-off Thyristor，GTO）的出现，许多 GTO 和其他具有可关断能力的电力电子器件已应用于变流器的开关电路中。这种变流器也同样用来产生和吸收可变的无功功率，但已不像以前的补偿器那样仅采用交流电容或电感，这种补偿器的运行性能可看成是理想的同步补偿器或调相机，只要改变内部输出的交流电压幅值就可控制无功的输出。所有不同类型的电力电子变流器都能够通过内部控制，输出与给定参考值成比例的无功功率。这种类型的无功补偿由于没有旋转部分，而是由静止不动的功率器件来完成相应的补偿，因此这类无功补偿器的前面一般都冠以"静止"二字，即静止无功补偿器（SVC）和静止无功发生器（SVG）。SVG 是一种能自动调节的控制器件，从交流电源吸取可控的无功电流，在运行范围内，输入可以是无功电流、阻抗、功率，或者是任何其他的参考信号，并在此输入信号的作用下产生相应的输出。因此，可以认为 SVG 各种功能的应用是输入参考信号明确规定的。若 SVG 的参考输入信号为系统运行中特定的外部参数，那么通过对这些参数的控制就能够优化电力系统的运行，完成传输线路所希望的补偿功能，这样的 SVG 就称为 SVC。这就是说，不同类型的无功补偿器完全可以用相同的外部控制实现补偿功能。

　　1976 年，Gyugyi 提出不用交流电容器或电抗器，而只用各种不同的开关型功率变流器就可以直接产生可控的无功功率，在产生无功功率时，可以没有无功能量存储设备，因此也不需要在交流系统各相之间有交变的环流。从产生无功功率的功能上来看，这类无功发生器的运行类似于通过改变励磁来调节无功输出的理想同步电机。如果有一个合适的电源（通常为直流储能），这种发生器就能像机械式交流电机一样与交流系统交换有功功率。由于它们与同步旋转发电机有很多的相似之处，但又没有旋转部分，所以这样的补偿装置被定义为静止同步发生器（SSG）。当 SSG 在没有外部能量支撑下运行时，通过适当的控制就能使它像并联型无功补偿器一样发挥它的功能。这种没有外部能量支撑的补偿装置类似于旋转的同步补偿器或调相机，这就是静止同步补偿器（STATCOM）。STATCOM 是由大量门极控制的半导体功率开关所组成的，如 GTO、IGBT 等。这些器件的触发命令是由变流器内部产生的，该功能也是无功发生器一部分，它根据无功和/或有功参考信号的要求输出相应的控制信号。这个参考信号可以是操作人员下达的指令，也可以是系统参数形成的控制规律，或是外部输入的控制信号，所有这些就可决定 STATCOM 的运行功能。

四、STATCOM 国内外研究现状及发展趋势

　　STATCOM 在无功补偿装置中是属于前沿技术，虽然在几十年前就已经提出其拓扑结构，但是局限于当时电力电子技术的水平，所以一直没能大规模的运用到实际中。随着电力电子技术不断发展，在掌握了门级可关断晶闸管的技术之后，对 STATCOM 的研究

进入了一个新的时代。自从提出了 STATCOM 的拓扑结构之后，发达国家的政府和科研机构对其研究很重视。在 1980 年，第一台容量 20Mvar 的 STATCOM 在日本诞生，在日本科研机构不断努力下，在 1991 年研发出使用 GTO 晶闸管的 STATCOM，而且顺利将其投入商业运行中，随后美国科研团队在 1994 年也研制出同样的 STATCOM。德国西门子公司在 1994 年，成功将单机容量为 8Mvar 的 STATCOM 装置投入运行。1999 年，法国科研团队研制的容量为 75Mvar STATCOM 成功投入运行。现在，全世界投入运行的 STATCOM 装置是越来越多，而且在配电网方面投入的 D-STATCOM 数量更多。

我国对 STATCOM 的研究起步比较晚，直到 20 世纪 90 年代之后，我国才开始对 STATCOM 进行理论和实践研究。终于在 1999 年，河南供电局和清华大学共同研制出用于 220kV 的 ±20Mvar 的 STATCOM 成功投入并且顺利运行。国家电力公司于 2001 年成功研发出 ±200Mvar 的 STATCOM。基于上述实践经验，我国对 STATCOM 的研究进入了一个新的阶段，对 STATCOM 的理论研究到达了新的高度，促进了 STATCOM 在我国的发展。进入 21 世纪后，2006 年在上海西郊变电站投入使用的 ±50Mvar 的 STATCOM 是由上海电力集团、许继集团和清华大学联合研制的，该项目充分表明，我国在 STATCOM 无功补偿领域中已经达到了国际领先水平。2011 年，移动式百兆乏级 STATCOM 关键技术研究顺利验收，象征我国在 STATCOM 领域已经打破了国外垄断地位。我国在 STATCOM 领域的研究取得了许多重大的成果，可以很好地解决我国电网运行过程中，无功功率不足和功率因数偏低等问题。STATCOM 具有良好的无功补偿性能，并且稳定性好响应速度快等优点，所以 STATCOM 在电力系统有较为广阔的应用场景。

第二节　STATCOM 基本工作原理分析

一、STATCOM 的种类

STATCOM 分类结构图如图 8-1 所示。

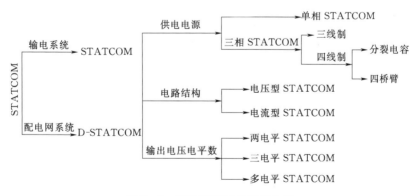

图 8-1　STATCOM 分类结构图

从应用场所划分，早期的 STATCOM 以输电系统补偿为主，目前已扩展到对配电网系统的补偿，即 D-STATCOM。配电网中所需无功容量不大，可基本采用基于 IGBT 功率器件的 STATCOM。

　　从供电电源划分，STATCOM 可分为单相 STATCOM 和三相 STATCOM。单相 STATCOM 的供电电源为单相交流电，由于单相系统所固有的特性限制了其应用范围，故单相 STACOM 装置常用于小功率和低成本场合。三相 STATCOM 的供电电源为三相交流电，可分为三相三线制结构和三相四线制结构，其中三相四线制结构的系统按中线引出方式的不同，又可分为分裂式电容拓扑结构和四桥臂拓扑结构。

　　从电路结构划分，STATCOM 可分为如图 8-2 所示的电压型 STATCOM 和电流型 STATCOM。两种电路结构的区别如下：

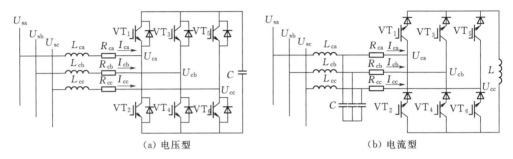

（a）电压型　　　　　　　　　　　　（b）电流型

图 8-2　STATCOM 结构图

　　（1）电压型 STACOM 使用大容量电容作为直流侧储能元件，起电压支撑作用，直流回路呈低阻抗；而电流型 STATCOM 则使用大电感作为直流侧储能元件，直流回路呈高阻抗，保证了直流侧电流不突变，避免了功率开关器件同时导通而发生短路故障问题，但实际工作时不可忽略电感内阻，导致直流侧损耗较大，大大降低了装置效率。此外，大容量电感的价格成本相对于大容量电容来说高出许多。

　　（2）电压型 STATCOM 交流侧输出高频矩形脉冲电压，需串联大电感滤波才可得到正弦电流；而电流型 STATCOM 交流侧输出高频矩形脉冲电流，需并联电容滤波才可得到正弦电流。

　　（3）直流侧的控制方式上，电压型 STATCOM 为稳定直流侧储能电容两端电压，需进行电压控制；而电流型 STATCOM 为保持直流侧电感的电流不变，需进行电流控制。

　　综上所述结构区别并考虑设备效率和成本因素，目前 STATCOM 的应用常以电压型结构为主。

　　从输出电平数划分，STATCOM 分为两电平 STATCOM（Two-level STATCOM）、三电平 STATCOM（Three-level STATCOM）、多电平 STATCOM（Multilevel STATCOM）。以三相三线制电压型为例，两电平 STATCOM 的半桥桥臂含有两个工作状态，全桥结构时还包括两个零状态，故共有 8 个工作状态。若为 N 电平 STATCOM，其半桥桥臂含有 N 个开关状态，全桥结构时还包括 N 个零状态，故共有 N^3 个工作状态。若从空间矢量角度分析，可用 N^3 个开关矢量来合成 N 电平 STATCOM 交流侧输出电压矢量。因此，在控制条件和开关频率相同时，电平数越多，STATCOM 输出电流谐波含量越低，其逆变桥单个功率开关所承受的电压峰值就越小。但 STATCOM 电路结构和控制系统会随着电平数的增加而越加复杂，故多电平 STATCOM 常用于高压大功率或苛刻限制补偿谐波含量的场合。

二、STATCOM 的主电路结构

近几十年以来，静止无功补偿器 STATCOM 技术发展迅速，人们研究的热点一直是 STATCOM 的主电路结构。科研人员经过不断创新，提出许多适用的主电路结构。依照原理来区别，大致分为两类：一是变压器多重化技术，二是多电平技术。多电平技术利用多个功率器件按照指定的拓扑技术组成可以输出多种多电平的逆变电路，然后利用合适的控制逻辑把电平合成阶梯波，使之接近正弦输出电压。多电平结构基本上可以分为三种，分别是二极管钳位 STATCOM、电容钳位 STATCOM 和级联 H 桥多电平 STATCOM。

1. 二极管钳位 STATCOM

最初设计的多电平变流器拓扑结构中有二极管钳位 STATCOM 拓扑结构，它又被称为中点钳位三电平变流器。中点钳位三电平 STATCOM 拓扑结构如图 8-3 所示。一对二极管连接串联的上下桥臂开关器件，以防二极管钳位 STATCOM 正常使用过程中分压电容上产生短路电压，从而使得桥臂输出三电平。在正常使用过程中，一半的直流电压均分在每个开关器件上面，降低了开关器件的耐压水平，这种拓扑结构比较简单，而且可以有效降低功率因数。但是随着电力系统的不断复杂，所需要的电平数不再满足于低电平，所需要钳位二极管的数量也要相应增加，但这样就使得变流器的结构愈加复杂，其调制方法也会更加难以实现，所以这种拓扑结构一般被限制在五电平以下。

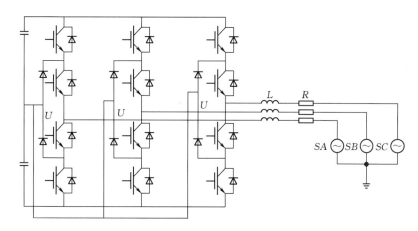

图 8-3　中点钳位三电平 STATCOM 拓扑结构

2. 电容钳位 STATCOM

电容钳位 STATCOM 拓扑结构最早是由法国科学家在 1992 年 PESC 会议上面提出来的，电容钳位三电平 STATCOM 拓扑结构如图 8-4 所示。从拓扑结构中可以得知，与二极管钳位 STATCOM 拓扑结构相比，用飞跨电容代替了二极管钳位中的二极管，这种替代使得电容钳位 STATCOM 更加灵活而且通过这种替代，二极管的数量大大降低，这样可以有效预防二极管反向难以恢复的难题。

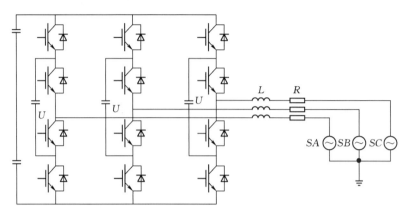

图 8-4 电容钳位三电平 STATCOM 拓扑结构

3. 级联 H 桥多电平 STATCOM

级联 H 桥多电平 STATCOM 是一种新型的无功补偿装置，五电平级联型 STATCOM 拓扑结构如图 8-5 所示。每个 H 桥都有一个独立的直流电源作为直流侧电压，所以总的输出电压就是这些每相级联 H 桥输出电容电压的叠加。这种拓扑结构与二极管钳位 STATCOM 和电容钳位 STATCOM 相比优点如下：

（1）可级联较大的电平数，更适合用于高压和大容量场合。

（2）每相由相同的 H 桥单元级联而成，模块化设计简单，并且易于控制。

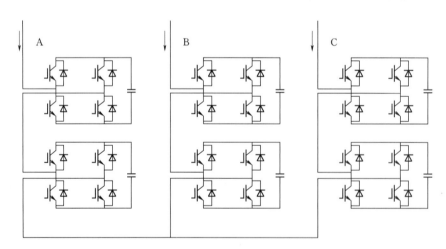

图 8-5 五电平级联型 STATCOM 拓扑结构

三、D‐STATCOM 调制方法

要想实现 STATCOM 正常运行，不仅仅需要合适的拓扑结构，还需要合适的调制方法作为保障。目前广泛运用的脉冲宽度调制技术主要包含基于载波的脉宽调制（SPWM）、电压空间矢量脉宽调制（SVPWM）和基于特定谐波消除的脉宽调制（SHE‐PWM）。

1. SPWM

SPWM 调制方法具有实现简单，输出电平数扩展方便等优点，在 STATCOM 相关调制策略中应用是最为广泛的。SPWM 调制方法主要由载波层叠 PWM 法和载波移相 CPS - SPWM 两种方法构成。

2. SVPWM

SVPWM 调制最早是在电机控制中使用的。SVPWM 优点有直流侧电压利用率高和输出电压谐波含量较低等。通过对两电平 SVPWM 的研究，已经逐渐推广到多电平逆变器 SVPWM 调制法。随着电平数增加，矢量数目成三倍递增，n 电平 SVPWM 有 $3n$ 个矢量，电平数目越高，调制方法也越加复杂，所以要使用这种调制方法一般控制在 5 电平以下。

3. SHE - PWM

如果系统开关频率较低，想得到良好波形质量，使用 SHE - PWM 调制方法可达到这一目的。SHE - PWM 调制方法主要包含两种调制方法：基频 SHE - PWM 调制方法和优化 SHE - PWM 调制方法。SHE - PWM 选取合适的目标函数，其中目标包括消除低次谐波、谐波畸变率小等建立非线性超越方程组。SHE - PWM 调制方法探究难点就是找到途径能快速准确得到非线性超越方程组的解。

四、STATCOM 基本工作原理分析

以三相电压型 D - STATCOM 为例进行基本工作原理分析，其主电路拓扑结构，如图 8 - 6 所示。主电路结构包括三部分：交流侧连接电抗器，使滤波装置与配电网耦合相连；变流器采用电力电子开关器件 IGBT，用于完成直流侧与交流侧能量交换；直流侧大容量储能电容，起电压支撑作用，直流侧电压控制值一般不小于电网电压峰值以确保装置正常运行。

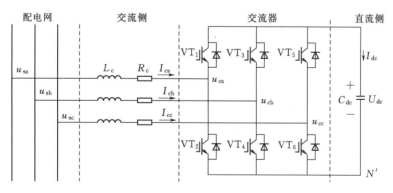

图 8 - 6　D - STATCOM 主电路结构图

D - STATCOM 工作时，通过自换相桥式变流器直接或经电抗器并联接入配电网，适当调控变流器交流侧电压的相位和幅值，或直接对其交流电流进行跟踪控制，使其连续调节无功电流，实现动态无功补偿目的，其工作原理可用如图 8 - 7 所示的单相等效电路来表示。图 8 - 7 中：$\dot{U}_s$ 为 D - STATCOM 与配电网公共耦合点（Point of Common Coupling，PCC）处电压；$\dot{I}_s$ 为配电网端电流；$\dot{U}_c$ 为 D-STATCOM 输出侧交流电压；$\dot{I}_c$ 为流过电抗器的电流；L_c、R_c 分别为 D-STATCOM 输出侧滤波电抗器的电感量和其等效电阻（并将器件的功率损耗也等效折算到 R_c 中）；C_{dc} 为 D-STATCOM 直流侧储能电容；$\dot{I}_L$ 为电网负载端电流。由于配电网电压值基本维持恒定，因此可以将对无功功率的控制等效为对无功电流的控制。

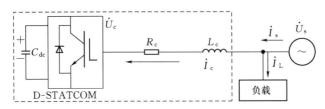

图 8-7　D-STATCOM 单相等效电路

从能量流动角度分析，在忽略线路阻抗和器件损耗的理想情况下，D-STATCOM 可等效成可控电压源，其 $\dot{U}_c$ 与 $\dot{U}_s$ 同相位（相位偏移角 $\delta=0$），此时并无往返的有功功率而只有双向流动的无功功率。实际中 D-STATCOM 为了维持直流侧电压在一定的范围内，需从电网吸收部分有功功率用于抵消器件和线路阻抗的有功损耗。由于该有功功率相对于 D-STATCOM 额定无功容量而言相当小且只能单向流动，故可在理论分析时忽略有功功率不计。

在理想情况下，$R_c=0$，流过电抗器的电流表达式为：

$$\dot{I}_c=\frac{\dot{U}_s-\dot{U}_c}{\mathrm{j}\omega L_c} \tag{8-1}$$

于是由视在功率计算公式可得，D-STATCOM 输出的单相视在功率表达式为：

$$S=\dot{U}_s\dot{I}_c^*=\frac{\dot{U}_s(\dot{U}_s-\dot{U}_c)}{-\mathrm{j}\omega L_c} \tag{8-2}$$

又由于理想情况下已将损耗忽略不计，且 $\dot{U}_c$ 与 $\dot{U}_s$ 同相位，故 D-STATCOM 输出的单相无功功率为：

$$Q=\mathrm{Im}(S)=\mathrm{Im}\left(\frac{\dot{U}_s(\dot{U}_s-\dot{U}_c)}{-\mathrm{j}\omega L_c}\right)=\frac{U_s(U_s-U_c)}{\omega L_c} \tag{8-3}$$

由于其 $\dot{U}_c$ 可调，因此由以上分析可知，在理想情况下 D-STATCOM 具有实现容性和感性无功的双向调节能力，即具有两种运行工况：容性工况和感性工况。具体工作情况为：

（1）当其 $\dot{U}_c>\dot{U}_s$ 时，$\dot{I}_c$ 相位超前 $\dot{U}_s$ 90°，D-STATCOM 向配电网发出无功，表现为"容性"，即处于容性工况。此时 D-STATCOM 模型及相量图如图 8-8 所示。

（2）当其 $\dot{U}_c<\dot{U}_s$ 时，$\dot{I}_c$ 相位滞后 $\dot{U}_s$ 90°，D-STATCOM 向配电网吸收无功，表现为"感性"，即处于感性工况。此时 D-STATCOM 模型及相量图如图 8-9 所示。

（3）当其 $\dot{U}_c=\dot{U}_s$ 时，$\dot{I}_c$ 为零，D-STATCOM 与配电网不再交换无功功率。

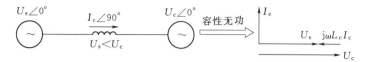

图 8-8　理想情况下容性工况时的 D-STATCOM 模型及相量图

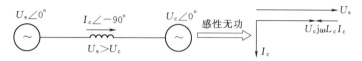

图 8-9　理想情况下感性工况时的 D-STATCOM 模型及相量图

若考虑实际损耗并将其等效到电抗器的等效电阻中，此时消耗的能量为有功功率。实际中容性工况下的 D-STATCOM 模型及相量图如图 8-10 所示。这里 $\dot{U}_c$ 与 $\dot{U}_s$ 不再同相位，$\dot{U}_c$ 与 $\dot{I}_c$ 仍相差 90°，但 $\dot{U}_s$ 与 $\dot{I}_c$ 之间的夹角变为（90°-δ）。且 $\dot{I}_c$ 依然超前 $\dot{U}_s$，等效于向配电网注入无功，即处于容性工况。

图 8-10　实际情况下容性工况时的 D-STATCOM 模型及相量图

如上述考虑实际损耗，感性工况时的 D-STATCOM 模型及相量图如图 8-11 所示。这里 $\dot{U}_c$ 超前 $\dot{U}_s$ 且幅值小于 $\dot{U}_s$，$\dot{I}_c$ 却滞后于 $\dot{U}_s$，等效于从配电网吸收无功，即处于感性工况。

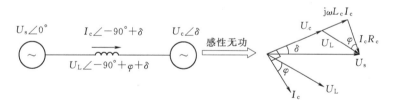

图 8-11　实际情况下感性工况时的 D-STATCOM 模型及相量图

由此可见，D-STATCOM 输出无功功率大小和性质的调节，在理想情况下可通过改变 $\dot{U}_c$ 的幅值大小来实现，而在非理想情况下还可通过控制电压相位差 δ 来实现。

以图 8-10 的相量三角形关系为例进行分析。图 8-10 中，$\dot{U}_L$ 为电抗器压降；φ 为阻抗角；δ 为 $\dot{U}_s$ 与 $\dot{U}_c$ 的相位差，方向以 $\dot{U}_c$ 滞后 $\dot{U}_s$ 为正；其他参量与上述保持一致。根据三角形边角定量关系的正弦定理得：

$$\frac{U_s}{\sin(90°-\varphi)}=\frac{U_c}{\sin(90°+\varphi-\delta)}=\frac{U_L}{\sin\delta} \tag{8-4}$$

于是电抗器上的压降 $\dot{U}_{\mathrm{L}}$ 为：

$$U_{\mathrm{L}}=\frac{U_{\mathrm{s}}\sin\delta}{\sin(90°-\varphi)}=\frac{U_{\mathrm{s}}\sin\delta}{\cos\varphi} \tag{8-5}$$

从而得到流过电抗器上的电流 $\dot{I}_{\mathrm{c}}$ 表达式为：

$$I_{\mathrm{c}}=\frac{U_{\mathrm{L}}}{\sqrt{R_{\mathrm{c}}^2+X_{\mathrm{L}}^2}}=\frac{U_{\mathrm{s}}\sin\delta}{\cos\varphi\sqrt{R_{\mathrm{c}}^2+X_{\mathrm{L}}^2}} \tag{8-6}$$

式中：$X_{\mathrm{L}}=2\pi f X_{\mathrm{c}}$。

根据有功和无功电流计算公式和 $\dot{I}_{\mathrm{c}}$ 与 $\dot{U}_{\mathrm{s}}$ 之间存在的相位差（$90°-\delta$），可求得 D‑STATCOM 吸收的无功电流 I_{q} 和有功电流 I_{p} 的表达式为：

$$I_{\mathrm{q}}=I_{\mathrm{c}}\sin(90°-\delta)=\frac{U_{\mathrm{s}}\sin\delta\sin(90°-\delta)}{\cos\varphi\sqrt{R_{\mathrm{c}}^2+X_{\mathrm{L}}^2}}=\frac{U_{\mathrm{s}}\sin(2\delta)}{2R_{\mathrm{c}}} \tag{8-7}$$

$$I_{\mathrm{p}}=I_{\mathrm{c}}\cos(90°-\delta)=\frac{U_{\mathrm{s}}\sin\delta\cos(90°-\delta)}{\cos\varphi\sqrt{R_{\mathrm{c}}^2+X_{\mathrm{L}}^2}}=U_{\mathrm{s}}\frac{1-\cos(2\delta)}{2R_{\mathrm{c}}}=\frac{U_{\mathrm{s}}}{R_{\mathrm{c}}}(\sin\delta)^2 \tag{8-8}$$

进而得出 D‑STATCOM 工作在稳态时，从配电网吸收的无功功率 Q 和有功功率 P 表达式为：

$$Q=U_{\mathrm{s}}I_{\mathrm{q}}=\frac{U_{\mathrm{s}}^2\sin(2\delta)}{2R_{\mathrm{c}}} \tag{8-9}$$

$$P=U_{\mathrm{s}}I_{\mathrm{p}}=\frac{U_{\mathrm{s}}^2\sin(\delta)^2}{R_{\mathrm{c}}} \tag{8-10}$$

由以上分析可知，要同时控制有功功率 P 和无功功率 Q，只需对 $\dot{U}_{\mathrm{c}}$ 和 δ 进行控制可。而 D‑STATCOM 主要用途为无功的补偿，故应使有功功率损耗尽可能接近零。当电压相位差 δ 在一个很小的范围内变化（$-5°\sim+5°$）时，$\sin\delta$ 近似等于 δ，此时 δ 在零值附近波动，故可将有功功率 P 近似为零。

第三节　STATCOM 系统控制技术研究

一、电流控制技术

电网中装设 STATCOM 装置一方面可实现无功补偿，另一方面可稳定供电电压、提高电网系统输送容量、改善电压调节特性及提高电力系统功率因数、防止畸变电流向电网"传播"。用于稳定供电电压时，STATCOM 在 PCC 处注入或吸收满足要求的补偿电流从而维持该处电压幅值恒定，有效解决了电压波动和不稳定问题，此时电压控制策略的优劣决定了 STATCOM 电压控制性能。用于负荷侧补偿谐波、无功及负序电流时，补偿电流的检测和控制技术在装置补偿性能上起无可替代作用。STATCOM 进行无功补偿时，通过输出电流控制来实现不同无功性质及大小的控制。事实上，STATCOM 对输出电流的控制还应包括有功电流的控制，用于补偿 STATCOM 装置有功的损耗，准确地说，

STATCOM 的电流控制实质为总电流控制。根据 STATCOM 输出补偿电流的特性，电流控制技术可分为如图 8-12 所示的间接电流控制和直接电流控制。

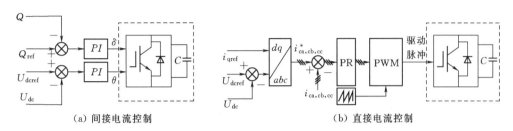

（a）间接电流控制　　　　　　（b）直接电流控制

图 8-12　电流控制技术结构图

1. 间接电流控制

采用间接电流控制时，可将 STATCOM 等效为可控电压源，通过控制输出电压幅值及该电压与电网电压之间的相位差来实现无功电流的控制，以达到动态补偿的目的。该法常用在电流不易于直接控制的大容量 STATCOM 场合，但常伴有大量谐波存在，因此会用多重化技术或结合多电平技术来减少谐波，同时采用电压电流反馈控制来提高系统稳定性和响应速度。目前，常用的间接电流控制法有两种：一种是通过控制 STATCOM 交流侧电压与电网电压间的夹角 δ 来实现补偿电流的控制，该方法在控制结构上相对简单，但 STATCOM 直流侧电压与交流侧电压幅值调节间存在过度依赖关系，易造成交流侧电压波动，因此应用该方法的系统会存在较差的动态性能；另一种是通过功率器件导通角 θ 和上述 δ 进行配合控制来调节 STATCOM 交流侧电压幅值和相位，应用该方法的系统虽控制精度较高，但控制过程复杂且易受主电路参数影响。且这种电流间接控制方法，一般适用于较大容量的 STATCOM 场合，此时，由于受制于开关频率限制，对电流直接跟踪，控制效果不理想，实现也很困难。

2. 直接电流控制

直接电流控制可弥补间接电流控制所存在的动态响应慢、易受电路参数影响等不足。采用直接电流控制时，可将 STATCOM 等效为受控电流源。可通过 PWM 控制技术实现 STATCOM 输出电流跟踪控制来提高响应速度和控制精度。该法要求功率器件的开关频率较高，常应用于小容量 STATCOM 场合，且具有响应快速、控制精度较高、鲁棒性强等优点，是目前主要的 STATCOM 电流控制方法。按 PWM 控制技术对电流跟踪的常用方式划分，可分为如图 8-13 所示的滞环比较和三角波比较。

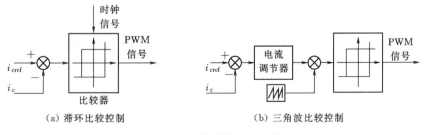

（a）滞环比较控制　　　　　　（b）三角波比较控制

图 8-13　PWM 控制技术电流跟踪方式

滞环比较法属于一种非线性控制方法。其原理为：将 STATCOM 输出电流与指令电流的跟踪误差送入带宽为 2H 的滞环比较器内与带宽值作比较，当跟踪误差大于带宽上幅值 H 时输出脉冲开关信号，使 STATCOM 输出电流增大；反之，当跟踪误差小于带宽下限－H 时使 STATCOM 输出电流变小，便可实现输出电流的跟踪控制。其具有 PWM 信号生成方式简单、电流跟踪精度较高、动态响应快速、鲁棒性良好等优点，但也存在滞环宽度影响功率器件开关频率和电流跟踪精度的缺点。当设置带宽过大时，虽能降低开关频率和开关损耗，却会增大跟踪误差；反之，当设置带宽过窄时，虽能减少跟踪误差，却相应地增加了开关频率和开关损耗；若带宽为固定值，则会导致开关频率随指令电流变化而引起脉动电流和增加开关噪声，从而缩短开关器件的使用寿命，还会增加系统滤波器的设计难度。为改善滞环比较控制的不足，提出了恒频滞环控制和自适应滞环控制等改进法，但因需较高的开关频率或复杂的控制电路，很难在工程应用中得到推广。

三角波比较法属于一种固定开关频率的 PWM 控制方法，即保持载波频率不变而以电流跟踪误差调节信号作为调制波的控制方法。其原理为：将 STATCOM 输出电流与指令电流的跟踪误差送入电流调节器产生电压信号，再与三角载波进行比较得到脉冲开关信号，实现输出电流的控制。该法具有结构简单，物理意义清晰，易于实现；固定的开关频率简化了滤波电感设计，有利于限制功率器件的损耗，具备良好的鲁棒性等优点，已成为现今应用最广泛的控制方法。但该法也存在如开关频率低，电流动态响应较慢，电流动态误差随电流变化率变化等缺点。

本节简述了 STATCOM 输出电流的两种主要控制方式及其优缺点，可根据不同的控制场合选取相应的电流控制方法。

二、双闭环电压前馈解耦控制策略的原理分析

控制技术在很大程度上直接影响着 STATCOM 系统的动静态控制性能。系统双闭环控制指的是外环由电压控制器来稳定直流侧电压，内环由电流控制器跟踪输出电流的一种系统闭环控制结构。

Park 变换下的 STATCOM 数学模型中交流侧参量改写成矩阵形式的状态方程如下：

$$L_c \frac{\mathrm{d}}{\mathrm{d}t}\begin{bmatrix} i_d \\ i_q \end{bmatrix} = \begin{bmatrix} -R_c & \omega L_c \\ -\omega L_c & -R_c \end{bmatrix}\begin{bmatrix} i_d \\ i_q \end{bmatrix} - \begin{bmatrix} U_{cd} \\ U_{cq} \end{bmatrix} + \begin{bmatrix} U_{sd} \\ U_{sq} \end{bmatrix} \tag{8-11}$$

由式（8-11）可看出，系统在 dq 坐标系中输出的有功电流 i_d 和无功电流 i_q 通过连接电抗器相互耦合，它们之间彼此影响；再者，系统输出电流也容易受到 PCC 处电压干扰的影响。由于参量间存在耦合性不利于控制器实现，为此需进行系统输出电流解耦及 PCC 处电压前馈，以实现最优的控制效果。

在 dq 坐标系中控制，电流内环常用 PI 调节器来实现指令电流与反馈电流的跟踪控制。此时，电流控制器输出信号 u_{cd}、u_{cq} 的参量关系方程为：

$$\begin{cases} U_{cd} = -\left(K_{iP} + \dfrac{K_{iI}}{s}\right)(i_d^* - i_d) + \omega L_c i_q + U_{sd} \\ U_{cq} = -\left(K_{iP} + \dfrac{K_{iI}}{s}\right)(i_q^* - i_q) + \omega L_c i_d + U_{sq} \end{cases} \tag{8-12}$$

式中：K_{iP}、K_{iI} 为 PI 调节器的比例、积分增益；i_d^*、i_q^* 为有功、无功指令电流。

将式（8－12）代入式（8－11）中，并简化得：

$$L_c \frac{\mathrm{d}}{\mathrm{d}t}\begin{bmatrix} i_d \\ i_q \end{bmatrix} = \begin{bmatrix} -\left(R_c + K_{iP} + \dfrac{K_{iI}}{s}\right) & 0 \\ 0 & -\left(R_c + K_{iP} + \dfrac{K_{iI}}{s}\right) \end{bmatrix}\begin{bmatrix} i_d \\ i_q \end{bmatrix} + \begin{bmatrix} K_{iP} + \dfrac{K_{iI}}{s} & 0 \\ 0 & K_{iP} + \dfrac{K_{iI}}{s} \end{bmatrix}\begin{bmatrix} i_d^* \\ i_q^* \end{bmatrix}$$

$$(8-13)$$

由式（8－13）可说明，PCC 处电压前馈控制实现了电流内环参量 i_d、i_q 的解耦控制。由此式可设计出如图 8－14 所示的双闭环电压前馈解耦控制策略框图。

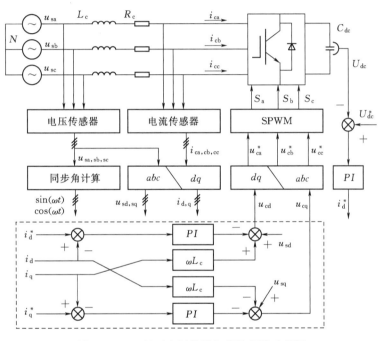

图 8－14　双闭环电压前馈解耦控制策略框图

由图 8－14 可见，内环有功指令电流是由外环电压 PI 调节器产生，用于稳定控制系统直流侧电压在指令值处，而无功指令电流则根据输出电流目标值进行给定，用于调节无功电流的性质和大小。有功无功指令电流与反馈电流在 dq 坐标系中的直流分量进行跟踪比较，利用内环 PI 调节器、坐标反变换及正弦脉宽调制技术（SPWM）得到控制开关管通断的脉冲信号，实现系统控制。

这种控制策略利用 PI 调节器可达到电流零误差跟踪效果，但其过程需锁相环进行相位检测和反馈电流坐标变换，实现较为繁琐；且随着可再生能源及各种负荷的随机接入，电网的波动性、随机性等使锁相环相位检测面临新的挑战。因此，可从锁相环相位检测等方面，对 STATCOM 系统的控制方法进行改进，使其在更多工况下能正常运行。

三、双闭环非解耦控制策略的原理分析

双闭环非解耦控制策略如图 8－15 所示。该策略与电压前馈解耦策略相比，无需进行

反馈电流的坐标变换，电流内环直接使用交流环，若依旧使用传统的 PI 调节器作为内环控制器，往往很难达到电流零误差跟踪控制效果，需对其内环控制器和外环控制器分别进行设计。

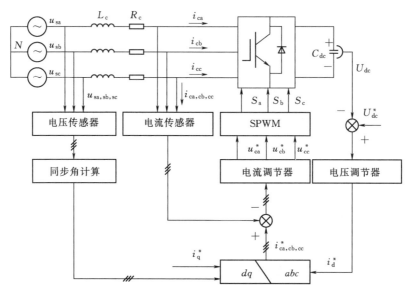

图 8-15　双闭环非解耦控制策略框图

1. 内环调节器设计

STATCOM 系统直接电流控制策略主要通过控制其交流侧瞬时输出电流来达到无功补偿效果。因此，电流控制环对瞬时指令电流的跟踪控制效果将直接影响系统无功电流输出效果，换言之，系统的控制性能将直接受到电流调节器优劣性能的影响。而目前 STATCOM 系统的内环电流控制方法有 PI 控制、比例谐振（Proportion Resonant，PR）控制、预测电流控制、无差拍控制等，它们各具优劣。其中，使用由比例和谐振环节组成的 PR 调节器能避免传统 PI 调节器无法实现正弦量零误差跟踪控制的问题。

目前，理想 PR 调节器传递函数表达式为：

$$G_{PR}(s) = K_P + \frac{2K_R s}{s^2 + \omega_n^2} \quad (8-14)$$

式中：K_P 为调节器比例项系数；K_R 为谐振项系数；ω_n 为谐振频率。

为能直观体现 PR 调节器的谐振环节特性，进行相关量取值 Bode 图分析。$K_P = 0$、$K_R = 1$、$\omega_n = 2\pi \times 50\text{rad/s}$ 时的 PR 调节器谐振环节 Bode 图如图 8-16 所示，由图可见，谐振环节在 ω_n 处具有

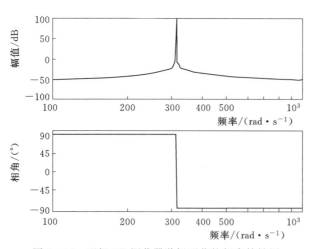

图 8-16　理想 PR 调节器谐振环节的频率特性图

极高的增益，反映出该谐振环节可
实现相应频率正弦量信号的零误差
跟踪控制。

$K_P=1$、$K_R=1$、$\omega_n=2\pi\times$
$50\mathrm{rad/s}$ 时所得到的 PR 调节器
Bode 图如图 8-17 所示，由图可
见，PR 调节器在 ω_n 处获得了无限
大的增益和相移，且除该点外的频
段皆为零增益和零相移，反映出
PR 调节器具有良好的动静态特性。
与传统 PI 调节器相比，PR 调节器
比例环节和谐振环节的作用分别类
同于 PI 调节器比例环节与积分环

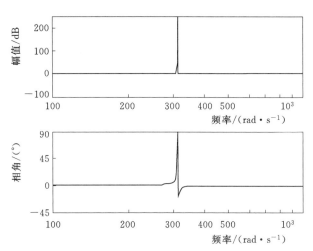

图 8-17　理想 PR 调节器频率特性图

节，比例环节影响着系统的动态性能和稳定性，而积分环节则用于消除稳态跟踪误差。
PR 调节器的积分环节又称为广义积分器，可实现谐振频率处正弦量的幅值积分。

但实际工程应用中，PR 调节器的谐振环节在 ω_n 处存在无限大增益，使其在数字或
模拟形式下难以实现，再者，在 ω_n 附近过窄的带宽，会使系统对电网参数扰动异常敏
感，给系统稳定性造成影响。因此，本文在正弦量信号的跟踪控制下，选择一种易于实现
的准比例谐振调节器（Quasi Proportion Resonant，QPR）模型。

QPR 调节器传递函数为：

$$G_{\mathrm{QPR}}(s)=K_P+\frac{2K_R\omega_0 s}{s^2+2\omega_0 s+\omega_n^2} \tag{8-15}$$

式中：ω_0 为 QPR 调节器的等效带宽，其他参量意义与 PR 调节器一致。

为研究 QPR 调节器频率特性优于 PR 调节器，对式（8-15）中新引入的参量 ω_0 进
行 Bode 图分析。当 $K_P=1$、$K_R=1$、$\omega_n=2\pi\times50\mathrm{rad/s}$ 时，ω_0 分别取 $1\mathrm{rad/s}$、$5\mathrm{rad/s}$、
$10\mathrm{rad/s}$、$50\mathrm{rad/s}$，得到如图 8-18 所示的 QPR 调节器 Bode 图。由图 8-18 可见，ω_0 的

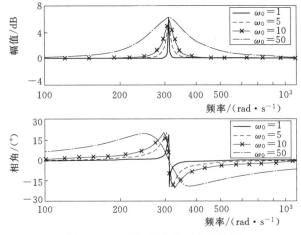

图 8-18　QPR 调节器频率特性图

变化影响着 QPR 调节器的增益和带
宽，然而在 ω_n 处的增益却始终未
变，其他频段的带宽和增益则随着
ω_0 的增加而增大。此外，QPR 调节
器在 ω_n 处的增益为有限值且该增益
对于较小的稳态误差而言是足够的，
再者，也可通过 K_R 来调节 ω_n 处的
增益使其得到最佳值。总之，在不
影响 QPR 调节器的 ω_n 处增益前提
下，适当调节 ω_0 来增大带宽，有利
于增强调节器对典型公共电网频率
微小变化的抗干扰能力。QPR 调节

器参量 K_R 的调节特点使其异于 PR 调节器。相对传统 PR 调节器而言，K_R 只能影响其幅值增益，基本不会对其带宽起作用；K_P 直接影响着系统的稳定性和动态性能。

在 abc 坐标系中，系统双闭环非解耦控制策略的三相电流调节器具有相同结构，故取 A 相电流控制环为例进行调节器参数设计即可，其他两项参数与 A 相一致。

由于系统设计中采用数字 PWM 信号控制功率开关器件，故采样保持和程序计算会引入一拍采样周期 T_s 的计算延迟，同时，整个环节也会存在 $0.5T_s$ 的 PWM 延迟，于是可用 $1.5T_s$ 来表示这两个延时时间。此外，$1.5T_s$ 很小，故功率开关器件逆变桥环节常用一阶惯性环节传递函数 $1/(1.5T_s s+1)$ 近似表示，此时，A 相电流控制环节可用图 8-19 的模型表示。A 相交流电流表示为：

$$i_{ca}(s)=\frac{G_{QPR}(s)G_{TPWM}(s)G_F(s)}{1+G_{QPR}(s)G_{TPWM}(s)G_F(s)}i_{ca}^*(s)+\frac{G_F(s)}{1+G_{QPR}(s)G_{TPWM}(s)G_F(s)}U_{sa}(s)$$

$$(8-16)$$

式中：各函数对应的环节已在图 8-19 中表示。

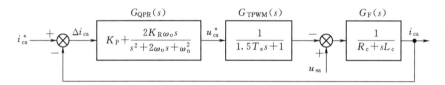

图 8-19　A 相电流控制环模型

由式（8-16）知，等式右边第一项分式取值与电流跟踪性能有关，第二项分式取值则与电网电压扰动相关。为使电流控制环实现零误差跟踪指令值和增强电网电压扰动的抗干扰能力，则要求第一项分式取值约为 1，第二项分式取值约为 0，即要求电流控制环开环传递函数 $G_{QPR}(s)G_{TPWM}(s)G_F(s)$ 在 ω_n 处的增益远大于 1，且远大于 $|G_F(s)|$。根据我国电网标准频率要求，QPR 调节器的 ω_n 可取值 $2\pi\times50=314\text{rad/s}$。而其他环节传递函数 $G_{TPWM}(s)$ 与 $G_F(s)$ 均由系统结构参数决定，故只能适当设置调节器的参数来实现电流的零误差跟踪控制。

电流控制环开环传递函数为：

$$G_{icao}(s)=G_{QPR}(s)G_{TPWM}(s)G_F(s)$$

$$=\left(K_P+\frac{2K_R\omega_0 s}{s^2+\omega_0 s+\omega_n^2}\right)\frac{1}{(1.5T_s s+1)}\frac{1}{(L_c s+R_c)} \qquad (8-17)$$

为确定 $G_{icao}(s)$ 在 ω_n 处的总增益，令 $s=j\omega_n$、$L_c=3\text{mH}$、$R_c=0.5\Omega$、$T_s=10^{-4}\text{s}$ 进行增益参数设计，且因 T_s 很小，故 $|G_{TPWM}(j\omega_n)|$ 取值约为 1。于是有：

$$|G_{icao}(j\omega_n)|=|G_{QR}(j\omega_n)||G_{TPWM}(j\omega_n)||G_F(j\omega_n)|=0.94(K_P+K_R) \qquad (8-18)$$

又由于 $G_{icao}(s)$ 在 ω_n 处的总增益需远大于 1 和 $|G_F(s)|$，故本系统 $G_{icao}(j\omega_n)$ 取值为 $0.94(K_P+K_R)=200$。

为确定电流控制环中 QPR 调节器的 ω_0 取值，需单独分析调节器的准谐振环节。QPR 调节器的准谐振环节传递函数为：

$$G_{QR}(s)=\frac{2K_R\omega_0 s}{s^2+\omega_0 s+\omega_n^2} \qquad (8-19)$$

为使 QPR 调节器在 ω_n 处有足够大增益，根据带宽定义将 $s = j\omega_n$ 代入式（8 - 19）可得 $G_{QR}(j\omega) = 2K_R$，此时得到的两个频率之差即为调节器带宽。由此可计算出 QPR 调节器的带宽为 (ω_0/π)Hz，按照 ± 1.0Hz 的电网频率波动范围（即带宽范围为 2.0Hz）进行设计，可计算出 $\omega_0 = 6.28$rad/s。

为确定电流控制环中 QPR 调节器的 K_P 值，先令 K_R 为 0 且不考虑电流控制环的扰动。此时，电流控制环的闭环传递函数为：

$$G_{icao}(s) = \frac{i_{ca}(s)}{i_{ca}^*(s)} = \frac{K_P G_{TPWM}(s)G_F(s)}{1 + K_P G_{TPWM}(s)G_F(s)}$$

$$= \frac{K_P/1.5T_sL_c}{s^2 + [(1.5T_sR_c + L_c)/(1.5T_sL_c)]s + (R_c + K_P)/(1.5T_sL_c)} \tag{8-20}$$

为使闭环控制系统获得较好的动、静态性能，可将式（8 - 20）按典型二阶系统进行整定，且阻尼比 ξ 按工程经验取值 0.707。于是，电流控制环的阻尼比表达式为：

$$\zeta = \frac{(1.5T_sR_c + L_c)/(1.5T_sL_c)}{2\sqrt{(R_c + K_P)/(1.5T_sL_c)}} \tag{8-21}$$

最后，将相关参量值代入式（8 - 21）可得到 K_P 值为 10，再由前述 $G_{icao}(j\omega_n)$ 取值 $0.94(K_P + K_R) = 200$，便可计算出 K_R 值为 202.76。

将上述整定的参数值代入式（8 - 17）后，可得到如图 8 - 20 所示的 $G_{icao}(s)$ 函数的 Bode 图。由图 8 - 20 可见，电流控制环在 ω_n 处的开环增益明显增大且附近无增益突降现象；此外，相角裕量 66° 和幅值裕度皆满足稳定性要求。由此可见，该 $G_{icao}(s)$ 函数的系统是稳定的。

同理，将相关参量值代入式（8 - 20）后，可得到如图 8 - 21 所示的 $G_{icao}(s)$ 函数的 Bode 图。由图可见，电流控制环在幅值 -3dB 处对应的带宽约为 4515rad/s，即带宽频率约为 719Hz，相对于电网频率 50Hz 时的带宽而言，其带宽已经足够宽，表明具备足够快的电流响应速度。

将上述相关参量代入式（8 - 15）建立电流控制环仿真模型，验证其对正弦量指令的跟踪性能。仿真模型结构和仿真结果如图 8 - 22 所示，其中指令正弦电流信号为 $i_{ca}^* = \sin(314t)$。由仿真结果可见，采用上述参数整定的电流控制环实现了指令正弦电流信号的零误差跟踪控制。

2. 外环调节器设计

外环采用传递函数如式（8 - 22）所列的典型 PI 调节器来稳定系统直流侧电压。此时，直流侧电压控制环结构框图如图 8 - 23 所示。

$$G_{PIv}(s) = K_{Pv} + \frac{K_{Iv}}{s} = \frac{K_{Pv}(T_{Iv}s + 1)}{T_{Iv}s} \tag{8-22}$$

其中

$$T_{Iv} = \frac{K_{Pv}}{K_{Iv}}$$

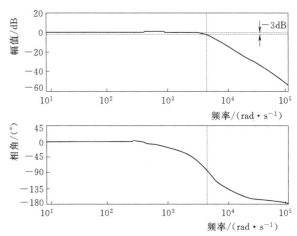

图 8 - 20　电流控制环开环频率特征图

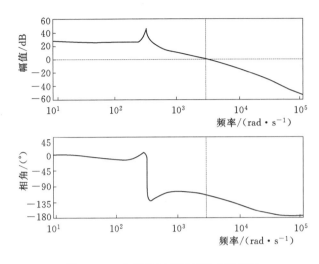

图 8-21 电流控制环闭环频率特征图

图 8-23 中，由于信号采样具有延时性，故增加了电压信号采样延时等效小惯性环节 $1/(T_vs+1)$，这里取 1kHz 的采样频率，即 T_v 取 10^{-3}s。然而，系统运行过程中内环控制速度相对于外环控制速度而言相当快，故内环可等效为 3 倍时间延时的惯性环节，即 $G_c(s)=1/(3T_s+1)$。而对于时变环节 $0.75m\cos\theta$（PWM 调制比 $m\leqslant1$）可使用整个电压外环稳定性影响最大的比例增益 0.75 代替。为简化控制结构，同样可将电压信号采样延

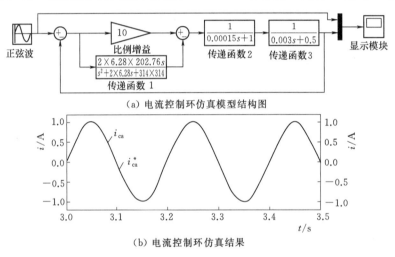

（a）电流控制环仿真模型结构图

（b）电流控制环仿真结果

图 8-22 电流控制环闭环频率特征图

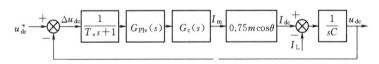

图 8-23 直流侧电压控制环框图

迟等效小惯性环节与内环等效小惯性环节合并，并以 $G_{Yc}(s)$ 表示其传递函数，经简化后的直流侧电压控制环框图如图 8-24 所示。

直流侧电压控制环开环传递函数为：

$$G_{vo}(s)=G_{PIv}(s)G_{Tc}(s)G_{Fv}(s)=\frac{0.75K_{Pv}(T_{Iv}s+1)}{T_{Iv}Cs^2[(T_v+3T_s)s+1]} \qquad (8-23)$$

由于系统外环的作用是稳定直流侧电压，故应在 PI 调节器参数整定时将电压控制环的抗干扰性能考虑在内，因此可采用典型的 Ⅱ 型系统来校正电压控制环，并按常规状态下

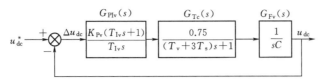

图 8-24　直流侧电压控制环简化框图

的中频宽 h 取值 5 来确定 PI 调节器参数，则有：

$$\begin{cases} h=\dfrac{T_{Iv}}{T_v+3T_s}=5 \\[2mm] T_{Iv}=5(T_v+3T_s) \\[2mm] \dfrac{0.75K_{Pv}}{T_{Iv}C}=\dfrac{h+1}{2h^2(T_v+3T_s)^2} \\[2mm] K_{Pv}=\dfrac{4C}{5(T_v+3T_s)} \end{cases} \qquad (8-24)$$

系统结构采用容量为 5mF 的直流侧储能电容，将相关参数代入式（8-24）可得 $K_{Pv}=3.0769$，$T_{Iv}=0.0065$，$K_{Iv}=\dfrac{K_{Pv}}{T_{Iv}}=473.3692$。

需要指出，虽然上述方法实现了外环 PI 调节器的参数整定，但在实际控制系统中，整定得到的参数未必能满足相关性能指标要求，而需实验时在参数附近加以调整优化。

四、新型无锁相环控制策略原理分析

从实现角度而言，常规 D-STATCOM 控制策略因需锁相环进行相位检测和坐标变换而较为复杂。再者，随着可再生能源高渗透率下的随机接入，电网固有的波动性、间歇性和随机性仍使矢量控制下的相位检测面临挑战。故在此背景下，提出一种新型无锁相环控制策略。该策略以 abc 坐标系中的 D-STATCOM 数学模型为基准，依据矢量等效原理求取电网电压有功、无功单位分量，无需锁相环和反馈电流坐标变换便能实现无功电流的灵活控制。

在上面的介绍中，已叙述了不同坐标系中 D-STATCOM 数学模型及矢量间的等效变换。按照等效原理，所提的无锁相环控制也可等效于常规 dq 矢量控制，等效原则是：将同一矢量投影分解在不同坐标系上进行控制，且由瞬时功率理论知，多相系统的电压电流在不同坐标系中的值虽是变化的，但其功率却是恒定且相等的。

令 $u_{sa}=U_m\cos(\omega t)$、$u_{sb}=U_m\cos(\omega t-2\pi/3)$、$u_{sc}=U_m\cos(\omega t+2\pi/3)$ 为电网三相电压瞬时表达式，i_{ca}、i_{cb}、i_{cc} 为三相电流瞬时值。在 abc 坐标系中，由瞬时功率理论可将瞬时有功、无功功率表达如下：

$$\begin{bmatrix} P \\ Q \end{bmatrix}=\begin{bmatrix} u_{sa} & u_{sb} & u_{sc} \\ u'_{sa} & u'_{sb} & u'_{sc} \end{bmatrix}\begin{bmatrix} i_{ca} \\ i_{cb} \\ i_{cc} \end{bmatrix} \qquad (8-25)$$

又由瞬时功率有功、无功定义及其关系知，u'_{sa}、u'_{sb}、u'_{sc} 分别与 u_{sa}、u_{sb}、u_{sc} 存在一一对应的正交关系且可用式（8-26）表示。

$$\begin{bmatrix} u'_{sa} \\ u'_{sb} \\ u'_{sc} \end{bmatrix} = \frac{\sqrt{3}}{3} \begin{bmatrix} u_{sb} - u_{sc} \\ u_{sc} - u_{sa} \\ u_{sa} - u_{sb} \end{bmatrix} \tag{8-26}$$

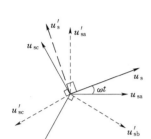

图 8-25　瞬时有功无功
电压相量图

在此，以通用相量定义为依据，结合瞬时功率表达式（8-25），可令瞬时有功电压相量为 $u_s = (u_{sa},\ u_{sb},\ u_{sc})^T$，瞬时无功电压相量为 $u'_s = (u'_{sa},\ u'_{sb}, u'_{sc})^T$。由式（8-26）可见，瞬时有功、无功电压相量间存在幅值相等且有功电压相量相位滞后无功电压相量 90°的关系，如图 8-25 所示。

将三相电压瞬时值从 abc 坐标系变换到 $\alpha\beta$ 坐标系，其变换关系式为：

$$\begin{bmatrix} u_{s\alpha} \\ u_{s\beta} \end{bmatrix} = \frac{2}{3} \begin{bmatrix} 1 & -\dfrac{1}{2} & -\dfrac{1}{2} \\ 0 & \dfrac{\sqrt{3}}{2} & -\dfrac{\sqrt{3}}{2} \end{bmatrix} \begin{bmatrix} u_{sa} \\ u_{sb} \\ u_{sc} \end{bmatrix} \tag{8-27}$$

在 $\alpha\beta$ 坐标系中，电压合成矢量幅值的计算公式为：

$$U = \sqrt{u_{s\alpha}^2 + u_{s\beta}^2} \tag{8-28}$$

式中：$u_{s\alpha}$、$u_{s\beta}$ 为三相电压瞬时值在 $\alpha\beta$ 坐标系中的电压分量。

$$U = U' = \sqrt{\frac{2}{3}(u_{sa}^2 + u_{sb}^2 + u_{sc}^2)} = \sqrt{\frac{2}{3}(u_{sa}'^2 + u_{sb}'^2 + u_{sc}'^2)} \tag{8-29}$$

于是，将式（8-27）代入式（8-28）中，便可求取 abc 坐标系中瞬时有功电压矢量与无功电压矢量幅值：

$$\begin{bmatrix} v_{sa} \\ v_{sb} \\ v_{sc} \end{bmatrix} = \frac{1}{U} \begin{bmatrix} u_{sa} \\ u_{sb} \\ u_{sc} \end{bmatrix}, \qquad \begin{bmatrix} w_{sa} \\ w_{sb} \\ w_{sc} \end{bmatrix} = \frac{1}{U'} \begin{bmatrix} u'_{sa} \\ u'_{sb} \\ u'_{sc} \end{bmatrix} \tag{8-30}$$

此时，由单位矢量计算公式可得有功、无功电压单位分量。

为减少变量的除法运算，便于嵌入式控制器实现和运算速度的提高，可结合式（8-26）、式（8-29）、式（8-30）进行简化，用有功电压单位分量来表示无功电压单位分量，即：

$$\begin{bmatrix} w_{sa} \\ w_{sb} \\ w_{sc} \end{bmatrix} = \frac{\sqrt{3}}{3} \begin{bmatrix} v_{sb} - v_{sc} \\ v_{sc} - v_{sa} \\ v_{sa} - v_{sb} \end{bmatrix} \tag{8-31}$$

在电流内环控制中，假定期望的三相指令电流为 i_{ca}^*、i_{cb}^*、i_{cc}^*，投影分解到瞬时有功电压矢量和瞬时无功电压矢量方向上的电流分量分别为 i_d^*、i_q^*。此时，三相指令电流的变换表达式为：

$$\begin{bmatrix} i_{ca}^* \\ i_{cb}^* \\ i_{cc}^* \end{bmatrix} = \begin{bmatrix} v_{sa} & w_{sa} \\ v_{sb} & w_{sb} \\ v_{sc} & w_{sc} \end{bmatrix} \begin{bmatrix} i_d^* \\ i_q^* \end{bmatrix} \tag{8-32}$$

最后，将 $i_{d,q}^*$ 作为电流内环的跟踪指令信号来实现系统输出电流的跟踪控制，从而达到无功补偿的效果。

因此，基于前述无锁相环控制理论及双闭环非解耦控制策略结构，可得到如图 8-26 所示的新型无锁相环控制控制策略结构框图。由图 8-26 可知，省去了锁相环且指令电流计算也有了新形势，物理意义清晰，易于嵌入式控制器实现。

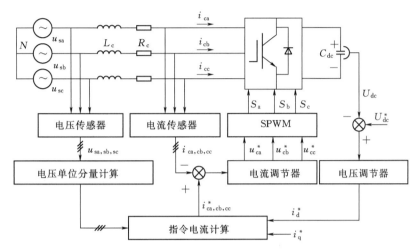

图 8-26　新型无锁相环控制策略结构框图

参 考 文 献

[1]　王兆安. 谐波抑制和无功功率补偿 [M]. 北京：机械工业出版社，2016.
[2]　程汉湘. 无功补偿理论及其应用 [M]. 北京：机械工业出版社，2016.
[3]　王兆安. 谐波抑制和无功功率补偿 [M]. 北京：机械工业出版社，2015.
[4]　粟时平. 静止无功功率补偿技术 [M]. 北京：中国电力出版社，2005.
[5]　米勒. 电力系统无功功率控制 [M]. 北京：水利电力出版社，1990.
[6]　金立军，安世超，廖黎明，等. 国内外无功补偿研发现状与发展趋势 [J]. 高压电器，2008，44 (5)：463-465.
[7]　徐胜光. 配电网静止同步补偿器控制方法及系统设计 [D]. 南宁：广西大学，2018.

第九章
微网运行系统功率控制

第一节 概 述

一、微网的概念

能源是人类生存发展的基础，事关国民经济命脉。随着经济高速发展，能源需求持续增长，而化石能源则日趋枯竭，伴随的能源和环境问题日益严峻。环境破坏、自然灾害频发，已成为世界各国面临的共同挑战。电能作为重要的二次能源，具有清洁、高效、便捷的优点，是能源最有效的利用形式之一。

分布式发电是可再生能源利用的主要途径之一。随着成本的下降，以及政策的大力扶持，分布式发电单元（Distributed Generator，DG）获得了越来越广泛的应用。然而，大量风、光等间歇性 DG 接入中低压配电网运行，改变了配电网单向潮流分布特性，增加了配电网的运行复杂度和不确定性，给电能质量、安全及可靠性等带来了挑战。为此，分布式发电与电力系统互联系列标准 IEEE P1547 规定，当上游电网发生故障时，DG 要马上退出运行。该方法虽然在一定程度上避免了分布式发电设备的损坏，但也极大限制了分布式发电功率的利用水平。

为解决 DG 直接并网给电网的冲击，挖掘 DG 为电网和用户带来的效益，美国 Bob Lasster 等学者于 2001 年就提出了微网（Micro-Grid，MG）的概念。微网是指由分布式电源、能量转换装置、负荷、监控和保护装置等汇集而成的小型发-配-用电系统，是一个能够实现自我控制和管理的自治小型电力系统。微网既可与电网并网运行，也可离网运行。同时，微网可在满足内部用户电能需求的同时，满足用户热能需求，此时的微网可视为一个微型能源网。

图 9-1 所示为一个典型微网系统示意图，微网内 DG 主要包括风力/光伏发电系统、微型燃气轮机、燃料电池以及储能装置等。微网负荷既包含电力负荷，也包含家用或者商业冷、热负荷。微网可在满足用户供冷/供热需求的前提下，以电能作为统一的能源利用形式将各种类能源加以综合利用。图 9-1 中的微网有多种结构：一种 DG 和相关负荷可组成简单微网，功能结构简单；多个具有互补特性的 DG 加储能装置可向商业/居民用户

供电，组成商用/家用小型微网；多个简单微网、小型微网以及其他 DG 可组成综合微网，由于其 DG 种类繁多，运行特性复杂，网络中应配备一定容量的储能装置和可控负荷，以便维持微网的功率平衡；多条馈线的多个综合微网又可组成复杂结构微网。对用户来说，微网是一个小型供能系统，可以满足其负荷需求；对于电网而言，微网在协调控制作用下，可视为电网中的一个可控单元，可在数秒内动作以响应外部电网需求，具有极高的灵活性。

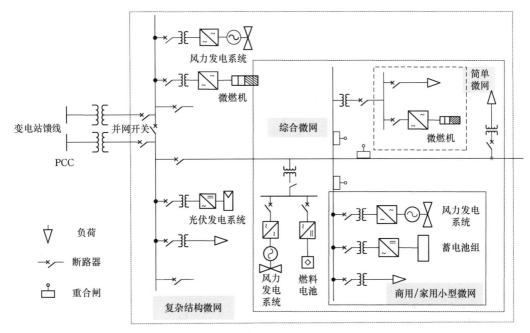

图 9-1 典型微网系统示意图

二、微网的优势与挑战

1. 微网的优势

如图 9-2 所示，微网存在并网、孤岛两种运行模式和相应的过渡状态。通常微网运行在并网模式，通过如图 9-1 所示的公共连接点（Point of Common Coupling，PCC）处的断路器与外部电网连接，二者互为支撑；当外部电网出现故障，断路器断开后，微网将运行在离网模式，用于保证内部重要负荷的供电。同时复杂微网往往包含若干较小规模的微网系统，如简单微网、商用/家用小型微网等，可通过两种运行方式之间的无缝切换以及热电联产等功能，有效提高电网供电可靠性，并为上游电网崩溃后的快速恢复提供电源支持。可以看出，微网有以下几个运行特征：

（1）微网集成了多种能源输入形式（太阳能、风能、常规化石燃料、生物质能等）、多种能源输出形式（冷、热、电

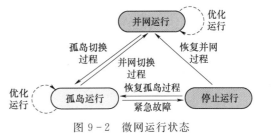

图 9-2 微网运行状态

等）、多种能源转换单元（微型燃气轮机、内燃机、储能系统等），是化学、热力学、电动力学等行为相互耦合的非线性复杂系统。

（2）微网有效解决了 DG 大规模并网时的运行问题，既保留了 DG 的优点，又克服了其并网缺点，缓解 DG 可能给电网造成的冲击，多个 DG 可实现优势互补，有助于 DG 的普及应用。

（3）微网存在两种运行模式：①与大电网并网运行时，微网与大电网协调运行，互为支撑，共同向微网中的负荷供电；②当出现紧急状况时，微网由并网运行模式切换至离网运行模式，以保证对重要负荷的供电，提高了供电安全性和可靠性。

（4）微网靠近用户侧，可向偏远、环境恶劣地区提供电能，有效减少网络损耗和发电站的备用需求，在避免长距离、高投资输电线路建设的同时，实现能源的就地选取、高效利用。

2. 微网的挑战

与大电网相比，微网中多数 DG 通过电力电子变换装置并网，惯性小、阻尼不足；微网内基于间歇性可再生能源（风能、太阳能、潮汐能）的 DG 出力受环境因素制约，具有随机性和波动性，难以根据负荷需求变化而动态调整。这种随机功率供给与微网中随机负荷需求构成两组不相关的随机变量，造成微网内部多个时间尺度上有功功率和无功功率的不平衡性大幅增加。随着微网在电网中渗透率的不断提高，其功率波动性和间歇性造成的影响日益严峻，成为微网产业化应用的主要技术瓶颈，由此产生的诸多关键技术问题亟待解决。

第二节　微　网　结　构

微网既包含风机机组、光伏组件等间歇性不可控 DG，又有燃料电池、微型燃气轮机等可控 DG，同时还配备有蓄电池、飞轮等储能装置，电源种类丰富，系统结构多样，控制方式复杂，运行模式多变。从结构上来讲，微网可分为直流微网、交流微网与交直流混合微网。通过信息协同下的协调控制，微网可与大电网互为支撑，提高可再生能源利用率，为用户提供可靠和优质的电能服务；在故障出现时可切换到孤岛状态，保障本地负荷持续供电。

一、微网物理系统

（一）物理组成

如图 9-1 所示，从组成来看，微网物理系统由分布式发电单元、储能装置、配电环节、电力电子装置、负荷等组成。

1. 分布式发电单元

分布式发电单元包括风能、太阳能、生物质能、水能、潮汐能、海洋能等可再生能源发电，微型燃气轮机、柴油发电机等非可再生能源发电，以及余热、余压和废气发电的冷热电多联供等。

2. 储能装置

当前适用于微网的储能装置主要有蓄电池储能、超级电容储能、飞轮储能等，主要作用如下：

（1）并网运行时，吸收或者释放能量，维持微网中发电、负荷以及与大电网的功率交换的平衡。

（2）离网运行时，支撑微网独立稳定运行，平抑功率波动，维持发电和负荷动态平衡，保持电压和频率稳定。

（3）并离网切换时，作为主电源，保障重要负荷的电压稳定，实现运行方式的平滑切换。

3. 配电环节

配电环节包括开关、变压器、配电线路等。开关分为用于隔离微网与电网的并网点开关以及用于切除线路或分布式发电的开关两种。为快速隔离电网故障或者切断微网与电网的电气联系，并网点开关通常需要特殊配置，如采用基于电力电子技术的静态开关或快速开关，以满足无缝切换时的需要。微网并网点所在的位置，通常选在配电变压器低压侧。切除线路或分布式发电的开关一般可采用普通断路器，如空气断路器、真空断路器等。

4. 电力电子装置

微网内大部分 DG 以及储能装置，其输出为直流电或非工频交流电，需要通过电力电子装置接入微网。电力电子装置从变换类型看主要分为整流器（AC/DC）、逆变器（DC/AC）、变频器（AC/AC）以及斩波器（DC/DC）等。值得注意的是，电力电子装置在运行过程中会产生谐波电流，因此要采取有效的谐波抑制及谐波治理措施，减少电力电子装置的谐波含量。

5. 负荷

微网负荷类型多样，根据重要程度，可分为重要负荷、可控负荷与可切负荷，以便对负荷进行分级分层控制。重要负荷对电能质量要求较高，要求提供不中断的供电；可控负荷接受控制，在必要的情况下可减少或中断供电；可切负荷是指一些对供电可靠性要求不高的负载，可随时切除。

（二）网络结构

微网可分为直流微网、交流微网和交直流混合微网。

1. 直流微网

直流微网是指 DG、储能装置、负荷等通过电力电子变换装置连接至直流母线，再通过逆变装置连接至交流电网的微网。图 9-3 示出一个典型的直流微网结构，各 DG 通过直流母线出口的电力电子变换装置可转换成不同电压等级的交、直流电向负荷提供电能。

直流微网中各种 DG 的控制取决于直流电压，无需考虑各 DG 之间同步问题，因此易于协同运行，在环流抑制上更具优势，而且与交流电网连接只需一个逆变装置，系统成本和损耗大大降低。

2. 交流微网

交流微网是指 DG、储能装置等通过电力电子装置连接至交流母线，通过对 PCC 处断路器的控制实现微网并网与离网运行模式的切换，是当前微网应用的主要形式，典型结构如图 9-4 所示。

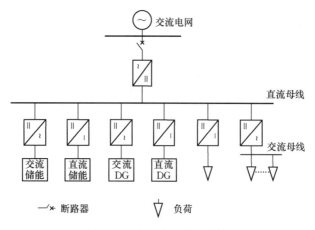

图 9-3 典型直流微网结构

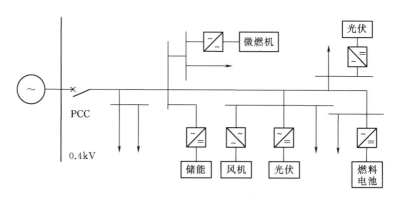

图 9-4 典型交流微网结构

图 9-4 中光伏、风机以及微燃机等 DG 和储能装置均通过各自电力电子变换装置并入交流母线。并网运行时，通过 PCC 处与大电网进行功率交换，以维持微网供需平衡；离网运行时，通过储能装置维持微网电压/频率的稳定。但由于各 DG 需要独立的逆变器，成本也相应提高。

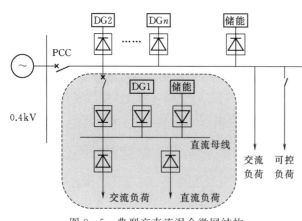

图 9-5 典型交直流混合微网结构

3. 交直流混合微网

交直流混合微网是指既含有交流母线，又含有直流母线，既可以直接向交流负荷供电，又可以直接向直流负荷供电的微网。图 9-5 所示为一个典型的交直流混合微网结构图，从结构上分析，仍可以视为一个交流微网，含储能的直流微网可以看作是经过电力电子变换装置并入交流母线的可控型分布式电源。

二、微网信息系统

微网运行控制包括微网能量管理系统（Microgrid Energy Management System，MEMS）和本地控制层的两层控制体系。

MEMS 作为微网上层调度环节，通过信息交互获取系统运行状态，进而制定微网 DG 调度计划、开关动作次序和设备控制模式等。MEMS 包含能量管理和数据采集与监视控制（SCADA）两大模块，以及支撑两大模块功能的软硬件系统。MEMS 通过与微网控制系统和配电网能量管理系统通信实现相应功能，微网能量管理系统架构如图 9-6 所示。

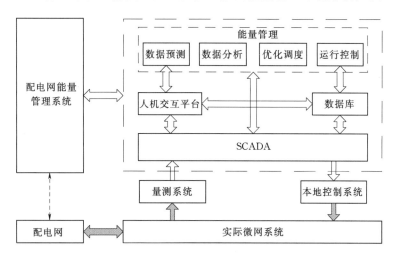

图 9-6 微网能量管理系统架构

（一）SCADA

SCADA 的任务是将实时采集的微网监测数据传递给数据库和能量管理模块，同时将来自能量管理模块或人机交互平台的发电计划和控制指令传达给微网控制系统。由于微网中包含大量以电力电子装置为接口的设备，如风机、光伏、储能等，这些设备通常接收来自 MEMS 的调度指令，并通过其功率变换系统（Power Conversion System，PCS）进行相应控制。MEMS 由 SCADA 向本地控制系统下发指令实现调度和控制，有时还在两者之间设置一个模式控制器，负责微网的并/离网模式的控制和切换。

（二）能量管理模块

能量管理模块需要结合实时监测数据、政策及市场信息、历史运行数据，制订微网内 DG、储能设备和可控负荷的投切与发电计划，并通过 SCADA 系统传递给相应的执行机构。能量管理模块主体功能可划分为数据预测、优化调度、运行控制以及数据分析四个子模块。

微网中存在大量不确定性因素，因此需要引入 DG 发电和负荷数据预测子模块。优化调度子模块根据数据预测结果，结合微网的运行约束条件，制定满足经济、环境、技术要求的调度计划。运行控制子模块从稳定运行的角度对设备的运行模式和功率进行实时监控和调节，以维持系统的电压、频率稳定。与优化调度子模块相比，运行控制子模块的时间尺度小，对实时性要求更高，可以结合在线状态估计和超短期数据预测技术加以实现。此外，考虑 MEMS 的决策支持作用，有必要向管理者和用户提供有效信息而非原始数据，因此需通过数据分析子模块对各种实时/历史数据进行处理，获取关于系统经济性、稳定性和安全性等方面的辅助信息。

与 PCS 不同，MEMS 主要是实现微网系统级的管理和控制，达到微网协调控制和优化运行的目标。因此，在设计 MEMS 的结构和功能时应综合考虑不同设备的运行和控制特性，设定本地控制器的控制模式和功率指令。MEMS 可按结构划分为集中式 MEMS 和分布式 MEMS 两种类型，由于两者在通信、控制等诸多方面的差异，适用于不同类型的微网系统，目前应用较为广泛的是集中式 MEMS。

集中式 MEMS 中通常设置一个微网中央控制器（Micro - Grid Central Controller，MGCC），由其对微网内设备进行统一优化和控制。为实现微网优化目标，MGCC 根据 SCADA 模块采集的系统运行信息，并结合负荷与可再生能源的预测数据，以及外部的政策和市场信息，利用微网调度优化模型或事先制定的启发式规则，确定可控负荷的投切状态、各设备的启停状态与运行水平，并将这些调度指令由 SCADA 下达给本地控制器。从稳定运行的要求出发，集中式 MEMS 还需要指定各设备的控制模式，有时还需要对 PCS 的控制参数进行调整。微网进行并/离网切换时还涉及更复杂的控制逻辑，包括开关、设备的投切顺序和控制方式等，这些功能通常被融入微网模式控制器。

集中式 MEMS 能及时有效的掌握微网全局信息，有利于对系统中出现的扰动和故障作出快速响应，方便微网统一制定调度计划和下发控制指令。对于主从式控制微网，集中式 MEMS 可对电压/频率调节的主设备进行选择和切换，同时对恒功率控制的从设备进行功率调节或优化；对于采用下垂控制器实现对等控制的微网，同样需要一个集中式 MEMS 对各设备控制器的下垂控制参数进行调整或优化。

集中式 MEMS 在掌握全系统运行状态实时数据的基础上进行系统的调度和控制，在 MGCC 和本地控制器之间需要一个可靠、高速的通信网络。微网中任何一处通信失败或设备故障都可能影响到集中式 MEMS 的功能，甚至危害微网的稳定运行。此外，集中式 MEMS 还有灵活性较差，较难满足微网对插即用功能的需求。

与集中式 MEMS 不同，分布式 MEMS 通过本地控制器对各设备的运行执行独立决策和管理。每个本地控制器通过与相邻本地控制器进行信息交互，能够独自制订运行计划并对相应的设备进行控制。此类结构中弱化了 MGCC 的功能，只利用其与外部进行信息交互并处理特殊情况，当微网发生通信或设备故障时其余部分仍可正常运行。由于这种结构不需要同时对大量数据进行处理，减少了 MGCC 的计算时间和通信负担。尽管分布式 MEMS 的灵活性适合于实现微网中分布式电源的即插即用，但受限于其在系统设计方面的复杂性，目前仍以实验室验证为主。

三、分布式电源及接口控制系统模型

（一）光伏发电

1. 数学建模

图 9 - 7 所示的光伏模块单二极管等效电路模型由一个理想电流源、一个非线性二极

管和电池内阻组成，其伏安特性可表示为：

$$I_{pv} = I_{SC} - I_0 \left[e^{\left(\frac{U_{pv} + I_{pv}R_s}{nU_T}\right)} - 1 \right] \qquad (9-1)$$

$$I_{SC} = I_{SC,ref} \left[\left(\frac{S}{1000}\right) + \frac{J}{100}(T - T_{ref}) \right] \qquad (9-2)$$

$$I_0 = AT^\gamma e^{\left(\frac{-E_g}{nkT}\right)} \qquad (9-3)$$

$$U_T = \frac{mkT}{q} \qquad (9-4)$$

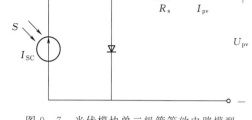

图9-7　光伏模块单二极管等效电路模型

式中：I_{SC} 为光伏模块短路电流；I_0 为二极管饱和电流；模型其他符号说明见表9-1。

表9-1　　　　　　　　　　光伏电池单二极管等效电路参数

符号	参 数 名 称	符号	参 数 名 称
$k/(J/K)$	玻尔兹曼常数	R_s/Ω	串联等效电阻
q/C	单位电荷	n	理想因子
J	短路电流温度系数	E_g/C	能带系能量
γ	温度独立系数	$I_{SC,ref}/A$	标准测试条件[①]光伏电池短路电流
A	饱和电流温度系数	T_{ref}/K	参考温度
T/K	实际测试温度	m	光伏模块单元个数
$S/(W/m^2)$	实际光照强度		

[①]　光伏电池温度为25℃，日照强度为1000W/m²，称之为标准测试条件。

　　假设所有光伏模块具有相同特征参数，则得到光伏阵列的单二极管等效电路如图9-8所示。

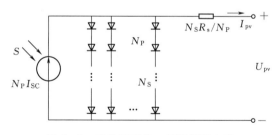

图9-8　光伏阵列单二极管等效电路

与图9-8对应的光伏阵列伏安特性为：

$$I_{pv} = N_P I_{SC} - N_P I_0 \left(e^{\frac{U_{pv} + I_{pv}R_s}{nN_S U_T}} - 1 \right) \qquad (9-5)$$

式中：N_S 为串联的光伏模块数；N_P 为并联的光伏模块数。

　　根据光伏阵列的伏安特性可以得到不同光照强度和温度下的光伏阵列输出特性曲线，如图9-9和图9-10所示。

　　2. 光伏阵列 MPPT 控制

　　如图9-11所示，光伏阵列的输出电流与输出电压之间呈现出强非线性关系。当输入端等效电阻调节到某一数值时，光伏阵列运行在 (U_m, I_m)，称为最大功率输出点，该点满足 $dP/dU = 0$，其输出功率 P_m 对应 $P-U$ 曲线上的最大功率。当光照和温度发生变化时，光伏阵列最大功率点呈非线性变化，为提高可再生能源利用率，可通过 MPPT 技术使光伏系统运行在最大功率点附近。

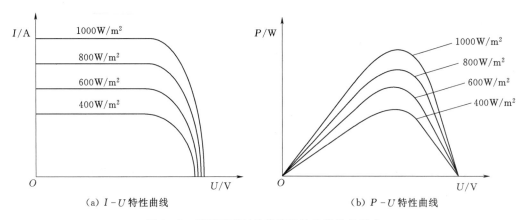

(a) I-U 特性曲线　　　　　　　　(b) P-U 特性曲线

图 9-9　光照强度对光伏阵列输出特性的影响

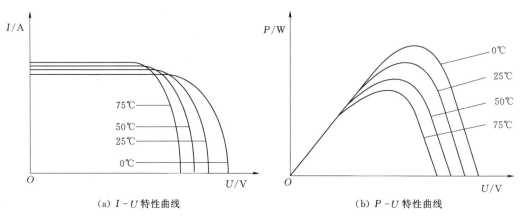

(a) I-U 特性曲线　　　　　　　　(b) P-U 特性曲线

图 9-10　温度对光伏阵列输出特性的影响

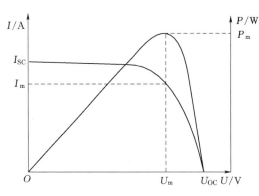

图 9-11　光伏阵列负载特性曲线

MPPT 根据光伏电池的输出特性，通过对电力电子装置进行控制保证外界环境发生变化时，光伏阵列始终运行在最大功率点处。常用的 MPPT 算法包括电压或电流跟踪法（CVT）、扰动观察法（P&Q）、电导增量法（INC）等。本节以改进的自适应扰动观测法为例进行说明，其算法流程如图 9-12 所示。

图 9-12 中 U_k、I_k 分别为光伏阵列当前时刻输出电压和输出电流，U_{k-1}、I_{k-1} 分别为光伏阵列上一时刻输出电压和输出电流。首先通过设置最大功率区间 ε 避免最大功率点附近光伏阵列输出功率的振荡；然后根据相应的功率变化计算下一步的电压扰动步长 λ，即

$$\lambda = M(P_k - P_{k-1})/(U_k - U_{k-1}) \tag{9-6}$$

式中：M 为变步长速度因子，用于调整 MPPT 跟踪速度。

由式（9-6）可以看出，无需判断功率变化方向，通过调整λ符号，可使光伏阵列工作点向最大功率点运行；同时，电压扰动大小可直接由电压扰动步长λ取值来调整：当光伏阵列运行远离最大功率点时，λ变大，可提高追踪速度；反之λ减小，可提高追踪精度。可见该方法具有一定的自适应性，故称之为改进的自适应扰动观测法。

（二）风力发电

风机出力模型如图9-13所示，风速带动风轮机叶片旋转，产生机械能P_M，发电机再将机械能转换为电能P_E注入电网。

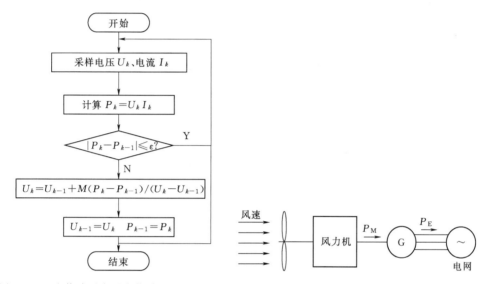

图9-12　光伏阵列自适应扰动观测法流程图　　　　图9-13　风机出力模型

风机能量转换的空气动力系统理想模型如下：

$$P_M = \frac{1}{2}\rho\pi R^3 v^3 C_p \tag{9-7}$$

式中：ρ为空气密度，kg/m^3；R为风机叶片的半径，m；v为叶尖来风速度，m/s；C_p为风能转换效率，是叶尖速比λ和叶片桨距角θ的函数。

C_p表达式为：

$$C_p = f(\theta, \lambda) \tag{9-8}$$

$$\lambda = \frac{\omega_w R}{v}$$

式中：ω_w为风机机械角速度，rad/s。

对于变桨距系统，C_p与叶尖速比和桨距角均有关；对于定桨距系统，C_p仅与叶尖速比有关。变桨距系统的一种C_p近似表达式如下：

$$C_p = 0.5\left(\frac{RC_f}{\lambda} - 0.022\theta - 2\right)e^{-0.255\frac{RC_f}{\lambda}} \tag{9-9}$$

式中：C_f为叶片设计参数，一般取1~3。

一种简化的风机出力模型可表示为下式所示的分段函数：

$$P_{wt} = \begin{cases} P_r \dfrac{v - v_{cin}}{v_{rat} - v_{cin}} & v_{cin} \leqslant v \leqslant v_{rat} \\[2mm] P_r & v_{rat} < v \leqslant v_{cou} \\[2mm] 0 & v < v_{cin}, v > v_{cou} \end{cases} \tag{9-10}$$

式中：P_r 为额定功率；v_{cin} 为切入风速；v_{rat} 为额定风速；v_{cou} 为切出风速。

当风速小于切入风速时，风机输出功率为 0；当风速大于切入风速并小于额定风速时，风机输出功率与风速成线性函数关系；当风速大于额定风速但小于切出风速时，经控制风机输出额定功率；当风速大于切出风速时，为防止叶片失速导致风机故障，风机输出功率为 0。与式（9-10）对应的风机输出特性如图 9-14 所示。

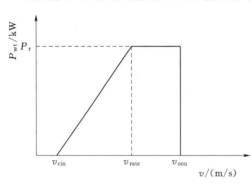

图 9-14　风机输出特性

（三）发电机

发电机包括常规柴油发电机和燃气发电机以及燃料电池等，除向系统提供电能外，一些发电机组还可与余热回收装置一起作为热电联供机组。发电机模型通常将燃料消耗表示为输出功率的二次函数表达式，模型中发电效率随输出功率的增加有所提高，并在额定负载时达到最大效率。此处采用线性关系描述发电机模型，该模型使用空载损耗和边际运行损耗相加表示燃料消耗，即

$$F = (F_0 P_{gen,R} + F_1 P_{gen}) u_{gen} \tag{9-11}$$

式中：F_0 为燃料曲线的截距系数，$L/(kW \cdot h)$；F_1 为燃料曲线的斜率，$L/(kW \cdot h)$；$P_{gen,R}$ 为发电机的额定容量，kW；P_{gen} 为发电机的输出功率，kW；u_{gen} 为发电机开机状态，0 表示关机，1 表示开机。

发电机运行时，需要满足输出功率上下限、最大爬坡率约束、最小开机时间等约束条件，其输出功率上限、下限约束可表述为：

$$P_{gen}^{min} \leqslant P_{gen} \leqslant P_{gen}^{max} \tag{9-12}$$

式中：P_{gen}^{min}、P_{gen}^{max} 为发电机输出功率下限和上限。

考虑发电机热电联供的情况，此时发电机产生的废热可被回收利用，假设为固定的热电比，即机组每发出 1 个单位功率的电能，伴随产生固定功率热能。热电联供机组回收的热能可表述如下：

$$Q_{gen} = \alpha_{gen} P_{gen} \tag{9-13}$$

式中：Q_{gen} 为燃气发电机产热功率；α_{gen} 为发电机热电比。

在对微型燃气轮机或燃料电池热电联供机组进行控制时，若设备模型不够精细，有时无法满足多工况优化需求，或者未兼顾其动态特性，有可能使优化结果准确性和应用价值降低。工程应用中，常利用机组发电效率和热电比曲线等信息提高热电联供机组模型精度。

（四）蓄电池储能系统

蓄电池储能系统（Electric Energy Storage System，ES）在充电或放电过程中，其能量存储状态会发生变化，常用荷电状态（State of Charge，SOC）来描述。电储能系统设备模型可采用简化线性模型来描述。假定电储能系统在 Δt 时间段内充放电功率恒定，则充（放）电前和充（放）电后系统存储的能量关系为：

$$W_{ES}^1 = W_{ES}^0(1-\sigma_{ES}) + \left(P_{ES,C}\eta_{ES,C} - \frac{P_{ES,D}}{\eta_{ES,D}} \right)\Delta t \qquad (9-14)$$

式中：W_{ES}^0、W_{ES}^1 为 Δt 时段充（放）电前和充（放）电后电储能系统的储能量，kW·h；σ_{ES} 为电储能系统自放电率；$P_{ES,C}$、$P_{ES,D}$ 为电储能系统充电和放电功率，kW；$\eta_{ES,C}$、$\eta_{ES,D}$ 为电储能系统充电和放电效率。

充（放）电后储能系统的荷电状态为：

$$S_{ES} = \frac{W_{ES}}{W_{ES,R}} \qquad (9-15)$$

式中：S_{ES} 为电储能系统荷电状态；$W_{ES,R}$ 为电储能系统额定能量容量，kW·h。

假设其端电压恒定，电储能系统工作过程中需保证其运行在一定的荷电范围内，充放电功率也会受到如下限制：

$$W_{ES}^{min} \leqslant W_{ES} \leqslant W_{ES}^{max} \qquad (9-16)$$

$$0 \leqslant P_{ES,C} \leqslant P_{ES,C}^{max} \qquad (9-17)$$

$$0 \leqslant P_{ES,D} \leqslant P_{ES,D}^{max} \qquad (9-18)$$

式中：W_{ES}^{min}、W_{ES}^{max} 为电储能系统允许的最小储能量和最大储能量，kW·h；$P_{ES,C}^{max}$、$P_{ES,D}^{max}$ 为电储能系统充放电功率上限、下限，kW。

上述电储能模型采用两个独立变量 $P_{ES,C}$、$P_{ES,D}$ 表示充、放电功率时，应保证充电和放电之间的互斥。一种处理充放电/热功率耦合变量的简单方法是在模型中引入表示蓄电池充放电状态的 0-1 变量，并对储能的充放电/热功率的约束进行修改。

如在电储能模型中引入 0-1 变量 $u_{ES} \in \{0, 1\}$，其中，0 代表电储能的充电状态，1 代表电储能放电状态。充放电功率式（9-17）、式（9-18）可修改为：

$$0 \leqslant P_{ES,C} \leqslant (1-u_{ES})P_{ES,C}^{max} \qquad (9-19)$$

$$0 \leqslant P_{ES,D} \leqslant u_{ES} P_{ES,D}^{max} \qquad (9-20)$$

在满足上述约束条件下，假定电储能系统在其寿命周期内能够循环充放电的容量与其放电深度无关，则在计算电储能系统的使用寿命时，只需考虑电储能系统已完成的循环充放电总量即可。此时电储能系统的寿命可表示为：

$$l_{ES} = \min\left(\frac{E_{ES}^{lifetime}}{E_{ES}^{ann}}, l_{ES,f} \right) \qquad (9-21)$$

式中：l_{ES} 为电储能系统的工作寿命，年；$E_{ES}^{lifetime}$ 为电储能系统全寿命周期内可以输出的电量，kW·h；E_{ES}^{ann} 为在给定的充放电策略下电储能系统的年输出电量，kW·h；$l_{ES,f}$ 为电储能系统工作在浮充状态下的工作寿命，年。

在微网运行控制中，蓄电池储能建模时需考虑三方面的问题，即蓄电池 SOC 如何确定、端电压如何计算和寿命如何评估，简称为容量模型、电压模型和寿命模型。容量模型主要分为两类，Ah 模型和 KiBaM 模型，本节主要介绍 KiBaM 模型。

KiBaM 模型可以计算蓄电池的最大充放电功率，并能够评估蓄电池寿命。如图 9-15 所示，KiBaM 模型认为蓄电池由两个储能槽组成，其中一个槽中存储的能量能够迅速的进行释放和存储，而另外一部分则不能迅速的转移。这两个槽分别用可用能量和束缚能量来表示。可用能量和束缚能量之间的转化速率由这两部分槽之间的高度差决定。本节假设电池端电压恒定，在所考虑的时间内电池充放电电流也恒定，同时忽略温度影响。

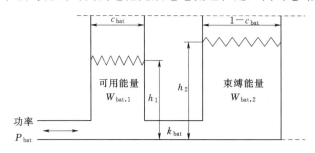

图 9-15　蓄电池 KiBaM 模型原理图

蓄电池在任意时刻储存的总能量等于可用能量与束缚能量之和，即

$$W_{bat} = W_{bat,1} + W_{bat,2} \tag{9-22}$$

式中：$W_{bat,1}$ 为可用能量；$W_{bat,2}$ 为束缚能量。

根据蓄电池组充放电功率，可算出充（放）电后蓄电池的可用能量与束缚能量为：

$$W_{bat,1}^1 = W_{bat,1}^0 e^{-k_{bat}\Delta t} + \frac{(W_{bat}^0 k_{bat} c_{bat} - P_{bat})(1 - e^{-k_{bat}\Delta t})}{k_{bat}} - \frac{P_{bat} c_{bat}(k\Delta t - 1 + e^{-k_{bat}\Delta t})}{k_{bat}}$$

$$\tag{9-23}$$

$$W_{bat,2}^1 = W_{bat,2}^0 e^{-k_{bat}\Delta t} + W_{bat}^0 (1 - c_{bat})(1 - e^{-k_{bat}\Delta t}) - \frac{P_{bat}(1 - c_{bat})(k_{bat}\Delta t - 1 + e^{-k_{bat}\Delta t})}{k_{bat}}$$

$$\tag{9-24}$$

式中：$W_{bat,1}^0$ 为初始时刻蓄电池组的可用能量，kW·h；$W_{bat,2}^0$ 为初始时刻蓄电池组的束缚能量，kW·h；$W_{bat,1}^1$ 为终止时刻蓄电池组的可用能量，kW·h；$W_{bat,2}^1$ 为终止时刻蓄电池组的束缚能量，kW·h；P_{bat} 为蓄电池组内部充电（负值）或放电（正值）功率，kW；Δt 为时间间隔，h，在算法中亦即时间步长；c_{bat} 为电池容量比例，表示蓄电池满充状态下可用能量和总能量的比值；k_{bat} 为电池转化速率常数，h^{-1}，即可用能量与束缚能量的转化速率。

根据简化 KiBaM 模型的可用能量 $W_{bat,1}$，取充电结束时蓄电池达到满充状态，即 $W_{bat,1}^1 = c_{bat} W_{bat}^{max}$，可计算出各步长内最大允许充电功率为：

$$P_{bat,kbm,C}^{max} = \frac{-k_{bat} c_{bat} P_{bat}^{max} + k_{bat} W_{bat,1}^0 e^{-k_{bat}\Delta t} + W_{bat}^0 k_{bat} c_{bat}(1 - e^{-k_{bat}\Delta t})}{1 - e^{-k_{bat}\Delta t} + c_{bat}(k_{bat}\Delta t - 1 + e^{-k_{bat}\Delta t})} \tag{9-25}$$

式中：W_{bat}^{max} 为蓄电池组最大可能存储能量，kW·h。

根据简化 KiBaM 模型的可用能量 $W_{bat,1}^0$，取放电结束时可用能量 $W_{bat,1}^1 = 0$，可得到最大允许放电功率为：

$$P_{\text{bat,kbm,D}}^{\max}=\frac{k_{\text{bat}}W_{\text{bat,1}}^{0}\,\text{e}^{-k_{\text{bat}}\Delta t}+W_{\text{bat}}^{0}k_{\text{bat}}c_{\text{bat}}(1-\text{e}^{-k_{\text{bat}}\Delta t})}{1-\text{e}^{-k_{\text{bat}}\Delta t}+c_{\text{bat}}(k_{\text{bat}}\Delta t-1+\text{e}^{-k_{\text{bat}}\Delta t})} \tag{9-26}$$

在简化 KiBaM 模型中，各步长内蓄电池组的最大充放电功率约束具有动态变化的非线性特征，其大小不仅取决于当前蓄电池组剩余容量，还和蓄电池组的充放电历史有关。

除 KiBaM 模型的限制条件外，为防止蓄电池的过充、过放，最大充电功率约束中还应计及蓄电池的最大充电电流和速率约束。蓄电池组的最大充电速率限制对应的最大充电功率为：

$$P_{\text{bat,mcr,C}}^{\max}=\frac{(1-\text{e}^{-a_c\Delta t})(W_{\text{bat}}^{\max}-W_{\text{bat}}^{0})}{\Delta t}\quad(\text{kW}) \tag{9-27}$$

式中：α_c 为蓄电池的最大充电速率，$\text{A}/(\text{A}\cdot\text{h})$。

蓄电池组的最大充电电流限制对应的最大充电功率为：

$$P_{\text{bat,mcc,C}}^{\max}=\frac{N_{\text{bat}}I_{\text{bat}}^{\max}U_{\text{bat,R}}}{1000}\quad(\text{kW}) \tag{9-28}$$

式中：N_{bat} 为蓄电池组串并联总数；$I_{\text{bat}}^{\max}$ 为蓄电池的最大充电电流，A；$U_{\text{bat,R}}$ 为蓄电池的额定电压，V。

结合 KiBaM 模型中对蓄电池组充放电功率的限制，最终的蓄电池组内部的充放电功率限制为：

$$P_{\text{bat,C}}^{\max}=\frac{\min(P_{\text{bat,kbm,C}}^{\max},P_{\text{bat,mcr,C}}^{\max},P_{\text{bat,mcc,C}}^{\max})}{\eta_{\text{bat,C}}} \tag{9-29}$$

$$P_{\text{bat,D}}^{\max}=\eta_{\text{bat,D}}P_{\text{bat,kbm,D}}^{\max} \tag{9-30}$$

式中：$\eta_{\text{bat,C}}$ 为蓄电池充电效率；$\eta_{\text{bat,D}}$ 为蓄电池放电效率。

从而得到蓄电池充放电功率上限、下限约束为：

$$-P_{\text{bat,C}}^{\max}\leqslant\frac{P_{\text{bat}}}{\eta_{\text{bat,C}}}(1-u_{\text{bat}})+\eta_{\text{bat,D}}P_{\text{bat}}u_{\text{bat}}\leqslant P_{\text{bat,D}}^{\max} \tag{9-31}$$

式中：$\eta_{\text{bat,C}}$ 为蓄电池充电效率；$\eta_{\text{bat,D}}$ 为蓄电池放电效率；$u_{\text{bat}}\in\{0,1\}$ 为蓄电池的充放电状态变量，0 代表蓄电池的充电状态，1 代表蓄电池的放电状态。

此外，还需考虑蓄电池 KiBaM 模型的寿命约束，计算公式如下：

$$l_{\text{bat}}=\min\left(\frac{N_{\text{bat}}E_{\text{bat}}^{\text{lifetime}}}{E_{\text{bat}}^{\text{ann}}},l_{\text{bat,f}}\right) \tag{9-32}$$

式中：l_{bat} 为蓄电池组寿命，年；N_{bat} 为蓄电池组中的蓄电池个数；$E_{\text{bat}}^{\text{lifetime}}$ 为单节蓄电池全寿命输出电量，$\text{kW}\cdot\text{h}$；$E_{\text{bat}}^{\text{ann}}$ 为蓄电池组年输出电量，$\text{kW}\cdot\text{h}$；$l_{\text{bat,f}}$ 为蓄电池组浮充寿命，年。

简化 KiBaM 模型假设蓄电池组全寿命周期内循环放电的总量为一个固定数值，这个数值跟放电深度无关。当放电量达到这个值时，就要对蓄电池组进行更换。该放电总量被称为蓄电池组全寿命输出，用于计算对应运行控制策略下蓄电池组寿命和蓄电池组损耗成本。

（五）超级电容器储能系统

超级电容器（Super Capacitor，SC）可在数秒内提供电压高达数百伏、电流高达数万安培的短时极高功率，用于满足微网短时间大功率用电需求。SC 电容值一般在 0.1F 以上的一定数值范围，端电压在 $1\sim3V$，应用中通过 SC 串并联组成 SC 模块来满足对电压和能量等级的要求。SC 将能量以电场的形式存储在电荷存储层内，其存储能量可表示为：

$$E = \frac{1}{2}CU_d^2 \qquad (9-33)$$

SC 物理模型可以用电阻和非线性电容组成的复杂的非线性网络来描述，经过不同程度的简化可以得到以下几种等效电路模型：

1. 串联 RC 模型

SC 最简单的一种等效电路模型——串联 RC 模型如图 9-16 所示，由电阻和电容串联组成，它只考虑了 SC 的瞬时动态响应，R 是等效串联电阻，C 是理想电容。此模型结构简单，便于进行 SC 储能模块的充放电分析和计算，除了强脉冲充放电场合，其他电压均衡电路中的超级电容器模型均可采用 RC 电路模型。

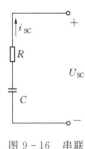

图 9-16　串联
RC 模型

与图 9-16 对应的 SC 输出特性如下式所示：

$$U_{SC} = U_0 - \left(Ri_{SC} + \frac{1}{C}\int i_{SC}\,\mathrm{d}t\right) \qquad (9-34)$$

式中：C 为超级电容器的电容值；R 为内阻；U_0 为初始电压。

若超级电容器组由 $m\times n$ 个超级电容器单体组成，m 为超级电容器串联只数，n 为超级电容器并联支路数，则该超级电容器组的等效阻抗分别为：

$$R_{SC} = \frac{m}{n}R \qquad (9-35)$$

$$C_{SC} = \frac{n}{m}C \qquad (9-36)$$

式中：C_{SC} 为超级电容器组的等效电容值；R_{SC} 为等效内阻。

2. 改进的串联 RC 电路模型

改进的串联 RC 电路模型是在串联 RC 电路模型上增加一个并联等效电阻 R_P，以表征超级电容器的漏电流效应，其模型如图 9-17 所示。此模型可反映 SC 的基本物理特性，是目前常用的一种模型。

3. 线性 RC 电路模型

线性 RC 电路模型如图 9-18 所示，由 5 个不同时间常数的 RC 电路组成，与上述两种模型相比，线性 RC 电路模型与超级电容器的物理特性更加符合，可反映出多电极超级电容器内部电荷的重新分配特性。但多 RC 支路模型的参数辨识复杂，而且没有考虑漏电流对超级电容器的长期影响。

（六）分布式电源变流器

微网中许多设备，如光伏设备、风机等，由于电压、频率等因素的限制，需要通过电力电子装置与系统连接，有整流器、逆变器、双向逆变器和变频器等。变流器建模参数主要包括变流器容量和整流/逆变/变频效率。整流/逆变/变频效率主要是为了考虑变流器在整流/逆变/变频过程中存在的损耗。对于特殊的变流器，如蓄电池双向逆变器，需要分别

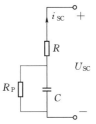
图 9-17 改进的串联 RC 模型

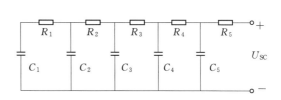
图 9-18 线性 RC 电路模型

定义其工作在整流状态和逆变状态时的容量和效率。本节针对分布式发电系统常用的两种可控电力电子变换器（PWM 变流器、DC/DC 变换器）给出相应的准稳态模型描述。

1. PWM 变流器

风力发电系统、燃气轮机并网系统经常采用 PWM 变流器并网，由 PWM 变流器（整流器、逆变器）、直流部分组成，其中电压源型 PWM 变流器应用较多。PWM 整流器和逆变器在电路结构上区别不大，只是功率变换的方向以及控制方式有所不同，准稳态模型在结构上是相似的。

逆变器准稳态模型在 $dq0$ 坐标系下建模，适合于单逆变器无穷大母线系统的分析，但是当多逆变器接入系统时，由于网络为正序建模，或三相建模，就涉及逆变器与网络接口的坐标转化问题。需要将 dq 分量转化为 xy 分量，如图 9-19（a）所示，与正序网络接口或将三序 xy 分量合成为相分量与三相网络接口，如图 9-19（b）所示。

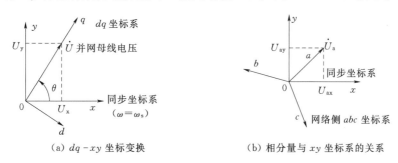

(a) dq-xy 坐标变换 （b）相分量与 xy 坐标系的关系

图 9-19 变流器坐标变换原理

图 9-19（a）示出了 $dq0$ 坐标系和 $xy0$ 坐标直接的坐标变换原理，图 9-19（b）为网络相分量和同步坐标直接的转换关系，其中坐标变换角度为 q 轴相对于同步旋转轴之间的夹角（假设 q 轴超前与 d 轴 $90°$），这与发电机机网接口采用功角原理有所区别。

网络侧以同步坐标系建模为例，换流器对应的稳态模型如图 9-20 所示。由于逆变器内部 IGBT 电容的周期性充放电效应，导致逆变器内部存在固有空载损耗，空载损耗平均值基本上和直流电压 U_{dc}^2 成正比，因此可以采用在直流电路侧并联的电阻 R_1 来模拟。

在图 9-20 中，$\dot{E}$ 为换流器内电势（即受调制电压）相量，R_f+jX_f 为换流器出口

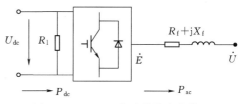
图 9-20 PWM 换流器的稳态模型

馈线参数（包含滤波回路参数，以及变压器或线路参数），$\dot{U}$ 为并网母线电压相量。采用 PWM 矢量调制方式，存在以下关系：

$$\begin{cases} E_d = k_0 P_{md} U_{dc}/U_{acBASE} \\ E_q = k_0 P_{mq} U_{dc}/U_{acBASE} \end{cases} \tag{9-37}$$

式中：P_{md}、P_{mq} 为换流器脉宽调制系数 dq 矢量解耦控制分量；k_0 为调制因子，在正弦波调制方式下 $k_0 = \dfrac{\sqrt{3}}{2\sqrt{2}}$；$U_{acBASE}$ 为交流侧电压基值；U_{dc} 为直流电压有名值。

逆变器出口处馈线电压平衡方程可以写为下式：

$$\begin{cases} E_q = U_q + R_f I_q + X_f I_d \\ E_d = U_d + R_f I_d - X_f I_q \end{cases} \tag{9-38}$$

PWM 换流器有功功率等于并网输出功率加上馈线铜耗，即

$$P_{ac} = U_x I_x + U_y I_y + (I_x^2 + I_y^2) R_f \tag{9-39}$$

计及换流器的损耗情况下，换流器交流侧输出有功功率和直流侧输入有功功率的关系为（均为有名值计算）：

$$P_{dc} = U_{dc} I_{dc} = P_{loss} + P_{ac} = \frac{U_{dc}^2}{R_1} + P_{ac} \tag{9-40}$$

根据电流控制方式的不同，换流器分为电流开环控制和电流闭环控制。电流开环控制的优点是结构简单，无需电流传感器，但稳定性差，动态响应慢。引入电流反馈实现闭环控制后，可提高系统的抗干扰能力和动态特性，具有较大的优点。常见典型的电流闭环控制方法有：基于三相静止坐标系的控制策略，包括电流滞环控制，预测电流控制，幅相控制等；基于同步旋转坐标系的控制策略，包括单端直流电压的矢量控制、双端电压的矢量控制以及基于功率外环的矢量控制等。在三相静止坐标系下，电流环的给定信号是正弦波，不易实现无静差控制效果，因此目前电压源型换流器的控制一般采用基于 dq 旋转坐标系的解耦矢量控制。

（1）PWM 整流器控制系统。整流器对永磁同步电机输出的三相交流电进行整流，为了快速调节电机输出功率，缩短系统动态响应时间，可采用双端恒电压矢量控制作为外环，电流控制器作为内环，控制电机机端电压幅值和变频器直流电压稳定输出。电压控制器详细模型如图 9-21 所示。

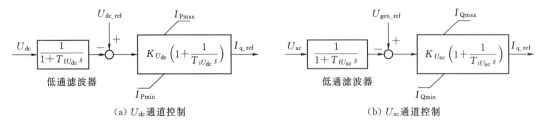

图 9-21　电压控制器详细模型

图 9-21 中：U_{dc} 为直流电压测量值；U_{ac} 为机端电压测量值；经过低通滤波器之后滤除高频分量；U_{ac_ref}、U_{dc_ref} 为输入参考值；I_{d_ref}、I_{q_ref} 为电流控制器控制指令；$K_{U_{dc}}$、

$T_{iU_{dc}}$、$K_{U_{ac}}$、$T_{iU_{ac}}$ 为 PI 控制器参数；$T_{fU_{dc}}$、$T_{fU_{ac}}$ 为滤波常数。

电流控制器是控制环节最快速的响应部分，反映了整流器的精细调节作用。电流控制环节实现了电流的无静态误差跟踪，并且将电流控制信号转化为电压控制信号。电流控制模块如图 9-22 所示。调制信号要满足条件 $0 \leqslant P_m = \sqrt{P_{md}^2 + P_{mq}^2} < 1$，才能实现正常的 PWM 调整，因此需对调制信号 P'_{mq}、P'_{md} 进行限幅处理。K_d、T_d、K_q、T_q 为 PI 控制器参数，P_{md}、P_{mq} 为调制信号。

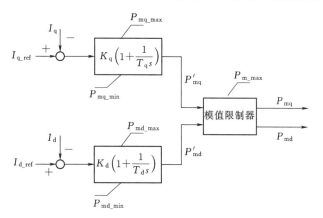

图 9-22 电流控制模块

（2）PWM 逆变控制系统。对于分布式电源并网逆变器，根据分布式电源的类型、在系统中所起作用等的不同，需要采取不同的控制策略，常见的分布式电源并网逆变器的控制方法有：①恒功率控制（又称：PQ 控制）；②下垂控制；③恒压恒频控制（又称：U/f 控制）。这些控制方法仅外环结构有所差异，电流控制模块和图 9-22 相同。

图 9-23 所示为典型恒功率控制方式，恒功率控制目的是根据网络侧负荷、功率参考值的变化自动调整分布式电源的输出。

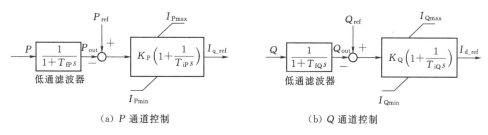

（a）P 通道控制　　　　　　　　　（b）Q 通道控制

图 9-23 逆变器侧 PQ 控制模块

图 9-23 中：P、Q 为逆变器输出有功、无功功率测量值，经过低通滤波器之后滤除高频分量；P_{ref}、Q_{ref} 为输入参考信号；I_{d_ref}、I_{q_ref} 为电流控制器控制指令；K_P、T_{iP}、K_Q、T_{iQ} 为 PI 控制器参数；T_{fP}、T_{fQ} 为滤波常数。

微网处于孤岛状态或独立供电情况时，具有一定有功储备的电源或储能装置可以采用下垂（Droop）控制、恒频恒压（U/f）控制参与离网内频率和电压的调节，在恒功率控制模块上扩展相应外环控制模块即可实现，如图 9-24 所示。

U/f 控制采用 PI 控制器构成外环扩展部分，K_f、T_f、K_U、T_U、K_P、T_{iP}、K_Q、T_{iQ} 为 PI 控制器参数，T_{fP} 为滤波常数，U_s、f_s 为测量的并网母线电压幅值和频率，U_{ref}、f_{ref} 为参考值，P_{ref}、Q_{ref} 是功率参考值，输出 P_{md}、P_{mq} 调制信号，其他部分与恒 PQ 控制相同。下垂控制采用比例增益构成外环扩展部分，比例增益为 K_f、K_U，其他部分与恒 PQ 控制相同。

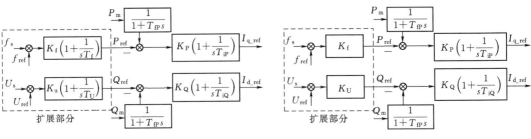

（a）逆变器侧恒频恒压控制模块　　　　（b）逆变器侧下垂控制模块

图 9-24　微网孤岛运行时逆变器控制模块

2. DC/DC 变换器准稳态模型

通过 DC/DC 变换器，直流型分布式电源一方面可以得到较稳定的直流输出电压，另一方面，通过控制调制比可得到所需的电压与逆变器进行接口。基本的 DC/DC 变换器有 Buck、Boost、Boost-Buck、Cuk 电路等，DC/DC 变换器控制系统常用控制策略为单闭环控制和双闭环控制。双闭环控制系统为提高输出精度和改善动态特性，采取了负反馈结构，如图 9-25（a）所示。直流电压 U_{dc} 作为外环控制输入信号，U_{dc_ref} 为参考电压信号，I_{dc_ref} 为电流内环的参考信号，D 为调制比，如图 9-25（b）所示。

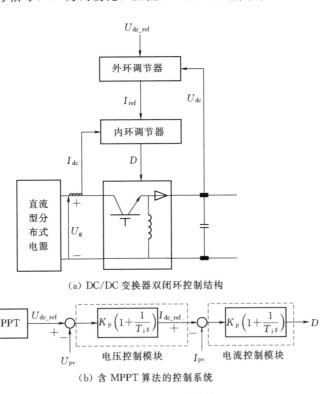

（a）DC/DC 变换器双闭环控制结构

（b）含 MPPT 算法的控制系统

图 9-25　DC/DC 变换器准稳态模型

几种常用的 DC/DC 变换器稳态模型如下：

Boost – Buck 变换器：
$$\frac{U_{\text{dc}}}{U_{\text{g}}}=\frac{D}{1-D}$$
(9 – 41)

Buck 变换器：
$$\frac{U_{\text{dc}}}{U_{\text{g}}}=D$$
(9 – 42)

Boost 变换器：
$$\frac{U_{\text{dc}}}{U_{\text{g}}}=\frac{1}{1-D}$$
(9 – 43)

式（9 – 41）～式（9 – 43）中：U_{g} 为直流分布式电源的电压；U_{dc} 为 DC/DC 变换器输出电压。

此外，对于光伏发电系统这种受环境变化影响比较显著的并网系统，一般在 DC/DC 变换器控制环节加入 MPPT 算法以实现最佳运行点的跟踪。一种典型实现方案是将 MPPT 模块接入控制器的外环，输入为光伏阵列电压 U_{pv}、电流 I_{pv}，输出为一般 DC/DC 变换器外环电压参考值 $U_{\text{dc\_ref}}$。外界环境（如辐照度，温度）变化，导致光伏阵列电压电流变化，通过控制占空比，调整 DC/DC 变换器的输出直流电压，从而达到跟随环境变化而实现整个光伏发电系统以最大效率输出。式（9 – 41）～式（9 – 43）结合上述控制环节就构成了 DC/DC 变换器的准稳态模型。

第三节　微网能量管理与运行控制

一、微网能量管理与运行控制关键问题

（一）微网能量管理与运行控制要求

与大电网不同，微网的能量管理与运行控制与 DG 类型、渗透率、负荷特性以及电能质量等条件有关，其环境和经济效益以及在电力系统中的可接受程度和可扩展程度，取决于如下的自身运行控制能力：

（1）微网电压稳态和动态特性，尤其是电力电子耦合单元，与传统的汽轮发电机单元有明显不同，还有短期和长期的储能单元在微网控制中也起到重要作用。

（2）微网供电一个显著特点是存在不可控电源，如风力发电单元、光伏发电单元等，同时由于单相负荷和单相微型电源的出现，微网自身受到单相不平衡程度的影响。

（3）经济性对微网有一定的限制，必须随时承受分布式电源和负荷的接入和断开，并同时保障微网稳定运行。

（4）微网要能够为一些重要负荷提供高电能质量或定制化服务，除了电能，微网往往负责所有或者部分负荷的供热。

微网能量管理与运行控制必须保证在并网和离网运行方式下，微网都能够安全稳定运行。当与电网隔离时，能量管理与运行控制系统必须有能力控制局部电压和频率，提供或者吸收电源和负荷之间的暂时功率差额，保护微网。

（二）微网能量管理与运行控制难点

1. 微网能量优化管理

由于微网可同时存在多种能量平衡关系（冷、热、电等），包含多种间歇性新能

源（风、光等），并存在并网、离网运行两种方式，使得微网成为一个具有较强随机性的多元非线性复杂系统，微网能量管理优化时需要考虑多种运行目标（经济最优，清洁最优等），需要考虑多种复杂约束，如何实现微网的运行优化，是面临的难点之一。

2. 微网暂态过程中的频率和电压控制

相对于大电网，微网容量较小，且采用大量电力电子设备作为接口，系统惯性小或无惯性、过载能力弱、间歇性发电功率波动以及负载功率的多变性特征增加了微网频率和电压控制的难度。离网运行时，微网内关键电气设备停运、故障、负荷冲击等，将造成系统频率与电压的大幅超越允许范围、分布式电源之间产生环流和功率振荡等现象，需要制定相应的频率和电压快速稳定控制策略，维持系统暂态过程中的频率和电压的稳定。

3. 微网并/离网平滑切换控制

微网并/离网平滑切换（或称为无缝切换）控制技术是指微网在并网与离网模式之间切换过程中，实现平滑切换，不对电网及微网内部设备造成冲击，能保证微网系统的稳定性以及内部负荷的正常供电，使微网用户感觉不到切换过程所带来的供电中断，这就需要微网及时获取电网和微网内部信息，制订有效的并/离网控制策略。

二、微网运行模式

（一）并网运行模式下微网运行特性

并网运行模式指微网通过 PCC 点与外部电网相连，与电网有功率交换。当负荷大于 DG 发电时，微网从电网吸收部分电能；反之，当负荷小于 DG 发电时，微网向电网输送多余的电能。并网运行方式下，微网可以利用电力市场的规律灵活控制分布式电源的运行，获得更多的经济效益。

并网运行模式下，微网内功率缺额由电网进行平衡，频率的调整由电网完成。对局部可靠性和稳定性，恰当的电压调节是必要的。若没有有效的局部电压控制，DG 高渗透率的系统可能会产生电压和无功偏移或振荡。电压控制要求电源之间没有大的无功电流流动。在并网运行模式下，DG 单元以局部电源支撑的形式提供辅助服务。对于现代电力电子接口，与有功频率下垂控制器相类似，其采用电压无功下垂控制器，为局部无功需求提供了一种解决方案。

（二）离网运行模式下微网运行特点

离网运行模式是指微网与大电网隔离独立运行。离网运行时微网的重要需求是提高微网内重要负荷供电可靠性。离网运行可分为计划内的离网运行和计划外的离网运行。在外部电网发生故障或其电能质量不符合系统标准的情况下，微网可以离网模式独立运行，成为计划外的离网运行。这种运行方式可以保证微网自身和电网的正常运行，从而提高供电可靠性和安全性。此时，微网的负荷全部由 DG 承担。基于经济性或其他方面的考虑，微网可以主动与电网隔离，独立运行，形成计划内的离网运行。

离网运行模式下，微网频率控制极具挑战。微网具有很小或者根本没有直接相连的旋转体。由于微型燃气轮机和燃料电池对控制信号有较缓慢的响应特性，且通过电力电子接口并网，因此惯性很小或几乎是没有惯性，因此离网运行需要技术支持并且提出了负荷跟踪的问题。电力电子变流器控制系统必须提供原先与旋转体直接相连时所能得到的响应特性。而频率控制策略应该以一种合作的方式，通过频率下垂控制、储能设备响应、切负荷等方案，根据 DG 容量改变其有功输出。由于电压控制本质是一个局部问题，所以并网和离网两种运行模式下，电压调节没有本质区别。

三、微网能量管理与运行控制结构

目前微网系统级的能量管理与运行控制结构主要有主从控制、对等控制和分层控制三种结构。

（一）主从控制

主从控制结构如图 9 - 26 所示，是指微网运行在离网模式时，某一个 DG 作为主控单元，通过 U/f 控制向微网中的其他 DG 提供电压和频率参考，其他 DG 作为从控单元，采用 PQ 控制。当微网处于并网运行模式时，分布式电源通常采用 PQ 控制，而当转入离网模式时，作为主控单元的分布式电源快速的由 PQ 模式转变为 U/f 控制模式。

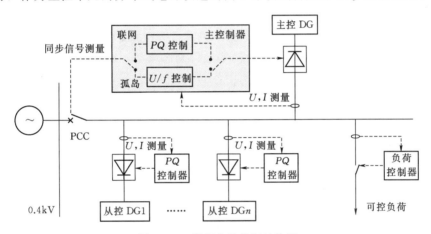

图 9 - 26 微网主从控制结构图

主控单元的 DG 应能够在并网运行状态下的 PQ 控制方式与离网运行状态下的 U/f 控制方式二者之间进行无缝切换，且能在离网运行状态下及时跟随负荷变化，以维持微网稳定运行。风、光等间歇性 DG 一般采用 PQ 控制，不参与微网频率和电压调节。因此，可调度型 DG 单元才可被选作主控单元，通常包括以下几种。

1. 储能装置

微网处于离网运行模式时，间歇性 DG 输出功率以及负荷波动均会影响系统的电压和频率。为维持微网电压/频率稳定，储能装置作为主控单元（U/f 控制），通过控制其双向功率流动来跟踪其他 DG 及负荷功率的波动。

微网中蓄电池作为主控单元的应用最为广泛，希腊 NTUA 微网、荷兰 Continuon 微网，以及日本 Wakkanai 微网等均以蓄电池作为主控单元进行离网运行模式下的调频调压。但蓄电池功率密度较小，当微网离网运行模式下发生较大功率波动时，蓄电池瞬间输出功率不足，将会引起电压和频率明显波动。有学者提出利用飞轮储能作为微网离网运行时的主控单元，利用其功率密度大的特点，以提高电能质量，但飞轮储能能量密度很小（10～30W·h/kg），响应时间较短。有研究提出采用超级电容器和蓄电池组成混合储能装置，作为微网离网运行时的主控单元，以利用超级电容器瞬时放电功率大、蓄电池能量密度大的特点，提高微网电能质量，同时延长离网微网运行时间。

2. 可控分布式电源

微网中微燃机等输出稳定且易于控制的 DG 可作为主控单元，这类 DG 输出功率在一定范围内可灵活调节，且可维持离网微网在较长时间内的稳定运行。微网中一般会选择容量较大的 DG 作为主控单元，以维持孤立微网的长期稳定运行。

3. 储能装置与可控 DG 相配合

由于微燃机等 DG 设备响应速度较慢，其作为主控单元时，难以维持微网运行模式的无缝切换，且无法保证微网较大功率波动时的电能质量，为此，采用 DG 装置与功率型储能装置相配合的主控单元受到了广泛关注。采用这种模式，既可以利用储能装置的快速响应特性实现微网运行模式的无缝切换，又可利用微燃机等 DG 来维持微网较长时间的离网运行。

（二）对等控制

对等控制是指微网中各 DG 间不存在主从关系，所有 DG 在控制上具有同等地位，均根据接入系统点电压/频率信息对其输出功率进行动态调整，参与微网运行控制，其典型控制结构如图 9-27 所示。对等控制结构中各 DG 控制器的控制策略是决定微网运行特性的关键因素，目前应用最为广泛的为下垂（Droop）控制策略，即各 DG 通过模拟发电机组的工频静特性，改变其输出有功功率和无功功率，与其他 DG 共同调节微网的电压和频率。

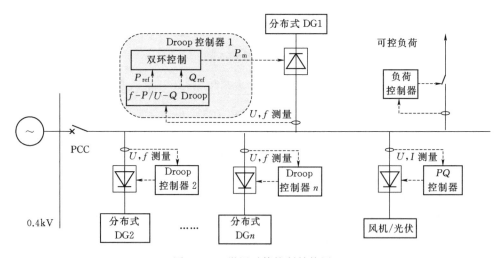

图 9-27 微网对等控制结构图

图 9-27 所示微网在对等模式下，风光等间歇性 DG 仍以恒功率控制策略运行在最大功率点，其他以对等模式接入微网的 DG 采用 Droop 控制策略，均具有电压和频率调节能力，根据微网内供需变化按照各控制器的下垂系数自动分配功率输出，使微网达到新的稳态工作点（有差控制）。各个 DG 输出功率与其控制器下垂系数成正比，因此可通过调节其下垂系数来改变不同 DG 的功率分配关系。

当微网处于离网模式时，每个采用 Droop 控制的 DG 都参与微网电压和频率的调节。在负荷变化的情况下，自动依据 Droop 系数分担负荷的变化量，即各分布式电源通过调整各自输出电压的频率和幅值，使微网达到新的稳态工作点，最终实现输出功率的合理分配。采用 Droop 控制可以实现负荷功率变化在分布式电源间的自动分配，但负荷变化前后系统的稳态电压也会有所变化，对系统电压和频率指标而言，这种控制实际上是一种有差控制。

与主从控制相比，对等控制结构的微网无需通信系统，各 DG 根据本地测量信号参与输出功率的自动分配，可有效提高微网运行的可靠性，降低系统成本，且控制结构具有冗余性、易扩展性的特点，易于实现各类 DG 的即插即用（微网在能量平衡条件下，任何一个 DG 断开或接入，不需要改变微网内其他单元的设置）。同时，Droop 控制策略可同时应用于微网并网和离网两种运行模式，因此易于实现微网运行模式的无缝切换。

（三）分层控制

分层控制是利用上层管理系统管理底层多个 DG 和负荷的一种控制方式，上层管理系统与底层 DG 之间建立一种弱通信联系，从整体上对微网运行进行有效管理，同时，底层 DG 之间亦能构成独立控制体系，即使通信失败，微网仍能正常运行。微网的分层控制结构图如图 9-28 所示。

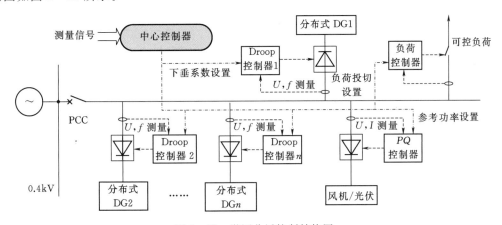

图 9-28 微网分层控制结构图

微网中央控制器 MGCC 首先对 DG 发电功率和负荷需求进行预测，然后制订相应的运行计划，并根据采集的电压、电流以及功率等信号，对运行计划进行实时调整，在线管理各 DG、储能装置的运行以及负荷的投切，保证微网电压和频率稳定，优化微网运行，并为系统提供相关保护功能。微网内暂态供需平衡动态调节仍然由底层的 DG 控制器来完成，而底层 DG 可采用主从控制，也可采用对等控制。

四、微网逆变器控制技术

微网中大部分 DG 是基于电力电子变换装置的逆变型电源，图 9-29 示出逆变型 DG 的典型并网结构。不同的 DG 会根据其运行特性以及其在系统中的不同作用采取不同的并网控制策略，常见的微网逆变器控制策略有恒功率控制（PQ 控制），下垂控制（Droop

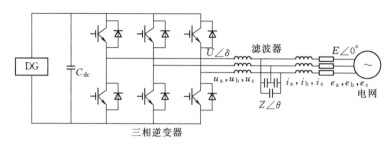

图 9 - 29 逆变型 DG 典型并网结构图

控制）以及恒压恒频控制（U/f 控制），本节分别对其进行介绍。

（一）恒功率控制

恒功率控制是指 DG 并网逆变器所接入的交流网络的频率和电压在允许范围内变化时，通过对 DG 输出的有功功率和无功功率进行解耦控制，使其输出等于参考值，其控制原理如图 9 - 30 所示。

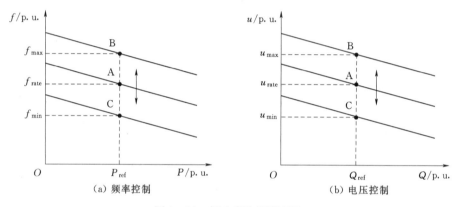

（a）频率控制　　　　　　　　（b）电压控制

图 9 - 30　恒功率控制原理图

假设 DG 初始运行点为 A，系统频率为额定频率 f_{rate}，DG 端口电压为额定值 u_{rate}，输出的有功功率和无功功率分别为设定参考值 P_{ref} 和 Q_{ref}。利用图 9 - 30 中所示的 P - f、Q - U 之间的下垂特性，实现 DG 输出的有功功率和无功功率的解耦控制。在频率允许的变化范围内（$f_{min} < f < f_{max}$），通过调整频率的下垂特性曲线移动 DG 到达新的运行点，使其输出的有功功率维持在设定参考值 P_{ref}（详见下面的内容）；在电压允许的变化范围内（$u_{min} < u < u_{max}$），通过调整电压的下垂特性曲线移动 DG 到达新的运行点，使其输出的无功功率维持在设定参考值 Q_{ref}。采用该控制方式的 DG 并不能维持系统的频率和电压不变，若微网并网运行，则可由大电网提供频率和电压支撑；若微网运行在孤岛模式下，则系统中需存在其他提供频率和电压支撑的 DG 或储能系统。

PQ 控制有不同的实现方式，图 9 - 31 示出常用的基于功率外环/电流内环的实现方式。对 DG 逆变器输出的三相瞬时电流 i_a、i_b、i_c 和三相瞬时电压 u_a、u_b、u_c 进行 Park 变换后，得到 d 轴和 q 轴分量 i_d、i_q、u_d、u_q。逆变器注入交流网络的有功功率和无功功率瞬时值可以表示为：

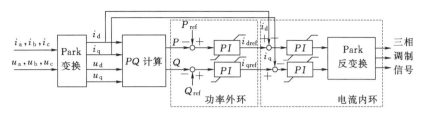

图 9 - 31 功率外环/电流内环控制原理图

$$P = e_d i_d + e_q i_q \qquad (9 - 44)$$

$$Q = e_d i_q - e_q i_d \qquad (9 - 45)$$

Park 变换中选取 d 轴与电压矢量同方向，可以使得 q 轴电压分量为零，此时，功率输出表达式得到简化，有功功率仅与 d 轴有功电流有关，无功功率仅与 q 轴无功电流相关，从而实现有功功率和无功功率的解耦控制。

如图 9 - 31 所示，根据采集的三相电压、电流信号计算注入电网的瞬时功率 P 和 Q，即功率外环输入信号。功率外环输入信号与给定的功率参考信号 P_{ref} 与 Q_{ref} 进行比较，并对有功功率误差和无功功率误差分别进行比例积分控制，得到电流内环控制器的参考信号 i_{dref} 和 i_{qref}。当逆变器输出功率与参考功率不相等时，PI 控制器根据功率误差，通过改变电流参考信号的取值，调整逆变器的三相调制信号，以改变逆变器输出功率，整个调节过程直至逆变器功率误差为零，控制器达到稳态为止，即图 9 - 30 中运行点在垂直方向移动达到新的稳态运行点。

（二）下垂控制

下垂控制是使 DG 输出特性模拟发电机组工频静特性的一种控制方法，它利用有功功率和频率近似呈线性关系、无功功率和电压幅值近似呈线性关系的原理进行控制，既可以单独为微网提供频率和电压支撑，也可以与其他电压/频率支撑单元并联运行。以图 9 - 29 所示 DG 并网结构为例，逆变器向电网注入的功率可表示为：

$$
\begin{aligned}
S_{in} &= P + jQ \\
&= EI^* = E\left(\frac{\dot{U} - \dot{E}}{\dot{Z}}\right)^* \\
&= E\left(\frac{Ue^{-j\delta} - E}{Ze^{-j\theta}}\right) \\
&= E\left[\frac{Ue^{j(\theta-\delta)} - Ee^{j\theta}}{Z}\right] \qquad (9 - 46)
\end{aligned}
$$

逆变器注入电网的有功功率和无功功率分别为：

$$P = \frac{EU}{Z}\cos(\theta - \delta) - \frac{E^2}{Z}\cos\theta \qquad (9 - 47)$$

$$Q = \frac{EU}{Z}\sin(\theta - \delta) - \frac{E^2}{Z}\sin\theta \qquad (9 - 48)$$

式中：U 为逆变器出口电压；E 为交流网络电压；Z 为线路阻抗；θ 为阻抗角；δ 为逆变器出口电压相角。

假设逆变器到交流网络的传输线路呈感性，即 $X \gg R$，则 $\theta = 90°$，式（9-47）、式（9-48）可简化为：

$$P = \frac{EU\sin\delta}{X} \tag{9-49}$$

$$Q = \frac{EU\cos\delta - E^2}{X} \tag{9-50}$$

若 δ 很小，则 $\sin\delta \approx \delta$，$\cos\delta \approx 1$，可得如下结论：有功功率传递主要取决于送端电源和受端电源之间的相角差；无功功率传递主要取决于送端电压和受端电压的幅值差。由此可以得到图 9-32 所示的 P-f、Q-U 下垂控制原理。

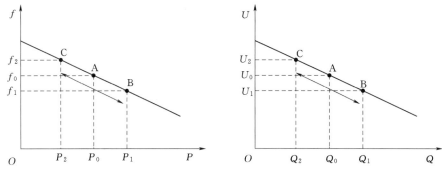

图 9-32　下垂控制原理图

假设 DG 初始运行点为 A 点，系统频率为 f_0，逆变器所接交流母线电压为 U_0，逆变器输出的有功功率为 P_0，无功功率为 Q_0。当系统供需不平衡时，根据图 9-32 中所示的下垂特性进行调节，达到新的稳态运行点。如系统有功负荷突然减小导致频率上升时，逆变器下垂控制的调节过程为：频率上升时，控制系统调节 DG 输出的有功功率按下垂特性相应减小，同时，负荷功率也因频率上升而有所增大，最终在下垂控制特性和负荷自身调节的双重效应下过渡到新的稳态运行点 C 点；反之，若系统有功负荷突然增加，则系统过渡到新的稳态运行点 B 点。Q-U 的下垂调节过程与 P-f 调节过程类似，不再赘述。

下垂控制主要分为两种实现形式：①以频率/电压控制功率（f-P、U-Q）；②以功率控制频率/电压（P-f、Q-U）。下面以第一种实现形式为例介绍逆变器下垂控制结构，根据图 9-32，逆变器下垂特性可表示为：

$$P = P_0 - m(f_0 - f) \tag{9-51}$$

$$Q = Q_0 - n(U_0 - U) \tag{9-52}$$

式中：m 为频率/有功下垂系数；n 为电压/无功下垂系数。

根据式（9-51）、式（9-52）可以得到 Droop 控制结构如图 9-33 所示，主要包括功率参考值计算环节和功率控制环节。功率参考值计算环节中 f-P 下垂控制的输入量为频率设定值 f_0、频率测量值 f 和初始有功功率设定值 P_0，输出 P_{ref} 为 DG 的有功功率参考值；U-Q 下垂控制的输入量为电压设定值 U_0、电压测量值 U 和初始无功功率设定值 Q_0，输出 Q_{ref} 为 DG 的无功功率参考值。P_{ref} 和 Q_{ref} 作为功率控制环节的参考信号，经过功率控制环节调节逆变器调制信号，通过改变 DG 输出功率调节微网电压和频率，使系统运

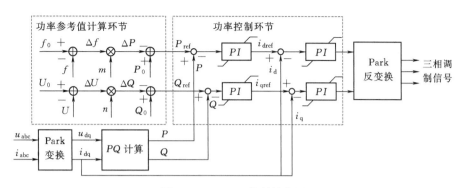

图 9-33 Droop 控制结构图

行点在图 9-32 所示下垂特性上移动。将式（9-51）、式（9-52）变形后可得到下垂控制另外一种控制结构（以功率控制频率/电压），分析过程类似。对于微网中储能装置、微燃机以及柴油发电机等可用于能量调度的 DG 设备，由于其受响应速度和容量限制等的约束，往往需要多个 DG 协调运行，此时更适合采用 Droop 控制策略，不同 DG 可自动实现功率分配，且具有即插即用的优点，在提高微网运行可靠性的同时并降低了系统运行成本。

（三）恒压恒频控制

恒压恒频控制是指无论 DG 的输出功率如何变化，逆变器所接交流母线的频率和电压幅值保持不变，其基本原理如图 9-34 所示。

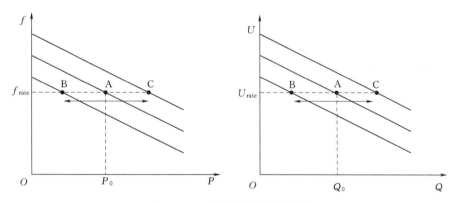

图 9-34 恒压恒频控制原理图

假设 DG 初始运行点为 A，系统频率为 f_{rate}，逆变器出口交流母线电压幅值为 U_{rate}，DG 输出的有功功率和无功功率分别为 P_0 和 Q_0。当微网内由于间歇性 DG 输出功率波动或者负荷波动导致频率偏离额定值 f_{rate} 时，恒频控制器通过调节 DG 输出的有功功率，移动其 $P-f$ 特性曲线，使频率维持在额定值；当微网内电压偏移额定值 U_{rate} 时，恒压控制器通过调节逆变器输出的无功功率，移动其 $Q-U$ 特性曲线，使电压维持在额定值。恒压恒频控制主要应用于微网孤岛运行模式下，向微网提供频率和电压支撑，相当于常规电力系统中的平衡节点。

恒压恒频典型控制结构如图 9-35 所示，分为功率参考值计算环节和功率控制环节。

功率参考值计算环节根据恒压恒频控制原理，对微网频率偏差和逆变器出口交流母线的电压偏差进行 PI 控制，得到逆变器输出功率参考信号 P_{ref} 和 Q_{ref}。逆变器功率参考信号输入功率控制环节，得到逆变器调制信号，通过改变逆变器占空比调节 DG 输出功率以维持微网频率和电压稳定（相当于图 9-34 中系统运行点在水平方向移动），从而实现频率和电压的无差控制。

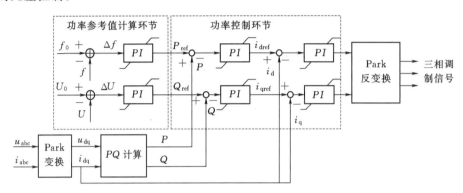

图 9-35　恒压恒频典型控制结构图

恒压恒频控制适用于微网中微燃机、燃料电池、储能装置等输出功率稳定可调的 DG 设备。微网离网运行时，此类 DG 根据系统需求调节自身功率输出，向微网提供电压/频率支撑。但是，由于恒压恒频控制主要用于微网孤岛运行模式，因此在微网运行模式切换时，相应的 DG 逆变器需要切换控制策略，增加了微网无缝切换的难度。

五、微网并离网模式下的运行控制策略

（一）并网运行控制策略

微网并网运行时，其电压和频率主要跟随大电网的电压和频率，微网内分布式电源一般采用 PQ 控制模式运行。微网并网运行控制策略是对微网内各分布式电源出力进行协调控制，以实现微网的各种控制目标，如分布式发电/储能计划控制、风光储联合功率控制、联络线功率控制等，保障微网安全稳定运行。

以一个含多种类型的分布式电源、满足用户冷/热/电需求的复杂微网为例来进行说明：并网运行状态下，该微网运行控制的目的是通过综合考虑微网内的热/电需求情况、燃料费用及热价、电价、气候状况、电能质量要求、燃料消耗、趸售及零售服务需求、需求侧管理要求以及拥塞水平等情况来作出决策，给出每个分布式电源的功率和电压设定值，在满足热/电负荷需求、确保微网能满足与外网间的运行合同等的前提下，实现微网运行成本最小、分布式电源的运行效率最高、系统环境效益最大等目标。

微网处于并网运行时，与电网间的能量交换有两种模式：①微网利用内部分布式电源、储能等来尽量满足网内的负荷需求，可以从外网吸收电能，但不能向外网输出功率；②允许微网参与到开放的电力市场中，可以与外网自由交换功率，且除各分布式电源参与竞价外，需求侧可控资源也可参与市场竞价。在微网能量管理策略研究中，需要在运行约束条件和目标函数中考虑两种不同运行模式的差异性。

1．运行控制目标

与大电网不同，微网运行控制不仅要考虑分布式电源提供冷/热/电能、有效利用可再生能源、保护环境、减小燃料费用，还需考虑与外网间的电能交易。总体说来，其能量管理目标可以分为三大类：

（1）经济运行。通过对微网内的可调度 DG 和储能设备进行合理调度，尽量减少微网的运行成本和提高系统效率。

（2）联络线功率平滑。微网并网时，一般被要求控制成为一个友好负荷形式，即所谓的"好公民"，应有助于降低电能损耗，实现电力负荷的移峰填谷，提高电压质量或不造成电能质量恶化等目标，因此一般要求微网联络线输出功率平滑或者维持在一定功率范围内。

（3）环境效益。微网环境友好性是发展微网的主要原因之一，在能量管理中体现为使污染物的排放最小、可再生能源利用最大化等。

2．约束条件

对于一个复杂微网，由于涉及多种能源供应和需求形式，具体需要满足的约束条件会有很多，如各类能源平衡约束、设备容量极限约束、各类合同约束等，本节的侧重点在于电气问题的研究，这里仅给出一些典型的电气量约束条件，这类约束条件可以分为三类：

（1）有功功率平衡约束，即

$$P_{Lt} = \sum_{i=1}^{d} P_{it} + \sum_{f=1}^{q} P_{ft} + P_{Grid} \qquad (9-53)$$

式中：d 为可调度发电单元数目；q 为不可调度发电单元数目；P_{it} 为可调度型发电单元 t 时刻的功率输出，kW；P_{ft} 为不可调度型发电单元 t 时刻的功率输出，kW；P_{Grid} 为电网 t 时刻与微网的功率交换量，设定从电网买电为正，向电网卖电为负，kW；P_{Lt} 为 t 时刻微网中的总有功负荷，kW。

（2）联络线功率限制，即

$$|P_{Grid} - P_{set}| < YD \qquad (9-54)$$

式中：P_{set} 为联络线功率参考值，kW；YD 为阈值，kW。

（3）设备容量等运行约束。设备自身运行约束包括输入、输出功率限制，启停时间限制等。由于 DG 形式的多样性，微网构成的复杂性，微网运行控制策略很难给出统一的描述方式。对于可再生电源，如风力发电机、光伏电池等，应尽量使其满负荷运行，但其发电能力与天气情况关系较大，不可控因素较多，带有此类 DG 的微网与外部电网并联运行时，多以电网作为稳定的电源支撑，以储能装置作为减少负荷波动的辅助措施。此类微网运行控制的作用是充分利用可再生能源，尽量减少用户购电成本。对于微燃机等燃烧化石能源的 DG，由于其输出可控，用户为实现对一次能源的充分利用，常需要根据冷（热）电负荷的变化调节这类分布式电源的出力，以达到运行控制的目标。

（二）离网运行控制策略

离网模式下的微网常用的典型电源有常规发电机组（如柴油发电机、微型燃机轮机等）和可再生能源发电机组（如光伏和风力发电系统等），当后者容量较大时，一般需要安装储能系统，用于稳定系统运行电压和频率。目前而言，蓄电池储能装置投资较大，且使用寿命较短（铅酸电池的满充放电循环次数仅为 600～1000 次），合理利用储能电池以保证其使用寿命是微网运行控制策略选择的关键。

以一个典型离网型微网为例来说明其运行控制策略，如图 9－36 所示。光伏阵列、风力发电机、蓄电池等通过各自的换流器接入交流母线，这种方案具有换流器容量要求较小，负荷和 DG 扩容较为便利的优势。微网内可控负载，如海水淡化负荷可用于辅助功率调节。

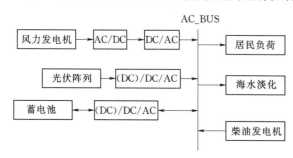

图 9－36　离网运行微网系统

对图 9－36 所示微网进行运行控制的目的是借助于对储能系统的充放电管理、DG 的出力调度以及负荷的控制等，确保微网内发电与负荷需求的实时功率平衡，在防止电池过充与过放等约束条件下，实现对其他 DG 的优化调度，保证微网的长期稳定、经济运行。也就是说，控制策略制定的目的就是在保证系统稳定供电前提下，综合考虑各种 DG 和储能设备的运行约束，提高系统全寿命周期的经济性。

针对图 9－36 所示微网，每个设备都须满足一定运行约束条件，其中一些是设备本身运行安全性或经济性所要求的，另一些则与运行控制策略相关。需指出，有些运行约束也属于相应控制策略的一部分。

1. 蓄电池

在蓄电池工作过程中，应保持荷电状态在一定范围内。较大的充放电电流、蓄电池过充或过放等都会对蓄电池造成伤害。因此，需要蓄电池的充放电电流、电压以及 SOC 三个指标满足一定的约束条件。

（1）蓄电池电流约束为：

$$I_{\text{charge}} < \max I_{\text{charge}} \tag{9-55}$$

$$I_{\text{discharge}} < \max I_{\text{discharge}} \tag{9-56}$$

式中：I_{charge}、$I_{\text{discharge}}$ 为蓄电池的充、放电电流；$\max I_{\text{charge}}$、$\max I_{\text{discharge}}$ 为蓄电池最大充、放电允许电流。

（2）蓄电池端电压约束为：

$$\min U_{\text{battery}} < U < \max U_{\text{battery}} \tag{9-57}$$

当蓄电池端电压 U 高于 $\max U_{\text{battery}}$ 或低于 $\min U_{\text{battery}}$ 时，会影响蓄电池使用寿命。

（3）蓄电池荷电状态（State of Charge，SOC）约束为：

$$\min SOC_{\text{bat}} < SOC < \max SOC_{\text{bat}} \tag{9-58}$$

蓄电池的荷电状态必须处于允许的最小 SOC 和最大 SOC 之间。

2. 柴油发电机

柴油发电机组的最大允许输出功率 $\max P_{\text{DG}}$ 应能够满足在可再生能源出力为零且电池容量不能满足放电要求时的负荷需求，即

$$\max P_{\text{DG}} \geq \max P_{\text{load}} \tag{9-59}$$

式中：$\max P_{\text{load}}$ 为最大负荷功率。

为保证柴油发电机能够经济可靠的运行，并尽可能减少频繁启停对其运行寿命的影响，一般要求满足：

$$\max P_{DG} > P_d > \min P_{DG} \qquad (9-60)$$

$$T_{DG} \geqslant \min T_{DG} \qquad (9-61)$$

式中：P_d 为柴油发电机的实际输出功率；$\max P_{DG}$、$\min P_{DG}$ 为其上限、下限约束；T_{DG}、$\min T_{DG}$ 为柴油机的运行时间和最小允许运行时间。

由于柴油机在低载运行时，发电效率下降，且燃油消耗量接近满载。因此，需要设定柴油发电机最小发电功率约束。同时，为减少频繁启停对柴油发电机寿命的影响，应设置最小运行时间约束。上述约束条件并非一种强制性硬约束条件，对某些控制策略允许放宽。

3. 风力发电机

考虑到风机的频繁启停也会影响其使用寿命，因此对风机可设定下述启动条件：

$$P_{less} \geqslant P_{wN} \qquad (9-62)$$

$$\Delta t_{ws} \geqslant \min T_{ws} \qquad (9-63)$$

式中：P_{less} 为系统缺额功率；P_{wN} 为单台风机的额定功率；Δt_{ws} 为风机停机时间；$\min T_{ws}$ 为最小停机时间。

当 $P_{less} \geqslant P_{wN}$ 时，投入风机，这样可避免小功率波动造成的风机频繁投切；风机停机时间需要满足最小停机时间要求，可优先投入已切除时间较长的风机；同理，需要切除风机时应优先切除已投入时间 Δt_{wo} 较大的风机。

4. 光伏电池组

如图 9-37 所示，在一定的光照强度和环境温度下，光伏电池可以工作在不同的输出电压下，通过控制光伏电池阵列的输出电压，就可以调节光伏发电系统的输出功率。光伏并网逆变器直流侧存在最小电压约束条件，当光伏电池组的电压低于下限 U_{min} 时，逆变器无法正常工作，U_{min} 对应最小输出功率 $\min P_{pv}$。利用光伏并网逆变器控制光伏阵列的工作点电压，使其既可以工作在最大功率点处，也可以工作在低于最大功率点的某一设定功率值。其运行约束条件为：

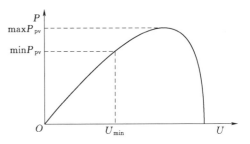

图 9-37　某一温度和太阳辐射强度下的光伏电池的 P-U 特性

$$P_{pvN} \geqslant \max P_{pv} \geqslant P_{pv} \geqslant \min P_{pv} \qquad (9-64)$$

式中：P_{pv}、$\max P_{pv}$、$\min P_{pv}$、P_{pvN} 为当前光伏电池组的输出功率、最大输出功率、功率下限及额定功率。

5. 海水淡化负荷

目前，海水淡化装置的类型有多种，这里采用反渗透海水淡化（Reverse Osmosis，RO）装置。

海水淡化系统运行功率为：

$$P_{RO} = P_{desalination} \qquad (9-65)$$

海水淡化开启条件为：

$$P_{net}<0 \ 或 \ H_w=0 \qquad (9-66)$$

上二式中：P_{RO}、$P_{desalination}$、P_{net}、H_w 为当前海水淡化系统消耗功率、海水淡化系统的额定功率、系统净负荷和当前淡水水库的蓄水量。

$H_w=0$ 表示当前淡水水库存储的淡水已经用尽，需要开启海水淡化流程；$P_{net}<0$ 表示此时微网可再生能源发电已经大于系统负荷需求，为实现可再生能源的本地消纳，同样也需要开启海水淡化流程。

6. 蓄电池并网变流器

与柴油发电机类似，蓄电池并网变流器的额定功率 $P_{converter}$ 应能够在可再生能源出力为零时，利用蓄电池独立满足最大负荷功率需求，即

$$P_{converter} \geq maxP_{load} \qquad (9-67)$$

在前述目标和约束的条件下，常用是一种修正的硬充电控制策略（Revised Hard Cycle Charge，RHCC）。RHCC 策略充分考虑了电池的充放电管理，更加充分地考虑了蓄电池投资成本对运行经济性的影响。为了尽可能减少蓄电池的充放电次数，一旦蓄电池进入充电状态，就需要可再生能源或者柴油发电机组一直保持充电直到达到设定的 SOC 充电上限，而一旦蓄电池进入放电状态，就需保证其处于持续放电状态，直到达到 SOC 放电下限限制。在充电期间，可以利用可再生能源充电，一旦其不能满足充电要求，则柴油发电机启动继续保持充电；在放电期间，一旦净负荷小于零，即可再生能源有多余能量，则需投入可控负载，甚至舍弃多余部分能量。总之，尽量减少蓄电池的充放电循环次数，进而提高蓄电池使用寿命。

RHCC 控制策略如图 9-38 所示，其关键就是一旦蓄电池 SOC 小于放电下限 $lowSOC_{bat}$（$lowSOC_{bat}>minSOC_{bat}$），蓄电池即进入充电状态，直到其 SOC 大于充电上限 $highSOC_{bat}$（$highSOC_{bat}<maxSOC_{bat}$）。反之也是一样，一旦开始放电，则保持持续放电到小于 $lowSOC_{bat}$。在充电过程中，如果是利用柴油发电机组充电，则需满足 $T_{DG} \geq minT_{DG}$。

（三）并/离网切换控制策略

微网运行除了并网运行和离网运行外，还有过渡状态，过渡状态包括微网由并网转离网（离网）的解列过渡状态、微网由离网（离网）转并网过渡状态等。

上游电网出现故障或微网进行计划孤岛状态时，微网进入解列过渡状态。微网离网运行时，通过控制实现微网内部能量平衡、电压和频率的稳定，监测配电网供电恢复或接收到微网能量管理与运行控制系统的结束命令后，准备并网，同时为切除的负荷供电。此时，如果微网满足并网的电压和频率条件，进入微网并网过渡状态。经同期检测满足合闸条件时，闭合微网接入电网的 PCC 处静态开关或断路器，并同时调整微网内主电源控制模式由 U/f 工作模式切换至 PQ 工作模式，进入并网运行模式。

1. 有缝切换

由于 PCC 低压断路器动作时间较长，并网转离网过程中会出现电源短时间的消失，即所谓的有缝切换。在外部电网故障、外部停电，监测到并网母线电压、频率超出正常范围，或接收到上层能量管理与运行控制系统发出的计划孤岛命令时，由并网控制器快速断

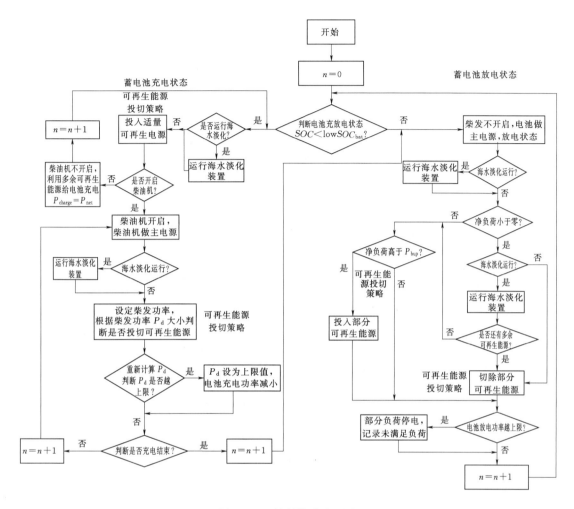

图 9-38　控制策略流程图

开 PCC 断路器，并切除多余负荷后（也可根据实际情况切除多余分布式电源），启动主控电源控制模式切换。由 PQ 控制模式切换为 U/f 控制模式，以恒频恒压输出，保持微网电压和频率的稳定。

此过程中，DG 的孤岛保护动作，退出运行。主控电压源启动离网运行、恢复重要负荷供电后，在此过程中已切除的 DG 将有序并入微网运行。为防止所有 DG 同时启动对离网运行的微网带来的冲击，各 DG 应错开启动，并由能量管理与运行控制系统控制启动后的 DG，逐渐增加出力，直到其最大出力，在该过程中还要逐渐投入被切除的负荷，到负荷或 DG 出力不可调，发电和用电在离网期间达到新的平衡，实现微网从并网到离网的快速切换。

2. 无缝切换

为解决微网并网与独立运行模式快速切换过程中易出现的过压或过流问题，减小切换对微网内主电源的暂态冲击，实现微网运行状态的平滑过渡，设计微网主电源的模式切换补偿控制算法和切换控制逻辑，可以有效降低微网并网运行模式与离网运行模式间切换时对主电源的暂态冲击。

　　微网在并网运行模式下，既可以从电网获取电能，也可以向电网输送电能；当电网电能质量不能满足用户要求或电网发生故障时，微网可与电网断开，转入离网运行。实现微网并网和离网双运行模式的平滑切换对微网内重要负荷的不间断供电意义重大。采用逆变器等电力电子接口的 DG，相比传统的采用同步发电机并网的电源，具有更快的动态调节特性，因此可以快速进行运行模式切换。但由于逆变器输出阻抗低，DG 惯性小，模式切换过程中逆变器容易出现过压或过流等现象，导致无缝切换失败，可利用一种逆变器运行模式平滑切换补偿控制算法，降低微网运行模式切换对本地重要负荷供电的影响。

　　一种主从控制微网系统如图 9-39 所示，微网内 DG（包含主电源和从电源）通过三相逆变器接入微网内的交流母线。微网通过静态转换开关（Static Transfer Switch，STS）（简称"静态开关"）接入电网，当开关合上时，微网并网运行，负荷可由 DG 及电网同时供电，若 DG 出力大于负荷，还可向电网送电；当开关断开时，微网转入离网运行模式，负荷由内部 DG 独立供电。

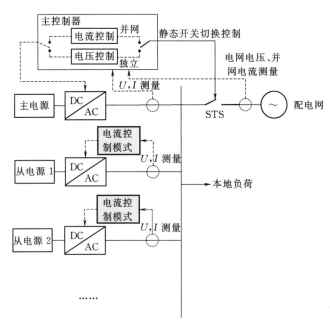

图 9-39　主从控制微网结构

　　在微网并网运行和离网运行时，主电源控制器分别采用恒功率控制和恒压/恒频控制，从电源则始终采用恒功率控制。主电源控制器具有电网故障检测、静态开关切换控制和主电源逆变器控制等功能。

　　主电源控制模式切换的综合控制框图，如图 9-40 所示。当控制模式发生切换时，在电流控制方程中加入相关控制补偿项，且记忆切换前同步旋转坐标系中 d 轴相角。此算法中加入补偿控制项，能抑制逆变器实际输出电流在并网转独立运行模式时出现的不正常下降过程，快速恢复微网交流母线电压；通过记忆 d 轴相位，保证逆变器出口电压相位不突变，能避免模式快速切换过程中易出现的过压或过流现象。

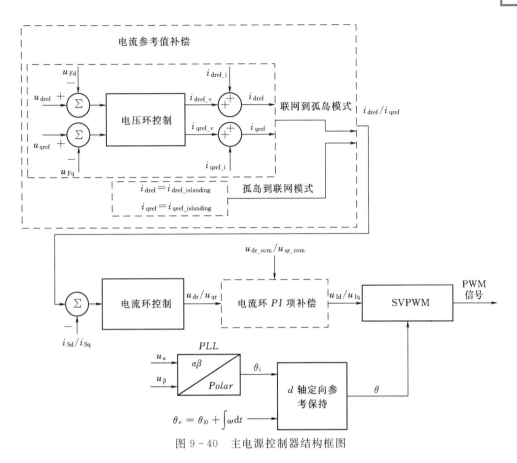

图 9-40 主电源控制器结构框图

当微网并网运行时，如果电网发生故障，则微网并网点容易出现电压跌落或电压上升，从而导致流过静态开关的电流发生变化。流过静态开关电流越大，微网内分布式电源与负荷之间功率不匹配程度越大，微网与电网断开后对主电源冲击越大。此外，考虑到静态开关有一定的开断容量，静态开关只有在其允许电流范围内才能快速隔离故障电网。因此，当微网从并网运行模式切换至离网运行模式时，应尽量减小切换前流过静态开关的电流，并将其减小至某一设定值，称为允许切换电流阀值。并网至独立运行模式平滑切换控制逻辑如下：

（1）主电源控制器检测到电网电压故障后，检测流过静态开关的电流峰值或有效值。若流过静态开关的电流大于允许切换电流阀值，主电源控制器以当前电流参考值与并网电流的偏差值作为主电源逆变器输出电流参考指令，在静态开关关断前尽快降低微网与电网之间联络线上电流。

（2）当主电源控制器检测到并网电流小于允许切换电流阀值后，下达静态开关关断指令，同时主电源控制器按照前文所述方法进行控制模式切换，由恒功率控制模式切换至恒压/恒频控制模式。在微网运行模式切换过程中，从电源始终运行在恒功率控制模式下。

电网恢复正常后，微网要重新并网。微网并网运行前应首先保证静态开关两侧的电压幅值、相位和频率相等，同时还应减小切换后的电流冲击。由离网运行转至并网运行模式平滑切换控制的逻辑为：

（1）主电源控制器检测到电网电压正常后，以当前电网电压作为控制器的输出电压参考，不断调整其输出使静态开关两侧的电压相位和幅值相同，此时由于是检测电网电压作为主电源的参考电压，通过控制实现了微网电压和频率对主网电压、频率的跟踪，无需额外检测频率。

（2）当主电源控制器检测到静态开关两侧电压满足并网条件后，下达静态开关合闸指令，同时主电源控制器按照上文所述方法进行控制模式切换，由电压控制切换至功率控制。在微网运行模式切换过程中，从电源始终运行在恒功率控制模式下。当微网运行模式切换完成后，根据微网出力特性逐步增加或减小微网内分布式电源（包括主电源和从电源）出力。

第四节　微网能量优化调度与运行控制系统

微网能量优化调度与运行控制系统是以计算机技术与现代通信技术为基础的现代电力综合自动化系统，主要用于采集微网中各种实时信息，包括主变数据、母线电压、线路电流、分布式电源和储能设备的运行状态等，对微网内的各种设备进行可视化的运行监视与控制管理。其中能量管理功能作为系统的核心功能，为微网调度优化与运行控制提供决策支持，保证电网安全运行，最大限度的利用可再生能源，提高电网运行的经济性。

一、系统功能架构

微网能量优化调度与运行控制系统是微网的大脑，能够根据能源需求、市场信息和运行约束等条件做出决策，通过对分布式电源设备和负荷的灵活调度来实现系统的优化运行。

系统主要功能包括基于实时监控系统采集电网信息、分布式电源信息、负荷信息等，实现主网、多种 DG、储能单元和负载之间的最优功率匹配，实现多种 DG 的灵活投切；实现在孤岛与并网两种运行模式间的转换等，如图 9 - 41 所示。

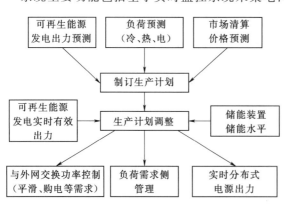

图 9 - 41　微网能量优化调度控制系统主要功能

（一）前置通信

前置通信模块主要实现系统的数据采集功能，包括通道管理、规约解析、前置数据处理、时钟接入、报文监视等，并将各类实时数据转发到微网能量优化调度控制系统。

（二）实时数据服务

实时数据服务模块是系统全部实时数据流的核心，除完成数据计算、数据统计、缓存数据文件存储、报警事项的产生等功能外，该模块还负责响应人机会话等客户端模块的数据定制，将各类实时数据发布到微网能量管理系统的客户端。

（三）实时监控

实时监控功能对微网各母线、线路、电气开关及接入微网的光伏发电、三联供、电池储能设备、各种负荷等冷热电供能设备的运行信息进行监视和控制，并对冷、热、电负荷进行监控和管理。

（四）供用能预测

对微网中分布式发电设备的发电、地源热泵供冷供热、蓄冰空调的供冷量、三联供设备的供冷供热供电进行预测，并对微网内部的冷、热、电负荷进行预测。

（五）能量优化调度与运行控制

利用微网间歇性新能源发电和综合用能预测技术，在满足安全性、可靠性和供能质量要求、微网能量优化调度控制系统指令要求等约束条件下，对 DG 和多种类型的储能单元进行优化调度、合理分配出力，实现微网系统的优化运行与用户不同能源利用形式的分时定制功能。在明确微网优化运行控制目标基础上，针对微网内 DG 间歇性强、负荷需求种类多等特点，结合多目标优化理论，建立微网优化运行的多目标数学模型，实现最大化微网内可再生能源发电、最经济运行、最小化微网运行燃料成本和最小化污染物排放等多种控制目标。

二、微网能量优化调度与运行控制系统功能

（一）按时间长短分类

微网能量优化调度与运行控制系统的任务按时间可分为短期功率平衡和长期能量管理。

1. 短期功率平衡

根据 DG 容量、技术条件和储能装置的储能水平，调整 DG 出力和进行负荷控制，有效快速地跟踪负载变化，实现微网电压调整和频率控制。微网动态特性符合标准的要求，满足敏感负荷对电能质量的要求。主配网故障或电能质量不能满足要求时，断开与主网连接；主配网恢复后，实现与主配网的同期、并网。

2. 长期能量管理

根据分布式电源的类型、一次能源的变化、发电费用、环境因素、检修周期等预测分布式电源的出力；根据经济调度和优化运行策略，确定分布式电源出力；对微网与外电网联络线输入或者输出功率制定控制策略；最小化网络损耗控制；最小化燃料成本或者污染物排放量控制等；根据负荷预测和电力市场，提供适当的备用容量；进行需求侧负荷管理，如峰荷管理，负荷平移等。

（二）按控制方式分类

为了与现有电网友好地融合，如图 9-42 所示，整个控制系统主要由三层组成：配电调度系统（Distribution Management System，DMS）、微网中央控制器（MicroGrid system Central Controller，MGCC）和本地控制器。配电调度系统包括配电网控制器（Distribution Network Operator，DNO）和市场控制器（Market Operator，MO）。本地控制器包括 DG 控制器（local Micro sources Controllers，MC）和负荷控制器（Load Controllers，LC），MC 自动完成 DG 有功、无功功率的最优化控制，LC 安装在每个可控

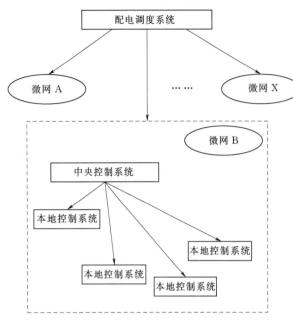

图 9-42 微网控制系统结构

负荷上，根据 MGCC 指令或者在切负荷管理的时候提供负荷控制功能；MGCC 是主网与微网间的接口，一方面与上层 DNO/MO 交互信息，另一方面通过协调 MC 和 LC 来最优化微网运行；DMS 处理多个微网的管理和控制，其中 DNO 用于控制包含一个和多个微网的区域，MO 负责各个特定区域内电力市场的功能，这两种控制器属于微网上一层次的系统，实现主网配网级别的调度功能。为了保证分布式系统总体安全经济运行，DMS 与 MGCC 共同工作。

根据 MGCC、LC、MC 决策方式的不同，微网控制系统按照控制方式可以划分为集中式控制和分散式控制。通过集中式控制，MGCC 根据市场信息和安全约束最大化本地输出，通过设定可调度分布式电源的运行功率点，以及对可控负荷进行有效管理，最大优化微网与外部电网的交换功率。MGCC 与微网内各 DG 的本地控制器之间采用双向通信，通信方式可以是光纤、电力载波和无线。微网中央控制器在指定的时间间隔，如每 15min 内下达新的指令。

分散控制目的是提供各个 DG 以最大的自治性。本地控制器的自治意味着他们是智能的，并且控制器之间有通信，从而构成一个大的智能体。在分散控制中，每个控制器的主要任务并不是最大化单个电源的输出，而是提高整个微网的运行性能。因此分散控制系统中必须包含经济最优功能、考虑环境因素功能及其他功能，如黑启动等。多代理系统（MAS）被认为是一种可以用于控制较大和复杂个体的控制系统。MAS 的主要结构与其他分布式控制技术的结构不同，在每个代理软件内植入局部智能。每个智能体使用自己的智能决定行为，智能体之间不仅能够交换简单的值和开关信号，同样也可以交换知识、指令、收益和需要执行的过程。例如控制负荷的智能体能够参与局部的微网市场，通过发送一个需求信息给控制分布式电源的智能体，告知其所需要的功率大小。

在集中化控制中，LC 接收 MGCC 的指令；而在分散控制中，每个 LC 自行作出决定。当然，不论哪种控制模式，一些策略都是就地产生的，例如 LC 不需要从 MGCC 获得电压控制指令。在集中控制模式下，并网运行时，LC 接收 MGCC 的指令，并具有一定的自治能力，能够最大化 DG 的出力，能够在离网模式下实现快速的负荷跟踪。集中式控制与常规电力系统分层控制的思想一致，较易实现。

（三）按运行方式分类

1. 并网模式

微网并网控制的目的是通过对微网内部 DG 资源的合理调度，协调微网和外网之间的关系，达到合理化利用微网内部的资源设备，同时满足上层电网对于微网的某些辅助服务的需求的目的。此时，外网通常会视微网为一个可控的负荷模型，此时外网对于微网有一定的负荷曲线调节的需求，例如尽量降低峰值负荷的高度以及缩减出现的时段，或者通过合理的内部资源配置，或者需求侧负荷管理技术，平移负荷以使能源得到更加有效的利用。同时在适当的时候，并网微网如果有多余的电力，也可以作为一个电源模型，可以通过配网侧零售市场向外网卖出多余电力，除各 DG 单元可以参与竞价外，需求侧可控资源也可参与市场竞价。

以并网的微网为例，描述典型的能量管理实现方式，如图 9 - 43 所示，采用微网中心控制器（MGCC）和本地控制器两层控制器进行控制。MGCC 的作用包括启动和停止能量管理系统的运行、制定优化调度策略。本地控制器则集成在各个 DG 逆变器中，主要功能包括稳定性控制、并离网的自动无缝转换控制、PQ 控制、紧急事件发生时提供适当保护。

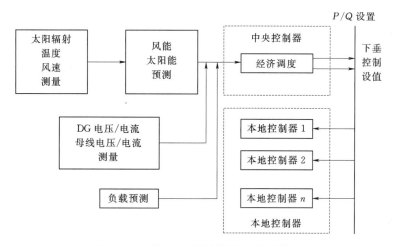

图 9 - 43　基于两层控制的微网控制模型

2. 离网模式

微网离网运行时，针对可再生能源波动、负荷波动引起的电压和频率偏差，通常由微网内分布式电源的就地控制来补偿。微网能量管理系统的主要功能是通过对储能系统的充放电管理、可调节分布式电源（如燃料电池、柴油发电机）出力的调度、负荷侧的控制等，确保微网内发电与需求的实时功率平衡，防止电池的过充与过放，保证微网的长期稳定运行。

参 考 文 献

［1］　鲁宗相，闵勇，乔颖. 微网分层运行控制技术及应用［M］. 北京：电子工业出版社，2017.

［2］　［希］尼科斯-哈兹阿伊里乌. 微网——架构与控制［M］. 陶顺，陈萌，杨洋，译. 北京：机械工业出版社，2015.

［3］　刘梦璇. 微网能量管理与优化设计研究［D］. 天津：天津大学，2012.

［4］ 戚艳. 微网广义储能系统协调控制策略及容量优化配置方法研究 ［D］. 天津：天津大学，2013.

［5］ 洪博文. 微网调度优化模型与方法研究 ［D］. 天津：天津大学，2014.

［6］ 李霞林. 交直流混合微电网稳定运行控制 ［D］. 天津：天津大学，2014.

［7］ 焦冰琦. 不确定性环境下的微网规划与运行方法研究 ［D］. 天津：天津大学，2016.

［8］ 周邺飞，赫卫国，汪春. 微网运行与控制技术 ［M］. 北京：中国水利水电出版社，2017.

［9］ 王成山，许洪华. 微网技术及应用 ［M］. 北京：科学出版社，2016.

［10］ 王旭东，等. 复杂微网工程建设与运行管控 ［M］. 北京：中国电力出版社，2019.

［11］ 王成山，李鹏. 分布式发电、微网与智能配电网的发展与挑战 ［J］. 电力系统及其自动化，2010，34（2）：10 - 14.

［12］ Guo Li，Liu Wenjia，Cai Jiejin，et al. A Two Stage Optimal Planning and Design Method for Combined Cooling，Heat and Power Micro - Grid System ［J］. Energy Conversion and Management，2013，74（10）：433 - 445.

［13］ 张建华，黄伟. 微网运行控制与保护技术 ［M］. 北京：中国电力出版社，2010.

［14］ 王成山. 微网分析与仿真理论 ［M］. 北京：科学出版社，2013.

［15］ Jia Hongjie，Qi Yan，Mu Yunfei. Frequency response of autonomous microgrid based on family - friendly controllable loads ［J］. Science China Technological Sciences，2013，56（3）：693 - 702.

第十章
现代电力系统功率控制设备间的通信

第一节　概　　述

一、通信的目的

电力系统通信的目的是为满足电力系统运行、维修和管理的需要而进行的信息传输与交换。电力系统为了安全、经济地发供电、合理地分配电能，保证电力质量指标，及时地处理和防止系统事故，就要求集中管理、统一调度，建立与之相适应的通信系统。因此电力系统通信是电力系统不可缺少的重要组成部分，是电网实现调度自动化和管理现代化的基础，是确保电网安全、经济调度的重要技术手段。

随着科学技术的发展，现在电力通信装置已经普及，各电厂、变电站的所有数据均能及时、可靠地传输到调度系统，调度系统也能对电厂和变电站的相关开关和参数进行远程控制。

能量管理系统依托于信息系统，只有当信息系统及时、可靠，能量管理系统才能发挥它的作用。如果信息系统的数据传输不及时，能量管理系统的调节就会出现超调等情况，造成电力系统运行的不稳定。如果信息系统的传输不可靠，数据不正确，精度不够，控制指令不能正确传送给执行机构，就会造成各种不可预期的错误。因此，信息系统必须要完全的满足使用的要求。

信息系统主要包括通信控制器、传输通道和通信规约。通信控制器就是通信主机，现在已经非常可靠了，并且为了更加可靠，在很多重要的环节都使用了双主机的方式，进行热备用，一台主机出错，另一台主机在很短的时间内就可以接替出错的主机进行工作，从而保证整个系统的可靠运行。调度端的能量管理系统和各厂站的能量管理系统现在大多使用光纤通信，并且为了保证通信的可靠，也都使用双网，一个网络出错，另一个网络立刻接替工作。在通信规约方面，调度端的能量管理系统和各厂站的能量管理系统大多使用IEC 104 通信规约；在各厂站内部，能量管理系统子站端与各子系统的通信规约就五花八门了，本章就主要介绍现阶段常用的通信规约。

二、现阶段常用的通信规约

现阶段常用的通信规约包括部颁 CDT 规约、MODBUS 规约、OPC 规范、IEC 60870 - 5 系列规约、IEC 61850 标准和 FTP 协议。

部颁 CDT 规约已经接近淘汰，只有一些很老的设备还在使用这种规约。该规约比较简单，现阶段已经被 IEC 60870 - 5 系列规约所替代。

MODBUS 规约多用于工业领域通信，在厂站中，大部分的 SVG 和 SVC 系统、部分的风机监控系统等使用这种通信规约。MODBUS 规约的通信可以使用串口也可以使用网络，SVG 和 SVC 系统多使用串口通信，风机监控系统多使用网络进行通信。

OPC 规范是一种依托于微软的 COM 和 DCOM 的工业通信规范，在厂站中，有部分的国外的风机监控系统使用这种方式通信。

IEC 60870 - 5 系列规约中，经常使用的是 IEC 60870 - 5 - 101（IEC 101）和 IEC 60870 - 5 - 104（IEC 104），IEC 101 使用串口进行通信，多使用 RS485 总线；IEC 104 使用网络进行通信。绝大部分的变电站监控系统与能量管理系统的通信都已经使用这一系列的通信规约，现在国内的厂家使用的已经很普遍了。

IEC 61850 标准是一个新的标准，适用于新型的数字化变电站，现在还没有普及，但是肯定是未来的发展方向。

FTP 协议使用的很少，仅有极特殊的设备厂家使用这种通信方式来传输功率预测信息。

三、新能源电厂功率控制系统与其他系统的通信关系

在新能源电厂中的功率控制系统子站要与调度端的功率控制系统主站进行通信，要上传厂内的实时数据以及状态，同时要接收调度端下发的有功功率和电压指令。

在新能源电厂内部存在很多的子系统，如变电站监控系统、风机监控系统、风机能量管理平台、光伏电站功率控制系统、光伏逆变器系统、储能系统、无功功率补偿装置、风/光功率预测系统等子系统等，其间均存在通信关系，详情见本章后面各节。

1. 风电场功率控制系统与其他系统的信息交互关系

风电场功率控制系统与其他系统的信息交互关系如图 10 - 1 所示。

厂站端功率控制系统与调度端的功率控制系统通信有两种方式。

（1）方式一。厂站端功率控制系统通过网口，接到调度数据网一区，采用 IEC 60870 - 5 - 104 网络通信规约通信。

（2）方式二。厂站端功率控制系统经过升压站监控系统中转，来达到与调度端功率控制系统通信的目的，厂站端功率控制系统与升压站新建立一个通道，一般情况下，使用串口通信就采用 IEC 60870 - 5 - 101 通信规约，使用网口通信就采用 IEC 60870 - 5 - 104 通信规约。

采用这两种方式各有其优缺点。方式一需要调度端的监控平台增加一个通信通道来与厂站端的功率控制系统通信，这里一般采用的是网络通信，所以硬件上不需要增加任何设备，只需在软件配置上进行增加，但是随着新能源系统的不断增加，调度端的

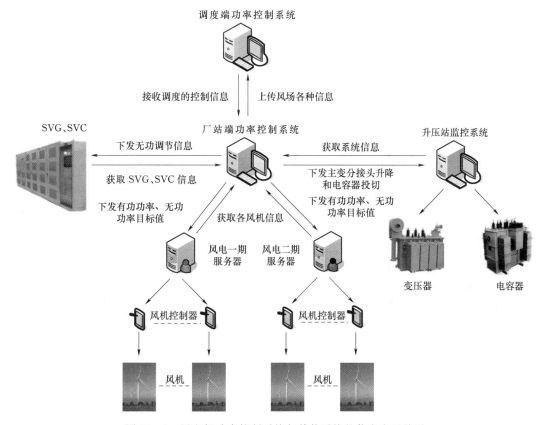

图 10-1　风电场功率控制系统与其他系统的信息交互关系

监控平台可能会有一定的资源的使用。当然优点也挺明显的，就是简单：调试简单，只涉及厂站端功率控制系统和调度端功率控制系统这两个厂家；通信方式简单，厂站端功率控制系统和调度端功率控制系统直接通信，没有中间环节，减少可能出错的中间环节。方式二需要增加升压站监控系统的采集通道，这个就需要根据升压站监控系统厂家的配置来定，有的厂家可能直接接入已有的系统就可以了，但是有的厂家需要增加一个通信管理机。这种方式优点就是调度端的系统只需要在原来基础上增加几个遥测量、遥信量、遥控量和遥调量即可。缺点就是在厂站端增加了一个通信环节，增加出错的几率；调试的时候需要厂站端功率控制系统、升压站系统和调度端功率控制系统 3 个厂家均到现场，以后扩容也需要 3 个厂家都到现场，经常会因厂站端的设备厂家之间协商不好而延误工期。

有功控制时，主要是控制风机系统的有功出力，个别风电场还有储能系统，也能提供一定的有功出力。

电压控制时，通过控制电容器、电抗器和变压器分接头都能达到目的，但现在最主要的是控制风机系统的无功出力和 SVG、SVC 系统的无功出力，个别风电场还有储能系统，也能提供一定的无功出力。

2. 光伏电站功率控制系统与其他系统的关系

光伏电站功率控制系统跟风电场功率控制系统所处的位置相同，与其他系统的关系也类似。只不过光伏电站没有风机服务器，而是接的光伏系统的控制器，光伏系统的控制器主要是实现功率控制系统对光伏系统逆变器的监控。

第二节　常用通信规约简介

一、CDT

CDT 规约规定了电网数据采集与监控系统中循环式远动规约的功能、帧结构、信息字结构和传输规则等。CDT 规约既适用于点对点的远动通道结构及以循环字节同步方式传送的远动设备，也适用于调度所间以循环式远动规约转发实时信息的系统。

CDT 规约引用了《地区电网数据采集与监控系统通用技术条件》（GB/T 13730）和《远动终端通用技术条件》（GB/T 13729）这两项国家标准。

CDT 规约采用可变帧长度、多种帧类别循环传送、变位遥信优先传送，重要遥测量更新循环时间较短，区分循环量、随机量和插入量，采用不同形式传送信息，以满足电网调度安全监控系统对远动信息的实时性和可靠性的要求。

CDT 规约除了传送经常用到的遥信信息、遥测信息、事件顺序记录（SOE）信息、电能脉冲计数值、遥控命令、升降命令和对时外，还能传送设定命令、广播命令、复归命令和子站工作状态。

CDT 规约中按照信息的重要性的不同，规定了不同的优先级和循环时间。对上行（子站到主站）信息的优先级排列顺序和传送时间要求如下：

（1）对时的子站时钟返回信息插入传送。

（2）变位遥信、子站工作状态变化信息插入传送，要求在 1s 内送到主站。

（3）遥控、升降命令的返送校核信息插入传送。

（4）重要遥测安排在 A 帧传送，循环时间不大于 3s。

（5）次要遥测安排在 B 帧传送，循环时间一般不大于 6s。

（6）一般遥测安排在 C 帧传送，循环时间一般不大于 20s。

（7）遥信状态信息，包含子站工作状态信息，安排在 D1 帧定时传送。

（8）电能脉冲计数值安排在 D2 帧定时传送。

（9）事件顺序记录安排在 E 帧以帧插入方式传送。

下行（主站至子站）命令的优先级排列如下：

（1）召唤子站时钟，设置子站时钟校正值，设置子站时钟。

（2）遥控选择、执行、撤销命令，升降选择、执行、撤销命令，设定命令。

（3）广播命令。

（4）复归命令。

CDT 规约的帧结构比较简单，每帧都以同步字开头，并有控制字，除少数帧外均应有信息字。同步字、控制字和信息字的长度均为 6 个字节。信息字的数量依实际需要设定，CDT 规约帧结构如图 10-2 所示。

| 同步字 | 控制字 | 信息字 1 | … | 信息字 n | 同步字 | … |

图 10-2 CDT 规约帧结构

同步字是固定的，是 3 组 EB90H。

控制字包括控制字节、帧类别、信息字数、源站址、目的站址和校验码 6 个部分。帧类别是最重要的信息，在没有插帧的情况下，这个字节表示信息所代表的内容，具体见表 10-1。

表 10-1　　　　　　　　　　　　帧 类 别 代 号 定 义 表

帧类别代号	定 义	
	上行　$E=0$	下行　$E=0$
61H	重要遥测（A 帧）	遥控选择
C2H	次要遥测（B 帧）	遥控执行
B3H	一般遥测（C 帧）	遥控撤销
F4H	遥信状态（D1 帧）	升降选择
85H	电能脉冲数值（D2 帧）	升降执行
26H	事件顺序记录（E 帧）	升降撤销
57H		设定命令
A8H		
D9H		
7AH		设置时钟
0BH		设置时钟校正值
4CH		召唤子站时钟
3DH		复归命令
9EH		广播命令
EFH		

信息字由一个字节长度的功能、四个字节长度的数据码和一个字节长度的校验码组成，其通用格式如图 10-3 所示。

	B_7		b_0	B_n 字节
	功能码			B_{n+1}
信息、数据	B_7	…	b_0	B_{n+2}
	B_7	…	b_0	B_{n+3}
	B_7	…	b_0	B_{n+4}
	B_7	…	b_0	B_{n+5}
	校验码			

图 10-3 信息字格式

其中功能码有 256 个（00H～FFH），分别代表不同信息用途，具体分配见表 10 - 2。

表 10 - 2   CDT 规约功能码定义

功能码代号	字数	用途	信息位数	容量
00H～7FH	128	遥测	16	256
80H～81H	2	事件顺序记录	64	4096
82H～83H		备用		
84H～85H	2	子站时钟返送	64	1
86H～89H	4	总加遥测	16	8
8AH	1	频率	16	2
8BH	1	复归命令（下行）	16	16
8CH	1	广播命令（下行）	16	16
8DH～92H	6	水位	24	6
93H～9FH		备用		
A0H～DFH	64	电能脉冲计数值	32	64
E0H	1	遥控选择（下行）	32	256
E1H	1	遥控返校	32	256
E2H	1	遥控执行（下行）	32	256
E3H	1	遥控撤销（下行）	32	256
E4H	1	升降选择（下行）	32	256
E5H	1	升降返校	32	256
E6H	1	升降执行（下行）	32	256
E7H	1	升降撤销（下行）	32	256
E8H	1	设定命令（下行）	32	256
E9H	1	备用		
EAH	1	备用		
EBH	1	备用		
ECH	1	子站状态信息	8	1
EDH	1	设置时钟校正值（下行）	32	1
EEH～EFH	2	设置时钟（下行）	64	1
F0H～FFH	16	遥信	32	512

其中，最常使用的就是遥测和遥信。每个信息字包含 2 个遥测信息，每个遥测信息使用 2 个字节，低位在前，高位在后，组合在一起是一个有符号的短整型数。每个信息包含 32 个遥信信息，每个遥信信息使用 1 个位，低位在前，高位在后，0 表示断路器或刀闸状态为断开、继电保护未动作，1 表示断路器或刀闸状态为闭合、继电保护动作。

CDT 规约使用的是全双工串行总线，由于传输效率、数据精度、信息内容等多方面原因，现已经被 IEC 70870 - 5 - 101 所替代。现在只使用在一些老旧设备上，新的设备已经不再使用，改用其他规约了。

二、MODBUS

MODBUS 是一种串行通信协议，是 Modicon 公司（现在的施耐德电气 Schneider Electric）于 1979 年为使用可编程逻辑控制器（PLC）通信而发表的。MODBUS 已经成为工业领域通信协议的业界标准，并且现在是工业电子设备之间常用的连接方式。

MODBUS 比其他通信协议使用得更广泛的主要原因如下：

（1）公开发表并且无版权要求。

（2）易于部署和维护。

（3）对供应商来说，修改移动本地的比特或字节没有很多限制。

MODBUS 允许多个设备连接在同一个网络上进行通信。在数据采集与监视控制系统（SCADA）中，MODBUS 通常用来连接监控计算机和远程终端控制系统（RTU）。

（一）协议简介

MODBUS 是 OSI 模型第 7 层上的应用层报文传输协议，它在连接至不同类型总线或网络的设备之间提供客户机/服务器通信。

自从 1979 年出现工业串行链路的事实标准以来，MODBUS 使成千上万的自动化设备能够通信。目前，继续增加对简单而雅观的 MODBUS 结构支持。互联网组织能够使 TCP/IP 栈上的保留系统端口 502 访问 MODBUS。

MODBUS 是一个请求/应答协议，并且提供功能码规定的服务。MODBUS 功能码是 MODBUS 请求/应答 PDU 的元素，此文件的作用是描述 MODBUS 事务处理框架内使用的功能码。

MODBUS 是一项应用层报文传输协议，用于在通过不同类型的总线或网络连接的设备之间的客户机/服务器通信。

目前，在下列情况实现 MODBUS：

（1）以太网上的 TCP/IP。

（2）各种媒体（有线 EIA/TIA-232-E、EIA-422、EIA/TIA-485-A，光纤、无线等）上的异步串行传输。

（3）MODBUS PLUS（一种高速令牌传递网络）。

MODBUS 协议定义了一个与基础通信层无关的简单协议数据单元（PDU），特定总线或网络上的 MODBUS 协议映射能够在应用数据单元（ADU）上引入一些附加域。

启动 MODBUS 事务处理的客户机创建 MODBUS 应用数据单元，功能码向服务器指示将执行哪种操作。

MODBUS 协议建立了客户机启动的请求格式。用一个字节编码 MODBUS 数据单元的功能码，有效的码字范围是十进制 1～255（128～255 为异常响应保留）。当从客户机向服务器设备发送报文时，功能码域通知服务器执行哪种操作。

向一些功能码加入子功能码来定义多项操作。从客户机向服务器设备发送的报文数据域包括附加信息，服务器使用这个信息执行功能码定义的操作。这个域还包括离散项目和寄存器地址、处理的项目数量以及域中的实际数据字节数。

在某种请求中，数据域可以是不存在的（0 长度），在此情况下服务器不需要任何附加信息，功能码仅说明操作。

如果在一个正确接收的 MODBUS ADU 中，不出现与请求 MODBUS 功能有关的差错，那么服务器至客户机的响应数据域包括请求数据。如果出现与请求 MODBUS 功能有关的差错，那么域包括一个异常码，服务器应用能够使用这个域确定下一个执行的操作。

例如，客户机向服务器发送请求读取一个线圈状态命令，功能码是 0x01，正常情况下，服务器回复的功能码跟客户机发送的功能码相同，也是 0x01，并且后面还带有线圈的状态；如果服务器回复的功能码不是 0x01，而是 0x8X（X 代表一个阿拉伯数字），那么表示通信请求有问题，X 所代表的数字是服务器回复的是可能的问题描述所对应的数字。

正常的通信过程如图 10-4 所示。

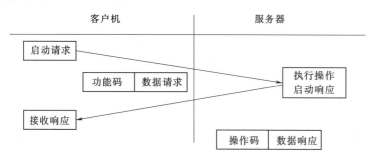

图 10-4　正常的通信过程

（二）信息编码

在使用 MODBUS 通信时，首先由客户机发送请求命令，服务器在收到请求命令后回复应答信息。在通信时，MODBUS 规约发送/接收的 ADU 信息结构如图 10-5 所示。

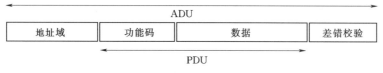

图 10-5　ADU 信息结构

其中，地址域和差错校验根据传输介质的不同而不同，PDU 信息是相同的，PDU 由功能码和对应的数据组成。

功能码的含义如图 10-6 所示。

发电功率控制各子系统多包涵 4 种信息：遥测信息、遥信信息、遥控命令和遥设命令。遥测信息包括风机有功功率、光伏逆变器电流等；遥信信息包括风机开关状态、光伏逆变器工作状态等；遥控命令包括控制单个风机启停命令、变压器分接头升降命令等；遥设命令包括风机输出的无功功率目标值、SVG 输出的无功功率目标值等。

由于各个厂家设备的不同，各个厂家对于 MODBUS 规约功能码的使用也是不尽相同的。经常使用功能码是 0x01（读线圈）和 0x02（读输入离散量）对应读遥信信息功能；功能码是 0x03（读多个寄存器）和 0x04（读输入寄存器）对应读遥测信息功能；功能码是 0x05（写单个线圈）和 0x0F（写多个线圈）对应下发遥控命令功能；功能码是 0x06（写单个寄存器）和 0x10（写多个寄存器）对应下发遥设命令功能。

			功能码		
			码	子码	（十六进制）
数据访问	比特访问	物理离散量输入	读输入离散量	02		02
		内部比特或物理线圈	读线圈	01		01
			写单个线圈	05		05
			写多个线圈	15		0F
	16比特访问	输入存储器	读输入寄存器	04		04
		内部存储器或物理输出存储器	读多个寄存器	03		03
			写单个寄存器	06		06
			写多个寄存器	16		10
			读/写多个寄存器	23		17
			屏蔽写寄存器	22		16
	文件记录访问		读文件记录	20	6	14
			写文件记录	21	6	15
	封装接口		读设备识别码	43	14	2B

图 10-6 MODBUS 规约功能码含义

除以上常见情况外，也有个别厂家将遥信信息作为一个遥测信息使用，也就是使用功能码 0x03 或者 0x04；也有个别厂家将遥控命令作为一个遥设命令使用，也就是使用功能码 0x06 或者 0x10，在实际工程中，要引起注意，不要因此产生调试问题。

下面就对不同功能码的组帧和应答信息进行描述。

1. 0x01（读线圈）

请求 PDU 包括功能码、起始地址和线圈数量（图 10-7）。功能码是 0x01，是固定的；起始地址需要根据设备厂家提供的信息表来进行填写，地址范围是 0x0000 至 0xFFFF；线圈的数量就要根据实际采集的遥信个数来填写，数量从 0x0001 至 0x07D0。

这里要注意一点，在实际设备厂家提供的信息表中，我们需要采集的数据的地址不一定是连续的。为了保证通信效率，达到信息反应尽量快的目的，可能会根据具体的地址来进行分帧发送。这个发送的方法适应所有的读信息功能码。这个方法不是 MODBUS 规约规定的，仅仅是作者在实际工作中碰到的情况，对这种情况进行的处理，这样做会保证通信的效率，尤其在大量信息的传输中效果尤其明显。

下面举例说明，前提是需要采集 5 个信息，分以下 3 种情况：

（1）5 个信息的地址从 0x0001 开始，到 0x0005，是连续的 5 个信息，这时起始地址是 0x0001，线圈数量是 0x0005。

（2）5 个信息的地址是 0x0001、0x0002、0x0003、0x0004、0x000A，这时起始地址是 0x0001，线圈数量是 0x000A，需要将 0x0005～0x0009 的信息也采集上来，但是不做处理。

（3）5 个信息的地址是 0x0001、0x0002、0x0003、0x0004、$N+$0x0001，其中 N 是一个设定值，该值表示一个分帧的限值。如果地址间隔大于 N，那么为了保证通信的效率，进行分帧发送，这时需要先后发送两帧，第一帧的起始地址是 0x0001，线圈数量是 0x0004，第二帧的起始地址是 $N+$0x0001，线圈数量是 0x0001；第二帧在收到第一帧的应答信息后或者第一帧应答超时后发送。

功能码	1 个字节	0x01
起始地址	2 个字节	0x0000～0xFFFF
线圈数量	2 个字节	1～2000（0x7D0）

图 10-7 请求 PDU 结构

响应 PDU（图 10-8）包括功能码、字节数和线圈状态。功能码固定为 0x01，字节数 $N=$请求的线圈数量/8，如果余数不等于 0，那么 $N=N+1$。

功能码	1 个字节	0x01
字节数	1 个字节	N
线圈状态	N 个字节	$n=N$ 或 $N+1$

图 10-8 响应 PDU 结构

图 10-9 所示为一个请求读离散量输出 20～38 的实例。

请求		响应	
域名	（十六进制）	域名	（十六进制）
功能	01	功能	01
起始地址 Hi	00	字节数	03
起始地址 Lo	13	输出状态 27～20	CD
输出数量 Hi	00	输出状态 35～28	6B
输出数量 Lo	13	输出状态 38～36	05

图 10-9 请求读离散量输出实例

将输出 27～20 的状态表示为十六进制字节值 CD，或二进制 1100 1101。输出 27 是这个字节的 MSB，输出 20 是 LSB。

通常，将一个字节内的比特表示为 MSB 位于左侧，LSB 位于右侧。第一字节的输出从左至右为 27～20，下一个字节的输出从左到右为 35～28。当串行发射比特时，从 LSB 向 MSB 传输：20、…、27、28、…、35 等。

在最后的数据字节中，将输出状态 38-36 表示为十六进制字节值 05，或二进制 0000 0101。输出 38 是左侧第六个比特位置，输出 36 是这个字节的 LSB。用零填充五个剩余高位比特（一直到高位端）。

2. 0x02（读输入离散量）

请求 PDU（图 10-10）包括功能码、起始地址和输入数量。功能码是 0x02，是固定的；

起始地址需要根据设备厂家提供的信息表来进行填写，地址范围是 0x0000~0xFFFF；输入离散量的数量就要根据实际采集的遥信个数来填写，数量从 0x0001~0x07D0。

功能码	1 个字节	0x02
起始地址	2 个字节	0x0000~0xFFFF
输入数量	2 个字节	1~2000（0x7D0）

图 10-10 请求 PDU 结构

响应 PDU（图 10-11）包括功能码、字节数和输入状态。功能码固定为 0x02，字节数 N＝请求的线圈数量/8，如果余数不等于 0，那么 $N＝N＋1$。

功能码	1 个字节	0x82
字节数	1 个字节	N
输入状态	$N×1$ 个字节	

图 10-11 响应 PDU 结构

图 10-12 所示为一个请求读取离散量输入 197~218 的实例。

请求		响应	
域名	（十六进制）	域名	（十六进制）
功能	02	功能	02
起始地址 Hi	00	字节数	03
起始地址 Lo	C4	输入状态 204~197	AC
输出数量 Hi	00	输入状态 212~205	DB
输出数量 Lo	16	输入状态 218~213	35

图 10-12 请求读取离散量实例

将离散量输入状态 204~197 表示为十六进制字节值 AC，或二进制 1010 1100。输入 204 是这个字节的 MSB，输入 197 是这个字节的 LSB。将离散量输入状态 218-213 表示为十六进制字节值 35，或二进制 0011 0101。输入 218 位于左侧第三比特，输入 213 是 LSB。用零填充两个剩余比特（一直到高位端）。

3．0x03（读多个寄存器）

请求 PDU（图 10-13）包括功能码、起始地址和寄存器数量。功能码是 0x03，是固定的；起始地址需要根据设备厂家提供的信息表来进行填写，地址范围是 0x0000~0xFFFF；寄存器数量就要根据实际采集的寄存器个数来填写，数量从 0x0001~0x007D。

功能码	1 个字节	0x03
起始地址	2 个字节	0x0000~0xFFFF
寄存器数量	2 个字节	1~125（0x7D）

图 10-13 请求 PDU 结构

功能码 0x03 和 0x04 多用于读取现场设备的遥测信息。每个遥测信息用 2 个字节来表示，取值范围是－32768～32767。在实际使用中，会根据设备的实际范围，乘上一个系数来进行传递。随着现场规模不断地扩大，对数据精度要求的提高，用 2 个字节来传递已经无法满足现场使用的要求，所以现在已经有很多厂家在传递数据的时候采用 4 个字节，也就是 2 个寄存器来表示一个数据。

但是数据请求和应答却不尽相同，有的厂家要求在请求的时候，每个遥测量对应的寄存器数量是 2 个，有的厂家要求对应的寄存器数量是 1 个。有的厂家是第一个寄存器是高两位，第二个寄存器是低两位；有的厂家是第一个寄存器是低两位，第二个寄存器是高两位。当然可能还有其他的情况，这里就不列举了。由于这种原因的出现，就要求客户机软件厂家在发送和接收请求信息帧的时候多多注意，如果采集的数据跟期望有较大出入时，往这个方向考虑一下，可能会很快找到问题的所在。

响应 PDU（图 10 - 14）包括功能码、字节数和寄存器值。功能码固定为 0x03，字节数 N ＝寄存器的数量。对于每个寄存器，第一个字节包括高位比特，并且第二个字节包括低位比特。

功能码	1 个字节	0x03
字节数	1 个字节	$2×N$
寄存器值	$N×2$ 个字节	

图 10 - 14　响应 PDU 结构

图 10 - 15 所示为一个请求读寄存器 108～110 的实例。

请求		响应	
域名	（十六进制）	域名	（十六进制）
功能	03	功能	03
高起始地址	00	字节数	06
低起始地址	6B	寄存器值 Hi（108）	02
高寄存器编号	00	寄存器值 Lo（108）	2B
低寄存器编号	03	寄存器值 Hi（109）	00
		寄存器值 Lo（109）	00
		寄存器值 Hi（110）	00
		寄存器值 Lo（110）	64

图 10 - 15　请求读寄存器实例

将寄存器 108 的内容表示为两个十六进制字节值 02 2B，或十进制 555。将寄存器 109 - 110 的内容分别表示为十六进制 00 00 和 00 64，或十进制 0 和 100。

4．0x04（读输入寄存器）

请求 PDU（图 10 - 16）包括功能码、起始地址和输入寄存器数量。功能码是 0x04，是固定的；起始地址需要根据设备厂家提供的信息表来进行填写，地址范围是 0x0000～0xFFFF；寄存器数量就要根据实际采集的寄存器个数来填写，数量从 0x0001～0x007D。

功能码	1 个字节	0x04
起始地址	2 个字节	0x0000～0xFFFF
输入寄存器数量	2 个字节	0x0001～0x007D

图 10-16　请求 PDU 结构

响应 PDU（图 10-17）包括功能码、字节数和输入寄存器。功能码固定为 0x04，字节数 N＝寄存器的数量。对于每个寄存器，第一个字节包括高位比特，并且第二个字节包括低位比特。

功能码	1 个字节	0x04
字节数	1 个字节	$2 \times N$
输入寄存器	$N \times 2$ 个字节	

图 10-17　响应 PDU 结构

图 10-18 所示为一个请求读输入寄存器 9 的实例。

请求		响应	
域名	（十六进制）	域名	（十六进制）
功能	04	功能	04
起始地址 Hi	00	字节数	02
起始地址 Lo	08	输入寄存器 9Hi	00
输入寄存器数量 Hi	00	输入寄存器 9Lo	0A
输入寄存器数量 Lo	01		

图 10-18　请求读输入寄存器实例

将输入寄存器 9 的内容表示为两个十六进制字节值 00 0A，或十进制 10。

5. 0x05（写单个线圈）

在一个远程设备上，使用该功能码写单个输出为 ON 或 OFF。

请求数据域中的常量说明请求的 ON/OFF 状态。十六进制值 FF 00 请求输出为 ON。十六进制值 00 00 请求输出为 OFF。其他所有值均是非法的，并且对输出不起作用。

请求 PDU（图 10-19）说明了强制的线圈地址。从零开始寻址线圈，所以寻址线圈 1 为 0。线圈值域的常量说明请求的 ON/OFF 状态，十六进制值 0xFF00 请求线圈为 ON，十六进制值 0x0000 请求线圈为 OFF。其他所有值均为非法的，并且对线圈不起作用。

功能码	1 个字节	0x05
输出地址	2 个字节	0x0000～0xFFFF
输出值	2 个字节	0x0000～0x00

图 10-19　请求 PDU 结构

正常响应（图 10 - 20）是请求的应答，在写入线圈状态之后返回这个正常响应。

功能码	1 个字节	0x05
输出地址	2 个字节	0x0000～0xFFFF
输出值	2 个字节	0x0000～0xFF00

图 10 - 20　正常响应 PDU 结构

图 10 - 21 所示为一个请求写线圈 173 为 ON 的实例。

请求		响应	
域名	（十六进制）	域名	（十六进制）
功能	05	功能	05
输出地址 Hi	00	输出地址 Hi	00
输出地址 Lo	AC	输出地址 Lo	AC
输出值 Hi	FF	输出值 Hi	FF
输出值 Lo	00	输出值 Lo	00

图 10 - 21　请求写单个线圈实例

6. 0x06（写单个寄存器）

在一个远程设备中，使用该功能码写单个保持寄存器。

请求 PDU（图 10 - 22）说明了被写入寄存器的地址。从零开始寻址寄存器，所以寻址寄存器 1 为 0。

这里寄存器的值的含义与功能码是 0x03 的遥测值的含义相同，在使用浮点数时，数据的组合方式也跟遥测值的数据组合方式相同。

功能码	1 个字节	0x06
寄存器地址	2 个字节	0x0000～0xFFFF
寄存器值	2 个字节	0x0000～0xFFFF

图 10 - 22　请求 PDU 结构

正常响应（图 10 - 23）是请求的应答，在写入寄存器内容之后返回这个正常响应。

功能码	1 个字节	0x06
寄存器地址	2 个字节	0x0000～0xFFFF
寄存器值	2 个字节	0x0000～0xFFFF

图 10 - 23　响应 PDU 结构

图 10 - 24 所示为一个请求将十六进制 0003 写入寄存器 2 的实例。

请求		响应	
域名	（十六进制）	域名	（十六进制）
功能	06	功能	06
寄存器地址 Hi	00	输出地址 Hi	00
寄存器地址 Lo	01	输出地址 Lo	01
寄存器值 Hi	00	输出值 Hi	00
寄存器值 Lo	03	输出值 Lo	03

图 10-24 写单个寄存器实例

7. 0x0F（写多个线圈）

在一个远程设备中，使用该功能码强制线圈序列中的每个线圈为 ON 或 OFF。请求 PDU（图 10-25）说明了强制的线圈参考，从零开始寻址线圈，因此寻址线圈 1 为 0。

请求数据域的内容说明了被请求的 ON/OFF 状态，域比特位置中的逻辑 1 请求相应输出为 ON，域比特位置中的逻辑 0 请求相应输出为 OFF。

$N=$ 输出数量 $/8$，如果余数不等于 0，那么 $N=N+1$。

功能码	1 个字节	0x0F
起始地址	2 个字节	0x0000～0xFFFF
输出数量	2 个字节	0x0001～0x07B0
字节数	1 个字节	N
输出值	$N×1$ 个字节	

图 10-25 请求 PDU 结构

正常响应（图 10-26）返回功能码、起始地址和强制的输出数量。

功能码	1 个字节	0x0F
起始地址	2 个字节	0x0000～0xFFFF
输出数量	2 个字节	0x0001～0x07B0

图 10-26 响应 PDU 结构

图 10-27 所示为一个请求从线圈 20 开始写入 10 个线圈的实例。

请求的数据内容为两个字节：十六进制 CD 01（二进制 1100 1101 0000 0001），使用下列方法，二进制比特对应输出。

比特： 1 1 0 0 1 1 0 1 0 0 0 0 0 0 0 1
输出： 27 26 25 24 23 22 21 20 - - - - - - 29 28

传输的第一字节（十六进制 CD）寻址为输出 27～20，在这种设置中，最低有效比特寻址为最低输出（20）。

传输的下一字节（十六进制 01）寻址为输出 29～28，在这种设置中，最低有效比特寻址为最低输出（28）。

应该用零填充最后数据字节中的未使用比特。

请求		响应	
域名	（十六进制）	域名	（十六进制）
功能	0F	功能	0F
起始地址 Hi	00	起始地址 Hi	00
起始地址 Lo	13	起始地址 Lo	13
输出数量 Hi	00	输出数量 Hi	00
输出数量 Lo	0A	输出数量 Lo	0A
字节数	02		
输出值 Hi	CD		
输出值 Lo	01		

图 10-27　写多个线圈实例

8. 0x10（写多个寄存器）

在一个远程设备中，使用该功能码写连续寄存器块（1 至约 120 个寄存器）。在请求数据（图 10-28）域中说明了请求写入的值。每个寄存器将数据分成两字节。N＝寄存器数量。

功能码	1 个字节	0x10
起始地址	2 个字节	0x0000~0xFFFF
寄存器数量	2 个字节	0x0001~0x0078
字节数	1 个字节	2×N
寄存器值	N×2 个字节	值

图 10-28　请求 PDU 结构

正常响应（图 10-29）返回功能码、起始地址和被写入寄存器的数量。

功能码	1 个字节	0x10
起始地址	2 个字节	0x0000~0xFFFF
寄存器数量	2 个字节	1~123（0x7B）

图 10-29　响应 PDU 结构

图 10-30 所示为一个请求将十六进制 00 0A 和 01 02 写入以 2 开始的两个寄存器的实例。

（三）MODBUS 在串行链路上的实现

MODBUS 串行链路和 MODBUS TCP 的协议数据单元（PDU）是一样的，不同的地方在于 ADU 的地址域和差错校验。

请求		响应	
域名	（十六进制）	域名	（十六进制）
功能	10	功能	10
起始地址 Hi	00	起始地址 Hi	00
起始地址 Lo	01	起始地址 Lo	01
寄存器数量 Hi	00	寄存器数量 Hi	00
寄存器数量 Lo	02	寄存器数量 Lo	02
字节数	04		
寄存器值 Hi	00		
寄存器值 Lo	0A		
寄存器值 Hi	01		
寄存器值 Lo	02		

图 10-30　写多个寄存器实例

有两种串行传输模式被定义为 RTU 模式和 ASCII 模式，定义了报文域的位内容在线路上串行的传送，确定了信息如何打包为报文和解码。MODBUS 串行链路上所有设备的传输模式（和串行口参数）必须相同。尽管在特定的领域 ASCII 模式是被要求采用的，但为了 MODBUS 设备之间的互操作性，必须每个设备都有相同的模式，即所有设备必须采用 RTU 模式，ASCII 传输模式是选项。设备应该由用户设成期望的模式，RTU 或 ASCII。默认设置必须为 RTU 模式，这也是现场各设备厂家使用的模式。

在 MODBUS 串行链路，地址域只含有子节点地址。合法的子节点地址为十进制 0～247，每个子设备被赋予 1～247 范围中的地址。主节点通过将子节点的地址放到报文的地址域对子节点寻址，当子节点返回应答时，它将自己的地址放到应答报文的地址域以让主节点知道哪个子节点在回答。

错误检验域是对报文内容执行冗余校验的计算结果，根据不同的传输模式（RTU or ASCII）使用两种不同的计算方法。RTU 模式使用 CRC 校验，ASCII 模式使用 LRC 校验。

（四）MODBUS 在 TCP/IP 上的实现

MODBUS 在 TCP/IP 上的服务器是在注册的 502 端口上利用 TCP 发送所有 MODBUS/TCP ADU 来实现的。

在 TCP/IP 上使用一种专用报文头识别 MODBUS 应用数据单元，将这种报文头称为 MBAP 报文头（MODBUS 协议报文头），MBAP 报文头格式如图 10-31 所示。

三、OPC

OPC 是自动化行业及其他行业用于数据安全交换时的互操作性标准。它独立于平台，并确保来自多个厂商的设备之间信息的无缝传输，OPC 基金会负责该标准的开发和维护。

OPC 标准是由行业供应商、终端用户和软件开发者共同制定的一系列规范。这些规范定义了客户端与服务器之间以及服务器与服务器之间的接口，如访问实时数据、监控报

域	长度	描述	客户机	服务器
事务元标识符	2 个字节	MODBUS 请求/响应事务处理的识别码	客户机启动	服务器从接收的请求中重新复制
协议标识符	2 个字节	0＝MODBUS 协议	客户机启动	服务器从接收的请求中重新复制
长度	2 个字节	以下字节的数量	客户机启动（请求）	服务器（响应）启动
单元标识符	1 个字节	串行链路或其他总线上连接的远程从站的识别码	客户机启动	服务器从接收的请求中重新复制

图 10-31 MBAP 报文头格式

警和事件、访问历史数据和其他应用程序等，都需要 OPC 标准的协调。

OPC 标准于 1996 年首次发布，其目的是把 PLC 特定的协议（如 MODBUS，Profibus 等）抽象成为标准化的接口，作为"中间人"的角色把其通用的"读写"要求转换成具体的设备协议，反之亦然，以便 HMI/SCADA 系统可以对接。这也因此造就了整个行业内手工作坊的蓬勃兴起，通过使用 OPC 协议，终端用户就可以毫无障碍地使用最好的产品来进行系统操作。

最初，OPC 标准仅限于 Windows 操作系统。因此，OPC 是 OLE for Process Control 的缩写（中文意思：用于过程控制的 OLE）。我们所熟知的 OPC 规范一般是指 OPC Classic，被广泛应用于各个行业，包括制造业、楼宇自动化、石油和天然气、可再生能源和公用事业等领域。

随着在制造系统内以服务为导向的架构的引入，给 OPC 带来了新的挑战，如何重新定义架构来确保数据的安全性？这促使 OPC 基金会在 2008 年创立了新的架构——OPC UA，用以满足这些需求。与此同时，OPC UA 也为将来的开发和拓展提供了一个功能丰富的开放式技术平台。

由于现阶段现场设备仍使用 OPC Classic 规范，所以这里仅简单介绍一下 OPC Classic 规范。根据工业应用的不同需求，OPC Classic 规范主要包括三个主要规范：OPC Data Access（OPC DA）、OPC Alarms & Events（OPC AE）、OPC Historical Data Access（OPC HDA）。OPC DA 规范定义了数据交换，包括值、时间和质量信息。OPC AE 规范定义了报警和事件类型消息信息的交换，以及变量状态和状态管理。OPC HDA 规范定义了可应用于历史数据、时间数据的查询和分析的方法。

OPC Classic 规范基于微软的 COM 和 DCOM 技术，采用客户端/服务器的架构来进行数据交换。这样的好处是使使用者不再在调试规约上浪费时间和精力，很容易就可以完成设备数据的对接，极大地缩短了设备间调试的时间，但是这也导致了 OPC Classic 规范对 Windows 平台的依赖性和在使用 OPC 的远程通信时的 DCOM 问题。DCOM 难以配置，有很长的不可配置的超时时间，并且不能用于互联网通信。

作为功率控制子站系统来说，是作为 OPC 的客户端来使用的。功率控制子站系统使用 OPC 规范来采集其他系统的实时数据和对其发送设置指令的。在使用过程中也发现，虽然 OPC 在设备对接方面很方便，只要配置好了 DCOM，就可以很方便地进行数据交换，但是对于 DCOM 配置来说，还是有点困难的，就算按照正确的步骤，一步一步操作，有的时候也会出现各种不可预期的问题。

配置 DCOM 首先需要使服务端和客户端的用户名和密码保持一致，这里就要注意了，如果现场出现大于 1 台 OPC 服务器，为了方便，大家最好都使用 Administrator 用户，并将密码设成同一个，且密码不能为空，这样会减少很多的麻烦。然后是需要配置系统的防火墙，防火墙包括系统自带的防火墙和第三方的防火墙，简单来说就是让客户端程序可以使用网络并开放端口号 135 的网络端口，针对不同的防火墙，配置的方法也不尽相同，需要使用者对防火墙的配置有所了解。在配置的初期，为了减少各种问题的互相干扰，可以先将防火墙关闭，待 OPC 可以正常通信后，再打开防火墙，并对防火墙进行配置。接下来就是配置 DCOM 了，在"开始"菜单的"运行"中输入"dcomcnfg"，对 DCOM 进行配置，具体的配置方法就不进行详细的叙述了；接下来再进行组件的配置，这个相对来说就比较简单了。最后就是配置"本地安全策略"，将网络访问："本地账户的共享和安全模式"设为"经典——本地用户以自己的身份验证"即可。

在保证以上配置正确的情况下，在调试的时候如果仍有问题，可以借助第三方软件进行测试，MatrikonOPC Explorer 这个软件是免费软件，可以完全替代 OPC 客户端进行测试，从而判断是服务器的问题还是客户端的问题。

当 OPC 的客户端和服务器可以正常通信以后，还需要对数据进行配置。OPC Classic 规范存在三种对象：OPC Server、OPC Group 和 OPC Item。简单来说，OPC Server 对应于 OPC 的服务器，主要的参数是服务器的 IP 地址和 OPC tag；OPC Group 对应了一个逻辑的分组，如果没有特殊要求，分成一组即可；OPC Item 对应了记录，每个 Item 就是一个数据，可以是模拟量也可以是数字量，如果 Item 的属性是可写的，还可以对这个值进行设定，也就是对应我们使用中的遥控和遥调功能。

总的来说，OPC Classic 对于设备的信息交互来说还是很方便的，如果操作熟练，配置所用的时间基本可以忽略，主要的时间是对信息的配置，这个是 OPC 的长处。OPC 的短处也很明显，由于 OPC Classic 使用的是 COM 和 DCOM，所以 OPC 的客户端和服务器必须使用 Windows 的操作系统。现阶段，处于对网络安全性的考虑，国家电网公司对接网设备已经提出了明确的要求，不得使用 Windows 操作系统，如果功率控制系统使用非 Windows 系统的话，就必须要增加一台通信控制器，来连接 OPC 服务器和功率控制系统，这样不仅增加的费用和调试时间，由于多使用了一台设备，也增加了出错的几率，在以后如果使用了 OPC UA 就会解决这个问题。

四、IEC 60870－5 系列标准

20 世纪 90 年代以来，国际电工委员会第 57 技术委员会为适应电力系统，包括 EMS、SCADA、DMS（配电管理系统）、DA（配电自动化）及其他公用事业的需要，指定了一系列传输规约。这些规约共分 5 篇：

（1）GB/T 18657.1—2002《远动设备与系统　第 5 部分：传输规约　第 1 篇：传输帧格式》（idt IEC 60870－5－1：1990）。

（2）GB/T 18657.2—2002《远动设备与系统　第 5 部分：传输规约　第 2 篇：链路

传输规则》（idt IEC 60870 - 5 - 2：1992）。

（3）GB/T 18657.3—2002《远动设备与系统　第5部分：传输规约　第3篇：应用数据的一般结构》（idt IEC 60870 - 5 - 3：1992）。

（4）GB/T 18657.4—2002《远动设备与系统　第5部分：传输规约　第4篇：应用信息元素定义和编码》（idt IEC 60870 - 5 - 4：1992）。

（5）GB/T 18657.5—2002《远动设备与系统　第5部分：传输规约　第5篇：基本应用功能》（idt IEC 60870 - 5 - 5：1995）。

基本标准是制定和理解配套标准的依据，配套标准都要引用基本标准，配套标准针对具体应用作了具体规定，使基本标准的原则更加明确。等同采用基本标准和配套标准有利于更好地贯彻标准，实现远动设备的互操作性。

IEC 60870 - 5 系列标准涵盖了各种网络配置（点对点、多个点对点、多点共线、多点环型、多点星型），各种传输模式（平衡式、非平衡式）、网络的主从传输模式、网络的平衡传输模式，以及电力系统所需要的应用功能和应用信息，是一个完整的标准集，与 IEC 61334 配套使用。DL/T 634.5101—2002（idt IEC 60870 - 5 - 101：2002）、DL/T 634.5104—2002（idt IEC 60870 - 5 - 104：2002）、DL/T 719—2000（idt IEC 60870 - 5 - 102：1996）一起，可以适应电力自动化系统中各种调制方式、各种网络配置和各种传输模式的需要。

在新能源发电功率控制系统和相关系统通信中，经常会使用到 IEC 60870 - 5 - 101 和 IEC 60870 - 5 - 104，下面将对这 2 个传输规约进行介绍。

（一）简介

1. IEC 60870 - 5 - 101 协议

等同于 DL/T 634.5101，工程中简称为 101 规约。

此标准适用于具有编码的比特串行数据传输的远动设备和系统，用以对地理广域过程的监视和控制。制定远动配套标准的目的是使兼容远动设备之间达到互操作性，标准采用了 IEC 60870 - 5 标准系列文件，标准规范提出了基本远动任务的功能协议子集。

虽然配套标准除定义实际通信功能，还定义了最重要的用户功能，但并不能保证在不同制造厂家的设备之间完全兼容和互操作性。在实际使用中，还需要在考虑整个远动设备的运行时，就所定义的通信功能的使用方法达成一致。

本协议一般被用于变电站与调度主站之间或不同系统之间的串行数据通信，可以使用半双工通道或者全双工通道。

在实际使用中，多使用 RS232 接口或者 RS485 接口。这两种接口都是串行接口，对于 101 规约来说，主要的区别就是距离。如果距离小于 15m，那么这两种接口均可以使用；如果距离大于 15m，那就只能使用 RS485 接口了，因为 RS232 接口的理论传输距离是 15m，大于 15m 就会影响通信质量或者根本通信不上。还有就是 RS485 接口也有通信距离的限制，理论上是 1200m，但是由于现场电缆密集、电气设备数量多，实际能够可靠的通信距离不会达到 1200m，真这么长的话就只能选择用光纤了。

2. IEC 60870 - 5 - 104 协议

等同于 DL/T 634.5104，工程中简称为 104 规约。

此标准适用于具有串行比特编码的数据传输的远动设备和系统，用以对地理广域过程的监视和控制。制定远动配套标准的目的是使兼容的远动设备之间达到互操作，标准利用了国际标准 IEC 60870-5 的系列文件，标准规定了 IEC 60870-5-101 的应用层与 TCP/IP 提供的传输功能的结合。在 TCP/IP 框架内，可以运用不同的网络类型，包括 X.25、FR（帧中继）、ATM（异步传输模式）和 ISDN（综合服务数据网络）。根据相同的定义，不同的 ASDU 包括 IEC 60870-5 全部配套标准所定义的 ASDU，可以与 TCP/IP 相结合。

本协议一般被用于变电站与调度主站之间或不同系统之间的串行数据通信，使用网络接口进行通信。

（二）通信过程

1. 通信过程总述

101 规约是串口规约，104 规约是网络规约，因此 104 规约比 101 规约多了一个通道链路建立的过程。链路建立的过程和本规约无关，就是正常的 TCP 协议服务器端和客户端的连接过程。正常情况下，服务器端对应受控端，也就是子站端；客户端对应控制端，也就是主站端。104 规约的报文传输是在通道建立成功后再进行的。

不管是 101 规约还是 104 规约，在现实工程中传输的内容基本包括遥测信息、遥信信息、遥控信息、电度量信息、遥调信息、时钟信息、计划曲线等信息。最常用的传输过程有启动过程、总召唤过程、变化信息上送过程、控制过程等过程。

2. 启动过程

启动过程顾名思义，就是在刚开始的时候进行的，或者是在重新开始的时候进行的通信过程。

101 规约的启动过程包括两步，第一步是召唤链路状态，第二步是复位链路状态。召唤链路状态的时候主站发送 10 49 XX XX 16，子站回 10 0B XX XX 16；复位链路状态的时候主站发送 10 40 XX XX 16，子站回 10 00 XX XX 16。这里面所有信息帧的第一个 XX 是站地址，第二个 XX 是校验码。

104 规约的启动过程只有一个激活过程，主站发送 68 04 07 00 00 00，子站回 68 04 0B 00 00 00。

3. 总召唤过程

总召唤过程是主站向子站召唤遥测信息、遥信信息和电度信息等信息的一个通信过程。一般总召唤信息会紧跟启动过程后出现，除此以外，总召唤过程会定时下发。

101 规约和 104 规约的总召唤过程如图 10-32 和图 10-33 所示。

101 规约的通信程是 Polling 方式的，主站在发送总召唤激活信息后，子站首先回复一级数据信息；然后主站开始召唤一级数据，并直到总召唤过程结束均发送召唤一级数据信息，子站发送总召唤激活确认信息，并在整个总召唤过程中，每帧都将把 ACD 置为 1，表示子站仍有一级数据；接下来子站的将把所有的遥信信息、遥测信息和电度量信息发送给主站；在最后，子站还要发送一帧总召唤结束信息，表示整个总召唤结束，并 ACD 置为 0，表示没有一级数据了。

104 规约的通信过程就简单多了，主站只需要发送总召唤激活命令就可以了，子站将连续发送总召唤激活确认、全信息帧（全遥信、全遥测、全电度）、总召唤结束。

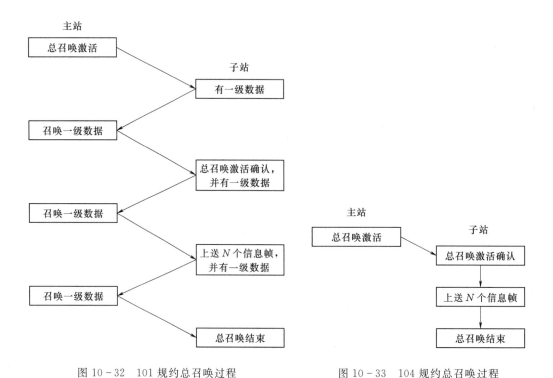

图 10-32 101规约总召唤过程

图 10-33 104规约总召唤过程

4. 变化信息上送过程

101规约的变化遥测信息作为二级数据上送，

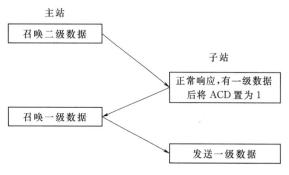

图 10-34 101规约一级数据上送过程

主站一直不间断的发送召唤二级信息帧，当子站有变化遥测时，直接将变化信息组帧上送即可。101规约的变化遥信信息作为一级数据上送，当有变化遥信时，子站在上送信息的时候将 ACD 置位为 1，主站召唤一级数据，子站将变化遥信组帧上送。101规约的一级数据上送过程如图 10-34所示。

104规约的变化信息上送就简单了，子站只要有变化数据就立刻上送

就可以了，主站接到数据以后解帧即可。

5. 控制过程

控制过程就是主站给子站下遥控、遥调等命令的过程。下面以遥调命令为例来讲解 2个规约的控制过程。

101规约的遥调命令控制过程是主站先下发遥调激活信息给子站，子站收到信息后确认该帧信息并将 ACD 置为 1，表示有一级数据；然后主站下发召唤一级数据的命令，子站收到后将遥调激活确认信息发给主站，这样就完成了遥调的过程。具体过程如图 10-

35 所示。

104 规约的遥调命令控制过程就简单的多了，当主站下发遥调激活命令，子站在收到遥调激活命令后，返回遥调激活确认命令即可。具体过程如图 10－36 所示。

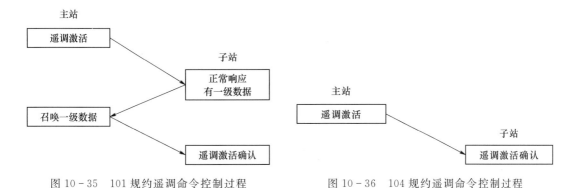

图 10－35　101 规约遥调命令控制过程　　　图 10－36　104 规约遥调命令控制过程

（三）传输帧格式简介

1. 101 规约帧格式

101 规约共有 3 中帧格式：单字符、固定帧长和可变帧长。

（1）单字符（0xE5）。这个帧仅用于简单的确认，可以使用固定帧长格式代替这个帧。

（2）固定帧长。固定帧长报文格式如图 10－37 所示，这个帧主要用于通信过程的控制，该帧中不包含有任何实际意义的信息。

固定帧长报文固定为 5 个字节，以 0x10 开头，以 0x16 结尾。其中第二个字节是最重要的，这个字节根据上行和下行方向的不同具有不同的意义，从而表示通信过程的控制信息；第三个字节是主站和子站约定的链路地址，第四个字节是校验码。

（3）可变帧长。可变帧长报文（图 10－38）包含了具体的信息，遥测信息、遥信信息、遥控信息和遥调信息等信息均使用该帧传送。在实际的工程中，如果需要用分析数据正确与否、子站是否响应主的控制命令，也多是需要分析该帧。

图 10－37　固定帧长报文格式　　图 10－38　可变帧长报文格式

可变帧长报文以 0x68 开头，以 0x16 结尾。第二个字节和第三个字节一样，均为从链路控制域开始，到校验码为止的字节长度。第四个字节固定为 0x68。第五个字节、第六个字节和校验码同固定帧长的这三个字节。ASDU 是应用服务数据单元，会在后面提到。

2. 104 规约帧格式

104 规约的帧格式分为三种：I 格式、U 格式和 S 格式。

在介绍三种格式之前，先介绍一下应用规约数据单元（APDU），所有的这 3 种帧格式都符合 APDU 的结构，APDU 格式如图 10 - 39 所示。

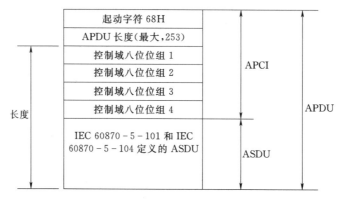

图 10 - 39 APDU 格式

APDU 格式中，启动字符固定为 0x68。第二个字节是从控制域八位位组 1 开始到最后的总的长度，最大为 253。接下来的 4 个字节都是控制域，不同格式帧是不一样的，具体的会在下面阐述。ASDU 格式跟 101 规约的 ASDU 接近，会在后面一起阐述。

（1）I 格式帧。I 格式帧传输的内容同 101 规约中可变长度帧传输的内容相同，都是实际工程中最重要的，也是经常需要分析的帧格式。I 格式的控制域传送的是发送序号和接收序号，如图 10 - 40 所示。

（2）U 格式帧。U 格式帧的 APDU 只包含 APCI，只用于传输规约的控制。U 格式的控制域仅使用了第 1 个字节，其他字节均为 0。第一个字节的信息表示测试、停止和启动，并且同时只有一个功能可以被激活，如图 10 - 41 所示。

起动字符 68H
APDU 长度
控制域八位位组 1
控制域八位位组 2
控制域八位位组 3
控制域八位位组 4

长度 = 4　APCI

图 10 - 40 I 格式的控制域

比特	8	7	6	5	4	3	2	1	
	TESTFR		STOPDT		STARTDT		1	1	八位位组 1
	确认	生效	确认	生效	确认	生效			八位位组 2
	0								
	0							0	八位位组 3
	0								八位位组 4

图 10 - 41 U 格式的控制域

（3）S 格式帧。S 格式帧的 APDU 只包含 APCI，只用于给予对方的报文序号的确认。S 格式的控制域的前两个字节是固定的，后两个字节用于传输接收序列号，如图 10 - 42 所示。

3. 应用服务数据单元（ASDU）

101 规约的 ASDU 和 104 规约的 ASDU 结构相同，区别在于传送原因、应用服务数据单元公共地址和信息对象地址的长度不同。在实际工程中，101 规约中传送原因和应用服务数据单元公共地址均为 1 个字节，信息对象地址为 2 个字节；104 规约中传送原因和应用服务数据单元公共地址均为 2 个字节，信息对象地址为 3 个字节。

比特	8	7	6	5	4	3	2	1	
	0						0	1	八位位组 1
	0								八位位组 2
	接收序列号 N(R)						LSB	0	八位位组 3
	MSB	接收序列号 N(R)							八位位组 4

图 10-42 S 格式的控制域

ASDU	ASDU 的域	
数据单元标识	数据单元类型	类型标识
		可变结构限定词
	传送原因	
	公共地址	
信息体	信息体地址	
	信息元素集	
	信息体时标	

图 10-43 应用服务数据单元（ASDU）的结构

应用服务数据单元的结构如图 10-43 所示。不同类型标识的信息体是不相同的，常用的类型标识如图 10-44 所示。在实际使用中，遥信信息的类型标识是 1，一个字节表示一个遥信状态。遥测信息的类型标识以前大多使用 9，也就是传输的是整型，一个遥测值使用 2 个字节。用整型会存在需要放大缩小的情况，对数据的精度有一定的损失，因此现在多使用的类型标识是 13，一个遥测值使用 4 个字节传输，传输的就是一次值，不再需要放大缩小，主站和子站的遥测信息不会有差别了。遥调信息因为同样的原因从原来类型标识是 48，现在多使用 50 了。

报文类型（十进制）	报文语意	编码	使用说明
1	单位遥信	M_SP_NA_1	遥信信息
9	归一化遥测值	M_ME_NA_1	遥测信息
13	短浮点遥测值	M_ME_NC_1	遥测信息
45	单位遥控命令	C_SC_NA_1	遥控命令
48	归一化设定值	C_SE_NA_1	遥调命令
50	短浮点设定值	C_SE_NC_1	遥调命令
100	站召唤命令	C_IC_NA_1	总召唤命令
103	时钟同步命令	C_CS_NA_1	校时命令

图 10-44 常用的类型标识及说明

(四) 常用软件工具介绍

在学习和使用 IEC 60870 系列规约的时候，有 2 个软件可以使用，使用后可以加快学习进度和帮助分析报文。这 2 个软件是 IEC 8705 和 PMA，2 个软件的截图如图 10 - 45 和图 10 - 46 所示。

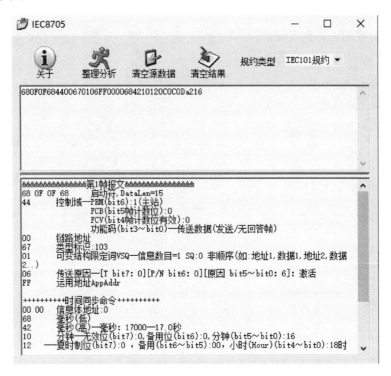

图 10 - 45　IEC 8705 软件截图

IEC 8705 这个软件是一个报文分析软件，将截取到的报文输入到软件上面的输入区中，并选择相应的规约类型后，点击整理分析后，就回在软件下面的输出区中显示对报文的分析结果。

PMA 软件除了具有 IEC 8705 的功能以外，还能够作为测试软件使用，PMA 软件可以模拟主站或者子站，能够模拟的规约如图 10 - 47 所示。在选择了协议配置、运行模式和端口配置后，在点击菜单上的连接按钮就可以模拟主站或者子站了。学习的时候可以运行两个 PMA 软件，一个运行主站，一个运行子站，让两个软件进行通信，就可以看到通信的过程了。

五、IEC 61850 系列标准

(一) IEC 61850 系列标准的制定和意义

国际电工委员会第 57 技术委员会 TC57 指定了《变电站通信网络和系统》系列标准，此标准为基于通用网络通信平台的变电站自动化系统国际标准，具有一系列特点和优点：包括了分层的智能电子设备和变电站自动化系统；根据电力系统生产过程的特点，制定了满足实时信息和其他信息传输要求的服务模型；采用抽象通信服务接口、特定通信服务映

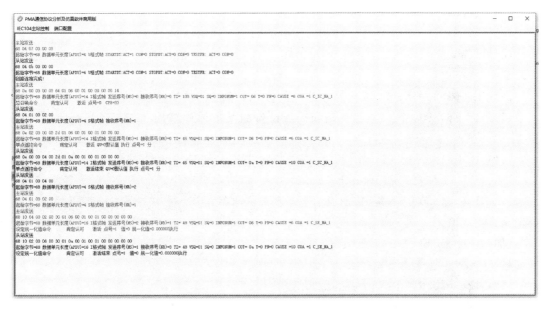

图 10-46 PMA 软件截图

射以适应网络技术迅猛发展的要求；采用对象建模技术，面向设备建模和自我描述以适应应用功能的需要和发展，满足应用开放互操作性要求；快速传输变化值；采用配置语言，配置配置工具，在信息源定义数据和数据属性；定义和传输元数据，扩充数据和设备管理功能；传输采样测量值等。并制定了变电站通信网络和系统总体要求、系统和工程管理、一致性测试等标准。迅速将此国际标准转化为电力行业标准，并贯彻执行，将提高我国变电站自动化水平，促进自动化技术的发展。

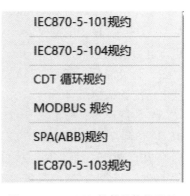

图 10-47 PMA 软件的协议配置

  IEC 61850 是关于变电站自动化系统的第一个完整的通信标准体系。与传统的通信协议体系相比，在技术上 IEC 61850 有如下突出特点：①使用面向对象建模技术；②使用分布、分层体系；③使用抽象通信服务接口（ACSI）、特殊通信服务映射 SCSM 技术；④使用 MMS 技术；⑤具有互操作性；⑥具有面向未来的、开放的体系结构。

（二）IEC 61850 系列标准的组成

IEC 61850 对应 DL/T 860 系列标准，由下述标准组成：

（1）IEC 61850-1：概述。

（2）IEC 61850-2：术语。

（3）IEC 61850-3：总体要求。

（4）IEC 61850-4：系统和项目管理。

（5）IEC 61850-5：功能的通信要求和装置模型。

（6）IEC 61850-6：与变电站通信有关的智能电子设备的配置描述语言。

（7）IEC 61850-7-1：变电站和馈线设备的基本通信结构 原理和模型。

（8）IEC 61850-7-2：变电站和馈线设备的基本通信结构 抽象通信服务接口（ACSI）。

（9）IEC 61850-7-3：变电站和馈线设备的基本通信结构 公用数据类。

（10）IE C61850-7-4：变电站和馈线设备的基本通信结构 兼容逻辑节点类和数据类。

（11）IE C61850-8-1：特定通信服务映射（SCSM）映射到 MMS（ISO/IEC 9506-1 和 ISO/IEC 9506-2）和 ISO/IEC 8802-3。

（12）IEC 61850-9-1：特定通信服务映射（SCSM）通过串行单方向多点共线链接传输采样测量值。

（13）IEC 61850-9-2：特定通信服务映射（SCSM）通过 ISO/IEC 8802.3 传输采样测量值。

（14）IEC 61850-10：一致性测试。

IEC 61850 系列标准从内容上可以分为 4 个部分：

（1）系统部分。该部分包含从 IEC 61850-1 到 IEC 61850-5，共 5 个标准。在这 5 个标准中介绍了指定 IEC 61850 标准的出发点，其内容不仅仅从通信技术本身进行描述，还从系统工程管理、质量保证、系统模型等方面进行叙述，使 IEC 61850 标准能够更好的应用于电力系统。

（2）配置部分。IEC 61850-6 定义了变电站系统和设备配置、功能信息及相对关系的变电站配置描述语言。

（3）数据模型、通信服务和映射部分。这部分是 IEC 61850 最最核心的技术部分，包括 IEC 61850-7 到 IEC 61850-9，共 7 个标准。该部分从技术实现的角度描述了 IEC 61850 的信息模型、通信服务接口模型、信息模型与实际通信网络的映射方法，实现了系统信息模型的统一、通信服务的统一和传输过程的一致。

（4）测试部分。为验证系统和设备的互操作性，IEC 61850-10 定义了一致性测试的方法、等级、环境和设备要求的规定。

（三）IEC 61850 系列标准的基本概念

这里只简单介绍一下基本的概念，IEC 61850 系列标准是一个庞大的标准，没有办法在本章中完全介绍，这里只是提供一个入门的地方，深入了解请参考全部标准。

1. 变电站的分层

变电站自动化系统的功能逻辑上可分配在三个不同的层，即变电站层、间隔/单元层和过程层，如图 10-48 所示，图上还显示了各个逻辑接口（①～⑩），这些接口包括同一层内部之间的数据交换，也包括不同层之间的数据交换。

接口的含义如下：

（1）间隔层和变电站层之间保护数据交换。

（2）间隔层与远方保护之间保护数据交换。

（3）间隔层内数据交换。

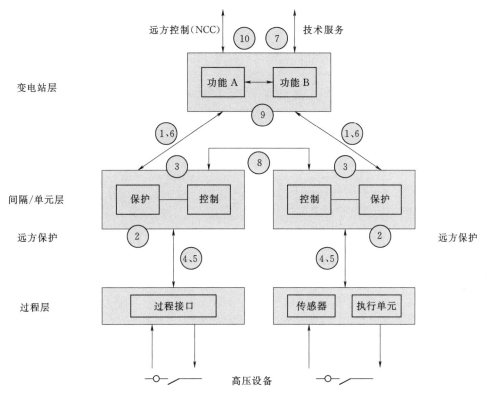

图 10-48 变电站自动化系统功能层和逻辑接口

（4）过程层和间隔层之间电压互感器和电流互感器瞬时数据交换。

（5）过程层和间隔层之间控制数据交换。

（6）间隔层和变电站层之间控制数据交换。

（7）变电站层与远方工程师办公地数据交换。

（8）间隔之间直接数据交换，尤其是用于连锁这样快速功能。

（9）变电站层内数据交换。

（10）变电站（装置）和远方控制中心之间控制数据交换。

2. 变电站各分层的功能

过程层功能值与过程接口的全部功能，这些功能通过逻辑接口④和⑤与间隔层通信。

间隔层功能主要使用一个间隔的数据并作用于对这个间隔的一次设备。这些功能通过逻辑接口③实现间隔层内通信，通过逻辑接口④和⑤过程层通信，即与各种远方 I/O、智能传感器和控制器通信。逻辑接口④和⑤也有可能通过电缆接线连接。

变电站层功能有以下两类：

（1）过程有关站层功能。即使用多个间隔或者全站的数据，作用于多个间隔或全站的一次设备，这些功能主要通过逻辑接口⑧通信。

（2）接口有关站层功能。表示变电站自动化系统与本站运行人员的接口，与远方控制中心的接口，与建设和维护远方工程管理的接口。这些功能通过逻辑接口①和⑥与间隔层通信，通过逻辑接口⑦和远方控制接口与外部通信。

3. ACSI 基本概念类模型

ACSI 基本概念类模型中包括 Server（服务器）、LogicalDevice（LD 逻辑设备）、LogicalNode（LN）、Data 和 DataAttribute，如图 10 - 49 所示。

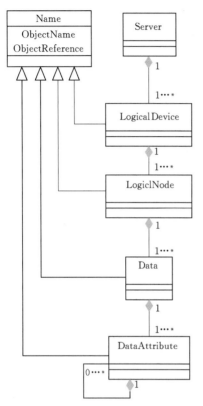

图 10 - 49 ACSI 基本概念类模型

（1）Server（服务器）代表设备的外部可视性能，所有其他 ACSI 模型是服务器的一部分。服务器有两种角色：和客户通信（大多数服务模型可以和客户设备通信）、向对等设备发送信息（例如采样值）。

（2）LogicalDevice（LD 逻辑设备）包含由一组域特定应用功能产生和使用的信息，功能定义为 LogicalNode。

（3）LogicalNode（LN）包含由域特定应用功能，例如过电压保护或断路器等产生和使用的信息。

（4）Data 提供各种手段去规定包含在 LogicalNode 内的类型信息，例如带品质信息和时标的开关位置。

（5）DataAttribute 是 Data 的属性。

在实际实现中，逻辑设备、逻辑节点、数据、数据属性每一个都有自己的对象名（实例名），在他们所属的同一个容器的相应类中有唯一名，见表 10 - 3。另外，这四者之中的每一个都有 ObjectReference（路径名），它是每个容器中所有对象名的串联，四个对象名（每一行）可串起来。

表 10 - 3 举 例 说 明 ACSI 模 型

类别	逻辑设备	逻辑节点	数据	数据属性
对象名	TEMPLATER	Q0XCBR1	Pos	stVal
描述	模板设备	总断路器	位置	状态值

（四）常用的工具

在日常的使用中，如果配置正确，IEC 61850 的通信跟 MODBUS 和 101/104 规约不一样，基本不需要调试，只需要进行配置，这也是 IEC 61850 比其他规约更先进的地方。但是也会碰到一些问题的，碰到问题就要借助一些工具软件来协助了，除了调试以外，学习 IEC 61850 也会需要一些软件的帮助，这里就统一介绍一下需要的软件。

有一个抓包软件 Ethereal 能抓网络上的包，软件截图如图 10 - 50 所示。点击 ![icon] 图标，然后选择网卡还有一些参数，全部配置完以后，点击 start 就可以开始截图了，具体的参数配置就不在这里讲了。但是有一个小的注意事项，就是 Windows10 系统下，启动软件一定要以管理员身份启动，否则在选择网卡的时候无法选择你的物理网卡。

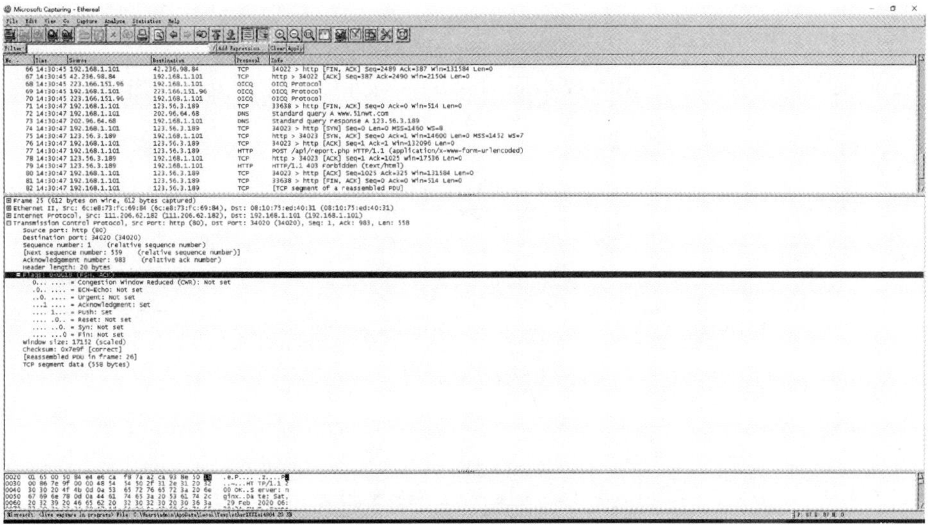

图 10-50　Ethereal 软件截图

当然也可以找一些客户端软件和服务器软件来辅助学习和调试，南瑞科技公司的 Client-Mmi、深瑞的 IEC 61850 客户端都是比较不错的客户端软件。深瑞还有一个 IEC61850Server 的服务器软件也是挺好用的，有需要的可以到网上去下载一个来试试。

还有就是看配置文件的工具了，配置文件都是 XML 格式的，通常任何的文本编辑软件都能打开，但是使用 XMLSpy 软件会比较方便一点的。

六、FTP

文件传输协议（File Transfer Protocol，FTP）是 TCP/IP 协议组中的协议之一。FTP 协议包括两个组成部分，其一为 FTP 服务器，其二为 FTP 客户端。其中 FTP 服务器用来存储文件，用户可以使用 FTP 客户端通过 FTP 协议访问位于 FTP 服务器上的资源。在开发网站的时候，通常利用 FTP 协议把网页或程序传到 Web 服务器上。此外，由于 FTP 传输效率非常高，在网络上传输大的文件时，一般也采用该协议。

默认情况下 FTP 协议使用 TCP 端口中的 20 和 21 这两个端口，其中 20 用于传输数据，21 用于传输控制信息。但是，是否使用 20 作为传输数据的端口与 FTP 使用的传输模式有关，如果采用主动模式，那么数据传输端口就是 20；如果采用被动模式，则具体最终使用哪个端口要服务器端和客户端协商决定。

一般使用这种协议的情况，功率控制设备都是作为 FTP 的客户端来工作的。这种情况都是跟一些功率预测系统进行数据交换的时候使用的，随着系统的不断的进步，这种方式已经很少见了，了解一下就可以了。

第三节　对现有系统存在的网络管理问题的解决方法

在现在的变电所中，各个系统都要进行数据交换，如能量管理系统跟升压站监控系统通信、升压站监控系统跟风机监控系统通信、能量管理系统跟风机监控系统通信等各种的通信。通信的大致关系如图 10-51 所示，由于使用网络通信接线比较简便，所以图中的系统很多都采用网络通信。又因为成本原因，很多对外的交换机就是使用的同一个，并且也就只有这一个。由于以上的原因导致了下列一些问题：

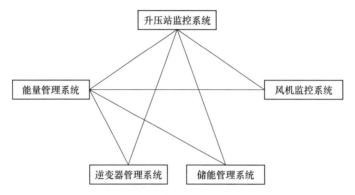

图 10-51　变电所中各系统的数据交换关系

（1）网络问题。造成环网，导致网络通信不能正常。

（2）设备管理混乱。2 个厂家设备的通信都是调试人员在现场由这 2 个厂家定下来的，随便选一个网段，随便一个 IP，维护人员根本不清楚设备的网络设置。

（3）网络存在安全隐患。一个机器有病毒或者被入侵，又可能导致跟它相连的其他系统中病毒或者被入侵。究其根本，就是变电所在设计和施工的时候对网络的不重视或者是认识不够。

解决这个问题的方案如图 10-52 所示。

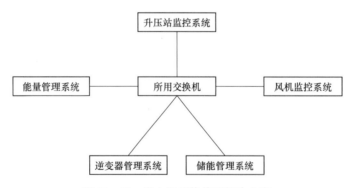

图 10-52　变电所网络管理解决方案

在新的方案中，增加了一个所用交换机，类似于数据网的交换机，把所有需要联网的系统都连接到这个交换机上，并统一的分配 IP 地址。这样做有以下优点：

（1）投资少。硬件只需要一个满足需求的交换机即可。

（2）管理方便。统一管理后，任何系统出现网络问题只需要到交换机上去查看即可。

（3）升级方便。统一管理后，如果想增加网络安全管理装置，只需要连接到这个交换机上即可。

参 考 文 献

［1］ 何磊. IEC 61850 应用入门［M］. 北京：中国电力出版社，2012.

［2］ 中华人民共和国经济贸易委员会. 远动设备及系统　第 5-101 部分：传输规约　基本远动任务配套标准：DL/T 634.5101—2002［S］. 北京：中国电力出版社，2003.

［3］ 中华人民共和国经济贸易委员会. 远动设备及系统　第 5-104 部分：传输规约　采用标准传输协议子集的 IEC 60870-5-101 网络访问：DL/T 634.5104—2002［S］. 北京：中国电力出版社，2003.

［4］ 中华人民共和国国家发展和改革委员会. 变电站通信网络和系统　第 5 部分：功能的通信要求和装置模型：DL/T 860.5—2006［S］. 北京：中国电力出版社，2007.

［5］ 中华人民共和国国家发展和改革委员会. 变电站通信网络和系统　第 7-2 部分：变电站和馈线设备的基本通信结构抽象通信服务接口（ACSI）：DL/T 860.72—2004［S］. 北京：中国电力出版社，2005.

［6］ 中华人民共和国国家质量监督检验检疫总局，中国国家标准化管理委员会. 基于 Modbus 协议的工业自动化网络规范　第 1 部分：Modbus 应用协议：GB/T 19582.1—2008［S］. 北京：中国标准出版社，2008.

［7］ 中华人民共和国国家质量监督检验检疫总局，中国国家标准化管理委员会. 基于 Modbus 协议的工业自动化网络规范　第 2 部分：Modbus 协议在串行链路上的实现指南：GB/T 19582.2—2008［S］. 北京：中国标准出版社，2008.

［8］ 中华人民共和国国家质量监督检验检疫总局，中国国家标准化管理委员会. 基于 Modbus 协议的工业自动化网络规范　第 3 部分：Modbus 协议在 TCP/IP 上的实现指南：GB/T 19582.3—2008［S］. 北京：中国标准出版社，2008.

［9］ 中华人民共和国能源部. 循环式远动规约：DL 645—1991［S］. 北京：水利电力出版社，1991.

第十一章
典型工程实例

第一节　厂级 AGC 系统工程实例

一、厂级 AGC 系统设计简介

厂级 AGC 系统就是厂级负荷优化控制系统，它是建立在发电厂的全厂负荷控制系统与电力系统电网调度自动化能源管理系统间闭环控制的一种先进技术手段。在保证电力系统稳定运行的条件下，由调度主站对发电厂下发控制指令，发电厂内的各个发电机组根据自身运行情况，在既定的性能指标约束下调整自身的运行参数，响应调度主站的指令，进而达到发电厂的负荷优化分配。由此可见，建立于电网 AGC 之上的厂级 AGC 系统，以全局负荷分配效率最优化为目标，将火力发电企业单个电厂的各个机组负荷分配与全厂负荷进行优化控制，协调所有机组快速响应电厂负荷的变化。

随着改革开放后国家经济的持续高速发展，火电厂一直持续高速投资与增长的态势，在步入 21 世纪后，新能源电厂（包括光伏、风电、水电等项目）的大量并网发电，发电结构发生了较大的变化，光伏、风电、水电的特点都存在受自然环境影响较大的因素，对电网运行的稳定性都有影响。同时钢铁、冶金等大型耗能企业在电网用户系统中属于对用电品质产生影响的负荷，这些负荷在投入及退出时对系统的稳定性，视电网的大小，都存在一定的冲击。五大发电集团根据环保要求和经济性的原因，近年来投入的电厂也渐渐以大机组群（关停中小型发电机组）为方向。多台机组在同一厂内并联运行且自动化程度得到极大的提高，也为厂级 AGC 功能的实现提供了便利条件。可以将厂级 AGC 系统理解为一个实时的电气控制系统，该系统在保证所有机组稳定运行的前提下，为快速响应调度中心的指令，将整个电厂内的机组视为一个机组单元，然后将根据既定的分配策略分配给能够实现其要求的机组，由其承担负荷调整的任务，以达到全厂负荷最优化的目标。因此，厂级 AGC 是将 AGC 的控制要求从一台机组变更为全厂的负荷调整要求，通过全厂的负荷优化分配，根据稳定性、快速性、经济性等要求，将负荷调整的指令调整到全厂的各个机组，在实现安全性、稳定性的前提条件下，实现全厂机组的经济运行。在电厂推广并实施厂级负荷优化分配的目的和主要意义是将电力系统的能量控制体系与分布各地的各发电企业的发电机组通过高级控制手段进行管理。厂级 AGC 的实现有助于保证电网的稳定和经济运行，也可以提高发电企业的经济效益，同时促进发电机组的稳定运行。对电网和电厂而言，具有双赢的效果。这种厂级负荷优化方式与传统的电网直控发电机的方式不同，按照"统一调度、分级管理"的原则，在电网调度中心对发电企业下发了全厂负荷计划曲线后，该系统根据本厂各台火电机组的具体工况，自动进行发电负荷分配，以达到降低发电成本，提高机组发电效率的目的。数据统计，通过厂级 AGC 系统，单台机组优化的效率可提升 $0.1\% \sim 0.5\%$，对于长期的能耗减少，有非常重要的经济意义。另外，该系统也有利于减少电力调度的复杂性，提高电网与电厂的稳定性。在发生异常故障时，也能减少故障机组对电网的冲击。整体而言，提高了电厂的稳定性、自主性、协调性和经济性。当然，厂级 AGC 调度的前提依然是必须保证机组对电网负荷的响应速率。而优秀的控制系统是对响应速率的保证，也是能够实现厂级 AGC 的基础。借助于协调控制系统优化控制站，在实现厂级 AGC 调度的前提下，通过进一步优化控制系统保证机组的负荷响应速率。

二、系统及主要功能概述

某电厂厂级 AGC 系统是针对该电厂的实际情况开发的，它包括定值输入模块、监视界面模块、报警模块、历史曲线模块、事件查询模块、操作日志模块、历史数据模块，在整个系统中，功能模块之间操作相对独立，所有相同的部分进行独立封装，然后再引用到各功能模块中。

厂级 AGC 系统软件应具备以下的功能要求：

（1）需要实时接收调度中心的全厂负荷指令，并进行机组运行数据的收集工作，实现电厂机组间负荷的全局最优分配，将分配策略传送到执行机构，并达到发电机组负责自动调整的目的。

（2）需要在调度中心指令未及时送达时，AGC 能以接收到的调度中心负荷调度计划，实现电厂机组间负荷的全局最优分配。

（3）需要自动计算机组稳态煤耗值，且随着运行时间的增长不断更新。

（4）需要系统收集各机组在不同负荷点时的煤耗值数据，并在此基础上生成各机组的煤耗特性曲线，作为负荷优化分配的依据。

（5）需要系统能根据机组主辅机状态自动设定负荷上限、下限。

（6）需要能够设定负荷调节不灵敏区，当待调整负荷差值小于"死区"时，应避免全局机组的负荷分配优化，优先选择单台机组的负荷调整以满足调度中心的负荷变化要求。

（7）需要具有"优化""比例"运行模式。

（8）需要实现负荷分配的厂级和机组级的手/自动无扰切换，为机组负荷分配提供多种途径。

（9）需要具备与冗余控制器、冗余 I/O、关键信号硬连接、机组协调控制系统（Coordinating Control System，CCS）相配合等技术，可靠性高。

（10）需要具有报警组态、参数列表、信号强制等功能。

（11）需要具有"系统管理员""运行操作员""维护工程师"等登录权限，避免越权操作。

（12）应能给出当前机组运行状态，并对操作过程具有记录与追忆能力。

三、系统整体架构设计

（一）设计目标及原则

系统的架构设计目标是满足安全性、稳定性、经济性、易用性等多个方面要求。首先，安全性和稳定性是电力企业重点关注的，而且涉及机组调节，安全稳定性是系统设计的首要目标；其次，经济性也是该系统设计的关键目的，需要通过该软件的投运达到降低煤耗率的实际作用；易用性对于电厂值班人员来说非常重要，尽量让系统用户界面设计符合专业运行人员的操控习惯。

（二）系统架构

厂级负荷优化分配协调控制系统整体结构如图 11-1 所示。

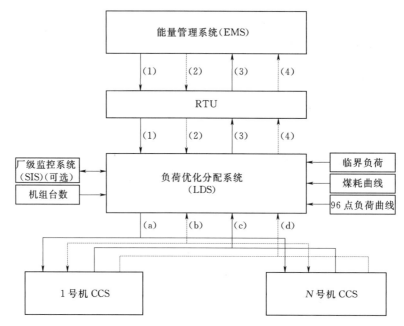

图 11-1　厂级负荷优化分配协调控制系统整体结构图

图 11-1 中（1）～（4）及（a）～（d）为各系统间的联系信号，系统间的联系信号表见表 11-1。

表 11-1　　　　　　　　　　　　系统间的联系信号表

说　明	信号行驶	信　号　方　向
全厂总负荷指令	模拟量	EMS->RTU，RTU->LDS
ADS 信号正常	开关量	EMS->RTU，RTU->LDS
全厂总实际负荷	模拟量	LDS->RTU，RTU->EMS
电网频率	模拟量	LDS->RTU，RTU->EMS

说　　明	信号行驶	信 号 方 向
全厂负荷上限	模拟量	LDS->RTU，RTU->EMS
全厂负荷下限	模拟量	LDS->RTU，RTU->EMS
全厂最大升负荷速率	模拟量	LDS->RTU，RTU->EMS
全厂最大降负荷速率	模拟量	LDS->RTU，RTU->EMS
厂级 AGC 已投入	开关量	LDS->RTU，RTU->EMS
厂级 AGC 已准备好	开关量	LDS->RTU，RTU->EMS
LDS 系统故障	开关量	LDS->RTU，RTU->EMS
各机组的负荷指令	模拟量	LDS->CCS
机组负荷指令正常	开关量	LDS->CCS
机组实际频率	模拟量	CCS->LDS
机组实际负荷	模拟量	CCS->LDS
机组负荷上限	模拟量	CCS->LDS
机组负荷下限	模拟量	CCS->LDS
机组最大升负荷速率	模拟量	CCS->LDS
机组最大降负荷速率	模拟量	CCS->LDS
机组在运行	开关量	CCS->LDS
机组负荷可调	开关量	CCS->LDS
机组 AGC 已投入	开关量	CCS->LDS
机组 AGC 已准备好	开关量	CCS->LDS

程序控制策略的具体实现步骤如图 11-2 所示。其中第二步最小动作机组个数策略应 先将负荷调整的大小和速率计算出来，同时 要结合其他机组在安全稳定范围内能够实现 的负荷变化和速率变化，推算出参与调度要 求的发电机组数量，具体要求如下：

（1）当调度中心给定的负荷变化值为 "运行机组台数×10MW"以下时，其 AGC 总速率须达到"运行机组台数×300×1% MW/min"。

（2）当调度中心给定的负荷变化值为 "运行机组台数×10MW"及以上时，其 AGC 总速率须达到"运行机组台数×300×1.5% MW/min"。

（3）单台机组速率须达到"300×1.5% MW/min"。

先速度后优化
（该策略要求首先以各机组的调节速率为依据进行负荷分配，快速达到全厂总有功出力的目标值，然后再优化全厂负荷分配，保证全厂总出力维持平稳且各机组的有功出力调整到最优值）

↓

最小动作机组个数
（由于大量机组频繁调整会对系统的稳定性与功耗造成负面影响，因此在满足电网调节速率前提下，负荷分配系统对少量机组进行负荷调整以响应调度中心的要求）

↓

综合优化
（满足电网对全厂调节速度的前提下，对负荷进行优化分配）

↓

分组调节
（为避免全厂机组的频繁调节，加快机组的响应速度，将机组分成两组，分别承担增负荷与减负荷指令，同时实现同组机组负荷的优化分配）

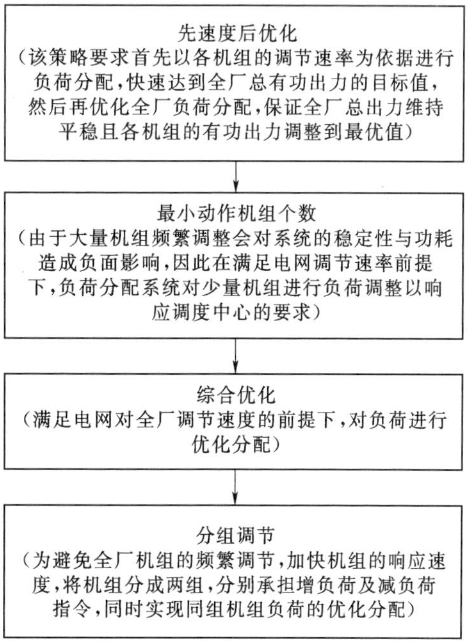

图 11-2　程序控制策略框图

此外，系统可以根据不同的事件采取不同的保护策略：

（1）闭锁。如果厂级事件（如与调度的通信中断、所有机组 AGC 退出）触发闭锁，系统将退出调度 AGC 或厂级 AGC 控制，自动切换为厂级 AGC 或机组 CCS 模式；如果为机组事件（如机组跳闸、辅机故障等）触发闭锁，则机组将切换为机组 CCS 模式。协调优化的投入逻辑及投入条件为：负荷指令稳定，主汽压指令稳定，主汽压力稳定，汽机主控指令跟踪（优化站协调控制逻辑汽机指令跟踪原机组汽机指令），锅炉主控指令跟踪（优化站协调控制逻辑锅炉主控指令跟踪原机组锅炉主控指令）；切除条件为：优化站故障，手动切除协调优化控制，本机协调切除（协调系统本身故障切除协调）。

（2）单边闭锁。当满足闭锁条件时或系统频率超过或低于阈值时，系统不再对该区域下发负荷调节指令。

（3）报警。当达到系统设定的闭锁阈值时，系统启用声光报警功能。

（三）接线原理图

厂级负荷优化分配系统的主要硬件设备包括控制器、I/O 站以及值长站，原理接线图如图 11-3 所示。

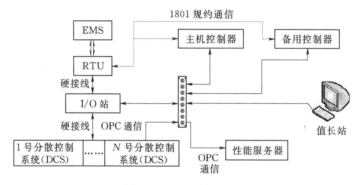

图 11-3 原理接线图

1. I/O 站

I/O 站包括主站及备站。它是信号数据传输的桥梁，主要负责 LDS 控制器与 RTU 和各机组 DCS 之间的数据通信，如采集 RTU 和 DCS 的实时信息并向控制器发送以及将控制器的负荷调整指令下发给 DCS。I/O 站有两种冗余方式：第一种是同比例冗余，该方式主备站的接线方式和通信方式一样，由 DCS 系统负责提供冗余通道，由 DCS 负责选择主备站；第二种是建立一个 I/O 站，通过在站里建立冗余的模块进行主备机切换。当选择 OPC 及硬接线同时工作方式时，建议通过硬接线与 OPC 通信实现信号冗余。

2. 控制器

控制器包括主控制器及备用控制器。控制器作为系统的自动决策中心，主要负责根据系统运行的实时数据以及既定的负荷分配算法，计算出的系统的负荷最优分配策略，对系统全局进行负荷优化。备用控制器作为主控制器异常时的替代，保障系统稳定运行。

3. 值长站

关键功能是导入需求数据、查询各类参数、操作切换选择，值长站通过 LDS 的通信方式与控制器进行连接。

4. 性能服务器

用于机组性能计算、历史数据存储，必要时作为操作员站使用，通过 LDS 内部网络与控制器相连。性能服务器上除运行 AGC 主程序软件外，还运行 OPC 数据获取软件及性能计算软件。分布式的历史实时数据库如图 11-4 所示。

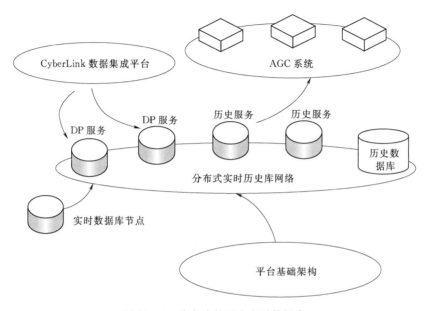

图 11-4　分布式的历史实时数据库

当然，厂级 AGC 调度的前提依然是必须保证机组对电网负荷的响应速率。而优秀的控制系统是对响应速率的保证，也是能够实现厂级 AGC 的基础。借助于协调控制系统优化控制站，在实现厂级 AGC 调度的前提下，通过进一步优化控制系统保证机组的负荷响应速率。通过 SIS 系统，获取机组在不同负荷下的煤耗等各类分析数据（如果 SIS 系统不具备的功能，需要 AGC 控制系统通过 SIS 数据计算），建立负荷煤耗曲线。

根据上述拟合各机组的煤耗特性曲线，结合机组各自的约束条件，计算出最经济的厂级机组负荷分配方案，实现各种 AGC 控制模式的跟踪与切换功能。

在整个系统中，各功能模块相对独立，数据库中的各数据相互关联，相同的部分进行独立封装，然后再引用到各功能模块中。

（四）硬接线及数据通信并行数据采集

为了保证数据的可靠性，本系统采用硬接线及数据通信并行数据采集方案，原理如图 11-5 所示。

对于从 DCS 或 RTU 获取数据，可

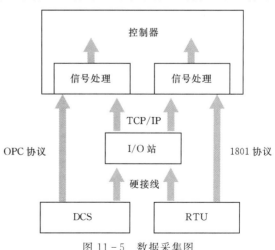

图 11-5　数据采集图

分别选择仅硬接线、仅通信、硬接线优先、通信优先四种采集方式。

1. 仅硬接线方式

此时控制器只从 I/O 站通过硬接线采集数据，不进行 OPC 数据采集（对于 DCS）或 1801 数据采集（对于 RTU）。当检测出硬接线信号故障时，发送相应故障信号。

2. 仅通信方式

此时控制器只从 OPC 数据采集（对于 DCS）或 1801 数据采集（对于 RTU），不通过 I/O 站进行硬接线采集数据。当检测出通信信号故障时，发送相应故障信号。

3. 硬接线优先方式

此时控制器既从 I/O 站通过硬接线采集数据，也通过 OPC 数据采集（对于 DCS）或 1801 数据采集（对于 RTU），同时进行硬接线信号质量检测及通信号质量检测。当检测出硬接线及通信号均正常时，采用硬接线信号；当检测出硬接线故障、通信信号正常时，采用通信信号；当检测出硬接线正常、通信信号故障时，采用硬接线信号；当检测出硬接线故障、通信信号故障时，发送相应故障信号。

4. 通信优先方式

此时控制器既从 I/O 站通过硬接线采集数据，也通过 OPC 数据采集（对于 DCS）或 1801 数据采集（对于 RTU），同时进行硬接线信号质量检测及通信信号质量检测。当检测出硬接线及通信号均正常时，采用通信号；当检测出硬接线故障、通信号正常时，采用通信号；当检测出硬接线正常、通信号故障时，采用硬接线信号；当检测出硬接线故障、通信号故障时，发送相应故障信号。

（五）软件平台设计

需要建立一个基于软件的冗余信息平台，软件部署在 4 台计算机中，分别为值长站、服务器、主控制站、备用控制站，满足两个（或多个）控制站之间的冗余、值长站对过程的监控及服务器对过程数据的读取需要。软件需要完成以下的工作要求，也必须在软件上实现主备的方式进行设计：

（1）值长站端的程序主要用于对系统的运行状态与日志信息进行监控，并具有更改系统设置的功能。

（2）为保障系统的稳定运行，多个控制站应做好信息同步工作，确保相互之间能协调工作。此外，备用控制站应在主控制站异常时进行自动更换。

（3）服务器具有与值长站相同的功能，但在应用程序中主要用于获取数据。当运行值长站应用软件时，可替代值长站进行操作。

4 台计算机上的程序需要统一版本，只在各自的系统中进行配置，包括对值长站、主控制站、备用控制站和服务器的 IP 进行区分。

1. 值长站

（1）读取。取得冗余平台的当前状态，包括主控制站的位置、负荷等测点的当前数值。

（2）写入。值长手动设置相关参数，写入主控制站和备用控制站。

2. 控制站

（1）读取。主控制站通过网络，从值长站读取相关的参数；备用控制站从主控制站读取同步数据，包括输出功率等、手动设置的参数等。

（2）写入。主控制站向值长站写入本机目前的运行工况，例如功率数值；同时主控制站向备用控制站同步映射所属工况，包括功率数值以及手动设置的参数；主控制站向服务器写入当前状态，包括负荷等测点的当前数值等。

3. 服务器

服务器主要用于数据读取功能。当运行值长站软件时，可代替值长站工作。

4. 应用软件

应用软件与冗余平台之间的数据同步是通过网络通信的方式。考虑到为了避免网络的双向通信导致的数据冲突，需要通过两个独立的网络通信口来进行读与写功能。

5. 数据包格式

数据包中包含有控制站设备标识、现场测点信号、手动设定参数，均采用同样的结构。

（六）控制站运行状况分析

控制站运行状况可以采用状态图来进行分析，如（A 正常，B 正常）、（A 正常，B 异常）、（A 异常，B 正常）、（A 异常，B 异常）。

状态转移图如图 11-6 所示，异常包括故障、关机、死机等，判断依据是没有应答信息。

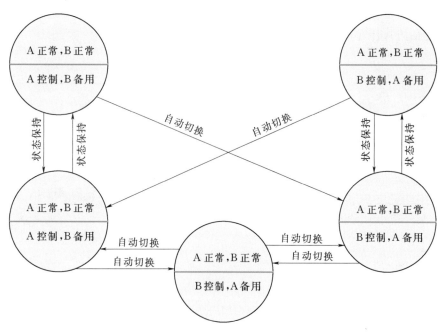

图 11-6 状态转移图

运行状态存在变化的可能性，主备的切换是正常运行的要求，软件在这一方面的处理上，考虑了两个控制站在同一时间启动时会不会出现主备冲突，从地址上区分出主备站，默认 A 为主站，B 为备站，只需要在配置时注意该原则即可。

四、协调控制系统优化

为了更好地实现全厂的 AGC 调度，对于单元机组的协调控制应该尽可能地提高控制品质，提高协调控制系统的负荷变化速率。以 1 台单元机组协调控制系统优化为目标，进行以下方案设计。

原有单元机组的协调控制逻辑保留，保证随时可以将外接协调优化控制信号进行隔离切除，以免在协调控制系统优化控制站发生故障时候产生扰动。在原机组协调控制逻辑中增加目标负荷设定值和压力设定值的调节偏置，在协调控制逻辑中的燃料量指令输出和调门指令输出中增加调节增量，协调控制系统优化控制站采集原机组 DCS 的主蒸汽温度、压力、机组负荷、燃料量、调门开度等信号，根据单元机组的实际情况，充分利用锅炉侧的蓄能，在短时间内提高机组对负荷变化的响应速率。

此优化结果以增量和偏置的方式进入原机组 DCS，安全性更强，甚至可以通过限幅和限速进一步提高安全性。

（一）系统架构

协调控制系统优化站通过 Modbus 或者 OPC 方式和原 DCS 进行数据交互，也可以借助于硬接线和原 DCS 进行数据交互，两种方式可以互为冗余，如图 11-7 所示。前一种方式通信成本低，通信量大，但是实时性不好，秒级的通信速率。后一种方式需要增加对应的 I/O 卡件，安全性和实时性较高。可以将数据进行分类，变化较平缓的模拟量点通过前一种通信方式传递，而重要的开关量可以选择后一种方式。

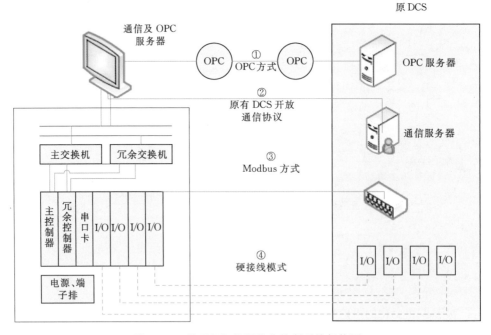

图 11-7　单元机组协调优化控制系统架构图

（二）优化策略

目前常用的有两种方案，两种方案均在协调控制系统优化站上实现。方案一采用传统控制方法（PID 控制），不过 PID 控制方案会根据被控对象的特点设计，采用变参数 PID，分段 PID 控制，PID 参数自整定等复杂回路。方案二采用先进智能算法，模型预测控制代替传统 PID 控制，克服对象时变和大迟延的特点。

两种方案均在协调控制系统优化站实现，协调控制系统优化站给出的调节指令并不会直接加载到执行机构上，而是以增量或偏差的形式通过原机组 DCS 输出，原控制逻辑和控制方案改动量很小，不会形成新的危险点。

1. 方案一：传统 PID

（1）变参数 PID。PID 参数随着工况发生变化，PID 参数采取外部给定的方式，外部给定 PID 参数由对象工况决定。PID 控制算法增加外部给定参数引脚，比例系数和积分时间等参数通过输入引脚外部设定，随对象工况变化而变化。适用于对象变化，但是变化不是很剧烈的情况。

（2）分段 PID。主气温对象具有明显的分段非线性，不同负荷点，对象的特性变化较大，采用多个 PID 算法模块实现分段 PID。一个工况点下只要一个 PID 处于主控状态，其他 PID 处于跟踪，工况点发生变化，主控 PID 自动发生切换。

（3）PID 参数自整定。PID 参数自整定采用的 PID 必须是能够接受外部参数给定的PID，在 PID 回路外增加 PID 参数整定回路，整定回路由模型辨识模块、模型参数整定算法模块构成，参数自整定部分是非实时的，采取固定周期完成参数自整定优化，两个整定周期之间，控制器采用上一次整定的参数值。此方案适用于执行机构、测量装置和被控对象易变，但是变化较缓慢的情况。

2. 方案二：先进智能控制算法

根据前面的介绍，虽然可以通过设计复杂逻辑，弥补 PID 常规控制的缺点，但是如果不引入新的控制算法，是没有办法从根本上克服其缺点的，尤其是针对惯性更大，迟延更大的对象，仅利用 PID 常规控制器很难获得最佳控制效果，外界优化控制器的平台，提供改造后的先进控制算法，获得更好的控制品质。

先进控制算法用于实际现场的被控对象，关键是保证控制算法的实时性，输入输出数据的准确性，保证算法的运算周期。在这方面，模型预测控制（MPC）具有明显的优势，算法简单，易于实现，能够保证算法的实时性，如图 11 - 8 所示。

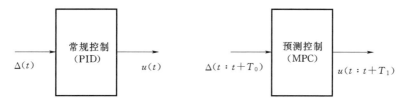

图 11 - 8　常规控制和预测控制

图 11 - 8 中变量含义如下：

（1）当前时刻 t 是一个滚动的概念，设控制系统计算周期为 T_s，则下一个采样时刻

$t+T_s$ 继续定义为当前时刻。

（2）$\Delta(t)$ 是当前时刻控制器的输入信号，偏差信号的当前值。

（3）$u(t)$ 是当前时刻控制器输出指令。

（4）$\Delta(t:t+T_0)$ 表示当前时刻 t 至未来时刻 $t+T_0$ 这一时间段内控制器的输入指令。

（5）$u(t:t+T_1)$ 表示当前时刻 t 至未来时刻 $t+T_1$ 这一时间段内的控制器的输出指令。

控制系统输入与执行是算法设计的重点，同时还包括控制指令的输出方式是单一的还是叠加的，另外还有步长的选择。通过对于计算流程的控制，相关的效果可以展示出来，主要如下：

第一步：给定输入变量的时间长度 T_0 和未来控制量计算时间段长度 T_1。

第二步：通过数据通信的方式从 DCS 中获取未来时间段 t 至 $t+T_1$ 内的输入变量。

第三步：基于上述信息，根据设计的预测控制算法计算未来时间段 t 至 $t+T_1$ 内的控制器输出指令。

第四步：将当前时刻输出指令的值施加到现场执行机构，返回第二步，继续下一个循环。

预测控制算法对外公布调整算法参数值的方法，依据优化目标，能够实现自动调整，对于环境的变化具有一定的适应性。

机组执行 AGC 控制模式选择流程如图 11-9 所示。

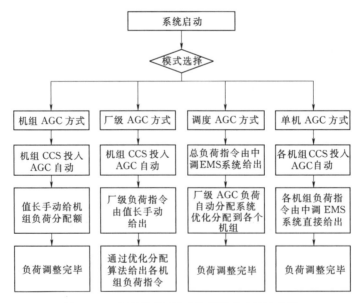

图 11-9 机组执行 AGC 控制模式选择流程图

（三）硬件平台

以某电厂为例，该厂拥有 $2\times350\mathrm{MW}$ 超临界间接空冷机组，变电站为 220kV 电压等级，有两条出线接入 Z 地 220kV 变电站。该厂协调控制系统配置了 5 台 PC 站，包括通信服务器 2 台，OPC 服务器 2 台，还有 1 台组态及通信服务器。I/O 站 3 台，包括与 RTU 接口 I/O 站 1 台，1 号、2 号机各接口 I/O 站 1 台。如图 11-10 所示。

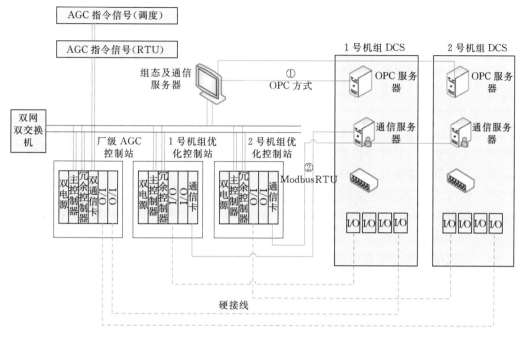

图 11-10　硬件设备图

控制站相当于是一台工作站，集成了上位机与下位机的软件及硬件。为了能够便于工程师操作，将控制柜分为上位机-下位机-I/O 三级结构。下位机模块装载运行的下位机软件；上位机模块用于开发、调试、监控下位机软件；I/O 模块用于采集并输出数据。模块本身可以进行在试验中不断的改进。

（四）软件系统

厂级负荷优化分配系统软件由三个程序组成：主程序、OPC 数据采集与数据库程序 Cyber DB、性能计算及历史数据库程序 Pics。

1. 主程序

主程序分别安装在各个工作站中，根据 IP 地址自动识别工作站类型，并完成冗余平台、数据采集与传输、优化计算、控制输出及显示操作等相应功能。该主程序采用跨平台方式设计，可运行于多种硬件平台和操作系统，包括基于 RISC 硬件平台的 Unix 系统（Solaris、AIX、HP-UX 等）和基于 Intel 硬件平台的 Windows、Linux 及 Solaris 系统。关键节点（如服务器）配置 Sun 工作站运行 Unix，满足用户的可靠性需求。操作员站、工程师站配置 Windows XP/Vista 系统的高性能 PC 计算机，提高系统的易用性和界面友好性。

2. OPC 数据采集与数据库程序 Cyber DB

Cyber DB 用于从 DCS 中获取性能计算测点实时值，并保存在实时数据库中。Cyber DB 安装在性能服务器上运行。该程序同时拥有 OPC 客户端及实时数据库功能，可从

DCS 测点表中任意挑选所需要测点，自动生成实时数据表。程序采用分布式实时历史库设计，实时库结构定义灵活，网络通信可灵活配置，网络负载均衡；可以提供一主多备的冗余服务，服务器负载均衡；具备自定义消息处理机制。

3. 性能计算及历史数据库程序 Pics

Pics 用于进行性能指标在线计算，计算结果按照工况进行分类，并保存在历史数据库中。Pics 安装在性能服务器上运行。值长站主程序可读取性能计算实时值及工况历史值，构造机组煤耗曲线，作为负荷优化分配依据。

4. 可靠性设计

（1）主程序系统软件采用冗余服务方式，配置主备服务器同时工作，并确保服务器负载均衡。主备服务器的优势在于当某台服务器发生异常时，另一台服务器能够承担所有工作，直至异常服务器恢复，保证系统可靠工作。

（2）SCADA 采取主动安全防御技术，通过网络隔离装置、内部通信加密技术、嵌入式通信控制器、Unix/Linux/Windows/Vx Works 整体跨平台保证系统的安全性。

5. 易用性设计

（1）集成化 IDE 环境将主程序系统的所有组态、配置和调试有机的集成到一起，使系统更具有完整的概念和一致的操作习惯，完全消除无用工作量，实现最大工作效率。

（2）系统组态配置均通过属性页方式进行。

（3）从一个基础元件到整个系统，每个实施环节均引入模板，通过使用模板可以以最大效率实现工程实施。

（4）引入多种类型样式表，统一控制系统资源的外观和行为。

（5）Cyer Info 提供一个组件规范接口，可支持自定义开发程序，注册成为系统组件，目前系统组件包括多类型报警组件、数据库浏览组件、日志查询组件等，还有多项高级应用功能。

（6）内部集成脚本编译器 Java Scrip，根据用户的需求可以灵活组态，提供系统的灵活性。

6. 实时性设计

（1）本机消息基于事件和共享内存。

（2）主机间消息基于 TCP 或 UDP，可灵活定义。

（3）消息保障各进程间通信的手段。

（4）消息可以根据应用灵活定义，开关量、模拟量、事件采用变化传输。

7. 开放性设计

（1）接入自动化控制系统设备层的数据。

（2）支持各控制器通信规约。

（3）PLC 设备接入，支持 Modbus 等多种规约。

（4）OPC Client 方式、API 方式，提供编程接口。

（5）提供多种转出接口，方便和第三方系统连接。

（6）OPC Server 方式。

（7）API 方式，提供编程接口。

（8）ODBC 接口。

（9）可定制转发规约。

8．智能报警和事件管理

（1）提供多种报警方式、报警级别、遥信变位描述等报警信息。

（2）支持声光报警、语音文件报警、操作员报警确认消音等管理机制。

（3）系统内部自诊断报警，对 I/O 通信故障、网络通信故障可报警提示。

（五）功能一览

AGC 主程序主界面如图 11-11 所示。

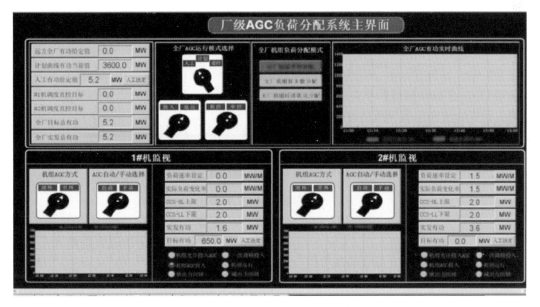

图 11-11 AGC 主程序主界面图

所有工作站主界面大致相同，在标题栏上指示出工作站类型。

主界面按功能区进行划分，主要功能区如下。

1．工作站运行状态显示区

如图 11-12 所示。监视数据包括机组实际负荷、优化目标负荷、机组设定协调系统的变负荷速率、数据传输正常信号。其中数据传输正常表示机组本身 AGC 通道数据正常且厂级优化系统与 1 号机组数据通道数据传输正常。

操作步骤如下：

（1）第一步。厂级 AGC 操作端在 1 号数据传输正常信号且 1 号机组实际负荷与优化目标负荷信号偏差较小的条件下，向 1 号机组发送厂级 AGC 投入请求。

（2）第二步。1 号机组接到厂级 AGC 操作端发来的请求信号，确认系统正常，投入厂级 AGC 允许投入信号。

（3）第三步。厂级 AGC 操作端接收到 1 号机组确认 AGC 允许投入信号，判断 1 号数据传输正常信号，厂级 AGC 投入允许指示灯亮。

（4）第四步。厂级 AGC 投入允许指示灯亮，点击投入按钮，1 号机组工作在厂级

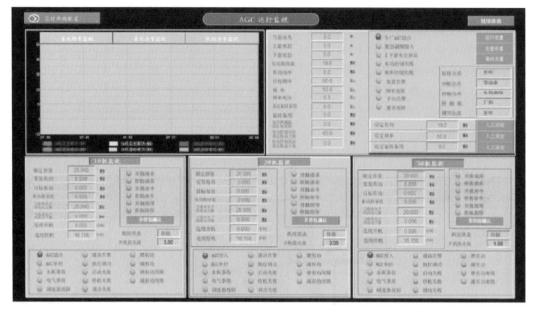

图 11 - 12　运行状态图

AGC 模式。

（5）第五步。当 2 号机组按上述步骤，也切换到厂级 AGC 模式后，系统自动进入厂级 AGC 模式。

（6）第六步。切除方式，可以通过厂级 AGC 操作端切除 1 号机组或者 2 号机组厂级 AGC 模式到单机模式，在 1 号机组或者 2 号机组本地也可以切除厂级 AGC 模式到单机模式，或者系统本身判断，满足切除条件后，自动切除。自动切除条件为 1 号机组数据传输正常信号丢失。

2. 报警显示区

当 AGC 系统运行异常或装置故障时，系统触发光字报警，如图 11 - 13 所示。

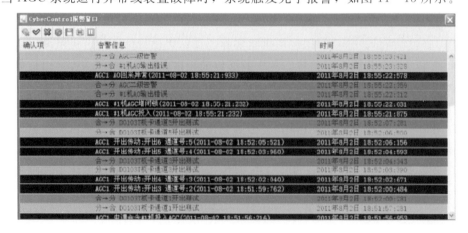

图 11 - 13　报警界面图

通过实时报警窗，可以查看光字以外更为详细的实时报警、状态信息，并可以通过"全部等级"选项对信息进行过滤、分类，可以对结果进行保存、打印、确认、清除等操作。

3. 机组负荷显示操作区

监视参数包括 1 号 AGC 负荷指令（没有投入厂级 AGC 负荷自动分配以前，显示的是中调 AGC 指令，投入以后显示的优化后的 AGC 指令）、2 号 AGC 负荷指令、1 号 AGC 是否投入信号（1 号机组本地 AGC 投入信号状态）、2 号 AGC 是否投入信号（2 号机组本地 AGC 投入信号状态）、全厂 AGC 负荷指令（1 号 AGC 负荷指令和 2 号 AGC 负荷指令）、全厂 AGC 投入状态（单机 AGC 模式，全厂 AGC 投入允许，1 号机组厂级 AGC 模式，2 号机组厂级 AGC 模式，全厂 AGC 投入，其中全厂 AGC 投入允许表示 1 号机组本地 AGC 投入且 1 号数据传输正常信号或 2 号机组本地 AGC 投入且 2 号数据传输正常信号）。

用于显示各机组负荷指令、实际负荷、手动/自动状态、偏差报警状态等信息，并可进行机组负荷手动/自动切换，如图 11-14 所示。

4. 趋势显示区

用于显示参数变化趋势，如图 11-15 所示。

5. 状态栏显示区

用于显示光标处按键提示信息、故障信息及用户登录信息。

6. 96 点曲线

用于从数据文件中读取、显示 96 点曲线，确认后下载到控制器作为负荷指令使用，如图 11-16 所示。

7. 参数列表

用于显示系统相关参数实时值，如图 11-17 所示。当为主控制站时，可对参数进行强制。

8. 煤耗曲线

图 11-14 报警界面图

用于读取、显示煤耗数值，并拟合煤耗曲线，确认后下载到控制器作为负荷分配依据，如图 11-18 所示。

9. 煤质输入

用于输入煤质参数，可以输入实时、历史煤质参数，确认后数据更新到服务器进行性能计算，如图 11-19 所示。

10. 管理模式切换

（1）运行模式。根据机组条件及操作选择，LDS 系统可以运行在以下模式：

1）模式 1。此模式为机组非 AGC 模式，其中包含了机组手动控制、非 AGC 协调控制等。机组负荷指令从 DCS 操作员站手动给出。

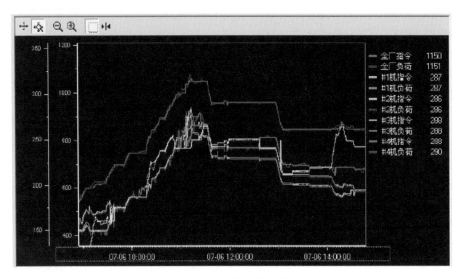

图 11-15　参数变化趋势图

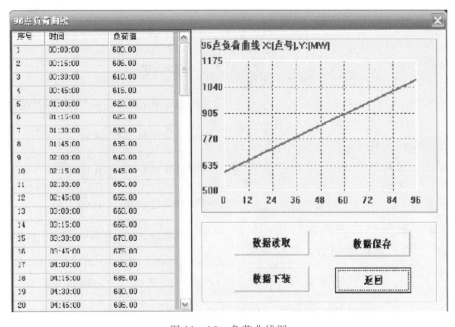

图 11-16　负荷曲线图

2）模式 2。此模式为机组 AGC 模式，机组 CCS 投入 AGC 自动，但机组负荷指令从 LDS 上由值长手动给出。

3）模式 3。此模式为厂级 AGC 模式，机组处于 AGC 方式，厂级负荷指令从 LDS 上由值长手动给出，通过优化分配算法给出机组负荷指令。

4）模式 4。此模式为调度中心 AGC 模式，总负荷指令由调度中心 EMS 系统给出，经 LDS 系统优化分配到各个机组。

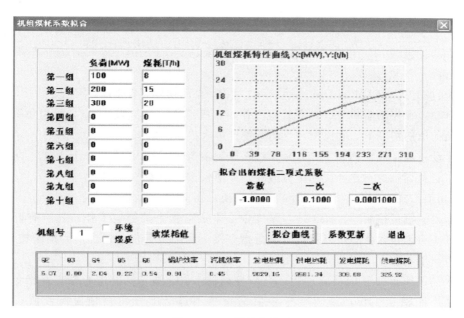

图 11-17　参数实时数据图

图 11-18　煤耗曲线图

（2）运行模式切换。运行模式切换的基本原则如下：①低级→高级，满足条件，且人工确认，逐级投入；②高级→低级，切除条件或人工切换，可能从最高级直接切换到最低级。

1）切换方式 1：Unit AGC1～Unit AGC*n* 手动/自动切换。在 DCS 中实现。

投自动：在机组 LDS 指令稳定工作且达到 CCS 中组态条件的情况下，通过操作员按"自动"键即可进入投自动状态。

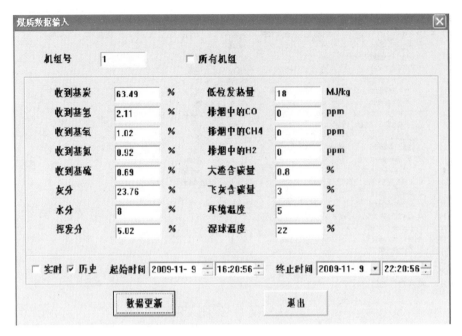

图 11-19 煤质输入参数图

切手动：机组 LDS 指令不能稳定工作，或未达到 CCS 组态条件，或机组操作员按"手动"键。

2）切换方式 2：Unit LDSi（i=1～n）手动/自动切换。在 LDS 中实现。

投自动：在控制器和 I/O 站都稳定工作，且机组 AGC 自动投入以及机组负荷指令接近实际负荷值的情况下，值长按"自动"键即进入投自动状态。

切手动：满足机组 AGC 手动投入，或控制器与 I/O 站中任意一个工作不能稳定工作，或机组负荷指令不适合实际负荷情况，或值长按"手动"键。

3）切换方式 3：Plant LDS 手动/自动切换。在 LDS 中实现。

投自动：满足控制器、I/O 站与调度中心来负荷指令都稳定工作，且所有机组 LDS 中存在处于自动投入状态，以及机组负荷指令接近实际负荷值的情况时，值长按"自动"键进入投自动状态。

切手动：所有机组 LDS 自动投入，或控制器、I/O 站与调度中心来负荷指令中任意一个工作不能稳定工作，或调度中心负荷指令不适合实际负荷情况，或值长按"手动"键。

11. 故障分类管理

为了便于分析处理，将故障分为三类：网络故障、系统故障与信号故障。

（1）网络故障。若值长站或服务器未运行，且有一个控制站处于控制状态，则网络报警。此时显示操作界面上网络故障显示灯显示黄色；若没有控制站在控制状态，则网络故障。此时显示操作界面上网络故障显示灯显示红色；若网络正常，此时显示操作界面上网络故障显示灯显示绿色。

（2）系统故障。若 I/O 站连接故障，或 I/O 站组态故障，则系统报警。此时显示操作界面上系统故障显示灯显示黄色；若I/O站数据采集故障，或输出故障，或控制运算故障，则系统故障。此时显示操作界面上系统故障显示灯显示红色；若系统正常，此时显示操作界面上系统故障显示灯显示绿色。

（3）信号故障。若通道损坏，或有信号强制存在，则信号报警。此时显示操作界面上信号故障显示灯显示黄色。若信号正常，此时显示操作界面上信号故障显示灯显示绿色。

第二节　地调AVC系统工程实例

一、实用化技术

地区电网无功优化问题一直以来都是学术界的研究热点，并且提出了很多可行的理论方法。但由于问题本身非常复杂，并且与生产实际和居民生活关系密切，所以进行实际应用时有必要进行工程实用化处理。

（一）控制策略体系

为满足地区电网电压和无功功率控制的可靠性，要求地调AVC必须具有完备的控制策略体系，以保证控制策略能够可靠生成，满足实时控制的要求。由于地调AVC与省调AVC不同，所以其策略体系架构也有所差异，如图11-20所示。

地调AVC基于状态估计进行控制策略计算，若状态估计结果不可信，则弃用状态估计，直接采用SCADA量测信息进行基于九区图或十七区图的策略计算（请见第四章参考文献[9]）。若状态估计结果可信，且电网运行中发生电压或功率因数越限，则进行基于灵敏度分析的校正控制，将电压和功率因数控制在合格范围内。若电压和功率因数均未越限，且与控制限值之间留有一定裕度，则可以通过无功优化计算来降低网损，但要保证电网优化后的运行状态不会产生新的电压或功率因数越限。

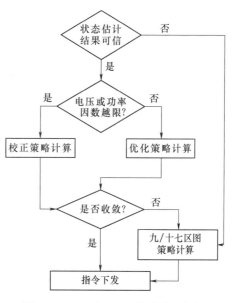

图11-20　地调AVC策略体系架构

1. 电压控制

对低压侧电压的控制是地调AVC的首要任务，对电压的调节可以通过投切电容电抗器或调整变压器分接头挡位来实现。当母线电压越限时，通过灵敏度分析的方法，找到可以将母线电压拉回到合理运行区间的设备，然后再依据相应的规则从中挑选出最合适的设备进行控制。常用的规则如下：

（1）若发生电压越限的母线所在供电区内同时存在功率因数越限的情况，且与电压越限方向相同，则首先考虑通过投切电容电抗器的方式校正电压，这样可以同时满足对功率因数校正的要求。当无电容电抗器可调时，才考虑通过调整变压器分接头挡位来校正电压。

（2）若供电区内功率因数越限方向与母线电压越限方向相反，则首先考虑通过调整变压器分接头挡位的方式校正电压，否则会使功率因数越限加剧。当无变压器可调时，才考虑通过调节电容电抗器来校正电压。

（3）若供电区内不存在功率因数越限的情况，则既可以通过投切电容电抗器的方式来校正电压，也可以通过调整变压器分接头挡位的方式来校正电压。此时可根据设备调节对系统网损的灵敏度关系进行排序，选择调节后使系统网损下降最大的设备进行控制，但也要保证控制后不会引起新的电压或功率因数越限，这可以通过潮流校验的方式实现。

（4）若电压越限发生在220kV变电站，则优先考虑通过投切电容电抗器的方式校正电压，若无电容电抗器可调或调节后会导致功率因数越限，则再考虑通过调节220kV变压器分接头挡位的方式校正电压，当多台220kV变压器并列运行时要同步调挡。若调节220kV变压器会导致供区内其他母线电压越限，则不予调节。

（5）若电压越限发生在非220kV变电站，则优先考虑通过调节本站的电容电抗器或变压器进行电压校正，此时需闭锁本供电区220kV变电站的变压器，以免发生重复调节或反向调节的现象。若本站内无设备可调，则只能通过调节本供电区内220kV变电站的变压器进行电压校正，但此时可能导致本供电区内其他变电站的母线电压同步变化，若会引起新的电压越限，则不予调节。

2. 功率因数控制

对省、地关口功率因数的控制是地调AVC的重要任务，其优先级仅次于对低压侧母线电压的控制。对功率因数的控制基本上是通过投切电容电抗器的方式来实现的，虽然调节变压器分接头挡位也能改变无功功率的大小，但影响相对较小，其作用更多体现在优化无功潮流分布方面。当省、地关口功率因数越限时，需根据待校正的无功功率大小选择容量匹配的电容电抗器进行控制，但也应遵循一定的规则，具体如下：

（1）应首先选择220kV变电站内的电容电抗器进行控制，因为其与关口变压器的电气距离最近，可以减少无功补偿的损耗。若220kV变电站内的电容电抗器均不可控或调节后会导致母线电压越限，则再考虑选择本供电区内其他变电站内的电容电抗器进行控制。

（2）若有多个电容电抗器可供投切时，按设备调节对系统网损的灵敏度关系进行排序，选择调节后使系统网损下降最大的设备进行控制。也可优先选择功率因数或电压水平不理想的变电站中的设备，且该变电站自身功率因数期望调节方向与关口功率因数期望调节方向相同，同时对其调节有利于改善该变电站电压质量，则可调节相应的电容电抗器对这些状态变量同时进行校正。

（3）若电容电抗器的投切会引起新的母线电压越限时，可考虑应用变压器调挡和电容电抗器投切的组合指令进行控制。如当投入电容器或退出电抗器时将导致母线电压越上限时，则可先使变压器分接头挡位下调一挡，再投入电容器或退出电抗器；当退出电容器或投入电抗器将导致母线电压越下限时，则可先使变压器分接头挡位上调一挡，再退出电容器或投入电抗器。

（4）若省、地关口功率因数合格时，可考虑对本供区内其他变电站的功率因数进行校正控制，使其功率因数尽量趋近于1，同时避免出现无功功率倒送的现象。但要保证控制后不会引起母线电压或关口功率因数越限。

（5）若同时存在功率因数越限和电压越限的情况，由于电压控制优先，应尽量用变压器调档的方式校正电压，再通过投切电容电抗器的方式校正功率因数。若电压越限是通过投切电容电抗器的方式实现的，则在进行功率因数校正计算的时候应将所投切的电容电抗器容量考虑进来。或者在本控制周期内暂不进行功率因数的校正，因为无法预知电压校正指令是否会执行成功，若不成功，则可能导致发生功率因数校正欠调或过调的现象。

3. 无功优化

无功优化在地调 AVC 中的优先级最低，只有当电压和功率因数都合格，且与限值边界留有一定裕度时，才进行无功优化控制来降低系统网损。这主要是由于地区电网可控的无功资源主要是离散设备，有调节次数和调节时间间隔的限制，若经常进行无功优化控制可能会使设备因动作次数过多而闭锁，当电网发生电压或功率因数越限时无法进行校正。因此地区电网无需每个周期都进行无功优化控制，只需在负荷趋势发生变化时进行一次优化计算，来调整电网无功潮流分布即可。这个周期通常是 1h 以上，一个变电站通常也只允许调节一组设备（并列运行主变调挡除外），并要保证设备调节后不会产生新的电压或功率因数越限。

地区电网的无功优化模型与省级电网的无功优化模型相同，其求解方法也一致，这里不再赘述，具体内容可参阅第二章相关章节。

（二）超前控制技术

地区电网的无功资源大多有调节次数的限制，但传统的控制方式仅是被动的寻找越限量，再将越限量拉回到限值范围之内，其本质上属于滞后于越限量而调节。这种方式很难真正提高电压和功率因数的合格率，还会造成设备的频繁调节，所以为充分利用有限的设备调节次数，有必要实施超前控制。

地调 AVC 的超前控制思路与省调 AVC 基本相同，都是基于负荷预测结果对负荷变化趋势进行划分，再根据不同的负荷变化趋势采取相应的控制策略。而不同之处主要是由于地区电网与省级电网的网架结构不同，所以确定负荷变化趋势的方法也有所区别。一种比较有效的方法是由中国电力科学研究院提出的利用短期系统负荷预测和超短期母线负荷预测来对负荷变化趋势进行划分，具体如下：

（1）第一步。根据短期系统负荷预测结果，并滤除小幅的负荷波动后，利用负荷的峰谷特性将一天 24h 划分为若干时段，确定每个时段的短期负荷变化趋势（上升、平稳或下降）。

（2）第二步。读取超短期母线负荷预测结果，并通过计算确定各供电区超短期负荷变化趋势。计算方法是将本供电区内所有母线负荷预测值和实际母线负荷值分别累加，然后对比供电区内总的母线负荷预测值和总的实际母线负荷值，从而可以判断各供电区的超短期负荷变化趋势。若根据超短期母线负荷预测确定的供电区负荷变化趋势与短期系统负荷预测的负荷变化趋势一致，则认为该供电区通过两种方式预测的负荷趋势可信；若两者不一致甚至相互矛盾，则认为该供电区负荷变化没有明显的上升或下降趋势，处于平稳状态。

在确定了各供电区负荷变化趋势后，就可以根据各时段负荷上升、平稳或下降的趋势确定相应的控制策略。这主要是按照逆调压的原则，通过对电压和功率因数的限值进行不同程度的压缩，并采用相应的工程化处理来减少设备调节次数来实现的。

（三）多种设备协调技术

结合地区电网的负荷特点而言，通常全天负荷峰谷差较大，重负荷时电压低、轻负荷时电压高的现象明显。另外通常存在一定的重工业大负荷，由于这种负荷的随机性较强，其投退会对电网产生极大的冲击，严重影响电网电压的平稳性。

通过 SVC/SVG 来治理电压波动是解决上述问题的有效措施。SVC/SVG 可快速改变无功出力，具有较强的无功调节能力，可为电力系统提供动态无功电源。许多地区电网已经安装了 SVC/SVG，通过动态调节 SVC/SVG 的无功出力，能够抑制波动冲击性负荷运行时引起的母线电压变化，有利于电压的快速恢复。

但在负荷长时间、大幅度变化阶段，仅靠 SVC/SVG 有限的容量进行调节，不利于保证电压合格率，也容易造成控制频繁，效率降低。因此，还需结合超前控制技术，协调优化变压器、电容电控器、SVC/SVG 等设备的控制策略，以保证电能质量。

通常的方法是将 SVC/SVG 纳入地调 AVC 闭环控制范畴，在不影响 SVC/SVG 动态功能的前提下，利用地调 AVC 对 SVC/SVG 进行稳态控制，实施以 SVC/SVG 为中心的电压和无功功率闭环管理，提高 SVC/SVG 的利用率。当电网负荷处于小幅变化阶段时，充分利用 SVC/SVG 的动态调节性能，跟踪随机性较强的负荷波动，实现无功功率的平滑补偿，优化电压和无功功率水平；当电网负荷处于大幅变化阶段需要进行无功调节时，综合利用电容电抗器和变压器分接头等设备，根据负荷变化趋势实施超前控制，对于调节的偏差部分再由 SVC/SVG 进行精细调节予以补偿，从而实现 SVC/SVG 与电容电抗器、变压器分接头的协调控制。

（四）工程化关键技术

1. 逆调压技术

地区电网逆调压的原则是重负荷时提高母线电压和关口功率因数，轻负荷时降低母线电压和关口功率因数。实施逆调压的基本思路是根据各供区的负荷变化趋势确定各关口无功功率限值的压缩量和供区内各母线电压限值的压缩量。若供区负荷处于平稳状态，关口无功功率和供电区内母线电压的变化也相对平稳，则只需进行正常的压缩即可，此时关口无功功率限值的压缩量和各母线电压限值的压缩量均取较小值。若供电区负荷处于上升状态，则关口无功功率有增大的趋势，供电区内各母线电压有下降的趋势，此时应增大关口无功功率上限的压缩量和母线电压下限的压缩量，以使 AVC 命令更倾向于投电容器、切电抗器、升变压器分接头挡位，来尽快阻止关口无功功率的增大和供电区内各母线电压的下降。同理，若供电区负荷处于下降状态，则关口无功功率有减小的趋势，供电区内各母线电压有上升的趋势，此时应增大关口无功功率下限的压缩量和母线电压上限的压缩量，以使 AVC 命令更倾向于切电容器、投电抗器、降变压器分接头挡位，来尽快阻止关口无功功率的减小和供电区内各母线电压的上升。

2. 压缩量处理

为实施超前控制和逆调压控制，需要对母线电压限值和关口无功功率限值进行压缩，使 AVC 能够在母线电压或关口无功功率接近限值边界时即可进行控制，而不是等到越限发生后才启动控制。

为叙述方便，定义电压和无功功率实际的限值为考核限值，包括考核上限和考核下限。定义电压和无功功率压缩后的限值为控制限值，包括控制上限和控制下限。

由于母线电压与其所在供区的负荷变化趋势有关。一般的，负荷上升时母线电压有下降的趋势，负荷下降时母线电压有上升的趋势，负荷平稳时母线电压变化不明显。按照逆调压的原则，地调 AVC 主站取电压限值的限压缩量见表 11-2（U_B 为额定电压等级）。

表 11-2　　　　　　　　　　　电 压 压 缩 量

负荷变化趋势	电压上限压缩量	电压下限压缩量
上升	$0.5\%U_B$	$1.0\%U_B$
下降	$1.0\%U_B$	$0.5\%U_B$
平稳	$0.5\%U_B$	$0.5\%U_B$

按照逆调压的原则，关口下传有功功率较大时希望功率因数偏高运行，而关口下传有功功率较小时希望功率因数偏低运行，故负荷上升时应增大关口无功功率上限压缩量，负荷下降时应增大关口无功功率下限压缩量。地调 AVC 主站取无功功率限值的压缩量见表 11-3（Q_B 为无功功率上下限值之差）。

表 11-3　　　　　　　　　　　无 功 功 率 压 缩 量

负荷变化趋势	无功上限压缩量	无功下限压缩量
上升	$10\%Q_B$	$5\%Q_B$
下降	$5\%Q_B$	$10\%Q_B$
平稳	$5\%Q_B$	$5\%Q_B$

3. 并列变压器的处理

一般而言，在地区电网中并列运行的变压器分接头挡位需保持一致，否则会产生环流，所以地调 AVC 主站对并列变压器的控制必须是同步调整分接头挡位。但通常变电站的远动装置不支持同时处理多个遥控指令的功能，只能逐个处理，并且要求两个遥控指令之间需存在一定的间隔时间，通常是 30～45s。也就是说，当地调 AVC 主站下发一个遥控指令后，需等待 30～45s 后再发下一个遥控指令。这就需要 AVC 主站对并列主变同步调挡的功能进行处理，具体方法可根据 AVC 控制周期而定。若 AVC 控制周期较短（如 1～2min），则可在每个控制周期只对并列变压器中的一个下发控制指令，而在后续控制周期内下发与其并列运行的其余变压器的调挡指令。若控制周期较长（如 5min），则只能在本控制周期内下发对全部并列变压器的调挡指令，否则会使环流时间过长。这时地调 AVC 主站需设置对并列变压器调挡指令的时间间隔，以保证控制指令能被可靠执行。

4. 分裂电抗器的处理

在地区电网中，很多变压器的低压侧都是通过分裂电抗器与母线相连的，如图 11-21

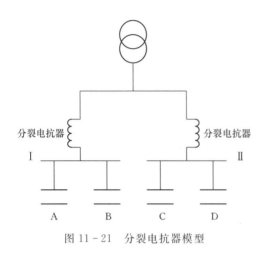

图 11-21　分裂电抗器模型

所示。但是，目前大多数地调 AVC 主站没有对分裂电抗器建模，即认为变压器直接通过断路器与低压侧母线相连。这就忽略了分裂电抗器对母线电压调节的影响，如在图 11-21 中，若忽略分裂电抗器，则母线Ⅰ和母线Ⅱ实际上是并列运行的。当母线Ⅰ或母线Ⅱ电压越限时，调节电容器 A、B、C、D 中的任何一个都能实现电压校正的目的。但是由于分裂电抗器的存在，增加了母线Ⅰ和母线Ⅱ之间的电气距离。若此时母线Ⅰ的电压越限，调节电容器 C 或电容器 D 只能使母线Ⅱ的电压发生很大的变化，而对母线Ⅰ的电压影响很小。同理，若此时母线Ⅱ的电压越限，调节电容器 A 或电容器 B 只能使母线Ⅰ的电压发生很大的变化，而对母线Ⅱ的电压影响很小。随着分裂电抗器容量的加大，这种现象将会更加明显。

因此，当考虑分裂电抗器对电压调节的影响时，母线Ⅰ和母线Ⅱ不再是并列运行。当母线Ⅰ的电压越限时不能使用电容器 C 或电容器 D 进行校正；同理，当母线Ⅱ的电压越限时也不能使用电容器 A 或电容器 B 进行校正。

二、设计实例

下面以某省时序递进的电网无功电压优化控制系统优化改造为例进行说明。在智能电网调度技术支持系统的自动电压控制模块的基础上，结合风电/光伏发电预测和负荷预测结果，开发了时序递进的电网无功电压优化控制系统，实现与自动电压控制模块的集成与融合。

时序递进的无功电压优化控制系统相较于其他类别的无功优化系统的主要区别在于其对离散设备和风电/光伏发电以及特高压输电的适应性。由于传统离散设备每天具有控制的时间和次数限制，不拥有连续设备具有的控制及时性和连续性。同时，相较于连续设备，离散设备调压作为无功控制设备，具有更广的分布和更大可调容量。因此，离散设备的可调容量以及广泛性和离散设备的控制特性形成了主要矛盾。鉴于此，采用时序递进的电网无功优化控制技术，将传统的优化分析从空间的维度提高到时间维度进行优化，对特高压和新能源的波动采用事前辨识和预防处理，从而实现控制设备的全覆盖以及控制策略时空上的最优化。

时序递进的电网无功电压优化控制系统主要负责日前、日内的无功电压优化计算，生成的优化策略提供给实时优化模块，作为系统实时优化计算的约束条件，最终形成利用预测数据的滚动优化计算，逐次获得最优策略。

时序递进的电网无功电压优化控制系统主要包含主控程序及核心算法两部分，其中主控程序的主要结构、功能与实际自动电压控制系统都类似，只是在计算周期上有所不同。传统自动电压控制系统的计算周期为 5min，而该系统每天 0 点开始日前无功优化计算，每天只计算 1 次，而后每 60min 进行一次日内无功优化计算，日前优化结果提供给日内优化计算，日内优化结果提供给每五分钟一次的实时优化计算。

为保证该系统的稳定和有效的运行，需要设计一套完整的系统功能设计方案，解决系统中数据获取、模型创建、优化计算、控制策略下发、结果查询、运行监视等问题。

（一）设计概述

系统软件设计遵循安全性、可靠性、开放性和扩展性的原则。安全性一般指的是系统软件的网络拓扑结构必须满足电网的安全防护要求；可靠性指的是系统必须能够满足电网或者电厂控制的需求，在规定的时间内完成相应的功能；开放性和可扩展性则是指系统一般采用模块化设计与开发，具有良好的可扩展能力，为系统升级和更新提供相应的结构，以满足业务的不断发展，并能够适应与调控和其他系统的数据接口。

系统的主软件程序是作为 D5000 系统的 AVC＿KJ 应用下的注册常驻程序，由系统平台的应用管理和进程管理机制来统一负责维护和管理的，通过平台支持以实现双机热备用和事件驱动机制。系统主程序与人机界面、SCADA 数据采集以及前置通信系统之间则都是通过系统平台所提供的消息机制传送事件来进行通信。

系统主程序是常驻内存、后台运行的，实时从 SCADA 中获得量测采集数据，周期进行计算并闭环下发控制命令，系统平台可以保证在程序出错时重新启动它，从而确保了系统作为一个实时控制系统的可用性。系统主程序在每个计算周期时调用算法进行优化计算，多算法同时进行计算，以主控算法形成的控制命令为有效命令，在调度员对控制命令确认后，即通过 SCADA 和前置系统下发给现场设备。同时将计算得到的监视母线优化电压值及网损优化值作为一个数据源转发给 SCADA，由 SCADA 完成数据的记录、处理和历史采样保存，并显示在相关的监视曲线画面上，从而实现与系统的统一集成。

（二）数据库概述

时序递进的电网无功电压优化控制系统由于是构建在 D5000 上的实时控制系统，需要提供优化计算所需的实时数据，模型信息以及其电网状态信息和系统实时运行信息，因此，存放所需的数据也很重要。从数据存放位置区分，主要涉及实时数据库和历史数据库两类。具体如下：

1. 实时数据库

AVC 系统运行同时需要 SCADA 和状态估计的支持，其中 SCADA 提供实时的电网遥测、遥信数据，而状态估计则提供电网结构模型和状态估计结果用于潮流计算，因此 AVC 系统的实时数据库即 AVC 应用下的实时数据库表包括了一些基本的电网模型表和 AVC 控制模型表。在所有 AVC 服务器上都安装了这些实时库，这些是 AVC 程序运行的基本条件。此外，AVC 系统为了能与所嵌入的多时间尺度的优化算法相配合，为每个算法也建立了相应的实时数据库应用，每个算法应用下除包括公共的用于输入/输出的数据表外，还包括了算法特定的如算法参数表等。

对于 AVC 应用所下装的电网模型表，如厂站、机组、母线、其他遥测、其他遥信等表，要保证其记录内容为反映电网模型的最新的、正确的版本，即其遥测、遥信表应与 SCADA 一致（如新加入的 AVC 控制厂站的上、下行数据测点都要包含），而电网元件表则应与状态估计一致（如机组、负荷、线路、变压器等），这样就能保证 AVC 算法基于状态估计结果进行计算的正确性。当 SCADA 的遥测、遥信表进行修改，或是状态估计电网模型发生了变化（如新增厂站）后，首先保证运行状态估计程序以确认模型更新的正确性，然后需要在 AVC 应用下重新下装、更新这些表记录。

对于 AVC 应用下的 AVC 控制模型表，则是要保证无论是通过整体数据维护还是直接在数据库中操作，新加入 AVC 控制的厂站、设备及其相关数据测点信息完整，准确地添加到对应的 AVC 厂站和设备表中，即更新、建立新的 AVC 电网控制模型的过程。

对于算法应用下的数据表在系统安装时即已完成建库，之后通常不需要维护，用户只是通过算法的计算参数设置界面来修改计算参数表的相关内容。

下面列出 AVC 应用和算法应用下主要的数据表名，并简单说明其用途：

（1）AVC 厂站表（avcst）。所有参与 AVC 控制的厂站（即包含有需要受 AVC 控制的设备）且有独立的厂站级 AVC 远投信号的厂站，都要有一条对应的、独立的记录。

（2）AVC 电压控制点表（avcvctr）。所有参与 AVC 控制的电厂，其高压母线在运行时可能出现几个节点（如分裂运行为两个节点），就要建几个电压控制点记录，用编号来区分，当其合并为一个节点运行时，按约定是以编号最小的电压控制点来下发电压设点值。

（3）AVC 控制机组表（avcgen）。所有参与 AVC 控制的电厂机组都要有对应的记录。

（4）AVC 控制变压器表（avcxf）。所有参与 AVC 控制的变压器都要有对应的记录。

（5）AVC 控制电容电抗器表（avcshunt）。所有参与 AVC 控制的电容电抗器都要有对应的记录。

（6）AVC 控制 SVG 设备表（avcsvg）。所有参与 AVC 控制的 SVG 设备都要有对应的记录。

（7）AVC 监视母线表（avcmus）。所有由 AVC 系统监视并参与系统电压考核的厂站母线（以 500kV 和 220kV 母线为主）都要有对应的记录。

（8）AVC 地调表（avcdt）。所有参与 AVC 省地协调控制的 AVC 地调都要有对应的记录。

（9）AVC 关口变电站表（avcdst）。所有参与 AVC 省地协调控制的 AVC 地调所包含的关口变电站都要有对应的记录。

（10）AVC 关口主变表（avcdxf）。所有参与 AVC 省地协调控制的 AVC 地调所包含的关口变电站下的关口主变都要有对应的记录。

（11）AVC 关口母线表（avcdbus）。所有参与 AVC 省地协调控制的 AVC 地调所包含的关口变电站下的关口母线都要有对应的记录。

（12）AVC 控制命令表（avccmd）。该表保存最近一次计算形成的控制命令记录。

（13）AVC 算法表（avcsf）。对 AVC 所嵌入的多算法进行配置，包括算法名称、参数、输入/输出文件等。

（14）AVC 算法计算结果表（avcresult）。算法每次计算后的结果保存，如算法是否收敛、优化前后网损、控制命令个数等。

（15）AVC 优化命令表（calcmd）。算法每次计算后的控制命令。

（16）AVC 电压优化结果表（optbus）。算法每次计算后的电压优化结果，包括电压实际值、估计值、优化值、是否越限等。

（17）AVC机组优化结果表（optgen）。算法每次计算后的机组优化结果，包括机组无功实际值、优化值、是否进相运行等。

（18）AVC科技全局表（avckjglobal）。其中包括两类数据，分别为新能源数据和时序递进优化数据。新能源数据包括风电当前趋势、光电当前趋势、特高压当前趋势和负荷当前趋势。时序递进优化数据包括日前计算时间（字符串）、日前计算结果数（整数）、日内计算时间（字符串）、日内计算结果数（整数）。

2. 历史数据库

AVC系统的历史数据库主要是用于保存AVC运行过程中所记录的各种历史信息，包括历史计算结果、历史报警信息、历史统计指标等。目前SGOSS系统规范支持的历史库管理系统有两种，即达梦数据库和金仓数据库，两种数据库在存储结构、管理方式上大同小异，下面的说明不做区分。

AVC历史数据库为单独建立的一个数据库——AVCHIS，根据数据库管理系统的要求，所有AVC历史数据表都保存在该库的EMS_AVC模式下，连接该数据库所用的用户名和密码为ems_avc/ems_avc。AVC历史数据表的存储都遵循这样的原则，即每个月的数据单独存一张表，表名加时标后缀以区分，如"_201206"。下面列表简要说明各个AVC历史数据表的用途：

（1）历史计算结果表（resultlog）。保存每个周期AVC优化计算的概要结果信息。

（2）历史控制命令表（cmdlog）。保存每个周期AVC优化计算后形成的控制命令。

（3）历史越限电压表（vviollog）。保存每个周期AVC优化计算的越限电压信息。

（4）历史进相机组表（gleadlog）。保存每个周期AVC优化计算的进相机组信息。

（5）历史报警信息表（alarm）。保存AVC主站软件运行过程中的各种告警信息。

（6）AVC日投运行率表（runlog）。保存AVC系统每天的总投运率统计指标，统计对象包含了系统、厂站、设备等。

（7）AVC控制合格率表（ratiolog）。保存AVC系统各个受控电厂的日电压控制合格率统计指标。

（8）AVC日可用率表（avrlog）。保存AVC系统的日可用率统计指标，以上这三个统计指标都是国调规范所要求的。

（9）AVC日前优化结果表（avc_day）。保存时序递进优化中日前优化结果中每小时平均状态下厂站所需无功补偿值。

（10）AVC日内优化结果表（avc_hour）。保存时序递进优化中日内优化结果中每小时平均状态下厂站所需无功补偿值。

（11）AVC特高压趋势分析结果表（avc_tgy_trend）。保存时序递进优化中特高压趋势分析结果表。

（12）AVC负荷趋势分析结果表（avc_load_trend）。保存时序递进优化中负荷趋势分析结果表。

（13）AVC风电趋势分析结果表（avc_wind_trend）。保存时序递进优化中风电趋势分析结果表。

（14）AVC光电趋势分析结果表（avc_sun_trend）。保存时序递进优化中光电趋势分析结果表。

（三）功能一览

依据系统功能划分，在主画面上分布了四个区域，分别为数据分析区域、优化区域、系统运行状态区域和系统设置区域，以下首先介绍主画面，最后对各个区域内的画面进行分别介绍。

1. 主画面

某省时序递进的电网无功电压优化控制系统主画面如图11-22所示，根据AVC系统的主要功能、流程划分为"数据辨识""优化分析和控制命令""系统运行状态监视"和"历史查询与统计"四个主要功能区，这四个功能区中包括了相关功能的概要状态显示和更详细的监视设置界面的调取按钮，而在画面的上方则提供了在主画面、机组监视画面、设备监视画面等主要画面间进行切换的控制条，分别用于AVC主站运行、电厂AVC运行、变电站AVC运行等的状态监视和设置。

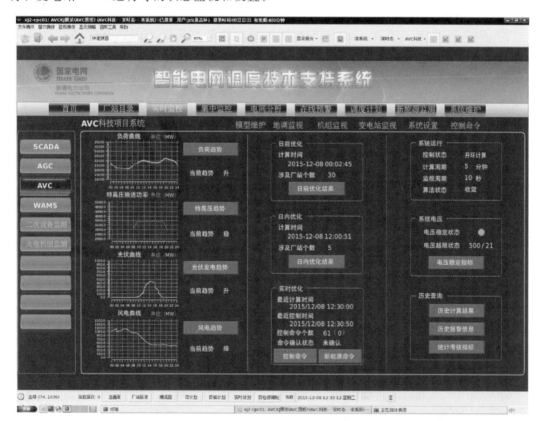

图11-22　某省时序递进的电网无功电压优化控制系统主画面

2. 数据辨识

"数据辨识"功能区提供与AVC系统相关的风电、光伏、特高压和负荷的历史曲线画面，当前趋势以及历史趋势查询、查看、监视功能，其中历史查询部分提供了：

（1）"负荷趋势"按钮，用于查看历史每天的负荷趋势辨识结果信息。

（2）"特高压趋势"按钮，用于查看历史每天的特高压趋势辨识结果信息。

（3）"光伏发电趋势"按钮，用于查看历史每天的光伏发电趋势辨识结果信息。

（4）"风电趋势"按钮，用于查看历史每天的风力发电趋势辨识结果信息。

3. 优化分析和控制命令

"优化分析和控制命令"功能区提供与时序递进 AVC 系统相关的日前、日内和实时无功优化分析功能，通过多时间尺度的无功优化分析最终提供了实时的传统厂站的控制策略和新能源子站的控制策略，同时，功能区还提供了每一优化分析的具体计算时间和计算结果，其中优化结果提供了：

（1）"日前优化结果"按钮，用于查看前一天 24h，每小时平均状态下的变电站无功需求状况。

（2）"日内优化结果"按钮，用于查看当前时刻所在小时内 12 个控制周期的变电站无功需求状况。

（3）"控制命令"按钮，用于查看通过日前和日内优化结果影响，结合当前厂站和设备投运状态，实时无功优化分析后的厂站控制策略。

（4）"新能源命令"按钮，用于查看通过日前和日内优化结果影响，结合当前厂站和设备投运状态，实时无功优化分析后的新能源子站控制策略。

4. 系统运行状态监视

AVC 模块运行状态首先是主站运行状态，即"系统运行"功能区所显示的与 AVC 主站软件的运行状态有关的信息，具体包括：

（1）"控制状态"。AVC 主站软件可以设置为运行在三种不同的控制状态，分别是"闭锁计算""开环计算""闭环控制"，"闭锁计算"表示软件不进行计算和控制，只进行必要的系统状态采集和监视；"开环计算"表示软件进行优化计算并形成控制策略，但不下发控制命令；"闭环控制"表示软件进行优化计算并形成控制策略，并且将控制命令通过前置直接下发给所调节的现场设备，并监视评估设备的命令执行情况。

（2）"计算周期"和"监视周期"。AVC 主站软件的运行方式是常驻后台、周期启动，即软件程序作为服务器上的后台进程常驻运行，平时休眠，到一定的周期则唤醒执行相关的操作，周期分为监视周期和计算周期。监视周期较短，一般为 10s，执行的操作包括电压、设备运行状态采集和监视、控制命令执行、检验等；计算周期较长，一般为 5min，主要是针对实时电网状态进行优化计算、形成控制策略并下发控制命令，以及进行相关的历史记录和统计。

（3）"算法状态"。AVC 主站软件在核心算法的使用上采用了一种相对独立、接口嵌入的结构和运行方式，即核心算法作为一个单独的软件程序存在，可以手动调用运行，常驻后台的主站软件通过一整套定义清晰、结构完整的输入/输出数据接口与算法程序对接，在需要进行优化计算时即调用算法程序执行，通过处理算法程序的输出获得控制策略和其他结果数据。这种结构方式模块独立、分工明确，既方便各个模块各自的调试，在出现问题时也能迅速明确责任，同时还能支持多个不同算法的嵌入使用，满足用户的特定需求。作为优化算法，其状态主要就是"收敛"和"不收敛"之分。

(4)“系统参数设置”和“主控算法设置”按钮提供了对 AVC 模块状态、运行参数和主控算法进行设置的功能，后面将详细说明。

5. 历史查询与统计

“历史查询与统计”功能区提供与 AVC 系统的各种历史记录、统计信息相关的查看、监视功能，其中历史查询部分提供了：

(1)“历史计算结果”按钮，用于查看历史各个周期的 AVC 计算、控制结果信息。

(2)“历史报警信息”按钮，用于查看 AVC 软件运行过程中记录的各种状态、报警等信息。

(3)“统计考核指标”按钮，用于查看 AVC 软件运行统计记录的投运率、控制合格率和可用率等考核指标。

6. 风电汇集站/风电厂机组监视画面

该画面以调度员习惯的方式列出各个参与 AVC 系统控制的电厂及其机组设备的 AVC 运行状态，如图 11－23 所示。

电厂名称	机组有功(MW)	机组无功(MVar)	机端电压(kV)	母线电压(kV)	厂站AVC状态	机组AVC投入	机组增闭锁	机组减闭锁	监视曲线
红一厂	#1 304.1	99.8	24.13	236.62					AVC控制曲线
	#2 181.1	77.9	24.03	236.81					
神华米东	#1 209.6	35.6	19.71	237.20					AVC控制曲线
	#2 230.3	26.2	19.62	237.00					
众成电厂	#1 102.5	49.6	15.51	236.49					AVC控制曲线
	#2 86.6	45.5	15.48	234.90					
泰睿电厂	#1 109.0	52.8	16.06	239.12					AVC控制曲线
	#2 115.4	55.9	16.09	239.12					
玛电三期	#7 296.1	21.5	19.60	236.09					AVC控制曲线
	#8 294.9	18.9	19.53	237.19					
庭州电厂	#1 274.6	118.4	20.53	232.88					AVC控制曲线
	#2 0.0	0.0	0.00	232.62					
鲁康电厂	#1 140.6	56.0	15.69	235.86					AVC控制曲线
	#2 0.0	0.0	0.00	236.63					
天伟电厂	#1 0.0	0.0	0.00	237.11					AVC控制曲线
	#2 259.2	142.5	20.00	236.85					
宜化电厂	#1 0.0	0.0	0.00	237.19					AVC控制曲线
	#2 235.2	153.9	20.46	237.26					
其亚电厂	#1 251.4	127.9	24.40	234.80					AVC控制曲线
	#2 229.1	114.6	24.26	234.80					
	#3 225.1	108.9	24.24	234.47					AVC控制曲线
	#4 219.4	98.4	24.13	235.18					

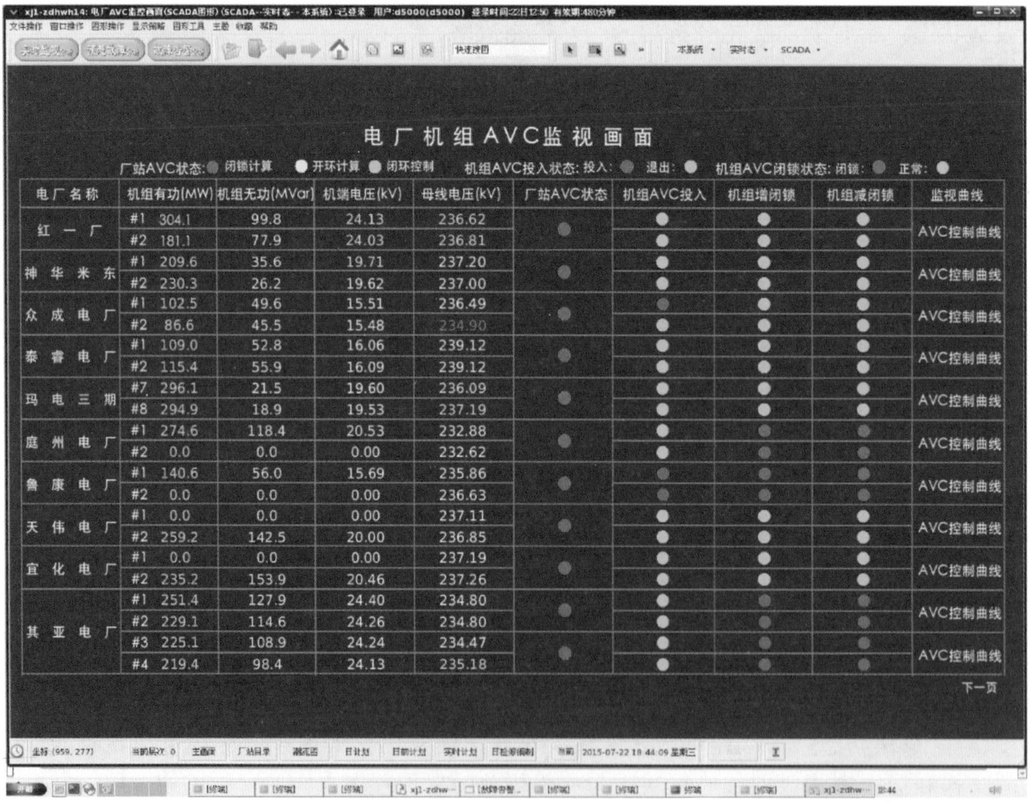

图 11－23　电厂机组状态监视画面

(1)“机组有功”“机组无功”和“机端电压”分别显示对应机组的量测值，“母线电压”则显示该电厂多个母线的电压量测值。

(2)“厂站 AVC 状态”。该列的图形显示的就是由主站软件设置的电厂的主站计算状态，绿色表示"闭环计算"，即该电厂参与 AVC 主计算并允许下达控制命令；黄色表示"开环计算"，即该电厂参与 AVC 主计算，但不允许下达控制命令；红色表示"闭锁计算"，即该电厂不参与 AVC 主计算，不作为 AVC 可控厂站。

（3）"机组 AVC 投入"状态。显示由电厂通过遥信方式上传的针对单个机组的远投信号的状态，绿色表示远投信号为就地控制状态，红色表示远投信号为远方控制状态。

（4）"机组增闭锁"和"机组减闭锁"状态。显示由电厂通过遥信方式上传的针对单个机组的增闭锁和减闭锁信号的状态，当机组无功出力不允许增加时，则增闭锁，当机组无功出力不允许减少时，则减闭锁，通过上传这两个信号，将更好地使 AVC 主站的控制计算与现场实际控制情况相配合，红色表示闭锁，绿色表示不闭锁。

此外，在该画面中还可以查看电厂的详细运行控制曲线，点击每个电厂对应的"AVC控制曲线"显示，如图 11-24 所示，即可调出如下所示的包含电厂电压、无功、有功的曲线显示画面。

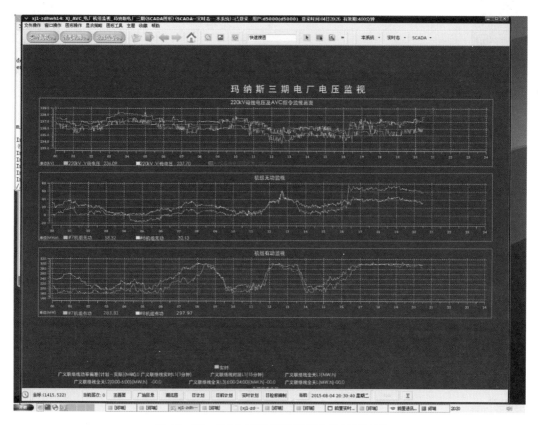

图 11-24 电厂 AVC 运行控制曲线显示画面

7. 电压监视画面

点击"电压监视"按钮，即进入"节点电压监视"画面，如图 11-25 所示。该画面通过嵌入式表格显示了当前 AVC 系统中参与监视控制的厂站母线的电压情况，其中包括了电压实际值、优化目标值、上下限值及是否越限。

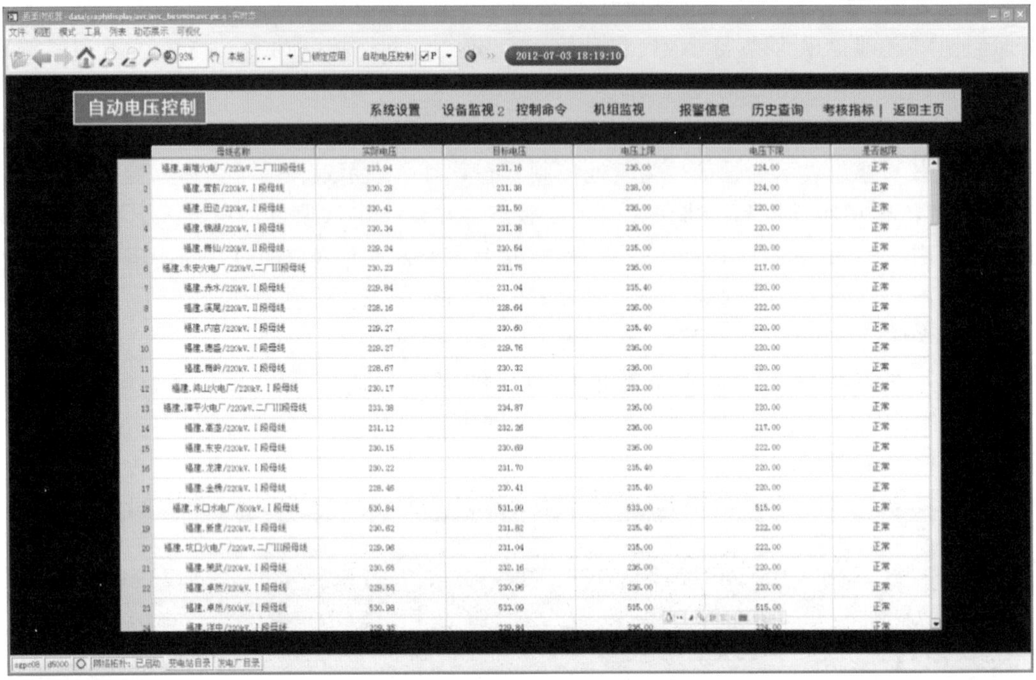

图 11-25 "节点电压监视"画面

8. 电压稳定指标画面

点击"电压稳定指标"按钮，则弹出"AVC 电压稳定指标"对话框，该对话框中列出最近一个周期由当前的主控算法所产生的全网支路电压稳定指标信息，如图 11-26 所示，列表中包括了支路名称，指标值（大小在 0 与 1 之间，越接近 1 则越不稳定）和电压等级。通过该界面，运行人员就能清楚了解当前全网电压薄弱点和电压稳定情况。

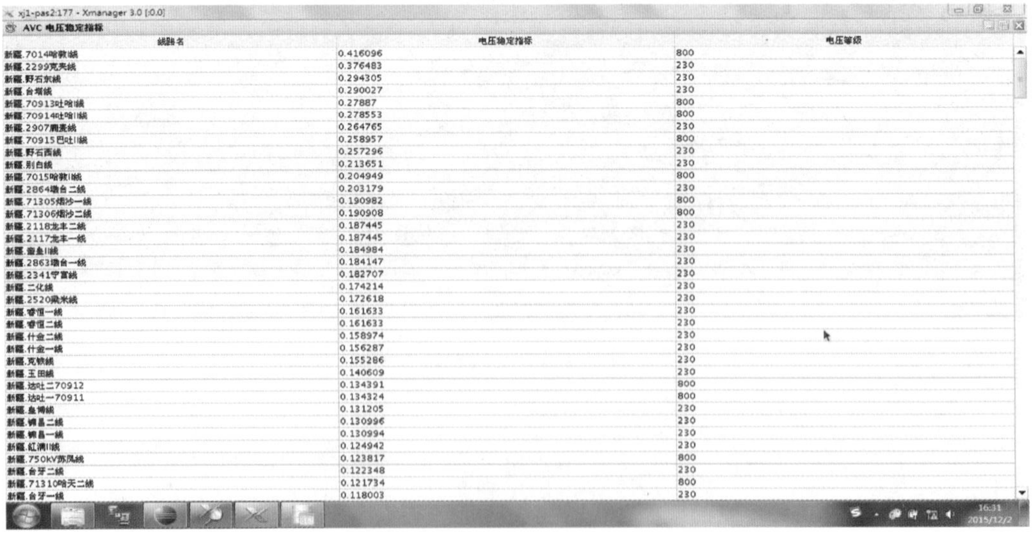

图 11-26 "AVC 电压稳定指标"画面

9. 负荷趋势画面

点击"负荷趋势"按钮，弹出"AVC 负荷趋势"对话框，如图 11 - 27 所示，该对话框中列出当前一天的负荷趋势，具体包括趋势起始时间、趋势截止时间、当前趋势。通过画面，可以查看当天负荷的变化趋势和当前所在趋势。

图 11 - 27　"AVC 负荷趋势"画面

10. 特高压趋势画面

点击"特高压趋势"按钮，弹出"AVC 特高压趋势"对话框，如图 11 - 28 所示，该对话框中列出当前一天的特高压直流送电趋势，具体包括：起始时间、截止时间、当前趋势。通过画面，可以查看当天特高压送电的变化趋势和当前所在趋势。

图 11 - 28　"AVC 特高压趋势"画面

11. 光伏发电趋势画面

点击"光伏发电趋势"按钮，弹出"AVC 光伏发电趋势"对话框，如图 11 - 29 所示，该对话框中列出当前一天的光伏发电趋势，具体包括起始时间、截止时间、当前趋势。通过画面，可以查看当天光伏发电的变化趋势和当前所在趋势。

12. 风电趋势画面

点击"风电趋势"按钮，弹出"AVC 风电趋势"对话框，如图 11 - 30 所示，该对话框中列出当前一天的风电趋势，具体包括：起始时间、截止时间、当前趋势。通过画面，可以查看当天风电的变化趋势和当前所在趋势。

图 11－29　"AVC 光伏发电趋势"画面

图 11－30　"AVC 风电趋势"画面

13. 日前优化策略画面

点击"日前优化计算结果"按钮，弹出"AVC 日前优化计算结果"对话框，如图 11－31 所示，该对话框中列出当前一天 24h，每小时的电网平均状态下由日前优化算法获得变电站所需的无功补偿，具体包括时间、厂站名称、24 个时段所需补偿。所需补偿为正，表示本站此刻需要无功；所需补偿为负，表示本站此刻需要减无功；所需补偿为零，表示本站此刻不需增减无功。

14. 日内优化策略画面

点击"日内优化计算结果"按钮，弹出"AVC 日内优化计算结果"对话框，如图 11－32 所示，该对话框中列出当前一小时 12 个控制周期，每个控制周期的电网平均状态下由日内优化算法获得变电站所需的无功补偿，具体包括时间、厂站名称、12 个时段所需补

时间	厂站名称	所需补偿0	所需补偿1	所需补偿2	所需补偿3	所需补偿4	所需补偿5	所需补偿6	所需补偿7
2015-12-02	新疆 阿控尔变	0	0	0	0	0	0	0	0
2015-12-02	新疆 于田变	0	0	0	0	0	0	0	0
2015-12-02	新疆 和阳变	0.135	0.135	0.135	0.135	0.135	0.135	0.135	0.135
2015-12-02	新疆 金鹰变	0	0	0	0	0	0	0	0
2015-12-02	新疆 靖远变	0	0	0	0	0	0	0	0
2015-12-02	新疆 山北变	0	0	0	0	0	0	0	0
2015-12-02	新疆 宁远变	0	0	0	0	0	0	0	0
2015-12-02	新疆 宝钢变	0.108	0.108	0.108	0.108	0.108	0.108	0.108	0.108
2015-12-02	新疆 220kV乐土驿变	0.09	0.09	0.09	0.09	0.09	0.09	0.09	0.09
2015-12-02	新疆 海楼变电站	0.09	0.09	0.09	0.09	0.09	0.09	0.09	0.09
2015-12-02	新疆 英吉沙变								

时间	厂站名称	所需补偿8	所需补偿9	所需补偿10	所需补偿11	所需补偿12	所需补偿13	所需补偿14	所需补偿15
2015-12-02	新疆 阿控尔变	0	0	0	0	0	0	0	0
2015-12-02	新疆 于田变	-0.163	-0.163	-0.163	-0.163	-0.163	-0.163	-0.163	-0.163
2015-12-02	新疆 和阳变	0	0	0	0	0	0	0	0
2015-12-02	新疆 金鹰变	0	0	0	0	0	0	0	0
2015-12-02	新疆 靖远变	0	0	0	0	0	0	0	0
2015-12-02	新疆 山北变	-0.18	-0.18	-0.18	-0.18	-0.18	-0.18	-0.18	-0.18
2015-12-02	新疆 宁远变	-0.135	-0.135	-0.135	-0.135	-0.135	-0.135	-0.135	-0.135
2015-12-02	新疆 宝钢变	0	0	0	0	0	0	0	0
2015-12-02	新疆 220kV乐土驿变	0	0	0	0	0	0	0	0
2015-12-02	新疆 海楼变电站	0	0	0	0	0	0	0	0
2015-12-02	新疆 英吉沙变	-0.135	-0.135	-0.135	-0.135	-0.135	-0.135	-0.135	-0.135

图 11-31　"AVC 日前优化计算结果"画面

偿。所需补偿为正，表示本站此刻需要无功；所需补偿为负，表示本站此刻需要减无功；所需补偿为零，表示本站此刻不需增减无功。

时间	厂站名称	所需补偿0	所需补偿1	所需补偿2	所需补偿3	所需补偿4	所需补偿5	所需补偿6	所需补偿7	所需补偿8	所需补偿9	所需补偿10	所需补偿11
2015-12-02 14:00	新疆 靖远变	0.0	0.0	0.0	0.0	0.0	0.0	-1.0	0.0	0.0	0.0	0.0	0.0
2015-12-02 04:00	新疆 靖远变	-1.0	-1.0	-1.0	-1.0	-1.0	-1.0	-1.0	-1.0	-1.0	-1.0	-1.0	-1.0
2015-12-02 02:00	新疆 靖远变	-1.0	-1.0	-1.0	-1.0	-1.0	-1.0	-1.0	-1.0	-1.0	-1.0	-1.0	-1.0
2015-12-02 01:00	新疆 桌木变	-1.0	0.0	0.0	0.0	0.0	0.0	0.0	0.0	0.0	0.0	0.0	0.0
2015-12-02 01:00	新疆 靖远变	0.0	-1.0	-1.0	-1.0	-1.0	-1.0	-1.0	-1.0	-1.0	-1.0	-1.0	-1.0
2015-12-02 01:00	新疆 海楼变电站	0.0	0.0	0.0	0.0	0.0	0.0	0.0	0.0	0.0	0.0	0.0	0.0
2015-12-02 01:00	新疆 龙湾变	1.0	0.0	0.0	0.0	0.0	0.0	0.0	0.0	0.0	0.0	0.0	0.0
2015-12-02 01:00	新疆 昭阳变	-1.0	0.0	0.0	0.0	0.0	0.0	0.0	0.0	0.0	0.0	0.0	0.0
2015-12-02 00:02	新疆 靖远变	-1.0	-1.0	-1.0	-1.0	-1.0	-1.0	-1.0	-1.0	-1.0	-1.0	-1.0	-1.0
2015-12-01 23:00	新疆 靖远变	-1.0	-1.0	-1.0	-1.0	-1.0	-1.0	-1.0	-1.0	-1.0	-1.0	-1.0	-1.0
2015-12-01 22:00	新疆 靖远变	-1.0	-1.0	-1.0	-1.0	-1.0	-1.0	-1.0	-1.0	-1.0	-1.0	-1.0	-1.0
2015-12-01 21:00	新疆 靖远变	-1.0	-1.0	-1.0	-1.0	-1.0	-1.0	-1.0	-1.0	-1.0	-1.0	-1.0	-1.0
2015-12-01 20:00	新疆 靖远变	0.0	0.0	0.0	0.0	0.0	0.0	0.0	0.0	0.0	0.0	-1.0	0.0
2015-12-01 09:00	新疆 牙哈变	0.0	1.0	0.0	0.0	0.0	0.0	0.0	0.0	0.0	0.0	0.0	0.0
2015-12-01 05:00	新疆 靖远变	-1.0	-1.0	-1.0	-1.0	-1.0	-1.0	-1.0	-1.0	-1.0	-1.0	0.0	0.0
2015-12-01 04:00	新疆 靖远变	-1.0	-1.0	-1.0	-1.0	-1.0	-1.0	-1.0	-1.0	-1.0	-1.0	0.0	0.0
2015-12-01 03:00	新疆 靖远变	-1.0	-1.0	-1.0	-1.0	-1.0	-1.0	-1.0	-1.0	-1.0	-1.0	0.0	0.0
2015-12-01 03:00	新疆 钢厂沟变	0.0	0.0	0.0	0.0	0.0	0.0	0.0	1.0	0.0	0.0	0.0	0.0
2015-12-01 02:00	新疆 靖远变	-1.0	0.0	0.0	0.0	0.0	0.0	-1.0	-1.0	0.0	0.0	-1.0	-1.0
2015-12-01 02:00	新疆 钢厂沟变	1.0	1.0	0.0	0.0	0.0	0.0	0.0	0.0	0.0	0.0	0.0	0.0
2015-12-01 01:01	新疆 靖远变	0.0	-1.0	0.0	0.0	-1.0	0.0	-1.0	0.0	0.0	0.0	0.0	0.0
2015-12-01 01:01	新疆 长宁变	-1.0	0.0	0.0	0.0	0.0	0.0	0.0	0.0	0.0	0.0	0.0	0.0
2015-12-01 01:01	新疆 昭阳变	-1.0	0.0	0.0	0.0	0.0	0.0	0.0	0.0	0.0	0.0	0.0	0.0
2015-12-01 01:01	新疆 桌木变	-1.0	0.0	0.0	0.0	0.0	0.0	0.0	0.0	0.0	0.0	0.0	0.0
2015-12-01 01:01	新疆 和丰变	-1.0	0.0	0.0	0.0	0.0	0.0	0.0	0.0	0.0	0.0	0.0	0.0
2015-12-01 01:01	新疆 海楼变电站	-1.0	0.0	0.0	0.0	0.0	0.0	0.0	0.0	0.0	0.0	0.0	0.0
2015-12-01 00:02	新疆 靖远变	0.0	-1.0	-1.0	-1.0	0.0	-1.0	-1.0	-1.0	0.0	-1.0	-1.0	0.0
2015-12-01 00:02	新疆 辒柳变	0.0	0.0	0.0	0.0	0.0	0.0	0.0	0.0	0.0	0.0	0.0	1.0
2015-11-30 22:00	新疆 靖远变	0.0	0.0	0.0	0.0	1.0	0.0	0.0	0.0	0.0	0.0	0.0	0.0
2015-11-29 06:00	新疆 靖远变	-1.0	-1.0	-1.0	-1.0	-1.0	-1.0	-1.0	-1.0	-1.0	-1.0	-1.0	-1.0
2015-11-29 05:00	新疆 靖远变	0.0	-1.0	-1.0	0.0	-1.0	-1.0	-1.0	-1.0	-1.0	-1.0	-1.0	-1.0
2015-11-29 04:00	新疆 靖远变	0.0	-1.0	-1.0	-1.0	-1.0	0.0	-1.0	-1.0	-1.0	-1.0	-1.0	-1.0
2015-11-29 03:00	新疆 靖远变	-1.0	-1.0	-1.0	-1.0	-1.0	-1.0	-1.0	-1.0	-1.0	-1.0	-1.0	-1.0
2015-11-29 02:00	新疆 桌木变	-1.0	-1.0	-1.0	-1.0	-1.0	-1.0	-1.0	-1.0	-1.0	-1.0	-1.0	-1.0
2015-11-29 01:00	新疆 昭阳变	-1.0	0.0	0.0	0.0	0.0	0.0	0.0	0.0	0.0	0.0	0.0	0.0

图 11-32　"AVC 日内优化计算结果"画面

15. 历史计算结果总览

点击"历史计算结果"按钮，即弹出"AVC 历史计算结果查询"对话框，该画面根据指定的条件按时间顺序显示 AVC 软件的历史计算结果总览，可以通过下拉列表框来指定所要查看的计算结果对应的算法，点击"日期设置"按钮来设置所要查看的日期，完成条件指定后点击"刷新查询"按钮，即根据指定条件显示 AVC 软件的历史计算结果。每条记录代表了某个周期的历史计算结果信息。

（1）记录时间。计算结果产生、记录的时间。

（2）主控算法。如果选择查看"主控算法"的历史结果，则显示当前作为主控算法的算法名称，否则则显示当前所查看算法的名称。

（3）计算结果。计算是否"成功"或"失败"。

（4）结果说明。对计算成功或失败原因的详细说明。

（5）计算前网损。算法优化计算前的网损值。

（6）计算后网损。算法优化计算后的网损值。

（7）优化网损。算法优化计算后比计算前减少的网损量。

（8）电压监视点数。算法计算中参与系统监视的母线个数。

（9）电压越限点数。算法计算中发现的电压越限的节点个数。

（10）量测进相机组。算法计算前无功量测值进相的机组个数。

（11）优化进相机组。算法计算后无功优化值进相的机组个数。

（12）命令个数。算法计算形成的控制命令的个数。

（13）是否包含离散设备。算法计算形成的控制命令中是否包含离散设备。

（14）命令确认状态。算法计算形成的控制命令是否已由调度员确认。

完成查看后。即可点击"退出"按钮退出该画面。

在历史计算结果总览画面中选定一条记录，双击或右键点击后即弹出"详细历史计算结果画面"，该画面显示与选定的历史结果记录的算法、日期、时间对应的详细的计算结果信息，这些信息按其类型分别显示在单独的页面中，详细说明如下：

1）控制命令。如图 11-33 所示，该页面以列表形式显示每一条控制命令记录，包括

命令时间	设备类型	厂站名	设备名	动作前	动作后	是否人工命令
10:05	电厂电压	嵩屿火电厂	嵩屿厂220kV控制电压	233.05kV	232.61kV	否
10:05	电厂电压	后石火电厂	后石厂500kV控制电压	533.00kV	533.00kV	否
10:05	电厂电压	前云火电厂	前云厂500kV控制电压	525.89kV	527.07kV	否
10:05	电厂电压	漳平火电厂	漳平厂220kV控制电压	233.60kV	233.79kV	否
10:05	电厂电压	坑口火电厂	坑口厂220kV控制电压	232.25kV	234.25kV	否
10:05	电厂电压	永安火电厂	永安厂220kV控制电压	230.47kV	231.58kV	否
10:05	电厂电压	水口水电厂	水口厂220kV控制电压	233.79kV	234.35kV	否
10:05	电厂电压	湄洲湾火电厂	湄洲湾厂220kV控制电压	232.51kV	234.21kV	否
10:05	电厂电压	南埔火电厂	南埔厂220kV控制电压	232.14kV	233.15kV	否
10:05	电厂电压	周宁水电厂	周宁厂220kV控制电压	232.10kV	232.76kV	否
10:05	电厂电压	洪口水电厂	洪口厂220kV控制电压	232.70kV	232.78kV	是
10:05	电厂电压	邵武火电厂	邵武厂220kV控制电压	228.54kV	229.05kV	否
10:05	电厂电压	福州火电厂	福州厂220kV控制电压#1	233.01kV	234.63kV	否
10:05	电厂电压	街面水电厂	街面厂220kV控制电压	231.12kV	232.00kV	否
10:05	电厂电压	池潭水电厂	池潭厂220kV控制电压	231.45kV	233.13kV	否
10:05	电厂电压	福州火电厂	福州厂220kV控制电压#2	231.13kV	233.13kV	否
10:05	电厂电压	沙溪口水电厂	沙溪口厂220kV控制电压	231.84kV	232.32kV	否
10:05	电厂电压	石圳水电厂	石圳厂220kV控制电压	229.13kV	229.49kV	是
10:05	电厂电压	丰源电厂	丰源厂220kV控制电压	231.53kV	232.19kV	否
10:05	电厂电压	宁德电厂	宁德厂500kV控制电压	527.86kV	529.86kV	否
10:05	电厂电压	可门火电厂	可门厂500kV控制电压	531.31kV	531.00kV	否
10:05	电厂电压	棉花滩水电厂	棉花滩厂220kV控制电压	236.56kV	236.73kV	否
10:05	电厂电压	江阴火电厂	江阴厂500kV控制电压	529.89kV	530.41kV	否
10:05	电容电抗器	海沧变电站	海沧变电站35kV#1联变#Ⅰ352电抗器	投入	退出	否
10:05	电容电抗器	厦门变电站	厦门变电站35kV#1联变#Ⅰ333容抗器	退出	投入	是

图 11-33　AVC详细历史计算结果——控制命令画面

命令时间、命令设备类型、所属厂站、控制设备名称、控制前后的状态以及是否人工命令（即不自动下发的命令）。

2）越限电压。如图 11 - 34 所示，该页面以列表形式显示每一条越限电压记录，包括越限的时间、越限母线名称、电压量测值、电压上、下限值以及越限状态——越上限或越下限。

图 11 - 34　AVC 详细历史计算结果——越限电压画面

3）进相机组。如图 11 - 35 所示，该页面以列表形式显示每一条进相机组记录，包括进相的时间、进相机组名称、无功量测值、优化无功值以及进相状态——包括量测进相、优化进相、量测及优化进相。

16. 模型维护

通过点击 AVC 应用主画面的"控制数据维护"按钮即可调出"整体数据维护"界面，如图 11 - 36 所示，整个"整体数据维护"界面包括两大部分，即画面左边的维护模型树和右边的记录属性列表。

界面左边的维护模型树用来对按树形结构组织的模型进行点击查看修改、添加、删除等操作，树形结构中的节点分为根节点、枝节点和叶节点，根节点即作为树形结构最顶端的节点，代表的是 AVC 系统所监视、控制的电网或电力公司。此外，就是独立的监视母线节点，因为监视母线节点可以单独添加而不依赖于树形结构关系，所以在树形结构之外单独为其建立了一个维护结构。枝节点为根节点以下的节点，其特点是包含有子节点（可以是枝节点或叶节点），通常是如 AVC 厂站、AVC 地调、AVC 关口变电站等；叶节点则是位于树形结构最远端的节点，不包含子节点，通常是如各种 AVC 控制设备、AVC 监

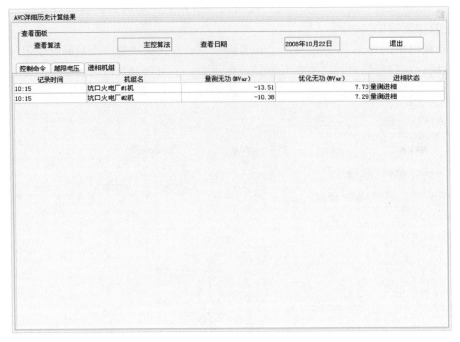

图 11-35 AVC详细历史计算结果——进相机组画面

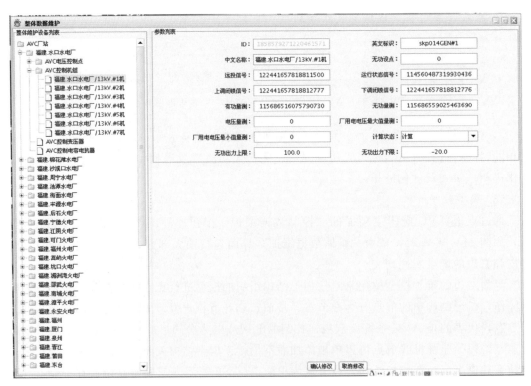

图 11-36 "整体数据维护"画面

视母线等。

通过左键点击选择树形结构中的一个节点，在界面右边的记录属性列表中会列出对应于该类型节点记录的属性的列表，可以对属性值进行修改。如果某个枝节点（包括根节点）的左侧为"＋"号图符，说明该节点包含有子节点，点击该图符即可列出其下的子节点，即"展开"该节点，叶节点的左侧是没有图符的。

在对应的节点上点击右键，然后通过右键菜单选择"增加"，即可增加对应类型的节点记录；而如果选择"删除"，则可删除当前选中的节点记录。需要注意的是，通过整体数据维护界面进行操作，在进行节点记录删除时，尤其是枝节点，必须保证先删除其下所有的子节点，否则将提示无法删除。

之所以要采用树形结构进行模型维护，就是因为 AVC 控制模型的厂站、设备、母线等各种对象相互之间是存在树形的父子关系的，通过树形结构就能很方便地建立和管理对象之间的父子关系。

对于 AVC 控制模型的维护，很重要的一类工作就是建立、维护 AVC 控制厂站、各种设备以及监视母线的记录，而对于这些记录，其包含了各种需要维护的属性，这些属性就其性质和维护方法，可以分为以下三大类：

（1）标识属性。即记录的 ID、英文名称、中文名称属性，ID 属性是一个 long 型的64 位整数，是记录的全局唯一标识符，在新增记录时，其值由维护界面自动生成，总是当前已有记录的最大 ID 值加 1，而对于已有记录，其值则不可修改；英文标识和中文名称属性是一条记录人机友好的名称标识，对于厂站、机组、变压器、电容器电抗器和母线这些记录类型，要求在 AVC 控制模型中其英文和中文名称都与对应的电网模型表的记录的名称一致，这两个属性在填写时都可以通过点击其属性框，即自动弹出所对应的电网模型表的记录选择列表，找到对应的记录后确定，可将所选记录的名称填入，从而有效确保了电网模型与 AVC 控制模型的名称一致。

（2）KEYID 属性。即记录相关的各种遥测、遥信以及下发控制点属性，这些属性的类型都是 long 型，其值都是一个 64 位整数值——KEYID 值，该整数值的构成有特定的规则，类似于一个"地址"的概念，通过解析该值就能得到对应的表号、记录号和字段号，即由该值作为地址找到与其关联的表中的记录的对应字段，而这个字段就是记录所要关联的遥测、遥信或下发控制点的字段。这种类型的属性在填写时是通过点击"检索器"按钮，即弹出如下所示的检索器工具，该工具的用法与在系统的实时数据浏览器中的一样，通过选择相应的表、相应的记录和相应的字段，最后拖放字段到要填写的属性框，即得到其 KEYID 值，而完成填写的属性当鼠标悬停在其属性框上时，能通过工具提示显示由其 KEYID 值解析得到的表、记录、字段的描述说明，从而确认填写的正确与否。AVC模型数据录入画面如图 11－37 所示。

（3）值域属性。即记录相关的各种参数属性，如机组的无功限值、变压器的调节挡位限值、电容器电抗器的调节时间间隔等，都是直接填写其数值即可；还有就是记录相关的一些标志设置，如各种设备的"是否参与计算"标志等，通过下拉列表即可进行设置。

图 11 - 37　AVC 模型数据录入画面

第三节　风力发电场功率控制子站系统工程实例

一、概述

风功率控制系统是风电场并网发电、推动风电行业持续健康发展的必要条件之一。风电场有功功率、无功功率自动控制系统按照调度主站定期下发的调节目标或当地预定的调节目标计算风电场功率需求、选择控制设备进行功率分配，并将最终控制指令自动下达给被控制设备，同时上报功率控制结果，最终实现风电场有功功率、无功功率、并网点电压的监测和控制，达到风电场并网技术要求。

风功率控制系统包括硬件、平台软件、通信软件、自动发电控制（AGC）软件、自动电压控制（AVC）软件等。

（一）术语

1. 自动发电控制（Automatic Generation Control，AGC）

通过对风场内风电机组或风电机组监控系统，蓄电池有功出力的自动调节，维持系统频率和/或联络线交换功率在一定的目标范围内。

2. 自动电压控制（Automatic Voltage Control，AVC）

通过对风场内风电机组（包括机组单元变压器）、无功补偿装置、主变压器分接头的自动调节，维持系统电压在一定的目标范围内。

3. AGC/AVC 主站（AGC/AVC Master Station）

指设置在电网调度控制中心，用于 AGC/AVC 分析计算并发出控制指令的计算机系统及软件。

4. AGC/AVC 子站（AGC/AVC Slave Station）

指运行在风电场就地的控制装置或软件，用于接收、执行调度 AGC/AVC 主站的有功、无功和电压控制指令，并向主站回馈信息。

5. 风电机组监控系统（Supervision and Control System of Wind Generators，SCSWG）

以计算机技术和通信技术为基础对风电机组运行过程进行实时监控和控制的系统。

6. 无功补偿装置（Reactive Power Compensation Equipment，RPCE）

指风电场用于产生无功、调节高压母线电压、综合治理电压波动和闪变、谐波及电压不平衡的设备，包括静止动态无功补偿装置（SVC）、静止无功发生器（SVG）、电容器（FC）等。

（二）工程简介

1. 风电场概况

辽宁省某风电场分三期建设，每期装机容量 48MW，装机总容量 144MW，每期单机容量为 2000kW 的风力发电机组 24 台，并配套建设 24 座箱式变电站，箱式变压器容量 2000kV·A/台，参数为 0.69kV/35kV，场内线路采用 35kV 架空线路，每 24 台风力发电机组汇成一回 35kV 架空线路，接入该风电场 220kV 升压站内的 50MV·A 主变压器。具体设备性能参数见表 11－4。

表 11－4　　　　　　　　　　装机容量及风机控制性能参数

风电场工程参数						
参数	单机容量/MW	装机数量/台	总装机容量/MW	功率因数范围	风机厂商	风机类型
一期	2.0	24	48	－0.95～0.95	上海电气	双馈
二期	2.0	24	48	－0.95～0.95	上海电气	双馈
三期	2.0	24	48	－0.95～0.95	三一重工	双馈

动态无功补偿设备性能及参数				
		SVG/Mvar		静态无功设备
		感性无功最大出力	容性无功最大出力	电容器	电抗器
无功设备	一期	3	3	0	0
	二期	3	3	0	0
	三期	3	3	0	0
说明：以上是考虑风机能够按要求发出无功；若不考虑风机发出的无功则 SVG 容量应为感性 9Mvar～容性 9Mvar。				

2. 风电场一次接线图

风电场一次主接线图如图 11-38 所示。

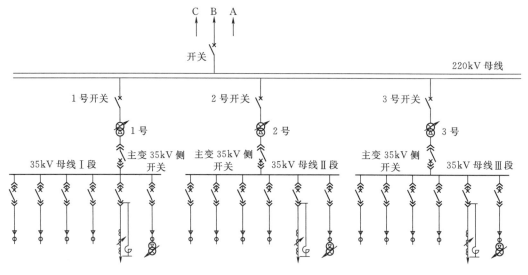

图 11-38 风电场一次主接线图

二、自动发电控制子系统

自动发电控制（AGC）系统的任务是在满足各项限制条件的前提下，以迅速、经济的方式，控制风电场的总有功功率（包括按有功容量比例分配、或人工设定优先级分配等），使其满足电力系统需要。实现的功能如下：

（1）维持风电场联络线的输送功率及交换电能量保持或接近规定值。

（2）根据上级调度自动化系统要求的发电功率或下达的负荷曲线，按安全、可靠、经济的原则确定最佳运行的风机台数、风机组合方式和风机间最佳有功功率分配，进行各风机出力的闭环调节。

（一）功能要求

1. 数据采集和处理功能

该系统要适用于各种类型风电场的风机中控系统，实现对风机运行信息的数据采集、数据存储和数据传输，并能够与监控系统设备进行无缝对接。

（1）自动采集 AGC 系统所需的信息，并对采集到的数据进行有效性和正确性检查，更新实时数据库，使其能够正确反映现场设备的实际状况。

（2）向调度实时上传当前 AGC 系统投入状态、增负荷闭锁、减负荷闭锁状态、运行模式、风电场生产数据等信息。

（3）运行数据和历史数据存盘，方便对比控制调节效果，保证数据的连续。

（4）可以对量测值进行有效性检查，具有数据过滤、零漂处理、限值检查、死区设定、多源数据处理、相关性检验、均值及标准差检验等功能。

对于每个 AGC 控制对象，必须与调度主站之间交互的实时信号见表 11-5。

表 11－5　　　　　　　　　　　与调度主站交互的实时信号表

类型	序号	信息内容	备　注
遥测	1	AGC 控制对象有功功率	AGC 控制对象对应的有功功率（调度主站以新能源发电场并网点的有功功率为 AGC 控制对象）
	2	AGC 控制对象有功可调上限	针对当前环境、气象条件下 AGC 控制对象能达到的有功功率上限
	3	AGC 控制对象有功可调下限	建议风电场提供不停风机情况下 AGC 控制对象的可调下限，即大风速下的可调下限
	4	AGC 控制对象发电机组有功功率	AGC 控制对象所对应发电机组有功功率之和
	5*	AGC 控制对象各机群有功功率	如 AGC 控制对象有多个机群，建议电场上送各机群的有功功率
	6*	AGC 控制对象各机群可调上限	针对当前环境、气象条件下 AGC 控制对象各机群能达到的有功功率上限
	7*	AGC 控制对象各机群可调下限	建议风电场提供不停风机情况下 AGC 控制对象各机群的可调下限，即大风速下的可调下限
	8	AGC 控制对象各机群有功功率调节指令	电场 AGC 功能在向各机群控制系统下发有功调节指令时，同时将该有功调节指令上送调度主站（如 AGC 控制对象对应多个机群，则对应每个机群均有一个有功功率调节指令）
	9	AGC 调节指令返回值	电场将调度主站下发的 AGC 调节指令返送调度主站
遥信	1	AGC 功能投入/退出信号	电场 AGC 功能投入/退出信号。ON：AGC 功能投入；OFF：AGC 功能退出
	2	AGC 远方/就地信号	电场 AGC 远方/就地信号。ON：电场 AGC 功能处于远方控制方式即调度主站控制方式；OFF：电场 AGC 功能退出调度主站控制方式
	3	各机群协调控制允许	ON：允许；OFF：不允许。 当该机群的协调控制允许为"ON"时，该机群的控制系统能接受该风电场 AGC 功能分配的有功功率调节指令并进行有功功率控制与调节。 如 AGC 控制对象对应多个机群，则每个机群上送各自的协调控制允许状态
	4	增出力闭锁	ON：闭锁——表示新能源发电场 AGC 控制对象的有功功率目前不具备向上调节能力
	5	减出力闭锁	ON：闭锁——表示新能源发电场 AGC 控制对象的有功功率目前不具备向下调节能力
	6	AGC 请求投入/退出（保持）	风电场接受调度主站下发的 AGC 请求投入/退出遥控命令后，将该命令保持，并将保持后的信号上送调度主站
遥控	1	AGC 请求投入/退出命令	ON：请求投入 AGC 远方状态；OFF：请求退出 AGC 远方状态。 AGC 请求投入/退出在调度主站中为一个遥控点，分别对应于遥控的"合"与"分"
遥调	1	AGC 调节指令	调度主站下发有功功率控制目标值，风电场 AGC 功能对该指令进行有功分配和调节，完成对主站指令的跟踪（AGC 调节指令为标度化值的设定值命令，一般满码值为"32767"，满度值为 AGC 控制对象所有发电机组额定出力总和的 1.2～1.5 倍）

注　序号后带"*"者为可选项。

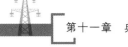

2. 通信功能

系统可以实现与各种类型风电场综自系统的数据通信，互通互联，支持多种通信协议，具有很好的兼容性。

3. 智能调节功能

（1）系统接收风电功率预测系统的超短期预测的功率、气象等信息，结合空气动力模式分析，对风电场每一台风机建立微观动力气象模式，可准确得到风电场的超短期风能裕度，在准确计算的超短期风能裕度和当前机组状态下，科学的给出该机组的 AGC 有功调节能力，并把该裕度值上传调度，以便主站系统作为决策参考，实时调整发电指令。

（2）能够自动接收调度主站系统下发的有功控制指令或调度计划曲线，根据计算的可调裕度，优化分配调节风机的有功功率，使整个风电场的有功出力跟随调度指令值。

（3）具备人工设定、调度控制、预定曲线等不同的运行模式、具备切换功能。正常情况下采用调度控制模式，异常时可按照预先形成的预定曲线进行控制。

（4）能够对风电场出力变化率进行限制，具备 1min、10min 调节速率设定能力，具备风机调节上限、调节下限、调节速率、调节时间间隔等约束条件限制，以防止功率变化波动较大时对风电机组和电网的影响。

（5）精确获取调节裕度、控制策略算法合理、保障风电机组少调、微调。

（6）接收操作员手动输入的设值命令。

4. 安全运行监视功能

操作员能够通过 AGC 系统人机接口界面对各风机、动态无功补偿设备进行监视。监视内容和展示方法包括：

（1）AGC 系统运行状态、运行方式及运行参数和定值。

（2）AGC 系统通信通道监视。

（3）操作员可通过多样化的监视手段，如：屏幕显示数据、文字、图形和表格等实时监视事故或故障的音响报警信息。

5. 事故和报警功能

（1）在每个操作员工作站上的音响报警设备向操作员发出事故或故障警报。当发生故障或事故时，立即显示中文报警信息，音响报警可手动解除。音响报警可通过人机接口全部禁止，也可在线或离线编辑禁止或允许音响报警。

（2）事件和报警按时间顺序列表的形式出现。记录各个重要事件的动作顺序、事件发生时间（年、月、日、时、分、秒、毫秒）、事件名称、事件性质，并根据规定产生报警和报告。

（二）系统设计原则

（1）功率控制系统按调度主站定期下发的调节目标或当地预定的调节目标计算风电场功率需求、选择控制设备并进行功率分配，并将最终控制指令自动下达给被控制设备。

（2）系统高度可靠、冗余，其本身的局部故障不影响风机等设备的正常运行，系统的 MTBF（平均无故障间隔时间）、MTTR（平均恢复时间）及各项可用性指标均达到相关规定要求。

（3）系统配置和设备选型在保证整个系统可靠性、设备运行的安全稳定性、实时性和实用性的前提下，在系统硬件及软件上充分考虑系统的开放性。系统配置和设备选型符合计算机、网络技术发展迅速的特点，充分利用计算机领域的先进技术，采用向上兼容的计算机体系结构，使系统达到当前的国内领先水平。

（4）为了满足系统实时性要求和保证系统具有良好的开放性，系统硬件与软件平台采用现在具有成熟运行经验且严格遵守当今工业标准的产品。

（5）系统为全分布、全开放系统，既便于功能和硬件的扩充，又能充分保护应用资源和投资，分布式数据库及软件模块化、结构化设计，使系统能适应功能的增加和规模的扩充，并能自诊断。

（三）系统设计原理

1. 原理简介

风电场应配置 AGC 系统具备有功功率调节能力，能够自动接收电力系统调度机构下达的有功功率控制指令，按照预定的规则和策略整定计算功率需求、选择控制的风机设备并进行功率分配，最终实现有功功率的可监测和可控制，达到电力系统并网技术要求。

2. 控制模式

AGC 系统控制模式包括离线、当地和远方三种控制模式。

（1）离线模式。AGC 系统离线，此时 AGC 系统可监测风电场出力等信息。

（2）当地模式。AGC 系统在当地进行有功输出控制。

1）最大功率模式：对风电场的有功输出不作限制（相当自由发电模式）。

2）限制控制模式：支持在当地手动设置限制功率值。

3）计划跟踪模式：支持在当地手动录入计划曲线，当地模式下可按照手动录入的计划曲线或主站下发计划曲线进行调节。

（3）远方模式。风电场将有功输出控制权交由调度中心，由调度中心 AGC 软件实时下发两个指令，即摇调指令为有功功率目标值，摇控指令为 AGC 功能投入，有的省调也有发送实时控制、人工控制、自由模式和曲线控制这几种控制模式的。一期、二期与三期、四期分别同时控制，由风电场 AGC 系统负责闭环跟踪。

3. 调节指令

AGC 系统所需调节指令来源主要有以下几种：

（1）当地/远方调节有功功率出力值。

（2）主站下发有功功率计划曲线，闭环控制。

（3）当地人工录入有功功率计划曲线。

（4）当地人工设定有功功率计划值。

（5）当地模式下继续按照主站下发有功功率计划曲线进行调节。

4. 调节策略

（1）AGC 系统调节策略能满足下述控制要求：

1）具备参与电力系统调频、调峰和备用的能力。

2）应根据电力系统调度机构的指令快速控制其输出的有功。

3）有功功率在总额定出力的 20% 以上时，能够实现有功功率的连续平滑调节，并能够参与系统有功功率控制。

4）当电力系统频率高于 50.2Hz 时，按照电力系统调度机构指令降低风电场有功功率，严重情况下切除整个电站。

5）控制策略应综合考虑电压/频率等系统因素、母线/主变/风机等设备运行工况因素、场站损耗因素以及 AGC 系统与通信机通信故障、或通信机与主站通信故障等因素的约束。

（2）AGC 系统功率调节策略如下：

1）按额定有功容量比例分配，充分考虑风机通信故障、风机故障、风机功率特性以及风资源等因素。

2）按人工设定优先级次序分配，充分考虑功率限制和物理开停机策略的综合运用。

5. 调节约束

AGC 系统考虑的调节约束条件包含：

（1）系统电压、频率等因素的约束。

（2）母线、主变、风机等设备的运行情况约束。

（3）AGC 系统与通信机通信故障、或通信机与主站通信故障约束。

6. 系统通信

与 AGC 系统相关的通信对象主要有上级调度主站、升压站监控系统、远动通信机、风机能量管理平台等。系统支持 DL/T 634.5101—2002、DL/T 634.5104—2009、DL/T 719—2000、CDT 451-91、MODBUS、MODBUS_TCP、IEC 61850 等通信规约和协议。

（1）子站与上级调度主站数据交互。功率控制系统采用远动通道与主站连接。功率控制系统通过该通道给主站上送 AGC 状态信息（包含但不限于：AGC 投退状态、远方/就地状态、全场有功功率最大/最小值、是否超出 AGC 调节能力等），同时自动接收调度主站下发的调节目标值。

依据调度具体情况要求，子站与调度主站之间可采用 IEC 104 规约进行通信。

（2）子站与升压站监控系统数据交互。AGC 系统可通过选择标准 IEC 101 规约与升压站监控系统进行数据交互，获取升压站电气量信息实现风电场场内有功功率的控制与调节。此时升压站监控系统担任子站角色。升压站监控系统远动机能够自动接收上级 AVC 主站下发计划曲线，并转发给 AGC 系统；该远动机应自动接收本风场 AGC 系统上送的主站所需 AGC 信息，并自动的转发给上级主站。这种信息交互的角色分配为：升压站监控系统远动机作为主站角色，上级 AGC 系统作为子站角色。

（3）子站与风机（监控系统或控制器）系统交互数据。AGC 系统通过 OPC 协议与风机监控系统或能量管理平台进行数据交互。功率控制系统通过风机监控系统或能量管理平台获取风机相关信息，经过逻辑计算后下发总有功调节指令给能量管理平台，由能量管理平台将总有功调节指令分发给各具体风机。另外，还能够上送 AGC 系统所需所有信息（包含实时有功总值、有功限值指令的反馈值、不停机下限值、实际可控上限值、调节速率值及其他闭锁调节信息，当前风速下可发总有功等）。

（四）风电场 AGC 系统结构

如图 11-39 所示，风电场 AGC 系统硬件部署在电场安全 1 区，采用双机热备设计，系统硬件主要由智能控制主机、AGC 数据服务器、串口服务器、交换机组成。智能控制主机为双机冗余设计，主要负责数据通信，完成生产数据采集、调度指令接收、控制指令下发、AGC 控制计算等功能。AGC 数据服务器负责历史数据存储、数据报表服务等功能。串口服务器及交换机，分别与变电站监控系统、储能系统、风机监控系统相连，构建成一个既满足串口通信又支持网络通信模式多种架构。

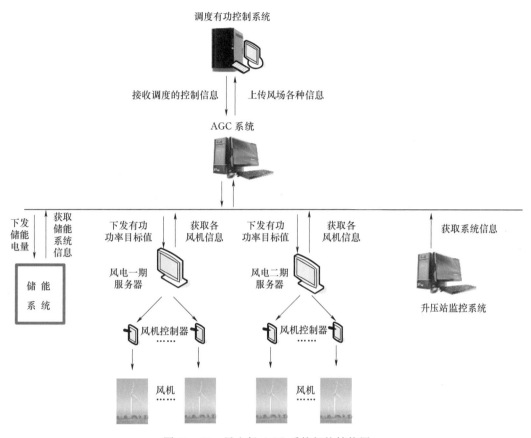

图 11-39 风电场 AGC 系统拓扑结构图

风电场 AGC 系统与风电场监控系统、能量管理系统等设备通信，获取风机、升压站并网点、主变分接头、开关、刀闸等运行信息；与风功率预测系统通信，获取超短期预测的有功功率、可调容量、预测风速等信息；与调度主站通信，接收调度下发的有功调控指令，根据采集的现场信息通过控制策略处理计算后，下发各调控项的控制命令，对风电机组的有功功率等项进行远方调节和控制。智能控制主机同时会向调度主站系统传送电场运行信息、AGC 相关闭锁信号等信息。

（五）系统技术特点

1. 多种调节模式

AGC 系统支持离线、当地和远方三种调节模式，且这三种模式间支持人工切换，也支持自动切换。

（1）离线模式（自由发电模式）。功率控制系统离线，不进行功率调节与控制，只监视风电场出力等信息。

（2）当地模式。功率控制系统在当地按照预先设定的策略进行功率调节与控制。

（3）远方模式。功率控制系统自动接收并执行调度主站定期下发的调节指令，进行功率调节与控制。

2. 多个调节目标

AGC 系统综合考虑风机正常运行时的各种约束条件，采取多种目标相互协调、彼此约束的方法进行调节，确保风机安全稳定运行。

3. 完善的调节策略

AGC 系统采取分层的调节策略（风电场层、机组层），通过采用超短期风速预测信息、风功率预测信息、区间预测信息结合电网要求，准确计算风电场可调节裕度，常用调节策略有：

（1）将功率参考值按比例平均分配的策略，实现风电场有功分配。

（2）根据超短期风速预测结果，采用线性规划算法，实现风电机组的优化组合分配。

（3）考虑到机组安全可靠运行，提出以减小机组载荷、延长风机寿命的风电场有功分配策略。

4. 完善的闭锁措施

AGC 系统具有完善的闭锁措施，涉及闭锁的对象包含 AGC 系统、风电机组、升压变压器设备等。

5. 系统性能指标

（1）对工作电源的要求。

1）交流电源：AC 220V±20%，频率为 50Hz，频率误差为±5%。

2）直流电源：DC 220V±20% 或 110V±20%，直流电源电压纹波不大于 5%。

3）电源影响：设备支持交、直流供电，具备双电源互备，实现可靠地自动切换，交、直流电源应具有输入过压、过流保护，以及直流反极性输入保护等措施。

（2）整机功耗。正常工作时，AGC 控制管理终端整机功耗不大于 35W（最大配置）。

（3）可靠性。

1）MTBF 大于 45000h。

2）使用寿命大于 5 年。

3）断电后 AGC 控制管理终端中保存的历史数据、配置参数不能丢失。

（4）系统的容错能力。软、硬件设备应具有良好的容错能力，当各软、硬件功能与数据采集处理系统的通信出错，以及当运行人员或工程师在操作中发生一般性错误时，均不影响系统的正常运行。对意外情况引起的故障，系统应具备恢复能力。

（5）系统的安全性。除不可抗拒因素外，在一般情况下，硬件和软件设备的运行都不应危及升压变电站的安全稳定运行和工作人员的安全。

（6）系统的抗电磁干扰能力。系统应具有足够的抗电磁干扰能力，符合 IEC 标准及国家标准中各项技术要求，确保在升压变电站中的稳定运行。

（7）系统性能指标。

1）遥测量刷新时间：从量测变化到 AGC 控制系统上传不大于 3s。

2）遥信变位刷新时间：从遥信变位到 AGC 控制系统上传不大于 2s。

3）遥控命令执行时间：从接收命令到控制端开始执行不大于 3s。

4）遥调命令执行时间：从接收命令到控制端开始执行不大于 3s。

5）单次控制（所有设备）命令完成时间：不大于 1min。

6）系统年可用率：不小于 99.99%。

7）调用实时数据画面响应时间：不大于 2s。

8）调用历史数据库画面生成响应时间：不大于 10s。

9）事故推画面时间：不大于 2s。

10）遥测越死区传送：不大于 3s。

11）系统告警准确率：100%。

12）现场设备的控制准确率：100%。

13）指标分析计算准确率：大于 95%。

14）CPU 的负载率：在生产过程正常运行（考虑为模拟量更新处理 30%，同时，数字量变位处理 40%）情况下，任意 30min 内 CPU 的负载率应小于 30%；电力系统故障时，10s 内 CPU 的负载率应小于 50%，确保电力设备事故情况下各项功能的顺利执行和较高的实时性。

15）网络平均负荷率：在生产过程正常运行（考虑为模拟量更新处理 30%，同时，数字量变位处理 40%）情况下，任意 30min 内自动化系统网络平均负荷率应小于 30%；电力系统故障时，10s 内自动化系统网络平均负荷率应小于 50%，确保电力设备事故情况下各项功能的顺利执行和较高的实时性。

16）存储器容量：主存储器容量在正常运行情况下，其占用率应不超过 40%。辅助存储器容量在正常运行情况下，其占用率应不超过 30%。

17）数据库容量：数据库系统除保证监控信息的足够容量外，应具备不低于 30% 的余量，供用户扩充。

18）系统容量：见表 11 - 6。

表 11 - 6　　　　　　　　　　系 统 容 量 表

序号	内　　容	容　　量
		设计水平年（10 年）
1	实时数据库容量	为风电场测点数量
2	模拟量	5000
3	状态量	5000
4	电度量	2000
5	遥控量	1000
6	遥调量	500
7	计算量	1000
8	历史数据库容量	5 年

三、自动电压控制子系统

自动电压控制（AVC）系统的任务是在满足各项限制条件的前提下，以迅速、经济的方式，通过电压控制调节方式或无功控制调节方式（风机、SVC/SVG 等无功补偿设备调节优先级顺序可人工设定，且充分考虑了 SVC/SVG 设备所挂接母线电压等级等因素）的调节策略，控制风电场的电压（或总无功功率、或功率因数），使其满足电力系统需要。实现的功能包括以下两项：

（1）将当地设定或调度主站远方给定的并网点电压值与实际测量值进行比较，根据该偏差和系统等效电抗值计算得出无功功率目标值。该无功功率目标值将在参加联合调节的风机和 SVC/SVG 等无功设备间分配，经过分配后得出全部风机和 SVC/SVG 等无功设备的无功功率目标值，送给下位机执行。

（2）根据当地设定的无功功率或功率因数目标值及安全运行约束条件，并考虑风机和 SVC/SVG 等无功设备的限制，合理分配风机和 SVC/SVG 等无功设备间的无功功率，维持调节目标在给定的变化范围。

（一）功能要求

1. 数据采集和处理

系统应适用于各种类型风电场的风机中控系统，实现对风机运行信息的数据采集、数据存储和数据传输，并能够与监控系统设备进行无缝对接。

（1）自动采集 AVC 系统所需所有信息，并对采集到的数据进行有效性和正确性检查，更新实时数据库，使其能够正确反映现场设备的实际状况。

（2）向调度实时上传当前 AVC 系统投入状态、增闭锁、减闭锁状态、运行模式、电场生产数据等信息。

对于每个 AVC 控制对象，必须与调度主站交互的实时信号见表 11-7。

（3）运行数据和历史数据存盘，方便对比控制调节效果，保证数据的连续。

（4）可以对量测值进行有效性检查，具有数据过滤、零漂处理、限值检查、死区设定、多源数据处理、相关性检验、均值及标准差检验等功能。

表 11-7　　　　　　　　　与主站交互的实时信号表

类型	序号	信 息 内 容	备　注
遥测	1	AVC 子站可增无功	
	2	AVC 子站可减无功	
	3	AVC 子站当前无功总出力	负值代表感性，正值代表容性
	4	现场可提供最大容性无功容量	都用正数值表示
	5	现场可提供最大感性无功容量	都用正数值表示
	6*	主站 AVC 下发的母线电压目标值	调度主站下发的电压目标值调节指令返回值，即厂站 AVC 将主站 AVC 下发的电压目标值调节指令返送调度主站
	7*	主站 AVC 下发的母线电压参考值	调度主站下发的电压参考值调节指令返回值
	8*	主站 AVC 下发的无功目标值	调度主站下发的无功目标值调节指令返回值
	9*	主站 AVC 下发的无功参考值	调度主站下发的无功参考值调节指令返回值

续表

类型	序号	信 息 内 容	备 注
遥信	1	AVC 远方/就地信号	ON：电厂 AVC 功能处于远方控制方式即调度主站控制方式；OFF：电厂 AVC 功能退出调度主站控制方式
	2	AVC 功能投入/退出信号	ON：电厂 AVC 功能投入；OFF：电厂 AVC 功能退出
	3	AVC 子站增无功闭锁	ON：闭锁——表示 AVC 控制对象的无功功率目前不具备向上调节能力
	4	AVC 子站减无功闭锁	ON：闭锁——表示 AVC 控制对象的无功功率目前不具备向下调节能力
	5*	AVC 子站电压/无功控制模式	0 为无功模式，1 为电压模式
遥调	1	AVC 高压侧母线电压目标值	编码原则：共 5 位整数： (1) 万位是循环码，1～3 循环，3 开头的指令超过 32767 时，站端远动会处理成负数，产生数据溢出。 (2) 千位至个位是主站侧计算的母线电压设定值，是实际的电压设定值×10，以并列运行的母线（组）为对象下发。 例如，12200 表示设定母线电压为 220kV。
	2	AVC 高压侧母线电压参考值	
	3*	AVC 无功目标值	遥调指令为带正负号的标度化值（无功精度为 0.1Mvar），即无功目标值浮点值×10
	4*	AVC 无功参考值	

注 序号后带"*"者为可选项。

2. 通信功能

系统可以实现与各种类型风电场综自系统的数据通信，互通互联，支持多种通信协议，具有很好的兼容性。

3. 智能调节功能

（1）能够自动接收调度主站系统下发的电压控制指令，控制电场电压在调度要求的指标范围内，满足控制及考核指标要求。

（2）具备人工设定、调度控制、预定曲线等不同的运行模式，具备切换功能。正常情况下采用调度控制模式，异常时可按照预先形成的预定曲线进行控制。

（3）为了保证在事故情况下电场具备快速调节能力，对电场动态无功补偿装置预留一定的调节容量，即电场额定运行时功率因数在超前 0.97～滞后 0.97 所确定的无功功率容量范围。电场的无功电压控制考虑了电场动态无功补偿装置与其他无功源的协调置换。

（4）能够对电场无功调节变化率进行限制，具备风电机组、无功补偿装置调节上限、调节下限、调节速率、调节时间间隔等约束条件限制，具备主变压器分接头单次调节挡位数、调节范围及调节时间间隔约束限制。

（5）接收操作员手动输入的设值命令。

4. 安全运行监视功能

操作员能够通过 AVC 系统人机接口界面对各风机、动态无功补偿设备进行监视。监视内容和展示方法包括：

（1）AVC 系统运行状态、运行方式及系统状况监视。

（2）AVC 系统通信通道监视。

（3）操作员监视的手段多样化，如：屏幕显示数据、文字、图形和表格等，事故或故障的音响报警等。

5. 事故和报警功能

（1）在每个操作员工作站上的音响报警向操作员发出事故或故障警报。当发生故障或事故时，立即显示中文报警信息，音响报警可手动解除。音响报警可通过人机接口全部禁止，也可在线或离线编辑禁止或允许音响报警。

（2）事件和报警按时间顺序列表的形式出现。记录各个重要事件的动作顺序、事件发生时间（年、月、日、时、分、秒、毫秒）、事件名称、事件性质，并根据规定产生报警和报告。

（二）系统设计原则

（1）功率控制系统按调度主站定期下发的调节目标或当地预定的调节目标计算风电场无功功率需求、选择控制设备并进行无功功率分配，并将最终控制指令自动下达给被控制设备。

（2）系统高度可靠、冗余，其本身的局部故障不影响风机等设备的正常运行，系统的 MTBF（平均故障间隔时间）、MTTR（平均恢复时间）及各项可用性指标均达到相关规定要求。

（3）系统配置和设备选型在保证整个系统可靠性、设备运行的安全稳定性、实时性和实用性的前提下，在系统硬件及软件上充分考虑系统的开放性。系统配置和设备选型符合计算机、网络技术发展迅速的特点，充分利用计算机领域的先进技术，采用向上兼容的计算机体系结构，使系统达到当前的国内领先水平。

（4）为了满足系统实时性要求和保证系统具有良好的开放性，系统硬件与软件平台采用现在具有成熟运行经验且严格遵守当今工业标准的产品。

（5）系统为全分布、全开放系统，既便于功能和硬件的扩充，又能充分保护应用资源和投资，分布式数据库及软件模块化、结构化设计，使系统能适应功能的增加和规模的扩充，并能自诊断。

（三）系统设计原理

1. 原理简介

风电场应配置 AVC 系统具备电压无功功率调节能力，能够自动接收电力系统调度机构下达的电压控制指令，按照预定的规则和策略整定计算功率需求、选择控制的风机、SVC、SVG、主变分接开关等无功补偿设备，并进行功率分配，最终实现电压无功功率的可监测和可控制，达到电力系统并网技术要求。

2. 控制模式

AVC 系统控制模式包括离线、当地和远方三种控制模式。

（1）离线模式。AVC 系统离线，此时 AVC 系统只监测风电场电压无功等运行信息。

（2）当地模式。AVC 系统在当地进行电压无功输出控制。

1）限制控制模式：支持在当地手动设置电压、无功限制值，并进行电压无功调节。

2）计划跟踪模式：支持在当地手动录入电压、无功、功率因数计划曲线，当地模式下可按照手动录入的计划曲线或主站下发计划曲线进行调节。

（3）远方模式。风电场将电压无功输出控制权交由调度中心，由调度中心 AVC 软件实时下发电压计划曲线，由风电场 AVC 系统负责闭环跟踪调节。

3. 调节指令

AVC 系统所需的调节指令来源主要有以下几种：

（1）主站下发电压计划曲线。

（2）当地人工录入电压、无功、功率因数计划曲线。

（3）当地模式下继续按照主站下发电压计划曲线进行调节。

4. 调节策略

（1）AVC 系统调节策略能满足下述控制要求：

1）电压无功控制策略以传统 AVC 成熟的分层分区、就地平衡控制思想为基础。

2）通过 AVC 系统与 SVC/SVG 系统的协调配合，实现风电场电压无功的稳态控制，且在电压无功都正常时考虑用慢速风机无功资源置换快速 SVC/SVG 等无功系统无功容量。

3）通过调节主变分接开关来作为风电场内电压的一种调节手段，保证各风电机组的安全稳定运行。

4）控制策略应综合考虑电压等系统因素、母线/主变/风机/SVC/SVG 等设备运行工况因素，以及 AVC 系统与通信机通信故障、或通信机与主站通信故障等因素的约束。

（2）电压控制调节方式。AVC 系统转发电压调节指令给各 SVC/SVG 系统，由 SVC/SVG 系统负责快速跟踪并网点电压。

（3）无功控制调节方式。依据自动识别的系统等效电抗值和采集的并网点电压无功实时值和给定的并网点电压值，计算获取无功目标值，并给出当前运行方式下各风机和 SVC/SVG 等动态无功补偿设备调节范围内的无功调节方案。风机、SVC/SVG 等无功补偿设备调节优先级顺序可人工设定。

5. 调节约束

AVC 系统考虑的调节约束条件包含：

（1）系统电压等因素的约束。

（2）母线、主变、风机、SVC/SVG 等设备的运行情况约束。

（3）AVC 系统与通信机通并网点电压故障、或通信机与主站通信故障约束。

6. 系统通信

与 AVC 系统相关的通信对象主要有上级调度主站、升压站监控系统远动通信机、风机的监控系统或控制器和动态无功补偿设备等。系统支持 DL/T 634.5101—2002、DL/T 634.5104—2009、DL/T 719—2000、CDT 451-91、MODBUS、MODBUS_TCP、IEC 61850 等通信规约和协议。

（1）子站与上级调度主站数据交互。AVC 系统通过远动通道与主站连接。AVC 系统通过该通道给主站上送 AVC 状态信息（包含 AVC 投退状态、远方/就地状态、全场无功功率最大/最小值、是否超出 AVC 调节能力等），同时自动接收调度主站下发的调节目标值。

依据调度具体情况要求，子站与调度主站之间可采用 DL/T 634.5104—2009 规约进行通信。

（2）子站与升压站监控系统数据交互。AVC 系统通过 DL/T 634.5101—2002 与升压站监控系统进行数据交互，获取升压站电气量信息实现风电场场内电压的控制与调节。此时升压站监控系统担任子站角色。升压站监控系统远动机能够自动接收主站下发计划曲线，并转发给 AVC 系统；该远动机应自动接收 AVC 系统上送的主站所需 AVC 信息，并自动的转发给主站。这种信息交互的角色分配为：升压站监控系统远动机作为主站角色，AVC 系统作为子站角色。

（3）子站与风机（监控系统或控制器）系统交互数据。AVC 系统通过 OPC 协议与风机监控系统或无功功率控制器进行数据交互。

AVC 系统通过或无功功率控制器获取风机相关信息，经过逻辑计算后下发总无功调节指令给风机监控系统或无功功率控制器，由风机监控系统或无功功率控制器将总无功调节指令分发给各台风机。

风机监控系统能够主动接收 AVC 系统下发的总无功调节指令，并将该总无功指令分发给其所管辖的所有风机；能够上送 AVC 系统所需所有信息（包含实时总无功、无功限值指令的反馈值、实际可控上限值、调节速率值及其他闭锁调节信息等）。

（4）子站与 SVC/SVG 数据交互。AVC 系统使用串口 RS485 总线，通过标准 MOD-BUS 规约直接与 SVC/SVG 进行数据交互。获取各 SVC/SVG 设备运行信息，并下发控制指令给各 SVC/SVG 设备，SVC/SVG 能够自动接收并执行 AVC 系统下发的调节指令（单个电压定值或电压上/下限定值），在电压上/下限范围内，按照电压无功自动控制（AVC）系统给定的无功值发出/吸收容性无功；在电压上/下限范围外，SVC/SVG 系统需自动快速调节，使电压快速恢复至电压上/下限范围内。动态无功补偿设备应支持与 AVC 系统功能的协调配合，共同实现风电场电压无功的暂态控制（比如电网发生低电压穿越，高低压穿越时，AVC 子站停止调节，闭锁出口；SVG 按照国家标准时间要求，迅速增、减无功出力，支撑风电场出口电压）和稳态控制过程。

（四）风电场 AVC 系统结构

风电场 AVC 系统硬件部署在电场安全 1 区，采用双机热备设计，系统硬件主要由智能控制主机、AVC 数据服务器、串口服务器、交换机组成。智能控制主机为双机冗余设计，主要负责数据通信，完成生产数据采集、调度指令接收、控制指令下发、AVC 控制计算等功能。AVC 数据服务器负责历史数据存储、数据报表服务等功能。串口服务器及交换机，分别与变电站监控系统、储能系统、SVG、SVC、风机监控系统相连，构建成一个既满足串口通信又支持网络通信模式的多种架构。

风电场 AVC 系统与风电场监控系统、无功补偿装置等设备通信，获取风机、无功补偿装置、升压站并网点、主变分接头、开关、刀闸等运行信息；与调度主站通信，接收调度下发的无功调控指令，根据采集的现场信息通过控制策略处理计算后，下发各调控项的控制命令，对风电机组的无功功率、主变分接头挡位、无功补偿装置的无功功率等项进行远方调节和控制。智能控制主机同时会向调度主站系统传送电场运行信息、AVC 相关闭锁信号等信息。风电 AVC 系统拓扑结构如图 11-40 所示。

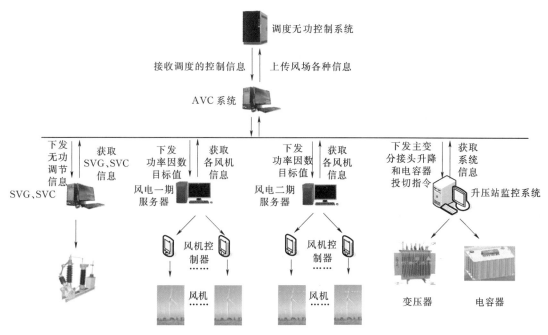

图 11-40 风电 AVC 系统拓扑结构图

(五) 系统技术特点

1. 多种调节模式

AVC 系统支持离线、当地和远方三种调节模式，且这三种模式间支持人工切换，也支持自动切换。

(1) 离线模式。功率控制系统离线，不进行功率调节与控制，只监视风电场出力等信息。

(2) 当地模式。功率控制系统在当地按照预先设定的策略进行功率调节与控制。

(3) 远方模式。功率控制系统自动接收并执行调度主站定期下发的调节指令，并进行功率调节与控制。

2. 多个调节目标

AVC 系统综合考虑风机正常运行时的各种约束条件，采取多种目标相互协调、彼此约束的方法进行调节，确保风机安全稳定运行。

3. 完善的调节策略

AVC 系统采取分层分区的调节策略，对于功率需求整定层、控制设备选择层和功率分配层都有完善的计算规则，优先调节 SVG 无功出力以便快速满足调度指令，为使 SVG 能应对暂态控制，然后转移部分无功出力给风机，给 SVG 留出备用调节裕度。同时充分考虑系统安全、稳定和经济运行要求。

4. 完善的闭锁措施

AVC 系统具有完善的闭锁措施，涉及闭锁的对象包含但不限于 AVC 系统、风电机组、动态无功补偿设备等。

5．系统性能指标

（1）对工作电源的要求。

1）交流电源：AC 220V±20％，频率为 50Hz，频率误差为±5％。

2）直流电源：DC 220V±20％或 110V±20％，直流电源电压纹波不大于 5％。

3）电源影响：设备支持交、直流供电，具备双电源互备，实现可靠地自动切换，交、直流电源应具有输入过压、过流保护，直流反极性输入保护等措施。

（2）整机功耗。正常工作时，AVC 控制管理终端整机功耗不大于 35W（最大配置）。

（3）可靠性。

1）MTBF 大于 45000h。

2）使用寿命大于 5 年。

3）断电后 AVC 控制管理终端中保存的历史数据、配置参数不能丢失。

（4）系统性能。

1）遥测量刷新时间：从量测变化到 AVC 控制系统上传不大于 3s。

2）遥信变位刷新时间：从遥信变位到 AVC 控制系统上传不大于 2s。

3）遥控命令执行时间：从接收命令到控制端开始执行不大于 3s。

4）遥调命令执行时间：从接收命令到控制端开始执行不大于 3s。

5）母线电压调节精度：电压控制偏差小于 1kV。

6）母线电压调节速率：调节母线电压变化 1kV 时间小于 300s。

7）单次控制（所有设备）命令完成时间：不大于 1min。

8）系统年可用率：不小于 99.99％。

9）调用实时数据画面响应时间：不大于 2s。

10）调用历史数据库画面生成响应时间：不大于 10s。

11）事故推画面时间：不大于 2s。

12）遥测越死区传送：不大于 3s。

13）系统告警准确率：100％。

14）现场设备的控制准确率：100％。

15）指标分析计算准确率：小于 95％。

16）系统容量：见表 11-8。

表 11-8　　　　　　　　　系 统 容 量 表

序号	内　容	容　量
		设计水平年（10 年）
1	实时数据库容量	为电场测点数量
2	模拟量	5000
3	状态量	5000
4	电度量	2000
5	遥控量	1000
6	遥调量	500
7	计算量	1000
8	历史数据库容量	5 年

（5）系统界面展示。操作员站的监控对象主要为风机、主变和动态无功补偿设备，作为操作人员与计算机系统的人机接口，支持实时的监视、控制调节和参数设置等操作，但不允许修改或测试各种应用软件，如图 11-41 所示。

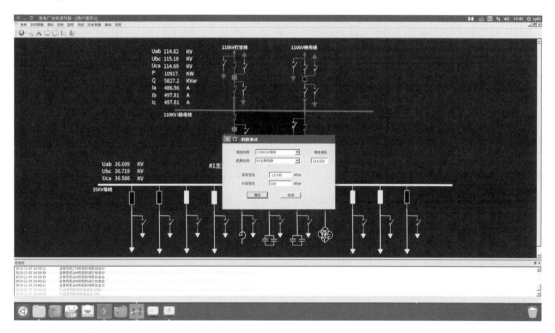

图 11-41　某风电场 AVC 监控画面

操作员工作站的人机界面满足以下功能需求：

1）借助于键盘/鼠标，可在操作员工作站上查询风电场的实时生产过程状况，将有关参数用画面显示出来，通过画面显示的图形、数据的实时变化监视风电场的实时运行状况，并可通过图形上的软功能键对风电场的运行过程发出控制命令。由操作员工作站可发出开/停机、增/减无功功率、调节有载调压变压器分接头、调节 SVC/SVG 等命令。

2）屏幕显示器能实时显示风电场运行状态、主要设备的动态操作过程、事故和故障、有关参数和操作接线图等画面，定时刷新画面上的设备状况和运行数据，且对事故报警的画面具有最高优先权，可覆盖正在显示的其他画面，事故时自动推出画面。并可经运行人员的召唤，显示有关历史参数和表格等。

四、AGC 与 AVC 的协调控制

（1）机组恒功率因数运行时，有功越大，无功能力越大，有功越小，无功调整能力越小。

（2）机组恒机端电压运行时，当母线电压不满足要求时，其他无功设备用尽，考虑机组容量限制，降低有功输出，提高机组无功输出能力。

（3）有功调整速度 1min 不超过 10%，10min 不超过 30%。

（4）空闲时无功设备间优化置换。

（5）低电压穿越期间闭锁有功无功调整。

（6）AGC 调节要综合考虑发电计划、当前实际负荷、风功率预测等因素。

五、AGC/AVC 系统性能测试

（一）通信测试

与升压站监控系统、风机监控系统、能量管理系统、SVC/SVG 系统、风功率预测系统及调度主站系统的通信测试，分别按图 11-42～图 11-45 所示信息点表校对数据。

事故总信号
××风电场××开关（××并网线、主变各侧、站用变、接地变、母联、集电线、无功补偿电容/电抗器）
××风电场××-×刀闸（包括以上设备隔离刀闸、接地刀闸、变压器中性点接地刀）
××风电场××-×小车位置（包括设备母联、集电线、无功补偿电容/电抗器、主变低压侧、站用变、接地变）
……
××风电场 1 号机正常发电
××风电场 1 号机限功率
××风电场 1 号机待风
××风电场 1 号机停运
××风电场 1 号机通信中断
××风电场 1 号机低电压穿越功能投入
……
××风电场 AGC 协调控制允许/禁止
××风电场 AGC 调度请求控制
××风电场 AGC 投入/退出
××风电场 AGC 增出力闭锁
××风电场 AGC 减出力闭锁
××风电场 AVC 投入/退出
××风电场 AVC 子站远方/就地运行状态
××风电场 AVC 子站 1 号段母线增无功闭锁状态（以下包括其他各段高压母线）
××风电场 AVC 子站 1 号段母线减无功闭锁状态

图 11-42　遥信数据点表

（二）测试步骤

1. 与升压站监控系统的通信测试

（1）实验目的。与升压站系统采用串口 DL/T 634.5101—2002 规约进行通信，采集风电场升压站内部的遥测量和遥信量，并控制主变分接头的升降。

××风电场××线有功功率（使用风电场调度名称，下同；以下包括并网线 P、Q、I）
××风电场××线无功功率
××风电场××线电流
……
××风电场 1 号 G-× 机组有功功率（注明××风机线，下同；以下包括各集电线 P、Q）
××风电场 1 号 G-× 机组无功功率
××风电场 2 号 G-× 机组有功功率
××风电场 2 号 G-× 机组无功功率
……
××风电场 1 号主变高压侧有功功率（以下包括主变、站用变、接地变各侧的 P、Q、I）
××风电场 1 号主变高压侧无功功率
××风电场 1 号主变高压侧电流
××风电场 1 号主变低压侧有功功率
××风电场 1 号主变低压侧无功功率
××风电场 1 号主变低压侧电流
……
××风电场 1 号动态无功补偿装置无功功率（以下包括并联无功补偿电容/电抗器 Q、I）
××风电场 1 号动态无功补偿装置 A 相电流
……
××风电场××kV1 号母线线电压（U_{ab}）（以下包括各电压等级各段母线电压）
……
××风电场母联××开关有功功率（以下包括母联、旁路等 P、Q、I）
××风电场母联××开关无功功率
××风电场母联××开关电流（A 相电流）
……
××风电场 1 号主变分接头位置（以下包括各主变的档位）
……
××风电场测风塔温度
××风电场测风塔湿度
××风电场测风塔气压
××风电场测风塔 10m 风速（以下根据现场情况填写相应具体高度）
××风电场测风塔 30m 风速
××风电场风电机组轮毂中心高处风速
××风电场测风塔最高处风速
××风电场测风塔 10m 风向
××风电场测风塔 30m 风向
××风电场风电机组轮毂中心高处风向
××风电场测风塔最高处风向
……

图 11-43（一） 遥测数据点表

××风电场正常发电容量
××风电场正常发电台数
××风电场限功率容量
××风电场限功率台数
××风电场待风容量
××风电场待风台数
××风电场停运容量
××风电场停运台数
××风电场通信中断容量
××风电场通信中断台数
××风电场实际并网容量（截至当前调试并网的风机总容量）
××风机监控系统 AGC 调节闭环用风机总有功
××风电场当前风速下风场机组可调有功上限
××风电场当前风速下风场机组可调有功下限
××风电场 AVC 子站 1 号段母线可增无功（以下包括其他各段高压母线）
××风电场 AVC 子站 1 号段母线遥信可减无功
……
××风电场 1 号机有功功率（以下包括各风机的 P、Q、I、风速、风向、温度）
××风电场 1 号机无功功率
××风电场 1 号机电流
××风电场 1 号机线电压
××风电场 1 号机风速
××风电场 1 号机风向
××风电场 1 号机温度

图 11-43（二）　遥测数据点表

××风电场 AGC 调度请求控制

图 11-44　遥控数据点表

××风电场 AGC 调节目标指令
××风电场升压站 1 号母线电压控制指令（以下包括各段高压母线）

图 11-45　遥调数据点表

（2）合格标准。源码流畅，不中断，无误码，全数据刷新周期小于 1s。遥测数据值与数据源相同，遥信全部对位，变化遥测、变化遥信正确反应。分接头升降调节正常动作。

（3）实验步骤。

1）观察上下行通道源码。

2）观察误码统计计数。

3）观察通信超时计数。

4）观察遥测数据值是否正确刷新。

5）观察遥信值是否对位，变位遥信是否及时刷新。

6）人工控制分接头升降。

2. 与风机能量管理平台的通信测试

（1）实验目的。与风机能量管理平台采用网口 OPC 进行通信，采集风机系统的遥测量和遥信量，并控制风机的有功出力。

（2）合格标准。全数据刷新周期小于 1s。遥测数据值与数据源相同，遥信全部对位，变化遥测、变化遥信正确反应。能正确下发风机的有功出力目标值。

（3）实验步骤。

1）观察遥测数据值是否正确刷新。

2）观察遥信值是否对位，变位遥信是否及时刷新。

3）下发风机的有功出力目标值。

3. AVC 与 1 号、2 号、3 号 SVG 监控系统的通信测试

（1）实验目的。与 1 号、2 号、3 号 SVG 监控系统采用网络 MODBUSTCP 规约进行通信，采集 SVG 的遥测量和遥信量，并直接控制 SVG 的无功出力。

（2）合格标准。源码流畅，不中断，无误码，全数据刷新周期小于 1s。遥测数据值与数据源相同，遥信全部对位，变化遥测、变化遥信正确反应。能正确下发 SVG 无功出力目标值。

（3）实验步骤。

1）观察上下行通道源码。

2）观察误码统计计数。

3）观察通信超时计数。

4）观察遥测数据值是否正确刷新。

5）观察遥信值是否对位，变位遥信是否及时刷新。

6）人工设定 SVG 的无功出力目标值。

4. AGC 与执行终端通信中断闭锁实验

（1）实验目的。检验中控单元在与执行终端通信中断时，是否闭锁对该执行终端的控制。

（2）合格标准。闭锁为合格，未闭锁为不合格。

（3）实验步骤。

1）设置 AGC 为远方控制。

2）解开与执行终端通信线。

3）观察是否闭锁对该执行终端的控制。

5. 与省调 AGC 系统通信中断闭锁实验

（1）实验目的。检验 AGC 与省调 AGC 系统上行通道中断时，是否正确控制。

（2）合格标准。当子站 AGC 与省调 AGC 系统上行通道中断时，子站 AGC 切换到就地控制，为合格。

（3）实验步骤。

1）设置 AGC 为远方控制，切换模式为自动，解开省调 AGC 系统与子站 AGC 通信线。观察中控单元是否切换到就地控制。

2）恢复省调 AGC 系统与子站 AGC 通信线。

6. AGC 与升压站监控系统通信中断闭锁实验

（1）实验目的。检验升压站监控系统与 AGC 通信中断时，是否正确控制。

（2）合格标准。闭锁全场有功控制为合格。

（3）实验步骤。

1）设置 AGC 为远方控制，切换模式为自动，解开升压站监控系统与 AGC 通信线。观察是否闭锁全场有功控制。

2）恢复升压站监控系统与 AGC 通信线。

7. AGC 上级调度下发有功指令超过当前全场有功最大调节量闭锁实验

（1）实验目的。检验上级调度下发有功指令超过当前全场有功最大调节量时，是否正确控制。

（2）合格标准。视为无效指令，不更新当前有功执行值为合格。

（3）实验步骤。模拟主站下发全场有功指令，设定值为当前全厂有功，其差值大于调节量程，观察中控单元，连续 15min 下发超过当前单次最大全厂有功调节量指令，观察中控单元是否执行有功指令。

8. AGC 长期调节无效闭锁实验

（1）实验目的。长期调节无效时闭锁和报警情况。

（2）合格标准。长期调节无效时，自动调整闭锁一段时间，并给出告警。

（3）实验步骤。模拟主站下发增加全厂有功指令，AGC 向设备发调节指令，若调节 20 次后不改变模拟设备实发值则告警，并闭锁不调节的设备 5min。

9. AGC 在全场有功进入调节死区时闭锁实验

（1）实验目的。检验 AGC 在全场有功进入调节死区时，是否控制。

（2）合格标准。AGC 在全场有功进入调节死区时，暂停自动调节，直到有功指令与全场实际有功差值超过调节死区，为合格。

（3）实验步骤。设置 AGC 为远方，模拟主站下发全场有功设定值为当前全厂有功，观察中控单元是否向下级设备发调节指令。

10. AVC 上级调度下发电压指令超过最大允许调节量闭锁实验

（1）实验目的。检验上级调度下发电压指令超过最大允许调节量时，是否正确控制。

（2）合格标准。视为无效指令，不更新当前电压执行值为合格。

（3）实验步骤。模拟主站下发母线电压设定值-当前母线电压，其差值大于调节量程，观察中控单元，连续 15min 下发超过当前单次最大母线电压调节量指令，观察中控单元是否执行该指令。

11. AVC 长期调节无效闭锁实验

（1）实验目的。长期调节无效时闭锁和报警情况。

（2）合格标准。长期调节无效时，自动调整闭锁一段时间，并给出告警。

（3）实验步骤。模拟主站下发增加全场无功指令，AVC 向设备发调节指令，若调节 20 次后不改变模拟设备实发值则告警，并闭锁不调节的设备 5min。

12. AVC 在母线电压进入调节死区时闭锁实验

（1）实验目的。检验 AVC 在母线电压进入调节死区时，是否控制。

（2）合格标准。AVC 在母线电压进入调节死区时，暂停自动调节，直到主站电压或无功指令与全场实际差值超过调节死区为合格。

（3）实验步骤。设置 AVC 为远方，模拟主站下发母线电压设定值为当前母线电压值，观察中控单元是否向下级设备发调节指令。

13. 母线电压越上限闭锁实验

（1）实验目的。检验 AVC 在母线电压越上限时，是否正确控制。

（2）合格标准。AVC 在母线电压越上限时，闭锁全厂电压无功上调为合格。

（3）实验步骤。

1）母线电压人工置数，数值高于上限闭锁值，模拟主站下发增电压指令，观察中控单元是否向调整设备发增无功指令，不发指令为合格。

2）恢复 1 母电压低于上限闭锁值。观察中控单元是否向调整设备发增无功指令，发指令为合格。

14. AVC 母线电压越下限闭锁实验

（1）实验目的。检验 AVC 在母线电压越低闭锁时，是否正确控制。

（2）合格标准。AVC 在母线电压越下限时，闭锁全厂电压无功下调为合格。

（3）实验步骤。母线电压人工置数，数值低于下限闭锁值，模拟主站下发减电压指令，观察中控单元。恢复 1 母电压低闭锁值观察中控单元是否向调整设备发减无功指令，不发指令为合格。恢复 1 母电压高于下限闭锁值。观察中控单元是否向调整设备发减无功指令，发指令为合格。

（三）闭环联合调试

1. 调试前检查工作（仅以 AVC 为例）

（1）调度端。

1）省调 EMS 系统已经与 AGC/AVC 控制管理终端完成通信，规约采用 DL/T 634.5104—2009 协议。

2）省调 AVC 闭环控制建模的反馈点为风电场升压站 220kV 出线侧，主站下发的风场电压控制指令均是依据此量测点给出。

3）省调已进行风电场 AVC 建模，可以采用手动或自动方式通过与风电场建立的通信通道下发遥调电压控制指令。下发遥调的数据信息类型同火电厂 AVC 控制指令采用编码方式。

4）省调在接收到风电场上送的无功增/减闭锁信号时，省调可修订下发风场电压目标，并通过相应算法转移此部分无功潮流至其他发电设备。

（2）风电场端。

1）风机正常并网运行。

2）实验当天风况良好，根据当天风况，风机可以输出有功大于或等于额定装机容量的 40%。

3）风机监控系统可以接收风场总无功指令，自行根据风电场风机运行情况调整各台风机无功，使得风机集群总无功的达到 AVC 控制管理终端下发的风机群总无功目标。

4）风机监控系统与 AVC 控制管理终端已经建立通信，并且可以接收并执行风场总无功指令。

5）动态无功补偿装置（SVG/SVC）可以接收电压指令，并自行调整装置运行电压在目标控制死区内。

6）AGC/AVC 控制管理终端与升压站监控系统通信正常。

2. 功能调试

（1）无功控制功能。正常进行无功电压控制，系统具备动态无功补偿装置调节、变压器档位调节、风机无功调节等协调控制功能。分别以风电场运行人员手动设定目标电压值和调度下发目标，观察并记录实际电压响应情况、响应时间。

测试步骤如下：

1）在无功补偿装置和风机控制系统正常运行的情况下（无任何闭锁），下发电压目标（大于实测电压，向上调节）。

2）观察无功补偿装置和风机监控系统的调节情况（风机是否按照设定的小步长增加无功）。

3）当电压目标调节到位后，观察 AVC 软件是否再发送指令调节无功补偿装置和风机控制系统。

4）在当前实测的情况下，重复步骤 1）～3），将风机控制系统和无功补偿装置调节到上限，此时继续下发增目标，对于变压器档位可以调节的，查看档位调节方向是否正确；对于变压器档位不可以自动调节，查看 AVC 软件是否给出调节档位的报警。

5）在无功补偿装置和风机控制系统正常运行的情况下（无任何闭锁），下发电压目标（小于实测电压，向下调节）。

6）观察无功补偿装置和风机的调节情况（风机是否按照设定的小步长减小无功）。

7）当电压目标调节到位后，观察 AVC 是否再发送指令调节无功补偿装置和风机。

8）在当前实测的情况下，重复步骤 5）～7），将风机和无功补偿装置调节到下限，此时继续下发减目标，对于变压器档位可以调节的，查看档位调节方向是否正确；对于变压器档位不可以自动调节，查看 AVC 软件是否给出调节档位的报警。

（2）有功控制功能。如风电场只有一个风机监控系统，则将省调调下发的有功指令转发给风机控制系统，由风机监控系统将指令分配到每台风机。如风电场有多个风机监控系统，则采用不同的策略，如按比例、按裕度等，将中调下发的总的有功目标分配到每个风机监控系统。省调与电厂 AGC 正常投入后，由现场实验人员通知省调监控系统值班员设定负荷控制目标，观察并记录实际风电场负荷响应情况、响应时间。

测试步骤如下：

1）有功功率设定值控制。设定风电场在某一段时间内的有功功率输出值和具体运行范围由电力调度机构确定。在风电场输出功率大于 75% 额定功率时，测试风电场跟踪设定值运行的能力并给出测试曲线。风电场有功功率输出从 80% 降到 20%，每次降幅为20%，在每个控制点持续运行 4min；随后有功功率从 20% 上升至 80%，每次升幅为20%，在每个控制点持续运行 4min。

2）风电场正常运行时有功功率变化率实验。测试在风电场连续运行情况下进行，风电场连续运行时，在风电场并网点采集三相电压、三相电流。输出功率从 0 至额定功率的100%，以 10% 的额定值为区间，每个区间每相至少应采集风电场并网点 5 个 10min 时间序列瞬时电流值的测量值。通过计算得到所有功率区间的风电场有功功率的 0.2s（数据采集仪 DEWE5000 的采样周期）平均值。以测试开始零时刻，计算零时刻至 60s 时间段内风电场输出功率最大值和最小值，两者之差为 1min 有功功率变化；同样计算0.2s（0.2s 采到第一个数据点）～60.2s 时间段内风电场输出功率最大值和最小值，得出1min 有功功率变化。依此类推，计算出 1min 有功功率变化。10min 有功功率变化的计算方法与 1min 有功功率变化的计算方法相同。

3）风电场并网时有功功率变化率实验。当风电场的输出功率达到或超过额定容量的75% 时，通过功率自动控制系统切除全部运行风电机组，之后风电场重新并网，此时为测试开始零时刻。计算零时刻至 60s 时间段内风电场输出功率最大值和最小值，两者之差为1min 有功功率变化。同样计算 0.2s～60.2s 时间段内风电场输出功率最大值和最小值，得出 1min 有功功率变化。依此类推，计算出 1min 有功功率变化。10min 有功功率变化的计算方法与 1min 有功功率变化的计算方法相同。

4）风电场正常停机时有功功率变化率实验。当风电场的输出功率达到或超过额定容量的 75% 时，通过功率自动控制系统切除全部运行行风电机组，此时为测试开始零时刻。计算零时刻至 60s 时间段内风电场输出功率最大值和最小值，两者之差为 1min 有功功率变化。同样计算 0.2s～60.2s 时间段内电风场输出功率最大值和最小值，得出 1min 有功功率变化。依此类推，计算出 1min 有功功率变化。10min 有功功率变化的计算方法与1min 有功功率变化的计算方法相同。

第四节　光伏电站功率控制子站系统工程实例

一、概述

太阳能资源本身具有随机性、间歇性、周期性以及波动性的特点，当大容量光伏发电系统与电网并网时对系统交换功率以及对配网和高压输电网的电压质量均有一定影响，为保证电网的安全稳定运行及提高供电质量，光伏电站中应配置功率控制系统。

通过功率控制系统可实现对电站发电出力的控制和电压的调整。光伏电站功率控制系统结构如图 11 - 46 所示，光伏电站 AGC/AVC 服务器和远动设备以及站内逆变器、SVC/SVG 等设备都接在同一个网络上面（如果不能直接接入以太网，可以通过规约转换装置实现接入），服务器通过远动设备向调度主站上送光伏电站 AGC/AVC 站内各种控制信息和实时数据。同时通过远动设备接收调度主站下发的有功、无功功率/电压控制和调节指令，服务器根据接收的指令，按照预先制订的控制策略进行计算，并将计算的结果或者命令通过网络下发到各个逆变器或者 SVC/SVG 装置，最终实现全站有功、无功功率/并网点电压的控制，达到光伏发电站并网的技术要求。

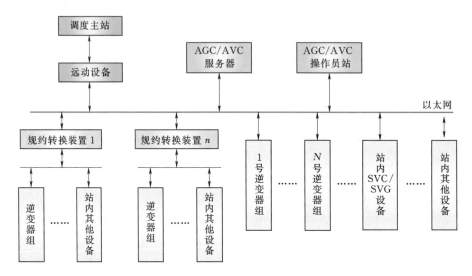

图 11-46　光伏电站功率控制系统结构图

（一）术语解释

1. 逆变器

逆变器可以将光伏太阳能板产生的可变直流电压转换为市电频率交流电（AC），并反馈回商用输电系统，或是供离网的电网使用。

2. 数采装置

是将光伏电站中的光伏并网逆变器、汇流箱、气象站和电表等设备的数据通过 RS485、RS232 和 RS422 等方式收集起来，并通过 GPRS、以太网、WIFI、4G 等方式传送到数据库的设备。

3. MPPT 控制器

能够实时侦测太阳能板的发电电压，并追踪最高电压、电流值（U、I），使系统以最大功率输出对蓄电池充电。应用于太阳能光伏系统中，协调太阳能电池板、蓄电池、负载的工作，是光伏系统的大脑。

（二）工程简介

1. 光伏电站概况

某 25MWp 光伏发电项目于 2017 年 3 月 25 日正式开工，总占地面积约 59.28 万 m^2。建设规模为 25MWp，采用 280Wp 单晶硅光伏组件 98102 块，每 22 块光伏组件串联组成 1 个光伏组串（总计 4281 个光伏组串），共设置 14 个发电子方阵。每一光伏方阵设置一套升压装置，方阵输出的直流电经过集散式逆变发电单元通过 1 台升压变压器将电压升至 35kV 后输出。升压变高压侧采用环接方式，最终经 2 回规格 240mm² 架空铝导线，长度 4.25km 的 35kV 集电线路接入某风电场站内 35kVⅡ段母线上。通过该风电场 220kV 的 120MW·A 主变送入 220kV 闫电变电所。关口计量点在该风电场 220kV 线路出口侧，考核点在 35kV 集电线出口侧。

2. 光伏电站一次接线图

光伏电站一次接线图如图 11-47 所示。

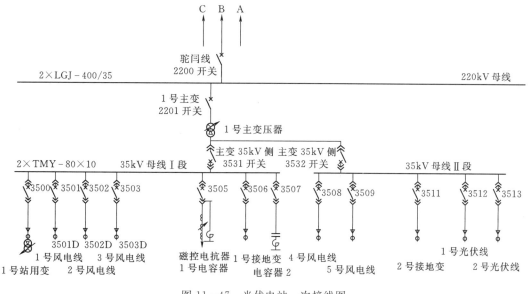

图 11-47　光伏电站一次接线图

二、自动发电控制系统

在光伏电站中，光伏有功功率控制系统接收来自调度指令或电站本地内的有功指令，并按照制订好的控制策略分配给光伏电站内的逆变器，逆变器根据分配的有功值，实时调节出力，从而实现整个光伏电站有功分配和调节。

光伏电站有功功率控制性能及指标要求如下：

（1）具有接收并自动执行调度机构发送的有功功率及其变化速率的控制指令、调节光伏电站有功功率输出、控制光伏电站停机的能力。

（2）可以通过逆变器监控系统实现对逆变器的功率控制和调节操作，功率控制系统与逆变器监控系统之间可采用 IEC 104 规约、扩展 104 规约、MODBUS 规约或 IEC 61850 规约通信。

（3）具有限制输出功率变化率的能力，输出有功功率变化速率应不超过 10% 装机容量/min，允许出现因太阳能辐照度降低而引起的光伏电站有功功率变化速率超出限值的情况。除发生电气故障或接收到来自于调度机构的指令以外，光伏电站同时切除的功率应在电网允许的最大功率变化率范围内。

（一）功能简介

1. 有功功率自动调节功能

AGC 系统应能根据调度部门指令等信号自动调节有功功率输出，确保光伏电站最大输出功率及功率变化率不超过调度给定值，以便在电网故障和特殊运行方式时确保电力系统的稳定。

（1）光伏电站的有功自动控制能够自动接收调度主站系统下发的光伏电站发电出力计划曲线，并控制光伏电站有功不超过发电出力计划曲线。

（2）光伏电站的有功自动控制能够自动接收调度主站系统下发的有功控制指令，主要包括功率调节指令及功率增加变化率限值等，并能够控制光伏电站出力满足控制要求。

（3）光伏电站的有功自动控制能够根据所接收的调度主站系统下发的有功控制指令，对场内光伏发电单元进行自动停运及开机调整。

（4）为了延长设备的使用寿命，在满足调度主站系统要求的同时，参与调节的光伏发电单元数量应当最少。

2. 数据采集和处理功能

光伏电站 AGC 系统与升压站监控系统、光伏监控系统等设备通信，获取逆变器、升压站并网点、主变分接头、开关、刀闸等运行信息；与光功率预测系统通信，获取超短期预测的有功功率、可调容量、辐照度等信息；与调度主站通信，接收调度下发的有功调控指令。根据采集的现场信息通过控制策略处理计算后，下发各调控项的控制命令，对光伏电站的有功功率等项进行远方调节和控制。智能控制主机同时会向调度主站系统传送电场运行信息、AGC 相关闭锁信号等信息。

数据处理功能主要把运行数据和历史数据存盘，方便对比控制调节效果，保证数据的连续。另外可以对量测值进行有效性检查，具有数据过滤、零漂处理、限值检查、死区设定、多源数据处理、相关性检验、均值及标准差检验等功能。

3. 通信功能

系统可以实现与各种类型光伏综自系统，光功率预测系统等现场实时系统的数据通信，互通互联，支持多种通信协议，具有很好的兼容性。

4. 安全运行监视功能

操作员能够通过光伏电站 AGC 系统的人机界面对各逆变系统、动态无功补偿设备进行监视。监视内容和展示方法包括：

（1）AGC 系统运行状态、运行方式及运行参数和定值。

（2）AGC 系统通信通道监视。

（3）操作员可通过多样化的监视手段，如屏幕显示数据、文字、图形和表格等实时监视事故或故障的音响报警信息。

5. 事故和报警功能

（1）在每个操作员工作站上的音响报警设备可向操作员发出事故或故障警报。当发生故障或事故时，立即显示中文报警信息，音响报警可手动解除。音响报警可通过人机接口全部禁止，也可在线或离线编辑禁止或允许音响报警。

（2）事件和报警按时间顺序列表的形式出现。记录各个重要事件的动作顺序、事件发生时间（年、月、日、时、分、秒、毫秒）、事件名称、事件性质，并根据规定产生报警和报告。

（二）系统设计原则

1. 总体要求

光伏电站有功控制应采用开放式结构、支持分布式处理环境的网络系统。系统应满足如下总体技术要求：

（1）标准性。应用国际通用标准通信规约，保证信息交换的标准化。光伏电站信息采集满足 IEC 60870 系列、MODBUS 等标准，支持 DL/T 634.5101—2002、DL/T 634.5104—2009、DL/T 719—2000、CDT 451-91 等通信规约和协议，适应异构系统间数据交换，实现与不同主站（省调、地调）、光伏电站内其他设备的数据通信。

（2）可扩展性。具有软、硬件扩充能力，包括增加硬件、软件功能和容量可扩充（光伏发电单元数量、数据库容量等）。

（3）可维护性。具备可维护性，包括硬件、软件、运行参数三个方面，主要表现在符合国际标准、工业标准的通用产品，便于维护；完整的技术资料（包括用户使用和维护手册），可迅速、准确确定异常和故障发生的位置及原因。

（4）安全性。系统安全必须满足《电力二次系统安全防护规定》（国家电力监管委员会令第5号）的要求，符合《电力二次系统安全防护总体方案》（电监安全〔2006〕34号）的有关规定。

2. 遵循的标准及规定

（1）《光伏发电站接入电网技术规定》（Q/GDW 1617—2015）。

（2）《调度运行管理规范》（Q/GDW 1997—2013）。

（3）《光伏电站并网验收规范》（Q/GDW 1999—2013）。

（4）《电工术语　电工合金》（GB/T 2900.4—2008）。

（5）《继电保护和安全自动装置技术规程》（GB 14285—2006）。

（6）《继电保护设备信息接口配套标准》（DL/T 667—1999）。

（7）《国家电网公司十八项电网重大反事故措施》（修订版）（2018版）。

（8）《电力二次系统安全防护规定》（国家电力监管委员会令第5号）。

3. 技术要求

（1）调节品质要求。

1）有功功率合格率：应满足电网公司对有功功率调控的要求。

2）调节速率：支持每分钟调节光伏电站装机容量10%功率变化速率的能力，电网公司要求变化时，可以升级满足要求。

3）调节变化率限制：应满足电网公司的要求，使得 AGC 调节对系统的扰动在电网安全运行允许的范围内。

（2）数据内容要求。根据电力调度控制中心要求单机信息采集数据内容共包括遥测数据和遥信数据，需按照电网要求实施。

1）遥测数据上传内容见表 11-9。

表 11 - 9 单机信息采集遥测数据需求表

序号	数据对象	数据内容	符号定义	单位	精度
1	气象站	倾斜面总辐照度	G_t	W/m²	≤5%
2		水平面总辐照度	G_h	W/m²	≤5%
3		直射辐照度	G_{di}	W/m²	≤5%
4		散射辐照度	G_{df}	W/m²	≤5%
5		环境温度	T_m	℃	≤1℃
6	光伏逆变器	有功	P_i	kW	≤0.5%

2）遥信数据上传内容。逆变器运行状态见表11 - 10。

表 11 - 10 逆 变 器 运 行 状 态

序号	状态类	状态量	注 释	状态处理对象
1	待机 R	待机 R	指机组因辐照度（直流电压）过低处于未出力状态，但在辐照度（直流电压）条件满足 MPPT 运行范围时，可以自动连接到电网	逆变器
2	发电 S	发电 S	指逆变器在 MPPT 模式或 SVG 模式下运行，且电气上处于连接到电力系统的状态	逆变器标记
3	降额发电 DG	机组自降额 AIP	指逆变器的 IGBT、滤波电容和滤波电感等元器件过温或设备过载等原因，造成逆变器主动降额输出	逆变器标记
4		限电降额 IPD	指逆变器在非 MPPT 模式下运行，被 AGC 进行了限功率控制，并持续发电的状态	逆变器标记
5	正常停运 PO	站内计划停运 POI	指因光伏电站安排设备计划检修造成的逆变器停运	逆变器标记
6		站外计划停运 POO	指因电网输电线路、变电站定期检修等原因造成的光伏逆变器停运	场站终端上传"正常停运"/主站终端标记
7	限电停运 DR	限电停运 DR	指逆变器本身具备发电能力，但由于断面、调峰运行约束或线路检修等客观原因，光伏电站有功控制子站接收主站命令后让部分逆变器处于停运备用的状态	逆变器标记
8	故障停运 F	机组自身原因故障停运 ISF	指逆变器自身故障或直流侧设备造成的逆变器停机，如驱动故障、直流接地等原因造成的停机	逆变器标记
9		站内受累停运 PRI	指逆变器本身具备发电能力，但由于逆变器以外的站内设备停运造成逆变器被迫退出运行的状态。如光伏电站汇集线路、升压变压器、母线、主变等站内设备故障，状态值需根据站内电气拓扑结构的各开关位置等进行综合判断	场站终端标记/主站终端干预
10		站外受累停运 PRO	指逆变器本身具备发电能力，但由于站外原因（如外送输电线路或电力系统故障等）造成逆变器被迫退出运行状态，状态值需根据升压站高压侧开关或对端汇集站的开关状态等进行综合判断	场站终端上传"站内受累停运"/主站终端标记
11	通信中断 CO	通信中断 CO	指由于通信原因，场站监控系统或能量管理系统未接收到逆变器实时数据，无法按时转发数据	场站终端标记

根据表 11-10 的要求，对于逆变器状态要求场站端标记的，需根据现场运行信息系统自动判断。

为验证逆变器运行状态准确性及拆分逆变器"非计划停运"状态为"机组故障停运"和"受累陪停"，需提供 1min 级逆变器故障代码信息。故障代码信息根据逆变器实际情况提供相应对照表，见表 11-11。

表 11-11 逆变器故障列表明细及受累/非受累区分

受 累 故 障		非 受 累 故 障	
故障编码	故障名称	故障编码	故障名称
1	电压高（瞬时）	11	过发 1（10min 平均功率）
2	电压高（持续）	12	过发 2（瞬时功率）
3	电压低（瞬时）	13	……
4	电压低（持续）	14	……
5	频率低	15	……
6	频率高	16	……
7	三相电流不平衡	17	……
8	A 相电流高	18	……
9	B 相电流高	19	……
10	C 相电流高	20	……

（3）控制逆变器接口要求。若逆变器提供了相关控制接口，并网控制系统 AGC 模块具备针对各个逆变器协调控制的功能，自动确定最优策略，要求逆变器具备的接口（含 AVC 接口）见表 11-12。

表 11-12 控制逆变器接口说明

名称	范 围	单位	说 明
当前工作点设值	经济运行工作点下限～经济运行工作点上限。 逆变器最低限度应具备（30～100）的经济运行范围；最好能够做到（10～100）的经济运行范围	%	遥调。 AGC 接口
当前工作点		%	遥测，和"当前工作点设值"配套。其含义是允许逆变器输出的最大功率上限值，在特定的光照条件下，若逆变器最大有功输出能力大于该值，则需要自动限制输出；若逆变器最大有功输出能力小于该值，则满发。 AGC 接口
启停状态控制			遥控。 AGC 接口
启停状态			遥信，和"启停状态控制"配套。 AGC 接口

续表

名称	范　　围	单位	说　　明
无功功率设值	逆变器最低限度有功功率满发的情况下，仍至少具备无功功率在（$-0.3122P_N \sim 0.3122P_N$）内自由调节的能力（0.95 功率因数）；最好能做到有功功率满发的情况下（$-0.4359P_N \sim 0.4359P_N$）内自由调节的能力（0.9 功率因数）	kvar	遥调。 AVC 接口。 正表示输出容性无功，负表示输出感性无功
无功功率		kvar	遥测，和"无功功率设值"配套。 AVC 接口。 逆变器输出无功功率实时值正表示输出容性无功，负表示输出感性无功
闭锁并网自动控制总信号			闭锁信号为 1，则闭锁对逆变器的 AGC/AVC 自动调节
有功功率		kW	逆变器输出有功功率实时值

（4）频率异常时的响应特性。系统应具备一定的耐受系统频率异常的能力，应能够在表 11-13 规定的范围内运行。

表 11-13　　　　　　　　　频率异常响应特性表

频率范围/Hz	运　行　要　求
<48	根据光伏电站逆变器允许运行的最低频率或电网要求而定
48~49.5	每次低于 49.5Hz 时要求至少能运行 10min
49.5~50.2	连续运行
50.2~50.5	每次频率高于 50.2Hz 时，光伏电站应具备能够连续运行 2min 的能力，同时具备 0.2s 内停止向电网线路送电的能力，实际运行时间由电力调度部门决定，此时不允许处于停运状态的光伏电站并网
>50.5	在 0.2s 内停止向电网线路送电，且不允许处于停运状态的光伏电站并网

（5）通信接口要求。单机信息采集服务器应提供相应通信接口和通信规约，以支持环境监测仪、综自升压站、光伏逆变器等实时信息的采集。在通信协议上需支持以下规约模式。

1）系统通信协议。

a. 对站内系统通信。

通信方式：支持网络、专线（载波、微波、有线、光纤等）等多种通信方式。

通信规约：支持 MODBUS、IEC 60870-5-101、IEC 60870-5-103、IEC 60870-5-104、CDT 等规约。

b. 对主站通信。

通信方式：终端支持网络、专线（载波、微波、有线、光纤等）及拨号等多种通信方式。

通信规约：为支持历史数据和实时数据的同时传送以及历史数据的断点续传功能，终端支持 IEC 60870-5-101、IEC 60870-5-104 规约。

2）系统通信接口。

a. 与调度的通信接口：控制系统与调度进行通信，获得调度给定的光伏电站有功和电压/无功指令（包含计划曲线），并上传光伏电站实时运行数据。

b. 与光伏电站自动化系统的接口：光伏电站计算机监控系统可以为 AGC/AVC 控制系统提供更多的光伏电站电气运行参数信息，例如母线电压、光伏电站实际功率等。

c. 与无功补偿系统的接口：获取无功补偿系统的当前运行状态，其当前实发无功及无功裕度。对无功补偿系统进行无功指令控制。

d. 与逆变器的接口：并网控制系统 AGC/AVC 模块应具备针对各个逆变器协调控制的功能，自动确定最优控制策略。

3）通信接口类型。

a. 与调度系统通信：2 路 2M 网络接口，支持 IEC 101/104 等规约。

b. 与光伏电站监控系统通信：2 路以太网接口，支持综自厂家的以太网 103 规约。

c. 与无功补偿子系统通信：2 路以太网接口，支持 MODBUS-TCP/IP 规约。

d. 与逆变器通信：2 路以太网接口，支持 MODBUS-TCP/IP 规约。

（6）数据处理要求。对量测值进行有效性检查，具有数据过滤、零漂处理、限值检查、死区设定、多源数据处理、相关性检验、均值及标准差检验等功能；对状态量进行有效性检查和误遥信处理，正确判断和上传事故遥信变位和正常操作遥信变位。

自动接收经变电所监控系统下发的调度主站发电计划、电压控制曲线等计划值，并自动导入实时运行系统；对光伏电站功率的缺测及不合理数据进行插补、修正等相应处理。

（7）软件功能要求。

1）权限管理。系统用户目前分为三个等级。

a. 管理权限：具有所有模块的所有功能的操作权限。

b. 维护权限：可以设置部分运行参数。

c. 运行权限：只具备浏览界面以及一些简单的投退复归操作权限。

2）计划曲线管理。

a. 计划曲线存储：保存调度下发的有功、无功/电压指令，数据保留 10 年。

b. 计划曲线显示：具备报表和曲线方式显示每日计划曲线。

c. 打印和导出：支持打印计划曲线的功能，支持导出成为 csv 等常见文本格式。

（三）系统设计原理

1. 原理简介

光伏电站应配置 AGC 系统，具备有功功率调节能力。能够自动接收电力系统调度机构下达的有功功率控制指令，按照预定的规则和策略整定计算功率需求、选择控制的逆变器并进行功率分配，最终实现有功功率的可监测和可控制，达到电力系统并网技术要求。

2. 控制目标

光伏电站 AGC 主要实现下列目标：维持系统频率与额定值的偏差在允许的范围内；维持对外联络线净交换功率与计划值的偏移在允许的范围内；实现 AGC 性能监视；逆变器性能监视和逆变器响应测试等功能。

3. 控制策略

不同于火力发电，光伏电站的发电功率和母线电压更容易受到来自电站本身的各因素影响，即使 AGC、AVC 的相关算法已经相当成熟，并广泛应用，但控制策略还需充分考虑电站自身运行方式，回避如逆变器反复调节易产生谐波、多 SVG 设备无法协调控制等不良因素影响，才能最大限度发挥 AGC 系统的作用。以最大化消纳光伏发电为原则，常规能源调节容量不足时，调用光伏发电资源参与电网有功调节，为适应光伏发电发展不同阶段的调节需求，应考虑多种有功控制策略。

（1）最大功率。控制曲线中相关时刻点的功率值为该光伏电站的额定容量，确保光伏电站出力保持最大出力跟踪，不采取限出力措施。

（2）限值功率。当子站接收到的当前有功计划值小于光伏发电站当前出力时，执行降低总有功出力的控制，能综合考虑各逆变器的运行状态和当前有功出力，按照等裕度或等比例等方式，合理进行有功分配。调度端可在指定限值控制的同时，指定限值功率数值。控制曲线中相关时刻点的功率值为人工设置的限值。光伏电站出力控制在设定限值以下。限值功率从切换时刻起，对以后的计划值点修改为指定限值。当出现策略切换或计划值无效时，切换到给定模式或取消控制，并改写对应的下发计划值。

（3）速率限制。子站应能够对光伏发电站有功出力变化率进行限制，具备 1min、10min 的调节速率设定能力，以防止功率变化波动较大对电网的影响。

（4）具备接收主站下发的紧急切除有功指令功能。在紧急指令下，在指定的时间（该时间不受上条速率限制影响）内全站总有功出力未能达到控制目标值时，子站可以采用向逆变器下发停运指令，或者通过遥控指令拉开集电线开关等方式，快速切除有功出力。

（5）按时段限制。调度端下发指定时段修改后的计划曲线，光伏电站跟踪执行。相当于设置计划模式的同时，将指定时段的计划曲线修改为指定数值。同时也是对限值功率控制模式的扩展，将指定时段起点时间和终止时间的计划值修改为指定值，时段结束后自动以一定斜率跟踪到原始计划。

（6）按日前计划增减。调度端可在日前计划基础上指定日前计划调整偏移量。相当于在原计划曲线的基础上，增量调整指定时段的计划数值。可视作限值控制模式的延伸，光伏发电出力始终保持与最大可调出力固定偏差（限额）。按日前计划增减模式的优点是在实时发电计划制定中，对光伏留有部分有功备用，使光伏资源具有上调和下调出力的能力。

（7）计划跟踪。调度端下发计划曲线，光伏电站跟踪执行。控制曲线中相关时刻点的功率值为光伏发电计划值，同时支持人工调整计划，调整后的计划曲线将按周期下发。在发电计划曲线满足实际运行需求的情况下，这种调节方式在实际运行中最为常用，也是最符合电网调度需求的一种控制策略。调度端根据发电计划曲线选定控制策略，无须再进行任何操作，控制方式方便、实用。目标曲线跟踪日前计划或由人工设定，指令曲线由 AGC 装置根据目标曲线下达（每 15min 一个值，全天共 96 个点）。当指令值与目标值的偏差小于步长时，下一点的指令值保持不变；当指令值与目标值的偏差大于（或等于）步长时，下一点 AGC 装置将根据步长下达新的指令值，直到指令值与目标值的偏差小于步长为止。当升压站高压侧采用多分段母线时，能够分别接收不同母线所连接的送出线总有功设定值指令。对电力系统故障时没有脱网的光伏电站，故障清除后，AGC 主机具备控制有功功率以至少 30％的额定功率/s 的速率快速恢复到正常发电状态的能力。

4. 功率控制的实现

AGC 系统是一个闭环控制系统，通过跟踪上级调度的发电计划来调节电站的有功，从而使发电功率和目标功率相匹配、实现电网的安全运行。

光伏发电有功功率控制流程如图 11-48 所示。光伏电站当地监控系统根据光伏逆变器实时工作状态，实施逆变器调节控制，完成光伏计划曲线的跟踪。

5. 闭环控制

对于光伏发电，按时段限制与计划跟踪是光伏发电有功自动控制的主要方式。为了验证光伏发电有功自动控制策略的可行性，结合光伏实际发电情况，选择光伏电站进行闭环控制操作。

6. 闭锁功能

（1）控制目标闭锁。当出现以下情况之一者，子站应能自动识别设备故障，自动闭锁该设备的 AGC 控制：

1）逆变器上送闭锁信号或脱网信号，闭锁该逆变器的 AVC 控制。

2）逆变器所连接集电线停运，闭锁该逆变器的 AVC 控制。

3）SVC/SVG 装置停运或上送闭锁信号，闭锁该装置的 AGC 控制。

（2）全站闭锁。当出现以下情况之一者，子站应自动闭锁全站 AGC 控制功能，并给出告警，正常后恢复调节：

1）送出线路有功量测值异常，闭锁全站 AGC。

2）送出线路有功量测值波动过大，闭锁全站 AGC。

3）与逆变器监控系统通信故障，闭锁全站 AGC。

4）与升压站监控系统通信故障，闭锁全站 AGC。

5）升压站主变全部退出运行，闭锁全站 AGC。

6）光伏发电站与电网解列，闭锁全站 AGC。

7. AGC 系统硬件构成

（1）双主机冗余控制系统。为了系统能长期可靠安全、运行，建议主机采用低功耗、无风扇、无硬盘的嵌入式工业级控制机。

采用双主机冗余配置（热备用），一主一备两机通过网络方式信息实时共享，两机切换时实时数据要无缝对接，切换时间应低于 30s。另外，要分别配有"看门狗"，电源也

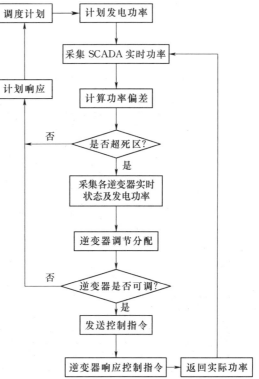

图 11-48　光伏发电有功功率控制流程

应双电源配置，该装置具有完善的安全防护功能，如光隔、防雷、防浪涌等。

软件主要分为测量采集系统、实时通信系统、策略优化计算系统、调节控制系统、越限告警系统、历史查询系统。

（2）后台系统。

1）运行监视。通过 AGC 后台界面可以观察母线电压、发电机机端电压/有功功率/无功功率/电流、开关状态、设备运行状态、与其他设备的通信状态等，根据信息索引查看各种事项信息、故障原因等，如图 11-49 所示。

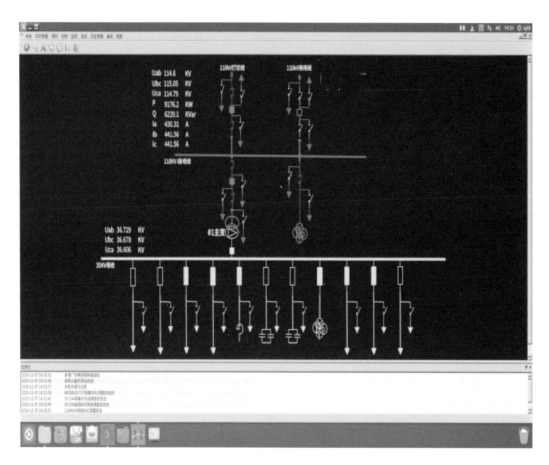

图 11-49 某风电场主接线图

2）计算统计功能。可对遥测量进行最大值/最大时、最小值/最小时等统计，可分时段考核母线电压的合格率等。

3）数据存储。可以存储采集的数据点并形成历史数据库，用于绘制趋势曲线和形成报表。历史数据可存储 2 年。

4）画面显示。

a. 画面显示和维护。

b. 画面种类包括主接线图、曲线、报表等。

c. 遥信变化和遥测量越限时变位遥信闪烁，越限量值有醒目表示。

d. 可绘制趋势曲线图。

5）告警处理。

a. 告警显示应简洁、直观、醒目，并伴有声响、闪烁效果。

b. 具有告警确认功能。

c. 可对装置异常、人员操作等形成事件记录。

6）事件顺序记录（SOE）。SOE 记录按照时间自动排序，具有显示、查询、打印、上传主站等功能。

7）对时。主站对时、GPS、北斗对时。

8）事件记录。

a. 光伏监控系统、升压站监控、无功补偿装置提供的事件记录。

b. AGC 装置运行工况，包括重启、电源故障、关机等。

c. 与主站通信故障。

d. 与站内自动化系统通信故障。

e. AGC 调节告警记录。

f. 测量值越限记录。

9）远程维护及升级。

a. 终端支持主站通过远程进行在线的远程维护及升级。

b. 远程维护及升级具备权限和口令管理功能，能对所有登录、更新、注销等操作保留日志备查。

c. 远程维护提供对终端配置的读取、修改、更新功能，并且既可以从主站数据库下载参数更新到终端中，也可将终端配置好的参数直接上传到主站数据库中。

d. 远程维护提供对所有通信接口（串口、以太网口）的通信监视功能。

e. 远程维护提供对遥信量、遥测量的实时数据的查询和监视功能。

f. 远程维护提供对遥信量、遥测量的历史数据的查询功能。

g. 远程维护提供对遥信量、遥测量的历史数据文件的下载功能。

10）当地功能。远程维护终端提供当地的维护/抄读接口，支持使用便携电脑进行维护、升级、抄录数据等。

（四）光伏 AGC 系统结构

光伏 AGC 通信拓扑图如图 11-50 所示。

全场分为 14 套发电单元，每个发电单元配置 1 台 1000kW 集中式逆变器，逆变器信息直接通过环网接入光伏后台，单机信息上传系统从后台采集单机信息，也可以通过数采装置直接采集单机信息，为便于状态分析，故采用通过数采装置直接采集单机信息。

（五）系统技术特点

1. 系统容量

系统容量见表 11-14。

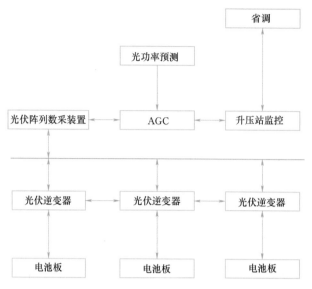

图 11-50 光伏 AGC 通信拓扑图

表 11-14 系 统 容 量

序号	内 容	容 量
		设计水平年（10 年）
1	实时数据库容量	为光伏电站测点数量
1.1	模拟量	5000
1.2	状态量	5000
1.3	电度量	2000
1.4	遥控量	1000
1.5	遥调量	500
1.6	计算量	1000
2	历史数据库容量	
2.1	用户需要保存的数据：时间间隔可调（最少周期为 1min）	历史数据保存期限不少于 1 年，留 40% 的存储余量

2. 技术指标

（1）系统实时性。

1）输入输出信号响应时间：不大于 2s。

2）动态画面响应时间：不大于 2s。

3）模数转换分辨率：15 位，最大误差满足 DL/T 630—1997 的要求。

4）模拟量测量综合误差：不超过 ±0.5%。

5）电网频率测量误差：0.01Hz。

6）模拟量数据更新周期：不大于 2s。

7）数字量数据更新周期：不大于 1s。

8）全系统实时数据扫描周期：不大于 2s。

9）画面整幅调用响应时间：实时画面不大于 1s，其他画面不大于 2s。

10）画面实时数据刷新周期：3～10s，可调。

11）打印报表输出周期：按需整定。

12）遥测信息传送时间（从 I/O 输入端至 AVC 上位机装置出口）：不大于 3s。

13）遥信变位传送时间（从 I/O 输入端至 AVC 上位机装置出口）：不大于 2s。

14）遥控命令执行时间：从接收命令到控制端开始执行不大于 1s。

15）调节机组无功变化 10Mvar 时间：小于 60s。

16）信号正确动作率：99.99%。

17）事故采集装置 SOE 分辨率：不大于 1ms。

18）全系统实时扫描时间：不大于 3s。

（2）系统可靠性。

1）双机并列运行切换时间：小于 3s。

2）设备的平均故障间隔时间（MTBF）：不小于 50000h。

（3）系统负荷。

1）CPU 负荷率（正常状态）：小于 40%。

2）CPU 负荷率（故障状态）：小于 60%。

3）网络负荷率：小于 25%。

4）AVC 软件平均无故障时间（MTBF）：大于 10000h。

三、自动电压控制系统

自动电压控制系统的任务是在满足各项限制条件的前提下，以迅速、经济的方式，通过电压控制调节方式或无功控制调节方式（逆变器、SVC/SVG 等无功补偿设备调节优先级顺序可人工设定，且充分考虑了 SVC/SVG 设备所挂接母线电压等级等因素）的调节策略，控制风电场的电压（或总无功功率、或功率因数），使其满足电力系统需要。实现的功能包括以下两项：

（1）将当地设定或调度主站远方给定的并网点电压值与实际测量值进行比较，根据该偏差和系统等效电抗值计算得出无功功率目标值。该无功功率目标值将在参加联合调节的逆变器和 SVC/SVG 等无功设备间分配，经过分配后得出全部逆变器和 SVC/SVG 等无功设备的无功功率目标值，送给下位机执行。

（2）根据当地设定的无功功率或功率因数目标值及安全运行约束条件，并考虑逆变器和 SVC/SVG 等无功设备的限制，合理分配逆变器和 SVC/SVG 等无功设备间的无功功率，维持调节目标在给定的变化范围。

（一）功能要求

1. 无功功率自动调节功能

AVC 系统应能根据调度部门指令等信号自动调节无功功率输出，确保光伏电站最大输出功率及功率变化率不超过调度给定值，以便在电网故障和特殊运行方式时确保电力系统的稳定。基本功能要求如下：

（1）光伏电站的无功电压控制能够自动接收调度主站系统下发的光伏电站无功电压考核指标（光伏电站电压曲线、电压波动限值、功率因数等），并通过控制光伏电站无功补偿装置控制光伏电站无功和电压满足考核指标要求。

（2）光伏电站的无功自动控制能够自动接收调度主站系统下发的无功控制指令，主要包括功率调整指令（在一定时间内）及功率增加变化率限值等，并通过控制光伏电站无功补偿装置控制光伏电站无功和电压满足控制要求。

（3）为了延长设备的使用寿命，在满足调度主站系统要求的同时，每次参与调节的光伏发电单元数量最少，如采用分组投切/调压式无功补偿方式，则需要考虑补偿装置动作的顺序及次数，并加以平衡。

（4）光伏电站应安装具有自动电压调节能力的动态无功补偿装置，主变压器应采用有载调压变压器，分接头切换可由控制指令自动调整。

（5）光伏电站的无功电压控制可对光伏电站的无功补偿装置和光伏发电单元无功调节能力进行协调优化控制，在光伏电站低电压故障期间，机侧变流器控制策略由有功优先转换为无功电流优先。

（6）在光伏电站的无功调节能力不足时，要向调度主站系统发送告警信息。

2. 数据采集和处理功能

光伏 AVC 系统与升压站监控系统、光伏监控系统等设备通信，获取逆变器、升压站并网点、主变分接头、开关、刀闸等运行信息；与调度主站通信，接收调度下发的无功调控指令，根据采集的现场信息通过控制策略处理计算后，下发各调控项的控制命令，对光伏电站的无功功率等项进行远方调节和控制。智能控制主机同时会向调度主站系统传送电场运行信息、AVC 相关闭锁信号等信息。

数据处理功能主要把运行数据和历史数据存盘，方便对比控制调节效果，保证数据的连续。另外可以对量测值进行有效性检查，具有数据过滤、零漂处理、限值检查、死区设定、多源数据处理、相关性检验、均值及标准差检验等功能。

3. 通信功能

AVC 系统可以实现与各种类型光伏综自系统、光功率预测系统等现场实时系统的数据通信，互通互联，支持多种通信协议，具有很好的兼容性。

4. 安全运行监视功能

操作员能够通过自动电压控制（AVC）系统人机接口界面对各逆变系统、动态无功补偿设备进行监视。监视内容和展示方法包括：

（1）AVC 系统运行状态、运行方式及运行参数和定值。

（2）AVC 系统通信通道监视。操作员可通过多样化的监视手段，如屏幕显示数据、文字、图形和表格等实时监视事故或故障的音响报警信息。

5. 事故和报警功能

（1）在每个操作员工作站上的音响报警设备向操作员发出事故或故障警报。当发生故障或事故时，立即显示中文报警信息，音响报警可手动解除。音响报警可通过人机接口全部禁止，也可在线或离线编辑禁止或允许音响报警。

（2）事件和报警按时间顺序列表的形式出现。记录各个重要事件的动作顺序、事件发生时间（年、月、日、时、分、秒、毫秒）、事件名称、事件性质，并根据规定产生报警和报告。

（二）系统设计原则

1. 总体要求

光伏电站无功控制应采用开放式结构、支持分布式处理环境的网络系统。系统应满足如下总体技术要求。

（1）标准性。应用国际通用标准通信规约，保证信息交换的标准化。光伏电站信息采集满足 IEC 60870 系列、MODBUS 等标准，支持 DL/T 634.5101—2002、DL/T 634.5104—2009、DL/T 719—2000、CDT 451—91 等通信规约和协议，适应异构系统间数据交换，实现与不同主站（省调、地调）、光伏电站内其他设备的数据通信。

（2）可扩展性。具有软、硬件扩充能力，包括增加硬件、软件功能和容量可扩充（光伏发电单元数量、数据库容量等）。

（3）可维护性。具备可维护性，包括硬件、软件、运行参数三个方面，主要表现在符合国际标准、工业标准的通用产品，便于维护；完整的技术资料（包括用户使用和维护手册），可迅速、准确确定异常和故障发生的位置及原因。

（4）安全性。系统安全必须满足《电力二次系统安全防护规定》的要求，符合《全国电力二次系统安全防护总体框架》的有关规定。

2. 遵循的标准及规定

（1）《光伏发电站接入电网技术规定》（Q/GDW 1617—2015）。

（2）《调度运行管理规范》（Q/GDW 1997—2013）。

（3）《光伏电站并网验收规范》（Q/GDW 1999—2013）。

（4）《电工术语　电工合金》（GB/T 2900.4—2008）。

（5）《继电保护和安全自动装置技术规程》（GB 14285—2006）。

（6）《继电保护设备信息接口配套标准》（DL/T 667—1999）。

（7）《国家电网公司十八项电网重大反事故措施》（修订版）（2018 版）。

（8）《电力二次系统安全防护规定》（国家电力监管委员会令第 5 号）。

3. 技术指标

（1）调节品质要求。

1）电压无功合格率：应满足电网公司对电压/无功控制的要求。

2）调节速率：支持每分钟调节光伏电站总无功储备 10% 功率变化速率的能力，电网公司要求变化时，可以满足升级要求。

3）调节变化率限制：应满足电网公司的要求，使得 AVC 调节对系统的扰动在电网安全运行允许的范围内。

（2）数据内容要求。根据电力调度控制中心要求单机信息采集数据内容共包括遥测数据和遥信数据，需按照电网要求实施。

1）单机信息采集遥测数据需求见表 11-15。

表 11 - 15　　　　　　　　　　单机信息采集遥测数据需求

序号	数据对象	数据内容	符号定义	单位	精度
1	气象站	倾斜面总辐照度	G_t	W/m²	≤5%
2		水平面总辐照度	G_h	W/m²	≤5%
3		直射辐照度	G_{di}	W/m²	≤5%
4		散射辐照度	G_{df}	W/m²	≤5%
5		环境温度	T_m	℃	≤1℃
6	光伏逆变器	无功	Q_i	kVar	≤0.5%

2）遥信数据上传内容。逆变器运行状态规范见表 11 - 16。

表 11 - 16　　　　　　　　　　逆变器运行状态规范

序号	状态类	状态量	注　释	状态处理对象
1	待机 R	待机 R	指机组因辐照度（直流电压）过低处于未出力状态，但在辐照度（直流电压）条件满足 MPPT 运行范围时，可以自动连接到电网	逆变器标记
2	发电 S	发电 S	指逆变器在 MPPT 模式或 SVG 模式下运行，且电气上处于连接到电力系统的状态	逆变器标记
3	降额发电 DG	机组自降额 AIP	指逆变器的 IGBT、滤波电容和滤波电感等元器件过温或设备过载等原因，造成逆变器主动降额输出	逆变器标记
4		限电降额 IPD	指逆变器在非 MPPT 模式下运行，被 AGC 进行了限功率控制命令并持续发电的状态	逆变器标记
5	正常停运 PO	站内计划停运 POI	指因光伏电站安排设备计划检修造成的逆变器停运	逆变器标记
6		站外计划停运 POO	指因电网输电线路、变电站定期检修等原因造成的光伏逆变器停运	场站终端上传"正常停运"/主站终端标记
7	限电停运 DR	限电停运 DR	指逆变器本身具备发电能力，但由于断面、调峰运行约束或线路检修等客观原因，光伏电站有功控制子站接收主站命令后让部分逆变器处于停运备用的状态	逆变器标记
8	故障停运 F	机组自身原因故障停运 ISF	指逆变器自身故障或直流侧设备造成的逆变器停机，如驱动故障、直流接地等原因造成的停机	逆变器标记
9		站内受累停运 PRI	指逆变器本身具备发电能力，但由于逆变器以外的站内设备停运造成逆变器被迫退出运行的状态。如光伏电站汇集线路、升压变压器、母线、主变等站内设备故障，状态值需根据站内电气拓扑结构的各开关位置等进行综合判断	场站终端标记/主站终端干预
10		站外受累停运 PRO	指逆变器本身具备发电能力，但由于站外原因（如外送输电线路或电力系统故障等）造成逆变器被迫退出运行状态，状态值需根据升压站高压侧开关或对端汇集站的开关状态等进行综合判断	场站终端上传"站内受累停运"/主站终端标记
11	通信中断 CO	通信中断 CO	指由于通信原因，场站监控系统或能量管理系统未接收到逆变器实时数据，无法按时转发数据	场站终端标记

根据表 11-16 要求，对于逆变器状态要求场站端标记的，需根据现场运行信息系统自动判断。

为验证逆变器运行状态准确性及拆分逆变器"非计划停运"状态为"机组故障停运"和"受累陪停"，需提供 1min 级逆变器故障代码信息。故障代码信息根据逆变器实际情况提供相应对照表见表 11-17。

表 11-17　逆变器故障列表明细及受累/非受累区分

受累故障		非受累故障	
故障编码	故障名称	故障编码	故障名称
1	电压高（瞬时）	11	过发 1（10min 平均功率）
2	电压高（持续）	12	过发 2（瞬时功率）
3	电压低（瞬时）	13	……
4	电压低（持续）	14	……
5	频率低	15	……
6	频率高	16	……
7	三相电流不平衡	17	……
8	A 相电流高	18	……
9	B 相电流高	19	……
10	C 相电流高	20	

（3）控制逆变器接口要求。若逆变器提供了相关控制接口，AVC 模块具备针对各个逆变器协调控制的功能，自动确定最优策略，要求逆变器具备的接口见表 11-18。

表 11-18　逆变器接口参数表

名称	范围	单位	说明
无功功率设值	逆变器最低限度有功功率满发的情况下，仍至少具备无功功率在（$-0.3122P_N \sim 0.3122P_N$）内自由调节的能力（0.95 功率因数）；最好能做到有功功率满发的情况下（$-0.4359P_N \sim 0.4359P_N$）内自由调节的能力（0.9 功率因数）	kvar	遥调。AVC 接口。正表示输出容性无功，负表示输出感性无功
无功功率		kvar	遥测，和"无功功率设值"配套。AVC 接口。逆变器输出无功功率实时值。正表示输出容性无功，负表示输出感性无功
闭锁并网自动控制总信号			闭锁信号为 1，则闭锁对逆变器的 AGC/AVC 自动调节

（4）频率异常时的响应特性。系统应具备一定的耐受系统频率异常的能力，应能够在表 11-19 规定的范围内运行。

（5）通信接口要求。单机信息采集服务器应提供相应通信接口和通信规约支持环境监测仪、综自升压站、光伏逆变器等实时信息的采集，在通信协议上需支持以下规约模式。

表 11-19   频率异常时的响应特性

频率范围/Hz	运 行 要 求
<48	根据光伏电站逆变器允许运行的最低频率或电网要求而定
48~49.5	每次低于 49.5Hz 时要求至少能运行 10min
49.5~50.2	连续运行
50.2~50.5	每次频率高于 50.2Hz 时，光伏电站应具备能够连续运行 2min 的能力，同时具备 0.2s 内停止向电网线路送电的能力，实际运行时间由电力调度部门决定，此时不允许处于停运状态的光伏电站并网
>50.5	在 0.2s 内停止向电网线路送电，且不允许处于停运状态的光伏电站并网

1）系统通信规约。

a. 对站内系统通信。

通信方式：支持网络、专线（载波、微波、有线、光纤等）等多种通信方式。

通信规约：支持 MODBUS、IEC 60870-5-101、IEC 60870-5-103、IEC 60870-5-104、CDT 等规约。

b. 对主站通信。

通信方式：终端支持网络、专线（载波、微波、有线、光纤等）及拨号等多种通信方式。

通信规约：为支持历史数据和实时数据的同时传送以及历史数据的断点续传功能，终端支持 IEC 60870-5-101、IEC 60870-5-104 规约。

2）系统通信接口。

a. 与调度的通信接口：控制系统与调度进行通信，获得调度给定的光伏电站有功和电压/无功指令（包含计划曲线），并上传光伏电站实时运行数据。

b. 与光伏电站自动化系统的接口：光伏电站计算机监控系统可以为 AGC/AVC 控制系统提供更多的光伏电站电气运行参数信息，例如母线电压、光伏电站实际功率等。

c. 与无功补偿系统的接口：获取无功补偿系统的当前运行状态，其当前实发无功及无功裕度。对无功补偿系统进行无功指令控制。

d. 与逆变器的接口：并网控制系统 AGC/AVC 模块应具备针对各个逆变器协调控制的功能，自动确定最优控制策略。

3）通信接口类型。

a. 与调度系统通信：2 路 2Mbit/s 网络接口，支持 IEC-101/104 等规约。

b. 与光伏电站监控系统通信：2 路以太网接口，支持综自厂家的以太网 103 规约。

c. 与无功补偿子系统通信：2 路以太网接口，支 MODBUS-TCP/IP 规约。

d. 与逆变器通信：2 路以太网接口，支持 MODBUS-TCP/IP 规约。

（6）数据处理要求。

1）对量测值进行有效性检查，具有数据过滤、零漂处理、限值检查、死区设定、多源数据处理、相关性检验、均值及标准差检验等功能；对状态量进行有效性检查和误遥信处理，正确判断和上传事故遥信变位和正常操作遥信变位。

2）自动接收经变电所监控系统下发的调度主站发电计划、电压控制曲线等计划值，并自动导入实时运行系统。

3）对光伏电站功率的缺测及不合理数据进行插补、修正等相应处理。

（7）软件功能要求。

1）权限管理。系统用户目前分为三个等级。

a. 管理权限：具有所有模块的所有功能的操作权限。

b. 维护权限：可以设置部分运行参数。

c. 运行权限：只具备浏览界面以及一些简单的投退复归操作权限。

2）计划曲线管理。

a. 计划曲线存储：保存调度下发的有功、无功/电压指令，数据应保留一定年限。

b. 计划曲线显示：具备报表和曲线方式显示每日计划曲线。

c. 打印和导出：支持打印计划曲线的功能，支持导出成为 csv 等常见文本格式。

（三）系统设计原理

1. 原理简介

光伏电站应配置自动电压控制（AVC）系统，具备无功功率调节能力。能够自动接收电力系统调度机构下达的电压控制指令，按照预定的规则和策略整定计算无功功率需求、选择控制的逆变器并进行无功功率分配，最终实现无功功率的可监测和可控制，达到电力系统并网技术要求。

2. 控制目标

光伏电站 AVC 主要实现下列目标：维持系统母线电压的偏差在允许的范围内，维持对外联络线净交换功率与计划值的偏差在允许的范围内；实现 AVC 性能监视、逆变器性能监视和逆变器响应测试等功能。

（1）光伏电站 AVC 系统应能根据监测到的变电站运行状况，即根据相关测量值和设备状态的检查结果，结合设定的各种参数进行判断计算后，根据调度下达的电压曲线或根据 AVC 控制策略自动对无功补偿装置发出控制指令，实现对控制目标值-电网电压和无功的自动调节和闭环控制，使其在允许的范围内变化。

（2）控制逆变器无功输出：逆变器具备有功/无功解耦能力，可以独立的调节逆变器无功输出。

（3）控制 SVG。AVC 系统具备动态调节 SVG 工作点的功能，以实现对调度电压/无功指令的动态跟踪。满足各级相关调度的电压要求。

3. 控制策略

以最大化消纳光伏发电为原则，常规能源调节容量不足时，调用光伏发电资源参与电网无功调节，为适应光伏发电发展不同阶段的调节需求，应考虑多种无功控制策略。

（1）在电网稳态情况下，应充分利用逆变器的无功调节能力来调节电压，当逆变器无功调节能力不足时，考虑 SVG 装置的无功调节。在保证电压合格基础上，SVG 装置应预留合理的动态无功储备。

（2）在电网故障情况下，SVG 装置可以自主动作，快速调节无功使电压恢复到正常水平，暂态下 SVG 装置的动作响应时间应小于 30ms。

（3）当电网从故障中恢复正常后，子站应通过调节逆变器的无功出力，将 SVG 装置已经投入的无功置换出来，使其置于预留合理的动态无功储备。

（4）子站应能协调站内的逆变器和SVG装置，避免逆变器和SVG装置之间无功的不合理流动。

（5）当升压站内有多组SVG装置时，子站应协调控制各组SVG装置，各组装置之间不应出现无功不合理流动。

（6）当全部无功调节能力用尽，电压仍不合格时，子站可以给出调节分接头的建议策略或自动调节分接头。

（7）当升压站高压侧采用多分段母线时，能够分别接收不同的母线电压设定值指令。

（8）按时段限制。调度端下发指定时段修改后的计划曲线，光伏电站跟踪执行。相当于设置计划模式的同时，将指定时段的计划曲线修改为指定数值。同时也是对限值功率控制模式的扩展，将指定时段起点时间和终止时间的计划值修改为指定值，时段结束后自动以一定斜率跟踪到原始计划。

（9）计划跟踪。调度端下发计划曲线，光伏电站跟踪执行。控制曲线中相关时刻点的母线电压值为光伏发电目标值，同时支持人工调整计划，调整后的计划曲线将按周期下发。在发电计划曲线满足实际运行需求的情况下，这种调节方式在实际运行中最为常用，也是最符合电网调度需求的一种控制策略。调度端根据发电计划曲线选定控制策略，无须再进行任何操作，控制方式方便、实用。目标曲线跟踪日前计划或由人工设定，指令曲线由AVC装置根据目标曲线下达（每15min一个值，全天共96个点）。当指令值与目标值的偏差小于步长时，下一点的指令值保持不变；当指令值与目标值的偏差大于（或等于）步长时，下一点AVC装置将根据步长下达新的指令值，直到指令值与目标值的偏差小于步长为止。

4. 功率控制的实现

AVC系统是一个闭环控制系统，通过跟踪上级调度的计划母线电压来调节电站的无功出力，从而使高压侧母线电压和目标电压相匹配，实现电网的安全运行。

光伏发电母线电压控制流程如图11-51所示。

光伏电站当地监控系统根据光伏逆变器实时工作状态，实施逆变器调节控制，完成光伏电压计划曲线的跟踪。

（1）在电网稳态情况下，AVC主机具备充分利用逆变器的无功调节能力来调节电压的能力，当逆变器无功调节能力不足时，考虑SVC/SVG装置的无功调节。在保证电压合格基础上，应为SVC/SVG装置预留合理的动态无功储备。

（2）在电网故障情况下，AVC主机可快速调节SVC/SVG装置无功使电压恢复到正常水平。

（3）当电网从故障中恢复正常后，AVC主机能通过调节逆变器的无功出力，将SVC/SVG装置已经投入的无功置换出来，使其预留合理的动态无功储备。

（4）当升压站内有多组SVC/SVG装置时，AVC主机能协调控制各组SVC/SVG装置，各组装置之间避免无功的不合理流动。

（5）当全部无功调节能力用尽，电压仍不合格时，AVC主机可以给出调节分接头的建议策略或自动调节分接头。

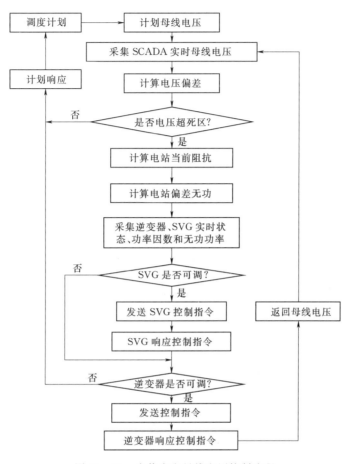

图 11-51　光伏发电母线电压控制流程

5. 闭环控制

对于光伏发电，按时段限制与计划跟踪是光伏发电无功自动控制的主要方式。为了验证光伏发电无功自动控制策略的可行性，结合光伏实际发电情况，选择光伏电站进行闭环控制操作。

光伏电站投入闭环控制操作后，光伏电站当地监控系统接收 AVC 指令，根据光伏逆变器实时工作状态，实施逆变器启停控制，完成光伏计划曲线的跟踪。

6. 闭锁功能

(1) 控制目标闭锁。当出现以下情况之一者，子站应能自动识别设备故障，自动闭锁该设备的 AVC 控制：

1) 逆变器上送闭锁信号或脱网信号，闭锁该逆变器的 AVC 控制。

2) 逆变器所连接集电线停运，闭锁该逆变器的 AVC 控制。

3) SVC/SVG 装置停运或上送闭锁信号，闭锁该装置的 AVC 控制。

4) 低压母线电压量测值异常，闭锁该母线所连接 SVC/SVG 和逆变器的 AVC 控制。

5) 主变分接头滑挡或者分接头上送保护闭锁信号，闭锁分接头的 AVC 控制。

(2) 全站闭锁。当出现以下情况之一者，子站应自动闭锁全站 AVC 控制功能，并给出告警，正常后恢复调节：

1）高压侧母线电压量测值异常，闭锁全站 AVC。

2）高压侧母线电压量测值波动过大，闭锁全站 AVC。

3）主站电压设定值指令异常，闭锁全站 AVC。

4）与逆变器监控系统通信故障，闭锁全站 AVC。

5）与升压站监控系统通信故障，闭锁全站 AVC。

6）升压站全部主变退出运行，闭锁全站 AVC。

7）光伏发电站与电网解列，闭锁全站 AVC。

7. 控制与调节功能

（1）控制和调节内容包括调节变压器抽头、设定值控制、无功调节控制、无功补偿装置投切及调节。

（2）支持批次遥控功能，并保证控制操作的安全可靠。

（3）满足电网实时运行要求的时间响应要求。

8. AVC 系统硬件构成

（1）双主机冗余控制系统。为了系统能长期可靠安全、运行，建议主机采用低功耗、无风扇、无硬盘的嵌入式工业级控制机。

采用双主机冗余配置（热备用），一主一备两机通过网络方式信息实时共享，两机切换时实时数据要无缝对接，切换时间应低于 30s。另外要分别配有"看门狗"，电源也应双电源配置，该装置具有完善的安全防护功能，如光隔、防雷、防浪涌等。

软件主要分为测量采集系统、实时通信系统、策略优化计算系统、调节控制系统、越限告警系统、历史查询系统

（2）后台系统。

1）运行监视。通过 AGC/AVC 后台界面可以观察母线电压、发电机机端电压/有功功率/无功功率/电流、开关状态、设备运行状态、与其他设备的通信状态等。根据信息索引查看各种事项信息、故障原因等。

2）计算统计功能。

a. 可对遥测量进行最大值/最大时、最小值/最小时等统计。

b. 可分时段考核母线电压的合格率等。

3）数据存储。可以存储采集的数据点并形成历史数据库，用于绘制趋势曲线和形成报表。历史数据可存储 2 年。

4）画面显示。

a. 画面显示和维护。

b. 画面种类包括主接线图、曲线、报表等。

c. 遥信变化和遥测量越限时变位遥信闪烁，越限量值有醒目表示。

d. 可绘制趋势曲线图。

5）告警处理。

a. 告警显示应简洁、直观、醒目，并伴有声响、闪烁效果。

b. 具有告警确认功能。

c. 可对装置异常、人员操作等形成事件记录。

6）事件顺序记录（SOE）。SOE 记录按照时间自动排序，具有显示、查询、打印、上传主站等功能。

7）对时。有主站对时、GPS 和北斗对时。

8）事件记录。

a. 光伏监控系统、升压站监控、无功补偿装置提供的事件记录。

b. AGC/AVC 装置运行工况，包括重启、电源故障、关机等事件记录。

c. 与主站通信故障事件记录。

d. 与站内自动化系统通信故障事件记录。

e. AGC/AVC 调节告警记录。

f. 测量值越限记录。

9）远程维护及升级。

a. 终端支持主站通过外网进行在线的远程维护及升级。

b. 远程维护及升级具备权限和口令管理功能，能对所有登录、更新、注销等操作保留日志备查。

c. 远程维护提供对终端配置的读取、修改、更新功能，并且既可以从主站数据库下载参数更新到终端中，也可将终端配置好的参数直接上传到主站数据库中。

d. 远程维护提供对所有通信接口（串口、以太网口）的通信监视功能。

e. 远程维护提供对遥信量、遥测量的实时数据的查询和监视功能。

f. 远程维护提供对遥信量、遥测量的历史数据的查询功能。

g. 远程维护提供对遥信量、遥测量的历史数据文件的下载功能。

10）当地功能。远程维护终端提供当地的维护/抄读接口，支持使用便携电脑进行维护、升级、抄录数据等。

（四）光伏、风电 AVC 系统结构

新能源 AVC 通信拓扑图如图 11-52 所示。

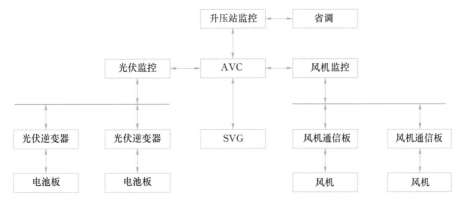

图 11-52 新能源 AVC 通信拓扑图

该光伏电站与某风电场共用一个升压站出线，AVC 系统共用一套装置，该系统部署电站安全 1 区，采用双机冗余热备结构，系统硬件主要由智能通信终端、AVC 服务器、交换机组成。AVC 系统与现场升压站监控系统、逆变器监控系统、无功补偿装置等设备通信获取实时运行信息，数据通信宜采用网络模式，也可采用串口通信模式。并将实时数据通过电力调度数据网上传到主站系统，同时从主站接收无功控制指令，转发给逆变器监控系统、无功补偿装置等进行远方调节和控制。

（五）系统技术特点

1. 电压调节技术指标

（1）电能质量。由于光伏发电系统出力具有波动性和间歇性，另外光伏发电系统通过逆变器将太阳能电池方阵输出的直流转换成交流供负荷使用，含有大量的电力电子设备，接入配电网会对当地电网的电能质量产生一定的影响，除了谐波，还包括电压偏差、电压波动、电压不平衡和直流分量等方面，为了能够向负荷提供可靠的电力，由光伏发电系统引起的各项电能质量指标应该符合相关标准的规定。

1) 谐波。光伏电站接入电网后，公共连接点的谐波电压及总谐波电流分量应满足《电能质量 公共电网谐波》（GB/T 14549—1993）的规定。

2) 电压偏差。光伏电站接入电网后，公共连接点的电压偏差应满足《电能质量 供电电压偏差》（GB/T 12325—2008）的规定，10kV 三相供电电压偏差为标称电压的 ±7%，380V 三相供电电压偏差为标称电压的 ±7%。

3) 电压波动。光伏电站接入电网后，公共连接点的电压波动应满足《电能质量 电压波动和闪变》（GB/T 12326—2008）的规定。对于光伏电站出力变化引起的电压变动，其频度可以按照 $1 < r \leqslant 10$（每小时变动的次数在 10 次以内）考虑，因光伏电站接入而引起的公共连接点电压变动最大不得超过 3%。

4) 电压不平衡度。光伏电站接入电网后，公共连接点的三相电压不平衡度应不超过《电能质量 三相电压不平衡》（GB/T 15543—2008）规定的限制，公共连接点的负序电压不平衡度应不超过 2%，短时不得超过 4%；其中由光伏电站引起的负序电压不平衡度应不超过 1.3%，短时不超过 2.6%。

5) 直流分量。光伏电站向公共连接点注入的直流分量不应超过其交流额定值的 0.5%。

（2）电压异常时的响应特性。应该按照相关低电压穿越能力的规定，保持并网能力和从电网中迅速切除的能力，并满足表 11-20 的要求。

表 11-20 电压异常时响应特性表

并网点电压	最大分闸时间/s	并网点电压	最大分闸时间/s
$U < 0.5U_s$	0.1	$1.1U_s \leqslant U < 1.35U_s$	2.0
$0.5U_s \leqslant U < 0.85U_s$	2.0	$1.35U_s \leqslant U$	0.05
$0.85U_s \leqslant U < 1.1U_s$	连续运行		

注 1. U_s 为光伏电站并网点的电网标称电压。

2. 最大分闸时间是指异常状态发生到逆变器停止向电网送电的时间。

2. 系统容量

系统容量见表 11-21。

表 11－21 系 统 容 量

序号	内 容	容 量
		设计水平年（10 年）
1	实时数据库容量	为光伏电站测点数量
1.1	模拟量	5000
1.2	状态量	5000
1.3	电度量	2000
1.4	遥控量	1000
1.5	遥调量	500
1.6	计算量	1000
2	历史数据库容量	
2.1	用户需要保存的数据：时间间隔可调（最少周期为 1min）	历史数据保存期限不少于 1 年，留 40％的存储余量

3. 技术指标

（1）系统实时性。

1）输入输出信号响应时间：不大于 2s。

2）动态画面响应时间：不大于 2s。

3）模数转换分辨率：15 位，最大误差满足 DL/T 630—1997 的要求。

4）模拟量测量综合误差：不大于±0.5％。

5）电网频率测量误差：0.01Hz。

6）模拟量数据更新周期：不大于 2s。

7）数字量数据更新周期：不大于 1s。

8）全系统实时数据扫描周期：不大于 2s。

9）画面整幅调用响应时间：实时画面不大于 1s，其他画面不大于 2s。

10）画面实时数据刷新周期：3～10s，可调。

11）打印报表输出周期：按需整定。

12）遥测信息传送时间（从 I/O 输入端至 AVC 上位机装置出口）：不大于 3s。

13）遥信变位传送时间（从 I/O 输入端至 AVC 上位机装置出口）：不大于 2s。

14）遥控命令执行时间：从接收命令到控制端开始执行不大于 1s。

15）调节机组无功变化 10Mvar 时间：小于 60s。

16）信号正确动作率：99.99％。

17）事故采集装置 SOE 分辨率：不大于 1ms。

18）全系统实时扫描时间：不大于 3s。

（2）系统可靠性。

1）双机并列运行切换时间：小于 3s。

2）设备的平均故障间隔时间（MTBF）：不小于 50000h。

（3）系统负荷。

1）CPU 负荷率（正常状态）：小于 40%。

2）CPU 负荷率（故障状态）：小于 60%。

3）网络负荷率：小于 25%。

4）AVC 软件平均无故障时间（MTBF）：大于 10000h。

四、AGC/AVC 系统性能测试方案

（一）测试标准

测试依据为《光伏发电站接入电力系统技术规定》（GB/T 19964—2012），测试方法参照《风电场 AGC/AVC 系统性能测试规程》（Q/GDW 22 004—2017）。本测试方案参考了国网辽宁省电力有限公司电力科学研究院的《辽宁光伏发电站 AGC/AVC 系统测试方案》。

（二）测试装置

AGC/AVC 模拟主站测试平台，包括高精度数据采集系统 DEWE5000 及模拟主站软件，测试点位于发电站电度表屏，测量并记录光伏发电站并网点电压和电流，如果配备有无功补偿设备，还需测量并记录无功补偿设备的电压和电流。

（三）主要测试内容

光伏发电站 AGC/AVC 系统性能测试内容包括有功功率设定曲线测试、1min 有功功率变化最大值测试及恒电压控制功能测试。

1. 有功功率设定曲线测试

（1）测试内容。测试有功功率设定点的 AGC 系统调节精度、响应时间及系统调节时间。

（2）测试方法。AGC 模拟主站每 2min 下发一次有功功率调节指令至光伏发电站 AGC 子站，调节步长为额定有功功率的 5%，如图 11-53 所示，其中 P_n 为光伏发电站总装机容量。记录 AGC 模拟主站下发有功功率指令的时间、测试期间光伏发电站并网点处电压与电流。

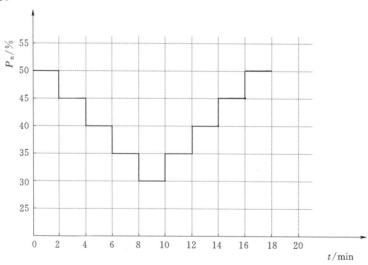

图 11-53 有功功率测试设定曲线

2. 1min 有功功率变化最大值测试

（1）测试内容。光伏发电站 1min 有功功率变化最大值，国家标准要求光伏发电站 1min 有功功率变化最大值不应超高 10％装机容量/min，允许因太阳辐照度降低而产生的功率变化率超限。

（2）测试方法。1min 有功功率变化最大值测试包括光伏发电站并网过程及正常运行两种情况下的测试处理：

1）光伏发电站并网过程：AGC 模拟主站下发光伏发电站 0MW 有功功率指令，要求指令快速执行，光伏发电站有功功率稳定为 0MW 后，AGC 主站再下发光伏发电站额定有功功率指令，测试期间采集光伏发电站并网点电压与电流。

2）光伏发电站正常运行：采集光伏发电站并网点电压与电流，记录时间应不小于 24h。

3. 恒电压控制功能测试

（1）测试内容。测试指令点的电压调节精度、AVC 子站响应时间及 AVC 系统调节时间。

（2）测试方法。通过 AVC 主站下发一个合理的电压目标设定值至光伏发电站 AVC 子站，调节稳定后升高或降低设定值。记录 AVC 主站下发电压指令的时间，测试期间采集光伏发电站并网点和无功补偿装置出口的电压与电流。

为确保站内预留动态响应无功补偿容量，建议 AVC 调节时优先调用逆变器无功容量，再调用 SVG 容量。

第五节　微网能量优化调度控制系统工程实例

一、微网简介

在天津大学滨海工业研究院所在城市园区，建成了以可再生能源为主的城市园区冷热电联供微网系统示范工程。天津大学滨海工业研究院园区是典型的高新技术产业园区，电/冷/热负荷稳定，园区占地总面积约 30.89m²，园区建筑面积 35.15 万 m²。

天津大学滨海工业研究院微网系统如图 11－54 所示，为精馏中心厂房和办公室提供冷热电联合供应。系统供能设备总装机容量：1100.88kW（制冷工况 1001.18kW），储能总量为 1325kW · h（制冷工况 712.5kW · h）。微网系统的设备组成及容量见表 11－22。

1. 光伏发电系统

光伏发电系统采用多晶硅光伏组件，额定功率为 605.88kWp（共计 2376 片光伏板，单片功率为 255W）。安装时 22 片连成一串，共计 108 串；每 9 串汇入一台 50kV · A 逆变器，共计 12 台逆变器。

2. 地源热泵系统

地源热泵系统的额定制热功率为 135kW，制热输入电功率为 29kW；额定制冷功率 115.3kW，制冷输入电功率为 24kW，采用螺杆式压缩机，地埋孔深度为 100m，孔间距为 4.5m，采用双 U 形管结构。

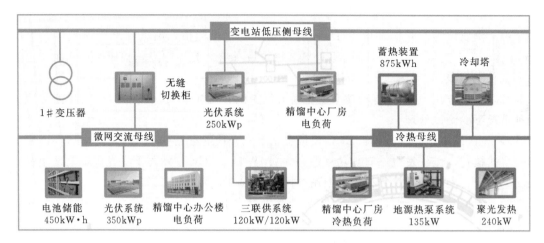

图 11-54　天津大学滨海工业研究院微网系统

3. 冷热电联产机组（CCHP 机组）

冷热电联供机组采用燃气内燃机发电＋溴化锂吸收式制冷工作模式，其中燃气内燃机额定发电功率为 120kW，额定制热功率为 120kW，溴化锂吸收式制冷机额定制冷功率为 150kW。

4. 储能电池

储能电池采用 450kW×1h 铅碳蓄电池组，作为整个示范工程电气环节的储能调节单元。

5. 太阳能聚光发热系统

太阳能聚光发热系统采用槽式太阳能集热器，工作介质为导热油，集热面积为 548m²，最高工作温度为 400℃，最大工作功率为 240kW。

6. 蓄热系统

蓄热系统采用水蓄冷/蓄热工作方式，水箱体积为 15m³，工作介质为冷热水。供暖运行时蓄热水箱最低温度为 40℃，蓄热最高温度为 90℃，储热量核算值约为 875kW·h；供冷运行时水箱最高温度为 20℃，蓄冷最低温度为 5℃，储冷量核算值约为 262.5kW·h。

7. 微网能量优化调度控制系统

示范工程配置了一套微网能量优化调度控制系统，监控系统的服务器安装在微网控制室内。

二、运行策略

微网系统运行时以经济运行成本最低作为微网运行控制的目标函数，即

$$f = C_{grid} + C_{fuel} \tag{11-1}$$

式中：C_{grid} 为当日总购电费用，若向电网卖电则卖电费用为负，需从购电费用中扣除；C_{fuel} 为购买天然气费用。

购电成本的计算公式如下：

属　性	序号	设　备　名　称		容　量
电、冷、热源供能设备	1	光伏发电系统		605.88kW
	2	CCHP 机组	额定发电功率	120kW
			额定制冷功率	150kW
			额定制热功率	120kW
	3	地源热泵系统	制热功率	135kW
			制冷功率	115.3kW
	4	太阳能聚光发热系统（含热水型吸收式制冷机）	制热功率	240kW
			制冷功率	130kW
	共计	制冷工况下：1001.18kW；制热工况下：1100.88kW		
储能系统	1	储能电池		450kW·h
	2	水蓄热储能系统	储热量	875kW·h
			储冷量	262.5kW·h
	共计	储热工况下：1325kW·h；储冷工况下：712.5kW·h		

表 11 - 22　　　　　　　　　　　微网系统的设备组成及容量

$$C_{grid} = \sum_{n=1}^{H}(c_{grid}^{n} P_{grid}^{n} \Delta t) \tag{11-2}$$

式中：H 为将调度周期划分的时段数，对于不同的调度策略类型其取值不同，如静态经济调度中其取值为 1，日前动态经济调度中其取值为 24；P_{grid}^{n} 为时段 $n=1$、2、…、H 的电网购（售）功率，kW·h；c_{grid}^{n} 为时段 n 的购（售）电价格；Δt 为时间步长，h。

购买天然气的成本的计算公式如下：

$$
\begin{aligned}
C_{fuel} &= c_{fuel}\sum_{n=1}^{H}F_{gen}^{n} \\
&= c_{fuel}\sum_{n=1}^{H}\frac{P_{gen}^{n}}{\eta_{gen}}\Delta t
\end{aligned} \tag{11-3}
$$

式中：F_{gen}^{n} 为时段 n 燃气轮机消耗的燃气热值，kW·h；P_{gen}^{n} 为时段 n 燃气轮机的电功率，kW；c_{fuel} 为购买天然气的单位热值价格。

微网调度优化模型的主要约束包括功率平衡方程式、微网系统的设备模型约束以及与配电网并网联络线功率相关约束。一个供冷季典型日的供电及供冷运行调控情况如图 11-55、图 11-56 所示。

三、运行效果

下面以示范工程所在园区供暖季（2017 年 11 月 20 日至 2018 年 3 月 20 日）的运行数据为计算依据进行可再生能源能量发电能量渗透率测试分析。项目提出了可再生能源能量发电能量渗透率指标 E_{p}^{e}，可用下式所示：

$$E_{p}^{e} = \frac{W_{pv}-W_{pv,h}-W_{other}}{W_{e}} \times 100\% \tag{11-4}$$

式中：W_{pv} 为测试期内光伏总发电量，kW·h；$W_{pv,h}$ 为测试期内地源热泵制热所耗电量，

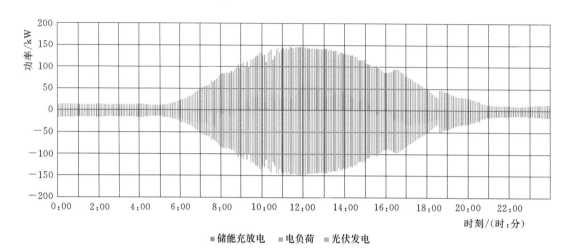

图 11-55　系统电功率调控方案（电负荷平衡）

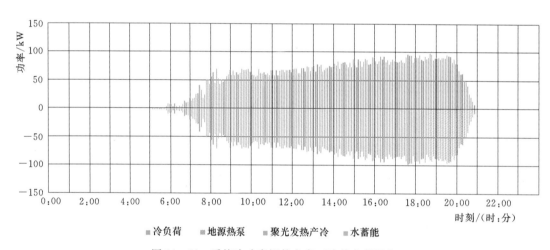

图 11-56　系统冷功率调控方案（冷热负荷平衡）

kW·h；W_{other} 为测试期内循环水泵等附属设备所耗电量，kW·h；W_e 为测试期内总电力负荷需求电量，kW·h。

　　针对供暖季，提取示范工程在 2017 年 11 月 20 日至 2018 年 3 月 20 日期间的运行数据进行统计分析，各单元出力情况见表 11-23。用式（11-4）计算可以看出，供暖季示范工程可再生能源能量发电能量渗透率为 65.17%，通过系统优化控制，显著提升了清洁能源占比。

表 11-23　　　　　　　　　供暖季可再生能源能量渗透率电部分测试运行数据

序号	名　称	数据/(kW·h)
1	光伏总发电量 W_{pv}	114354.60
2	地源热泵制热所耗电量 $W_{pv,h}$	16381.25

续表

序号	名　称	数据/(kW·h)
3	聚光发热、地源热泵环节驱动及循环水泵等附属设备所耗电量 W_{other}	7731.90
4	总电力负荷需求电量 W_e	138470.00

注 测试期内蓄电池储能采用硬充电模式，S_{OC} 变动区间在 0.5～0.9 之间，每日充放电损耗约为 20.8%，储能损耗最大约为 37.44kW·h。

参 考 文 献

[1] 丁晓群，周玲，陈光宇，等．电网自动电压控制（AVC）技术及案例分析 [M]．北京：机械工业出版社，2010．

[2] 中华人民共和国国家质量监督检验检疫总局，中国国家标准化管理委员会．风电场接入电力系统技术规定：GB/T 19963—2011 [S]．北京：中国标准出版社，2011．

[3] 中华人民共和国国家发展和改革委员会．电力调度自动化系统运行管理规程：DL/T 516—2006 [S]．北京：中国电力出版社，2006．

[4] 国家电网公司．风电场功率调节能力和电能质量测试规程：Q/GDW 630—2011 [S]．北京：中国电力出版社，2011．

[5] 国家电网公司．风电场调度运行信息交换规程：Q/GDW 1907—2013 [S]．北京：中国电力出版社，2013．

[6] 国家电网公司．风电场有功功率自动控制技术规范：Q/GDW 11273—2014 [S]．北京：中国电力出版社，2014．

[7] 国家电网公司．风电场无功功率自动控制技术规范：Q/GDW 11274—2014 [S]．北京：中国电力出版社，2014．

[8] 中华人民共和国国家质量监督检验检疫总局，中国国家标准化管理委员会．光伏发电站接入电力系统技术规定：GB/T 19964—2012 [S]．北京：中国标准出版社，2012．

后　记

现代电力系统是当前工业系统中规模最大、层次复杂、资金和技术高度密集的复合系统，是人类工程科学史上最重要的成就之一。现代电力系统可以看成是由三个基本系统组成的：一是能量变换、传输、分配和使用的一次系统，即发电、输电、变电、配电和用电，可称之为物流系统，对于物流系统，侧重研究能量转化和变换、电能传输和分配以及电力系统可靠、稳定、安全、经济运行的规律；二是保障电力系统可靠、稳定、安全和经济运行的监控、保护、自动控制、调度自动化等组成的能量管理系统，可称之为信息流系统，对信息流系统，主要研究如何获得物流系统的各种状态的特征信息，研究这些信息的获取、传输、处理和应用；三是电能量的交易系统，可称之为货币流系统，对货币流系统，主要研究电能这种特殊商品如何通过市场进行交易，电能如何定价，在市场运营下如何保障电力系统可靠、稳定、安全和经济运行。现代电力系统功率自动控制属于信息流系统，并且是其中十分重要的组成部分。

自改革开放以来我国的电力工业得到了快速的发展，截至 2019 年年底，全国发电装机容量达 20.1 亿 kW，全口径发电量为 73253 亿 kW·h，均居世界第一位。这么大的电力生产规模催生和促进了一系列高新技术（如特高压输电技术、电力电子技术、人工智能技术、计算机技术、现代通信技术等）的产生和应用。

绿色发展和数字革命是 21 世纪以来推动电力系统发展模式转换的两大驱动力。形成以非化石能源为主的电源结构，构建新一代电力系统，是实现能源转型，建设清洁低碳、安全高效能源体系的主要途径，可以说高比例可再生能源、高比例电力电子装备、多能互补综合能源、信息物理深度融合的智慧能源是新一代电力系统的主要技术特征。

2012 年，我国提出了推动能源革命的战略方针，就技术层面而言，今后要加大风能、太阳能、水能、核能、生物质能等新能源和可再生清洁能源的开发和利用，尽量减少煤炭、石油等常规化石能源的生产和消费。要运用互联网、云计算、大数据等信息技术提高能源系统的灵活性、接纳能力和供应能力，最大程度上利用间歇性、分布式能源，构建多元化的可持续能源供应体系，从根本上解决能源资源难以为继和生态环境不堪重负问题，实现绿色

低碳和安全可靠的能源供给。以上战略目标都对电力工业提出了更高的要求。

编写此书的目的就是为了在上述的电力工业发展大形势下，站在电力系统整体的角度上，如何提高传统能源和新能源的有功功率和无功功率控制水平，使其更可靠、更灵活、更高效、更经济、更友好。风电和光伏发电的随机波动性、难预测性给电力系统功率控制增加了许多难度，也只有储能技术大力发展、降低成本后才有可能更好地解决弃风、弃光问题。可喜的是储能技术伴随着新能源的发展取得了很大的进步。微网是近些年来出现的新型发、供、用电方式，其安全可靠性十分突出（如黑启动问题），如何避免微网的接入和退出时对主电网产生不利的影响也必须认真研究。本书对以上问题均有较深入的论述。

承蒙中国科学院院士、中国电力科学研究院名誉院长周孝信教授拨冗为本书撰写序言，热情向广大读者推荐本书，在此致以深深的谢意。

作　者

2020 年 6 月 21 日

葛维春 工学博士，曾任东北电网调度员，电网调度自动化处专责、副处长、处长；辽宁省电力有限公司省调总工程师、科技信息部副主任、鞍山供电公司副总经理、科技信息部主任、科技信通部主任（智能电网办公室主任）和科技互联网部主任；现为辽宁省电力有限公司科技互联网部调研员、中国电机工程学会会士。

主要从事电网调度自动化、电网动态无功补偿、清洁能源消纳等技术研究，先后组织开发"电力光纤到户关键技术研究与示范""可再生能源与氢能技术"及"可再生能源与火力发电耦合集成与灵活运行控制技术"等国家级、省部级科技项目；建设完成了多个国内首台首套科技示范工程。

获得国家科技进步一等奖 1 项、二等奖 4 项，省部级科技进步一等奖 7 项，辽宁省首届青年科技奖；先后获得辽宁省先进科技工作者、辽宁省杰出科技工作者、国家电网公司工程技术专家等称号；获得国务院颁发的政府特殊津贴。

出版《现代电网前沿科技研究与示范工程》《电网电压稳定性与动态无功补偿》《固体电储热及新能源消纳技术》《电池储能与新能源消纳》《高度集成智能变电站技术》等 11 部专著，发表学术论文 100 余篇，获得授权发明专利 80 项。

蒋建民 毕业于清华大学电机工程系，分配到东北电力科学研究院从事电力系统调压和调频工作。1983 年 1 月受国家教委派遣作为访问学者到日本京都大学进行电力系统稳定性理论研究。1985 年回国后先后任东北电力系统规划研究所所长、东北电业管理局调度通讯局副局长、东北电力集团公司科技部主任和该公司副总工程师，1999 年电力体制改革后任辽宁省电力有限公司副总工程师。1991 年晋升为教授级高工。1992 年获国务院颁发的政府特殊津贴。

曾获得国家科学技术进步奖一等奖 1 项、二等奖 2 项、三等奖 3 项；省部级科学技术进步奖一等奖 3 项、二等奖 2 项、三等奖 4 项。著作有：《电力系统暂态解析论》（译著）、《电力网电压无功功率自动控制系统》等。拥有国家发明专利 1 项。

曾任上海交通大学、哈尔滨工业大学、武汉大学、河北工业大学兼职教授和国家电网公司专家委员会委员。曾获中国工程院院士候选人提名。现任职于沈阳天河自动化工程有限公司，从事功率自动控制系统的研发工作。

蒲天骄 教授级高级工程师，现任中国电力科学研究院有限公司人工智能应用研究所所长，中国电机工程学会人工智能专委会委员、秘书长，中国电机工程学会高级会员，IEEE 高级会员，IET Fellow，IET SmartGrid 副主编。

长期从事电力系统自动化及电力人工智能领域的科研工作，在电力系统运行控制及智能电网仿真方面具有丰富的研发和工程经验。负责承担过多项相关领域国家 863 计划、国家重点研发计划、国家自然科学基金等重大项目。曾获 2014 年度"电力行业-正泰科技奖"科技成就奖，2019 年度"中国电力优秀科技工作者"奖。获得 10 余项省部级以上科技奖励，其中省部级一等奖 5 项，省部级二等奖 5 项。发表论文 60 余篇（其中 SCI/EI 检索 50 余篇），获授权发明专利 30 余项，合作出版专著 2 部。

冯志勇 1995 年毕业于华东师范大学物理系物理学专业，获理学学士学位，毕业后分配到沈阳工业学院（现名沈阳理工大学）基础部物理实验室，从事实验教学工作。2004 年调入光电信息科学与工程专业教研室，从事专业理论课和实践教学工作至今。

2000 年攻读沈阳工业学院计算机应用专业全日制硕士研究生，2003 年毕业，获工学硕士学位。研究生在读期间开始与沈阳天河自动化工程有限公司横向合作至今，主要研究方向是电力系统自动化软件研发，曾参与研发县级电网调度自动化系统、变电站集控中心系统、变电站自动化系统、变电站 VQC 系统、火力发电厂自动电压控制系统。主持研发地区电网 AVC 系统、风力发电厂 AGC 和 AVC 系统、太阳能发电厂 AGC 和 AVC 系统、核电厂及水力发电厂的 AVC 系统、发电厂环保监测系统等。研发的软件已运行在全国多个省市的上百个变电站和发电厂，取得了良好的效果。